快速充电百科知识丛书 Kuaisu Chongdian Baike Zhishi Congshu 供你现用现查　让健康伴你同行

2000个应该知道的生活常识

2000 Ge Yinggai Zhidao De Shenghuo Changshi

刘利生　编著

内蒙古科学技术出版社

图书在版编目（CIP）数据

2000个应该知道的生活常识 / 刘利生编著. — 赤峰:
内蒙古科学技术出版社, 2018.4（2021.1重印）
（快速充电百科知识丛书）
ISBN 978-7-5380-2901-7

Ⅰ. ①2… Ⅱ. ①刘… Ⅲ. ①生活–知识–通俗读物
Ⅳ. ①TS976.3-49

中国版本图书馆CIP数据核字（2018）第001511号

2000个应该知道的生活常识

编　　著：刘利生
责任编辑：许占武
封面设计：李　莹
出版发行：内蒙古科学技术出版社
地　　址：赤峰市红山区哈达街南一段4号
网　　址：www.nm-kj.cn
邮购电话：0476-8227078
印　　刷：三河市华东印刷有限公司
字　　数：620千
开　　本：710mm × 1000mm　1/16
印　　张：34.5
版　　次：2018年4月第1版
印　　次：2021年1月第2次印刷
书　　号：ISBN 978-7-5380-2901-7
定　　价：68.00元

如出现印装质量问题，请与我社联系。电话：0476-8237455　8225264

编者的话

人一生中最宝贵的财富是什么？健康！

如今的生活可谓是日新月异，发展变化非常迅速。在获得舒适惬意的物质享受和精神满足的同时，人们也越来越多地关注健康问题。现代社会，由于工作节奏加快、环境的污染和气候变化、时代价值观和传统道德观的变化、医药科技的进步等，人们的健康状况、健康理念等也发生了很大的变化。

每个人都需要了解一些实用的生活保健知识，比如：如何为家人安排合理健康的饮食，如何为家居生活营造温馨舒适的环境，怎样运动才是有效的保养之道，如何拥有积极健康的心理及生活方式，如何准确地了解自己的健康状况，如何预防与治疗常见疾病，如何科学用药……这些生活常识问题，说大不大，说小不小，因为繁杂零散，平时想了解又难以查找，面对这样的难题，有时还真让人不知所措。

为了满足普通百姓的这一需求，我们编写了《2000个应该知道的生活常识》一书。本书以精练的文字，详尽专业的观点，教您如何从生活细节做起，建立科学健康的生活方式，用专业的知识解密健康之道，答疑解惑，存真辨误，科学指导，让您在愉悦的阅读过程中，体味生活的精髓、生命的真谛。

本书面对的是大众群体，2000个生活保健常识不一定每个人都能用到，读者可以根据自身特点选择参考，但愿其中的某些条目能够帮您解决一些生活保健难题，使您的美好生活锦上添花。希望它能成为您的义务保健医师，给您带来便利、健康和快乐。

2017年12月

上卷 健康营养常识

第一辑 中医常识

第二辑　营养与健康常识

第三辑　生活保健常识

第三章　四季运动与健康常识……………160

中卷　西医生活保健常识

第一辑　西医西药常识

第二辑 西医检查与护理急救常识

第三辑　西医健康安全用药常识

下卷　特殊人群的健康生活常识

第一辑　儿童健康成长常识

第二辑 夫妻健康保健常识

第四辑 保健养生长寿常识

上　卷

健康营养常识

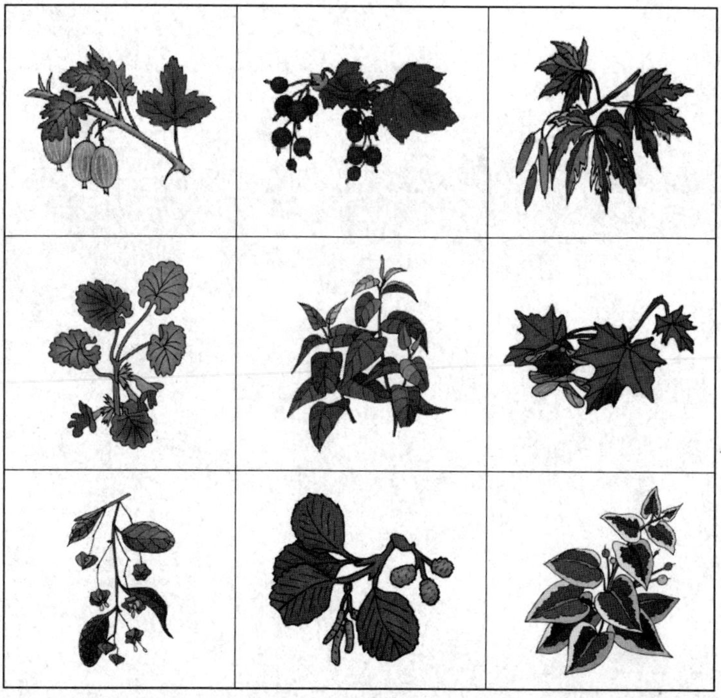

第一辑　中医常识

第一章　中医基础常识

中国医学起源

中国医学是我们的祖先在长期同自然灾害、猛兽、疾病做斗争的过程中，逐步形成并发展而成的。在中国历史上，曾有“神农氏尝百草”、“伏羲氏制九针”、“燧人氏取火”等有关医药起源的古老传说。

“神农氏尝百草”是中国史书上记载最多、流传最广的传说。《淮南子·修务训》说：“神农乃始教民播种五谷……尝百草之滋味……当此之时，一日而遇七十毒。”《史记·补三皇本纪》也有类似的记载：“神农氏以赭鞭（红色的竹根）鞭草木，始尝百草……始有百药”。这些材料说明，我国古代的药物知识可能是“神农”时代的人们在采集可食植物的漫长历史过程中，逐渐积累起来的经验。“燧人氏取火”也因此被视为医药起源的另一途径。此外，中医药起源的又一传说是“伏羲氏制九针”说。

我国古代的医学知识是劳动人民在生产实践和生活经验中逐步发现和慢慢积累起来的。在对医学知识进行整理总结，使之上升为系统的医学理论的过程中，氏族中的“巫师”或“酋长”起了重要作用。因此在医学起源问题上，又有“医源于巫”、“医源于圣贤”之说，但并不能因此否定劳动人民的生产和生活实践在医学起源过程中的决定性作用。

中国古代医事制度

中国的医事制度在西周时期就初具规模。据《周礼·天官》记载，当时已建有医官制度，把从医者分成医师、士、府、史、徒等不同职业、不同等级。其中医师为众医之长，掌管国家医药的行政法令，同时管理且协助各科医生办好医疗卫生事务。医师的下属官职为士，分为食医、疾医、疡医、兽医四种。

在随后的秦汉、晋、五代、隋等朝代，我国的医事制度更趋完善。无论是医疗机构的设置，人员的编排，还是管理、考核制度的制订都达到相当高的水平。特别是到了唐朝和宋朝，其医事制度代表了我国古代医药管理的最高水平。

宋代的医事制度较唐代又有了很大的改进，变得更加完善。宋代把医药行政与医药业务相分离。明清两代的医事制度，虽然在具体医事机构的设置、医药人员的配备等方面，有别于唐宋时期，但基本模式大体沿用宋制，并在更注重实效的基础上有所发展，有所创新。

医生缘何称为“大夫”

大夫，在古代是一种官名，如谏议大夫、御史大夫，多系中央要职和顾问，但都不是医官。到了宋代，我国的医务制度和医学管理，都有了相当的发展。当时负责管理医疗行政的官职很多，翰林医官院医官就分为七级，官职有22种之多，官阶如大夫、郎中、医效、祗侯等，就大夫而言，就有和安大夫、成和大夫、成安大夫、成全大夫、保安大夫，等等。后来，人们认为大夫是医官中最崇高的职位，就把大夫作为医生的尊称。又因为医官中有郎中一职，因而也有人把医生称作郎中。

不过，在习惯上，大夫和郎中也略有区别。一般设馆医人的医生，称为大夫;草药店或流动行医的医生，称为郎中。所以以后人们称呼医院的医生，多数叫大夫，而不叫郎中，就是这个缘故。

古代的医院

我国古代的医院有多种多样的形式：

1．医疗性慈善类型。春秋初期（公元前7世纪）管仲在齐国首都临淄创建了养病院，收容聋哑人、盲人、跛足、疯人和残废者进行集中疗养。这是世界上出现最早的医院萌芽之一。此后，类似医院的社会救济机构历代相传。

2．传染病隔离类型。我国很早就认识到疾病传染性及其隔离措施，传染病收容所也是医院萌芽的起源形式之一。主要有西汉的“时疫医院”，隋唐时代的“疠人坊”。

3．寺院医疗类型。不少佛教徒以医传教，有的兼做医生，到附近山上采药。这样患者常去求治，寺院也渐渐收治病人。

4．宫廷医疗类型。古代宫廷医学被奉为正统医学。我国自秦汉后历代王朝，都设有为皇室贵族服务的医疗组织，如太医署、太医院、御药院等。

5．军事医疗类型。古代战争频繁，不仅战争造成了大批伤病员，而且大量的人口流动也能引起各种疾病。因而，军医院逐渐形成。

古代行医的招牌：葫芦

古时候，葫芦与中医有着密切的联系。人们在电影或电视中经常看到治病的郎中要身背葫芦，以为那是装药用的器具。其实，它是行医的“招幌”。

据记载，用葫芦作为医生的标志始于汉代。相传，东汉时市井小吏费长房为人聪敏好学。一天，他见一位卖药老翁在市散后跳进酒店墙上悬挂的葫芦里，便觉得此人决非寻常之辈。于是，费长房便在酒店挂葫芦处备好一桌酒席等候他。待老翁从葫芦中出来，他立即跪拜，请求老翁传授医术。老翁见费长房一片诚心，将他收为徒弟……

从此以后，郎中行医便用葫芦当招牌，以表示医术高超。人们只要在街头寻到葫芦，就可以找到医生。

中医术语——四诊

四诊：望、闻、问、切是众所周知的中医术语。此外还有许多这样的中医行话，兹择若干介绍于后。

中医术语——五气五味

五气、五味、五臭是中医史上常见的概念。五气，皮肤对温度、湿度的感觉，即温、凉、寒、燥、湿；五味，舌头对食物的感觉，即咸、苦、酸、辛（辣）、甘（甜）；五臭，鼻子闻到的五种气味，即膻、焦、香、腥、朽。

中医术语——五劳七伤

在中医学里有“五劳七伤”，也写作“五痨七伤”。何谓“五劳”呢？我国汉末医学家张仲景在其所著的《金匮要略》中说，“五劳”就是五脏劳损，即心劳、肝劳、脾劳、肺劳、肾劳。“七伤”又是指什么呢？隋朝太医博士巢元方等人所撰写的《诸病源候论》中指出：忧愁思虑伤心；大怒气逆伤肝；大饱伤脾；形寒饮冷伤肺；强力举重、久坐湿地伤肾；恐惧不节伤志；风雨寒暑伤形。

中医术语——八纲辨证

八纲辨证：是中医分析疾病的常见方式，即指从阴、阳、表、里、寒、热、虚、实八个方面去归纳概括病变的部位、性质和印证双方力量消长情况。

中医术语——八法

八法：中医学名词，即汗、吐、下、和、温、清、消、补八种治疗方法的总称（见《医学心悟》）。汗法有开泄腠理、解除表邪等作用；吐法有涌吐痰涎、胃中食积及毒物等作用；下法有通便除积、荡涤实热、攻逐水饮等作用；和法有和解表里、理气和中、扶正祛邪等作用；温法有回阳救逆、温中祛寒、温通血脉等作用；清法有清热解毒、清气凉血等作用；消法有消食导滞、消淤散结、化痰化湿等作用；补法有补益精血、培补元气等作用。

中医术语——十问

十问：中医学名词。问诊的主要内容。明张景岳把问诊的重点归纳为“一问寒热二问汗，三问头身四问便，五问饮食六问胸，七聋八渴俱当辨，九因色脉察阴阳，十从气味章神见”。清代的陈修园删去末两句，补上“九问旧病十问因，再兼服药参机变”，使问诊内容更为全面。

外感邪气

我国医学将病因大致分为外因、内因以及其他原因。外因又称为邪气，是由生活环境中大自然的变化引起的疾病，如风、寒、暑、湿、燥等，均为外因，因此感冒又名为风邪。此外，热性的疾病，肌肉、眼睛的疾病以及头晕等皆为风邪所造成的。寒邪则是急性的疼痛、寒证及睡寒（睡眠时身体受凉）的病因。暑邪乃是日射病及热射病的病因。至于季节性的腰酸背痛、急性肾炎，则是由湿邪所引起。连续干燥的天气，会发生燥邪造成的气喘及支气管炎等。火伤、烫伤是火邪所造成的最常见疾病。除此之外，前面所说的五邪进入体内后转变为严重的热证，也算是火邪的疾病了。

对于各种邪气所造成的疾病，各有不同的食物治疗方法。对于风邪的驱除叫做“去风”，其他称为“去寒”、“去湿”、“润燥”、“泻出”。

内因致病

内因就是指精神上的喜、怒、忧、思、悲、惊、恐等七情影响身体的状态。例如：极度的生气，就伤害肝而引起疾病。喜会影响心，思、悲能影响脾，忧会影响肺，而惊、恐则会影响肾的功能。

表证和里证

中国医学依患病部位的不同，将疾病分为表证与里证。所谓表证即不包括内脏病痛的疾病，如热性的肌肉疼痛、关节炎、流鼻水、鼻塞等，以及慢性的肌肉与关节的麻痹、运动器官的障碍皆属之。总之，凡是身体外表异常的症状均属表证。关于内脏器官的疾病才称为里证。

寒证和热证

中医将疾病分为热证与寒证两种。患部红肿发热、口渴、尿液为黄红色，这些是热证的症状。引起热证的原因有二，其一是温热性的邪气侵入体内，其二为体内阳气亢进的缘故。另外，阴气不足而引起的热证叫做虚热。

患有热证的时候，要食用冷性的食物。冷性食物分为微寒、大寒等，必须依病况所需，给予适当的食物治疗。

热证的成因不同，其治疗也就有所差异，例如对于侵入性的温热邪气，必须将之排出体外；对于过旺的阳气，要加以抑制；而不足的阴气，则需要弥补。总之，各种不同的病情，各有其适当的食治法。

手足冰冷、尿液透明、面色苍白等，都是寒证的症状。寒证的性质与热证相反，乃恶寒邪气侵入体内，或是体内阴气亢进，或是因为阳气不足的缘故。治疗寒证的食物亦同治疗热证时一样，分为排出性、压抑性及补充性三种，对于寒证的治疗，必须食用温热性食物。

暑湿疾病

中医认为“夏季暑当令，暑多夹湿”。也就是说夏季的气候特点是暑热，加上空气潮湿，人们往往觉得闷热难耐，所以夏季对人体影响最重要的因素是“暑湿疾病”。如果“暑湿疾病”侵入人体，对人体各个脏腑功能的影响是非常大的。因为“暑湿疾病”容易损伤人体的津液，耗伤人体的正气。“暑湿疾病”侵入人体，会导致毛孔张开而过多地出汗，出汗过多就会耗损人体的津液，津液亏损太多的话，正气也就会随着津液而损失，若超过生理的代偿限度，就必然会导致气虚以及机体抵抗力的下降。“暑湿疾病”还会导致气机的升降失常，所以人体就会出现头晕目眩、神疲乏力、少气懒言、心烦闷乱等症状。

中医的中国流派

中国大陆、中国台湾、中国香港及新加坡、马来西亚等华侨地区，以《内经》、《伤寒论》等为基础，依六经及八纲理论，辨证施治，一旦决定疾病类型，即可配伍与其相对应的中药医治，此即随证用药施治。在中国以《伤寒论》的出现成为临床医学体系的起点，但因《伤寒论》的理论不能通治百病，因而产生了补充《伤寒论》之不足的金元医学及清代的温病理论。其后再加上西洋医学之传入，而形成了现代中医学。中国流派是在不断发展中形成了今天的面貌。

中医的日本流派

日本中医由中国隋唐时僧医及鉴真赴日而传入。明代田信三喜氏传入金元李朱医学。其由弟子曲真濑道三氏改为日本流派的“道三派医学”，将中国医学日本化，其后江户时代由于以《伤寒论》为中心的复古运动，形成了“古方派”，影响至今。

中医的朝鲜流派

由于地理与中国接近，李王朝时代许浚编著了《东医宝鉴》，形成了朝鲜的中医体系，其基本理论仍以《伤寒》、《金匮》为主。19世纪中叶，朝鲜著名医学家李济马又在《东医宝鉴》学术成就的基础上创立了四象医学。

同仁堂

享誉海内外的国药老店北京同仁堂，创建于清康熙己酉年(1669)，迄今已有330年的历史，创始人乐尊育先生出身中医世家，曾任清官文书档案吏目，性喜阅方书，喜辨药味，又借职务之便，收集了大量宫廷秘方、古方、绝方、民间验方和祖传秘方，创办了同仁堂，制售成药。同仁堂的药素以“配方独特、选料上乘、工艺精湛、疗效显著”而驰名，中华人民共和国成立初期，在同仁堂药库发现存贮了大约150年的1000多丸成药，依然色泽鲜艳，药香浓郁，质地完好，由此可见同仁堂制药的绝佳工艺。同仁堂制药多采用宫廷秘方，光绪十五年再版的《同仁堂药目》收载的495个药方中，近半数为宫廷秘方。宫廷秘方出自御医之手，立方严谨、用药稳妥，可谓中药之精华。长期以来同仁堂严格恪守古训“炮炙虽繁必不敢省人工，品味虽贵必不敢减物力”，因而盛誉经世不衰。

桐君：我国医学鼻祖

在桐庐，桐君故事老幼皆知。相传，桐君住在桐君山上一棵桐树下的一个茅棚里，手提葫芦，勤采草药，为民治病，“桐君山”、“桐庐”由此得名。

现经考证，桐君是黄帝时人，是我国研究中医药理论的最早学者，他创立的“君、臣、佐、使”（即现称“主药、辅药、佐药、引药”）这一药物配伍原则为中药学奠定了基础，记录桐君中医药实践与理论成果的《桐君采药录》三卷成了我国最早的中医药学经典著作。

清代名画《桐荫问道图》中桐君仪容谦和，抚须捋髯，俨然学者风度；向桐君问道的一老一少拱手环立，一位俯首低眉，另一位恭敬发问。这幅名画给人启示，桐君不是一般的乡村医生，而是我国历史上研究中医药卓有成就的学者。

我国医学妇科之最

1. 专著。唐代昝殷所著《产宝》（又名《经效产宝》）一书，为我国现存最早的妇产科专著。

2. 医生。战国时期的名医扁鹊，是我国最早被称为妇科医生的人。

3. 流产论。古代著名医家巢元方(550—630)，在其所著《诸病源候论》中，最早提出“人工流产”的理论。

4. 晚婚。据宋代陈自明(1190—1270)所著的《妇人良方大全》一书中记载，公元454年，褚澄有关于实行晚婚的主张和理由，应是我国最早提出晚婚主张的人。

5. 方剂。在2000多年前的古医籍《素问·腹中论》中，记载有一名叫“四乌鲗骨一芦茹丸”的方剂，方中用乌鲗骨（即乌贼骨）四份，芦茹（即茜草）一份，共研细末为丸，主治妇女血虚精亏气伤而致的血枯经闭之症。据有关专家考证，该方是我国最早用于妇科疾病治疗的第一个方剂。

形象生动的病证

说来有趣，人体内某些器官、组织由于发生病变而引起一些看得见或感觉得到的奇特征象，有不少是以动物或小昆虫的名字来命名，它形象生动，给人以深刻印象。

马鞍鼻:梅毒侵犯口鼻，则出现畸形，如扒鼻子，硬软颚穿孔、缺损，说话成哝鼻子。

猿耳：在耳朵的胚胎发育过程中发生变异和畸形，通常耳廓上方有一向后突出的尖或向外侧突出的肥厚部，相当于猿耳的耳尖。

猫喘：风湿性心脏病，二尖瓣狭窄的心前区，用手轻捂住，可以感到类似猫样的震动感。

象皮肿:丝虫病人的双腿，像象皮肿，民间有称发牛火，是下肢单侧或双侧小腿组织内的淋巴管被阻塞、扩张或破裂，使淋巴液向外溢出，引起皮下纤维组织大量增生及皮肤增厚，变得粗糙。

此外，还有鸡胸、驼背、鹅口疮、蜘蛛、牛眼、狐臭、雀斑、豹纹状皮肤病……

“病”的讳言婉语

古人交往，谈及疾病多用讳言、婉语、敬词。这也是古代的一种文明礼貌。“违和”意谓身体失于调和而不舒适，常用作称他人患病的敬词，如“贵体违和”、“玉体违和”。“无恙”是无疾无忧、平安无事之意，也是常用的问候之语。“采薪之忧”是自称有病之婉辞。“造化小儿相苦”是患者自言疾病的趣语。用以指命运，是一种风趣的说法。“勿药”意即不用服药而病自愈，也称“勿药之喜”，与现代汉语中常用的“康复”、“痊愈”等词，意思相同。

中医中的脉和脉象

脉，指脉道。《素问·脉要精微论》说:“夫脉者，血之府也。”《中藏经》也说:“脉者，谓血气之先也。”说明脉不单是血液汇聚的地方，也是气血运行的道路。心脏跳动而推动血液在脉管中流动时产生的搏动，称为脉搏。

脉象的形成，不仅与心、血、脉三者有关，同时与整个脏腑机能活动的关系也非常密切。所以脉中的血流情况和表现于脉的形象，都与整体脏腑功能活动息息相关。此外，血为神、气的物质基础，且血与精、气、津、液同属于水谷精微所化，它们之间的关系是既相互滋生，又相互影响。所以血液的盈亏和血行的流滞，同营卫、津液、精神等，也有一定的关系。

切脉

切脉，是中医临床诊断疾病的重要手段之一。之所以通过切脉能够诊断疾病的变化，主要是因为：脉为气血运行的道路，人体各脏器组织与血脉是息息相通的，而脉与心又密切相连，心为气血运行的动力，心神与各脏腑的功能活动密切相关。所以人体气血的多少，气血运行的状况，脏腑功能活动是否正常，病变过程中正邪的消长等等，都能直接或间接地影响于心脉。因此，通过切脉能够诊断疾病。

气血津液

在人体内循环的有气、血、津液，这是中国医学的称法。“气”是体内活动力的来源，气停滞叫做气滞，气滞会使体内的运行受阻，而发生异常的状态。“血”可以说是各器官的养分，血液循环阻滞会产生局部性的疼痛、静脉瘤、月经不顺、经痛等，也会使血液呈暗红色，这种血液阻滞的现象称为血滞（瘀血）。“津液”就是人体内的水分，水滞会导致身体浮肿、胃里发出水声和引起如水的下痢。

古代物理降温法

我国古代人民在治疗温热疾病的实践中，积累了许多行之有效的方法，物理降温法就是其中之一。《黄帝内经 · 刺热篇》中指出：“诸治热病，以饮之寒，水乃刺之，必寒衣之，居止寒处，身寒而止也。”归纳起来，大概有以下几种：

冰敷降温法：以冰一块置于膻中，来治疗急性热病昏迷等病证，具有物理降温及穴位刺激的双重作用。

通风降温法：令撤幔开窗，前后左右各置凉水，顿觉凉爽。仍令二童以西瓜汁，连饮四五盅即愈。

酒喷降温法：以烧酒喷其胸，将镜扑之，更以新汲水和蜜，用翎沃入其口数次，少顷，患人即伸舌探水，以益元散灌下即活。

湿敷降温法：清代俞震在《古今医案按》中指出：“热证之极，卒未可解者，汲新井水浸青布互熨之为妙。”

最早的医疗体操

我国奴隶社会的末期，出现了用来驱除风湿、舒筋活络的“消肿舞”。后来人们通过实践，做一种类似舞蹈的动作，能够使关节得到活动，肿胀得以消除，而且还可以使人觉得心情愉快，这种用于治病的“消肿舞”，可以算是我国最早的医疗体操了。

《黄帝内经》中记载：我国黄河流域下游一带，河流平缓，常发洪水，使人们常患“痿厥寒热”之病，当时主要是用“导引按跷”的方法来治疗。所谓“按”就是指现在医疗上常用的按摩推拿；而“跷”则是手舞足蹈的动作，是指跳舞的意思。这段古籍记载还说明我国最早的医疗体操——“消肿舞”产生于中原一带。

古代治疗肿瘤

我国是较早认识和用外科手术治疗肿瘤的国家。2000 多年前的《黄帝内经》里就有瘤的记载，书中提到的“肠覃”、“石瘕”、“积聚”，其实都是指肿瘤，而且对肿瘤的病因、症状和治疗，也有较为详细的记述。宋代的《卫济宝书》最早提出“癌”的病名。

到了明代，人们对各种癌症的认识进一步加深，而且治病方法也更加丰富。

如窦汉卿曾用金属烙铁烙唇癌，陈实功曾用火针、枯瘤法治疗肿瘤等，他们对肿瘤的手术疗法都作了大胆的尝试。

古代的妇产科学

古代最早有关妇产科方面的知识，是有关“种子”、“避孕”的记载，散见于现存的《山海经》、《诗经》中。西汉经学家刘向的《列女传》中，有一些关于“胎教”的内容，均很粗略。东汉末年医圣张仲景的《金匮要略》，是妇产科学的经典之作。陈自明的《妇人大全良方》较具有代表性，被中医妇科学界奉为经典之作。

古代妇产科学是伴随着中医学理论与实践的发展而逐渐萌芽、成熟，最后独立成专科的，其间经历了漫长的历史过程，同时也积累了丰富的临床经验，为中华民族的繁衍作出了巨大的贡献。时至今日，中医妇产科在防治妇女的经、带、胎、产诸方面疾病时，仍以其独特的理论和方法取得神奇的疗效。

中医独特的舌诊技术

中医认为，人体是个有机整体，各脏腑、组织、器官在生理上相互联系，在病理上相互影响。体内脏腑的变化，可以通过经络反映于体表，而体表的征象，又反映着体内脏腑的信息，所谓“有诸内必形之于外”。舌，通过经络的联络作用，直接或间接地联系于许多脏腑。因此，内脏的精气可以上营于舌，脏腑的病变亦可以从舌象变化反映出来。这就是中医学望舌察病的内在根据。

中国古代女医生

汉代的义妁，是我国史书记载的第一位女医生，她悬壶济世，深受群众爱戴。相传汉武帝得知她的医术后，招她入宫，拜为女侍医，专为皇太后等治病，深得太后信任。

晋代鲍姑，是名医炼丹家葛洪之妻。相传“艾灸”法是她发明的。

唐代的胡愔，对葬生长寿、吐纳导引有独特见解。她编绘了《黄帝内经图》一卷，描述了人体的五脏。

宋代名医郭敬仲的母亲冯氏，医术也很高明。一次孟太后重病，御医治疗无效，宋高宗急召冯氏入宫，冯氏只用一剂药就治好了孟太后的病。高宗大喜，封她为安国夫人。

明代的谈允贤，出身名医世家。当时的富家眷属生病，羞于请男医生搭脉，闻谈氏之名，都请她诊治。她晚年还写有《女医杂言》一书传世。

清末女名医曾懿，治病有许多独特的经验。她著有《古欢室丛书》一部，内有《女学篇》、《医学篇》、《诗词集》三大部分。

郎中

郎中是我国古代南方对医生的一种

称谓，郎中作为医生的称呼始自宋代。宋以前，对医生的称呼较为复杂，一般根据其专科进行称呼，如食医、疾医、金疮医等。宋代始，南方习惯称医生为郎中，北方则称医生为大夫，并一直相沿至今。

“医圣”张仲景和坐堂医

坐堂的由来：我国一些老字号的中医药店，多以“堂”相称，诸如什么“济生堂”、“同仁堂”、“长春堂”、“四知堂”等。以至有些药店演变到后来发展成制药厂，仍然保留着这些老字号。如北京的“同仁堂”、天津的“达仁堂”、杭州的“胡庆馀堂”、石家庄的“乐仁堂”、安阳的“明善堂”等，至今仍名扬海内外。“医圣”张仲景公开坐堂应诊，首创了名医坐大堂的先例，他的这一举动，被传为千古佳话。

后来，人民为了怀念张仲景，便把坐在药店内治病的医生通称为“坐堂医”。这些医生也把自己开设的药店取名为“××堂药店”，这就是中医药店称“堂”的来历。

扁鹊

扁鹊，战国时医学家。姓秦，名越人，齐国渤海卢（今济南市长清县）人。扁鹊是中国传统医学的鼻祖，对中医药学的发展有着特殊的贡献。扁鹊年轻时虚心好学，刻苦钻研医术。他把积累的医疗经验，用于平民百姓，周游列国，到各地行医，为民解除痛苦。由于扁鹊医道高明，为百姓治好了许多疾病，赵国劳动人民送他“扁鹊”称号（扁鹊，传说是黄帝时代的名医）。扁鹊在总结前人医疗经验的基础上创造总结出望（看气色）、闻（听声音）、问（问病情）、切（按脉搏）的诊断疾病的方法。

华佗

华佗（约公元145～208），东汉末医学家，沛国谯（今安徽亳州市谯城区）人。华佗生活的时代，当是东汉末年三国初期。那时，军阀混战，水旱成灾，疫病流行，人民处于水深火热之中。华佗非常痛恨作恶多端的封建豪强，十分同情受压迫、受剥削的劳动人民。为此，他不愿做官，宁愿摇着金箍铃，到处奔跑，为人民解脱疾苦。

华佗集中精力于医药的研究上。《后汉书·华佗传》说他“兼通数经，晓养性之术”，尤其“精于方药”。 他乐于接近群众，足迹遍及江苏、山东、安徽、河南等地，深得群众的信仰和爱戴。人们称他为“神医”。

五禽戏

五禽戏是一种中国传统健身方法，由五种模仿动物的动作组成。五禽戏又称“五禽操”、“五禽气功”、“百步汗戏”等。据说由东汉医学家华佗创制。

五禽戏，是一套使全身肌肉和关节都能得到舒展的医疗体操。华佗认为“人体欲得劳动……血脉流通，病不得生，譬如户枢，终不朽也”。五禽戏的动作是模仿虎的扑动前肢、鹿的伸转头颈、熊的伏倒站起、猿的脚尖纵跳、鸟的展翅飞翔等。五禽戏是中国民间广为流传的、也是流传时间最长的健身方法之一。1982 年 6 月 28 日，中国卫生部、教育部和当时的国家体委发出通知，把五禽戏等中国传统健身法作为在医学类大学中推广的“保健体育课”的内容之一。2003 年中国国家体育总局把重新编排后的五禽戏等健身法作为“健身气功”的内容向全国推广。

朱丹溪

朱丹溪（1281 － 1358），元医学家，名震亨、字彦修，诞生于浙江羲与县赤岸镇。他是“滋阴派”的代表人物，倡“阳常有余，阴常不足”及“相火论”，主张滋阴降火，善治内伤杂病。在学术上强调养阴和泻火二法，被称为“养阴学派”的鼻祖。对火证的治疗有精辟的论述，在热性病的治疗方面有重要的指导价值。著有《局方发探》、《格致余论》、《素问纠略》、《本草衍义补遗》、《伤寒辨疑》、《外科精要发探》等。他创立丹溪学派，对祖国医学贡献卓著，后人将他和刘完素、张从正、李东垣并誉为“金元四大医家”。

李时珍

李时珍（1518 － 1593），字东璧，号濒湖，湖北蕲州（今湖北省蕲春县蕲州镇）人。李时珍继承家学，尤其重视本草，并富有实践精神，肯于向劳动人民群众学习。李时珍曾参考历代有关医药及其学术书籍八百余种，结合自身经验和调查研究，历时二十七年编成《本草纲目》一书，是我国明以前药物学的总结性巨著。《本草纲目》问世后，很快在中国流传起来，对后世的影响很大，已经被全部或部分译成日文、英文、德文、法文、拉丁文、俄文等多种文字，在世界上广泛流传，至今仍是一部有重大学术价值的古代科学文献。李时珍是世界公认的杰出的自然科学家。李时珍另著有《濒湖脉学》、《奇经八脉考》等书。

中国历代主要本草学著作

《雷公炮炙论》 雷 敩 南朝宋代
《名医别录》 陶弘景 南朝梁代
《本草经集注》 陶弘景 南朝梁代
《新修本草》（《唐本草》） 苏敬等 公元657–659年
《食疗本草》 孟 诜 公元621–714年
《本草拾遗》 陈藏器 公元741年
《蜀本草》 韩保升等 公元935–960年
《日华子诸家本草》（《大明本草》） 刘翰、马志等 公元973–974年
《嘉祐补注本草》 掌禹锡、林亿、苏

颂等　公元1057—1060年
《本草图经》(《图经本草》) 苏颂　公元1061年
《经史症类备急本草》(《症类本草》) 唐慎微　公元1082年
《本草衍义》　寇宗奭　公元1116年
《珍珠囊》　张元素　公元1186年
《汤液本草》　王好古　公元1289年
《饮膳正要》　忽思慧　公元1330年
《本草衍义补遗》　朱丹溪　元朝
《滇南本草》　兰茂　公元1476年
《本草品汇精要》　刘文泰　公元1505年
《本草蒙筌》　陈嘉谟　公元1565年
《本草纲目》　李时珍　公元1578年
《本草汇言》　倪朱谟　公元1624年
《神农本草经疏》(《本草经疏》) 缪希雍　公元1624年
《本草备要》　汪昂　公元1694年
《本经逢原》　张璐　公元1695年
《本草从新》　吴仪洛　公元1757年
《要药分剂》　沈金鳌　清朝
《本草纲目拾遗》赵学敏　公元1765年
《药性论》　甄权　唐朝
《本草便读》　张秉成　清朝
《本草求真》　黄宫绣　公元1769年
《本草求原》　赵其光(寅谷)缉　清朝
《随息居饮食谱》　王士雄(孟英) 公元1863年
《本草秘录》(《本草新编》) 陈士铎　清朝
《本草思辨录》　周岩　清朝
《饮片新参》　王一仁　公元1935年
《医学衷中参西录》　张锡纯　公元1918—1934年
《本草正义》　张山雷　公元1920年
《中国药学大辞典》　陈存仁等　公元1935年
《全国中草药汇编》全国中草药编写组　公元1976—1978年
《中药大辞典》江苏新医学院　公元1977年

第二章　中药知识

"中药"一词的由来

中药在我国具有悠久的历史，然而在传统的医药典籍中却未见"中药"一词，而只有"药"。"中药"术语是在西药传入我国时开始出现的。西方近代医药学的早期传入，可追溯至明末清初。鸦片战争前后，西药知识更进一步传入我国。由于西医药的影响日益扩大，到20世纪30年代，在一些大城市已形成了中西医药同时并存的局面。人们为了同传入的西医、西药相区别，将我国传统医药，分别称之为中医或汉医、中药或汉药。正是由于西药的传入，才出现了与之相对应的"中药"一词。

神农本草经

它是中药学书名，为秦汉时人托名"神农"所作。大约成书于公元1世纪或2世纪。原书已佚，其内容由于历代本草书籍的转引得以保存，为世界最早的药典。现传的《神农本草经》，是明代卢复和清代过孟起、孙星衍、顾观光以及日本森立之等的辑佚本。该书共记载药物365种，其中植物药252种，动物药67种，矿物药46种。到了公元657年，中国唐代医官苏敬等上书，建议重修《神农本草经》，后来朝廷采纳了他们的建议，征召20多人集体编写，定名《新修本草》。全书增到54卷，记载药物850种。

中药之乡集锦

人参之乡——吉林省抚松县
党参之乡——山西省平顺县
田七之乡——广西壮族自治区靖西县
药材之乡——江西省靖江县樟树镇
枳壳之乡——江西省靖安县
知母之乡——河北省蠡县
木瓜之乡——安徽省宣城县
黄连之乡——湖北省利川县
黄芪之乡——内蒙古自治区武川县
甘草之乡——宁夏回族自治区盐池县
天麻之乡——河南省新县
银花之乡——山东省平邑县
菊花之乡——浙江省桐乡县
银耳之乡——四川省通江县
山药之乡——山西省平遥县
阿胶之乡——山东省东阿县
蜈蚣之乡——浙江省岱山县
茯苓之乡——湖北省罗田县
蟾蜍之乡——江苏省启东县
泽泻之乡——福建省建瓯县
银杏之乡——河南省新县

中药的产地

各种药用植物和动物经过在某一地区长期的生长繁衍，逐渐对该地区环境产生了适应性，因而也就形成了某些药物的主产地域性。同一种药物，由于产地不同，其质量和疗效就有差异，所以中药传统应用经验，强调“地道”。那种一地所产，其品种、质量、疗效均优的药材，称为“道地药材”（也称“地道药材”）。气候水土自然条件，与药材生长、气味形成、疗效高低等都有着密切关系。历代医家都十分重视道地药材的应用。

地道药材

如东北的人参、细辛、五味子，甘肃的当归，青海的大黄，宁夏的枸杞，内蒙古的甘草，四川的黄连、芎䓖、附子，山西的党参，河南的怀生地、怀牛膝、怀山药，云南的三七、茯苓，江苏的薄荷，浙江的贝母，山东的阿胶，广东的砂仁、陈皮，广西的蛤蚧等，自古以来都被视为道地药材，传沿至今，享誉国内外。

中成药命名的由来

以主药的名字命名一个中药方剂，以主药、辅药、佐药、引药共同配伍组成，其中主药起主导作用，根据配伍特点，于是有的中成药便以主药的名字命名：

如山楂丸、首乌片、板蓝根糖浆等均属此类。

以该成药的主要功效命名：如安神补心丸、补中益气丸、降压丸、开胸顺气丸等等。

以主药和主要功效命名：如牛黄清心丸、附子理中丸、银翘解毒丸、止咳枇杷露等。

以药味的数目命名：如十全大补丸、六味地黄丸等。

以服用对象命名：如妇女通经丸、妇科再造丸、孕妇金花片等，老人用的国公百寿酒、益寿补脑汁、延年益寿丸等。小儿则用小儿凉寒丸、小儿至宝丸、娃娃宝、肥儿糖浆等。

以治疗部位命名：如牙痛水、胃痛片、骨痛酒等。

以药品适应证命名：如痔疮膏、喉炎片、风湿关节炎丸、白带丸、感冒片等。

中药四性

四性又称四气，是指药物具有的寒、热、温、凉四种性质。寒与凉、温与热仅是程度不同，药物性质实际上只有寒热两类。寒凉性质的药物能清热、泻火、解毒，用来治疗热证；温热性质的药物能温里、散寒、助阳，用来治疗寒证。有些药寒热性质不明显，呈平性，寒、热证都可以选用。病情复杂往往寒证、热证并见，治疗时温热药、寒凉药就同时运用。

中药五味

五味是用酸、甘、苦、辛、咸五种味道来表示药物不同的药理作用。酸味有收敛固涩作用，用来治疗盗汗、遗尿、腹泻、遗精等症。甘味药有补虚、缓急、调和的作用，用来强壮、止痛和调和药味。有的药，一种药有两种以上的性，如五味子，有酸、咸两性，因而表明，一药可产生多种疗效。苦味药能泄、能燥、能坚，有通便、降泄清热、清热燥湿等作用。辛味药能散、能行，有发散、行气、活血的作用。咸味药能软、能下，有泻下通肠、软坚散结等作用。

中药入经

药物在体内发挥治疗作用有一定的部位选择叫归经。麻黄平喘、大黄通便、车前草利尿，它们就分别归肺经、大肠经、膀胱经。知道药物的归经，就可以指导选择用药。归经与性味相结合，就能比较全面地表示出一味药物的药理作用。

中药功效

功效是药物的具体疗效作用。按功效，中药分为清热药、散寒药、补益药、解表药、化痰止咳平喘药、芳香化湿药、消食药、行气药、泻下药、驱虫药、开窍药、镇惊解痉药、安神药、利水药、渗湿药、祛风湿药、活血化瘀药、止血药、收涩药、外用药等 20 余类。

中药禁忌

中药的禁忌比较严格。如老人、幼儿、体弱者、孕妇，不能用毒性大、作用猛的药物；身体渐衰是老人的生理特点，攻邪时注意调补气血，增强抗病力，做到扶正祛邪；小儿正是生长发育时期，对药物敏感，要时时保护其脾胃，便能食欲不减、生机旺盛，有利康复；妊娠期用药，不能损害胎儿；月经期用药，不能引起月经过多或导致闭经。这些都是中药禁忌。

中药配伍

功效相同的药物合用，能增强疗效，叫相须配伍；功效不同的两味药合用，也能增强疗效，叫相使配伍；祛痰止呕药半夏有一定毒性，合用生姜能使毒性降低，半夏对生姜来说是相畏配伍；生姜对半夏来说是相杀配伍；产生毒性的配伍叫相反；降低疗效的配伍叫相恶。上面六种配伍关系，加上单味药使用（单行），叫中药的七情。应运用好相须、相使、相杀、相畏的配伍，避免相反、相恶的配伍，使治病疗效高而不产生毒副作用。

中药中的君臣佐使

中药按君臣佐使的原则组合，不是同种功效药物的相加，也不是治各种症状药物的凑合。

组成方剂的药物可按其在方剂中所起的作用分为君药、臣药、佐药、使药，称之为君、臣、佐、使。君药针对病因或主要症状起主要治疗作用，常是一味或两味；臣药协助君药增强主要疗效；佐药或者用来降低主要药毒性，或是治疗次要症状；引导药力直达病变部位的引经药及调和药味的药物属于使药。标准的处方君臣佐使四组药齐备，简单的处方也可以不用辅药或佐使药。

中草药得名

中药，是中华医学宝库的瑰宝。中药品种繁多，据《本草纲目》记载就有 1890 种之多。中药应用的历史久远，据记载已有 2000 多年。而中药药名，取名生动形象，准确贴切，精短易记，又富于寓意，显示出中国文化的独特韵味。中药的名称，常有一定的来历。如芍药（白芍、赤芍），就是绰约的谐音，因其花容绰约而得名。

古老神奇的藏医药

早在公元前二三世纪，藏族先民们就认识到一些动植物可用于治病。藏医创始人之一宇妥·云登贡布于公元 8 世纪编著《四部医典》，奠定了藏医学理论体系。这部医典包括各种疾病的分类，生理病理，诊断，治疗，药物配方。全书配有 80 幅彩色系列图画，是世界上最早的大型成套彩色医药教学挂图，也是我国现存最早的最完整的藏医彩色图本。

西藏和平解放后，政府大力扶持藏医藏药事业，20世纪50年代派出多批医疗队进藏，后多次组织藏汉医务人员对藏医藏药进行整理和研究。国家拨款用于发展藏医药事业的经费逐年增加，使停滞不前的藏医藏药加快了发展步伐。

人参

人参，首载于汉朝《神农本草经》，被列为温补上品。西晋末年开始栽培，迄今已有1660多年历史，我国系世界最早引种的国家。现代医学分析表明：人参抗癌防衰，兴奋造血系统功能，调节神经和内分泌系统，尤其性腺。适用于冠心病、低血压、神经衰弱、久病衰竭、病后虚弱等一切气血津液不足之症。国内采用人参制剂治癌症52例，亦有同样疗效，且无副作用。又据综合报道，以人参制剂治下列疾病有效率为：冠心病82%，神经功能紊乱达78%，隐性糖尿病77%，妇女更年期综合征达92%。

甘露

封建社会的统治者，认为甘露是一种延年益寿的“圣药”。“其凝如脂，其甘如饴”，吃了能使“不寿者八百年”。因此，帝王称它为“天酒”、“神浆”，梦寐求之。有些帝王听说降下甘露，马上改变其年号。其实甘露并非“神灵之精，仁瑞之泽”，它不过是蚜虫的排泄物。据化学分析，它含有较多的转化糖、甘蔗糖、松子糖等。其中碳水化合物占70%左右，糊精占20%以上，蛋白质占3%。它的确具有一定的滋补作用，但它绝不是可治百病的延年益寿的“圣药”。

端午三友

菖蒲、艾和大蒜，旧时家家户户过端午必备，称为“端午三友”。古人对菖蒲、艾和大蒜的除毒功效早有认识。从时令上看，端午节正是大地春浓、大气回暖的节令，容易流行疾病；各种昆虫开始活动，毒虫也开始危害人们。过去民间每逢端午节总是在门口插上菖蒲和艾，以除毒；吃了难以消化的粽子后，吃蒜头以助消化，可见把菖蒲、艾和大蒜称为“端午三友”是有根据的。

华佗和“麻沸散”

公元2世纪，我国伟大的医学家华佗，创制“麻沸散”开始实施麻醉手术。据《后汉书·华佗传》说，如果遇到发于胸腹里，针灸药物难以医治的病，华佗就采用手术治疗。他先给病人用酒调服麻沸散，待病人如同醉酒失去知觉时，就运用手术切除腹腔肿块和肠胃内病变。这是世界医学史上的一个惊人之举，因为西方医学在19世纪才开始做麻醉手术。遗憾的是，“麻沸散”由于华佗遭曹操杀害而失传。但是，运用麻醉药进行外科手术的做法，从此流行起来。

“蒙汗药”的药物成分

在《水浒》、《醒世姻缘传》和其他古典小说中，我们常常见到绿林好汉利用蒙汗药窃取钱财的行径。对这一神奇的药物,不少人认为纯系无稽之谈。其实，古人对蒙汗药早就有过存疑和研究，并力图解开蒙汗药的谜底。目前有“醉鱼草”说、“草乌末”说、“押不庐”说、“曼陀罗花”说等说法。

“行军散”的来历

三国时期，蜀魏交战。时值六月，蜀军将士在又闷又热的恶劣气候下长途跋涉，不少人发生暑病，部队大批减员。诸葛亮召集随营医生研究防治措施，由于大部队处于深山旷野，煎服汤药十分不便，随营医生们一筹莫展。于是诸葛亮经过反复试验，终于研制出用药量小、既可外用又能内服的中药散剂。将这种散剂吹入患暑病的将士们鼻腔和内服并举，将士们很快痊愈。

第二年，蜀军中又发生暑病，随营医生们还是用诸葛亮配制的这种中药散剂，将士们的暑病皆霍然而愈。于是，人们就将这种治暑病的中药散剂称为“诸葛行军散”。后来，这张治疗暑病的名方传到了魏国，魏人就将其易名为“武侯行军散”。

“诸葛行军散”和“武侯行军散”的方名，一直沿用了1000余年。“文革”中改名叫“行军散”，一直沿用至今。

灵芝

早在1700年之前，我国民间就流传着灵芝能起死回生的神话故事。灵芝含有丰富的锗。锗是一种金属元素，锗对人体生理功能的卓越贡献却迟迟不为人知，甚至一向被误解，认为它对人体有毒害。直到20世纪70年代，人们才知道它具有与体内“氢离子”结合的本领。以尿或汗液的方式排出，从而增强了体内氧的供应，有利于加速新陈代谢和延缓细胞的衰老。而且，锗在人体内只作极为短暂的停留，不到24小时便排出体外，对人体不会有毒害。

学者们在研究中发现，不少一直被人们视为有补益作用的中药都含有锗，如枸杞子、山药（淮山）、人参，越名贵的含量越多。使人惊奇不已的是，灵芝的含锗量竟比人参高四至五倍。

所以有的专家说：灵芝之“灵”，看来与它含丰富的锗是有密切关系的。

大蒜

大蒜古代称“葫”或“葫蒜”。据记载：它原产于意大利的西西里，汉代由张骞带回我国安家落户。大蒜是百合科葱属，多年生宿根植物。大蒜有白皮和紫皮两种，均含有挥发油、蒜氨酸、大蒜新素、微量碘等。近年来，医学研究发现大蒜具有抗氧化、抗动脉粥样硬化、抗菌、抗病毒、防癌抗癌及提高免疫力等作用。

绞股蓝

一直在神农架林区当做喂猪草的“五月五”，竟是被日本人赞誉为“福音草”的绞股蓝。现代生药化验检测表明，它含有60种人参皂甙，总含量甚至高于人参,使中国植物学界惊叹为“北有长白参，南有绞股蓝”！这种草药在长江南岸各地蕴藏极丰。

“鱼怪”抗癌

神农架地下河的鱼肚里有一种虱子，药学上称之为“鱼怪”，每尾鱼体内只长一颗，呈乳白色。四肢俱全，初离鱼体时还能爬动，是民间治疗食道癌的主药。据有关人士透露，神农架已发现60多种药物具有抗癌作用，100多种药物堪列高级保健药物名录。

云南白药

云南白药是驰名世界的中成药，于1902年成功创制。云南白药用于跌打损伤，瘀血肿痛，吐血、咳血、便血、痔血、崩漏下血，支气管及肺结核咳血，溃疡病出血，疮疡肿毒及软组织挫伤，闭合性骨折，以及皮肤感染性疾病。问世百年来，云南白药以其独特、神奇的功效被誉为“中华瑰宝，伤科圣药”，也由此成名于世、蜚声海外。云南白药已成为中国中药的第一品牌。随着国内外医疗科研机构对云南白药的研究不断深入，云南白药的应用领域也不断扩大。被广泛应用于内科、外科、妇科、儿科、五官科、皮肤科等多种疾病的治疗，并被制成散剂、胶囊剂、气雾剂、贴膏剂、酊水剂、创可贴等多种剂型。

何首乌

何首乌又称首乌、夜交藤、赤首乌、首乌藤。何首乌自古以来就分为赤、白两个品种，赤首乌国内外都有生长，白首乌是世界上唯一生长在中国的物种。何首乌补肝肾、益精血、乌须发。古籍记载，何首乌用于晚唐，盛行于早明，沿用至今，因其有益肝肾、补精血、抗衰老之功效，被历代名家视为摄生防老珍品。它又是药食同源的产品，所以适合长期服用，具有补肝肾，益精血，乌须发，强筋骨之功效。主治精血亏虚，头晕眼花，须发早白，腰酸脚软，遗精，崩带等症。

万金油

万金油的主要成分是薄荷脑、樟脑、桂皮油、桉叶油等加石蜡制成的膏状药物，今称清凉油。现代科学已经确定，这些成分有抗偏头痛、抗抑郁、止呕吐、抗昏迷、兴奋和止痛作用，当它们以一定的配方组合在一起时，药效由于协同作用而得到加强，比单一成分强得多。与“万金油”、“清凉油”相近的医药化学品还有“二天堂”、“驱风油”、“风油精”、“白花油”等，它们的主要成分都极相似，只是剂型不同、惰性填充料不同而已。

大力丸

大力丸的主要成分是冬虫夏草、牛黄、蛇胆、狗肾、鸡肾、枸杞子、肉苁蓉等以独特的配方配制而成，纯中药无副作用。具有调理身体免疫能力、提高身体素质，同时也提高男性性功能等作用。

同仁堂最负盛名的“十大王牌”和“十大名药”

同仁堂传统成药中最负盛名的首推“十大王牌”，即安宫牛黄丸、苏合香丸、人参再造丸、大活络丹、牛黄清心丸、紫雪散、女金丹、虎骨酒、参茸卫生丸和局方至宝丹。其中牛黄清心丸被港澳同胞称为“科学凉茶”。另外，同仁堂的产品中还有白凤丸、国公酒、安神健脑液、牛黄解毒片、狗皮膏药等“十大名药”。这些药品行销全国各地，远销港澳地区及日本、新加坡、美国、加拿大、瑞士、法国、意大利等数十个国家。

狗皮膏药

狗皮膏药是外用药的一种俗称，外用药依据中医的内病外治等原理，将药物直接敷在患病部位（阿是穴），中医上称之为穴位敷贴疗法。包括吴师机等在内的历代名医对“狗皮膏药”在行医上的作用都有很高的评价。随着现代医学的发展，科学技术又赋予了它新的内涵，“狗皮膏药”被现代医学概括为透皮给药或透皮缓释给药等名称，透皮缓释技术已经成为医学界研究的热门课题，在欧洲等发达国家，这种给药方式已经越来越成为主流的给药方式。“狗皮膏药”在医学界已经得到正名，由于给药的安全性和无毒副作用，它正在成为一个最具潜质的“明星”而备受推崇。

中药汤剂

汤剂是最古老也是最常用的一种中药剂型。用中药治病，无论是用单味人药，还是用多味药配成方剂应用，都需要加水、酒或其他药液熬制成汤剂后，才能服用。因此汤剂的煎法是很有讲究的，它对药物的疗效有很大的决定作用。正如《医学源流论》中所说：“煎药之法，最宜深讲，药之效不效，全在乎此。”

中药的煎法

从煎药的容器说，很多人都知道煎中药要用砂锅，煎中药时一般都要加水，通常只要是干净的水就行了，井水、自来水都可以。但加水的量要把握好，不同药剂的加水量是不大一样的。煎煮中药的水量是根据药物的性能、具体服用要求、药物的大小以及药味的多少来定的。首先，在煎药前要用冷水充分浸泡20～30分钟，使药物完全被水渗透，这样便于有效成分的溶解。然后再加水煎煮，加水量通常为药物的5～10倍，或者加到高出药面2～3厘米左右就可以了。如果医生有具体的要求，应遵医嘱。由于药物的质地不同，煎药的方法、程序也各有不同。另外，还有一些需要包煎的药物，比如种子类体积较小的、粉末状的、黏性的、容易烧焦的药物，或带毛刺、容易刺激嗓子或消化道的药物等，就应该用纱布包好之后再煎煮。中药有效成分的溶出是治病的关键，一般都认为煎药还是煎两遍好，头一遍叫“头煎”，第二遍叫“二煎”。煎中药的火力按大小有文火、武火之分。文火就是小火，武火就是大火、旺火。武火的火焰大，力道猛烈，可以使温度急速上升，使药液很快沸腾，但也容易烧焦；而文火的火焰较小，力道比较温和。煎药时，通常先用武火将药液烧开，再用文火慢慢地煎。

中药汤剂的服法

中药的头煎、二煎不能一次吃完，应该分开吃，这样可以使药物在体内的有效浓度均匀，所起的作用持久。如果头煎、二煎一次吃完，在短时间内，体内药物有效浓度一过性较高，而以后则迅速降低，以致消失，在一定程度上会影响治疗效果。分服：慢性病、病情轻，宜缓缓调治。一剂汤药煎好后可分2～3次服。呕吐患者应先少后多，分多次服下。小儿服时，宜浓缩体积，以少量多次为好。不要急速灌服，以免咳呛。

顿服：急性病，病情重，宜急速治疗。1剂汤药可1次服下。这样药力大而猛，能充分发挥作用。病情危重，以医嘱为准，甚至1天可服2～3剂，昼夜连服使药力持久，从而达到顿挫病情的目的。

药引子

药引是引药归经的俗称，指某些药物能引导其他药物的药力到达病变部位或某一经脉，起“向导”的作用。另外，“药引子”还有增强疗效、解毒、矫味、保护胃肠道等作用。“药引”又叫“引药”，犹如导游，将诸药引向一定的经络脏腑，进行针对性治疗。它们不仅与汤剂配伍，更广泛地和成药相配伍应用。在一张处方中，需不需要药引子，由医生根据病情而定，一般不需要病家自己去配制。要病家自己去配制的药，往往是该医院或药店配不齐，要求病家到其他医院或药店去配，或自己采集的药品。它可能是也可能不是药引子。

在应用中要根据中药的功能、主治、药性等特点，结合病情变化、病程长短、体质强弱、发病季节的不同以及药引的自身功效而酌定。但必须以提高药效，降低毒副作用，顾护正气，便于服用为前提，尽快治愈疾病为目的，正确地选用引药。

服药禁忌——忌口

“忌口”，就是指人们不该吃的东西。若吃了这些东西，就会对健康不利。传统医学是非常重视忌口的，一般地说，中医的“忌口”主要是针对病人而设的。

病中的忌口，一方面与服药有密切的关系，也就是药后忌口，另一方面是要注意与病情的关系，要针对疾病的寒、热、虚、实、表、里、上、下、五脏六腑等病因、病位、病性诸方面，结合食物的性、味全面加以考虑。凡于病不利的饮食皆为所忌。

因发物不利于疾病的治疗和机体的康复，故病中要忌口。发物致病的特点，一般有发热、发疮、上火、动风、生痰、胀气、便秘、腹泻以及诱发痼疾等。像现代医学所指的变态反应性疾病中的食入性食物过敏症的某些表现，如过敏性紫癜、皮炎、湿疹、肠炎、荨麻疹等，都包括在内。饮食忌口在中医营养学中是一个很重要的方面。正如名医学家张仲景所说：“所食之味，有与病相宜，有与身为害，若得宜则宜体，害则成疾，以此致危。”

发物

所谓发物，中医传统和民间习俗资料记载，是指动风生痰、发毒助火助邪之品，容易诱发旧病，加重新病。发物的范围较广，有的甚至扩大化了。发物禁忌在饮食养生和饮食治疗中都具有重要意义。在通常情况下，发物也是食物，适量食用对大多数人不会产生副作用或引起不适，只是对某些特殊体质以及与其相关的某些疾病才会诱使发病。

从广义上来说，发物就是指患病服药及病后调理的进食过程中，因食物不当而诱发产生某种病证，激发新病，或妨碍治疗，加重病情、影响康复的一类食物。

第三章　中医按摩针灸刮痧拔罐

奇经八脉

奇经八脉只是人体经络走向的一个类别。奇经八脉即别道奇行的经脉，包括督脉、任脉、冲脉、带脉、阴维脉、阳维脉、阴跷脉、阳跷脉共8条。它们与十二正经不同，既不直属脏腑，又无表里配合关系，“别道奇行”，因此称“奇经”。

奇经八脉的分布规律：奇经八脉的分布部位与十二经脉纵横交互，八脉中的督脉、任脉、冲脉皆起于胞中，同出于会阴，其中督脉行于背正中线；任脉行于前正中线；冲脉行于腹部会于足少阴经。奇经中的带脉横行于腰部，阳跷脉行于下肢外侧及肩、头部；阴跷脉行于下肢内侧及眼；阳维脉行于下肢外侧、肩和头项；阴维脉行于下肢内侧、腹和颈部。

奇经八脉的作用：一是沟通了十二

经脉之间的联系，将部位相近、功能相似的经脉联系起来，起到统摄有关经脉气血，协调阴阳的作用；二是对十二经脉气血有着蓄积和渗灌的调节作用，奇经八脉犹如湖泊水库，而十二经脉之气则犹如江河之水。

在临床实践中，中医各科的诊断和治疗都要运用奇经八脉的理论，尤其是针灸、推拿与气功都直接作用于奇经八脉。如有关外感热病、神经系统疾患、胸腹腰背部之疾患以及一些脏腑疾患等，既要依八脉而辨证，又要选入归奇经之药配方治疗。气功中练功之“大小周天”皆以奇经八脉为核心。推拿按摩同样不离任督二脉及阴阳脉，因此古称为“按”。最突出的是针灸临床，既可以在八脉上进行切诊，又是选取治疗穴位的方法。

十二经脉

十二经脉是经络系统的主体，具有表里经脉相合，与相应脏腑络属的主要特征。

其包括手三阴经（手太阴肺经、手厥阴心包经、手少阴心经）、手三阳经（手阳明大肠经、手少阳三焦经、手太阳小肠经）、足三阳经（足阳明胃经、足少阳胆经、足太阳膀胱经）、足三阴经（足太阴脾经、足厥阴肝经、足少阴肾经），也称为“正经”。十二经外络于肢节，内属于腑脏，因此经络病变，可以影响所属络的内脏，内脏有病也可影响其有关经络，或表现为局部的外经病候，或表现为内脏病候，二者往往同时兼见。

按摩

按摩手法是一项专门的技能。按摩是运用手指、手掌在人体上进行连续性的揉按动作，以达到一定的医疗保健目的的治疗方法。

按摩对关节、肌腱的作用

按摩对关节、肌腱等运动器官也有很大的影响，经过按摩，韧带的弹性和活动性可增强，关节周围的血液循环将更为活跃。从而，消除关节滑液停滞、瘀积及关节囊肿胀、挛缩的现象；按摩后关节局部的温度上升，因此可以祛风散寒、舒筋活血，以利减轻和消除由于外伤所致的关节功能障碍。

按摩对肌肉的作用

按摩后可以提高肌肉的工作能力和增强耐力，比消极性休息能更好地消除肌肉疲劳；按摩能使肌肉中闭塞的毛细血管开放，增加血流量。因而，被按摩的肌肉群，能获得更多的血液供应和营养物质，增强肌肉的潜在能力。按摩也能增进肌肉的张力和弹性，使其收缩机能和肌力增加，阻止肌肉萎缩。

按摩对血液系统的作用

按摩能加速静脉血管中血液的回流，而促进损伤部位水肿的吸收。由于血管的扩张，降低大循环中的阻力，因而能减轻心脏的负担，有利于心脏的工作。按摩还能影响血液的重新分配，调整肌肉和内脏血液流量及贮备的分布状况，以适应肌肉紧张工作时的需要。

按摩对呼吸系统的作用

按摩时由于增强了新陈代谢，因而气体代谢亦增加，按摩可以直接刺激胸壁或通过神经反射而使呼吸加深；另外亦可通过点按有关经络、穴位（如肺经的中府穴），使哮喘症状缓解。

按摩对皮肤的作用

皮肤富有大量的血管、淋巴管、汗腺和皮脂腺，它参加代谢过程，排泄分泌，并参与体温调节等，具有重要生理作用。按摩时首先作用于皮肤，可改善皮肤的呼吸，有利于汗腺和皮脂腺的分泌；按摩后能使毛细血管扩张，呈主动性充血，改善皮肤的营养，增强皮肤深层细胞的生活能力，从而，使皮肤光泽而富有弹性，相应地皮肤温度也有所升高。

按摩对神经系统的作用

按摩是一种良性的物理刺激，其手法的作用是通过经络和神经系统的反射机制而获得。不同的按摩手法对神经系统的作用也是不同的，如弹拨、叩击手法起兴奋作用，而表面抚摩则起镇静作用。即使同一手法，但运用的方式不同（如手法缓急、用力轻重、时间长短等），其作用也截然不同，一般地说，缓慢而轻的按摩手法有镇静之效；急速、重的手法则起兴奋作用。

按摩对消化系统的作用

通过按摩可使胃肠壁肌肉的张力增加，增强胃肠的蠕动，兴奋支配腹内器官的神经，增进胃肠等脏器的分泌功能。如点按胃经的足三里穴，胃肠的蠕动显著增强，消化系统的机能得到改善。

按摩六法

按摩可分为按、摩、推、拿、揉、捏六法。

1. 按法：即用手指、手掌，单手或双手摩压的方法，常用于治疗局部肌肉肿胀麻木、四肢冷痛等。

2. 摩法：用手指或手掌，单手或双手，依靠腕力，由内向外，由上至下，由轻到重在病体适当部位做轻揉抚摩。常用于四肢关节、头部、胸部、腰部、背部。具有舒筋活血、消肿止痛、祛风散寒的作用。

3. 推法：用手指或手掌，单手或双手，向前后、左右用力推动。可分拳推、侧推、指推，根据部位又可分为直推、平推，肝胃不和者，取仰卧位，用平推法；腰背痛者取俯卧位，用由上至下的直推法；四肢麻木者采取侧卧位，用侧推法。常配合摩法使用。

4. 拿法：用拇指和其他四指对称用劲，把皮肤用力提拿起来，或单手或双手，以病人拿后感觉轻松为宜，适于四肢疼痛、落枕等症。

5. 揉法：用手指或手掌贴附在皮肤上，做转移性的回环揉动，揉时不能离开病人的皮肤，适于四肢扭伤、脾胃虚弱、消化不良等症。常配合捏法。

6. 捏法：用指挤捏皮肤、肌肉，可单手也可双手，适于治疗头、颈、背、腰四肢疼痛。常配合拿法用。按摩手法要先轻后重，由慢而快，由浅入深，先治急、后治缓。

患有内科急性炎症、传染性皮肤病、妊娠期中的腰腿疼、恶性肿瘤者不宜接受按摩。

按摩时的关心体贴及观察病人反应

1. 要关心体贴、热情对待病人，根据病人病证和诊断进行对症按摩。有跌打损伤者，均要坐在椅子上或卧床进行治疗。

2. 施术时要聚精会神，注意观察患者面部表情，随时询问施术部位的反应。如觉痛甚、表现紧张、面色骤变苍白、心慌、恶心、头晕时，当立即暂停按摩，将患者平卧于床，头部放低，饮白糖水或其他糖水，掐人中穴(2～3下)，使其清醒过来。

各种病痛的按摩须知

1. 对困倦、腹饥、虚弱的病人进行按摩时，手法应较轻，或暂不施术，等到进食或体力恢复后再给予按摩。

2. 治疗颈背部痛，肩井穴不宜重按或久揉，否则易发生恶心、头晕、休克。

3. 治疗腕部桡侧腱鞘炎，肿胀部位施切法或揉法的时间不宜过久，否则易发生休克。

4. 治疗落枕时，颈部摇晃的手法不宜过猛，应据病情缓慢施之。

5. 如治疗肩部伤痛及肩周炎时，患者上肢不宜抬举过久，否则易发生头晕、休克。

6. 外伤肿痛较重患者，如怀疑骨折，在未查明有无骨折前，不应盲目仓促施行按摩、正复手法，以免骨伤恶化造成不良后果。如查后未见骨折，亦应慎重处理，手法宜较轻。

点按穴位不宜用力过猛

点按穴位及各种手法，均宜轻——重——轻(先轻、后重、再轻三个步骤)，不宜用力过猛。保持适中的强度和量进行按摩。要随时观察患者面部表情，询问病人的自我感觉，以便及时调整按摩强度。

按摩时注意卫生和清洁

此外还要注意的是施术者的指甲不应过长，两手要保持清洁，以免妨碍操作或擦伤患者的皮肤，造成感染。另外，被按摩者伤痛处的皮肤应清洁，如皮肤有擦破伤或裂痕时，在没有采取相应的处理和保护之前，不可进行按摩，以防感染。一般应裸露被按摩部位，一则可以增加按摩效果，二则便于检查受伤情况和发现身体上为按摩所禁忌的缺陷。

经穴按摩

经穴按摩是将点按穴位与各种手法结合起来治疗疾病的，但多数病种是以点穴为主，按摩为辅，故而点穴很重要，关键是要讲究火候。所谓“火候”，就是点按穴位后，要有酸、麻、胀的感觉，必须达到得气为度。有时点某一穴位可向上下反射，直达病所，才能起到通经活络的作用。古人曾说：“宁失穴、勿失经”，就是说穴位准确与否，上下左右的距离差点问题不大，但不要离开其经。“宁可取穴少而精，不要草率多而松”。阿是穴即中医针灸或者按摩治疗中，对病人疼痛治疗过程所选择的不属于已有名称的穴位灵活性确定的穴位。是中医针灸按摩的特点之一，即施治人员在病人疼痛部位范围内寻找出一点病人反应最为集中的感觉点。通常病人回答：“啊，是。”在此处针灸按摩会得到相当好的效果，故命名为“阿是穴”。病痛明显的地方就是阿是穴。“以痛为俞（俞即是穴位）”。在不同病人的身上“阿是穴”并不固定在同一点，这也是中医针灸所具有的灵活性之一。属于中医的一个知识性治疗手段，是诊断和治疗相结合的产物。

选经取穴基本要求

要根据病情需要辨证选经、取穴。其法有以下几种：

1. 取阿是穴。

2. “病在上先取下，病在下先取上”。意思是说：病在人体的上部，首先要取人体下部有关的穴位，如病在下部要先取上部的穴位。例如头病可掐小趾端的至阴穴，喉痛可点足下照海穴或拇趾少商穴，高血压病可揉足下涌泉穴，遗尿症可按头顶百会穴和鼻下人中穴等。

3. “病在左先取右，病在右先取左”。同理，如左侧牙痛时，可先按揉右侧的合谷穴，右侧牙痛时可先按揉左侧的合谷穴；右侧肘痛时可先在左肘部用刺放血法；左踝关节扭伤，可在右手后溪穴，用刺放血法。

4. “病在前先治后，病在后先治前”。例如腹部气痛时，可点按掐揪腰椎 2–3 之间的命门穴，腰部伤痛，可在腹部用抓提肚皮法。

5. 循经取穴，病证是属于哪一经的，可在此经络循行路线上点按主要穴位。例如消化不良等，可按揉胃经的足三里穴；偏头痛症属于少阳经症候，可按揉耳上方足少阳胆经的率谷穴，余症依此领会。

6. 同名经取穴，就是说手三阳、三阴经和足三阳、三阴经可在同名经中互相取穴，例如：肩臂痛或肩周炎，出现上肢抬举困难的症状，本是手阳明经的症候，但是可按揉足阳明经的条口穴，其效显著。

推法按摩基本内容和要求

用指或掌着力于人体一定部位，作单向移动称为推法。主要有：

①平推法；②直推法；③旋推法；④分推法；⑤合推法。

由于推法在操作时直接接触患者皮肤，所以用一些葱姜水、酒精、香油、药膏或清水作为介质，以保护皮肤及加强手法的治疗效果。

一指禅推法

一指禅推法是“一指禅推拿”流派中的主要手法。这种推法的动作难度大，技巧性强，需要手臂各部的协调动作，使功力集中于一指。要掌握一指禅推法，须经长期训练。

按法的内容和注意事项

按法是最早应用于推拿治疗的手法之一。用手指或手掌着力在体表某一部位或穴位上，逐渐用力下压，称为按法。常用的按法有指按法和掌按法两种。

按法操作时着力部位要紧贴体表，不可移动，用力要由轻而重，稳而持续，不可用暴力猛然按压。当需加强效应时，可双手重叠施术。对年老体弱和年龄较小的患者，施力大小应适宜。

摩法内容及注意事项

摩法是最早应用于按摩治疗的手法之一。摩是抚摩之意，是一种轻柔的按摩手法。术者用指掌面轻放在体表上，作环行有节奏的抚摩。摩法与揉法有相似之处，又有不同点（详见揉法概述）。摩法分指摩法和掌摩法两种。操作时，腕关节放松，用力要轻重得宜，做到轻而不飘，重而不滞。要求肘关节自然屈曲。

滚法

滚法与梳法属同一类手法，但力量较梳法大，故特别适宜于肌肉丰厚处及感觉迟缓的患者。

本法适用于头部、肩背、腰骶及四肢关节处，主治头痛、四肢肿胀、关节疼痛及腰椎间盘突出症。需要注意的是，着力点必须紧贴体表，不可跳跃摩擦。压力要均匀，摆动灵活。

擦法

擦法是推拿手法之一。用手掌紧贴皮肤，稍用力下压并作上下或左右直线往返摩擦，使之产生一定的热量，称为擦法。擦法与摩法是有联系的，擦中兼摩，摩中兼擦。擦法的操作是直线往返，一般着力较重；摩法的操作是环形运动，一般着力较轻。擦法分为掌擦法、鱼际擦法、侧擦法 3 种。擦法要求来回有节奏，频率为每分钟 100 次左右。

梳法

梳法是“梳法推拿”流派的主要手法。此种手法亦有较高的技巧性，操作时要求臂手各部协调自然，且有一定的持久力。

揉法

揉法是按摩常用手法之一。用手掌大鱼际、掌根部分或手指罗纹面着力吸定于体表上，指掌带动该处的皮下组织做轻柔缓和的环旋动作，称为揉法。本法动作与摩法有相似之处，但也有区别，其不同点在于：揉法着力较重，操作时指掌吸定一个部位，带动皮下组织，而没有摩擦动作；摩法着力较轻，操作时指掌在体表作环旋摩擦，而不带动皮下组织。不过在临床应用时，两者可以配合应用，揉中兼摩，摩中兼揉，只要经常操作，自然熟能生巧。揉法有掌揉法和指揉法两种。

拿法

拿法是以拇指与其余四指的罗纹面紧挟治疗部位将肌肤提起，并做轻重交替而连续的提捏动作，拿法可分为三指拿、四指拿和五指拿 3 种。

踩跷法

踩法是用足掌踩踏肢体的一定部位并做各种动作以防治疾病的一种按摩方法。踩法包括踩跷法、脚推法、脚搡法、脚压法等。

按摩要知道不宜或慎用按摩的疾病如一些感染性疾病，如丹毒、骨髓炎、化脓性关节炎；某些传染病，如肝炎、肺结核；各种出血病，如便血、尿血、外伤出血等；烫伤与溃疡皮炎的局部；肿痛，骨折早期、截瘫初期及孕妇的腰骶部、臀部与腹部均禁用。女性的经期不宜用或慎用。年老体弱、久病体虚，或过饥过饱，酒醉之后均不宜用或慎用。

按摩时要知道按摩常用的体位：患者常用的体位，根据病情、病变部位及手法要求的不同，一般可分为仰卧位、俯卧位、侧卧位、端坐位、俯坐位 5 种。医者的体位，根据患者的体位和被操作的肢体部位，一般除胸腹部操作多取坐位外，常采用站立位操作。

按摩中要知道按摩手法的要求。按摩手法要在操作中持久、有力、均匀、柔和，从而达到深透。在具体应用时，应根据年龄的长幼、体质的强弱，病变的虚实、治疗部位的大小，肌肉的厚薄等情况选择适宜的手法和力量。

按摩前需要辨证

在进行按摩前，先要辨明病证属虚证还是属实证，然后根据“虚则当补，实则当泻”的原则去施行补法或泻法。一般有以下几种说法：即轻揉为补、重揉为泻，缓摩为补、急摩为泻，顺经为补、逆经为泻，一补一泻为之和。根据病情也可施先泻后补或先补后泻的手法。临床实践认为，应当以阴经多补少泻、阳经多泻少补为原则。所谓“顺经为补、逆经为泻”，例如手厥阴心包络经的循行走向是由胸部向手方向，在掐按内关穴应当向手的方向使劲，是为补法；手少阳三焦经是由手部向头部方向循行，如掐外关穴向手指方向用力是为泻法。

针灸

针灸是针法和灸法的合称。针法是把毫针按一定穴位刺入患者体内，用捻、提等手法来治疗疾病。灸法是把燃烧着的艾绒按一定穴位熏灼皮肤，利用热的刺激来治疗疾病。针灸疗法是祖国医学遗产的一部分，也是我国特有的一种民族医疗方法。千百年来，对保卫健康，人类的繁衍，有过卓越的贡献，直到现在，仍然担当着这个任务，为广大群众所信仰。针灸治疗的适应范围很广，举凡内、外、伤、妇、儿、五官、皮肤等各科的许多疾患，大部分都能应用针灸来治疗，世界卫生组织（WHO）也公开宣布针灸对一些疾病的治疗确实有帮助。

针灸的起源

针灸是中国医学的重要组成内容。古代关于针灸起源的说法，往往与伏羲氏、黄帝相联系。说明针灸学的起源确实很早。

针灸疗法在春秋战国时已经比较普遍。这一时期，出现了一些名医，最著名的是扁鹊。有许多古代文物记录了针灸医术的发展进程。针灸学的发展必然导致针灸工具的改进。在金属针出现以前，针灸是用石或骨做的。目前见到的最早古代针灸用的金属针，是1968年河北满城西汉刘胜墓出土的9根金银针。针灸工具的改进还表现在针型增多和定型上。《黄帝内经》多次提到“九针”，并对其形制和主要用途有详细说明。“九针”分长针、圆针、锋针等类型。“九针”的名称和形制，后来虽有些变化，但一直被沿用了两千余年。

铜人穴位

1026年，唐代翰林医官院医官王唯一科学地总结了古代针灸学成就，整理成《新铸铜人腧穴针灸图经》一书，并铸造了两个人体铜模型，全身有穴孔。按针灸学的传统观点，《黄帝内经》不载的穴位叫“奇穴”，《图经》不载的穴位叫“别穴”，合称“经外奇穴”。铜人穴位是当时的范本，铜人则被用来指导医官院针灸科学学习和考试。明代铜人有666个针灸点。中华人民共和国成立后，发现的新穴位已在100个以上，此外还有耳针、手针穴位等，丰富了针灸医疗的内容。

古代的针砭

针灸是我国古代医学的一个重要组成部分。在铁针出现以前，针灸主要是用石针来进行的，这种石针被称作针砭或针石。针砭始于何时，史书上没有明确记载，不过，至少在春秋战国时期，针砭已经被广泛地使用。针砭主要是利用按脉络、刺穴位的方法来治病，它被广泛地运用于治疗中风、小儿麻痹、后天性聋哑等疾病。针砭还被用于孕妇难产。史载，唐太宗皇后长孙氏怀孕，到了第十个月该分娩时却数口没能分娩，于是召宫中医博士李洞玄调治，李通过号脉，指出难产原因是胎儿以手执母心，遇到这种情况，其结果只能是留子母不全，母全子必死，唯一的方法是施用针砭。最后根据长孙皇后的意愿，决定留子，于是李洞玄隔腹针砭，石针穿过长孙皇后的腹部直刺胎儿手心，胎儿手痛才撒手。胎儿因此诞生,而长孙氏却死了，这个胎儿就是后来的唐高宗李治。据说：高宗出生后，有人仍然能看到他手上针砭的瘢痕。由此可知针砭使用之效了。

针刺的三大作用

针刺有调和阴阳、扶正祛邪、疏通经络三大作用。

调和阴阳：针刺治病的关键在于根据不同病变的症候来调节机体的阴阳，使阴阳重新恢复平衡。

扶正祛邪：扶正，就是增强机体抗病能力；祛邪，就是祛除导致疾病的因素。疾病发生、发展的过程，也就是正气与邪气相互斗争的过程。针刺治病防病，就是在于发挥它扶正祛邪的作用。

通经活络：人体的经络将内部的脏腑同外部的各种组织、器官联系成为一个有机的整体，使人体各部的功能保持相对的协调和平衡。疾病的发生、发展，与经络和脏腑也是密切联系的。针刺治病，就是根据经络与脏腑在生理病理上的相互联系、相互影响的道理，在有关腧穴部位上进行针刺，以达到疏通经络，治疗疾病的作用。

针灸的调整修复作用

现代医学认为，针刺所以能治病，是因为具有调整作用、增强免疫能力作用和促进组织修复作用。其中，调整作用是最基本、最重要的一种。针刺对机体各系统、各器官的功能有多方面、多途径的调整作用，表现为抗感染、抗休克、抗惊厥、止痛等。这个调整作用具有良性刺激作用，能使病情向好的方面转化。调整作用还表现为双向调节作用，即针刺同样一个穴位，能治疗性质截然相反的两种疾病，例如针刺内关穴可使心动过速的人心率减慢，同时也可以使心动过缓的人心率加快；针刺三阴交穴能使低血糖的人血糖升高，糖尿病的人血糖降低。针刺能治疗肝炎、细菌性痢疾和肿瘤等，其机理主要在于增强了机体免疫防御作用。针刺对机体特异性、非特异性免疫能力都有加强作用。大量资料表明，针刺麻醉病人手术伤口愈合期大大缩短，骨折病患者用针刺治疗后可以加速骨痂的形成。这些都说明针刺有促进组织修复的作用。

针灸实施的禁忌

只要严格遵守针刺操作规程，精神集中，针刺是比较安全的养生保健方法，但也要注意以下这些问题。

1. 体质虚弱或初次接受针刺者，要尽可能采取卧位，以防止晕针。疲劳、空腹等情况下，不宜进行针刺。

2. 针刺胸背部腧穴不宜过深，严防发生创伤性事故。对接近重要脏器和大血管的腧穴，尤应严格掌握针刺的角度和深度。

3. 孕妇的下腹部、腰骶部腧穴，以及三阴交、合谷等穴不宜针刺。对习惯性流产的孕妇，则最好不要针刺。

4. 有皮肤感染、溃疡、瘢痕或肿瘤的局部，不宜针刺。

5. 对有出血倾向的疾病，如血友病病人，则禁止针刺。

针灸常见异常情况和处理

针刺过程中，万一出现异常情况，要及时妥善处理。常见的异常情况有以下几种。

1. 滞针：针刺进皮后，有时遇到捻转、提插发生困难，甚至不能将针退出者，称为滞针。大多因受术者紧张而引起肌肉痉挛，或捻转幅度太大以致肌纤维缠绕针身所致。对精神紧张者应解除其顾虑，放松肌肉，或在附近按摩。若因肌纤维缠绕针身，可反向捻转，待针松动后出针。

2. 弯针：进针时指力不匀，用力过猛，或进针后因强烈针感使针刺部位的肌肉急剧收缩，或留针时变动体位，均可使针身弯曲。遇到弯针，宜将针顺势拔出。如因体位变动所造成，应先恢复原来体位，然后出针。

3. 断针：多因针身锈损剥蚀，或捻转手法太强，或滞针、弯针后处理不当，致使针身折断，残断留在体内。此时要沉着、冷静，用左手固定穴位周围皮肤，不要移动体位，如断端露于皮外的，可用手或镊子拔出，如断针深不可见，应手术取出。

4. 晕针：初次接受针刺者往往由于精神过于紧张，或体质虚弱，疲劳、空腹，或针刺手法过强等原因，均易引起晕针。其表现为头晕眼花、面色苍白、心慌气短、多汗肢冷等。出现晕针现象时，应立即全部出针，平卧，放低头部，喝少量凉开水，休息片刻即可恢复。

5. 血肿：有时皮内出血，当时应予冷敷，促使止血，数小时后可作热敷，促使吸收。

6. 刺伤重要脏器：针刺过程中或留针时出现心跳增快、气闷、紫绀等症状，大多是由于刺伤心、肺、肾、髓等重要脏器而引起，应立即送医院抢救。

针灸前如何购买和选择针具。

1. 购买针具。目前多用不锈钢毫针，购买时要选用有较高强度和韧性，针体挺直滑利的毫针。

2. 选择针具。毫针使用前必须注意检查，如发现有锈斑、弯曲及针尖钩曲等现象，就不能使用，以免发生事故。另外，还应根据性别、年龄、形体的肥瘦、体质的强弱和所取腧穴的具体部位等不同情况，选择长短、粗细适宜的针具。一般来说，头面部皮薄肉少的地方，应选较短较细的毫针（如 0.5 寸长，30 号针～32 号针），而皮厚肉多的躯干、四肢部腧穴，则应选较长较粗的毫针（如 1.5 寸～2.0 寸，28 号针～30 号针）。

针法练习

在开始正式操作之前，先要进行练针，即用针在纸垫上或布包的棉球上，作进针、出针、提插、捻转等基本手法的练习。可先用粗短毫针，后用细长毫针。待操作熟练后，即可开始在自己或他人身上实践。练习时，也要学会选择体位。针刺前必须选择好适当的体位，以既有利于腧穴的正确定位，又便于针刺施术操作和较长时间留针而不致疲劳为原则。

如何给针具消毒

针刺前必须做好消毒工作，其中包括针具消毒、腧穴部皮肤的消毒和施术手指的消毒。毫针的消毒可在 75% 酒精内浸泡 30～60 分钟，有条件者可采用高压蒸汽灭菌法。施术者的手，先用肥皂水洗刷干净，再用酒精棉球涂擦，然后才能持针操作。腧穴部皮肤上用酒精棉球擦拭，应从中心点向外绕圈擦拭。

常用进针法

进针方法有多种，这里介绍最常用、最易掌握的两种方法。

1. 单手进针法：用右手的拇指和食指拿针，中指端紧靠穴位，指腹抵住针身下段，当拇食指向下用力按压时，中指随即屈曲，将针刺入皮下，此法多用于较短的毫针。

2. 双手夹持进针法：用左手拇食指捏住针身下段，露出针尖，右手拇指食指夹持针柄，将针尖对准穴位，在接近皮肤时，双手配合，迅速把针刺入皮下。此法多用于较长的毫针。

针刺的角度、方向和深度

针刺角度是指针身和皮肤所成的夹角，针刺的方向指针身刺入时应对准的某一方向或部位而言。针刺的深度则是说明针身进入皮肤的深浅。进针后，要考虑角度、方向和深度，只有把它们结合起来，才能充分发挥治疗效果，并保证针刺安全。

针刺的角度一般分三种：

1. 直刺：针身与皮肤呈 90° 垂直刺入，适用于肌肉丰厚部的穴位。

2. 斜刺：针身与皮肤约呈 45° 角倾斜刺入，适用于不能深刺或不宜深刺的腧穴。

3. 平刺：针身与皮肤呈 15°～20° 角沿皮刺入，适用于皮肉浅薄处。

不同的穴位对针刺角度、方向、深度要求不尽相同，这在前面已有具体说明，因此不再赘述。

行针基本手法

进针后再施行一定的手法，称为行针。行针的基本手法有以下两种。

1. 提插法：针尖进入一定深度后，将针从浅层插到深层，再由深层提到浅层，这样反复提插的手法叫做提插法。提插幅度一般不宜过大，速度不宜过快。

2. 捻转法：针进入一定深度后，进行前后、左右的行针动作，即将针向前向后来回旋转捻动，反复多次，这种行针手法称为捻转法。捻转的幅度一般掌握在 180°～360°。另外，必须注意捻转时不能单方向转动，否则针身容易牵缠肌纤维，使受术者局部疼痛，并造成出针困难。

针刺的感应

进针后施以一定的行针手法，使针刺部位产生经气的感应，这种针下的感应，叫做得气，现代称为"针感"。产生针感时，针下有沉重紧涩的感觉，在针刺部位有酸、胀、重、麻感，有时还出现不同程度的感传现象。针刺不同穴位，往往出现不同的感应。例如，头额部穴位以局部胀感为多；肌肉丰厚处的穴位比较容易出现酸感。即使在同一穴位上，由于针刺方向、角度和深度的不同也会出现不同的针感。针刺感应与防治疾病的效果有很大关系，因此，要细心体会，切实掌握。

出针法

在施行针刺手法或留针后，达到了一定的治疗要求，便可出针。出针是毫针刺法操作过程中的最后一道程序。出针时，先以左手拇食两指用消毒干棉球按于针孔周围，右手持针作轻微捻转并慢慢提至皮下，然后退出。出针后须用消毒棉棒压迫针孔片刻，以防出血。

艾灸法

灸法是用艾炷或艾条，直接放于穴位或间接以药物相隔而灸，达到治疗疾病的目的。灸法多属针灸的补法。

1. 艾炷灸。把适量的艾绒放在桌面上，用拇、食、中三指一边捏一边旋转，将艾绒捏紧即成规格大小不同的艾炷。有条件的可用艾炷器制之。艾炷分大、中、小 3 种。大艾炷高约 1 厘米，中艾炷为大艾炷的1/2，小艾炷如麦粒大。施灸前在灸处皮肤上涂点酒精或蒜汁，放稳艾炷点燃灸之。艾炷灸常用于瘢痕灸、无瘢痕灸、隔姜灸、隔蒜灸、隔盐灸等。

2. 艾条灸。取艾绒放在细棉纸（或易燃的薄纸）上，像卷香烟一样卷制而成。一般规格长20厘米，直径1.7厘米，每支重约10克，可燃烧1小时左右。若为药物艾条，则取艾绒放在3层厚棉纸上，加入药末6克，如上法卷制，胶水封合即成。艾条灸常用于温和灸和雀啄灸。

什么是瘢痕灸和无痕灸

1. 瘢痕灸：施灸体位，背腰部腧穴，采用坐位、俯伏位或卧位，胸腹部腧穴则采用仰卧位。操作时，两侧对称施灸，每壮艾炷，必待全部燃尽，除去灰烬，易炷再灸，将规定壮数灸完为止。术中产生剧痛，可用手在施灸周围拍打，借以缓解灼痛。灸后1周左右化脓，从灸到灸疮结疤，一般为6周左右。瘢痕灸对哮喘、瘰疬等有效。

2. 无瘢痕灸：用中等艾炷，施灸时艾炷燃剩2/5～1/4患者感到灼痛时，立即更换艾炷再灸；如用麦粒灸时，当患者感觉灼痛，医者立即用手指甲将艾炷压熄，继续易炷施灸。以上两者属直接灸。

艾卷灸法概述

艾卷灸法又称“艾条灸”，是用纸包裹艾绒卷成圆筒形的艾卷，一端燃烧，在穴位或患处施灸的一种治疗方法。艾卷灸法最早见于明代朱权的《寿域神方卷三·灸阴证》：“用纸实卷艾，以纸隔之点穴，于隔纸上用力实按之，待腹内觉热，汗出即差。”后来发展为在艾绒内加进药物，再用纸卷成条状施灸，名为“雷火神针”或“太乙神针”。在此基础上又演变为现代的单纯艾卷灸和药物艾卷灸。由于操作简便，疗效良好，又易为患者所接受，故为近代临床常用的一种灸治方法。

艾灸疗法简单操作

此法是用纸将艾绒卷成艾卷，点燃后在穴位上熏烤，以达到通经络、驱风寒之功效。操作方法是：根据病情，选择治疗穴位，将艾卷点燃，在距穴位皮肤1.5～3厘米回转移动，熏烤，以病人感觉局部有温热感为度。每穴灸5～15分钟。为提高疗效可根据不同情况垫上姜片、蒜片、盐面灸。一般腹泻、腹痛、呕吐病可隔姜片灸，虚痨可隔蒜片灸，急性吐泻或虚脱肢冷者可隔盐面灸。

实施艾灸时，要避免烫伤，万一出现烫伤起水疱，可将水疱的根部用酒精消毒，用消毒针将水疱水放出，涂点紫药水即可。

灯火灸法

灯火灸疗法又叫灯火爆法、灯草、神

灯照、爆灯火疗法，古代称“神火法”，是散在民间沿用已久的一种简便灸法，属于中国医学火灸法之一。灯火灸法是用灯芯草（或纸绳等代用品）蘸香油燃着灸灼病变部位或经穴治疗疾病的一种方法。本疗法操作容易，治病效验，对急性腮腺炎往往1～2次就能治愈，所以此法很受欢迎。

火针刺法

火针疗法，即将特制的不锈钢针用火烧红针尖迅速刺入穴内，给人以一定的刺激来达到温经散寒、活血化瘀、软坚散结、清热解毒、升阳举陷、扶正祛邪的目的的一种防治疾病的疗法。火针疗法是祖国医学针灸疗法的一种，是我国使用最早、应用最广的一种疗法，也是目前在中医临床中使用较多、应用较广的疗法之一。

刮痧

刮痧疗法，同中医针灸、推拿、拔罐等一样，是我国劳动人民在长期与疾病做斗争中发明的一种自然养生疗法。在人体的背颈骨上下及胸前、胁肋、两肩臂等处，用铜钱、光滑的石子等蘸香油刮擦，起到治病的效果，为刮痧。

刮痧疗法的理论基础是中医经络学说，主要是十四经脉理论。目前，全国有很多专家、学者对刮痧疗法进行研究和推广，并有许多专著、论文问世。这说明刮痧疗法越来越受到人们的重视，也越来越受到广大患者的欢迎。刮痧疗法具有“一听就懂，一看就会，一用就灵”的特点和花小钱治大病的优势，发展前景十分广阔。

刮痧的器具

①表面光滑无棱角的石块。②用特制的陶器或瓷碗、瓷杯及瓷调羹等瓷器的边缘光滑部位作为刮痧器具。③硬币：古铜钱、银圆及铝质分币等。④小蚌壳：选用边缘光滑无损或磨成钝缘的蚌壳。⑤苎麻：选用已成熟的苎麻，剥皮晒干，摘去枝叶，用根部较粗的纤维捏成一团作为刮痧用具。在唐代常用。⑥匙：选用瓷汤匙、牛角药匙或铜勺柄等光滑无损的边缘作为刮痧用具。⑦八棱麻：取其茎叶，洗净，放在锅内炒软（不放油）挤去汁，用布包裹之作为刮痧用具。多用于小儿娇嫩皮肤及成人胸部的刮痧治疗。⑧有机玻璃纽扣。⑨木器。⑩水牛角板。⑪其他还有用棉纱、头发、小酒杯及小菜盅等作为刮痧器具的。

刮痧的介质

在刮痧治疗时，为了减少刮痧阻力，避免皮肤损伤，增强刮痧疗效，操作之前必须给刮痧部位涂上一层刮痧介质，常见的刮痧介质有：

①水剂：凉开水或温开水。②植物油：芝麻油（香油）、菜油、橄榄油、花

生油。③刮痧油：由芳香药物的挥发油与植物油经提炼、浓缩制成。④刮痧活血剂。⑤活血润滑剂：用菜油加中药血竭、白芷、红花、麝香、山甲、文术等，经最新科技方法提炼浓缩而成，具有消毒杀菌、活血止痛等作用。⑥止痛灵。

其他还有用液体石蜡、滑石粉等作刮痧介质的，主要起润滑作用。

刮痧部位选择

刮痧治病时，主要依据十四经穴主治范围和局部、邻近、远端的取穴原则选择刮痧部位，可归纳为以下几个方面。

1. 选择病变部位局部经穴进行刮痧治疗。也就是哪里有病就在哪里刮痧。

2. 选择距病变部位较远的经穴进行刮痧治疗。

3. 按神经分布部位进行刮痧治疗。

4. 根据自己的临床经验选择特定部位进行刮痧。如刮大椎、曲池穴处治疗发热；刮尺泽及委中穴处，可治疗胃寒痛等。

刮痧的体位

刮痧时，为了使医者便于操作和患者较长时间地接受刮痧治疗而不致疲劳，常采用以下几种体位。

①仰卧位：适宜于头面部、胸腹部、四肢内外侧的刮痧；②侧卧位：适用于四肢外侧及胁肋部的刮痧；③俯卧位：适用于头后、项背、腰部及四肢后侧面的刮痧；④俯伏坐位：适用于颈项部、肩背部及上肢外侧、后侧部的刮痧。

简易刮痧疗法

用汤匙、硬币等蘸豆油或麻油，选定一定部位，以一定方向轻刮，至皮肤出现些紫红色条痕（痧）为止。可采用食指和中指，蘸白酒或水，夹住皮肤用一定力量捏，滑落后再捏，重复此动作，至局部出现痧痕。

1. 头痛、头晕：刮前后颈部 6 ~ 8 条，前部用提法，后侧用刮法。

2. 恶心、胸闷：刮前胸及两锁骨窝。

3. 食欲不振、腹痛腹泻：刮胸部、背部。

4. 关节炎：刮局部。

刮时要注意用力适当，避免刮破皮肤。急性传染病、急腹症不宜刮；毛发部位、静脉曲张部位不宜刮。

拔罐

拔罐疗法是传统中医常用的一种治疗疾病的方法，这种疗法可以逐寒祛湿、疏通经络、祛除淤滞、行气活血、消肿止痛、拔毒泻热，具有调整人体的阴阳平衡，解除疲劳、增强体质的功能，从而达到扶正祛邪，治愈疾病的目的。所以，许多疾病都可以采用拔罐进行治疗。循经走罐还能改善各经功能，有利于经络整体功能的调整。再如药罐法，在罐内负压和温热作用下，局部毛孔、汗腺开放，毛细血管扩张，血液循环加快，药物可更多地被直接吸收，根据用药不同，发挥的药效各异。如对于皮肤病，其药罐法的局部治疗作用就更为明显。水罐法以温经散寒为主；刺络拔罐法以逐淤化滞、解闭通结为主；针罐结合则因选用的针法不同，可产生多种效应。

拔火罐疗法

拔火罐可以散寒、化瘀、止痛，是民间常用的治病方法。具体做法是：取一只边缘光滑的玻璃瓶或雪花膏瓶、小搪瓷杯等，当做火罐用。让病人躺好或坐好，露出要拔罐的部位，将蘸有酒精的棉花球用夹子夹住点燃，放入罐内，几秒钟后迅速抽出，随即将罐子扣在患处，放置 10 ~ 20 分钟取下。亦可用一小张薄纸点燃放入罐内，待纸烧灭，立即将火罐扣在患部。起罐时，只要用手压一下患部旁的皮肤，使空气进入罐内，火罐就自然脱离患部。起罐后，患部皮肤呈紫红色隆起，患者顿觉轻松。

拔火罐具有简便易行，疗效显著等优点，但并不是包治百病的，也不是随便什么人都可以用的。心脏部位、乳头部位、毛发部位及患有皮肤病的地方不要拔；急性传染病、严重心脏病、水肿、腹水及婴幼儿、久病体弱病人以及孕妇的腰部和腹部都不能拔火罐。

常用罐的种类

竹罐：竹罐有轻巧、价廉、不易破碎且取材容易、制作简便等优点，但易爆裂漏气。

玻璃罐：优点是质地透明，使用时可以让人看见皮肤的瘀血程度，便于掌握时间，缺点是容易破碎。

抽气罐：用青、链霉素药瓶或类似的小药瓶，将瓶底切去磨平，切口须光洁，瓶口的橡皮塞须保留完整，以便抽气时使用。现在有用透明塑料制成，上面加置活塞，便于抽气。这种罐亦易破碎。

拔罐中常用吸拔方法

闪火法：用镊子夹 95%酒精棉球一个，点燃后，将火送入绕一圈再抽出（注意切勿将罐口烧热，以免烫伤皮肤），迅速将罐扣在应拔的部位上，即可吸附在皮肤上，这是传统的，也是最常用的拔罐方法。

抽气法：将抽气罐紧扣在需要拔罐的部位上，用注射器从橡皮塞抽出瓶内空气，使产生负压，即能吸住，或用抽气筒套在塑料杯罐活塞上，将空气抽出，即能吸着。

拔罐时间如何控制

各种方法拔罐时间应视该部软组织之厚薄及气候条件而适当掌握。一般在腰背部等肌肉丰厚处可拔 10 ~ 15 分钟；

胸腹部肌肉较浅薄处可拔 5 ~ 10 分钟；额、面等可拔 3 ~ 5 分钟。气候炎热的夏季，拔罐时间应缩短，过长容易起水疱，而寒冷的冬季，可稍延长。

如何起罐

一般先用左手夹住火罐，右手拇指或食指从罐口旁边按压一下，使空气进入罐内，即可将罐取下。若罐吸附过强时，切不可用力硬拉，以免擦伤皮肤。

火罐疗法

火罐疗法是利用燃烧时火焰的热力，排去罐内或杯、筒内空气，使罐内形成负压，吸附于腧穴或应拔病变部位的体表，产生刺激，使被拔部位皮肤充血、瘀血，从而达到防治疾病的目的，是当前中医临床中常用的一种方法。

目前常用的火罐疗法有投火法、闪火法、贴棉法、滴酒法、架火法、悬火法。

第二辑　营养与健康常识

第一章　食疗与营养常识

食物治疗法分类

1. 养生疗法——可以预防疾病的发生，常保身体健康。每天吃些什么？就是这种疗法的最主要课题。

2. 食事疗法——患病时，食用适合该病证的食物，这就是食事疗法。

3. 食物疗法——即将食物做成汤液，作为治疗疾病的药剂。

这三种方法很难加以区分，它们本身就有很多相似之处。食事疗法与养生疗法也是依据中国医学而来的。

食物“四气”

所谓四气就是食物进入体内后，所产生的热、温、凉、寒等四种作用，而没有发生任何作用的食物称为“平”。根据四气来施治也是中医食疗的一个重要内容。

总之，寒证患者与热证患者，在摄食方面，只是性质不同而已，原则上都是相似的。

食物“五味”

食物的酸、甜、苦、辣、咸五种味道，称为五味。食物消化后，酸味为肝胆所吸收，苦味为心脏、小肠所吸收，甜味为脾、胃所吸收，辣味为肺、大肠所吸收，咸味为肾脏、膀胱所吸收，各种不同性质的食物进入体内后，分别成为各个器官的营养。所以养分不足或过多都会引起内脏器官的疾病。例如喜欢甜食的人，他的消化器官往往都比较衰弱。

酸味收敛、固涩

食用酸性的食物有使身体收缩的功能，可以用于延缓疾病的发作;出汗太多，或排泄频繁，也可以食用酸性的食物来治疗。

辣味发散、促进循环的功能

辣味的食物有发散及促进血液循环的功能，一般表证都以发汗的方式来治疗，所以对于表证的治疗大多食用辣味食物。如姜是最具代表性的辣味食物。

甜味补养、弛缓、中和的功能

气血不足会使人疲倦，甜食有补充气血的功能，所以疲倦时都比较喜欢甜食。疼痛是由肌肉紧张而引起，甜食能解除肌肉的紧张，使身体柔软，这叫做弛缓作用。此外，甜食还能中和有毒性的东西，具有解毒的功能。

苦味排除燥湿

吃进了苦的东西，会令人呕吐，借以排出体内的滞水。另外苦味的食物还有利尿的作用。在“三废”污染日益严重的现代社会，苦味对提高人体的免疫力相当重要。

咸味下痢

咸的食物能软化体内酸性的硬块。比如甲状腺肿大的肿胀症状，有一个方子就是用咸的海带或海藻来治疗。还有喝盐水能使胃肠内不干净的东西，以下痢的方式排出体外。食盐便是最具代表性的咸味食物。

食物食疗要因人而异

寒凉的食品适宜于温热的体质，而温热的食品适宜于寒凉的体质。因此，应针对不同的体质实施食疗。不仅如此，因年龄不同，用药膳时也应有差异。小儿体质娇嫩，选择原料不宜大寒大热；老年人多肝肾不足，用药不宜温燥；孕妇恐动胎气，不宜用活血滑利之品。这都是在选用食物食疗时应该注意的。

食物食疗的辨证用膳

中医学讲究辨证施治，食物食疗也应在辨证的基础上选料配伍。如湿重的人胃口不太好，或者容易饱胀，这类人通常就应选择芳香的、能帮助消化的食品，而不宜吃太甜、太油腻，以及茶、酒之类，因为这些食品可以“助湿”，加重湿的表现。而且一些凉性的、大补的食品也不相宜。又如血虚的人多选用补血的食物；还有脾虚、气虚的人适宜于吃一些补的食品，而凉性的食品就不适宜。

因时用膳

中医学认为，人与日月相应，人的脏腑气血的运行和自然界的气候变化密切相关。“用寒远寒，用热远热”虽是中医学治疗用药的基本原则，但同样适用于食物。即在寒冷的冬天，应该少用或不用性质寒凉的药物，多服食热性的食物；而在炎热的夏天，应避开、少用性质温热的药物，多吃偏凉的食物。

食物解毒

即化解、中和、转化毒素，有两种含义：

1. 用化解、中和、转化毒素的药物，

直接消除毒的毒性，减少毒对机体的损害。

2. 通过调理机体的阴阳、气血、脏腑功能，使阴平阳秘，气血调和，五脏功能协调正常，六腑、血脉、九窍通畅，以增强机体自身的解毒能力。如肝脏是人体最大的一个解毒器官，肝功能正常，则可使多种毒素通过肝脏而化解，从而解除了毒对机体的危害。

食物的归经与药效

中药归经是根据中医脏腑经络学说，结合药物对机体的选择性作用归纳而成的。归经包含着趋向和归属两个含义。可以理解为是指药物作用的部位、作用范围和选择作用的高度概括的概念。祖国医学认为，每一病证都是脏腑、经络发病的表现。任何病证均可辨证分析认定其发病的脏腑部位，故将排除某脏腑、经络病毒的药物归入某经。①根据五味所主确定食物归经和药效。②根据五色为主确定食物的归经和药效。③根据脏器还补理论确定食物的归经和药效。

人体对营养的需要

人们为了维持生命与健康，保证正常的生活与劳动，每日必须摄取一定数量的食物，并利用这些食物，以获取各种营养素。人们把获取和利用食物的过程称之为营养过程。把食物中具有营养功能的物质称为营养素，或者说所谓营养指的是通过食物而获取并能在生物体内被利用、具有供给能量、构成机体组织及调节生理功能的物质。但并非所有营养素都同时具有上述三种功能，如蛋白质以构成机体组织为主，脂肪与碳水化物以供给机体能量为主，维生素则以调节代谢为主。营养的全过程包括摄食、消化、吸收和中间代谢等几个主要环节，任何一个环节发生障碍都将对机体造成不利影响。

营养合理与健康

合理膳食，不但能提供足够数量的热能和多种营养素满足人体的正常需要，而且还要保持各种营养素之间的数量平衡，以利于它们的吸收和利用，以期达到合理营养的目的。

当人们的膳食结构合理，营养平衡时，必能满足机体对热能和各种营养素的需要，促进机体的抗病能力，提高工作与劳动效率，而且还能预防和治疗某些疾病；当膳食结构不合理，摄入的热能营养素不平衡，即营养失调时，因某个或某些营养素摄入不足，不能满足机体的需要，久之，体内的营养储备严重消耗，则出现相应的病理性改变，继而发生临床上可见的营养缺乏病。反之，过量摄入热能和某些营养素，则可导致肥胖，心血管疾病、肿瘤等发生，或因某些营养素过量而发生中毒，有碍于健康。因此，平衡膳食、合理营养，是维持人体健康与生存的重要条件。

营养缺乏

由于机体所摄取的营养素不能满足自身的需要而出现各种营养素缺乏所特有的症状与体征，即营养缺乏病（症）。根据联合国儿童基金会1990年报告，我国两岁以上儿童生长发育滞缓率为41%，说明我国现阶段虽然部分地区有营养过剩问题，但就全国而言，营养缺乏仍是重要问题。

营养不足与健康

体内某种营养素含量不足，尚未达到缺乏的程度，可毫无症状或仅有轻微症状，处于亚临床表现状态。若能在此种状态下通过生化检验及时发现，及时给予补充相应的某种营养素，可以得到纠正，防止营养缺乏病的发生。

营养过剩

当摄入的营养素超过机体的需要时，除增加机体代谢负担外，多余的营养素将储存在体内，导致营养过多症，有的还可引起中毒。例如摄入过多的热能可导致食饵性肥胖，因摄入过多的维生素A、维生素D引起中毒，及摄入过多的碘所致甲状腺肿大等。

营养失调与其他疾病

暴饮暴食、一次大量食入油腻食物和大量饮酒可使胰腺分泌增加，体内代谢紊乱，胰腺可发生出血、坏死。糖尿病以体内碳水化合物、脂类及蛋白质代谢紊乱为特征。心血管疾病、癌症也与营养不合理有关。

平衡膳食

所谓平衡膳食，是指膳食中所含的营养素种类齐全、数量充足、比例恰当，膳食中所供给的营养素与机体的需要，两者保持平衡。平衡膳食不仅能满足机体的各种生理需要，也能预防多种疾病的发生，是人类最合理的膳食。

不良饮食习惯

目前在人们的人日常生活中存在着十大不良饮食习惯，给健康带来了负面影响，应引起重视。这几个不良饮食习惯是：

①边看电视边吃饭。长此以往，就会引起肠胃消化道疾病。②润喉片当糖吃。润喉片可用来治疗咽喉炎、声音嘶哑、口腔溃疡、口臭等疾病。但常吃它也容易导致疾病发生。③偏食肉和蔬菜。偏食的坏处很多，比如容易引起健康状况不好，易患呼吸道疾病，营养不良，易感冒，身体抵抗能力差等。④零食当正餐。零食过量会影响食欲，妨碍正餐的摄入量，从而影响身体正常功能的发育。⑤边上网边饮食。长期上网，使肠胃功能减弱，食物营养摄入不足。⑥食

品色素超标。色素是一种化学品，长期食用色素超标的食品对身体极为有害。⑦常光顾街边小食摊，不知不觉疾病生出。⑧饮料当水，经常无缘无故地流鼻血。⑨不喝牛奶，身体营养不良。⑩烧烤好吃，代价太大。天长日久会引起胃肠功能失调，诱发癌症。

营养素的种类与功能

营养素是指食物中可给人体提供能量、机体构成成分和组织修复以及生理调节功能的化学成分。凡是能维持人体健康以及提供生长、发育和劳动所需要的各种物质均称为营养素。人体所必需的营养素有蛋白质、脂肪、糖、无机盐（矿物质）、维生素、水和纤维素等 7 类。

蛋白质是人体重要的物质基础

蛋白质是细胞组织的重要组成部分，是生命的物质基础。体内蛋白质含量占体重的 17%～18%。蛋白质是体内一些生理活动性物质，如酶、激素、抗体的重要组成部分，是维持体液酸碱平衡和正常渗透压的重要物质。每克蛋白质在体内还可产热 4 千卡。当膳食中蛋白质不足时，可引起人体生长发育迟缓，或体重减轻、肌肉萎缩，容易疲劳、贫血、创伤不易愈合，对传染病抵抗力下降和病后恢复缓慢等。严重缺乏时，可出现营养不良性水肿。因此，食物蛋白质的质和量、各种氨基酸的比例，关系到人体蛋白质合成的量，尤其是青少年的生长发育、孕产妇的优生优育、老年人的健康长寿，都与膳食中蛋白质的量有着密切关系。

蛋白质的需求量

蛋白质含量被人们公认为是衡量食物营养价值的最主要的标准。蛋白质能增进人体生长，构成人体的新蛋白；能修补人体损坏了的组织，恢复人体健康；制造内分泌素，调节生理机能；还能作为人体热能的补充来源。蛋白质的需要量，因每个人的健康状态、年龄、体重等各种因素也会有所不同。身材越高大或年龄越小的人，需要的蛋白质就越多。

蛋白质的来源

在发达国家中，人们需要的蛋白质有 56%是来自肉、蛋、奶、鱼，有 34%来自粮食；而在一些生活条件较差的第三世界国家中，仅有 21%的蛋白质来自肉、蛋、奶、鱼。畜肉、内脏、禽畜血、禽蛋、水产品、大豆、豆制品、花生等中都蕴含着丰富的蛋白质。

食物蛋白质的含量

常见蛋白质的含量（每 100 克食物）如下：大米 7 克、面粉 9 克、黄豆 36 克、绿豆 24 克、豆腐 7.4 克、白菜 2 克、茄子 2.3 克、苹果 0.4 克、花生 27 克、猪肉9.5克、牛肉20克、人乳1.5克、牛乳3.3克、鸡蛋15克、鲤鱼17克、虾21克。虽然人乳、牛乳、鸡蛋中的蛋白质含量较低，但它们所含的必需氨基酸量基本上与人体相符，所以营养价值较高，是膳食中最好的食品。

脂肪

一般来说，脂肪应包括中性脂肪和类脂质。中性脂肪是由一个分子的甘油和三个分子脂肪酸组成的酯，称为甘油三酯或三酸甘油酯。我们通常所说的油，如花生油、豆油、麻油等植物油和猪油、牛油等动物油的主要成分就是甘油三酯，即中性脂肪。类脂质是一些能够溶于脂肪或脂肪溶剂的物质，在营养学上特别重要的有磷脂和固醇两类化合物。有时也将中性脂肪和类脂质称为脂类和脂质。

脂肪酸

脂肪酸是组成脂肪的主要成分。脂肪酸的种类很多，根据其化学结构不同，可分饱和、单不饱和、多不饱和脂肪酸三大类。饱和脂肪酸是指分子结构中仅有单键的脂肪酸（如奶油中的酪酸）；单不饱和脂肪酸是指分子结构中仅有1个双键的脂肪酸（如动、植物油中的油酸）；而多不饱和脂肪酸则是指分子结构中有2个或2个以上双键的脂肪酸，双键愈多，不饱和程度愈高，营养价值也愈高（如一般植物油中的亚油酸）。

组织脂肪和贮存脂肪

脂肪在体内的含量，个体间波动很大。我国成年男子体内平衡脂肪含量约为13%，女性稍高。人体脂肪含量因营养和活动量而变动很大，饥饿时由于能量消耗可使体内脂肪减少。人体脂肪大致可分为两类：存在于细胞质和细胞膜中的组织脂肪，含量稳定，不易受膳食脂肪的影响；存在于皮下、腹腔、肌肉间隙和脏器周围的贮存脂肪，其含量常随膳食脂肪量变动，有维持体温、固定组织和保护脏器等作用。

脂肪的重要地位

脂肪（油脂）和类脂质（磷脂、胆固醇等），它们都是构成人体组织的重要成分。脂肪是浓缩的能源，体脂是人体的“燃料仓库”，需要时可以动用。所提供的必需脂肪酸是合成磷脂和前列腺素的原料，缺乏时会引起皮肤干燥脱屑、生长停滞、生殖机能障碍，还会出现血尿和脂肪肝。鱼类所含的高度不饱和脂肪酸具有降血脂、抗血栓、改善脑功能的作用。脂肪也是脂溶性维生素（A、D、E、K）的携带者，可促进其在体内的吸收。膳食中的油脂可以改善食物风味、增进食欲，且滞留胃中时间较长，易产生饱腹感。

脂肪在人体内的作用

脂肪主要分布在人体皮下组织、大

网膜、肠系膜和肾脏周围等处。体内脂肪的含量常随营养状况、能量消耗等因素而变动。其主要生理作用有：①供给热能。②构成人体组织。③供给必需的脂肪酸。④增加食欲，促进一些维生素的吸收。⑤调节体温和保护内脏器官。⑥增加饱腹感。⑦作为脂溶性维生素的溶剂。

热能

热能不是营养素，而是一切生物体包括人类维持生命和一切活动所必需的能量。这种能量只能来自蛋白质、脂肪和碳水化合物三大营养素等，这些产热物质是人们每日膳食的主要部分。它们进入机体后，通过生物氧化，将其内在的化学潜能变成热能并释放出来。供人类食用的植物性食物中热能从太阳中得来，而动物性食物中的热能则又从植物中取得，二者均为人类所利用。人类从食物中所取得的热能，用于生命活动的各种过程，其中包括内脏器官的化学和物理学活动、肌肉活动、体温维持及生长发育等。不同性别、年龄、职业、劳动强度的人其热能需要量各不相同。

胆固醇

胆固醇又称胆甾醇。一种环戊烷多氢菲的衍生物。早在 18 世纪人们已从胆石中发现了胆固醇，1816 年化学家本歇尔将这种具脂类性质的物质命名为胆固醇。胆固醇广泛存在于动物体内，尤以脑及神经组织中最为丰富，在肾、脾、皮肤、肝和胆汁中含量也高。其溶解性与脂肪类似，不溶于水，易溶于乙醚、氯仿等溶剂。胆固醇是动物组织细胞所不可缺少的重要物质，它不仅参与形成细胞膜，而且是合成胆汁酸、维生素 D 以及甾体激素的原料。

动物油

动物油就是动物脂肪，动物油以猪油为代表，含饱和脂肪酸和胆固醇较多。动物油味道较香，具有促进脂溶性维生素 A、D、E、K 等的吸收作用。另外，动物油中的胆固醇还是人体组织细胞的重要成分，是合成胆汁和某些激素的重要原料。动物油的油脂与一般植物油相比，有不可替代的特殊香味，可以增进人们的食欲。特别与萝卜、粉丝及豆制品相配时，可以获得用其他调料难以达到的美味。动物油中含有多种脂肪酸，饱和脂肪酸和不饱和脂肪酸的含量相当，几乎平分秋色，具有一定的营养，并且能提供极高的热量。过多食用易引起高血压、动脉硬化、冠心病、高脂血症及脑血管意外，对人体不利。

植物油

植物油是我们日常烹饪中不可或缺的调味料，经常食用的普通植物油主要包括色拉油、调和油、花生油。植物油主要含有维生素E、维生素K，钙、铁、磷、钾等矿物质，脂肪酸等。

动物油和植物油的比较

动物油含饱和脂肪酸多，植物油含不饱和脂肪酸多。饱和脂肪酸熔点高，在同样温度下与不饱和脂肪酸相比，容易凝固，沉淀在血管壁上，这是导致人体动脉血管硬化的主要原因。不饱和脂肪酸主要包括亚油酸、亚麻酸和花生四烯酸等，这些酸是人体新陈代谢不可缺少的营养素，对皮肤、毛发的健康是至关重要的。动物油中含较多的胆固醇，而植物油基本上不含胆固醇。血液中胆固醇过高是动脉粥样硬化、肥胖、糖尿病等病的诱因。植物油中所含的豆固醇、谷固醇等不但不被人体吸收，而且能够阻止胆固醇的吸收，这是植物油的最大优点。脂肪是脂溶性维生素的溶剂，只有食物中含有足够的脂肪，脂溶性维生素才能被吸收。从以上两种油的性质比较来看，植物油的营养价值高，对人体健康有用成分多，少食动物油多食植物油，能使人体健康成长，延年益寿。

油脂的保质期

油脂有一定的保质期，放置时间太久的油不要食用。可以直接用于凉拌，但最好还是加热后再用。应避免反复使用经高温加热后的油。植物油食用过多对心脑血管也是会有一定影响，而且容易发胖。

限制油脂的摄入

食用油选择不当或进食过量都会增加心脏病发病风险。尽管很多老百姓知道平衡膳食的理论，但能坚持做到却很难。专家告诉我们，健康人群的每天食用油总量不超过25克，如果把25克食用油放到喝汤用的白瓷勺里，刚好是两勺半。

碳水化合物

碳水化合物是由碳、氢、氧三种元素构成的一类化合物，它包括单糖（如葡萄糖、果糖、半乳糖、核糖等）、双糖（蔗糖、麦芽糖、乳糖等）和多糖（淀粉、糊精和糖原等）多种物质。由于其分子中氢和氧的比例与水一样，故名碳水化合物。它与人体的健康关系极为密切。

矿物质的重要作用

矿物质是构成机体组织的重要成分，它可以维持渗透压。钠、钾等可以和蛋白质协同作用，维持组织细胞的渗透压，在维持体循环和水贮留中起到重要作用。

维持体内酸碱平衡。机体像自然界中的其他生物一样必须维持化学平衡，这就依赖于矿物质在体内的比例，这些矿物质的比例是相互影响的，只要失去平衡，人体内的酸碱平衡便被破坏。维持神经系统的正常功能，调节肌肉的兴奋性，参与酶的构成活动及所有的酶的活动都需要矿物质，矿物质作为一种激活剂，可辅助酶使机体发挥正常的功能。

人体必需的微量元素

根据科学研究，到目前为止，已被确认与人体健康和生命有关的必需微量元素有 16 种，即铁、铜、锌、钴、锰、铬、硒、碘、镍、氟、铝、钒、锡、硅、锶、硼，每种微量元素都有其特殊的生理功能。

微量元素与健康

微量元素与人类健康密切相关。尽管微量元素在人体内含量极小，但它们对维持人体中的一些决定性的新陈代谢却是十分必要的。一旦缺少了这些必需的微量元素，人体就会出现疾病，甚至危及生命。国外曾有报告：机体内含铁、铜、锌总量减少，均可减弱免疫机制，降低抗病能力，易被细菌感染，而且感染后的死亡率亦较高。近年来，微量元素研究被认为是关系到人类健康和长寿的一个充满希望的新领域，已引起国内外营养学界和医学界的普遍重视。

硒和锌的健康摄入量

硒：每日建议最佳营养物质摄入量是儿童 50 微克，成人 100 微克。为得到最大的抗氧化保护，可以每天服用 100 ~ 200 微克。

锌：每日建议最佳营养物质摄入量是儿童 7 毫克，成人 15 ~ 20 毫克。为得到最大的抗氧化保护，可以每天服用 10 ~ 20 毫克。

糖类的功能

糖是人们日常生活中不可缺少的调味品。糖类由碳、氧、氢等元素组成，又称碳水化合物。它包括单糖、双糖和多糖。经常食用的单糖有葡萄糖、果糖；双糖有蔗糖、麦芽糖、乳糖；多糖有淀粉和纤维素等。糖是人体各种生理活动和劳动、工作所需能量的主要来源，人体约 7%的能量靠糖来供给。

多吃糖的危害

“糖”的概念有广义和狭义之分。广义的糖指各种可消化的碳水化合物，包括有甜味的糖和没有甜味的淀粉；狭义的糖则指精制后的白糖和食品、饮料加工中常用的糖浆。糖对人体的危害主要是后者。世界卫生组织 (WHO) 调查了 23 个国家人口的死亡原因，得出结论：多吃糖比吸烟危害更大。几乎所有甜味食品中，都含有大量用白糖或糖浆做成的甜味剂。所以，对于一些喜欢吃甜点、饼干、零食、饮料的孩子和年轻女性来说，每天摄入 100 克以上的白糖是一件很普遍的事情。但营养学家们推荐的每日摄入白糖总量为 30 ~ 40 克，即不要超过每日摄入总碳水化合物的10%。

蔗糖的营养药用价值

蔗糖的营养价值众所周知，蔗糖的医药价值也不少：

1. 蔗糖有迅速解除人体疲劳、恢复体力的功效；

2. 蔗糖可促使口腔生津。蔗糖对人体腹泻引起的严重脱水有极其良好的理疗作用；

3. 蔗糖是维生素A的增强剂；

4. 蔗糖能增强人体对铁质的吸收；

5. 蔗糖有治疗创伤的效果；

6. 蔗糖水有解酒的功效。

蔗糖摄入多的危害

蔗糖摄入多会引起体重的增加或肥胖；容易引起蛀牙；影响食欲，导致营养失衡；引发心脑血管疾病、糖尿病等慢性病；容易骨折；抑制免疫系统，导致抵抗力下降；引起过度兴奋、焦虑、注意力难以集中以及孩子的偏执狂；引起睡意，减少孩子的活动；对孩子的学习成绩产生不利的影响；使视力减退；对肾脏造成伤害；加速衰老的过程，导致皱纹和白发；引起关节炎、哮喘等。

正确的吃糖习惯

由于人们生活习惯、饮食结构和劳动强度的不同，国内外营养学者在制定标准上有很大的差异。我国目前糖的供给量占总需能量的60%～70%。即：60千克重成年人每日可摄入60克糖，儿童、青少年每日吃糖量控制在40克以内，1岁以下婴儿约12克。国外近几年比较一致的意见是：每日每千克体重控制在0.5克左右。也就是说，体重20千克的儿童，每日摄糖量为10克；体重60千克的成人，每日30克左右。以牛羊奶为主食的婴幼儿，也应注意少加糖，培养不嗜甜食的饮食习惯。严格控制人体糖的摄入量，不会影响人体对糖的需求，因为除碳水化合物食品外，含糖的加工食品实在太多了。当你喝一杯咖啡或红茶，已摄入10～15克糖；吃一块甜点心，又获取了20克糖；再饮一瓶清凉饮料，又得到了30克糖。这些，就已足够机体一天之中对糖的需要量了。

维生素

维生素过去称作维他命，是维持人体生命活动必需的一类有机物质，也是保持人体健康的重要活性物质。维生素在体内的含量很少，但在人体生长、代谢、发育过程中却发挥着重要的作用。维生素是一组有着不同化学结构和维持人体正常生理功能必需的一类有机化合物。维生素不是机体的能源物质，也不是构成组织器官的原料。它的功能是控制和调节机体内的物质代谢。机体仅需微量就可满足正常生理功能的需要。

维生素的每日摄入量

为得到最大的抗氧化保护，维生素A和β－胡萝卜素每日建议最佳营养物质摄入量是：儿童800～1000微克视黄醇等效物，成人800～2000微克视黄醇等效物。每天可以服用剂量介于2000微克（6600国际单位）和3000微克（10000国际单位）之间的视黄醇以及β－胡萝卜素。

维生素C，每日建议最佳营养物质摄入量是儿童150毫克，成人400～1000毫克。为得到最大的抗氧化保护，可以每天服用1000～3000毫克。

维生素E，每日建议最佳营养物质摄入量是儿童70毫克，成人90～800毫克／国际单位。为得到最大的抗氧化保护，可以每天服用400～800毫克／国际单位。

维生素B_1与健康

维生素B_1又称硫胺素或抗神经炎素。维生素B_1主要存在于种子的外皮和胚芽中，如米糠和麸皮中含量很丰富，在酵母菌中含量也极丰富。瘦肉、白菜和芹菜中含量也较丰富。目前所用的维生素B_1都是化学合成的产品。在体内，维生素B_1以辅酶形式参与糖的分解代谢，有保护神经系统的作用；还能促进肠胃蠕动，增加食欲。维生素B_1缺乏时，可引起多种神经炎症。维生素B_1缺乏所引起的多发性神经炎，患者的周围神经末梢有发炎和退化现象，并伴有四肢麻木、肌肉萎缩、心力衰竭、下肢水肿等症状。

维生素B_2与健康

维生素B_2在人体内为许多重要辅酶的组成成分，在细胞代谢呼吸链的重要反应中起控制作用，或参与更加复杂的电子传递系统。维生素B_2还参与色氨酸形成尼克酸的作用。维生素B_2缺乏主要表现在眼、口、唇、舌、皮肤和黏膜的炎症变化等。维生素B_2含量丰富的食物主要为动物性食物，尤其是畜禽肝脏中含维生素B_2最多，肉、肉制品、鱼、蛋、奶及奶制品含量不等。人体对维生素B_2的需要决定于许多因素，如生长速度、创伤恢复、妊娠与哺乳等都会提高维生素B_2的需要量，这些都被认为与蛋白质和能量供给量有关。

维生素PP与健康

维生素PP（烟酸或尼克酸）在体内的主要形式是具有生理特性的尼克酰胺。

尼克酸摄入量应考虑如下影响因素：①能量消耗量，能量消耗增加，尼克酸供给也应增加；②蛋白质摄入量增加时，一般色氨酸也增加（转化尼克酸量可增加），故尼克酸可相应地减少。尼克酸大量摄入，如每日0.2～3克可致中毒，如每日2～3克，可致血管扩张，皮肤红肿、瘙痒，肝损伤，血糖升高，甚至引起胃溃疡。我国推荐膳食尼克酸摄入量为15毫克。

食物来源：尼克酸广泛存在于各种食物中，动物肝、肾、畜肉、鱼及花生中尼克酸含量最为丰富。

食盐的重要作用

食盐是人们饮食中重要的调料。

盐在体内以钠离子（Na^+）和氯离子（Cl^-）的状态存在，钠离子起如下作用：①渗透压的调整。②促进营养的吸收。③调节酸碱平衡。④神经刺激的传达。氯离子起的作用是胃酸的原料，帮助消化，是维持生命不可缺少的物质。我们的身体是由60万亿个细胞构成的。每个细胞都漂浮在主要成分为NaCl的细胞外液中。细胞过度缩小或过度膨胀而没有破裂是由于细胞外液中钠量变化所起的作用，即隔着细胞壁，与细胞内液在浓度上保持一定平衡渗透压来调节的。当失去这种平衡时，会引起脱水症、低血压，站着晕眩，或者发生浮肿症状。

食盐的作用很广：杀菌消毒，护齿，美容，清洁皮肤，去污，医疗等。

健康人体对钠的安全摄入量为1000～2500毫克，盐中含40%的钠，也就是每日只能摄入2.5～6克食盐，因此世界卫生组织（WHO）建议，盐的摄入量每人每天应在6克以下。除了食盐能够提供钠之外，酱油中含有18%的盐，盐腌食品，如咸菜、酱制品、咸鸡蛋等都含有较高的盐。

挑盐的学问

以前我们挑盐很简单，货架上统共就那么一两种。现在，商店货架上的盐恐怕有十多种，有加锌盐、加硒盐，还有加铁盐等。对于这些盐的作用，顾名思义，我们都比较好理解，缺什么补什么嘛。但是低钠盐、核黄素盐，还有竹盐，也属于营养盐，那它们又是补什么的呢？

大家都知道，我们平时吃的普通盐是由纯度高达98%的氯化钠组成的，而钠离子对人体又起到增强血管表面张力的作用，这样就造成了人体内血流加快、血压升高的状况，所以，医生就会嘱咐高血压患者应尽量少吃盐。现在患高血压的人很多，他们其中的一部分人口味又偏重，那该怎么办呢？

市面儿上有一种叫低钠盐的，看看说明书，大家便会知道这种盐对于高血压和心脑血管疾病很有好处。专家告诉我们，这低钠盐里只含有65%的氯化钠，同时还有25%的氯化钾和10%的硫酸镁。由于氯化钾也是盐类，所以，低钠盐的咸味儿和普通精制盐的咸味儿相差无几。人们食用低钠盐以后，不但把每天摄取钠离子的量大大降低了，还解决了人体中钠离子和钾离子平衡的问题，所以，低钠盐有预防高血压、保护心脑血管的作用。

经常患口腔溃疡的朋友，吃饭时会被烧得特疼，非常难受。当人体缺乏维生素B_2，也就是缺乏核黄素的时候，就会出现口腔溃疡之类的症状。专家告诉我们，由于人们饮食的精细化，很多人都缺少维生素 B_2。粮食当中的维生素 B_2 在加工过程当中大量流失了，蔬菜由于残留着农药，人们反复用水浸泡洗涤，也会造成维生素 B_2 的流失，这样人体摄取维生素 B_2 的量显然不够。鉴于这种情况，可食用核黄素盐试试。

另外，竹盐是一种制作工艺非常复杂的盐。它是把天然海盐放入新鲜竹子里，经过多次高温烤制而成的。实验表明，竹盐呈碱性，而碱性对于改变人们在日常生活中由于膳食搭配不合理造成的弱酸性体质起到了中和作用。在竹盐烧制的过程当中，竹子的香味会渗到盐里，同时会有一部分氯变成氯气跑掉了，这时候的盐的钠离子应该相对偏高。由于竹盐中的氯离子减少，钠离子相对偏高，所以，高血压患者应该慎重选择。

水的重要作用和价值

为什么我们将水与蛋白质、脂肪、糖类、维生素和矿物质元素放在一起，并称为“六大营养素”呢？只要我们对水的作用加以了解，就不难看出它对于人体是多么的重要了。

人对水的需求仅次于对空气的需求。如果人体不摄入其他养分，还能存活几周，甚至能带病活上若干年；但如果人体没有水，仅能存活几天。

水是人体原生质的组成成分，占人体总重量的大部分。大体而言，成人体重的60%是体液。水是人体体液的重要组成部分，也是生命的润滑剂。

合理的烹调方法

很多人认为，美食是人生的一大享受，然而，如果食物在加工过程中，不注意合理烹调，很多营养素就会被破坏，食物在人体内的利用率就会下降，这时我们所品尝到的所谓“美食”可就成了“美中不足之食”了。烹调过程中，要吃到既美味又营养的真正美食，并不容易。只有在烹调食物时，把良好的色、香、味、形与营养素的保存相互兼顾起来，才能更好地发挥食物的营养保健作用。

不可忽视的第七营养素

鉴于膳食纤维与人体健康的密切关系，有的学者把它排列在六大营养素之后，被国内外医学和营养学家称为第七营养素。膳食纤维的作用有以下几个方面：①通便和清扫作用。②预防冠心病和胆石病。③预防糖尿病。膳食纤维主要有纤维素、半纤维素、木质素、果胶、琼脂等。国际相关组织推荐的膳食纤维素日摄入量为：美国防癌协会推荐标准为每人每天 30 ~ 40 克，欧洲共同体食品科学委员会推荐标准为每人每天30克。

主食与副食

主食和副食二者缺一不可。有人主张多食肉少吃粮，这是西方人的观点，既不合养生之道，与中国的国情相悖，还使人易患“文明病”；有人要减肥，不敢吃肉，更不敢吃油，但却敢吃主食，不吃副食。认为主食既没有油，也不是荤食，肯定不会发胖，结果恰恰相反，多余的淀粉在体内分解成葡萄糖，转化为脂肪储存起来。研究人员用不含脂肪的饲料喂养家禽、家畜，结果发现它们照样长脂肪。所以，日常饮食应主副食合理搭配才科学。

细粮与粗粮

粗粮是相对我们平时吃的精米白面等细粮而言的，主要包括谷类中的玉米、小米、紫米、高粱、燕麦、荞麦、麦麸，以及各种干豆类，如黄豆、青豆、赤豆、绿豆等，块茎类如红薯、山药、马铃薯等。所谓细粮，原则上是指加工后的成品粮，因各地情况不同，细粮标准也不一样，除了西北以未加工的小麦主粮作为细粮外，其他地区都是以主粮加工后的成品粮作为细粮。长期食用精米、精面，会导致维生素B族缺乏，营养不良，诱发疾病。因为精米、精面在加工过程中将稻谷、麦子中富含无机盐、B族维生素和膳食纤维的外皮都打掉了。而粗粮含有丰富的维生素及铁、锌、钙等，对人体生长发育、抵抗疾病有特定功效。

黑色食品

“黑色食品”主要是指含有黑色素和带有黑色字眼的粮、油、果、蔬、菌类食品。常用的黑色食品有黑米、黑麦、紫米、黑荞麦、黑豆、黑豆豉、黑芝麻、黑木耳、黑香菇、紫菜、发菜、海带、黑桑葚、黑枣、栗子、龙眼肉、黑葡萄、黑松子、乌骨鸡、黑海参、黑蚂蚁菜等。目前，国内外市场上的黑色食品种类很多，黑米婴儿营养粉、黑米锅巴、黑米酒等。据现代医学认为：“黑色食品”不但营养丰富，且多有补肾，防衰老，保健益寿，防病治病，乌发美容等独特功效。经大量研究表明，“黑色食品”保健功效除与其所含的三大营养素、维生素、微量元素有关外，其所含的黑色素类物质对人体也发挥了特殊的保健作用。

液态食品

汤与汁都是食品果蔬的精华，制成汤汁的液态食品，包括汤混食品和流体食品，有易食用、易消化、物美价廉的特点，因此，其品种和包装形式都迅速得以扩大，从果菜、酱汁鸡到简装豆腐脑、八宝粥，从三角包、砖形方包到屋形包等应有尽有。

美容食品

美容食品的特点是低胆固醇、低热量和低盐分。这类食品因入口清脆、略带苦涩、维生素含量高、热含量低，特别受宠，成为销售热点。

保健食品

男人壮阳补气，女人滋阴补血，小孩健脑益智，老人安神养生。全世界用药膳食品防治疾病、营养健身的人已达5亿多，其中尤以中国的药膳知名度最高。近年来，我国中成药及其与食品的结合在日本及东南亚身价倍增。

绿色食品

21世纪，人类将以“纯天然”、“无污染”作为食品的衡量标准。德国的生物农业、英国的有机农业、日本的自然农业都朝着这个方向努力。发达国家目前流行食用森林蔬菜，多是没受污染自然生长的野菜，如芦笋、木耳、香菇、黄花等。

速冻食品

速冻食品不但有便利、卫生的特点，而且大大扩展了人们的食品范围，备受人们的欢迎。目前，发达国家人均年消费冷冻食品一般在20千克以上，并以30%的速度递增。

快速食品

快速食品已囊括零食、副食、主食的各个领域。在国外及国内一些沿海发达城市，人们不再为买、洗、烧而烦恼，只要到超市采购快速食品、半成品和绿色果蔬放入冰箱，就可以十天半月不用再为做饭而操心了。

第二章　家庭营养常识

营养失调害处多

营养失调既包括营养不足、营养缺乏，也包括营养过剩。

目前，在发展中国家，存在着四个普遍性营养问题，即蛋白质－热能营养不良、维生素A缺乏、碘缺乏和铁缺乏。这也是世界范围内的四大营养问题。

怎样选购新鲜蔬菜

番茄——果蒂硬挺，且四周仍呈绿色的番茄才是新鲜货。有些商店将番茄装在不透明的容器中出售，在未能查看果蒂或色泽的情况下，最好不要选购。

黄瓜——刚采收的小黄瓜表面上有疣状突起，一摸有刺，颜色浓绿有光泽，感觉嫩绿、颜色漂亮才是新鲜的。

洋白菜——叶子的绿色带光泽，且颇具重量感的洋白菜才新鲜。切开的洋白菜，切口白嫩表示新鲜度良好。切开时间久的，切口会呈茶色，要特别注意。

茄子——深黑紫色，具有光泽，且蒂头带有硬刺的茄子最新鲜，反之带褐色或有伤口的茄子不宜选购。若茄子的蒂头盖住了果实，表示尚未成熟。茄子切口变色，只要泡在水中即可保持鲜嫩。

香菇——菇伞为鲜嫩的茶褐色，肉质具有弹性，才是新鲜的香菇。刚采的香菇，背面皱褶覆有白膜状的东西，若此处呈现出茶色斑点，表示不太新鲜。

啤酒、白酒不能替代料酒

有些朋友喜欢用啤酒代替料酒，觉得味道更好些，其实这并不完全正确。为什么呢？因为啤酒的酒精浓度在3度到5度左右，而且其中有很大一部分是二氧化氮气体。这种二氧化氮气体，它的挥发性是很大的，尤其是受热以后。所以说，如果烹调的时候向菜里加入啤酒的话，酒精在溶解腥膻味之前就已经挥发掉了，当然也就达不到去腥除腻的效果了。这样看来，不同的酒类与料酒相比，所烹饪出来的菜肴风味相距甚远。所以说，专物还得专用。

在日常生活中，人们常常用黄酒来烧菜调味，得到较好的烹调效果，但如果用白酒代替黄酒调味，就起不到调味作用。

白酒中乙醇含量较高，一般在50%～60%，糖分、氨基酸、有机酸分子的含量均大大低于黄酒，故生成的脂类也较少。用白酒调味，乙醇不易挥发掉，这样烧成的菜味道欠佳，还会影响菜肴的独特风味。故烧菜调味不宜用白酒。

冻肉不宜用热水解冻

有的人从市场上买回冻鸡、冻肉后，为了尽快烹饪，往往将其放进热水或温水里解冻，这样解冻的肉烹调后，口感不好，乏味不香。

原来，这类肉在冷冻贮藏时都是速冻的，其细胞内液、细胞外液及组织间液体都迅速冷冻，成为肉纤维细胞间的结晶体，其鲜味、香味均能保留。如果让其在适当的温度（6℃～8℃）下慢慢解冻，肉细胞与细胞间那些汁液结晶慢慢溶解后，仍可逐渐渗回细胞内，恢复至鲜肉的状态，烹调时其味道仍和鲜肉差不多。如果把速冻肉放进热水或温水里迅速解冻，肉细胞及组织间结成冰的美味肉汁一下子就都溶化成液体，迅速流到肉组织之外而丢失了。这样解冻的肉烹调后，当然就不够鲜嫩了。因此，食用冻肉、冻鸡时，不宜用热水或温水解冻。

不宜用铝锅炒菜

有的人习惯用铝锅炒菜，认为铝锅薄，传热好，既省燃料又省时间，但据研究证实，长期使用铝制品作炊具可使铝摄入过量，对健康不利，还可导致老年性痴呆的发生率增加，所以炒菜还是用铁锅好。

味精知多少

味精作为调味品，在改善饮食结构、提高饮食档次方面，已经成为人们日常生活中不可缺少的物质了。那么，味精到底包含哪些成分呢？它对人体到底是有益还是有害呢?

味精学名谷氨酸钠，其实就是一种氨基酸和钠盐的结合体。说得更简单一些，如果熬汤的时候，您熬的不是青菜豆腐汤，而是一锅鸡汤的话，您可能会有这种经验——往鸡汤中加一些盐，味道会更加鲜美。这是因为鸡肉当中富含谷氨酸这种氨基酸，您又放了一些氯化钠盐进去，便在不知不觉当中就制造了谷氨酸钠，也就是味精。所以，味精既不是化学物质，吃了也不会掉头发，而且富含营养。

白酒热喝危害少

喝白酒先烫后饮对人体有益。因为白酒的主要成分是乙醇（酒精），此外还含有醛，饮酒过多会引起酒精中毒。醛虽然不是白酒的主要成分，但对人体的损害要比酒精大得多。可是醛的沸点低，就只有20℃左右，所以只要把酒烫热一些，就可以使大部分醛挥发掉，这样对人身体的危害就会少一些。

大可不必谈“糖”色变

这些年来宣传糖的危害性多，对糖的性质以及作用介绍得非常少，所以，导致了很多人怕吃糖，甚至不敢吃糖。其实，当您了解了糖对于人体的益处之后，就会发现，除了糖尿病等需要控制糖分的疾病患者外，健康人吃糖非但无害，而且有益。

说起糖跟糖尿病来，很多人都觉得糖尿病嘛，有一个糖字，肯定是因为多吃了糖才引起的。实际上不是这样的。专家告诉我们，糖尿病的真正起因是胰脏的胰岛素分泌不正常，不能控制肝脏的糖原与血糖的转换，导致内分泌障碍，从而引发慢性全身代谢性疾病。这种病发病的原因更多是见于遗传、肥胖和精神上的劳累，也就是说，吃糖的多少对糖尿病是没有直接影响的。还有，人们除了爱把糖和糖尿病联系在一起之外，也会认为它是导致肥胖的重要原因。专家告诉我们，造成肥胖的根本原因是人体摄取的能量超过了能量的消耗，导致多余的能量转化为脂肪而积存在体内引起的。有些家长怕孩子发胖，不敢让他们多吃糖，其实这种担心是没有必要的，只要让孩子保持适当的运动量就可以了。还有人一提到糖就会想到蛀牙，那么吃糖会得龋齿吗?通过向专家咨询，我们知道，其实龋齿的发生是由于牙斑中的细菌分解糖或淀粉，形成酸性物质所造成的。也就是说，吃任何东西不刷牙产生细菌都会导致龋齿的发生，和糖没有必然的关系。所以，人们如果能在进食之后及时地刷牙，清除口腔中的淀粉或糖，就可以有效地防止龋齿了。

常有人喜欢在做水煮蛋时放白糖，这是不科学的吃法。会使鸡蛋蛋白质中的氨基酸形成果糖赖氨酸的结合物，不易被人体所吸收。

巧吃“半熟”西瓜

夏季来临，甜美的西瓜又开始大批应市了。

无论你是吃哪里产的西瓜，总会有吃到过熟萎掉或者没熟生着的瓜。如果你买了个“半生不熟”的白子瓜，或是不脆不甜的厚皮瓜，一定会感到食之无味，弃之可惜。在这里，笔者教你几招补救的办法，你不妨一试。

将瓜瓤全部挖出，或刮取汁液，倒入碗中，加适量白糖拌和，置冰箱中半小时，待糖溶化后再吃，很是清凉可口，且同样具有祛暑解渴之效。若将西瓜汁液含口内慢慢咽之，还能治疗口疮等症。

西瓜皮切条晒干，以酱油腌渍，可佐餐，其味甚佳。或用作菜肴，将瓜皮削去翠衣，切条，入开水锅烫一下取出，然后将葱、姜末在油锅中炒一下，加适量水、盐和糖，放入瓜皮翻炒片刻，勾芡，淋几滴香油即成。此菜清香扑鼻，食之有消暑利尿、生津下气等作用。

挖取瓜瓤绞汁拌入面粉或糯米粉，搅成糊状，加少许糖，然后将花形模圈置在平底油锅上，烧热后在模圈内浇入米粉糊，加入豆沙等甜馅心，再浇上一层粉糊，煎好一面再翻煎另一面，抽去模圈，香里透甜的西瓜煎饼就做成了。

在未熟透西瓜的蒂部切下一块作盖，在切口处挖去少许瓜瓤，滴入数滴白兰地酒，再合上瓜盖，放置在冰箱中约1小时，取出后便成了白兰地酒瓜。

在西瓜瓜蒂部横切一刀，挖去部分瓜瓤放入一把葡萄干，合上瓜盖，外用黄泥糊封，置阴凉处，10天后去泥揭盖，瓜里溢出蜜水，略带葡萄香味，喝上一杯这样的西瓜葡萄水，顿感心怡气爽。

如何做到饮食的合理搭配

要想饮食得到合理调配，在食用时要注意什么才能获取最多的营养呢？

首先是饮食时应专心致志，如果在进食时三心二意，一面看书或思考问题，一面饮食，这样既不能品尝到滋味，又影响脾胃的消化吸收。其次是饮食应畅情，古人曾说过，食后不可便怒，怒后不可便食。实际上，良好的情绪有利于食物的消化、吸收，而情绪不好常常导致不食，食则不化。所以，现在很多餐厅都有悦耳的音乐伴顾客用餐，以增强食欲。这在古代医书上亦曾提到。饮食还应细嚼，在进食时应该细嚼缓咽，这是促进消化吸收的重要环节。说有人吃东西“囫囵吞枣”、“狼吞虎咽”，显然反映这种人急欲进食的饥饿样子。因此，饮食时要注意的问题还必须与饭后的保养联系起来，否则会导致“前功尽弃”。

最佳健康食品排行榜

最佳水果：番茄、草莓、柑橘、猕猴桃、芒果、柿子、西瓜、苹果等。

最佳蔬菜：红薯（是维生素的“富矿”，又是抗癌能手）、芦笋、卷心菜、椰菜、芹菜、茄子、胡萝卜（别称“红参”，含大量维生素及胡萝卜素，防止高血脂；脂溶性物质，宜用油炒而非生榨汁）、金针菇、雪里红、大白菜。

最佳肉食：鸡肉等。

最佳护脑食物：菠菜、韭菜、南瓜、葱、椰菜、菜椒、番茄、胡萝卜、小青菜、蒜苗、芹菜等蔬菜；核桃、花生（花生应控制食用量，多吃反而有害）、开心果、松子、大豆以及糙米饭、猪肝等。

最佳汤类：鸡汤。

最佳食用油：玉米油、芝麻油、花生油、葵花籽油。

说说植物油

除了常吃的油以外，现在人们开始关注另类食用油了，那就是葵花籽油、玉米油、橄榄油、红花油，以及茶油等。世界卫生组织的一项调查结果显示，希腊人的心血管病和癌症的发病率比较低，与当地居民长期食用橄榄油有着密切的关系。橄榄油是天然的色拉油，是理想的凉拌菜和烹调用油。

那么，我们每人每天吃多少油比较合适呢？吃油对人体有什么作用呢？

植物油与人体健康密切相关。它含有亚油酸、亚麻酸和花生四烯酸等人体健康所必需的不饱和脂肪酸。不同的植物油所含的不饱和脂肪酸是不一样的。比如，豆油含的亚油酸比较高，花生油含有一定的花生四烯酸。因此，有些人喜欢吃单一的植物油，这样实际上对人体健康是不太有益的。我们提倡吃不同种类的植物油，这样会对身体更有好处。

荤、素油如何搭配

植物油的主要成分是不饱和脂肪酸，不饱和脂肪酸在人体内容易形成过氧化脂质，有促进癌细胞生长的作用。营养学家认为，食物中的不饱和脂肪酸与饱和脂肪酸应该保持一定比例。根据植物油与猪油中含不饱和脂肪酸与脂肪酸量计算，即每人每月以食植物油 250 克和猪油 500 克较为适宜。过多食用植物油是有害的。

菜籽油

主要由甘蓝、油菜、盖菜籽加工而成，所含芥酸高达 48%左右，其被吸收利用率很低，所以营养价值也低。高芥酸茶籽油会影响人体的生长发育和生殖能力，特别有损心脏，会造成心肌脂肪沉淀、脂肪浸润、纤维细胞增生。欧共体规定菜籽油中芥酸含量应低于 5%。

豆油

由大豆加工而成，是以不饱和脂肪酸为主的油脂，含量高达 85%，其中亚油酸为 50%，亚麻酸约占 10%。这些都是人体生长发育及维持生理活动的必需品。

花生油

含约78%的不饱和脂肪酸，其中亚油酸26%。该成分有保护皮肤微血管通透性作用，保护皮肤免遭放射线照射的损害，能防治皮炎，也有抗血栓形成和抗血凝作用，能降低血浆中胆固醇和甘油三酯，可有效防治心脏血管系统疾病。花生油中所含维生素E和维生素B族及微量元素锌、硒等能增强免疫力，提高抗病、抗感染、抗癌、抗衰老能力。

芝麻油

富含不饱和脂肪酸、亚油酸、油酸、棕榈酸、花生酸等三甘油酯和维生素E及丰富的蛋白质、芝麻酚、卵磷脂、蔗糖及钙、磷、铁等，对维护机体的新陈代谢，增强机体活力，调整机体各器官系统的功能活动有重要作用，能够抗衰老。其中不饱和脂肪酸有预防心脑血管疾病、治疗血小板减少性紫癜和出血等作用，是良好的促凝血剂。

棉籽油

由棉籽加工精炼而成，主要含一种酚类，对人体健康不利，是品质较差的植物油。

粟米油

粟米油易被人体吸收，不含胆固醇，对心血管疾病疗效极佳。含有丰富的天然维生素，可使人体细胞分裂增加一倍左右，可防衰老，延年益寿。

葵花籽油

由葵花籽加工而成，是一种营养价值很高的食用油，其熔点低，容易被人体吸收，故有“健康油”之称。葵花籽油主要含不饱和脂肪酸，其中亚油酸占55%。而东北地区出产的葵花籽，亚油酸的含量可高达70%。此外还含有维生素E,可防止动脉硬化、高血压、冠心病等。葵花籽油中的胡萝卜素，可在人体内转化成维生素，具有一定的抗癌作用。

食用调和油

由多种植物油混合而成，含有不饱和酸，不含胆固醇，适于患心血管疾病者、高血压患者及胆固醇比正常人高的老年人食用。

做菜不宜放油过多

有的人做菜时喜欢多放油，认为油重菜香，实际上这样做对身体并无好处。植物油虽然含有丰富的不饱和脂肪酸，但这种物质极易被氧化而产生有毒的过氧化物。特别是维生素C被氧化分解而失去正常功能，会导致体内维生素不足。过氧化物还会使人体内的红细胞与线粒体膜遭受破坏，发生溶血等症状，还会与蛋白质结合生成老化色素——脂褐素，使皮肤上产生老年斑。过氧化物沉积在血管壁、肝脏、脑细胞上，还可形成动脉硬化、肝硬变、脑血栓等疾病。尤其对于直肠息肉患者而言，饮食上除不宜吃酸、辣、辛等刺激性食物以外，还应当尽量少吃油腻食物。

吃补品要对症

不少年轻人讲究给老人送补品，但好东西不一定使人人受益。譬如阿胶、桂圆之类滋补气血的补品，对于消化不好的老人就不适合，非但不能强身健体，而且会影响食欲，中医称为“虚不受补”就是这个道理。人参、鹿茸虽然高级，但阴虚体虚的人也不能享受。有的人吃了人参流鼻血、有的服用鹿茸全身燥热，都说明大补大温之品有益也有弊。进补也不可乱吃，否则花钱找不自在。

怎样才能买到新鲜肉

购买鲜肉的一些方法和技巧：

1. 肉的检查

肉类的检查，一般从感官性状、化学、细菌等方面综合判断，人的感觉器官是相当灵敏的，通过人的嗅觉、视觉、触觉、味觉来鉴定的卫生质量是很有实用意义的。

2. 新鲜肉的鉴别

新鲜肉的表面有一层微微干燥的表皮，肌肉呈均匀的浅红色，有光泽，切面稍湿润而无黏性，肉汁透明；肉质紧密而有弹性，指压后凹陷立即恢复，脂肪为白色。

3. 变质肉的鉴别

变质肉的表面过分干燥，肌肉为暗色，有时呈浅绿色或灰色；切面过度潮湿和发黏，肉汁很混浊，肉质松软且无弹力，表面及深层均有腐臭气味；脂肪呈乌灰色。

4. 囊虫病肉的鉴别

囊虫病是寄生在猪体内的一种寄生虫病，俗称“豆猪肉”，对人危害很大。这种寄生虫多寄生在骨骼肌（瘦肉）中和心、膈肌中。囊虫在瘦肉中形成许多米粒大小的白色半透明膜的囊，囊内有半透明的液体及白色点状头节。

5. 注水肉的鉴别

注水过多时，水会从肉上往下滴。割下一块瘦肉，放在盘子里，稍放片刻就有水流出来。用卫生纸或吸水纸贴在瘦肉上，用手紧压，等纸湿后揭下来，用火柴点燃，若不能燃烧，则说明肉中注了水。

6. 病死肉的鉴别

在买猪肉时，拔一根或数根猪毛，仔细看其毛根，如果毛根发红，则是病猪；如果毛根白净，则不是病猪。死亡后解体的为死畜肉，因未放血或放血少，肉呈暗红色，切开肌肉以刀背按压可见肌肉间毛细血管溢出暗红色瘀血，切面呈豆腐状，含水分多。新鲜猪肉有光泽，肌肉红色均匀，脂肪洁白；肉的表面微干或湿润，不粘手；肉质有弹性，指压后的痕迹立即消失；嗅之有鲜猪肉的正常气味。煮沸后肉汤透明澄清，脂肪团聚表面，有香味。而变质的猪肉肌肉无光泽，脂肪发暗或灰绿色；肉表面干燥或黏手，肉质弹性降低，指压后的痕迹不能消失。嗅之有腐败臭味。煮沸后的肉汤混浊，有腐臭味。

家用冰箱存放的食品不要超过两个月。家庭中使用的冰箱，冷冻室的温度一般都在零下18℃左右，而这个温度只能在一定的时间内保存食物的风味、营养成分以及新鲜度，但却阻止不了食物营养成分的损失和品质的恶化。所以，在冰箱中冷冻的鱼肉，最好不要超过两个月，要不然您便享受不到食物原有的美味和营养了。同时，专家告诉我们，肉类食物在冰箱中冷冻的时间越长，脂肪氧化的可能性就越大，而脂肪氧化过程中会产生少量的氧化物和羰基化合物，这两种物质可是对身体非常有害的。如果您发现肉里的脂肪已经变成了黄色，那就意味着它已经被氧化了，这块肉就最好不要吃了。

西瓜放在冰箱里不要超过两小时

很多人习惯把西瓜切开后冷藏食用。其实，西瓜经较长时间冷藏后，瓜瓤表面会形成一层膜，从而丧失口感，其中的水分也容易结成冰晶，食用后可能刺激咽喉或引起牙痛等不良反应。此外，冰镇西瓜还会损伤脾胃，导致消化不良、食欲减退等病证。所以，西瓜最好现买现吃。如果买回来时较温热，不妨把冰箱温度调高一些再冷藏，冷藏时间在两小时之内风味最佳。

十种主要营养素及其来源

蛋白:肉、禽、鱼、干豆、青豆、蛋、奶酪、果仁、瓜子。

糖:谷物、土豆、干豆、玉米、面包、糖。

脂肪:酥油、豆油、奶油、人造黄油、色拉油、咸肉、香肠、果仁、瓜子、花生油。

维生素A：肝、胡萝卜、白薯、绿叶蔬菜、奶油、人造黄油。

维生素C：菜花、柠檬、柑橘、番木瓜、芒果、草莓、卷心菜、土豆、西红柿、绿叶蔬菜。

维生素B_1：瘦肉、果仁、粗粮、主副食营养品（诸如粗面包、强化麦片）。

维生素B_2：肝、牛奶、酸乳酪、绿叶蔬菜、粗粮、营养丰富的粮食制品。

烟碱酸（抗癞皮病维生素）：肝、肉、家禽、鱼、花生、粗粮、营养丰富的粮食制品、干豆、青豆、果仁。

钙：牛奶、酸乳酪、沙丁鱼、带骨大马哈鱼、肉卷、蔬菜、芥末、萝卜叶。

铁：牛羊肉、肝、强淀粉、梅脯汁、干豆、青豆、绿叶蔬菜、粗粮、营养丰富的粮食制品。

认识早餐

营养专家认为，早餐是一天中最重要的一顿饭，每天吃一顿好的早餐，可使人长寿。早餐要吃好，是指早餐应吃一些营养价值高且少而精的食物。因为人经过一夜的睡眠，头一天晚上进食的营养已基本耗完，早上只有及时地补充营养，才能满足上午工作、劳动和学习的需要。早餐在设计上选择易消化、吸收，纤维质高的食物为主，生食的比例要高为好，如此将成为一天精力的主要来源。

早餐的重要性

专家经过长期观察发现，一个人早晨起床后不吃早餐，血液黏度就会增高，且流动缓慢，天长日久，会导致心脏病的发作。因此，早餐丰盛不但使人在一天的工作中都精力充沛，而且有益于心脏的健康。坚持吃早餐的青少年要比不吃早餐的青少年长得壮实，抗病能力强，在学校课堂上表现得更加突出，听课时精力集中，理解能力强，学习成绩大都更加优秀。对工薪阶层来讲，吃好早餐，也是干好基本工作的保证，这是因为人的脑细胞只能从葡萄糖这种营养素中获取能量，经过一个晚上没有进食而又不吃早餐，血液就不能保证足够的葡萄糖供应，时间长了就会使人变得疲倦乏力，甚至出现恶心、呕吐、头晕等现象，无法精力充沛地投入到工作之中。

理想早餐的要素

一般情况下，理想的早餐要掌握三个要素：就餐时间、营养量和主副食平衡搭配。一般来说，起床后活动 30 分钟再吃早餐最为适宜，因为这时人的食欲最旺盛。早餐不但要注意数量，而且还要讲究质量。按成人计算，早餐的主食量应在 150 ~ 200 克，热量应为 700 千卡左右。当然从事不同劳动强度及年龄不同的人所需的热量也不尽相同。如小学生需 500 千卡左右的热量，中学生则需 600 千卡左右的热量。就食量和热量而言，应占不同年龄段的人一日总食量和总热量的 30% 为宜。主食一般应吃含淀粉的食物，如馒头、豆包、面包等，还要适当增加些含蛋白质丰富的食物，如牛奶、豆浆、鸡蛋等，再配以一些小菜。

午餐的科学搭配

俗话说“中午饱，一天饱”。说明午餐是一日中主要的一餐。由于上午体内热能消耗较大，午后还要继续工作和学习，因此，不同年龄、不同体力的人午餐热量应占他们每天所需总热量的 40%。主食根据三餐食量配比，应在 150 ~ 200 克，可在米饭、面制品（馒头、面条、大饼、玉米面发糕等）中间任意选择。副食在 240 ~ 360 克，以满足人体对无机盐和维生素的需要。副食种类的选择很广泛，如肉、蛋、奶、禽类、豆制品类、海产品、蔬菜类等，按照科学配餐的原则挑选几种，相互搭配食用。一般宜选择 50 ~ 100 克的肉禽蛋类，50 克豆制品，再配上 200 ~ 250 克蔬菜，也就是要吃些耐饥饿又能产生高热量的炒菜，使体内血糖继续维持在高水平，从而保证下午的工作和学习需要。但是,中午要吃饱,不等于暴食，一般吃到八九分饱就可以。若是白领族少劳力的工作在选择午餐时,可选简单一些清汤、茎类蔬菜、少许白豆腐、部分海产植物作为午餐的搭配。

晚餐须吃少的原因

晚餐比较接近睡眠时间，不宜吃得太饱，尤其不可吃消夜。晚餐应选择含纤维和碳水化合物多的食物。但是一般家庭，晚餐是全家相聚共享天伦的一餐，所以对多数家庭来说，这一餐都非常丰富，这种做法和健康理念相悖。因此在晚餐的调整上仍与午餐相同的是餐前半小时应有蔬菜汁或是水果的供应，应有一道以上的生菜沙拉盘，内有各式芽菜。芽菜在吃食时可用海苔卷包起，做些变化。主食与副食的量都可适量减少，以便到睡觉时正好是空腹状态。

一般而言，晚上多数人血液循环较差，所以可选些天然的热性食物来补足此现象，例如辣椒、咖喱、肉桂等皆可。寒性蔬菜如小黄瓜、菜瓜、冬瓜等晚上用量少些。晚餐尽量在晚上八点以前完成。若是重食的家庭，晚餐肉类最好只有一种，不可吃多种肉类，以免增加体内负担。晚餐后请勿再吃任何甜食，这是很容易伤肝的。

吃丝瓜能凉血解毒

丝瓜是一种夏令瓜菜。祖国医学认为，丝瓜性凉、味甘，入肝、胃经，具有清热化痰、凉血解毒、通经络、行血脉、利水消肿、止筋骨酸痛，治肠风痔漏、疔疮疽肿、血经闭止、血崩不止、肝硬化腹水等疾病。

据现代医学研究发现，丝瓜所含的多量的黏液质、木胶、瓜氨酸、木聚糖等成分有一定的化痰食疗作用，其所含的皂甙类物质有一定的强心作用。丝瓜还含有干扰毒诱生剂，这种物质能刺激机体产生干扰素，故有抗病毒、防癌抗癌的功效。

古人认为，多食丝瓜易致阳痿、滑精等病。丝瓜性凉，易伤脾胃，故慢性腹泻者应慎食。

芹菜能清热解毒

芹菜，有旱芹、水芹两种。其性能相近，但旱芹的药用性胜于水芹。祖国医学认为，芹菜性寒凉、味甘微苦，入肺、胃、肝经，具有清热解毒、健胃平肝、化痰下气、利水通淋、祛风利湿、镇静降压、减肥降脂等功用。《本草拾遗》认为它能“祛小儿暑热，大人酒后热毒，鼻塞身热，利大小肠”。芹菜适用于咳嗽多痰、病毒性肝炎、高血压、高脂血症、冠心病、血管硬化、尿路感染、疮肿、腮腺炎、各种肿毒等病证。

据现代医学研究表明，芹菜中含有大量的纤维素，能促进胃肠蠕动，促进大便排出和降低血中胆固醇，具有明显的降压降脂的作用。

芹菜性寒凉，脾胃虚寒、大便溏薄、肾阳不足者不宜食用。此外，芹菜能抑制性功能，故中青年人不宜大量多食。

说说辣椒

辣椒性热，味辛，有温中散寒、开胃除湿、杀虫解毒的作用，有助于治疗胃中冷痛、关节疼痛、食积腹泻、手足冻疮等。辣椒含有辣椒碱、辣椒红素等，能促进食欲，增加唾液分泌及淀粉酶活性。

它还能使血管反射性扩张，促进血液循环旺盛，并能强烈地刺激感觉神经末梢，引起温暖感。食用适量的辣椒，既能增强胃黏膜的血流量，还能刺激胃黏膜合成，对胃起保护作用。由于辣椒性温热，散寒作用强，对于呕吐、腹泻等病证属于寒者，有祛寒毒病邪的作用。辣椒的品种较多，有红辣椒和青辣椒之分，青辣椒辣味较轻，可作菜肴的主料，红辣椒辣味较重，宜作作料。

菠菜的健脾通肠功效

菠菜是一种秋冬季食用的绿叶蔬菜。传统中医学认为，菠菜性凉，味甘，入肺、肠、胃经，具有解热毒、酒毒，清热除烦，敛阴润燥，养血止血，健脾和中，通利肠胃等功用，适用于贫血、便血、高血压、糖尿病、肺结核、小便不畅、大便涩滞、酒醉、夜盲症、跌打损伤等病证。

近年来的研究发现，菠菜中含有辅酶 Q_{10}，并含有丰富的维生素 E，因而具有抗衰老和增强青春活力的作用。此外，菠菜中所含的物质可以促进胰腺的分泌功能，分泌胰岛素，可以帮助消化，也可用于糖尿病的辅助治疗。

菠菜性凉，能刺激胰腺分泌，其内所含钙质，易形成草酸钙，因而患肠道虚寒泻者、胰腺炎、泌尿系结石者不宜食用。

利便抗癌的茄子

茄子是一种茄果类蔬菜。在所有的蔬菜中，茄子的治癌效果确实极高。传统中医学认为，茄子性寒、味甘，具有消热解毒、利尿消肿、活血散淤、祛风通络、止痛止血、宽肠利气等功用，适用于水肿、小便不利、毒虫咬伤、乳腺炎、跌打肿痛、痔疮出血、黄疸型肝炎、口腔溃疡等病证，对高血压、动脉硬化、咯血、紫斑及坏血病、痛风等患者有辅助治疗作用。茄子不论烫、烤、腌、炸皆宜。食欲不振的人适合吃炒茄子。茄子与其他含有 β－胡萝卜素的蔬菜一并摄取，更能发挥防癌效果。茄子性寒，故阳虚者慎食，多食必致腹痛、腹泻。此外，茄子不能与寒性的蟹肉同食，以防伤及脾胃。

滋阴养胃话莲藕

莲藕，又名莲菜，为水生宿根植物，

原产于印度，我国很早就开始栽培，可食地下茎及其果实——莲子。莲藕脆嫩多汁，为我国水生蔬菜作物中经济价值最高的一种。生食脆甜，熟食香糯，是春、夏蔬菜淡季时的重要蔬菜品种。

莲藕可生食，也可炒、炸、炖食，也可做汤，还可制作藕粉和蜜饯等。捣汁沉淀后制成藕粉，食用时加适量糖，调成糊状，气味清香；生藕榨汁饮服，能止咯血、吐血。

莲藕生食性寒，食之凉血清热；熟后性温，食之滋阴养胃，入心、脾、胃经。它有止血的功效，常用于辅助治疗各种出血症，如吐血、尿血、便血及子宫出血等症。还可作为孕妇的副食及需要增加体重的人食用。莲藕可清热生津，治发热烦渴、消渴；益气健脾、开胃消食，脾虚食少，病后体弱者宜食之，但莲藕纤维粗糙，婴儿及胃肠功能较弱的人不宜多食。

中国茶叶保健功效高

中国人饮茶的历史已有上千年之久。

茶原产于中国。茶叶具有止痢、降火、解毒、清热、消暑、消食、利尿、强心之功效，可降血、减肥，防治高血压病、糖尿病、冠心病、胃肠炎、黄疸型肝炎、各种肿瘤、由偏食蛋白或脂肪而引起的酸性中毒。

茶具有生津止渴，提神醒脑；溶解脂肪，帮助消化；利尿解毒，杀菌消炎；防治辐射损伤；降低血压，预防动脉硬化；防龋固齿；增强防癌与抗突变，抗衰老的能力。

茶叶中含有蛋白质、氨基酸、脂肪、无机盐、茶多酚、鞣酸、咖啡碱、维生素等 300 多种成分，其中咖啡因含量为 2%～4%，对人体十分有益。

冬季最宜饮红茶

红茶属发酵茶类，因其干茶色泽和冲泡的茶汤以红色为主调，故名。茶叶是大众化饮品，一般分三大类：绿茶、红茶和乌龙茶。绿茶在亚洲国家较普及，西方国家更习惯于饮红茶。

红茶在加工过程中产生了茶黄素、茶红素等新的成分，香气物质从鲜叶中的 50 多种增至 300 多种，一部分咖啡碱、儿茶素和茶黄素络合成滋味鲜美的络合物，从而形成了红茶、红汤、红叶和香甜味醇的品质特征。

红茶有较强的防治心肌梗死的效用。

红茶抗衰老的效果强于大蒜、西兰花和胡萝卜等。

红茶含有丰富的蛋白质，能够强身补体。

喝红茶的方法

红茶可加奶、糖，芳香不改。在红茶中加上柠檬，强壮骨骼的效果更强。也可加上各种水果，增进保健效用。但过量饮用可引起严重心律不齐。喝红茶分清饮法和调饮法。清饮法，就是仅以沸水将茶叶冲泡后饮用，好的红茶一般可冲泡 2 ~ 3 次，红碎茶只能冲泡 1 ~ 2 次。调饮法，是用沸水冲泡茶叶后，再加奶或糖、柠檬汁、蜂蜜、香槟酒等饮用。

常饮绿茶可预防肥胖病

绿茶是不发酵茶，性寒味略苦，具有清热、消暑、解毒、祛火、降燥、止渴、生津、强心提神的功效。

绿茶的老叶含儿茶素较丰富，儿茶素有较强的抗自由基作用，对癌症防治有益。儿茶素溶出率随水温升高而增多，适宜用开水冲泡饮用。

绿茶所含维生素 C 比红茶多，每天饮 2 ~ 3 杯绿茶就基本上可以满足人体对维生素 C 的需要。

绿茶中维生素 B_1、B_2 和维生素 P 也比红茶多，因此绿茶在抑菌、防衰老和血管硬化，抑制突变，防止辐射损伤，降低胆固醇和血脂、儿童防龋齿等方面比红茶更有效。

绿茶中含有大量的茶多酚。茶多酚为茶叶中酚类物质的总称，它是由 30 多种酚类物质组成的复合体，包括儿茶素、黄酮甙、花青素和酚酸等。红茶发酵时儿茶素、酚酸等被氧化破坏，失去防腐作用，绿茶中的有效成分则可以抑制癌细胞生长所必需的尿激酶。

绿茶的嫩芽含茶氨酸较丰富，用冷开水浸泡半小时左右使茶氨酸溶出，常饮可预防肥胖、脑中风和心脏病。

认识“发物”会忌口

根据民间习俗和《随息居饮食谱》等一些文献资料归纳起来，常见的发物有猪头肉、驴肉、獐肉、牛肉、羊肉、狗肉、鸡肉、鸡蛋、鹅肉、鹅蛋、鸭蛋、野鸡肉等肉类，有鲤鱼、鲢鱼、鳟鱼、鲚鱼、鲍鱼、白鱼、黄鱼、乌贼鱼、鲳鱼、鲥鱼、鲈鱼、鲟鱼、鲩鱼、章鱼、比目鱼、黄鳝、蚌肉、蚬肉、鲦鱼、带鱼、鳙鱼、虾子、蟹等水产类，有香椿头、芸薹、芫荽、盖菜、菠菜、豆芽、莴苣、茄子、茭白、韭菜、竹笋、南瓜、慈姑、香蕈、蘑菇等蔬菜，有桃子、银杏、芒果、杏子、李子、杨梅、樱桃、荔枝、甜瓜等瓜果，有葱、椒、姜、蒜之类辛辣刺激性调味食品，还有菜油、黄大豆、豆腐、豆腐乳、糟、酒酿、白酒、豌豆、蚕蛹等。有时还将荤腥臊之类食品一概视为发物，特别是在患有疮疡肿毒，或慢性湿疹皮炎之类皮肤病以及过敏性疾患者，发物忌口更显得重要。

“发物”致病的原因

发物之所以会导致旧病复发或加重病情，有学者归纳起来认为有三种可能性：一是上述这些动物性食品中含有某些激素，会促使人体内的某些机能亢进或代谢紊乱。如糖皮质类固醇超过生理剂量时可以诱发感染扩散、溃疡出血、癫痫发作等，引起旧病复发。二是某些食物所含的异性蛋白成为过敏原，引起变态反应性疾病复发。如海鱼虾蟹往往引起皮肤过敏者荨麻疹、湿疹、神经性皮炎、脓疱疮、牛皮癣等顽固性皮肤病的发作。豆腐乳有时也会引起哮喘病复发。三是一些刺激性较强的食物,如酒类、葱蒜等辛辣刺激性食品对炎性感染病灶,极易引起炎症扩散、疔毒走黄。这就是中医所说热证实证忌吃辛辣刺激性发物的道理。

怎样吃苹果和糖果更健康

苹果是大众化水果，人们几乎随时随地都能品尝到它甘美的味道，但苹果吃起来有些讲究，很多人却不知道。

吃苹果需要细嚼慢咽，这样不仅有利于消化，更重要的是，还能清洁口腔。苹果含有多种维生素和酸性物质，只有细嚼慢咽，这些物质才能被充分吸收利用。根据植物学家试验：如果一个苹果15分钟吃完，则苹果中的有机酸和苹果酸质就可以把口腔里的90%细菌杀死。因此，慢慢吃苹果，对人体健康是有好处的。

对于糖果来说，则吃起来与苹果恰恰相反。这是因为人的口腔里有一种乳酸杆菌，能使糖发酵产生酸。糖在嘴里的时间越长，产生的乳酸越多，对牙越不利。所以，吃糖一定要快。

煮饭不宜用生水

人们在煮饭时，往往习惯用生水，这是不科学的。因为自来水中含有氯气，在烧饭的过程中，它会破坏粮食中所含的维生素 B_1，大致损失三分之一左右。若用烧开的自来水煮饭，不仅维生素 B_1 可免受损失，而且可以省电、省时。

巧煮土豆营养多

煮土豆要用文火。为使土豆熟得更快些，可往煮土豆的水里加进一汤匙人造黄油。为使熬煮的土豆味更鲜，可往汤里加进少许茴香。别将洗净切好的土豆放在冷水里浸泡，否则将损失大量的维生素 C 和维生素 B。要想使土豆的维生素损失减少到最低限度，最好别用水煮，而采用蒸食法。为了使带皮的土豆煮熟后不开裂和不发黑，可往水里加点醋。有经验的家庭主妇往往是将白色的土豆用于制作土豆泥，黄色的土豆用于做汤，而玫瑰色的土豆则放到已烧热的煎锅里煎炒，当土豆块表面均微微发红时再加盐。

六种人不宜喝咖啡

患高血压、冠心病、动脉硬化等疾病：长期或大量饮用咖啡，可引起心血管疾病。

老年妇女：咖啡会减少钙质，引起骨质疏松。妇女绝经后，每天需要加十倍的钙量。

胃病患者：喝咖啡过量可引起胃病恶化。

孕妇：饮过量咖啡，可导致胎儿畸形或流产。

维生素 B_1 缺乏者：维生素 B_1 可保持神经系统的平衡和稳定，而咖啡对其有破坏作用。

癌症患者：饮用过量的咖啡对正常人也有致癌的危险。

常喝咖啡能改善眼睛干涩

国外的报告指出：喝咖啡者罹患干眼症的几率明显比不喝咖啡者低。这主要是和咖啡中的嘌呤成分有关（含嘌呤的滴眼剂，能刺激腺体分泌液体，对眼睛具有某种保健作用）。对于爱喝咖啡的电脑族来说，这当然是一个好消息，但要注意的是，咖啡本身具有利尿的作用，即使其中的一些成分具有保护作用，但对于已经罹患干眼症的人，以及有服用任何含有利尿成分药剂的人，必须禁止服用含咖啡因的饮料，以免加剧体内水分的流失。

防癌玉律十四条

1. 饮食以植物性食物为主。每天的食物中蔬菜、水果、谷类、豆类应在2/3以上。

2. 控制体重。避免过轻或过重，成年后体重增幅不应超过5千克。

3. 坚持体育锻炼。如果工作时很少活动，每天应有1小时左右的快走或类似运动。每星期要进行1小时的较剧烈的运动，散步、骑车、打球、游泳、爬楼梯、划船、搞房间卫生等都可以。

4. 多吃蔬菜和水果。每人每天应吃400～800克蔬菜、水果、新鲜绿叶蔬菜。胡萝卜、土豆和柑橘类水果防癌作用最强。每天吃5种以上的水果、蔬菜，而且要常年坚持，才具有防癌作用。

5. 多吃各种谷类、豆类、植物根茎类食物。每人每天吃600～800克。

6. 不饮酒或限制饮酒。成年男性一天不超过2杯，女性不超过1杯（1杯的量相当于250毫升啤酒、100毫升果酒或25毫升白酒）。

7. 限制肉类食品。每天猪、牛、羊等“红肉”要少于90克，可选择鱼和禽肉代替“红肉”。

8. 限制高脂肪饮食。每人每天植物油用量应为25克，每月不超750克。

9. 少吃盐及腌制食品。成人每天盐的消耗量应少于6克（约1汤匙）。

10. 食物贮藏要防霉。食物在常温下储藏易生黄曲霉菌，其毒素有导致直肠癌的作用。不要吃在常温下存放时间过长、可能受真菌毒素污染的食物。

11. 食品要保证新鲜。很多食物容易腐烂，因此要学会用冷藏或其他适宜方法加以保存。

12. 注意食品安全。只有当食品中的添加剂、污染物及其他残留物含量低于国家所规定的限量时，才是安全的。可采取冲洗、削皮、浸泡、加热等方法减少危害。

13. 烹调方法要科学。不吃烧焦的食物，直接在火上烧烤的鱼和肉或腌肉、熏肉只能偶尔食用，而且也应与新鲜蔬菜、杂粮类食品混合食用。

14. 正确使用营养补充剂。

对于遵循上述建议的人来说，一般不必再用营养补充剂。如果身体有特殊情况，补充营养剂一定要在医生指导下进行。维生素及微量元素并非多多益善，过量食用反而会带来毒副作用。上述各条建议如能做到，能将患癌的危险性减少 30% ~ 40%。如果加上不吸烟，患癌的危险性可减少 60% ~ 70%。防癌之道就在每个人的手中，请为了全家的健康选择这种饮食方式。

第三章　健康饮食宜忌常识

现代饮食五大忌

目前，在食品消费中，人们越来越尊重科学、注意医学了，讲究忌高糖、忌高盐、冷冻、忌使用化学成分、保持食自然成分等五大类型。

1. 忌高糖讲究低糖：食用过量的糖能使身体肥胖，增加心脏的负担，儿童多吃糖对牙齿也不利。

2. 忌高盐用低盐：食用过量的盐能使血管硬化，弹性降低，使心脏负担过重而产生疾病。

3. 冷冻：冷冻的食品既不破坏食品的养分，又能储存较长的时间。

4. 忌使用化学成分：在给食品染色时，不使用化学原料，而使用从天然果品中提炼出的染料。这样制成的食品不仅色泽鲜艳，味道美，而且对人体有益无害。

5. 忌破坏食品中的自然成分：在制作食品时，要尽量保持食品本身的营养成分不被破坏，使更多的天然成分为人体吸收，提高人的身体素质。

人们的一般饮食禁忌

我国古代曾有食疗法，食物和药物一样也有寒、热、温、凉之性，酸、苦、甘、辛、咸五味，五味入五脏，如酸入肝，苦入心，甘入脾，辛入肺，咸入肾。因此，人们的饮食必须寒温得宜，五味调和，这样五脏才能各得其味。如果饮食失调，势必对内脏造成损害，对健康不利。

为了健康长寿，精力充沛，人们首先应该戒除饮食方面的不良习惯，如食物忌过咸，以免给心脏、肾脏等器官增加负担；食物忌太烫，以免烫伤黏膜、牙龈，引起溃疡、炎症和疤痕；忌暴饮暴食，以防胆囊炎、胰腺炎、脑血管病；忌偏食，以防营养缺乏；忌不细嚼下咽，以免加重胃肠负担，影响消化，导致胃炎和溃疡；忌多吃零食，以防维生素和无机盐的缺乏。

如果是病人，饮食禁忌还应根据疾病的症候而异。例如阳虚证宜温补，忌清补滋润；阴虚证切忌温补燥热；寒证忌咸寒食物；热证忌辛辣，宜清凉。如果病属表证，症见恶寒发热，身痛无汗，饮食宜清淡，切忌油腻酸敛之品，以免影响邪气外散。五脏有病时应禁忌饮食具有相克关系的食物，以免加重脏腑的损害，如肝病禁忌辣味，心病禁忌咸味，脾胃病禁忌酸味等，这些都是中医的传统认识，可供病家参考。

必须说明的是，由于人体对食物的反应各不相同，人们应在饮食中细心观察，确实不适应的食物可以禁止，不必拘于传统认识和民间传说，以免因盲目忌嘴而影响健康。

饮水禁忌

现代生活什么都离不开科学，饮水也不例外。总的说来，一般有6忌。

1. 忌喝生水：生水中含有许多病菌和寄生虫卵，人不慎喝入体内会导致多种疾病。

2. 忌喝太烫和太凉的水：喝过烫的水会损伤口腔和食道黏膜，长期饮过热的水会引起口腔、食道癌变。长期饮用过冷的水会引起胃功能紊乱，出现呕吐和腹泻。

3. 忌喝水速度太快：喝水过急会使血容量迅速增加，因而突然加重心脏的负担，会出现心力衰竭。

4. 忌饮水过量：一次喝水过多容易引起胃扩张，甚至引起“水中毒”。

5. 忌饭前喝水：饭前大量饮水，会增加肠胃负担，冲淡胃液，影响食欲和消化。

6. 忌睡前大量喝水：睡前大量喝水，会增加夜间排尿次数，影响睡眠。

戒喝五种开水

有些人认为，凡是喝烧开过的水是比饮用凉水有益的，其实不然。有五种开水不适宜饮用。第一种是炉灶上沸腾了一整夜或很长时间，反复沸腾过的开水；第二种是装在热水瓶里已几天，不新鲜的温开水；第三种是开水锅炉里的残留开水；第四种是开水锅炉中隔夜重煮的开水；第五种是蒸饭蒸肉后的“下脚水”。

为什么这几种开水都不宜饮用呢？一是反复沸过的水中，所含的钙、镁、氯、重金属等微量成分增高了，对人的肾脏产生不良影响。长期喝这种开水，会形成肾结石。二是这几种水中，亚硝酸盐量增多。亚硝酸盐对人体有害，首先是与人体内的血红蛋白结合，变成高铁血红蛋白，造成血液输氧困难。婴幼儿对亚硝酸盐最敏感，因而特别不宜喝上述几种开水。此外，亚硝酸盐在人肠道内，与食物里和体内的胺互相作用，会生成一种强致癌物——亚硝酸胺，危害性更大。因此，在生活中千万勿乱饮水，否则有碍健康之虑。

此外，在家庭中，用水缸储水饮用是常见的事，平日将河水、井水倒入水缸，储存起来，节省时间，方便使用；连使用自来水的家庭，也为防水站因故突然停水，而有储水饮用的习惯。其实，长期储水饮用，就会使水中的亚硝酸盐量变高，产生致癌毒素。

不可混食的食物禁忌

1. 粮食类

大米（粳米）：不要与马肉同食；不可与苍耳同食，同食使人心痛。

小米：不可与杏同食，否则会令人呕吐，气滞者禁用。

黄豆：忌猪血、蕨菜。

绿豆：忌狗肉、忌榧子。

红豆：忌与米同煮，食之会生口疮；忌羊肉；蛇咬伤后忌食百日；多尿者忌用。

2. 蔬菜类

白萝卜：不能与红萝卜混吃，因红萝卜中所含分解酵素会破坏白萝卜中的维生素 C。严禁与橘子同食，如同食会患甲状腺肿。同时也不能与梨、苹果、葡萄等水果同食。忌与何首乌、地黄混食。服人参时禁食萝卜。

韭菜：不可与菠菜同食，二者同食有滑肠作用，易引起腹泻。不可与蜂蜜同食。

竹笋：不宜与豆腐同食，同食易生结石。不可与鹧鸪肉同食，同食会令人腹胀。不可与糖同食。

茭白：不宜与豆腐同食，否则易形成结石。

香菜：忌与一切补药同食；忌白术、牡丹皮等。

山药：忌与鲫鱼等同食。

豆腐（豆浆）：不能与糖同食，不要与菠菜、牛奶同食，忌用豆浆冲鸡蛋。

木耳：忌与田螺、野鸡、鹌鹑同食。

苋菜：不宜与菠菜、蕨粉同食。

花生：忌蕨菜。

马齿苋：忌鳖鱼。

茄子：忌与黑鱼、蟹同食。过老的茄子不能吃，食后易中毒。

南瓜：不可与羊肉同食，否则易发生黄疸和脚气。

芹菜：忌与醋同食，否则易损牙齿。

盖菜：忌与鲫鱼同食，否则易发生水肿。

辣椒：忌与羊肉同食。

蕨菜：忌与黄豆、花生、毛豆等同食。

菜瓜：忌与牛奶、奶酪、鱼类同食，否则易生疾病。

香瓜：忌与鳖鱼、田螺同食，忌油饼。

葱：忌杨梅、蜜糖，如同食会产生胸闷。忌枣，忌常山、地黄。

蒜：一般不与补药同用，忌蜜、地黄、何首乌、牡丹皮。

3. 肉类

马肉：忌与大米（粳米）同食；忌生姜、苍耳。

兔肉：不能与姜同煮。忌鸡肉、小白菜、水獭肉、芥末、橘皮，兔脑能催生，滑胎孕妇忌服。

龟肉：不可与猪肉、苋菜、瓜菜同食。

鳖肉：不可与鸡肉、鸭肉、兔肉、苋菜同食。

羊肝：不宜与梅子、小豆、生椒等同用。

驴肉：忌与猪肉同食，否则易致腹泻。

鹧鸪肉：忌与竹笋同食。

蛙肉：不宜用辛辣脂油煎食。

4. 鱼类

带鱼、平鱼、银鱼、黄花鱼：忌用牛羊油煎炸。

鲫鱼：忌盖菜，与其同食会发生水肿；忌猪肝；忌山药、厚朴、麦冬、甘草。

青鱼：忌用牛羊油煎炸，不可与荆芥、白术、苍术同用。

鳝鱼：忌狗肉；忌荆芥，同食会令人吐血。青色鳝鱼有毒，黄色鳝鱼无毒，有毒鳝每次食用 250 克有致死危险。

鲤鱼：忌朱砂、狗肉；忌葵菜。

泥鳅：忌狗肉。

鲶鱼：忌与牛肝同食；忌用牛羊油煎炸；不可与荆芥同用。

水鱼：不可与苋菜、鸡蛋同食。

鱼鳔：食欲不振和痰湿盛者忌用。

海鳗鱼：不可与白果、甘草同食。

鳗鲡：忌与银杏同食。

5. 水果类

柿子：忌与蟹、水獭肉同食，同食后会导致腹痛、大泻；忌与红薯同食。

柑子：忌与萝卜、牛奶同食。

山楂、石榴、木瓜、葡萄：不宜与海鲜类、鱼类同食；服用人参者忌食。

桃子：忌与鳖肉、龟肉同食。

鸭梨：忌鹅肉。

白果：严禁多吃。婴儿吃 10 颗左右有致命危险；3 ~ 5 岁孩子吃 30 ~ 40 颗有致命的危险。忌与鱼同食。

枣：忌与海鲜同食，否则会令人腰腹疼痛；忌与葱同食，否则令人脏腑不和，头胀。

杨梅：忌生葱。

橄榄：青橄榄忌与蜜同食。

芒果：不可与大蒜等辛物同食。

榧子（赤果、玉山果）：不可与绿豆同食。

橘子：忌与蟹同食。

香蕉：忌与白薯、芋头同吃。

病人吃水果禁忌

医生常要病人多吃水果，亲友探视病人时，也常带些果类。所以有人认为水果可以不经选择，只要病人吃了就能有助于身体健康。其实，吃水果也是一门学问，应有所讲究，否则会加重病情。

医学专家认为，水果同药物一样，也有性味、功效和宜忌的不同。红枣甘温，具有补脾健胃、润肺安神之功效，但多食则生痰、助热损齿，食积、哮喘和高血压等病人不宜多吃；梨子甘凉，有调肺止咳、消热化痰、止渴、通肠等多种功效，但多食则损伤脾胃，体弱、消化不良、慢性腹泻的人也不宜吃；桃子甘温，多食生热，还可引起痈疮等病证；李子甘凉，多食则生痰助热，痰嗽、胀满及女子停经均不宜食；西瓜是盛夏的佳品，有解暑除烦，止渴醒酒之功，能消咽喉肿痛、口舌生疮等症，但其性甘寒，产后、病后及腹泻之人均不宜吃。

此外，大便秘结对心肌梗死病人不利，水果应选择鞣酸含量少的，以免鞣酸的收敛作用加重便秘，如苹果、柿子、花生、莲子等水果可导致便秘，故心肌梗死病人不宜食用；而香蕉、橘子具有通便作用，宜于心肌梗死的病人吃；胃及十二指肠溃疡的病人，如果胃酸过多，不宜吃杨梅、柠檬等；心力衰竭病人不宜食用西瓜、椰子水等水分多的水果，以免加重心脏负担；糖尿病人不宜食用含糖量高的水果，如香蕉、苹果、梨、龙眼等；吃菠萝、荔枝容易发生过敏反应，过敏体质者不宜吃。

忌吃过烫、过热的食物

在吃东西的时候，有不少人喜欢吃很烫的食物，滚烫的菜汤米粥也好，刚炒好的菜也罢，他们有时宁可一边倒吸气，一边咀嚼自如，毫不畏惧。专家告诉我们：这种习惯很不好。过烫的食物不但损伤口腔黏膜，甚至会造成口腔溃疡、牙龈溃疡，而且还会造成牙龈溃烂和多种过敏性牙病。太烫的食物损伤食道黏膜会刺激黏膜增生，留下瘢痕和炎症，长久下去可能会引起恶性病变。有关专家指出，食道癌的发生可能与吃过烫的食物有关。养成吃过烫的食物的习惯还会破坏舌面的味蕾，影响味觉神经，使食欲减退。

吃油条过多会影响健康

油条在北方地区是人们重要的早点主食之一，南方人们把它叫“炸桧”，传说是源于南宋时期人们对杀害岳飞的奸臣秦桧的一种愤恨。如今，它由于经济实惠、味道鲜美而深受人们的喜爱。但是，健康专家提醒您：炸油条不宜多吃。这是因为油条在制作过程中加入了一定数量的明矾，而明矾的主要成分是硫酸钾铝。人吃多了以后，过多的铝积蓄在人体各个器官内，如睾丸、肾、脾、肌肉内，当达到一定数量就会中毒。

另外，油条是经高温油炸制作的。油是不饱和脂肪酸，在高温下会生成多种形式——毒性不尽相同的混合物，如环状单聚体、二聚体、三聚体等。尤其二聚体毒性更大。中毒表现为生长发育迟缓，肝肿大和肝功能不正常，更有甚者会影响生育能力。

因此，奉劝大家：油条虽好，但不宜多吃，以免危害身体健康。

吃生鸡蛋并非营养多

有人认为吃生鸡蛋有益身体健康，其实这种观点是不对的。正确的吃法，最好是把鸡蛋煮熟或炒熟再食用。如果吃生鸡蛋，鸡蛋的营养成分难以被吸收，而且会损伤身体。

1. 生鸡蛋的蛋清部分含有一种有害的碱性蛋白质——抗生物素蛋白。这种抗生素物蛋白阻碍人体对生物素的吸收，会导致生物素缺乏症。鸡蛋经高温处理后，这种有害元素被破坏，就不会妨碍人体对生物素的吸收了。

2. 生鸡蛋的蛋白质不易被消化吸收，绝大部分只在消化道旅行一次，便排出体外。

3. 食用生鸡蛋容易得胃肠炎。鸡蛋生下后，难免有一些病原体，例如沙门氏菌等细菌。

4. 食用生鸡蛋，可增加肝脏负担。大量未消化的蛋白质进入消化道，在大肠下部受到细菌所含的酸的消化，会发生腐烂，产生许多有害的菌类，大部分有害菌被肠道吸收，经门静脉进入肝脏，由肝脏进行解毒处理。而鸡蛋熟后，有害物质减少，减轻了肝脏的负担。

炒鸡蛋中禁放味精

味精是人们日常炒菜烹饪中不可缺少的调味品，它的主要成分是谷氨酸钠。但是鸡蛋中含有大量的与味精成分相同的物质。炒鸡蛋时如果放味精，不仅是一种浪费，而且破坏和掩盖了鸡蛋的天然美味，如果味精吃得过多也会导致脱发等症状的发生，所以炒鸡蛋不应加味精。

铅作业人员不宜饮牛奶

牛奶作为一种营养品虽能增强机体抗病毒的能力，但并非人人都适宜喝。尤其是在预防铅毒中，牛奶会起相反的作用。牛奶能促使铅在体内吸收和积蓄。而其中起作用的主要是牛奶中的乳糖。除去牛奶中乳糖的方法并不复杂，即将新鲜全脂生牛奶，经过消毒，加入适量乳酸发酵即可制成。这样，牛奶中的乳糖就会减少，而乳酸却大量增加。因此，接触铅作业的工人，最好喝酸牛奶。

解酒不可饮浓茶

有不少人都认为，浓茶可以解酒。其实这种观点不仅没根据，而且会适得其反。

因为茶叶中含有咖啡碱。咖啡碱与酒精结合会产生相加作用。这样不但不能解酒，反而会加重酗酒者的痛苦。因此勿用浓茶解酒。

夏季不宜饮冷牛奶

炎热的夏天，不少人贪图方便和凉快，喜欢喝冷牛奶，其实这对身体是有害的。

牛奶中营养成分丰富，所含的蛋白质，以酪蛋白为主，其次是乳白蛋白和乳球蛋白。由于夏季气温高，牛奶是细菌的良好培养基，煮沸后的牛奶降温后数小时，就会被细菌污染并繁殖，饮用后易引起肠道疾病。因此，夏季不宜饮冷牛奶，还是饮热牛奶为好。因为，热牛奶时不仅将细菌杀灭了，而且牛奶中的蛋白质的性状也会发生改变，更有利于人体的消化吸收。

老年人忌“饭后百步走”

“饭后百步走，能活九十九。”这句话确实是养生之道，但对老年人却不实用。

老年人对压力的反射机制退化。国

外曾有人做过这样的检查，进餐后35分钟内对51名老人进行了血压测量，发现这些老人的平均收缩压下降了15毫米汞柱左右，而每分钟的脉搏次数变化不大。这就说明老年人在进餐后，会引起低血压，甚至造成晕厥摔倒。所以，老年人饭后应该休息，不宜马上散步或运动。

睡前不宜进食夜宵

如今，由于加夜班或者夜生活比较丰富，不少年轻人喜欢在狂玩大半夜后才回家睡觉。可是由于这种生活耽误了正常的晚饭时间，他们就喜欢吃夜宵后马上就入睡。经过一天的疲劳，身体的各个器官都开始由兴奋转入相对抑制状态。胃吸收功能也显著下降，如果在临睡前进食，食物就得不到充分消化，从而引起消化不良和功能紊乱。

如果睡前进食，食物就会停滞在胃中，促使大脑兴奋性提高，致使入睡困难。即使入睡，也会产生咬牙、梦语、遗尿和多梦现象。

此外，如果没有饭后刷牙的习惯，食物残渣停留在口腔里，细菌极容易繁殖，还会引起龋齿、牙龈炎等口腔疾病。

因此，睡前不宜进食。

忌空腹饮酒

空腹饮酒的习惯是不好的。因为酒的主要成分是酒精，80%由十二指肠吸收，其余由胃吸收。在空腹的情况下，喝入的酒的60%在1小时内就会被吸收，15小时可吸收90%以上。饮酒后5分钟血液中就有酒精，当100毫升血液中酒精的含量达200～400毫克时，就会产生明显的中毒症状;达400～500毫克时，就会引起大脑深度麻醉,甚至死亡。所以，空腹饮酒对人体危害极大。

空腹饮酒即使饮量不多，对身体也十分有害。胃里没有食物，酒精便会直接刺激胃壁，引起胃炎，重者可能导致吐血，时间长了还会引起溃疡病。因此，要在饮酒前吃些东西，或边吃边喝，而且不能过量，以免发生急性和慢性酒精中毒。

青色的番茄不宜吃

番茄，又叫西红柿，既可当水果，又可作蔬菜。其果肉细嫩，酸甜适口，营养丰富，含有大量的维生素B、C，是人们喜爱的果蔬。但是，好多人不知道未成熟的青色番茄是有毒的。

经测定发现，未成熟的青色番茄，含有和发芽的土豆相同的毒性物质龙葵素，食用时口腔有苦涩感，食后会出现恶心、呕吐、头昏、流涎等中毒症状。因此，青色番茄不宜做菜食用，若生食危险更大。

胡萝卜不宜生吃

人们都知道，胡萝卜的营养很高，其中胡萝卜素的含量在蔬菜中名列前茅。

胡萝卜素在小肠受酶的作用，转变为维生素A。维生素A有维护上皮细胞正常功能、防治呼吸道感染、促进人体生长发育、参与视紫红质的形成等重要生理作用。

但胡萝卜素属于脂溶性物质，只有溶解在油脂中时，才能在人体肝脏、肠壁中胡萝卜素酶的作用下，转变成维生素A，为人体所吸收。如生食胡萝卜，就会有90%的胡萝卜素成为人体的“过客”而被排泄掉，起不到营养作用，所以胡萝卜不宜生吃。

儿童不宜多食爆米花

爆米花是儿童喜爱的零食之一。虽系粮食加工而成，但若食用过多，则有害无益。因为爆米花在加工过程中，受到了有毒物质铅的污染，经测定含铅量超过了食品卫生标准含量的20～40倍。儿童对铅的吸收高于成人数倍。铅被人体吸收后，使儿童的消化、造血和神经系统出问题，从而导致儿童抵抗力下降，生长发育迟缓。铅中毒者会出现食欲减退、腹泻、便秘、烦躁不安等现象。因此，爆米花忌食用过多。

贝螺类食品不宜生食

生长在浅滩内的牡蛎、蛏子、蛤蜊及泥螺等水产品不能生食。因为这些贝类同毛蚶均属双壳纲，都不同程度地染有病菌。近年来发生在北京的“福寿螺”中毒事件，很能引起人们的重视和反思。

田螺、牡蛎、蚶子、小螃蟹、蛏子均有多种病菌，尤其是标志粪尿污染的大肠杆菌和副溶血弧菌。其中又以夏季病原菌的检出率最高。近年来，此类胃肠炎的暴发历年不断。这种病暴发次数之多，持续时间之长和波及范围之广，使人们注意到，生食贝壳动物，有发生胃肠道疾患的危险，尤其是诺瓦克病毒肠炎。

江、浙沿海群众常把海螺、蟛蜞等用少量食盐渍后生食，殊不知低浓度食盐，并不能杀死贝蛤类及螃蟹体内的病原菌。

酱油不宜生吃

酱油是以豆饼、麸皮、黄豆等为原料，通过接种发酵再高温消毒后制成的调味食品，如今它成为人们烹饪菜肴时不可缺少的调味品。酱油是一种富于营养的调味品，每100克酱油中含蛋白质2克，碳水化合物17.2克，钙97毫克，磷31毫克，铁5毫克，而且还有维生素B_1、B_2、PP等多种营养成分，有增强食欲、促进消化的作用，还可改善和提高菜肴的感官性状。

按说酱油不经加热也可以食用，但是酱油在生产、贮存、运输、销售等过程中，常因卫生条件不良而受到污染，甚至混入肠道致病菌。科学实验证实，伤寒杆菌在酱油中能生存29天，痢疾杆菌能生存2天。有很多人不经加热就用它做凉拌菜吃，这就有患病的危险。所以，酱油不宜生吃，最好先加热后，再用于凉拌菜等。

儿童不宜多吃着色食品

“着色”食品一般是指掺进合成色素的食物。目前，我国有关部门只允许使用五种合成色素。它们是：苋菜红、胭脂红、柠檬黄、苏丹红和靛蓝，最大允许使用量为1毫克。现代医学认为，小儿摄入少量食用染料，虽然不会立即引起临床可见的不良反应，但对机体却可产生一系列的影响。由于婴幼儿的身体发育尚未完善，肝脏的解毒功能和肾脏的排泄功能较低，因而对这些物质不能像成年人那样适时排出体外，所以很易在体内积蓄，并导致慢性中毒。主要症状有：腹痛、腹胀、消化不良和瘦弱等。此外，合成色素还能消耗人体内的解毒物质，干扰体内的正常代谢反应，从而妨碍婴幼儿身体和智力的发育。国外不少专家发现，婴幼儿过多食用色素，不但会妨碍神经系统的冲动传导，而且易患多动症。同时，上述物质还是癌症的潜在诱因。所以，应尽量不让或少让婴幼儿吃着色食品。

女性不可反复节食减肥

有许多年轻的女性通过节食来减肥。但节食减肥后，一旦停止节食，体重便会很快恢复到原来的水平，甚至超过原来的体重。这是因为，人体在进行节食后，摄入的热量少，体重减轻，其基础代谢率就会随之降低。代谢率低，能量消耗得少，人体就有发胖的趋势。另外，控制脂肪细胞内脂肪储备量的脂肪酶，在减肥后会变得更加活跃，以致减肥者更容易储存脂肪。同时，节食减肥的反复，也会影响人的体重调节系统的功能，增加患心脏病的机会。所以说，节食减肥不要反复。

饮食不宜太精细

很多家庭喜欢吃精米精面而不吃粗粮糙米，这是很不妥当的，精米精面中，缺乏维生素B_1，植物纤维素和微量元素锰、铬等。如果缺乏锰和铬这两种微量元素，就容易发生动脉硬化。植物纤维素减少，会使肠子的蠕动能力减弱而发生便秘。

忌长期吃素食

有些人喜欢吃蔬菜，有些人则由于患动脉硬化症或其他疾病不得不多吃蔬菜。蔬菜富含纤维，对身体固然有很多好处，但是有些重要的微量元素在蔬菜中含量极微。例如，人体内如果缺锌就会引起食欲减退、发育缓慢、皮肤病、伤口不易愈合、味觉衰退等现象。尤其是女性，如果长期只吃蔬菜，就会使摄入的热量及锌不足，容易给下一代带来先天性疾病。因此，多吃蔬菜的人也应该吃一些富含其他营养的食物，如畜肉、家禽、海产、豆类及豆制品等。

早晨不宜只吃干燥食物

清晨，人的胃肠功能尚未由夜间的抑制状态恢复到兴奋状态，消化功能比较弱，此时光吃干食就不易消化。另外，人通过一夜睡眠，消耗了不少水分，应及时补充。因此，早餐宜干、稀食搭配或只吃稀食。

啤酒、汽水不可混饮

在宴席上，一些酒量小的人常常准备汽水，将汽水对在啤酒中，喝下去醇甜可口、消热解暑，又稀释了酒精，不易醉酒，其实这是不科学的。

汽水中含有一定量的二氧化碳，人们在口渴时喝上一瓶汽水，可促使胃黏膜对液体的吸收，起到生津止渴的作用。但是啤酒里对上汽水就不同了。因为啤酒原来含少量的二氧化碳，对入汽水后，过量的二氧化碳，会更加促进胃肠黏膜对酒精的吸收。所以，喝啤酒时不宜在其中掺汽水。

吃火锅时应防一氧化碳中毒

在寒冷的冬季，人们往往聚在一个小房间吃火锅，那种感觉很好。可是，由于吃火锅引起室内温度高，空气不流通，室内缺氧，木炭燃烧不透，产生大量的一氧化碳容易使人中毒。值得注意的是，此时发生一氧化碳中毒，往往不易被觉察，因为，人们在吃火锅时，又喝了酒，容易把中毒的早期症状如恶心、呕吐、头晕、头痛，误认为是饮酒的缘故，而不易及早发现。中毒重者，会出现口唇呈樱桃红色、昏迷、惊厥、血压下降，甚至死亡。因此，亲朋相聚，品尝火锅时，千万莫忘记将木炭燃烧完全，就餐的时间不要过长。

饺子馅不用挤水

在日常生活中，人们常用大白菜、韭菜、芹菜和猪、羊肉做饺子馅。由于蔬菜中水分较多，为了防止饺子馅流汤，人们习惯把馅里的水挤掉。这种做法是不科学的。因为菜汤中含有人量的维生素C，还含有胡萝卜素和人体所需的矿物质等。挤汤以后，不仅营养物质被挤掉了，而且包出来的饺子吃起来也比较干巴。

那么，怎样才能不挤掉菜馅里的水，又不让饺子馅流汤呢？其方法是，首先把肉和葱剁碎，加上调料拌匀，然后再把白菜剁碎，剁白菜时不要加盐，将剁好的白菜一点一点地加入肉馅里，边加边搅拌，这样肉馅可均匀吸收菜馅里的水分，包出的饺子便味美适口。

自来水不可直接饮用

我国常用的自来水消毒剂有漂白粉、漂白粉精和液态氯。但是，有许多原因会影响漂白粉的消毒效果。一是有些漂白粉放置时间过长或密封不好，有效氯含量得不到保证。二是漂白粉用量不足和作用时间不够。三是水的温度低，影响消毒效果。一般说来，水温高，则杀菌效果好，在0～5℃时杀灭一定数量的大肠杆菌，所需要的时间较在20～26℃多了3倍。四是水的混浊度影响杀菌效果。当水质混浊时，水中含有较多的有机物和无机物，它们要消耗大量的氯，而且悬浮物内部包藏的细菌也不易被杀死。所以，经消毒后的自来水中仍留有一定量的细菌，不要直接饮用。

不宜蹲着吃饭

有些人很喜欢端着饭碗蹲着吃饭，这在我国西北地区和一些山区更为常见。其实此习惯很不科学。因为蹲着吃饭使胃受到压迫，很快感到胀满，影响胃对食物的接纳和消化，而且由于蹲着，全身的重量支撑在两条腿上，使下肢血液回流受到影响，也不利于血液的正常运行。

牙齿忌常偏侧咀嚼

偏向一侧咀嚼食物是一种不好的习惯。因为咀嚼是为了将食物加工成糊状的团块,进入胃肠后容易消化吸收。但是,偏侧咀嚼的人，常常是囫囵吞枣，很难使唾液中的淀粉酶与食物中的淀粉充分混合,从而增加了胃的负担,容易得胃病。其次，由于长期使用一侧牙齿咀嚼，增加牙齿的磨损，而另一侧的牙龈组织因缺乏正常功能锻炼而逐渐萎缩，堆积较多的牙石和牙垢,容易引起牙龈炎。另外,如果从青少年时期就养成一侧咀嚼习惯的话，还有可能造成面部单侧肌肉发达而脸形失去协调，影响面容美观。

吃饭不宜太快

有人干什么都喜欢快速、痛快，吃饭也是一样的“风卷残云”。其实，吃饭太快，大口吞咽，不能使唾液和食物充分混合以提高食物的消化效率，既不利于人体对营养物质的吸收，又容易引起发呛和打嗝。严重的可因吞咽不当，造成食物团梗塞气管而发生窒息的危险。另外，吃饭时狼吞虎咽，还会使食物不经嚼碎就入胃，从而加重胃的负担，常成为胃病的重要诱因。据统计，习惯于狼吞虎咽的人，各种胃病的发生率比一般人要高2～3倍。

忌食汤泡饭

有些人在口渴或食欲不振或是菜肴不对胃口时，常喜欢用开水泡饭或菜汤泡饭吃，这样做势必会冲淡胃液，从而影响消化。还可能因不能细嚼慢咽，使胃更难消化食物。日子一久，就容易患消化系统溃疡病。

忌带气吃饭

生活中难免发生不愉快的事，但不

要将气带到饭桌上，无论是生着闷气还是大动肝火时吃饭，对健康都非常有害。因为此时唾液、胃液的分泌会受到抑制，减弱消化能力。食欲会大大降低，并为胃肠道和其他器官患病制造了条件。

方便面不宜长期食用

方便面只能用来充饥，不可当做主食来“补充营养”。它的主要成分是碳水化合物，还有少量的味精、食盐和调味品。

调料多是牛汁、鸡汁、虾汁，而它们的含量是微不足道的。由此可知，方便面中不完全具备人体需要的蛋白质、脂肪、碳水化合物、矿物质、维生素及营养素，并且方便面中，还有一定成分的色素、防腐剂等，如果长期食用，会因营养缺乏而患病。长期食用方便面的人中，有60%的人营养不良，54%的人患缺铁性贫血，23%的人患核黄素缺乏症，16%的人缺锌，30%的人因缺乏维生素A而患眼病。因此，方便面不宜常吃。

废书、报纸不宜用来包食物

有些人图方便，喜欢用废旧书报来包裹食物，这是很不好的习惯。旧书、废报上印满了油墨字，油墨中含有多氯联苯，是一种毒性很大的物质。这种物质能引起人体细胞变异，破坏人体细胞遗传基因，危害下一代。它还能使肝脏发生脂肪变性等。多氯联苯不能被水解也不能被氧化，一旦进入人体，极易被脂肪、脑、肝吸收并贮存起来，很难排出体外。据分析，每千克报纸含有0.1～1毫克的多氯联苯。如果人体内储存的多氯联苯达到0.5～2克时，就会引起中毒。轻者眼皮发肿，手掌出汗；重者恶心呕吐，肝功能异常，甚至死亡。

另外，旧书、废报纸上，还可能沾有许多细菌、虫卵和病毒，用来包装食品，就会污染食品，影响人体健康。

食盐不宜长时间存放

目前，人们食用的盐绝大多数是碘盐，是由盐业生产部门在生产过程中往盐里加入了微量的碘化钾，使每千克盐内含20～50毫克碘。碘和盐的比例相当于1∶(1.2万～5万)，目的是预防俗称“大脖子”病的甲状腺肿。碘的特点是易挥发，特别是受潮、受热、风吹等因素，都可能使其悄悄跑掉。因此，家庭存放盐不宜过多，存放时间不宜过长。好的办法是，要尽量缩短从购买到食用的周期，使盐中碘的挥发损失减少到最低限度，以起到防病作用。

药与饮食禁忌

生病的人免不了要服药。有的人在用药后，常常会出现药物反应，诸如头晕、昏迷、恶心、呕吐、腹泻等，甚至有时出现危及生命的毒副反应。出现这些反应的因素是多种多样的，其中因饮食因素导致或加重服药反应则常常被忽视。在服单胺氧化酶的抑制剂如痢特灵、优降宁、异烟肼等药物时，应少食甚至不食含酪胺较多的食物，如啤酒、葡萄酒、动物肝脏、牛奶、香蕉、菠萝、蚕豆、扁豆和酵母等制品，其中能够治疗结核病的异烟肼（雷米封）还能强烈地抑制体内的组胺酶，使食物中的组胺进入人体后不能被破坏。因而，服用异烟肼的人不宜进食含组胺高的海鱼或不新鲜的鱼类食品，否则有可能使体内组胺浓度过高而引起中毒，出现面红耳赤、头晕脑痛、皮肤红斑、腹痛、腹泻等毒性反应。所以在服氨苯蝶啶期间同样也不能进食过多高钾食品。在服用磺胺类药物时除按规定服用碳酸氢钠外，在饮食方面还应注意多食蔬菜与水果，使尿液碱化，这样有利于避免或减轻药物的副作用。

盐摄入量多或食用咸菜、咸鱼、腌肉等高钠食品，对于服用某些药品的患者来说也有加重药物的毒副反应的可能。除心得安和双氢克尿塞外的大多数治疗高血压的药物以及皮质激素类药都有促进肾小管对钠离子重吸收作用；此外，保泰松也能抑制钠与氯离子自肾排出。服上述药的患者如不控制食盐的摄入量或食入过多的腌制食品，不仅对治疗无益，还有损健康。

不宜常食大棚菜

近年来，我国北方也可以四季有蔬菜食用。但大部分蔬菜是生长在温室中，温室中的蔬菜不如露天蔬菜的营养价值高。由于温室中接受的太阳光较少，自然界中的各种物质缺乏，蔬菜中只是含较单一的营养物质。另外，自然中的雨水，可以分解蔬菜上的农药，使蔬菜上的农药含量极微。大棚中蔬菜洒完农药后，地下水不易分解农药，所以毒素含量较大。在食用前应浸泡 5 ~ 10 分钟之后再加工，以减少毒素。因此，切忌长期食用大棚菜，在买菜时尽量买露天的蔬菜，以免造成食物中毒。

肝炎病人不宜吃大蒜

在日常生活中，有不少人认为，大蒜有抗菌的作用，吃大蒜可预防肝炎，甚至有人患肝炎后仍然吃大蒜，其实这对肝炎病人极为不利。

药理研究证明：大蒜含有挥发性大蒜辣素，对痢疾杆菌、伤寒杆菌、副伤寒杆菌、结核杆菌、霍乱弧菌等，均有抗菌作用。此外，对立克次体、阿米巴原虫、阴道滴虫及某些致病性真菌也有抑制作用，但到目前为止，还未见有大蒜抗肝炎病毒和大蒜治病毒性肝炎的报道。相反，大蒜的某些成分对胃、肠还有刺激作用，可抑制肠道消化液的分泌，影响食欲和食物的消化，可加重肝炎病人的厌食、厌油腻和恶心等诸多症状。据研究表明：大蒜的挥发性成分，可使血液中的红细胞和血红蛋白等降低，并有可能引起贫血及胃肠道缺血和消化液分泌减少。这些均不利于肝炎的治疗。

孕妇不宜吃桂圆

桂圆中含有葡萄糖、维生素、蔗糖等物质，营养丰富，有补心安神、养血益脾之效。但性温大热，一切阴虚内热体质及患热性病者均不宜食用。女性怀孕后，阴血偏虚，阴虚则滋生内热。因此孕妇往往有大便干燥、胎热、肝经郁热的症候。

我国医学一贯主张胎前宜清热凉血，桂圆性甘温，如孕妇食用桂圆，不仅不能保胎，反而易出现漏红、腹痛等先兆流产症状。所以，孕妇是不宜吃桂圆的。

孕妇忌过食冷饮

孕妇在怀孕期，胃肠对冷的刺激非常敏感。多吃冷饮能使胃肠血管突然收缩，胃液分泌减少，消化功能降低，从而引起食欲不振、消化不良、腹泻；甚至引起胃部痉挛，出现剧烈腹痛现象。

孕妇的鼻、咽、气管等呼吸道黏膜往往充血并伴有水肿，如果大量贪食冷饮，充血的血管突然收缩，血液减少，可致局部抵抗力降低，使潜伏在咽喉、气管、鼻腔、口腔里的细菌与病毒乘虚而入，引起嗓子痛哑、咳嗽、头痛等，严重时能引起上呼吸道感染或诱发扁桃体炎。

有人发现，胎儿对冷的刺激也很敏感，当孕妇喝冷饮时，胎儿会在子宫内躁动不安，胎动变得频繁。所以，孕妇吃冷饮一定要有所节制。

孕妇不宜多服补品

不少女性怀孕以后，听说吃补品可使胎儿发育更好，于是就买来人参和桂圆吃。殊不知，这类补品对孕妇和胎儿弊多利少。

人参属大补元气之品，女性怀孕后久服或用量过大，就会使气盛阴耗，阴虚则火旺，即“气有余，便是火”。名医李时珍在明代就指出：“人参甘温助气，气属阳，阳旺则阴愈消。”说明服人参不当，易致阴虚阳亢。孕妇滥用人参，容易加重妊娠呕吐、水肿和高血压等现象，也可促使阴道出血而导致流产。从胎儿来看，胎儿对人参的耐受性很低，孕妇服用过量人参有造成死胎的危险。有位女性怀孕后常服人参，两周后出现心悸、胸闷、头痛、失眠、鼻腔流血和下肢浮肿等症状，继而阴道出血，待到4个月后经妇产科检查，胎儿已死亡。所以孕妇不可滥用人参。除了人参外，鹿茸、鹿胎胶、鹿角胶、胡桃肉、胎盘等也属温补助阳之品，孕妇也不要服用。如果病情需要，也应在医生指导下服用。至于其他补品,孕妇可本着“产前宜凉”的原则，酌情选用清补、平补品。若孕妇脾胃功能良好，食欲正常，没有恶心、呕吐和腹泻，适量服用阿胶，有利养血安胎。

孕妇不宜多吃山楂

大部分女性怀孕后有妊娠反应，而且爱吃酸甜之类的东西。但要注意的是山楂果及其制品，孕妇以不吃为宜。现代医学临床证实：山楂对女性子宫有收缩作用，如果孕妇大量食用山楂食品，就会刺激子宫收缩，甚至导致流产。所以，孕妇多吃山楂是不适宜的。

孕妇不宜摄入过多鱼肝油和含钙食品

有些孕妇为了使胎儿健康活泼，盲目地大量服用鱼肝油和钙质食品。这样对体内胎儿的生长是很不利的。因为长期大量食用鱼肝油和钙质食品，会引起食欲减退、皮肤发痒、毛发脱落、感觉过敏、眼球突出、血中凝血酶原不足及维生素C代谢障碍等。同时，血中钙浓度过高，会出现肌肉软弱无力、呕吐和心律失常等，这些对胎儿生长都是没有好处的。有的胎儿生下时已萌出牙齿，一个可能是由于婴儿早熟的缘故；另一个可能是由于孕妇在妊娠期间，大量服用维生素A和钙制剂或含钙质的食品，胎儿的牙滤泡在宫内过早钙化而萌出。所以，孕妇不要随意服用大量鱼肝油和钙制剂。如果因治病需要，应按医嘱服用。

孩子吃饭十忌

1. 忌过饱：过饱会使大量食物残渣存在大肠中，经细菌分解产生有毒物质，造成血管慢性病变。

2. 忌过快：狼吞虎咽会使唾液不能充分与食物混合。

3. 忌分心：边吃饭边看书、看电视，使消化器官血液减少。

4. 忌吃烫饭：滚烫的饭菜易使口腔、食道、胃黏膜发生烫伤，引起炎症。

5. 忌汤水泡饭：汤水泡饭很容易不经咀嚼就吞进肚里，很难消化。

6. 忌边吃边喝：这样会影响消化，引起胃痛。

7. 忌打闹说笑：打闹说笑容易使食物误入气管。

8. 忌过冷：冰冷食物进入胃内易引起胃痛。

9. 忌偏食：偏食会造成营养不良。

10. 忌吃饭时训斥孩子：孩子受不良情绪刺激，会引起消化和呼吸功能障碍。

产后不宜喝高脂肪的浓汤

产后如多喝高脂肪的浓汤，既容易影响食欲，还会使身体发胖，影响体形。同时，高脂肪也会增加乳汁的脂肪含量。有不少的新生儿、婴儿不能耐受和吸收这种高脂肪的乳汁，而引起腹泻。所以，产妇不宜喝高脂肪的浓汤。可以喝些有营养的荤汤和素汤，如蛋花汤、鲜鱼汤、豆腐汤、蔬菜汤、面汤、米汤等，以满足母婴对各种营养素的需要。

产妇不宜久喝红糖水

按我国的民间习俗，产妇分娩后，都要喝些红糖水，只要适量，对母子都是有益的。

因为产妇分娩时，精力体力消耗很多，失血较多，产后又要给婴儿哺乳，需要丰富的碳水化合物和铁质。红糖既能补血，又能供应热量，是较好的补益佳品。但是喝红糖水对产妇子宫复原不利，因为产后10天，恶露逐渐减少，子宫收缩也逐渐恢复正常，如果久喝红糖水，红糖的活血作用会使恶露的血量增多，造成产妇继续失血。

因此，产后喝红糖水的时间，一般以7～10天为宜。

小儿发热忌食的饮食

小儿夏季发热，体温增高，常见口渴喜冷饮，特别喜欢吃冰淇淋、雪糕、冰冻汽水等，但这类冷饮易使小儿食欲不振，消化不良，导致营养不良，故应忌食。

刺激性食物如辣椒、芥末、葱、蒜、姜、韭菜、桂皮、茴香等，可刺激机体，使机体代谢增加，产热增多，导致发热不退、身热、面红等症状的出现，故应忌食。

发热患儿忌食过甜食物。甜食不仅会引起胃肠湿热而影响食欲，而且还会引起腹胀而导致消化不良，故应忌食。这类食物有各种甜饮料、水果罐头、蜂蜜、水果糖、巧克力等。另外，在喝牛奶时也应尽量少放糖，以免引起腹胀，影响消化。

小儿发热、消化不良，应忌食油腻、油炸食物。在烧菜时，也忌放油太多。油腻食物可妨碍小儿的消化吸收功能，常可引起食欲减退、腹泻等症状，故应忌食。

腹泻患儿忌盲目禁食

从治疗要求来讲，小儿腹泻在急性期应禁食8～24小时，尤其是伴有恶心、呕吐的患儿更应如此。但并不是所有腹泻的患儿都需要禁食，只要症状不甚突出，还是应让患儿吃些清淡、稀软、易于消化的食品。避免一发现腹泻就盲目禁食。

便秘患儿忌食辛辣食品

便秘患儿忌食辛辣、刺激之品，如辣椒、芥末、胡椒、大蒜、咖啡等。辛辣之品不仅损伤脾胃，而且容易积水热助火，患儿会有饥饿感出现，虽然饭量暂时增加，但是病变中的脾胃消化、吸收的负担增加，结果进一步加重消化不良的症状。

便秘患儿忌食生冷食品

便秘患儿忌吃生冷的食物，如冷饮、冷的瓜果，以及一些食性寒的东西，如蟹、柿子、蚬、蚶等。寒性食物容易伤胃，影响消化，加重病情。

眼病患者忌食大蒜

有些人平时爱吃大蒜，到了五六十岁，感到眼睛模糊，视力下降，耳鸣，头重脚轻，记忆力减退，殊不知这是吃大蒜造成的不良后果。还有些人患了近视眼或其他眼病，虽服了中药治疗，但未忌大蒜，结果疗效不佳。中医对忌口是比较讲究的，眼病患者在治疗时必须忌五辛。即忌大蒜、小蒜、洋葱、生姜和辣椒等刺激性食物，否则影响疗效。中医认为，长期大量地食用大蒜，伤人气血，损目伤脑。据《本草纲目》记载："久食伤肝损眼。"所以，眼病患者应尽量不吃大蒜，特别是身体差、气血虚弱的病人更应注意。

第三辑 生活保健常识

第一章 饮食防病与预防食物中毒常识

营养科学能防病

唐代医生孙思邈最早认识到：不吃杂食，单吃白米，得脚气病（或叫维生素 B 缺乏症）。人们通过长期实践认识到：没有任何一种天然食物能包含人体所需要的各类营养素。即使像乳、蛋这类公认的营养佳品，也难免“美中不足”。如婴儿赖以生长的乳类就缺乏铁质，半岁婴儿如不适时增补含铁质的辅食，就会发生营养性贫血。又比如鸡蛋，营养可谓“丰富”，但缺乏人体所需要的维生素 C。所以单靠一种食物，不管数量多大，都不可能保证人体健康。这就是说，吃饱了肚子并不意味着就有了足够的营养，除非所吃进的食物还含有人体所需要的各种营养成分。反过来也一样，质虽精但量不足，同样不可能维护健康、促进生长。因此，要保证合理营养，食物的品种应尽可能多样化，使热量和各种营养素数量充足、比例恰当，过度和不足都将造成不良后果。营养过度，如热量摄入超标可引起肥胖，进而诱发高血压、糖尿病、冠心病等，其后果比肥胖本身还严重。营养缺乏会造成营养性水肿，以及贫血、夜盲、脚气病、糙皮病、坏血病、佝偻病等一系列疾病。总之，营养不良（过度和缺乏）所造成的后果是严重的。因此，饮食必须有节，讲究营养科学。

营养合理的标准

怎样才算营养合理呢？从营养学观点来看：就是一日三餐所提供的各种营养素能够满足人体的生长、发育和各种生理、体力活动的需要，也就是膳食调配合理，达到膳食平衡的目的。主食有粗有细，副食有荤有素，既要有动物性食品和豆制品，也要有较多的蔬菜，还要经常吃些水果。这样，才能构成合理营养。

健康饮酒有讲究

众所周知，适量饮酒对身心健康有诸多益处。然而若不能健康饮酒，其危害却是十分严重的。

饮酒的时间对于身体健康十分重要。中医认为，人体生理节律，顺应昼夜阴阳变化才能不得病。白天属阳、夜间属阴，而酒属阳温热，酒精度越高则阳性越高，因此夜间饮酒会伤阴助阳，阳盛则阴不安，不仅影响胃肠消化和睡眠质量，久而久之，对人体会造成诸多危害。国外还有报道说，夜间饮酒会伤害视网膜，阻碍视网膜产生感光色素，使其在黑暗环境中的辨别物体的能力下降。因此，饮酒的最佳时间是每天下午两点以后。

而饮酒的同时饮用茶水，更是一种错误的饮用方法。中医阴阳学理论中说酒味辛，先入肺，肺与大肠相表里，饮酒应取其升阳发散之性，使阳气上升，肺气更强，促进气血流通。

茶味苦，属阴，主降，若酒后饮茶会将酒性驱于肾。肾主水，水生湿，湿被燥，于是形成寒滞。寒滞则导致小便频浊、阳痿、睾丸坠痛、大便燥结等症。因此，若喜欢伴随可乐、绿茶之类饮酒的消费者，最好选择酒精含量较低、浓度较小的酒。

最好和最差的食品

有关研究的结果表明，10种含有最丰富营养的食品是：苹果、鳄梨（牛油果）、香蕉、花椰菜、鸡、鱼、柑橙、马铃薯、脱脂奶、粗面包。

10种最差、对健康很不利的食品是：咸肉、糖果、巧克力、罐头咸牛肉、蛋黄、肥猪肉、猪牛肉混合香肠、炸薯片、熏肉和全脂奶制品。

受欢迎的新型食品

目前，下列新型食品很受消费者青睐。

1. 益寿食品：以大豆蛋白为主要原料，配加花生、芝麻、何首乌、红枣等。具有低盐、低热量、高蛋白等优点，而且易消化。

2. 低盐食品：各地食品厂竞相生产低盐酱油、低盐豆瓣酱、低盐咸菜等。能减少重盐食品导致的血管阻力引起的心脏病和高血压等病的威胁。

3. 乳精蛋白食品：这种食品含蛋白质达80%，特别适合老年人食用。

4. 人造奶酪食品：经低温溶剂脱脂后的豆粕粉和浓缩蛋白可配制成多种奶酪食品。

5. 花粉食品：含有多种氨基酸、蛋白质和无机盐、维生素，营养价值高，是老、幼、病人或运动员们较好的保健食品。

6. 乳酸食品：由纯双叉乳杆菌接种牛奶灭菌后制成，是目前国内较流行的乳品饮料，易消化，含合成维生素B，有抗癌和降低胆固醇的作用。

釉质发育不全的预防

因釉质发育不全是牙齿在发育钙化期间遗留的缺陷，萌出后才能发现，所以发现后再补充维生素D是无意义的。应注意孕妇的保健和预防婴幼儿的急性高热性疾病。

因这类牙齿发育钙化较差，易磨损，患龋后发展快，应做防龋处理。缺陷较轻的釉质发育不全可不治疗，较重者可用复合树脂或假牙面覆盖，严重者则必须找镶牙医生进行修复。

叩击牙齿

松静站立，呼吸平稳，微闭嘴，舌尖顶上齿龈，让上下牙齿相互叩击，早晚各一次，每次应超过50次。

搅海护齿

口微闭，齿微启，用舌尖在齿外侧牙龈上下左右搅动，待有唾液大量分泌时，分三口咽下，早晚各一次，可促进腺体分泌，冲洗并按摩牙面、牙周、牙龈，使牙沟通畅。

药物牙膏宜慎用

一般的牙床出血、牙肉肿疼等小毛病出现时，药物牙膏是有效果的，但当牙病稍重或反复发作时，其功效就不那么明显了。为什么呢？因为药物牙膏中尽管加了各种各样的“药”，但它毕竟还是牙膏而不是药品。况且在刷牙时，牙膏在口腔停留的时间很短，而低浓度的药物在瞬间对牙齿致病细菌的抑杀能力有多大，是可想而知的。口腔卫生专家认为：口腔中的细菌多达百余种，有对人体有益的，也有对人体有害的。它们的存在，维持着口腔里的“生态平衡”。因此，如滥用药物牙膏，有可能滥杀口腔中有益于人体的细菌，应当慎用。保护牙齿的有效做法应该是：常清洁口腔，慎用药物牙膏，免得有损健康。

五味宜全不宜偏

合理的饮食应是品种多样。古人说：“五谷为养、五肉为益、五果为助、五菜为充。”人体对营养物质的需求是多方面的，营养物质主要有蛋白质、脂肪、碳水化合物（糖类）、矿物质（含微量元素）和水等五大部分。各种食物所含的营养成分各有侧重，只有品种多样，才能获得人体所需的各种营养物质。饮食五味的不同，对人体的作用也不同。中医认为，饮食五味各有所入，酸入肝，苦入心，甘入脾，辛入肺，咸入肾。若饮食五味有所偏嗜，必然导致脏腑功能的偏盛偏衰，使阴阳失调，或因某些营养物质的缺乏而发生疾病。所以，饮食应博食广饮，做到不挑食、不偏食，若过食肥甘油腻，或偏嗜辛辣，或饮食偏咸等，都是发生心血管疾病的重要饮食因素。

什么时候吃比吃什么更重要

一日三餐，合理安排饮食比例，对预防疾病十分重要。一般而言，早饭宜吃好，午饭宜吃饱，晚饭要吃少。目前有一种新潮说法：即早餐吃得像国王，午餐吃得像平民，晚餐吃得像乞丐。养生谚语说："晚饭少一口，活到九十九。"但实际生活中，不少人却反其道而行之，晚餐安排得十分丰盛。这种饮食习惯，引起的变化首先是发胖。研究表明，每天早餐进食1911千卡热量的食物，对体重影响并不明显，而晚餐进食同样多的食物，体重就会明显增加。因此，对控制体重来说，什么时候吃比吃什么更重要。为什么会这样呢？原来人体内的各种生理功能、代谢变化都有其内在的生理节奏，如基础代谢都是下午高于上午，迷走神经的兴奋性晚上高于白天。而迷走神经的兴奋促使内分泌旺盛，使各种消化酶含量增高，消化吸收增强。若晚餐过饱，或晚餐过迟，一方面因吸收过多导致体内血糖、氨基酸及脂肪浓度增高，刺激脂肪合成；另一方面，晚间活动减少，"夜游"的胰岛素加速脂肪转化，因而可使人发胖。因此，晚餐不宜过饱、过迟，否则会因发"福"使糖尿病、高血压、冠心病等"富贵病"随之而来。

合理食用食油

日常生活中离不开油，食油是人体脂肪的主要来源之一，又是一种较好的调味品。但因油的种类繁多，营养各异，科学合理地食用，对预防疾病和辅助治疗疾病会大有好处。

首先，过量食用食油危害大。各种食用油都是主要含中性脂肪的，油脂过多是使人发胖的因素之一。同时不仅皮下，而且心、肝、肾、肠道等器官的外面也堆积大量的脂肪，并使各脏器加速早衰和出现病变，特别是加速血管的硬化，从而引起高血压、冠心病等。

其次是乱食问题。对于一些油，如大麻油、生棉籽油等虽有人食用，但易引起中毒，所以这类油应严禁食用；另外，一些食用油因放置时间过长或存放不当而易引起酸败变质，用肉眼可看出其油色变浅、油混浊、油黏度增大，还可闻出特殊的气味，对变质的油不应再吃，以防中毒。所以食用油不宜贮存时间太久。

食用油大体可分动物油和植物油两大类，对心血管疾病患者，应严格控制动物油，合理选用植物油。

冠心病患者饮食宜"四多四少"

1. 少精多粗：生活水平提高的重要标志是精制米面食品的增多而糙米粗粮的减少。但为了健康，应少精多粗。

2. 少荤多素：荤食，一方面是指油腻的食物，如动物油、肥肉、动物的内脏（如猪脑、鱼脑、猪肝等）等，这些食物富含脂肪和胆固醇，故应为冠心病患者禁用食品；另一方面是指甜食，如糖类、奶油等，吃糖过多会使人发胖，对心脏不利。

3. 少盐多醋：生命离不开盐，但盐吃多了，也会致病。正常人每日吃 5 ~ 10 克盐为宜。吃盐过多，是引起高血压的重要原因。此外，吃盐过多，会使血钠增高、血容量增加，导致水纳潴留，加重心脏负担。

4. 少食多餐：冠心病患者饮食应少食多餐，禁多吃少餐，更忌暴饮暴食，因心脏病患者，大多伴有心脏增大，心脏供血不足。若饮食过饱，或暴饮暴食：一方面可导致膈肌上移，压迫心脏；另一方面，饭后血液要集中到胃肠道促进消化，会加重心脏供血的不足。

蔬菜的分类和功能

蔬菜大多为陆地生者，还有水生的，野菜也包括其中。古代分蔬菜为荤菜、柔滑、瓜菜、水菜等。

蔬菜除菌、藻植物外，绝大多数为草本植物。食用部分又分叶、根茎、瓜果等不同，因种类和食用部分的差异，功能不一。除韭菜、葱、蒜等荤辛的蔬菜性温，能温中散寒、开胃消食外，大多数性质偏于寒凉，并以清热除烦、通利大便、利小便、化痰止咳等功能为多见。柔滑的蔬菜尤善通利二便。许多野菜和某些柔滑蔬菜有清热解毒、凉血的功能。瓜菜长于生津止渴。藻类多以化痰、软坚、利尿为功能特点。菌类则有较好的滋养补益作用。

延年益寿的蜂蜜

蜂蜜是大自然赠予人类的礼物，为人类的健康事业做出了极大的贡献。蜂蜜被称为“心脏病的良友”，因为它所含成分对心肌有良好的作用。患心脏缺血及冠状动脉硬化症的病人，如在食物中加入蜂蜜，不但获得丰富的营养，而且有显著治疗作用。蜂蜜可使血管扩张，使血液循环增加和血压下降，所以对冠心病、高血压等是非常有益的。此外，蜂蜜还能改变血液的组成，可提高红细胞和血红蛋白的含量，因此可治疗贫血。小儿常食蜂蜜，可助生长发育；老人常食蜂蜜，可延年益寿。

茶对心血管的影响

茶叶的主要成分为生物碱、维生素、氨基酸及蛋白质和矿物质等。其生物碱主要为咖啡碱、茶碱、可可碱等，维生素主要有 A、B、C 及 P 等。红茶中含咖啡碱较绿茶多，而绿茶中含维生素较红茶多。咖啡碱等生物碱具有兴奋神经中枢及心脏的作用，能扩张冠状动脉，改善心肌供血，但同时又使血压增高，心跳加速，会加重心脏负担。茶叶中的儿茶酸和维生素 C、维生素 P 能增强血管的柔韧性、弹性，降低血中胆固醇，防止脂肪沉积，故能预防高血压、冠心病、心功能不全和脂肪肝等。由此可见，茶叶对心血管的影响是双重的，关键取决于其所含的主要成分。

喝水养心有学问

水是生命的源泉。吃饭重要，而饮水更为重要。健康人每天(24小时)水的摄入量为1500～2500毫升。而这些水分，大多是通过食物带人体内，其排泄主要是通过尿、出汗、呼吸等。若每日饮水过多或不足，都会影响心血管的功能，甚至导致疾病的发生。

饮酒过量会引起脑中毒

因为饮酒而引起脑中毒，主要有两种情况：一种被称为急性中毒，原因就在于乙醇抑制了大脑神经中枢。一次喝进大量高浓度的酒，先是感觉头痛、欣快、兴奋、话多、易激怒，可有粗鲁或是攻击行为，这个时候医学称之为兴奋期，进一步加剧的话就会出现站立不稳、行动笨拙、说话说不清楚、眼球震颤、看不清物品或出现重影，有的人可表现恶心、呕吐、困倦，这一时期医学称为共济失调期。再进一步加剧，就出现昏睡、瞳孔散大、体温下降、心跳变快、血压下降、呼吸时有鼾声且速率很慢，此时已进人医学上的昏迷期，随时都可出现呼吸、循环麻痹，危及生命。另外一种情况可称为慢性中毒，它的原因就在于长期嗜酒的人，虽然可以从酒中获取热量，但因为大量饮酒后进食减少，长此下去人体中的一些必需物质如维生素、矿物质、氨基酸等营养就无从获取，因为维生素 B_1 缺少引起的wemicke脑病表现为：长期嗜酒如命而较少进食、眼球震颤、眼球的外直肌麻痹、步态不稳、精神不振、沉默而孤僻，个别人可出现说胡话。出现这种情况用维生素 B_1 治疗效果就很不错。

五谷杂粮护肝养颜

人体健康需要饮食平衡，有了充足的食品，并不一定保证身体健康，还必须科学、合理地利用营养。早在两三千年前，我国的一部医学著作《黄帝内经》中就曾记有“五谷为养，五果为助，五畜为益，五菜为充”的饮食原则，可见，古人很早就认识到了饮食平衡的重要性。

人体所需的这五大营养物质，各自有其特殊的功能，任何一种都不可缺少。所以，要做到每天都吃到这几种营养素，就需要讲究平日饮食搭配合理，注意饮食平衡。

合理用餐保护肝脏

一个人昼夜需要的热量，等于他一昼夜消耗的热量，一定不要超过消耗的热量。如果吃得过多，就会肥胖，容易诱发脂肪肝、肝功能障碍等多种疾病。现在仍有人喜欢吃得过饱，而且爱吃含高脂肪的食物，因而患肥胖症、脂肪肝的人相当多。另一方面，总是吃不饱或常处于饥饿状态，会导致蛋白质缺乏，也是引起脂肪肝的重要原因，尤其是在贫困地区的儿童中，由于蛋白质和热量摄入不足，突出表现为体重减轻和脂肪肝。食物中氨基酸含量不均衡也是产生脂肪肝的原因。

警惕黄曲霉素中毒伤肝

很多人都知道黄曲霉素与肝癌关系非常密切，研究表明，粮食被黄曲霉素污染的地区，肝癌发病率明显高于其他地区，采集肝癌高发区居民常用的含黄曲霉素玉米、花生等饲养动物，能诱发肝癌，成功率可达80%，有些地区，黄曲霉素与肝癌的关系远比乙肝病毒重要。另外，黄曲霉素与饮酒、乙肝病毒混合作用后其致癌性显著增强。

黄曲霉素主要污染花生、玉米、大米、棉籽及其制品等，中毒后引起肝细胞坏死、肝纤维化、肝硬变、肝癌等。为防止黄曲霉素中毒，首先一点就是必须积极采取防霉措施。粮食霉变环节主要在于田间收获期和收获后的处理以及储存期，不少学者认为加强这些环节的防霉措施极为重要。

家中食品去毒

一般家中食品去毒，可根据不同情况采取不同方法。例如霉变稻米中霉菌毒素主要存在于米糠层中，可加水反复搓洗，直到水清为止，这样可把大部分毒素去掉；饭食在蒸煮过程中也能破坏一部分毒素，如果加入少量的碱，解毒效果更好；颗粒比较大的粮食，如玉米、花生等，可把发霉的籽粒去掉。家庭中食品去毒方法虽然较多，但全部去毒十分困难。因此，最重要的还是以预防为主，不食用变质食品。

病从口入防胃病

胃肠内的饮食物是从口而入的。由于食物直接接触胃肠，并在胃肠内停留消化，胃肠经常受到食物的机械的和化学的刺激，所以胃肠疾病常常由饮食因素而引起或加重，也就是病从口入。

祖国医学认为各种饮食因素皆可导致胃肠疾病的发生。

1. 饮食不节：饮食过量，暴饮暴食，使宿食停滞于胃肠而壅滞不通，可出现脘腹痞满疼痛，恶闻食气，嗳腐吞酸，泻下臭秽等症；饮食过少，气血生化无源，脾胃运化受纳功能亦随之减弱，出现面黄肌瘦，神疲乏力，食后腹胀等症。

2. 饮食不洁：饮食不洁之物，或进食腐烂变质食物，或饮用污水，伤害脾胃，致使纳化腐熟传导失司，可出现呕吐、腹痛、泄泻，或痢下脓血等症。

3. 饮食偏嗜：饮食五味偏嗜，过食酸、苦、甘、辛、咸，则会导致某些脏气偏胜，引起脾胃大小肠乃至其他脏腑病变。

保护皮肤所需的六大营养素

皮肤所需要的营养成分有蛋白质、脂肪、糖类、维生素、微量元素、纤维素六大营养素。

1．蛋白质：蛋白质是组成机体细胞的主要成分，也是构成皮肤的基本物质。人体内的蛋白质是由多种氨基酸结合而成的，这些氨基酸不能由体内制造，必须从外界的食物中摄取。正常人体每天的需求量在 70 ～ 100 克。蛋白质含量高的食物有蛋类、牛奶、豆制品、瘦肉、鱼、虾等。

2．脂肪：食用脂肪有动物脂肪和植物油，都含各种脂肪酸。适量的脂肪可增加皮肤的美观，使之柔润。

3．糖类：糖是食物的主要成分，是供给人体热能的主要来源，是人体不可缺少的营养物质，但摄入过多，会使皮脂分泌过多，加重痤疮；也可使患婴儿湿疹患儿病情加重。糖在体内合成糖原后转化成脂肪，还容易使人发胖，故不宜食用过多的糖。

4．维生素：维生素为人体必需的有机化合物，与皮肤的健康关系十分密切。

5．微量元素：人体内的微量元素约有 60 多种，主要的有钙、磷、铁、锰、碘、铜、锌、铬、硒、碘、氟等，是人体不可缺少的营养素。富含微量元素的食物有各种蔬菜、水果、五谷杂粮等。

6．纤维素：粗纤维能刺激胃液的分泌和肠蠕动，加强消化功能，利于肠道排空。

此外，应有足够的水分供给。水是构成人体组织细胞的必要成分，也是人的生命活动的重要成分之一。

合理的饮食是预防皮肤衰老的“良药”

在日常生活中，应做到膳食平衡，不偏食。多吃水果、蔬菜等富含维生素及偏碱性的食物，少吃糖、盐、脂肪，注意补充水分以调节皮肤的含水量，保证营养的供给，使皮肤光泽、白净。并根据个人最理想的食谱选用所需食物，注意酸碱食品合理搭配，保证每天从食物中能够摄取足够的各种营养素，以促进生长、发育，使肌肤获得均衡的营养以保持皮肤健美。

食物中毒的种类

一般认为，凡食用了“有毒食物”所引起的急性疾病，称为食物中毒。食物中毒常常有以下特点，即在短时间内，可能有多人发病，病人都有相似的症状，以吐、泻为主，仔细追问，病人都吃了某种共同的食物，而未吃某种食物的人，就不发病。发病的人与人之间，没有传染关系。停止食用该食物后，新病人就不再出现。

所谓食用“有毒食物”，该食物应是可食状态的，食用的数量应是正常的，是经口食入的。如果该食物是不可食状态的（如生鱼），食用的数量是非正常的（如暴饮暴食），非经口食入（如静脉注射），就不叫食物中毒。

食物中毒的种类很多，一般按病原分类，即分为细菌性食物中毒和非细菌性食物中毒。

河豚鱼中毒的预防

河豚鱼是有毒鱼类。鱼体内的河豚毒素，使人中毒。河豚毒素多分布在鱼的卵巢、肝脏内，其次是肾、血液、眼睛、皮肤。春季，河豚鱼卵巢发育后期，其卵巢、肝脏毒性最强。长江下游一带多产河豚，是河豚鱼中毒的高发区。

河豚毒素是一种非蛋白质的神经毒素，毒性强且耐热。将河豚鱼煮熟后，不能破坏其毒性。

误食河豚鱼中毒症状严重，死亡率高，应积极做好预防工作。预防的根本是防止被人误食。河豚是不可食鱼类。常混在海杂鱼内。水产供销部门应加强检查和挑拣，不得出售毒鱼。当家里购买海杂鱼时，对于那些鱼体呈圆桶形，头大尾小，鱼体无鳞，皮厚如革，背部色深，有虎豹纹，嘴内有四个大牙，嘴小、尾小、鳃孔小的鱼，应拣出去。防止误食中毒。

鱼不新鲜可引起组胺中毒

吃鱼而引起组胺中毒，在国内也时有发生。主要是因鱼不新鲜，鱼体内产生了一种可以使人发生过敏反应的物质，叫组胺。故组胺中毒，是一种过敏反应型中毒。容易产生组胺的鱼，有鲐巴鱼、金枪鱼、沙丁鱼、青花鱼等。这些鱼类肌肉中血红蛋白含量高，有青皮红肉的特征。当气温在37℃时，放置96小时，每克鱼可产生1.6～3.2毫克的组胺。一般认为，成人食入组胺量超过100毫克时，就有发生中毒的可能。家庭里在选购和加工鱼时，要注意选择新鲜的鱼，特别是加工那些青皮红肉的鱼时，要用流动水反复冲洗，以防组胺中毒。

鱼胆中毒解毒和预防

鱼胆汁中含有剧毒的“胆汁毒素”，食后即会引起中毒，尤以青鱼、月鱼、草鱼、鲢鱼、鳙鱼等几种鱼的胆汁中含量为高。一般情况下，一条1.75千克重的青鱼鱼胆，成人一次吞服后，就会引起急性中毒。由于胆汁毒素不易被热或酒精所破坏，所以，即使将胆汁蒸熟或用酒冲服鲜鱼胆，仍然会发生中毒。

中毒的潜伏期为半小时至12小时，主要症状为出现恶心、呕吐、腹痛、腹泻，接着可出现肝区疼痛、黄疸、少尿或无尿、全身浮肿等，中毒严重时，可使肝、肾功能损坏、衰竭，导致中毒性休克，若抢救不及时，会危及生命。

民间有传说用鲜鱼胆治病的，切勿滥用，以防发生鱼胆中毒。

毒蘑菇中毒

我国毒蘑菇有80多种，其中有剧毒、可以致死的有10多种。毒蘑菇虽种类不多，但因形态特征复杂，常与食用蘑菇难以区别。群众在采集野蘑菇时，常常难以鉴别而误食中毒。因此，毒蘑菇中毒在我国南方某些省，居食物中毒死亡人数之首位。

毒蘑菇中毒多发生在高温、高湿季节。多发生在个人和家庭的范围。但也有个别地区出现过集体中毒和死亡的事例。

毒蘑菇中毒的原因是内含毒素。而每种毒蘑菇所含毒素的种类和数量又不相同。因而，毒蘑菇中毒后的症状也十分多样。中毒潜伏期短的15分钟，长的3～5天。中毒类型有肝肾损害型、神经型、溶血型、胃肠型等，其中以肝肾损害型的死亡率最高。一个50克重的毒伞，可以把一个70千克体重的人毒死。

预防毒蘑菇中毒最主要的是，告诉群众不要随便采集野蘑菇食用。采集野菇应在专业技术人员的指导下，凡对蘑菇类识别不清或从未食用过的新蘑菇，必须经专业部门鉴定，确认无毒后，方可列入可食用蘑菇类。

苦杏仁中毒

苦杏仁中含有氰甙。氰甙在人体内可分解出氢氰酸。氢氰酸可使人的血红蛋白失去运送氧气的能力，造成人体缺氧，呈窒息状态。严重时，可致死。氢氰酸的最低致死量为0.3～0.5毫克/每千克体重。

发芽土豆中毒

土豆，学名马铃薯，是一种营养丰富的蔬菜。新鲜、成熟的土豆里含有一种有毒物质，叫龙葵素。但因含量极微，不致使人中毒。当土豆发芽、皮肉变青绿时，龙葵素的含量就会急剧增多，并主要集中在土豆发芽及青绿色的皮、肉部分。龙葵素是一种剧毒物质，对胃肠道黏膜有较强的刺激作用，能溶解血液中的红细胞，麻痹中枢神经系统，因此，当人吃了发芽土豆后，就会引起中毒。预防发芽土豆中毒，主要是向群众宣传发芽或皮肉青绿的土豆不可食用。

白果中毒的预防

白果又名银杏。果肉鲜嫩可口，也是一种祛痰止咳的中药。但白果有毒，引起中毒的原因,尚不十分清楚。据分析，白果肉中含有一种有毒物质，经加热能使其毒性减低。此外，白果肉皮中含有银杏酸，核仁中含有银杏酸及银杏二酚，这些物质也都有一定的毒性。当生吃白果或一次吃大量的炒熟白果时，就会发生中毒。预防白果中毒的方法是，将白果碾去皮，经长时间的浸泡，并烧熟、煮透再吃。要教育和看管好儿童，不要生吃白果，即使熟吃，也不可一次吃得太多，以防中毒。

生豆浆中毒

生豆浆中含有多种有毒物质，如含有抗胰蛋白酶素，能影响蛋白质的消化、吸收；酚类化合物可使豆浆产生苦味和豆腥味；皂素不仅对消化道黏膜有刺激性，引起恶心、呕吐、腹泻反应，还会破坏红细胞，产生一系列的中毒反应。当豆浆被煮熟时，其中的有毒物质被破坏，就不会引起中毒。因此，喝豆浆时，必须将豆浆烧开、煮透。特别要注意的是，当豆浆加温到80℃时，会出现“泛泡”，即假沸现象，此时，有毒物质并未被完全破坏。只有继续加热到真正沸腾时，其中的皂素等有毒物质才会被完全破坏，而不致引起中毒。

亚硝酸盐中毒的预防

当亚硝酸盐含量过高时，就可以引起食物中毒。在腌菜时，如果盐含量在15%以下，特别是在腌制的最初1周内，亚硝酸盐含量也较高，因此，也有吃初制的腌菜中毒的；煮熟的菜，如存放温度高，时间久，菜中的亚硝酸盐含量也会增多，有时，某些细菌性食物中毒可同时伴有亚硝酸盐中毒；食品加工过程中，常使用亚硝酸盐作为发色剂，如果保管不妥，易被误食，而发生严重的中毒事故。预防亚硝酸盐中毒，主要应加强对蔬菜的保管，避免高温长期贮存。已经烂的菜，就不可食用；吃剩的熟菜，也要低温保存；腌菜必须至少腌制半月后，待腌透再食用；工业用亚硝酸盐，要专人妥善保管，防止误食中毒。

第二章　健康饮食与生活窍门常识

饮食生活小窍门

1. 让夹生饭变熟：可用筷子在饭中心插几个洞，洒上以等量水稀释的酒，再以火煮五分钟。

2. 消除米饭糊味：煮米饭时，趁热将半截鲜葱插入饭里，盖上锅盖，不一会儿饭的糊焦味就会消失。

3. 煎鱼防粘锅法：把锅洗净烧热后，用一块生姜把热锅擦一遍，然后再放油煎，鱼就不会粘锅底；或煎鱼前在锅内喷上少许红葡萄酒，然后放油煎，鱼也不会粘锅。

4. 冻鱼汤保鲜法：从冰箱中取出的冻鱼，烧煮时，在汤中加适量的牛奶或放点酒，不仅鱼肉白嫩，还可使汤味鲜美。

5. 巧洗冷冻鸡、鸭、鱼肉：将其放在姜汁液中浸泡三十分钟再洗，不但脏物洗净，还能除腥增鲜。此外，用米酒可快速解冻。在冷冻鸡、鸭、鱼肉上洒满米酒再放回冰箱冷藏室，就能很快解冻，而且不会滴水并无冷冻的臭味。

6. 菜叶小虫的清除：从市场上买到的叶类蔬菜上面往往有些腻虫等小虫子，这些小虫不容易洗下来。如果先用盐水(一盆水中放半小匙盐即可)浸泡一下，小虫受到盐的刺激，便很快和菜叶分开。另外，盐水的比重较大，小虫和菜叶脱离开以后，便漂浮在水面上，很容易从盆中倒出。

7. 油炸花生米保脆：将炸好的花生米盛盘中，趁热洒上少许白酒，搅拌均匀，稍后，撒上少许食盐，这样即使放上几天也酥脆。

8. 炒洋葱防焦：在炒洋葱时，只要加上一点白葡萄酒（四个洋葱头加一小杯），就不会炒焦了。

9. 大蒜去皮法：将大蒜掰为小瓣后放在热水中浸泡数分钟，然后捞出，其皮便可很容易剥下。也可将蒜瓣放在案板桌上，用菜刀轻拍几下，皮即极易剥掉。

10. 去除豆腐异味：豆腐下锅前，先在开水中浸泡十多分钟，便可除去泔水异味，这样做好的豆腐口感好，味美香甜。

11. 快速烧肉：要想使煮的肉烂得快，可在锅里放几片萝卜与肉同煮。

12. 油炸馒头有窍门：炸馒头片时，先在冷水中浸一下，再放入油锅去炸，这样炸好的馒头外黄里嫩，既好吃又省油。

13. 面包保鲜：面包袋中放一根芹菜，可以使面包保持新鲜滋味。

14. 啤酒制面包：揉面团时，用同量的啤酒代替牛奶，不但面包容易烤制，而且烤出的面包有一种近乎肉的味道。

妙用冷水得健康

用冷水治牙疼：当牙疼时，可不断地口含冷水，即有镇痛作用。

用冷水止鼻血：当流鼻血时，可用毛巾浸泡冷水敷前额，即可止血。

用冷水明目：眼睛喜冷怕热，用流动冷水洗脸，则头清眼明。长年坚持，既可减少沙眼发生，又可保护视力，增强眼睛对疾病的抵抗力。

用冷水治扭伤：四肢扭挫伤，局部瘀血或按之肿硬，可立即用冷水浸敷，能使断裂血管较快闭合，控制血肿加剧，并止血镇痛。

用冷水防感冒：坚持冷水浴和用冷水洗脸，可增强体质，增强抗寒力，预防感冒。

冰块的妙用

退热：将冰块用塑料袋装好，用干毛巾包裹在头、颈、腋下、胸部等处，能使体温下降较快（尤其适合儿童体温偏高的情况），防止大脑损伤。

治烫伤：轻度烫伤可用洁净冰直接敷在烫伤处，不仅可以止痛，还能减少水疱的发生。

治中暑：夏季中暑，可立即在头、胸部用冰块敷。当头部被阳光直射出现剧烈头痛时，也可立即用冰块降温。

治皮炎：夏季如果身上长痱子或出现小红疹，可用冰水擦洗患部，既止痒，又能使痱疹早日消退。

治外伤：撞伤及扭伤后，不可以热敷，这会使小血管破裂出血，而应在伤部冰敷，可减轻血管出血，防止血肿形成，有利于挫伤的恢复。

治虫咬：毒蜂、虫叮咬后，伤口会疼痛、肿胀。除用药物治疗外，均可在局部冰敷，既止痛，又可防止毒素扩散。

止出血：当出现黑便、咳血等症状，

可先在胃部、胸部冰敷，以减轻出血，为送医院抢救争取时间。出鼻血者在颈后风池穴、鼻翼两侧迎香穴冰敷，可立即止血。

止痛：手指尖扎进小刺要用针头剔除之时，可将手指尖按在冰块上冻至发麻，剔刺时就不痛了。

白酒治感冒

方法：白酒 30 克倒入碗内，用一小碟蘸酒刮前后胸、曲池穴，直至皮肤发红发热为止，然后再喝一碗红糖姜水，盖好被子，不过一刻钟便大汗淋漓，一次便可痊愈了。

酒精棉球防治麦粒肿

麦粒肿病虽小，但很是让人烦恼，痛苦不堪，医疗上又无治疗好办法，用酒精棉球擦拭眼睫毛根部效果非常好。方法是：当开始患病——眼睑发痒、出现红肿或疼痛时，即刻用酒精棉球擦眼睫毛。擦时要紧闭双眼，用酒精棉球（不要太湿，太湿时挤掉一些酒精）在眼睫毛根处来回轻轻擦几下。擦后双眼会感到发热（发热时不可睁眼，否则酒精会渗透到眼里疼痛），待热劲过后再睁眼。只要当天擦 2 ~ 3 次就可消肿。

鸡蛋壳治烫伤

在鸡蛋壳的里面，有一层薄薄的蛋膜。当身体的某一部位被烫伤后，可轻轻磕打一只鸡蛋，揭下蛋膜，敷在伤口上，经过 10 天左右，伤口就会愈合。它的另一个优点是敷上后还能止痛。

巧用大雪梨疗疾

大雪梨的特点是水分大，含糖量高。

将大雪梨一个连皮切碎，加适量水和冰糖炖煮后凉凉服食，可治咳嗽喑哑，咽喉干痛；大雪梨一个去核，装入川贝粉 3 克，隔水蒸熟，吃梨饮汤，对各种咳喘都有疗效；大雪梨一个，去核切片，鲜藕 300 克切片，鲜藕叶一张切碎，鲜白茅根 30 克洗净切断，水煎服，可对咳血、痰中带血有极佳疗效；大雪梨两个，藕节 12 克，瘦猪肉 60 克，加水煮食，每日一剂，连服数日，对治疗鼻出血有特效；大雪梨一个，去核后装入冰糖适量，放碗内上锅蒸透，凉凉后食梨饮汤，数九后每日一个，可治愈老年憋气咳喘。

微波炉加工食物体积忌过大

由于微波沿途被食物吸收，若食物体积过大，则食物中心处微波的强度就很弱，因而烹调的时间也就延长。所以，食物最好先切成小块后再用微波炉烹调。

忌用温锅水煮饭

一些集体伙食单位，每在饭后，总是习惯性地往锅内加些凉水，使其自然温热，认为这样既节约能源，下次煮饭又方便。殊不知，有时用温锅水做饭，人吃了以后也会发生中毒。症状为：皮肤青紫、呼吸急促、心跳加快、呕吐腹泻，严重的可致呼吸衰竭而危及生命。

这是因为，有些地区水内含有大量的硝酸盐，如果锅刷得不干净，沾染细菌，加上适宜的温度，细菌便会大量生长繁殖，把水中的硝酸盐还原成亚硝酸盐。如果用这样的水煮饭、烧汤，就会发生亚硝酸盐中毒。

做饭防溢三法

1. 烧稀饭时，只要往锅里滴几滴芝麻油，开锅后用中小火煮，就不外溢。

2. 用电饭煲煮饭，只要提前2～3小时把米洗净，放在适量的水中浸泡，就能避免米汤外溢。

3. 煮粥时，先淘好米，待锅半开时(水温50～60℃)，再下米，即可防止冒锅外溢。

哪种方法吃面食更有益健康

北方人多爱吃面食，但面食在加工过程中，营养成分会受到破坏。据实验证明，烙制的面食维生素B_1只损失21%，维生素B_2只损失14%，尼克酸几乎不受损失。蒸制面食，维生素B_1损失30%，维生素B_2损失38%，尼克酸只损失9%。炸制面食营养损失最严重，维生素B_1几乎全部被破坏，维生素B_2和尼克酸也大约损失一半。煮的面食虽然也损失一部分维生素，但绝大部分溶解在汤里，只要把面汤充分利用起来，所失掉的维生素就会得到补偿。

不必“畏肥肉如虎”

现在，不少人都知道过多吃肥肉的危害，认为肥肉脂肪多，含胆固醇高，容易造成高血压、动脉硬化，得冠心病。很多人怕吃肥肉(有的确实吃不了)，甚至到了“畏肥肉如虎”的程度。其实，对肥肉大可不必如此恐惧，应有一个全面的看法。

肉的成分除了水分以外，主要是蛋白质和脂肪，还含有钙、磷、铁等矿物质，以及维生素A、B_1、B_2、B_6、E等脂溶性物质。这些物质是人体不可缺少的，尤其是对体力劳动者更为重要。

现代医学证明，高血压和摄入食物内的胆固醇(又叫胆甾醇，是醇的一种，分布于人的胆汁、神经系统及血液中)较多是有一定的关系，但也不是绝对的。因为胆固醇既可来源于食物，也可在体内自然合成，其中大部分由肝脏合成，并贮存在胆囊中。美国癌症研究中心的科学家报道，如果极大地减少人体内的胆固醇，对人体的健康也是不利的。

当然，各人体质情况不同，适量食用确实是有必要的。真正患了高血压的人，为了不使血压上升，还是少食或不吃为好。

油炸食品之弊

用油炸食品时，要将油烧开，油的沸点为120℃。油经长时间或反复的高温，会发生氧化、水解、热聚合等一系列化学变化，成为劣化油。劣化油含有醛、酮、低级脂肪酸、氧化物、环氧化物、内脂和热聚合物等多种化学成分。而这些化学物质随油炸食物被人食入后，有的对人体酶系统有破坏作用，能使人中毒，有的长期蓄积人体组织内，可诱发癌症。经高温油炸的食物会使很多营养成分受到破坏，维生素A、维生素D和维生素E遭受损失，供热量下降，必需脂肪酸被破坏，影响维生素B_1的吸收利用，影响食物的消化吸收，因而食物的营养价值大大下降。

识别新、陈大米的方法

如何识别大米的新陈，笔者这里教你几招：

看：一是看新粳米色泽呈透明玉色状，未熟粒米可见青色（俗称青腰）；二是新米“米眼睛”（胚芽部）的颜色呈乳白色或淡黄色，陈米则颜色较深或呈咖啡色。

闻：新米有股浓浓的清香味，陈谷新轧的米少清香味，而存放一年以上的陈米，只有米糠味，没有清香味。

品：新米含水量较高，吃着较松，齿间留香；陈米则含水量较低，吃着较硬。

另外，到超市、大卖场、便利店买袋装米时，要留神包装上是否标有企业标准、生产日期和产地等信息。

生熟食品不宜合放

生鱼、生肉或蔬菜上，往往沾有病菌、寄生虫卵和其他肉眼看不见的脏东西。所以不要让熟食品接触到生食品，要注意防止污染，预防疾病。买菜的时候，要注意生熟食品分别装放，不要都放在一个塑料口袋里。而且，只做到生熟食品分开还不行，还要把盛放生、熟食品的器具分开。切食品的刀和板也要生熟分开，最好各备一套。准备一套小一些的切熟食的刀和板，单独存放。如果只有一套器具，也要生熟有别，可以把盛过或切过生食品的器具，及时用开水浇烫或用热碱水刷洗干净，然后再用来盛装熟食品，就可以达到生熟食品分开的目的了。

鲜桃除毛有妙招

鲜桃陆续上市，鲜嫩肥美甘甜多汁的桃子实在令人喜爱。但是，皮上的细毛却很让人生厌，而且如果沾到人身上的话，皮肤会红肿刺痒难耐。怎样去除桃子的细毛呢？有一极简单的方法可去桃毛。即：在清水中放入少许食用碱，将鲜桃放入浸泡3分钟，搅动几下，清洗清洗毛就没了，很方便。

另外一个方法是：将一点食盐放入冷开水中，再把鲜桃放在里面，只要依次用手轻轻一抹，桃子上的细毛便可彻底脱掉。

麻油拌菠菜润肠又通便

菠菜200克，置沸水中烫约4分钟后捞出，用麻油调拌，早晚各食1次。有利五脏下气调中、润肠通便之功效。老人、儿童及产妇便秘者皆可食用，尤其适用于高血压、脑外伤后遗症之便秘者。

怎样喝啤酒更健康

炎热的夏季，来上一杯冰凉的啤酒，既解渴又去暑。可是你知道吗？喝啤酒也有学问的。

这里，笔者给喜爱啤酒的您提个醒：

1. 喝啤酒前要检验质量。优质黄啤酒（淡色啤酒）色泽透明，呈金黄色；优质黑啤酒（浓色啤酒）色泽红褐。如发现失光、浑浊、沉淀现象，说明质量下降；过度浑浊说明已变质，不宜饮用。

2. 喝啤酒时品尝其味。啤酒的泡沫以白、细、多、久为佳。香中带苦是啤酒的特色。淡色啤酒蛇麻花的香味较浓，味道醇正适口；浓色啤酒麦芽香味较重，口味浓郁醇厚。

3. 喝啤酒的餐具卫生。喝啤酒的餐具，切忌沾有油腻，否则会使泡沫很快消失，降低啤酒质量。夏天最好冰镇，不仅清凉爽口，而且能保持泡沫的稳定性，使二氧化碳气体多而持久。

此外，啤酒也是酒，啤酒喝多了同样醉人，为了您的健康，酒量不大的和初喝酒的及女同志要少喝为妙。

舒缓眼疲劳小窍门

现在有越来越多的人感到眼睛疲劳。这是由于我们生活在科技空前发达的现代社会中，电脑、电视或录像和手机把人们的眼睛紧紧地吸引在屏幕上，长此以往造成严重的视觉紊乱。而目前已有的一些保护视力的措施还远远不够。

以下为您介绍几点实用的小方法，帮助您缓解眼部疲劳：

屏幕的亮度（手机、电脑或电视）一定要柔和，有一定的对比度，但不能太强烈，否则就会造成眼部疲劳。

工作一段时间后，要把眼睛移开屏幕10～15分钟。

用水浸泡药用小米草或母菊花，至水温适宜，将毛巾浸湿，敷眼部10～15分钟。

眨眼20分钟，眨眼是眼部的最自然的运动方式。

闭眼小憩片刻，能够预防眼部紧张或疲劳。

胡须不宜常拔

有的青年以生胡须为丑，又恐越剃越粗，于是就动手拔，拔习惯了，一有空就会情不自禁地伸手，以能拔一两根胡子为快。其实，拔胡须是有害的。首先，容易引起毛囊炎、疖子、黄水疮，重的还可引起脑脓肿。其次，硬拔并不能阻止须的再生，却会改变毛囊的位置，使以后长出的胡须横七竖八。再者，经常拔胡须可使胡须早黄，有碍美观。

说说“放心肉”的章

市场上，常看到生肉上盖有不同的蓝章，这是肉类的检疫标志。

“X”形章是“销毁章”，盖此章的肉禁止出售和食用。

三角形章是“高温章”，这类肉必须在规定时间内进行高温处理后才能出售。

长方形章是“食用油章”，说明这种肉不能直接出售和食用，必须炼成油后才能出售。

椭圆形章是“工业油”章，此肉不能出售和食用，只能炼为工业用油。

圆形章是合格的印章，章内标有某某定点屠宰厂、序号和年、月、日，它是经过兽医部门生猪宰前检疫和宰后检疫及屠宰厂肉品品质检验合格后，才盖上的圆形章。盖有这种印章的肉是“放心肉”，才可出售，才能放心食用。

这种“放心肉”从外观看脂肪洁白，肉有光泽，皮色微红均匀，外表微干或微湿润，弹性好，指压皮肉产生的凹陷能立即恢复，气味好。因此要想在市场上购买到“放心肉”，一是看猪肉皮上是否有圆形“检验合格”印章。二是从外观看是否符合上述特征。如猪肉上盖有其他印章，一般是有害化处理章，不能食用。

如何辨别掺假蜂蜜

在市场出售的各种蜂蜜中，特别是一些小贩上门推销的散装蜂蜜中，有一些蜂蜜掺了假。吃了掺假的蜂蜜，轻则没有营养，重则会损害人体健康。掺假主要是掺糖、水和淀粉，有的蜂蜜还含有杂质，质地不纯。只要掌握一定的鉴别方法，蜂蜜掺假是可以看出来的。

1. 将蜂蜜滴在白纸上，如果蜂蜜渐渐渗开，说明掺有蔗糖和水。掺有糖的蜂蜜其透明度较差，不清亮，呈混浊状，花香味亦差。掺红糖的蜂蜜颜色显深；掺白糖的蜂蜜颜色浅白。

2. 掺有面粉、淀粉或玉米粉的蜂蜜，色泽较混浊，味道也不够甜。将少量蜂蜜放入杯中，加适量水煮沸，待冷却后滴入几滴黄酒摇匀，如果溶液变成蓝色或红色、紫色，说明蜂蜜中掺有淀粉类物质。

3. 将烧红的铁丝插入蜂蜜中，如果铁丝上附有黏物，说明蜂蜜中有杂质。如果铁丝上仍很光滑说明没有杂质。

4. 取一份蜂蜜，加入两份冷开水及四份 95%的酒精，混匀后放置一昼夜，如无杂质沉淀，说明品质纯正。

5. 用筷子挑起蜂蜜能拉成长丝的，且丝断会自动回缩呈球状者为上品。

哪些塑料袋可包装食品

现在，塑料袋代替了以前的菜篮子，它应用范围十分广泛，特别是包装食品的塑料袋，更要引起我们的注意。塑料袋一般是由两类塑料薄膜制成的：一类是聚乙烯、聚丙烯和密胺等原料制成的，另一类使用聚氯乙烯制成。前者无毒，后者有毒，不能包装食品。

塑料袋有无毒性可用下列简便方法鉴别：

用水检测法：把塑料袋放入水中，无毒塑料袋放入水中后，可浮出水面；而有毒塑料袋是不向上浮的。

手触检测法：用手触摸塑料袋，有润滑感者无毒，否则有毒。

抖动检测法：用手抓住塑料袋一端，用力抖一下，发出清脆声者无毒，反之则有毒。

火烧检测法：可以把塑料袋剪去一条边，用火烧，有毒的不易燃烧，无毒的遇火容易燃烧。

怎样贮藏食用油

将花生油、豆油入锅加热，放入少许花椒、茴香，待油冷后，倒进搪瓷或陶瓷容器中存放，不但久不变质，做菜用此油，味道也特别香。猪油熬好后，趁其未凝结时，加进一点白糖或食盐，搅拌后密封，可久存而不变质。

小磨香油在贮存过程中酸败、失香。在其保存上可采用以下方法：把香油装进一小口玻璃瓶内，以每500克油加入1克精盐，将瓶口塞紧不断地摇动，使食盐溶化，放在暗处3日左右，再将沉淀好的香油倒入洗净棕色玻璃瓶中，拧紧瓶盖，置于避光处保存，随吃随取。要注意的是，装油的瓶子切勿用橡皮等有异味的瓶塞。

漫话居室的大小与人体健康

居室大小是衡量居住环境与住宅卫生好坏的重要标准之一。那么，居室多大比较适宜呢？通常居室应包括室内面积、容积、净高和进深等几个方面。

居室高度，是指地板到天花板的垂直距离，一般称为“净高”。“净高”高低是评价住室好坏的重要卫生标准。适当的净高，可以给人以宽敞舒适的感觉，同时有利于保持室内空气新鲜清洁，便于采光。又能防止夏天过热。居室的高度可因地区不同而不同：温热的地区，居室应该高一些，寒冷的地带应该矮一些。根据国内研究，我国建筑学家大都主张，在一般地区居室净高不能低于2.8米，有条件的地区可提到3～3.2米。

居室的容积大小，又是影响室内空气清洁程度的主要指标。因为人们呼出的水汽、二氧化碳以及生活过程中产生的废物、尘埃等物质，不断对室内空气进行污染，而室内空气与室外新鲜空气对流交换的速度又很有限，所以，室内必须有一定的容积。国内外学者对室内容积大小的标准都曾进行过研究，认为每人所占有的室内容积以25立方米为适宜。

居室面积大小是最重要的指标。从卫生角度说，每人的居住面积8～9平方米为适当。不过，住房面积大小要与经济发展水平相适应。而且各地情况又不尽一致，城乡之间也有很大差别，所以，住房面积不可能有统一规定和要求。在当前情况下，如果辅助面积不在内，每人居住面积4～6平方米也还可以。当居住面积较小时，应通过加强通风换气、调整家具的配置方式和合理安排室内摆设来满足卫生要求和生活需要。

居室的进深，是指由外墙内侧到对面墙内侧的距离。适当的进深，应是窗户高度的2倍。若前后两侧装有窗户，进深则应是前边窗高的4～5倍。

当心居室环境污染

在日常生活中，人们十分注意饮食起居对于身体健康的影响。然而对家庭环境的污染给身体带来的危害，却往往不够重视。美国环境保护署一位工作人员曾带着一台空气污染测量器，经过多方面的测验证实：污染和粉尘浓度最大的地方，既不在街道上，也不在工厂区，而是在自己家中。由此可见，居室环境的污染是影响健康不可忽视的因素。

家庭环境的污染，原因是多方面的。比如我们都知道的装修造成的甲醛污染等，此外还有煤气污染。我们知道，煤在燃烧过程中会产生大量的一氧化碳，如果被吸入以后，轻则会引起头痛、目眩等不适感觉，重则甚至会危及生命。以前曾有一位患者经常头痛，原因一直找不到，后来查明原因就是不易被发现的、不断从烟道流散出来的一氧化碳搞的鬼。家具是居室不可缺少的组成部分。然而用木屑人造板材或树脂板等制作的家具，多数是用酚醛树脂作黏合剂的。这些物件如遇热以后就会散发出一种有害的醛气体。此外还有一种脲醛泡沫塑料，有时也会散发出甲醛气体。这些气体浓度高时就会使人头涨、作呕，甚至是出鼻血。再有皮肤不断分泌的各种有机物、衣袜不洁、烹调时产生的各种高温气体等，也都会引起居室环境的污染。长期吸入以后，都会对大脑皮层产生刺激而使人产生头痛、恶心和食欲不振等症状。还有人测验，即使是在安静的房间里，每立方米空气中的尘埃量也有0.12～0.50毫克，而人员密集，流动性大的百货商店，竟达1.6～9.7毫克。如果室内有一个人不停地吸烟，那么空气中的污染程度将远远超过一个工厂在24小时内允许排出的总污染量。

为了减少室内空气的污染，在日常生活中必须经常检查烟道，看是否有漏烟或堵塞。同时，要经常打开门窗，以更新室内空气，减少粉尘。据测验发现，在不开窗的时候，有时每立方米的空间竟有19万个病菌。而开窗通风以后，则可使病菌减少到5800多个。可见，经常开窗不仅能减少室内空气中的粉尘，而且还能大大减少在空气中飘浮的病菌。打扫室内卫生时，最好采取湿擦法。这样也能有效地减少空气粉尘的含量，另外在室内外栽花种草，不仅能美化环境，而且能大量吸附粉尘，净化空气，这也是一举两得的美事。

简易驱蚊小窍门

在灯下挂一把香葱，或用纱袋装几根葱段，各种小虫都不会飞来。

在房间里放上几盒开盖的风油精、清凉油，或在墙上涂点薄荷。

在身上或枕头上洒些香水。

将樟脑丸磨碎、撒在屋内墙角。

在室内的花盆里栽一两株西红柿，西红柿枝叶发出的气味会把蚊子赶走。

用橘红色玻璃纸或绸布套在灯泡上，蚊子最怕橘红色光。

寒冬室内防干燥

在寒冷的冬季，室内放了暖气或火炉，空气比较干燥。

人体最适宜的空气相对湿度是30%～60%。如果相对湿度太低，会给人体健康带来许多不利因素。它使人的口腔、鼻黏膜受到刺激；这时空气中所含灰尘就大大增加，一些细菌、病毒有了繁殖、传播的便利条件。大部分由人类携带的病菌在空气相对湿度低于25%或高于65%时，繁殖最快；而湿度在30%～50%时，其死亡最快。所以严冬季节除注意室内保暖以外，还要注意室内湿度调节。

如果家中没有加湿器的话，调节室内空气湿度的简便方法是在火炉上坐一壶水，经常保持沸腾状态，使热气不断地蒸发到空气中去。如果是暖气取暖，可以在暖气上放个水槽。还可以经常在地上喷些水，或在室内摆几盆水，晾些湿衣服或湿毛巾。如果喜欢养鱼种花，既能观赏，又能调节空气，更是一举两得。

灭跳蚤土法五种

1. 搞好室内卫生，将室内地面铺平夯实或换成砖地、水泥地。如果房屋陈旧，可将墙壁粉刷一新。

2. 在鼠洞附近撒上10～20克六六六粉，以消灭鼠洞里的跳蚤。

3. 每间房用10毫升敌敌畏加100倍水，喷洒在跳蚤常活动的地方，再把门窗紧闭一两个小时。

4. 对猪、猫身上的跳蚤，可把鲜桃叶捣碎，连叶带汁逆毛擦在动物身上。另外，也可用2%的敌百虫粉涂擦。

5. 夹竹桃叶和青蒿铺在床上或炕上做垫，亦能起到很好的灭跳蚤作用。

健康出行“十忌”

一忌：年老体弱，单独出游。

二忌：毫无计划，到处滥游。

三忌：乘车坐船，争先恐后。

四忌：暴食暴饮，到处尝鲜。

五忌：乱涂乱刻，损坏古迹。

六忌：语言粗野，不讲礼貌。

七忌：随地吐痰，随处便溺。

八忌：任意攀折，残害花木。

九忌：轻易交友，上当受骗。

十忌：文件物品，信手丢放。

骑自行车五注意

长期骑用自行车，会导致一些疾病的发生，如男性容易出现前列腺炎等症状。

为预防骑自行车引起的阴部不适，必须注意以下几点：

1．车座太硬的，可用泡沫塑料做一个柔软的座套套在车座上，以减少车座对阴部的摩擦。

2．调整车座的高度和角度。车座太高，骑车时臀部必然左右错动，容易造成会阴部的擦伤；车座前部上翘，更容易损伤会阴部。

3．骑车时间较长时，要注意变换骑车姿势，使身体的重心有所移动，以防会阴部某一点长时间着力。

4．初骑变速车时，速度不要太快，时间也不要太长，待身体适应后再加速和加时。

5．在骑车时，若发觉会阴部有不适症状，要及时查明原因，若因车座有问题，要及时排除或改进，并要注意休息，症状消除后再骑车；若症状不能消除者，应到医院请医生检查治疗。

哪些人不宜乘飞机

乘飞机旅行，首先会遇到大气压力降低和氧气减少的问题，而且飞机的起落、加速、减速以及乘坐现代化交通工具的神秘感，都会引起人们生理上的变化。不能适应这些变化的人，以及有下列原因者，不宜乘飞机：

有严重心血管疾病的人，比如有并发症的高血压病、充血性心力衰竭、心肌缺血，一个半月内发生过心肌梗死的人，因为空中缺氧，而受不了。

患某些呼吸系统疾病的人，如严重的肺气肿、支气管扩张、肺心病。患者平常就呼吸困难，所以乘飞机时症状必然加重。

血红蛋白低于50%的严重贫血病人，平时血液携带的氧就不足，高空缺氧的环境更容易使他们发生心悸、气促、眩晕等症状。

高空中外部空气压力低，有严重胃肠疾病或近期内做过胃肠手术、胸腹部手术的人，胃肠和胸腹内气体容易膨胀，造成严重后果。胃溃疡大出血后的人乘飞机极易导致再次出血。

患严重中耳炎、鼻窦炎的病人，他们不能正常调节中耳、副鼻窦内压力的平衡，特别是刚刚做过中耳手术的人，更不能耐受中耳内外腔气压的变化，乘飞机是不合适的。

此外，有明显脑动脉硬化的老年人，乘飞机进入高空缺氧环境时，能发生精神错乱；有癫痫病的人，缺氧和情绪紧张容易促使癫痫发作；妊娠晚期的孕妇乘飞机可导致早产，临近产期在空中分娩还会发生危险。因此，这些人不宜乘飞机。

防晕车三法

1．晕车者于乘车前一小时，取伤湿

止痛膏1片贴于肚脐上（称神阙穴）。如乘车超过一天，第二天另换一贴。可以有效地防止晕车。

2. 上车前将腰带束紧，防止内脏过分在体内游动，有助于预防晕车的发生。

3. 口含姜片。爱晕车的人，应随身装块鲜姜，在上车前可口含鲜姜2片，这样晕车现象便能大大减轻。

巧用醋治晕车

醋的主要成分是醋酸，还含有少量的氨基酸、有机酸、糖类、维生素B_1、维生素B_2等。醋能杀菌消毒解腥。在浸泡腌制生鱼时加少量的醋可以防止腐败变质。在处理生食水产品，如牡蛎、海蟹时用醋作调料，10分钟可以达到解腥杀菌的目的。

外出容易晕车，如喝下不很酸的食醋水，可以使精神清爽，减轻晕车症状。

第三章　生活保健卫生常识

药物香烟不能治病

吸烟对人体有百害而无一利，这是人所共知的。然而，出于人们服药治病的心理，见香烟中还含有能治病的名贵药品，就以为吸了人参香烟能使血压降低，这种心情是可以理解的。但从中药的药性来分析，这些药物大部分需要直接服后，才能使有效成分析出来。换言之，只有喝其汤才有效。而如果像药物香烟那样，药物和烟草一起燃烧，不但有效成分根本不可能发挥，反而会把烟草中的有毒物质吸进人体而危害健康。烟草烟雾中含有多种刺激性以及细胞毒性物质，容易使人患肺癌、口腔黏膜白斑，有时也能使人染上冠心病、脑血管疾病、支气管炎、肺心病、溃疡病、弱视等；其中的某些物质还能导致人体正常细胞、生殖细胞的遗传物质发生变化而殃及后代。

食疗保健歌

谷物菜畜养身宝，四性五味任君调。
萝卜化痰消胀气，芹菜能降血压高。
大蒜抑制肠炎发，绿豆解暑最为妙。
番茄补血美容颜，禽蛋益智营养高。
鱼虾能把乳汁补，动物肝脏明目好。
蜂蜜润燥又益寿，葡萄悦色令年少。
盐醋防毒消炎好，韭菜补肾暖膝腰。
胡椒驱寒又化温，葱辣姜汤治感冒。
香蕉通便解胃火，健胃补脾食红枣。
花生能降胆固醇，瓜豆消肿又利尿。
生津安魂数乌椒，润肺乌发食核桃。
不妨劝君多食疗，定必少提药包包。

饮酒时吸烟更不利于健康

有的人有边饮酒边吸烟的习惯，是有损健康的。在正常情况下，肝脏具有一定的解毒功能，它可以清除进入机体的有毒物质。

适量饮酒，肝脏能较快地把酒精转变为其他物质。然而在饮酒时又吸烟，肝脏不仅要清除进入机体的酒精，又要清除烟草中的有毒物质，这就加重了肝脏的负担。久而久之，不仅可导致肝脏疾病，而且由于有毒物质的清除减少，还会刺激机体产生某些病变。同时，酒精会减少人体中的维生素 B，吸烟会减少维生素 C 和 B_2，而肝脏正需要这些物质来帮助清除尼古丁。

吸烟又饮酒者，患食管癌的几率比仅饮酒而不吸烟的人高出几十倍。此外，孕妇吸烟又饮酒者，流产和胎儿畸形的危险性明显增加。

睡前饮酒危害大

人们在临睡前喝酒，会经历呼吸暂停危险——呼吸中断延长 10 秒钟，甚至超过 10 秒钟。睡眠呼吸暂停超过一定时间可能引起高血压，也可能扰乱心搏，使心脏受伤，甚至心跳停止。

醋的保健与食疗

醋有保健的作用。醋还有降血压防止动脉硬化和治疗冠心病及高血压的效果。用醋熏蒸居室也能杀灭病毒与病菌，防止感冒与传染病。酒醉时喝一点醋可以醒酒。在食用大量油腻荤腥食品后可用醋做成羹汤来解除油腻与帮助消化。

主动咳嗽“清扫”肺

具体做法是:每天清晨、中午或睡前，到室外空气清新处做深呼吸运动。深呼吸时缓缓抬起双臂，然后作主动咳嗽，使气流从口鼻喷出，咳出痰液。如此反复数遍，每做完一遍后进行数次正常呼吸，以防过度换气。

少吃多餐防动脉硬化

新西兰健康学家的一项最新研究表明：少吃多餐可有效预防中老年人动脉硬化。专家们曾把一百余名五十岁以上的中老年男女分成 A、B 两组，A 组仍一日三餐，而 B 组则增加至每日九餐，但食物所含热量及品种均与 A 组相同。两年之后，B 组的血脂平均下降了 6.3%，有害脂蛋白下降了 38.1%，动脉硬化者的比例只有 A 组的 60%，发病率也比 A 组低。

保健品慎重吃

很多保健品在短期之内观察没有什么副作用，可是长期的效果怎么样，谁也不知道。所以，没事用它来强身，无疑是拿自己做实验。而且，人都有一个可耐受的最高摄入量。如果您的状况良好，证明身体里不缺少任何元素，日常的膳食和运动足够补充人体所需，在这种情况下您服用保健品，强行补充，有些人可能只是不吸收，而有一些人就会有风险，引起中毒现象。

疲劳过度百病生

很多疾病的发生是因为疲劳过度所致，如果在日常生活中注意不要疲劳过度，或出现疲劳过度的症状及时想方法积极休息，调节生活规律，则可有效地避免疾病的袭击。疲劳过度的症状主要有：精神倦怠、无精打采、注意力不集中、记忆力下降；头昏目眩、两眼发黑、眼前冒金星；面色苍白、萎靡不振；肌肉软弱无力、身体发懒、不愿活动；心跳、多汗、心慌；食欲减退、日渐消瘦；睡觉不酣，入睡慢且多梦。如遇这些情况，需及时休息，以免患病。

加夜班的四项注意

1. 时间不宜过长。每晚不宜超过午夜12点，因过于劳累，睡眠不足会引起疾病发作或加重，特别是心血管疾病，易在夜间发作，要备急救药物，稍有不适，则应立即停止工作，及时服药。

2. 保持情绪稳定。晚上从事写作、学习时，常会遇到困难，百思不得其解，有时又会有新的发现和进展，这样，情绪容易激动。激动常易诱发疾病，这时应把工作停下来，听听音乐或闭目养神，以便于控制情绪。

3. 注意饮食。加夜班应适当加餐，但不能过饱，患高血压、冠心病、肥胖症和糖尿病者，饮食更宜清淡，不可饱食。

4. 患有慢性疾病的人，特别是患有高血压、冠心病、慢性支气管炎、肺心病、慢性肝炎或消化性溃疡等疾病的患者，应尽量少熬夜，因外界的刺激，睡眠少等原因，常可以诱发慢性病的急性发作。

“三二三法”预防高血压

人们总结了预防高血压的一些方法，归纳为“三二三法”：

饮食要三少：少盐、少脂肪、少热量；

肢体要二勤：勤走路、勤锻炼；

情感要三防：防紧张、防暴怒、防激动。

口腔保健的方法

笑口常开，可以清洁呼吸道。经常用柠檬草根擦牙，可以保持口腔清洁、芳香。经常用烧开的淘米水漱口，可治疗口臭和口腔溃疡。每天嚼几片茶叶，可使口中保持清香。唱歌前喝点食盐水，可防止喉干燥沙哑。把大蒜捣烂敷在双手合谷穴位上，对过敏性牙痛有较好的镇痛作用。

晨漱不如夜漱。《金丹全书》记载道：“今人漱齿，每以早晨。是倒置也。凡一日饮食之毒积于齿缝，当于夜晚刷洗，则垢污尽去，齿自不坏。故云晨漱不如夜漱，至老坚白不坏。”

牙，既是健康的条件，又是健康的标志。同时，坚白齐整的牙齿也是整个人体美的重要组成部分，必须加以保护。

如何保护？自然是“全天候”——24小时昼夜保护。即特别要重夜漱，重晚上刷牙。

坚持鼓漱

即口含淡盐水，用两颊和舌做漱口动作，使水和唾液从各牙缝中挤出，早晚各一次，每次1～2分钟，可清洁口腔，刺激腮腺颌下腺和舌下腺的分泌，增强两颊及颌内外肌肉的韧性。

小小牙签大学问

1. 牙签选择。牙签应是硬质的，不易折断，表面光滑，没有毛刺，最好买成品牙签用。

2. 牙签的使用方法。牙间的空隙有食物嵌塞的情况下，牙签以45度角进入，接触于牙间隙的牙龈，然后用牙签的侧缘沿着牙面刮净。可从外到内做穿刺动作，将食物剔出，然后漱口。

3. 火柴梗不能当牙签使。火柴头是由氰酸钾、三氯化锑、硫黄等有毒原料制成的，因此，火柴梗难免粘上些有毒物质，且火柴梗没有经过消毒处理，因此饭后不宜用火柴梗当牙签剔牙，以免感染。

防癌十要领

1. 不要抽烟。如果你抽烟，尽快戒掉。更不要在别人面前抽烟。

2. 少喝酒。喝酒多、抽烟多，会增加患食道癌的几率。

3. 避免过多晒太阳。

4. 处理致癌物质时，坚持安全操作。

5. 多吃新鲜水果、蔬菜和多纤维谷物，少吃脂肪类食物。

6. 注意控制体重，避免发胖。

7. 如果发现肿块、痣有变化和不正常出血，请及时找医生诊治。

8. 如果经常咳嗽或哑嗓，便溺有问题，原因不明的消瘦，及时诊治。

9. 妇女应该定期做子宫颈涂片检查。

10. 妇女应该定期检查乳房。

高血压病患者六不宜

1. 不宜过度疲劳或运动量过大。这样会导致心脏心缩力加强，血压发生波动而导致中风。

2. 不宜穿硬领衣和领扣扣太紧。这样会压迫颈静脉，造成供血不足而导致意外。

3. 不宜过分紧张焦虑，以免出现情绪波动。否则会引起全身小动脉收缩，促使血压增高，引起脑出血。

4. 不宜躺着看书、看电视。因为躺着压迫胸部，不便于深呼吸，导致缺氧，易引起血管破裂。

5. 不宜长时间听快节奏音乐，或强烈震撼性打击乐。长时间听快节奏音乐或强烈震撼性打击乐可使耳内末梢神经紧张，引起血压升高导致脑出血。

6. 不宜饮酒过度或暴饮暴食，以防中风。

女性不宜留长发

长发是女性的外部特征之一。长发飘飘虽然美丽，但却影响女性智力。现代医学和化学测验表明，人的头发中含铁、碘、锌和各种维生素等等人体必需的几十种营养成分。从一根头发之中，可以测得人的血型，验得血液中各种营养成分指标，这一切都说明了头发吸收了人体的各种营养。

人被头发所消耗掉的营养难以计算，人体供给头部的营养既然过多地被头发所吸收，那么，脑部营养自然就要相对地减少，导致脑部营养的缺乏，而脑部营养的缺乏，又会导致头晕现象的不断发生，直接影响人的智力的发展。在一般情况下，女性比男性头晕病患者多，这其中长发姑娘所占比例大于短发姑娘。

妇女生育有益心脏

美国心脏学会研究人员认为，女性生育对心脏之所以产生保护作用，也许是女性激素起的作用。特尔弗教授认为，如果这被证实，那么，那些死于心脏病的产育妇女，可能正是缺乏某种特定保护性激素，因而一方面影响了生育，同时对心脏也减少了保护。

女性不宜长期紧衣束腰

女性的尿道具有短、宽、直和肌肉力量薄弱等特点。成年女性尿道平均长度是3.5厘米，而短于3厘米的尿道便不能阻止尿液外流，很自然有些尿道过短的女性会发生尿失禁。现在，喜欢穿紧身衣裤和扎紧束腰带的越来越多。日子一长，她们的膀胱就会被压向前下方，致使尿道与膀胱连接处的后角增大变直，这样便不利于排尿的控制，在奔跑、弯腰、剧烈咳嗽、打喷嚏、哈哈大笑等情况下，尿液便会不由自主地流出来，这当然令人既痛苦又烦恼。因此，年轻女性紧身衣裤不要穿得时间过长，腰带也不要束得太紧，要与宽松裤交替穿才是。

起床莫先叠被

人们起床后，总先忙着把被子叠好，这不利于健康。人本身也是个污染源，在一夜的睡眠中，人体的皮肤会排出大量的水蒸气，使被子不同程度地受潮；人的呼吸作用和分布全身的毛孔可排出多种气体和汗液。国外有些专家测定表明，人从呼吸道排出的化学物质有151种。被子吸收或吸附了水分和气体，如不散发出去，易使被子受潮和受化学物质的污染。

正确的方法是，起床后随手将所盖的被子翻过来，并把门窗打开，让水分、气体自然散发、逸出。等早饭后再将被子叠好。

尽量减少家庭噪音

长期生活在噪音超过80分贝的环境中的人会出现头晕、头痛、失眠、多梦、心率加快、血压升高等症状，在这种环境下进餐又会出现食欲不振、恶心、消化不良等症状。噪音会影响孩子的智力发育。在家用电器中，电冰箱、电风扇、洗衣机的噪音是 40 ~ 70 分贝，电视机、收录机、缝纫机是 50 ~ 80 分贝。我国规定的居民区内的噪音标准为：白天不得超过 50 分贝，夜晚不得超过 40 分贝。二者对比可看出，家庭中只要同时启动两种电器，其噪音标准就会大大超过规定标准。为保持健康，家用电器一定要慎用，这样才能减少噪音污染。

室内不宜放哪些花

室内适当放些花卉，可以美化环境、陶冶情操。但有些花卉散发出的气味，可使人感到不适，影响健康，因此室内存放花卉应有所选择。下列花卉不宜存放于室内：

丁香、夜来香晚间可散发大量刺激性微粒，对高血压和心脏病患者影响尤大；夹竹桃虽花香娇艳，但久闻可使人昏睡，智力下降；松柏类花卉散发的油香，常使人感到恶心和厌腻；洋绣球散发的微粒，可使人皮肤过敏而发生瘙痒；郁金香的花朵含有毒碱，长时间接触会导致毛发脱落。

室内，特别是卧室，不论存放什么花，晚间最好拿出去，以免花卉与人争氧，使卧室空气污浊。

谨防养鸟病

在鸟的粪便中，含有一种鹦鹉病毒和鸟型结核杆菌，这些病毒和病菌飞扬在空气中，养鸟者吸进肺里，容易引起气管炎、肺炎、肺结核等疾病。另外，鸽子的唾液和呼吸道中，往往潜藏着许多隐形菌，这种病菌可通过呼吸道侵入人体内，引起一种特殊的脑膜炎。病人患病后出现高烧、头痛、呕吐、抽风、颈项强直、昏迷等症状。因此，养鸟者要注意卫生，以防疾病。家庭养鸟的种类和数量不宜太多；鸟笼要保持清洁；鸟的食品残渣和鸟粪要经常清除；鸟笼最好挂在室外或其他房间，不要挂在卧室；观赏鸟时不要离得太近，患病期间不要观赏鸟。

养猫与狂犬病

狂犬病是由病毒引起的以中枢神经系统病变为主的急性传染病。顾名思义，人们常把狗当做是传播本病的唯一一种动物。其实，传播狂犬病的动物种类很多，猫就是其中重要的一种。据统计，有 5.25%的病例是被感染了狂犬病毒的猫抓咬后发病的。

目前，饲养猫的家庭比较普遍，猫传播狂犬病的问题也应当引起重视。首先，被猫抓咬后要善于识别是否是病猫。猫发病初期，喜欢身在阴暗角落里叫个不停，声音嘶哑。进入兴奋期后，出现流涎、伸舌、低头狂奔、乱咬异物或望空扑咬及遇到刺激时有高度惊恐等症状。对于病猫要进行捕杀，深埋或焚毁；一旦被猫抓咬受伤，一定要及时请医生处理，不可掉以轻心。若被无明显病证的猫抓咬后，对猫也要进行10～14天的观察，如果猫不发病，则被咬者不必按狂犬病处理。

精神紧张性腹泻

差不多每个人都得过腹疼及腹泻的病证。然而很多突发的腹疼及腹泻是精神紧张所引起的，这种精神紧张引起的病证多属男性，年龄在20～45岁的人居多。

人的大肠平时具有一定的蠕动和收缩能力，使积聚在大肠里的废物，有间隔地清除，但当一个人受到惊吓或形成精神压力时，大肠的蠕动会突然变得频繁，而且加速进行，致使肠里的废物，无可控制地排泄。

精神紧张性腹泻，有时也可由食物引起，有些人对牛奶或发酵性的食物敏感，有些则对麦片、咖啡、茶敏感，每当进食或饮用这类食品和饮料后，就会腹泻。另外，生活习惯不正常或作息时间颠倒等，也会引起腹泻。

这类腹泻本身并不是病，而是一种反应能力。对这些患者的治疗，最重要的还是心理安慰，消除心理紧张。

控制发怒健康来

发怒时，血糖增高，呼吸急促，脉搏加快，血液循环加速，可导致血压升高、头脑发涨；人体内的肾上腺素大量分泌，与血清素的比例失衡，伤肝、伤肺，严重者手足发凉、休克和吐血。发怒时，消化液分泌会突然减少，不思饮食，食不甘味，可导致消化功能减弱而致病。发怒时，神经高度紧张，全身交感神经、副交感神经失去平衡，肌肉紧张，从而使生物化学调节失常，严重者还可产生酸中毒。

家庭晚餐和美益处多

现代家庭多是“昼分夜聚型”社会单元，白天大人外出工作，孩子去学校上学，情绪多半处于紧张状态。怎样解除一天的疲劳并迅速补充一天的消耗呢？全家人坐在一起和和美美地吃晚饭恐怕是最好的办法了。在晚餐餐桌上，饭菜可口、色香味俱全固然会使人胃口大开，可是比这更值得赞许的却是晚餐的气氛。如果气氛不好，几个家庭成员你赌气，他撅嘴，或者闷头不语，或者恶言冷语，那就大煞风景，可使消化腺分泌减少，胃肠蠕动异常，因而导致消化系统功能弱化。如果气氛融洽和谐，情况就大不一样了。相互投以温馨的目光，加上几句愉快而惬意的交谈，神经系统会得到相当程度的调节，胃肠蠕动和胆囊收缩都会平稳进行，这样，消化腺分泌就能大大增加，促进食物消化，这当然非常有利于健康了。不仅如此，一顿气氛祥和的晚餐，还会影响到家庭成员的饭后活动及睡眠。晚餐的余兴将使家庭成员精力充沛，为提高工作或学习的效率创造良好条件。即便是玩，也会玩得痛痛快快。不用说，怀着高兴的心情入睡，会睡得很香很甜。

食物与睡眠

白天所食用的食物对晚上的睡眠有很大影响。含有氨基酸（组成蛋白质的基本单位）的食物使人容易入睡。肉和奶类食品，尤其是牛奶、牛肉、鱼类、鸡肉是氨基酸含量极高的食物。如果在白天吃过这些东西，到了睡觉前两小时再吃些碳水化合物食品就更容易入睡。碳水化合物有助于氨基酸发挥功效。面包、谷类、糕点、马铃薯、香蕉等都含有丰富的碳水化合物。

最佳睡眠时间

研究表明：一天中最佳睡眠时间是21：00～23：00。这是因为这时候将出现一次生物“低潮”。对于上年纪以及患有失眠症的人来说情况更是如此。医学科学家发现，如果21：00～23：00睡觉，早晨5：00左右起床为合适。因为5:00～6:00是生物“高潮”的顶峰。这段时间人的精力最旺盛，是学习和工作的黄金时刻。

午睡的学问

怎样午睡才能消除疲劳、确保身心健康呢？专家们认为，午睡的时间应该是清晨醒来后8小时，或晚间入睡前8小时，午睡需半小时，人才能恢复精神。如果睡的时间过长，或午睡的环境、姿势不对，则反而会更加倦困。有的人在喧闹场合午睡，或趴在桌上、靠在椅子上打盹，一旦入睡，睡姿蜷缩，呼吸沉闷，醒来则精神恍惚，不如不睡。此外，体力劳动者和脑力劳动者的午睡时间应有区别，深睡可恢复体力，浅睡有利于脑力的恢复。前者午睡时间为40分钟，后者午睡时间15分钟为宜。这样午睡醒来后感觉不会不舒服。

南北而卧睡觉好

人体经络系统循行方向是纵向，只有使经络循行方向与地球磁力线走向一致，这样才能顺应自然、气血畅通、经络无阻。取南北向入睡，人在睡眠中的代谢低，能量消耗少，故睡得踏实、深沉而香甜。如果东西向睡，人体的主要经络便与地球磁力垂直，由于地球磁力线横向作用于经络通道，这样气血难免不受阻隔，因而有导致功能失调的可能。

脚底迎风睡易感冒

光脚迎风睡，易受寒而感冒。这是因为，双脚脚底的面积虽仅占人体的3.5%，但脚底是没有汗毛的，御寒能力极差。当熟睡时，人的迷走神经兴奋，交感神经抑制，导致脚底舒展，使寒气能轻易入侵。此外，从脚底起始至人体中枢——大脑的血管，神经几乎是垂直走向，这就使脚底所受的刺激几乎无损地传至大脑，引起兴奋，并导致免疫系统紊乱，从而使免疫功能下降。此时一旦有细菌侵袭人体就容易受寒，引起感冒。

健康睡眠有十忌

1. 忌仰卧：睡时宜侧屈膝，如仰卧，则肌肉不能放松，手易搭胸，会影响呼吸，多做噩梦。

2. 忌忧虑：睡下以后若思想白日或过去未来的杂事，甚至忧愁焦虑，会导致失眠。

3. 睡觉前忌恼怒：凡情绪变化均会引起气血紊乱，故睡前不可恼怒，应防止情绪过激。

4. 睡前忌进食：临睡时若进食，容易增加胃肠的负担，既影响睡眠质量，又会损害身体。

5. 睡卧忌言语：中医认为肺为五脏华盖，主出声音。凡人卧下，肺即收敛，若此时言语，不仅伤肺，还会因精神兴奋而影响入睡。

6. 睡时忌张口：张口呼吸不卫生，会使肺脏受冷空气和灰尘等刺激，胃内也易进入凉气。

7. 睡觉时忌掩面：若以被覆面，会导致呼吸困难，且吸入自己呼出的二氧化碳，对健康不利。

8. 卧处忌当风：古人认为，风为百病之长，人一入睡后，对环境的适应能力则降低，最易受风邪的侵袭，故背受风则咳嗽，肩受风则臂疼。

9. 开灯睡觉影响健康。有些人喜欢开灯睡觉，这不仅是浪费，对身体健康也有害。人和大多数生物一样，都依靠中枢神经的适应性调节来利用自然光线，而灯光却会扰乱生物体内精巧的自然平衡。长期生活在灯下的人，体内控制新陈代谢的“生物钟”常常被扰乱，从而使人的心脏跳动、脉搏、体温、血压等变得不相协调。所以开灯睡觉，轻则影响睡眠，重则引起疾病。

10. 趴着睡觉不好。趴着睡，压迫胸部，呼吸不畅。口鼻又常常蒙在被窝里。被窝里空气不流畅，二氧化碳越积越多，影响新鲜空气的吸收。尤其是幼儿，其大脑需要大量的氧气，如果十几个小时的睡眠中氧气“饥饿”，就会影响睡眠的质量，容易惊醒，醒后仍然没精神、急躁、哭闹、食欲差，因此，不要让孩子趴着睡。

医治失眠症的综合练习

失眠既令人感到痛苦，又影响次日工作，因此，在无可奈何的情况下，人们常常服用安眠药。这里介绍一套综合练习方法，可以代替安眠药而使人顺利获得高质量的睡眠。这种综合练习要在晚间临睡之前做，仰卧姿势，每项练习反复5～6次。

1. 在床上充分舒展身体（不用枕头），将两脚掌舒适地向外伸展，放松颈部肌肉。

2. 保持头部肌肉的紧张状态，把头部向前方抬起，5 秒钟后，松懈地回到最初的姿态。

3. 两臂前举，然后顺次放松手腕，前臂脱力落下，落下时要求能感受肌肉放松时两臂的重量。

4. 两臂侧平伸出，在注意感受手腕重量的状态下轻松地交替屈伸手腕。

5. 将伸直的腿稍微上举，然后放松肌肉和两腿。

6. 头枕在枕头上，做几次缓慢的深呼吸，使全身轻度地紧张，然后在呼气时将肌肉完全放松。这项练习做 2 ~ 3 分钟。当确信肌肉放松已经达到最大限度时，反复默数 1、2、3，争取在完全放松的状态中入睡。

不同年龄的人需要不同的睡眠时间

不同年龄的人需要多长时间的睡眠才能保证足够的休息？过去普遍认为，随着年龄的增长，睡觉所需时间逐渐减少。比如一个 20 岁的人需要 8 小时以上，而一个 40 岁的人最多 7 个小时就足够了。但现代的观点不同了，认为睡眠充足与否，不能仅用时间来衡量，这里面有睡眠的效率问题，比如有的人，每天只需睡 6 个小时就能消除疲劳，而要他每天睡 8 个小时，多余的 2 个小时是有害无益的。睡觉不是睡得越多、时间越长越好，而应以恢复体力、精力充沛为度。过度睡眠可引起“睡眠过多综合征”，如出现思睡、不思饮食、头痛、精神萎靡、懒惰等症状。

认识睡眠周期

人的睡眠有周期性，特别是夜间睡眠，根据脑电波的变化可以分若干个周期，而每个周期都是由快相睡眠和慢相睡眠构成的。进入快相睡眠才能睡得熟。几乎每个人都有这样的体验，睡觉进入梦乡，第二天就会觉得精神焕发，其实就是因为进入快相睡眠才产生梦境的。如果没有快相睡眠阶段，即使睡上十来个小时也徒劳。

高效睡眠

许多人习惯于以短时高效睡眠取代“常规的足量睡眠”。如爱迪生，据说每日只需睡 2 小时就能恢复旺盛的精力。他之所以能在一生当中有 1 千多项发明，或许与他的高效睡眠不无关系。沙皇彼得一世每日睡上 5 小时就能恢复充沛的精力料理国事。拿破仑在案头打个盹就能驱除一天的疲劳，他的睡觉才能比他的军事才能也许有过之而无不及。

实现高效睡眠的六条建议

(1) 生活要富有节奏。每日的节奏不

可快慢悬殊，应有计划、有规律地学习、生活和工作，保持大脑调节功能和内分泌活动的稳定。生活节奏因人而异，每人都应选择一个最适合自己的节奏。

(2) 保持稳定的情绪。多愁善感对睡眠不利。睡前要消除过重的精神压力和思想负担，学会在短时间内忘却一切烦恼和忧愁，学会自我调节。

(3) 适当的睡前准备很有必要。睡前用温水洗脸、洗脚，做一些按摩和柔软体操，适当走动或散步，跳一曲慢步舞，听一段音乐，闻一闻花香，浏览一下画报，都有催人入梦的作用。此外，还要养成睡前刷牙或漱口的习惯。睡前不宜酗酒，吸烟，饮浓茶、浓咖啡等。

(4) 防止药物性失眠。偶尔睡不好，不必服用催眠药物。服药后，睡得很沉却不能很好地恢复精力。长期服用这类药物会导致药物性失眠。

(5) 注意饮食习惯，改善食物构成。饮食以富含蛋白质及维生素，少含脂肪的食品对睡眠有利。睡前不能暴饮暴食免得使胃肠兴奋并引起大脑兴奋，而影响睡眠。睡前喝一小杯甜牛奶是有益的。

(6) 节制性生活。入睡前，如果自觉不很疲劳，可以进行性活动。对于成年人，性交时反射性引起大脑兴奋，达到性高潮后转为抑制，有益于睡眠。但切不可纵欲无度，长期过度兴奋会使大脑功能失调，严重者会导致失眠，破坏自己的生活规律。

第四章　心理健康常识

人际交往的心理基础

人际交往的心理基础包括：认知、情感和行为。认知是人际交往的前提，人与人的交往首先是通过感知、认识、理解才能建立一定的关系。情感是人际交往的调控因素，如满意、厌恶等。言行是人际交往沟通的手段，即通过言、情、姿、行等达到交往的目的。

认识亚健康

亚健康是指处于健康和疾病两者之间的一种状态，即肌体内出现某些功能紊乱，但未影响到行使社会功能，主观上有不适感觉。它是人体处于健康和疾病之间的过渡阶段，在身体、心理上没有疾病，但主观上却有许多不适的症状表现和心理体验。

1. 浑身无力，容易疲倦；

2. 头脑不清爽，面部疼痛，眼睛疲劳，鼻塞眩晕，耳鸣，咽喉异物感；

3. 睡眠不良，心悸气短，手足麻木；

4. 早晨起床有不快感，胸闷不适，颈肩僵硬，心烦意乱。

健康包括心理健康

世界卫生组织（WHO）明确指出：“健康不仅仅是指没有疾病、不体弱，而且有一种躯体、心理和社会功能均臻良好的状态。”对每个人而言，什么也无法与生命的价值相抗衡，而生命的延续取决于健康。躯体的健康加上心理的健康才算是真正的健康，这一健康的新概念，正被医学界的人士和广大公众所认同。对现代人来讲，心理的健康更为重要，因它对人的作用至关重要。面对丰富多彩的人生，只有健康的心理才能适应各种各样的环境，处理好形形色色的事情。

精神疾病现状

飞速发展的世界让人喜让人忧，也叫人惧怕。烦躁、焦虑、忧郁、恐惧如洪水猛兽般吞噬着人类。“精神疾病”这一现代病已成为现代人的隐形杀手！世界卫生组织的资料显示：全球患有精神疾病的人有3亿～4亿之多，精神抑郁症在世界10大常见疾病中名列第4位，20年后极有可能上升到第1至2位。在我国，此类患者约为1600万人，仅以上海为例，精神病总患病率以每年0.3/₀₀的速度递增，全市精神疾病患病率在16.39%，心理障碍发生率已超过5%。

不容忽视的心理健康问题

对我国来说，各年龄段的精神病人数都在大幅度上升。专家们指出，精神疾病主要表现在压力、焦虑、抑郁等三方面，具体症状为：担忧、紧张、不安、缺乏安全感，但并无确定的担忧和紧张对象；还会有心境抑郁、精力减退、注意力不集中、兴趣减退、食欲体重改变、睡眠模式改变（比如经常出现早醒）或精神运动性活动的改变（比如行动迟缓等）。这些症状持续两周以上不能缓解，并且没有明显的躯体疾病或突发事件的诱因，就应引起医生和家属的足够重视。长此以往，其后果会直接导致冠心病、高血压、心肌梗死等疾病，甚至导致自杀。据初步统计，精神抑郁症病人中，女性是男性的两倍。另据美国失眠协会统计，每4人中便有一个人面对失眠的困扰，而其中女性患者更比男性多4成，关注身边女性的健康不容忽视。

精神压力

随着社会经济活动的日益频繁和现代生活节奏的不断加快，社会各阶层越来越广泛地感觉或体会到了精神压力的沉重，而由其引发和导致的如精神萎靡、神情恍惚、抑郁焦虑、心烦易怒、动作失调乃至神经紊乱、精神失常和记忆力减退、注意力涣散以及偏头痛、荨麻疹、高血压、缺血性心脏病、支气管哮喘、月经失调、性欲低下等一系列疾病目前也已呈现出逐年大幅上升的态势。可以这样说，精神压力迄今已经成为了现代社会的一大“隐形瘟疫”，对人们的身心健康构成了相当大的威胁，如不加以重视，其危害和遗患将十分严重。

精神抑郁的自我调节

首先要做也是最容易做到的就是给自己一些时间，好好睡一觉。专家研究证明，凡睡眠欠佳者或长期失眠者，易患各类精神疾病。

另外，充分了解自己，学会平心静气，制定切实的生活目标，学会给予，适量运动，适当放松等，都是自我调节的方法。

心理医生与精神疾病

如症状持续时间较长，最好去寻求心理医生的帮助。不过，一些综合医院的医务人员在临床上缺乏精神心理疾病的诊断知识和治疗经验，使部分因心理因素为病因的患者得不到及时诊断和治疗。

精神有病不能拖

据世界卫生组织对包括我国在内的14个国家的15个医疗中心进行调查显示，综合性医疗机构的医生对心理障碍的诊断能力普遍不高，最低的诊断率仅为15.9%，其余则为漏诊和误诊；已被确诊的也仅给予服用镇定药物等治疗，转到精神疾病专科门诊和医院治疗的仅为8.9%。也有些患者因怕和“精神病”沾边，不愿到专科医院治疗，久拖不治或进行无效治疗，使病情越来越重。

四大类“精神药物”

对于确诊为精神疾患的人，需要药物治疗。“精神药物”分四大类：抗精神病药、抗抑郁药、抗躁狂药和抗焦虑药。治疗精神分裂症用的是抗精神病药，治疗情感性精神障碍（或称躁狂抑郁性精神病）用抗抑郁药和抗躁狂药，稳定情绪、控制焦虑、改善睡眠用抗焦虑药。这四类药物都不是固定针对某一种疾病的，而是针对症状的。比如，精神分裂症病人出现抑郁情绪，也可以用抗抑郁药；躁狂病人高度兴奋时，也可以用抗精神病药；而任何一种精神病都有可能出现睡眠障碍，所以都可以用抗焦虑药。抗焦虑药根据药物的作用时间，可分为短效药和长效药。在精神药物中，抗焦虑药（安眠药）具成瘾性，应特别指出的是，近年来的研究还发现，这类药物会引起记忆障碍，尤其是服用短效类药物容易出现，应引起重视。另外，有些病人服药后次日会有共济失调现象，如莫名其妙地跌跤，因此不宜担任驾驶工作。

心理失衡与调整

心理失衡往往源于心理疲劳，年关岁末是容易发生心理疲劳的时期，还应注意饮食调整，也能起到很好效果。如20至30岁的人可以适当增加铁、镁等矿物元素以及维生素C的摄入量；30至40岁的人增加叶酸与钙的摄入量；40岁以上除增加钙、镁以及维生素的摄入外，还应注意补足硒、硼等微量元素和优质蛋白。美国营养学家建议无论在哪个年龄段，都不要忘记补充鸡肉、豆类、菠菜、鱼类、草莓、香蕉、燕麦片、海带、脱脂酸奶等，因为这些食物能帮助身心避免过劳伤害，保证机体这台发动机高效率运转。此外，最重要的是要学会主动休息，让生活有规律。当觉得疲劳时再休息，则休息的效果只能是事倍功半。

焦虑和抑郁症有希望通过药物治疗

焦虑和抑郁是当前两类最多最常见的心理疾病，可用药物治疗。

不少心理亚健康的人，反对接受药物，其实不无道理，因为他们自己知道焦虑和抑郁的来源与生活事件的压力和刺激有关。于是他们希望医生能通过心理手段改变他们的症状，诚所谓"心病要由心来医"。从理论上说确实该当如此，但实践表明，以现有的心理医学设施和技术力量，根本达不到也做不到这点。比如一个患者的心理治疗至少需要100～200小时，是一项不小的开支，医生更拿不出这么多的时间，所以用药自然就成为现今治疗心理病的普遍选用的办法。那么是有效还是无效，实事求是地说，药物还是有效的。

也许有人以为，心理治疗是改善焦虑和抑郁的更有效、更一劳永逸的办法，但心理治疗其目的也是发泄和调整压抑的情绪，只不过是利用自身的心理能量罢了。如今人们被各色各样的保健用品所迷惑，目的是为了躯体健康，但在发达国家中，消费量最大的还是各种抗生素药和抗抑郁药。

如何克服和治疗抑郁症

抑郁症是一种常见疾病，每十位男性中就有一位可能患有抑郁症；而女性则每五位中就有一位患有抑郁症。抑郁症严重困扰着患者的生活和工作，给家庭和社会带来沉重的负担，约15%的抑郁症患者死于自杀。抑郁症已经成为中国疾病负担的第二大病病。但是由于认识上的不足，绝大部分的抑郁症患者没有得到正确的诊断治疗。

目前研究已经证实，抑郁和大脑神经递质五羟色胺的缺乏有直接关系，所以抑郁并不可怕，只要你接受及时、正确的药物治疗（百忧解），提高脑部五羟色胺的浓度，同时配合心理治疗，您就会很快康复，重新以饱满的精神、自信乐观的形象迎接人生的各种挑战。

十二项标准测试"心理感冒"

心理抑郁的表现不同于其他神经性疾病的心理障碍，一般心理抑郁的患者由于症状的普遍性，有时会忽视自己的问题。世界妇女精神病学会主席优瑞尔·哈尔伯瑞克教授认为，如果你在生活中出现了以下困扰，就一定要警惕了，可能是心理抑郁在作怪。

一是感到情绪低沉，闷闷不乐；

二是感到生活没意思、没劲；

三是自己感觉思维和反应总是比平时慢半拍；

四是遇到事情经常自责、内疚，埋怨自己把事情搞糟了；

五是容易疲倦、不愿活动；

六是心中有莫名其妙的烦恼；

七是工作效率下降，注意力容易分散；

八是特别容易受惊，也容易伤感，感情脆弱；

九是抱怨身体各处疼痛，但又查不出问题；

十是没有食欲或者依靠暴饮暴食来对抗情绪的不适；

十一是遇到有魅力的异性，却丝毫感觉不到对自己的吸引力；

十二是不再注意自己的仪表，邋邋遢遢。

受挫后的心理对策

挫折是个体在满足需要的活动过程中，遇到阻碍和干扰，使个体动机不能实现，需要得不到满足。现代生活中，每个人都可能遭遇挫折，面对困难和挫折，许多人常常会痛苦自卑、怨恨，失去希望和信心。

受挫后的心理失衡，不仅影响人的工作、生活，还严重影响人的健康。长久的心理失衡，不仅会引起各种疾病，甚至能使人丧生。为了避免受挫后消极结果的产生，提供如下几种心理对策。

1. 倾诉法。也叫发泄法，即将自己的心理痛苦向他人倾诉。倾诉法是近年来医学心理比较提倡的一种治疗心理失衡的方法。受挫后如果失望焦虑的情绪封锁在心里，会凝聚成一种失控力，它可能摧毁肌体的正常机能，导致体内毒素滋生。适度倾诉，可以将失控情绪随着语言的倾诉逐步转化出去。倾诉作为一种健康防卫，既无副作用，效果也较好，如果倾诉对象具有较高的学识修养和实践经验，将会对失衡者的心理给予适当抚慰，鼓起其奋进的勇气，会在一番倾谈之后收到意想不到的效果。

2. 优势比较法。受挫后有时难以找到适当的倾诉对象以诉衷肠，便需要自己设法平衡心理。优势比较法，要求去想那些比自己受挫更大、困难更多、处境更差的人。通过挫折程序比较，使自己平心静气。其次寻找分析自己没有受挫的方面，即找出自己的优势点，强化优势感，从而提高挫折承受力。认识事物相互转化的辩证法。挫折同样蕴含力量，挫折刺激能激发人的潜力，正确认识挫折，挖掘自身潜力。

3. 目标法。挫折干扰了自己原有的生活，毁灭了自己原有的目标，重新寻找一个方向，确立一个新的目标，这就是目标法。目标的确立，需要分析思考，这是一个将消极心理转向理智思索的过程。目标一旦确立，犹如心中点亮了一盏明灯，人就会生出调节和支配自己新行动的信念和意志力，从而排除挫折干扰，去努力进行达到目标的行动。目标的确立是人内部意识向外部动作转化的中介。目标的确立标志着人已经从心理上走出了挫折，开始了下一步争取新的成功的历程。目标法既可以抑制和阻止人们不符合目标的心理和行动，又可以激发和推动人们去从事达到目标所必需的行动，从而鼓起人们战胜困难的勇气。

抑郁症的十一条报警信号

抑郁症是一种常见的情绪障碍性疾病，以心情显著而持久的低落为主要症状，并且伴有相应的思维、行为改变。

诊断抑郁症并不困难，但是病人的表现并不典型，作为核心的抑郁症状，往往隐藏于其他心理和躯体的症状中，含而不露，因而容易导致医生误诊、失治，甚至酿成严重后果。

应当警惕以下一些报警信号：

1. 人逢喜事而精神不爽。经常为了一些小事，甚至无端地感到苦闷、愁眉不展。

2. 对以往的爱好，甚至是嗜好，以及日常活动都失去兴趣，整天无精打采。

3. 生活变得懒散，不修边幅，随遇而安，不思进取。

4. 长期失眠，尤其以早醒为特征，持续数周甚至数月。

5. 思维反应变得迟钝，遇事难以决断。

6. 总是感到自卑，经常自责，对过去总是悔恨，对未来失去自信。

7. 敏感多疑，总是怀疑自己有大病，虽然不断进行各种检查，但仍难释其疑。

8. 记忆力下降，常丢三落四。

9. 脾气变坏，急躁易怒，注意力难以集中。

10. 经常莫明其妙地感到心慌，惴惴不安。

11. 经常厌食、恶心、腹胀或腹泻，或出现胃痛等症状，但是检查时又无明显的器质性改变。

测测你有脑疲劳吗

1. 思维反应慢，接受能力、理解能力差，上课注意力不集中，容易走神。很用功，但成绩不理想。

2. 容易疲劳，早晨起不来，懒得讲话，腰酸背痛，走路抬不起腿，腿脚沉重，休息时总想把脚架在桌上。

3. 情绪低落，寡言少语，忧郁，厌学，说话、写文章时常出错。解题速度慢，考试就发蒙。

4. 焦虑、烦躁，多疑，易怒，耳鸣，头晕眼花，眼冒金星。上课听不懂，跟不上，答卷总出错，学习效率低。

5. 免疫力低，易感冒。口腔容易发炎，牙龈容易出血，病后康复慢，儿童发育迟缓。

6. 精神紧张，入睡困难，失眠，易醒多梦，神经衰弱。

7. 看书记不住，记忆力下降，经常头痛，想不起朋友的叮嘱或者忘掉几小时前的事情。

8. 容易犯困，哈欠不断，提不起精神来，过分地想用茶或者咖啡提神。

9. 口苦、无味、食欲不振，感到饭菜没有滋味，厌油腻，总想在饭菜中加些刺激性调料。

10. 毛孔粗大，皮肤粗糙，干涩，脸色灰暗，脸上长痘痘。

11. 眼睛疲劳怕光，模糊，视力下降，黑眼圈。

说说心理治疗

心理治疗也叫精神治疗。它同化学治疗和物理治疗不同。就广义而言，它包括病人所处的环境和生活条件的改善，周围人（包括医生）的语言作用，特殊的布置，以及医生所实施的专门心理治疗技术等。就狭义而言，它专门指医生对病人所实施的心理治疗技术和措施，包括说理治疗、暗示治疗、体育运动治疗、音乐治疗、绘画和造型治疗等。总之，通过治疗，影响人的心理活动，从而改变人的情绪。然后，再通过情绪影响和改变一些躯体状态。

心理疗法能缓解某些疾病。人是一个统一的生命体，不仅由化学的、生理的、神经的因素所决定，而且也是由精神的、情绪的和社会的因素所决定的。这两个方面有着互相联系、互相作用的辩证关系。人体生化、生理的改变，可以引起心理和精神上的改变。例如，肝脏有病的人，往往火气大，爱发脾气。反过来，人的心理和精神上的变化，也可引起人体生理、生化的改变，甚至导致死亡。例如，有一位女高音歌唱家，和一个著名的指挥家结婚整整54年，1981年丈夫死去，就在丈夫出殡的夜里，她猝然昏倒在床，再也没有站起来，她只比丈夫多活了69天。

如何缓解精神压力

人们在日常生活中，如何缓解和消除精神压力呢?

1. 轻快、舒畅的音乐不仅能给人美的熏陶和享受，而且还能使人的精神得到有效放松，因此，人们在紧张的工作和学习之余，不妨多听听音乐，让优美的乐曲来化解精神的疲惫。

2. 健康的开怀大笑是消除精神压力的最佳方法之一，同时也是一种愉快的发泄方式，为此，人们不妨遗忧忘虑，笑口常开。

3. 出门旅游也不失为一种好方法，但应多选择远离城市喧嚣的原野和乡村，因为人与自然的关系远比人与城市的关系亲近得多。

4. 有意识地放慢生活节奏，甚至可以把无所事事的时间也安排在日程表中，要明白悠然和闲散并不等于无聊，无聊才没有意义。

5. 沉着、冷静地处理各种纷繁复杂的事情，即使做错了事，也不要耿耿于怀地责备自己，要想到人人都会有犯错误的时候，这有利于人的心理平衡，同时也有助于舒缓人的精神压力。

6. 勇敢地面对现实，不要害怕承认自己的能力有限，对于某些的确不能办到的事情，坦率地说一声“不”比硬撑着要轻松得多。

7. 推心置腹的交流或倾诉不但可增强人们的友谊和信任，而且更能使人精神舒畅，愁烦尽消，故不妨多找朋友聊聊天。

8. 既然昨天及以前的日子都过来了，那么今天及以后的日子也一定会安然度过。因此，人们不妨豁达、开朗和乐观一些，这不仅可以有效地缓解和消除压力，同时也对健康大有裨益。

心情烦躁怎么办

心理学研究表明，人体内有各种生物钟，并有各自的循环周期。如智力生物钟为 33 天一循环，情绪生物钟为 28 天一循环，体力生物钟为 23 天一循环等。所以人有时感觉情绪波动和心情烦躁是很正常的。虽然我们不能改变自己的生物节律，但可以通过调节缓解不良情绪，缩短情绪波动的时间，减少心情烦躁带来的不良影响。下面介绍几种常用的方法，供大家参考：

1. 心理暗示法：暗示是一种心理现象，有积极暗示和消极暗示之分。心情不佳时，如果对自己采取消极暗示，只会“雪上加霜”，更加烦躁；这时应该对自己采取积极暗示，告诫自己这是正常现象，乌云终会散尽，同时多回想一些以前经历过的美好情景和值得自豪的事情，就能缓解心理压力。人们常说的“阿Q精神胜利法”，从心理学角度看实际上就是一种积极的心理暗示，应该说这种方法在特定时期和场合是很有实际效果的。

2. 目标转移法：如果你因为某件事或某个人而感觉心情烦躁，注意力无法集中，就不要强迫自己做事。这时不妨看看电视、听听音乐、写写日记，或者读一两篇美文。你可千万别以为这是浪费时间，实际上这是“磨刀不误砍柴工”，你的情绪会很快得到缓解和放松，才能更好地做自己该做和想做的事。

3. 思想交流法：心理学研究表明，每个人都有同他人交流的欲望和需要。有些人不想让别人知道自己的心事，不愿意把心里的苦恼、委屈和悲伤说出来，这样不仅无助于问题的解决，而且会加重自己的烦躁，久而久之还可能产生心理障碍。正确的做法是找一位知心朋友交流、谈心，也可以上网找一位网友聊天，或者对着家里的某一件物品说话，倾诉自己的心事，以起到逐渐消除烦躁的效果。

4. 运动释放法：如果说前面三种方法是“精神疗法”，那么这种方法就是一种“物质疗法”——通过消耗体能来达到消除烦躁的目的。心情烦躁时，可以到操场跑上几圈，打一场球，活动一下筋骨，或者对着远方吼上几声，高歌一曲，让自己全身放松。这些做法经实践证明很有效，也正好印证了“生命在于运动”这句名言。

老年人烦躁的自我控制疗法

由于社会心理冲突的“过分积累”及老年情感衰退，社会对老年人的生理性忽视或歧视等，都会使老年人出现“老年性烦躁心态”，即容易激怒、情绪不稳定、焦虑不安等，严重困扰着老年人的健康心理。

为减轻老年人心情烦躁的苦恼，可采取以下方法帮助其消除烦躁的情绪。

自身疏泄。老年人应养成一种倾诉习惯，及时将内心的痛苦向亲人或朋友说出来，使一些莫名其妙的烦躁趋于消失。

学会发笑。老年人遇任何事都能想得开，不计较，常以笑来表示自己的豁达大度，许多烦躁是很容易消除的。

自我表白。主要是向与自己打交道的人表白自己，“我的脾气变坏了”、“我这样的人易激动”等语言表白既可提醒自己，又利于争取别人的理解。

行为控制。最有效的行为控制是自己掐住内关穴、压眼球、拉耳垂或双手搓揉自己的太阳穴，可以刺激大脑的神经对所引起的烦躁意念起到抑制作用。因此，心烦的老年人学会掐穴、按摩等自我控制的方法，有益无害，老年人不妨一试，以消除烦躁的情绪。

猜疑心理危害多

猜疑是人性的弱点之一，历来是害人害己的祸根，是卑鄙灵魂的伙伴。一个人一旦掉进猜疑的陷阱，必定处处神经过敏，事事捕风捉影，对他人失去信任，对自己也同样心生疑窦，损害正常的人际关系，影响个人的身心健康。

生活中我们常会碰到一些猜疑心很重的人，他们整天疑心重重、无中生有，认为人人都不可信、不可交。如有的人见到几个同学背着他讲话，就会怀疑是在讲他的坏话；老师有时对他态度冷淡一些，又会觉得老师对自己有了看法等。他们总觉得别人在背后说自己坏话，或给自己使坏。喜欢猜疑的特别注意留心外界和别人对自己的态度，别人脱口而出的一句话很可能琢磨半天，努力发现其中的“潜台词”，这样便不能轻松自如地与人交往，久而久之不仅自己心情不好，也影响到人际关系。这种人心有疑惑，不愿公开，也少交心，整天闷闷不乐、郁郁寡欢。由于自我封闭，阻隔了外界信息的输入和人间真情的流露，便由怀疑别人发展到怀疑自己、怀疑自己的能力，失去信心，变得自卑、怯懦、消极、被动。

造成猜疑心理的原因

造成猜疑心理的原因有以下几种：

1. 作茧自缚的封闭思路

猜疑一般总是从某一假想目标开始，最后又回到假想目标，就像一个圆圈一样，越画越粗，越画越圆。最典型的例子就是“疑人偷斧”的寓言了：一个人丢失了斧头，怀疑是邻居的儿子偷的。

从这个假想目标出发，他观察邻居儿子的言谈举止、神色仪态，无一不是偷斧的样子，思索的结果进一步巩固和强化了原先的假想目标，他断定贼非邻子莫属了。可是，不久在山谷里找到了斧头，再看那个邻居儿子，竟然一点也不像偷斧者。现实生活中猜疑心理的产生和发展，几乎都同这种封闭性思路主宰了正常思维密切相关。

2. 对环境、对他人、对自己缺乏信任

古人说："长相知，不相疑。"反之，不相知，必定长相疑。不过，"他信"的缺乏，往往又同"自信"的不足相联系。疑神疑鬼的人，看似疑别人，实际上也是对自己有怀疑，至少是信心不足。有些人在某些方面自认为不如别人，因而总以为别人在议论自己，看不起自己，算计自己。一个人越自信，越容易信任别人，越不易产生猜疑心理。

3. 对交往挫折的自我防卫

有些人以前由于轻信别人，在交往中受过骗，蒙受了巨大的精神损失和感情挫折，结果万念俱灰，不再相信任何人。

培养自信心

每个人都应当看到自己的长处，培养起自信心，相信自己会与周围人处理好人际关系，会给别人留下良好的印象。这样，当我们充满信心地工作和生活时，就不用担心自己的行为，也不会随便怀疑别人是否会挑剔、为难自己了。

学会自我安慰

一个人在生活中，遭到别人的非议和听到流言，与他人产生误会，没有什么值得大惊小怪的。在一些生活细节上不必斤斤计较，可以糊涂些，这样就可以避免自己烦恼。如果觉得别人怀疑自己，应当安慰自己不必为别人的闲言碎语所纠缠，不要在意别人的议论，这样不仅解脱了自己，而且还取得了一次小小的精神胜利，产生的怀疑自然就烟消云散了。

学会慢生活

现代社会纷繁复杂，良好的心态往往是成功的关键。当意识到心理失衡，最重要的是要正视自己及时调整心态。首先要分析自己是否有能力面对现实；其次要看面对的现状，哪些是能够改变的，哪些是不能改变的，然后以平和的心态决定自己的取舍。在这种分析的过程中，可以经常在内心和自己对话，以一种自我暗示的形式多为自己鼓劲和进行自我分析。还有一种积极的方式能有效帮助人们走出"心理综合征"的困扰，那就是在有负面情绪时能向朋友宣泄，通过与朋友交流、寻求专业的帮助以及心理指导等方法使自己尽快得到恢复。

及时沟通，解除疑惑

世界上不被误会的人是没有的，关

键是我们要有消除误会的能力与办法，如果误会得不到尽快地解除，就会发展为猜疑；猜疑不能及时解除，就可能导致不幸。所以如果可能的话，最好同你“怀疑”的对象开诚布公地谈一谈，以便弄清真相，解除误会。猜疑者生疑之后，冷静地思索是很重要的，但冷静思索后如果疑惑依然存在，那就该通过适当方式，同被疑者进行推心置腹的交心。若是误会，可以及时消除；若是看法不同，通过谈心，了解对方的想法，也很有好处；若真的证实了猜疑并非无端，那么，心平气和地讨论，也有可能使事情解决在冲突之前。

儿童心理教育很重要

健康的含义有两方面：一是身体健康，二是心理健康。若想培育一个健康的孩子，必须从这两个方面去努力。尤其是心理健康，切不可忽视。儿童的多种精神神经疾病，如孤独症、多动症等都与心理失衡密切相关。家长和教师应了解儿童的心理发展规律及年龄特点，从实际出发，有的放矢地进行心理方面的引导教育。

新生儿期的心理教育

新生儿期是感觉功能、运动功能和思想意识出现的萌芽阶段。虽然新生儿的睡眠时间可达 20 ~ 22 小时，但其眼睛对明亮鲜艳的东西已有一定的反应，目前认为早期教育可从新生儿期开始，给新生儿布置色彩亮丽的起居环境，听舒缓美妙的音乐，母亲可与之“谈话”，并给予轻柔的抚摸，这些措施对新生儿的身心发育都大有裨益。

婴幼儿期的心理教育

婴幼儿期是孩子语言能力形成的时期，这一时期孩子能够听懂大人的话并且自己逐渐可以遣词成句。这一阶段家长要多与孩子谈话，多给孩子语言方面的刺激。鼓励孩子模仿说话，在孩子 1 岁半以后要特别注意少说诸如“坐滴滴”、“吃果果”等“妈妈话”，以免影响孩子正确词汇的积累。家长可以采取讲故事等形式培养孩子的爱心，并形成初步的是非观念。

3 岁左右幼童的心理教育：

3 岁左右的幼童独立意识比较强，什么事情都想自己动手做，经常固执地坚持“我自己”、“我自己”，拒绝大人的帮助，即所谓“拒绝症”。家长应认识到，幼童要求独立从事一些力所能及的活动是一种积极的心理倾向，是成长中的一大进步。因此对幼童的固执不驯不要给予简单粗暴的责备，挫伤孩子的积极性。而要顺势鼓励孩子自己动手，大人从旁协助，耐心引导，让孩子品尝到自己劳动的快乐和成功的喜悦。

6 ~ 7 岁儿童的心理教育：

6 ~ 7 岁的儿童从心理发展上已具备了入学学习的条件，但其注意力集中的时间较短，大约只有20分钟左右，父母在儿童入学前应引导其进入学前的心理准备。讲明上学学习的必要性，教育其珍惜学习机会，要“坐得住”，上课不能迟到、早退，培养遵守纪律的观念。从锻炼自己穿脱衣服、上厕所、吃饭、喝水、收拾书包、独立在街巷中行走、扫地、擦桌、拖地等生活劳动技能入手，使孩子逐步进入学生角色，从而减少入学时的心理不适感。

引导儿童的好奇心

儿童的好奇心强，对于新鲜事物愿意亲自尝试，越是强行禁止，越觉得神秘、有趣。因此，对儿童的好奇心要加以引导，指导他们用正确、安全的方法去尝试。

教育孩子正确面对挫折

孩子在日常生活和学习中遇到困难和挫折，容易产生困难退缩的消极意识，家长和教师要帮助、鼓励孩子树立自信心，切不可用“真笨”、“真傻”之类的话去讽刺打击孩子，而应采用讲述英雄人物事迹或有益的寓言、故事等方法，激励其产生“不服输”的勇气。帮助孩子消除既往的痛苦心理体验，从而敢于而对挫折，战胜困难，跨越心理障碍。

对于儿童在学习、游戏中所闪现的独特新颖的想法，要给予积极鼓励。这是培养儿童创造力的良策。

处理好儿童的“心理性断乳期”

11～15岁这一阶段称为儿童的“心理性断乳期”，也是儿童心理失衡的危险期，在这一阶段最容易产生“问题少年”。因为这一年龄段的儿童随着生理发育产生的巨大变化，感到自己与成人的距离在迅速拉近，从而产生强烈的独立意识和成人感，渴望摆脱成人的羁绊和管束，随心所欲，任意驰骋。同学、伙伴之间的交往密切，易与教师、家长产生矛盾。而其自身存在的依赖性、幼稚性又往往事与愿违，从而产生迷惑感。因此，这一阶段是儿童心理最不稳定的阶段，应须特别加以关注。首先要尊重孩子的独立意识，与之和睦相处，做知心朋友，以平等的态度同孩子做推心置腹的交谈，既重言教，又重身教，给孩子树立好榜样。可以推荐优秀读物，建议参加有意义的文体活动等方式丰富孩子的生活，在潜移默化中陶冶孩子的性情，扩展孩子的知识面，树立社会主义法制观念和正确的伦理道德观念。

中学生的孤独感

孤独并不是十七八岁特有的感觉，而是与生俱来并且会陪伴我们终生的一种存在状态。人为什么会孤独呢？因为社会性是人的根本属性，而人又不可能完完全全避免与社会的某种分离。在空间和心理上脱离他人和社会之后，人的社会属性就遇到了危机，这种危机反映到头脑中就叫做孤独。既然孤独是不可避免的，那么我们应当怎么办呢？这里，专家给我们提出这么两点对策。

第一个对策，要把孤独体验变为走向深刻的契机。一个人如果完全没有孤独，我想他是不会有心理深度的。所谓“古来圣贤皆寂寞”，说的就是圣贤之人能够利用孤独进行深刻的思索。希望患病的朋友也训练自己积极运用独处的时间，多读一些好书，多懂得一些能使自己走向成熟的经验，甚至可以搞一点技术上的研究和艺术性的创造。这样一来，孤独就不只是一桩心灵的苦差了。

第二个对策，要让孤独变成人际交往的亲和力。从表面上看，孤独好像是一种心甘情愿的落落寡合。其实呢，孤独是一种凝聚的渴望，而不是离群的怪癖。走出你孤独的小屋，争取和你想在一起的人在一起。如果不能直接地在一起，间接地在一起也是有意义的。

考前烦躁不安，看不进书怎么办

这类考生大多学习成绩处于中等水平，他们由于对未来成败的结果把握不准，因而极易产生焦虑情绪。由于心事重重，使得这类考生无法把精力集中在复习中。对于这种情况，考生一定要把自己真正担心的东西表述清楚，然后再设法否定自己的这种担心，以解除自己的心理负担。此外，当考生感到所要复习的东西太多时，则往往会因多而生乱，乱而生烦。所以这类考生的当务之急，是将所要复习的东西按重要性的次序，排列出一个合理有序的复习进程来。参照考试科目的顺序和时间安排，考虑自己对各科的掌握程度以及自己基础的牢固程度，然后进行复习。这时候，难度太大的知识点，费时间，而且突击的效果也不会太明显，可考虑放弃，关键还是基础知识的复习。只要基础的东西搞懂了，其他的就靠你的应变能力了。最好自己能够列一个复习的纲目，这样就不至于太盲目了，或无所适从。

情绪焦虑的高三生

稳定的情绪、积极良好的情绪反应，是高三学生提高成绩很重要的因素，也是高三学生心理健康中值得重视的问题。如果教师上课不注意学生的情绪反应，考试中不注意学生的情绪表现，在和学生谈话时不注意学生的表情成分，那么教育和教学工作就容易失误。

克服坏心情十大法则

人人都能碰上“黑色日子”，心情一落千丈的时候。这里教你几招走出沮丧，重拾好心情的方法：

1. 买本笑话书读一读，很快就能让你开怀大笑。

2. 出去走 10 分钟左右，走路的时候深呼吸。

3. 闭上眼睛，回忆一下生活中美好温馨的情景。

4. 做10分钟的白日梦，想象一些奇异的事情:你能力超常，得到一大笔遗产，有人请你免费环游世界。做梦不用花钱，但能使心情好许多。

5. 跟儿童玩几分钟，孩子是天使，总能给人带来快乐。

6. 静思或祈祷。这两件事情所需的安宁和静默是让心情好转的良药。

7. 想想如何帮助你周围某个遇到困难的人。做好事是另一个让自己快乐的好办法。

8. 看一部逗笑的电视剧或看一场喜剧电影。

9. 做运动。几分钟的有氧运动或健身操很快就可让你改变精神状态。

10. 给性格开朗乐观、生活幸福的亲朋好友打个电话，他们总能给你热情的鼓励。

心理年龄

心理年龄是根据个体心理活动程度确定的年龄。它以意识和个性为主要测量内容。心理年龄一般分为三个时期，从出生到19岁为未成熟期，20～59岁是成熟期，60岁以上是衰退期。一般认为心理年龄60岁以上为老年人。心理年龄的“岁”与年代年龄、生理年龄的“岁”含义不相同，往往也不是同步的。

采用心理年龄来确定老年人的优点是它反映了一个人的能力，也有人认为心理年龄可以预测一个人的寿命。如国外有人指出，老年人的智力和认识事物的能力的衰退似乎与年龄本身无关，而与接近死亡的期限有关。

确定一个人是不是老年人，不仅是以年代年龄为标准，还要看他的生理年龄、心理年龄和社会年龄。年代年龄的增长是不以人们的意志为转移的，但生理年龄和心理年龄却是可以通过增进身心健康而延缓增龄的。所以老年人应该了解一些心理学、医学等方面的知识，防止早衰，使自己的寿命达到自然赋予的正常年限。

感觉和知觉

感觉是指对作用于人的感官的客观事物的个别属性的反应。感觉又分内部感觉和外部感觉。内部感觉有运动觉、平衡觉等；外部感觉有视觉、听觉、嗅觉、味觉、触觉等。现代科学又扩展了人类感觉种类的概念，增加了本体感觉、知觉等。知觉是指对作用于人的感官的客观事物的整体属性的反映。人的感觉一经发生便转化为知觉。如一看到橘色，或尝到橘子的甜，或闻到橘子的清香等，便知道这是橘子。有时橘子放在包里，只要把手伸进包里一摸，便知道是橘子，并不需要取出来看、闻、尝，就是这个道理。感觉是最简单的心理过程，是人类认识世界的基础，知觉以感觉为基础，是又高一级的心理活动。知觉与感觉是同时产生的，统称为“感知”。

乐观地对待生活，保持良好的情绪

人进入中老年以后，情绪也会发生变化。身体健康，有一定文化知识修养，经济生活较富裕，获得了自己喜欢的学习、工作或研究机会的老年人，会产生积极情绪。而一些随着躯体机能的下降，自认为已经衰老，特别是丧失了生存目的的老年人，兴趣索然，感情平淡，性情固执和情绪抑郁，面临死亡产生畏惧和消极悲观情绪，加上经济收入相应减少，自认才能得不到发挥，就会产生寂寞、不安、无聊等情绪。子女成家独居或在外地，或者由于住房拥挤不能与儿孙同居一处而产生孤独情绪。如果老两口关系不好，或因子女、婆媳不和，或丧偶、失子，情绪就更加低沉。一般认为，老年人离退休前后是情绪变化的转折点，65岁左右时情绪处于最低潮，因为长期形成的工作和生活习惯及本人在社会中的角色都起了变化，要经历几年烦躁不安、孤僻、易怒、怀疑等消极情绪的纠缠。70岁之后，适应了老年人的生活，情趣又会逐渐增加，情绪自然也就会变好。

中老年人如何保持积极的乐观情绪呢？

1．老年人有丰富的工作经验，有条件的应继续服务于社会，如有工作机会或能到街道工作，应合理安排，兴致勃勃地踊跃参加。

2．加强艺术修养和培养广泛的业余爱好，可适当学些绘画、书法、音乐、诗词等，特别是多听音乐。意大利有一位神经衰弱患者，久治无效。一次，医生给他开了三张轻音乐唱片，叫他一日二次在家播放，连放一周。一周后，病人感谢这位医生治好了他的病。

另外，种菜、种花、养鱼、钓鱼、养鸟、下棋等，不但可以增加生活情趣，而且还能治病。如瑞典在波的尼亚海滨地区创办了一家举世无双的钓鱼诊所，专门对神经衰弱者和形形色色的心理症患者开放。据主办者介绍，钓鱼是集“放松心弦”和“集中精神”于一身的体育运动，两者既对抗又相辅相成，因而对人的神经系统的健康大有裨益。英、法、美等国的健康学家都准备仿而效之，在湖滨海边建立钓鱼诊所。

3．旅游对老年人的身心健康也大有裨益，因为大自然的秀丽风光能启发人们的心灵。如果能和青年人一起旅游或搞些娱乐活动就更理想了。如上海等地举办了“忘年交”活动，老年人通过同青年人书信对话、恳谈会和联欢会等多种形式交流思想，丰富生活，可使情绪保持平衡。

4．参加学习。学习不但能扩大视野，而且能推迟大脑的衰老。

5．要坚持健身活动，严格遵守作息制度。一些人离退休后，完全打乱生活规律，认为坐着不动就是享清福。饮食有节、起居正常、生理活动有节奏，对老年人的情绪会起到积极的作用。

保持良好的情绪，乐观地对待生活，这是人生不可缺少的修养。

“笑一笑，十年少，愁一愁，白了头”。

笑具有一定的医疗作用，是良好情绪的反映，是一种很好的体操。它可以使肺部扩张，促进呼吸。笑还可消除精神和精神紧张，使肌肉放松等等。平时多看喜剧片，在轻快的笑声中不但可以解除紧张，而且还可以治好很多身体不适，如头痛、皮肤痒、肚子难受等。老年人要具有幽默感，富于机智和幽默的人比看什么都不太感兴趣的人，在情绪上要安定得多。

会不会笑，能不能使人发笑是衡量一个人能否适应周围环境的尺度，每个人都要在身边寻找欢乐。峨眉山有这么一副对联，希望读后对您能有所启示：

“开口便笑，笑古笑今，凡事付之一笑；大肚能容，容天容地，于人何所不容。”

心老十八变

心理衰老的表现千变万化，一些老年心理学家归纳出以下几条较为明显的特征：

1. 感觉、知觉衰退，视力减退，听力不如从前，味觉迟钝，以前觉得很好吃的东西现在感到淡而无味。

2. 记忆力衰退。熟人的名字老是记不起来，读书前看后忘，常常记不起随手放的东西。

3. 想象力衰退。幻想越来越少，对新鲜事物缺乏好奇心。

4. 言语能力衰退。讲话变得缓慢啰嗦。

5. 思维能力衰退。不容易集中注意力思考问题，学习新知识感到吃力。

6. 情感不稳定。较易动感情和在感情上被人同化，还常常流泪。遇到困难，不像以前那样镇定自如，经常有莫名其妙的焦虑感。

7. 意志衰退，做事缺乏毅力。喜欢凭老经验办事，对任何事情都缺乏强烈的探索精神。

8. 反应能力下降。动作不如从前灵活，对事物不如以前敏感。

9. 兴趣爱好减少。

10. 产生衰老感和死亡感。

11. 比青年人更容易受疾病、心理和社会因素的影响，变得暴躁、易怒、情绪低落、忧郁、焦虑不安、孤僻、古怪，甚至不近人情。

12. 容易焦虑不安。很多人在更年期后情绪逐渐稳定，但是焦虑不安常常难以消失。

13. 情绪容易发生明显的变化。一方面是对一般刺激趋向冷漠，喜怒哀乐不易表露，或反应强度降低；另一方面在遇到重大刺激时，情绪的反应特别强烈，难以抑制。

14. 敏感多疑。常把听错、看错的事当做对自己的伤害而伤心不已。

15. 易产生孤独感。性格由外向转为内向，深居简出，懒得交际。

16. 容易自卑。主要是感到自己老了，不中用了，自卑情绪也就随之而来。

17. 习惯心理顽固。老年人不容易改变长年累月形成的习惯。

18. 个性心理特点明显。老年人比青

年人、中年人更易顽固地坚持自己的观点，不赞成别人的意见和看法。

消极情绪能致病

消极情绪是人类适应环境的一种心理活动，不一定能成为致病的因素。如，愤怒这种情绪总是伴随着肾上腺素、肾上腺皮质激素及抗利尿素分泌的增加，因而引起心率加快、血压升高、呼吸急促、胃肠蠕动减慢、新陈代谢率增高等。这一切反应都在于动员全身的潜在力量来对付面临的遭遇。消极情绪能致病，而积极情绪却可以防病治病，有51%的患者可以通过自体机能调节而获痊愈。心理学家认为，消极因素往往会过分刺激人体器官、肌肉或内分泌腺，容易诱发多种疾病。积极因素则给人体以适度的刺激，有益于身体健康。

老年期的心理特点

老年期的心理疗法应与幼儿期、青春期、成年期的心理疗法有明显的不同。医生要了解老年患者幼儿期、青年期和成年期发生过的纠葛、意外的创伤及受压抑的情况。有人指出，了解神经症的患病史的长短要比年龄更重要。另外，老年人在精神上、身体上总有某种形式的功能降低。与成年人相比，精神上的压力很容易在身体上表现出障碍，身体上的微小障碍也很容易产生疑病的精神表现，对普通人来说能够生活的状况，对老年人却会成为特殊的刺激。最后还必须考虑老年期特有的性格变化：过度的内向、抑郁的倾向，对欲望和性的淡漠，过分的外向性、攻击性等。

临床上常用的心理疗法

1．谈话法

也叫说服式说理疗法。在同病人的接触中，医生首先要了解病人的起病经过、临床表现、个性特征及心理矛盾，然后通过语言来影响病人的心理活动，有时还要借助于表情、姿势、态度和行为等。我国古代、古希腊、古埃及的医生都把语言作为治病工具。这种疗法可算作人类同疾病斗争的最古老的工具了。在科学发达的今天，从事心理治疗的医生则更应运用语言的奇妙作用同疾病做斗争。在治疗中如医护人员出言不慎，会对病人造成心理压力，并影响疗效。

2．注意力转移法

这种方法并不直接改变病人的性格，而是使病人对生活建立起新的兴趣、爱好和联系。

转移注意力的方法很多：组织病人从事力所能及的编织、跳舞、唱歌、演戏等活动，以及开展各种体育活动。

3．暗示法

即在病人的配合下，利用语言、手势、表情等来影响病人的心理和行为的一种方法。根据病人需要，还可给病人开安慰剂，即没有治疗价值的片剂或水剂。同时，医护人员对病人热情体贴，言语谨慎，行为妥帖，这对病人有重要的暗示和影响。美国洛杉矶大学医院治疗中心做了一个实验：他们悄悄地在54位心律紊乱的男女病人左下臂绑上测验仪，以便准确地测出并记下病人的心律。然后，让和蔼可亲的护士每日3次走到病人床前握住他们的手，像是给他们量脉搏，并和他们亲切交谈几句。结果，这些因内心恐惧而心绪不宁的患者，在感受到女护士温柔体贴的几分钟内，心跳频率和健康人一样稳定。在施行心理治疗过程中，医生在病人面前必须享有较高的威信，要使病人充分信任你，同时要十分讲究语言，有耐心，治疗要循序渐进。心理治疗只是一个治疗环节，必须同物理疗法、药物疗法结合起来。

中年男性更年期心理

人们都知道女性在50岁左右会进入更年期，但了解男性也同样有更年期的人就不多了。因此，男性应该对自身的"更年期现象"予以重视，以顺利度过年龄交替期，保证身心健康。

男性从内分泌的角度来说，更年期最明显的症状是由于睾丸分泌的雄性激素开始下降，直接影响了性功能的保持。其次，男性更年期综合征的主要表现有：体力活动耐受力差、心烦失眠、食欲减退、记忆力衰退、情绪不稳定、易怒、易激动、精神疲乏、皮肤瘙痒、四肢麻木、头晕目眩；在心理方面，可有多疑多虑，主观地认为有人背后嘲笑、陷害自己，整日心神不安，惶惶不可终日等现象。

男性更年期综合征，一般在55～60岁最为显著。但由于工作压力、生活负担等社会大环境的影响，男性更年期有提前的趋势，有的人四五十岁就开始出现。各人表现并不相同，有的较轻，有的较重，有的缓，有的急。如果不及时加以治疗，对工作、对家庭、对社会都会带来消极影响。病状明显者，可服用甲基睾丸酮，以促进内分泌平衡。自主神经症状严重时，可服用维生素B、谷维素等药物进行治疗。此外，注意心理平衡，广交朋友，避免孤独。注意起居饮食并适当参加一些文体活动，都有助于疾病的减轻甚至消失。

1. 注意劳逸结合

会休息的人，才会更好地工作。特别是中年人，工作、家庭、社会负担都很重，为了更好地把这些方面的事办好，抽出些时间玩玩是有必要的。玩，除了具有积极休息的功能外，还有陶冶性情，增长智力，开阔视野，提高审美情趣以及和谐融洽人际关系等的文化功能。

2. 保持乐观情绪

人不愉快时，眉头一皱，头面部就有30多条肌肉收缩，体内几百种酶都要发生变化，代价很大。面对困难，于其忧虑，倒不如冷静泰然地去解决问题。人活着，要不断地排除种种心理障碍，经常保持乐观情绪。康德有句名言："用微笑的目光看待一切。"我们应该记住这句话。

控制情绪得健康

心理情绪对健康有很大影响。不愉快、委屈和吵架引起的反面情感在人体内会产生一系列不良变化。高血压、动脉硬化、溃疡病等严重疾病，同经常发生的负面情感有直接联系。感情是完全可以控制的，控制感情的方法很多，自主训练法就是其中之一。每个人都能控制自己，如果你的情感状态使你受到压抑，就应该心平气和地分析原因，尽快设法从压抑中解脱出来。

与人聊天分忧愁

聊天可促使人思索，推迟大脑衰老。要谈话，就要脑、耳、目专注，嘴手并用，这样可减少大脑中褐色素的积累。而褐色素的积累，是促使脑衰老的决定因素。在不愉快时找人聊聊天，能解除一时的不快，摆脱激动，愤怒、委屈、忧郁、疑虑等情绪；聊天能增加快乐，学到许多知识，使人感到生活丰富多彩，保持心情舒畅。

多动脑筋忘烦恼

脑科学家指出：人的衰老主要是脑细胞死亡。许多老年人迟钝，纯属一种心理作用，以为自己老了。

脑科学家已经发现：中老年人的脑细胞虽然每天死亡，但在动脑的情况下，每天有新的细胞生成，适宜的脑运动与脑营养，会使新生细胞比死亡细胞还多。只有脑运动，才能直接促进脑健康，通过脑协调来控制全身的功能，达到真正的健康长寿。

开心幽默尴尬无

幽默是人类生活极好的精神调节剂。一个富于幽默感的人常能自寻快乐，摆脱困境，消除烦恼，在艰难的困境中不消极颓唐，不牢骚满腹；遇到突发事件时不惊慌失措或勃然大怒。幽默是创造和谐的一种艺术。家庭中经常有幽默产生，可融洽感情。尤其当家庭中出现愤怒烦躁的情绪、紧张不安的气氛、窘迫尴尬的场面时，一个得体的幽默能使这一切云消雾散。幽默从某种意义上讲，是人与人之间的润滑剂，它可以使人们的交际变得顺利、自然。

心理学家说：具有幽默感的人，是一个幸福的人，也是一个智力颇高的人。幽默与乐观是孪生姐妹。乐观可使人长寿，幽默也有益健康，使人长寿。

选择静默凝心神

静默是指运用想象力来表达自己与疾病做斗争的一种愿望。在进行静默疗法时，心理学家通过介绍有关知识及实物示教来丰富病人的想象力。在家庭中，可由病人自我暗示来作为治疗手段。静默时可产生“意识的变形”，静默疗法可以降低人的血压，对工业社会给人带来的压力有抵御作用。现代心身医学研究表明，静默之后，精神上的放松可以改变体内生理生化状态，使心跳和呼吸变慢，肌肉放松，氧耗量下降，同时，血脂因此而下降。

开怀大笑释压力

当人们纵声大笑时，使横膈膜上下振动，可促进内脏器官的血液循环。

大笑时肺部吸入的空气，有时比静止吸入的空气多4倍。因此，哈哈大笑，有助于将滞留在肺部不大活动的空气排出和再吸入新鲜空气，增进肺的健康。

大笑也能促进胃肠的蠕动，增加胃肠的血液供应，从而增进消化和吸收。同时，大笑还可以缓解慢性便秘。因为，笑可以促进肠的蠕动，这是一种物理性的刺激作用，因此不会产生不良作用，而服泻药却难以达到这样的效果。

平时人们怎样才能做到经常哈哈大笑呢？

1. 多看滑稽幽默的小品或短篇故事，而且最好在可以使自己放声大笑的地方看。

2. 注意看报纸、杂志所刊登的小幽默文章或讽刺漫画。

3. 多和一些风趣幽默的朋友闲谈。

4. 常看些幽默风趣的喜剧，这可使自己忘记烦恼而发笑。

5. 要常听相声。需要注意的是，高血压患者不宜大笑。

6. 可以看看经典搞笑的电影电视剧，比如周星驰的“无厘头”风格电影，卓别林的默片，以及各个电视台的搞笑节目。

值得注意的是，开怀大笑偶尔也会导致不幸的结果。这就是“笑死人”。据说大笑而死的人有三国的赵云，唐朝的程咬金，宋朝的牛皋，外国的则有古希腊哲学家克里西斯波，意大利作家阿雷诺蒂等。

因而，有心脏病或气短的人大笑起来还是适可为宜。

第四辑　健康与治疗常识

第一章　自然保养与健康知识

脉搏与健康

脉搏是指动脉中血流随心动周期而发生的压力升高，并引起动脉搏动，动脉内的周期性压力变化可以用手指或仪器在动脉管外测出，所以叫动脉脉搏，简称脉搏。

正常成人在安静时的脉搏，每分钟为60～90次，它可随年龄、性别、劳动和情绪等因素而变动。一般女性比男性快，幼儿比成人快，老人较慢，运动和情绪激动时可暂时增快，休息和睡眠时较慢，脉率均匀，间隔时间相等。

当疾病影响心血管造成异常脉搏时，可表现为：

1. 速脉：成人脉率每分钟超过90次。

2. 缓脉：成人脉率每分钟低于60次。

3. 不整脉：搏动不规则，脉搏间隔的时间长短不一。

脉搏脉象

随着心脏的收缩和舒张，在浅表动脉上可摸到搏动，称脉搏。中医以手指按手腕部桡动脉（即拇指根侧手腕处）处，借触觉测定脉搏，并将它分为浮、沉、迟、数、紧、缓、弦、滑等20余种脉象，作为诊断疾病的重要方法之一。脉搏不仅反映心率，在一定程度上反映整个心血管系统的功能状况，而心血管系统又在一定程度上反映了人体的功能状况，因此注意观察人的脉搏是非常重要的。

交替脉

指脉搏一强一弱交替出现，是由于心脏收缩强弱交替所引起的。心脏收缩强弱的变化常表示心肌的损害，可见于高血压性心脏病、动脉硬化性心脏病、心肌炎（病）及左心衰竭时。

奇脉

指吸气时脉搏显著减弱或不易触及的

现象。常见于心包积液及缩窄性心包炎。

水冲脉

指脉搏骤起骤落，急促有力，即心脏收缩有力随即有动脉塌陷，是收缩压增高与舒张压降低，造成脉压增大所致。可见于主动脉瓣关闭不全、甲状腺功能亢进及贫血等。如检查时病人将上肢高举时触摸桡动脉则更为显著。

不整脉

指搏动不规则的脉搏，也叫节律不整，这时常伴有脉搏强弱不等。如果不整齐但有规律的叫间歇脉，如二联律、三联律，前者搏动二次停一次，后者搏动三次停一次。如果是无规律而又绝对不整齐的脉搏则见于心房颤动、过早搏动等。

脉搏测量方法

凡浅表靠近骨骼的大动脉都可以用来诊脉。常用的为桡动脉（手腕靠拇指的一侧），其次为颞动脉、颈动脉、肱动脉、股动脉、足背动脉和胫后动脉等。

检查脉搏

病人在安静状态下平卧或坐位，伸出右（或左）手腕，手心向上，测试者坐在病人旁边，通常是将右手食指、中指、无名指的指端，放在病人手腕桡侧的桡动脉处进行触诊。在特殊情况下也检查其他动脉，如颞动脉（即头部太阳穴的上方）、股动脉（即大腿窝正中间）、足背动脉（即足背正中）等的搏动。检查时应注意两侧桡动脉的搏动强度是否相同。如一侧动脉有狭窄或栓塞性动脉炎时，脉搏较弱，甚至触不到。在肯定两侧脉搏相同后，即可检查单侧的脉搏。检查时应注意脉搏的速率、节律、紧张度及强弱等变化。

所谓速率是指每分钟脉搏搏动的次数，正常人的脉率每分钟在60～90次（或一次呼吸的脉搏为4～5次），女性较男性稍快。如果是经过长期体育锻炼的病人，脉搏次数可偏慢，但精神受到刺激时可增快。另外，病人可因心脏冠状动脉硬化、慢性支气管炎、肺气肿等导致心功能较差，这时脉搏往往偏快。发热时脉搏可加速，一般为体温升高1摄氏度，脉搏增加10次左右。

紧张度是手指按压桡动脉在施加压力时所感到的动脉壁形态特点。如紧张度增加，祖国医学称为弦脉，如果老年人有高血压、动脉硬化时，脉搏紧张度则增加。

正常脉搏的节律强弱是规整适中的。节律不齐时，称为心律不齐。如房性或室性期前收缩、心房颤动等。脉搏强是心缩力强的表现，如发热、运动等；脉弱代表心缩力不足或机体衰竭，如休克、患消耗性疾病等。

脉搏测量操作方法

1. 诊脉前应使病员保持安静，取仰卧位，手臂放于舒适位置，腕部伸展，手掌向上；如取坐位，请病员把肘部弯成 90°角，平放桌上，手腕伸展，手掌朝上。

2. 测数时，将食指、中指、无名指的指端按在桡动脉表面，压力大小以能清楚触到脉搏跳动为宜，计数半分钟，将测得的脉率乘 2，就是每分钟的脉搏数。异常脉搏应测 1 分钟。当脉搏细弱而触不清时，可用听诊器数 1 分钟心率来代替触诊。

3. 注意：病员如有剧烈活动，应先休息 20 ~ 30 分钟后再测。测得结果应予记录，为诊病作资料。

人体内的毒素——自由基

自由基是对人体造成最大危害的内生毒素。这种物质由人体内氧化反应产生的，它们源源不断地产生，又不停地参与到人体的各种生理和病理过程中去。在人体的衰老过程和许多酶反应以及药理和毒理作用中，它们都起着重要的作用，还会损害人体内的蛋白质、脂肪、DNA、RNA 等，并导致许多细胞的癌变或者死亡。

宿便危害健康

人体的肠道绵长且多褶皱，许多残余的废物滞留在肠道褶皱内，无法排出体外，就形成了宿便。中医认为宿便中所含的毒素是万病之源，而西医则认为人体内脂肪、糖、蛋白质等物质新陈代谢产生的废物和肠道内食物残渣腐败后的产物是体内毒素的主要来源。由此可以看出，宿便的危害巨大。如果粪便产生后，不能在 12 ~ 24 个小时的时间里离开人体，就会在肠道内腐烂变质，成为细菌的滋生蓄积之所。宿便在人体内停留的时间一长，其中的毒素可能重新被肠道吸收，再次危害人体。所以，宿便在体内停留时间越长，对人体危害也就越大。

胆固醇与健康

人体内的胆固醇绝大部分由肝脏制造，其余部分从食物中摄取。胆固醇是人体发育过程中不可缺少的物质，所以并不能说对人体完全有害，只有当体内的胆固醇量过高时，才会对人体造成危害。人体内过多的胆固醇沉积在血管壁上，会使血管逐渐变窄，从而导致高血压和心血管闭塞，严重时会发展成心脏病和动脉粥样硬化等症。

要降低胆固醇，可以每天吃一些苹果、橘类水果、干果豆类、豆类制品、木耳、冬菇、胡桃等食物，另外采用少吃多餐的饮食方式，或者每周吃两三次鱼也有助于降低胆固醇。吃燕麦片也能收到很好的效果，每天吃大半杯燕麦片，可以将体内总胆固醇含量降低 4%～ 8%。

脂肪过多导致血液黏稠

年轻人很少会像老年人那样时刻注意养生，而且饮食也不会像他们那样清淡。年轻人经常会摄入含有过高营养和过高脂肪的食物，运动量很大，却又时常忘记给体内补充水分，这样很容易导致血液黏稠。

随着血液的黏度增高，血液会变稠，流动速度也会随之减慢，造成大量脂质沉积在血管内壁，使各器官供氧不足，导致头晕、困倦、记忆力减退。日积月累，当年轻人开始步入中年甚至老年时，这些平时沉积的脂质块与衰老脱落的细胞、细胞碎屑聚集在一起，容易形成血栓阻住血管，使依赖该血管供血的组织缺血与坏死，从而引起脑栓塞、栓塞性脉管炎、心肌梗死等病。

要降低血液黏稠度，可采用多喝水稀释血液的办法。最好是喝凉开水或者有抗凝聚作用的淡茶水，在每天清晨、饭前一小时及睡前两小时饮用。多吃一些蔬菜和水果，降低脂肪。黑木耳具有溶血的作用，长期食用可以有效防止血栓形成。此外，经常吃一些维生素 C，多参加运动消耗脂肪，因熬夜而消耗体液后多补充水分，也都有防止血液黏稠的作用。

尿酸是关节疾病的罪魁祸首

尿酸是构成细胞核核酸成分叫做嘌呤的物质代谢后的最终产物，主要由肾脏排出。如果尿酸产生过多，或者排出不畅，就会沉积在人体软组织或者关节中，容易引起关节处红肿、酸痛、发热，关节变形等。

要调节身体中的尿酸含量，应当多喝水，少饮酒，不要摄入过多的脂肪和蛋白质。肥胖的人血液中所含的尿酸比普通人高，可以用减肥的方法调节，但不要减得过快，每月减一千克较为适宜，否则脂肪分解时尿酸的排泄量也会减少。

要降低尿酸，还可以采用减少嘌呤摄入量的办法。嘌呤含量较低的食物有蔬菜、瓜果、蛋、奶、米、麦等，而含量较高的则有动物内脏、鱼类、虾类、香菇、黄豆、酵母粉等。

乳酸是疲劳的原因

人体在长时间运动或者奔波中容易产生乳酸，它和焦化葡萄糖酸在体内不断积累，会导致血液呈酸性。乳酸积累后，人体会处于一种疲劳状态，腰酸背疼，浑身乏力，动作迟钝笨拙。

要消除这种疲劳，可以在运动后做一些简单的慢跑、伸展运动或做按摩，也可以喝一些醋和果酸之类的酸性饮品，抑制乳酸的产生。对于经常需要在外奔波的人来说，每天喝 30 ~ 40 毫升的醋，或者多喝一些以糯米、新鲜水果为原料酿造的酸性保健饮料，都可以起到调节身体内的环境的作用。

做好眼保健操

眼保健操，也叫眼睛保健推拿，是根据气功、推拿、针灸、穴位按摩，结合医疗体育而创造的一种能增强视力功能的眼保健措施。做眼保健操，是通过按摩引起的温柔刺激，来增强眼部的血液循环，改善神经营养，并运走组织中的代谢产物，有效地消除眼睛疲劳。

由于工作、学习的压力，人们往往过多地用眼，加上灯光、坐姿、疲劳程度等原因，很容易形成近视。而近视眼的最显著特征就是“眼突”。眼在看远处物体时，不需要调节，但在看近处物体时，晶状体的凸度增大，才能看清物体，这样便形成“眼突”。

我们在看书的时候，由于晶状体处于高度紧张的状态，眼保健操能使晶状体从紧张的状态中解除，能充分消除眼睛的疲劳，因此，做眼保健操能有效地预防近视。

含碘盐的鉴别与保管

大家都知道，食盐要吃加碘盐，可是你知道如何鉴别是否是加碘盐吗？

首先，在选购盐时应注意检验一下含碘量。将少许盐放入白瓷碗内，用水拌湿，入微量漂白粉拌匀，再加入少量淀粉，搅拌观察。若盐中含碘，便呈蓝色，含碘越多，蓝色越深，若无碘则呈现暗红色或无色。

碘容易挥发，盐存放时间越长，碘的损失就越大。碘盐应存放在避热、避光、避风和密封性较好的地方，不要放在炉灶旁。家庭使用碘盐应随买随用，一次不要购买太多。

家庭安全从小处着手

浴缸安全：淋浴时，在浴缸外铺上垫子，以免因脚底潮湿而滑倒。

楼梯安全：对楼梯要及时维护，做好防滑处理。

电线与插座安全：墙上用不着的插座应套上安全盖，保险丝的负荷必须与额定电流指数相符。要特别注意别让小孩把手指插入插座内。

家具安全：家具摆设远离易燃物品。

药剂安全：用来灭虫或除臭用的药剂，应装在密闭的容器内，妥善保存，要放在小孩拿不到的地方。

玻璃门窗安全：选择彩色标签贴在玻璃门窗上，以防不慎撞破玻璃。

防火设备安全：家中要配备灭火器。家庭成员要掌握必要的防火知识和应变措施。

液体燃料安全：如酒精、汽油、稀料等少量易燃液体均应附上标签，注明物品名称，并装在密封容器内，放在远离火源的地方。

如何消除头屑

年轻人的头发很容易生成头屑，在许多场合，一头的皮屑会影响到本人的形象，去屑成为漂亮和爱美一族的追求。

市场上去头屑的洗发水广告满天飞，但效果各异。下面教你几个偏方来去头屑。

1. 陈醋洗头。取陈醋150毫升，放入温水中搅拌均匀，洗头，每天1～2次，能有效去头屑，还对头发分叉、脱发等有显著作用。

2. 盐硼砂洗头。取食盐、硼砂各少许，放入盆中加温水调和至溶解后洗头，可以减少头屑、止痒。

3. 葱泥打头。先将洋葱捣成泥状，用纱布包好，用它轻轻拍打头皮，直到洋葱汁均匀地敷在头皮和头发上为止。过几小时后，再将葱泥洗掉，去屑效果明显。

4. 应用其他中药类产品。

多用左手可防中风

日本医学家经调查分析认为，因脑血管破裂出血而发生中风者，与在日常生活中多使用右手有直接关系。这是因为一半以上的患者是大脑右半球微血管发生破裂出血。

大脑神经所支配的肢体是交叉的，即左脑支配右半侧身体，右脑支配左半侧身体。平时人们习惯用右手，会使大脑左半球神经的功能和血管的弹性不断得到锻炼和加强，微血管不易发生破裂。左手使用少，大脑右半球神经的功能和弹性就不及大脑左半球那样得到锻炼和加强，使得在血压增高和血管变硬变脆的情况下，容易发生微血管破裂。由此，专家们认为，老年人在日常生活中能有意识地多使用左手和左脚，多活动多锻炼左侧肢体，能增强大脑右半球血管的弹性与功能，有助于预防中风。

劳累后喝点醋可缓解疲劳

不常活动的人，突然劳动或运动过度，会出现肌肉酸痛的现象。原因是劳动、运动使新陈代谢加快，肌肉里的乳酸增多。如果吃点醋，或在烹调食物时多加些醋，则能使体内积蓄的乳酸完全氧化，加快疲劳的消失。除了多吃点醋之外，吃些含有机酸类多的水果也有效。

运动后不宜马上洗热水澡

专家认为，运动的时候，由于肌肉要用劲，流向肌肉的血液增加，心跳也增加，以适应运动所需。运动后，加快了心跳和血液流动，仍会持续一段时间。如果立刻洗热水澡，会使流向肌肉和皮肤的血液大量增加。结果可能使剩余的血液不足以供应身体其他器官需要，尤其是心脏和脑部，导致心脏病突发，或脑部缺氧。

防心病，早检查

美国心脏学会在最新的预防心脏病与中风指南中建议，应从20岁起就进行心脏病预防检查，至少每两年对血压、体重质量指数、腰围、脉搏和胆固醇指标检查一次。起草这一指南的负责人皮尔逊说："心脏病实际上在人十几岁时就开始形成了，不过尽早改变不良习惯还是有可能预防的，预防的可能性还很大。"

保护好你的胃

饮食是提供机体营养、维持生命活动所不可缺少的。当今社会，由于工作和学习压力大，节奏快，饮食可选择的种类越来越多，年轻人常常几顿饭都凑合着吃，然后再暴饮暴食等，伤了自己的胃，导致了胃病的发生。

年轻朋友应当形成合理的饮食习惯，注意改掉以下几种不良习惯：

1. 暴饮暴食。胃肠的活动和消化液的分泌形成是有昼夜节律的，人的饮食必须定时定量，避免饥饱失常。

2. 狼吞虎咽。别像猪八戒吃人参果一样，连有核没核都不知道就将美食吃下，应该养成吃饭细嚼慢咽的习惯。现代医学认为，咀嚼越细，越有利于消化和吸收。相反，如果过硬、过粗糙的食物没有嚼碎即下咽，则有可能导致胃溃疡。

3. 过冷过热。吃过热食物，可以引起胃黏膜充血甚至糜烂而发展成胃病。多吃生冷寒凉饮品，可引起胃及血管收缩，胃的蠕动和分泌发生紊乱，日久就会导致胃病发生。

4. 各种刺激性食物。如烈酒、辣椒、蒜、姜甚至浓茶、浓咖啡等都可能破坏胃黏膜，导致胃黏膜充血、水肿，甚至出血、糜烂。长期饮酒或一次饮烈酒过量，有可能发生急性胃黏膜炎症。

另外，其他诸如难以消化的脂肪食物、不新鲜不干净的变质食物等，也不要进食。

总之，吃饭有规律，讲卫生，多吃水果蔬菜少吃肉，是预防胃病的好办法。

治偏头痛六法

偏头痛俗称偏头风。西医称"血管性头痛"。患者头部一侧或双侧涨痛，呈搏动或持续性频繁发作，主要是由于颅内动脉收缩、扩张引起，多见于女性。采用食物治疗，有显著疗效，下面介绍几则：

1. 白萝卜汁滴鼻

鲜白萝卜一个，捣烂挤汁，滴鼻。在滴液中也可溶入冰片 1.5 克再用。滴后应保持 20 分钟汁不外流，1 日 2 次。

2. 葱姜泥敷痛处

鲜葱 3 棵，姜皮半酒杯，酒糟 1 杯，共捣拌匀，敷于痛处。

3. 辣椒树蔸煎水

辣椒树蔸十个，洗净，水煎加糖服。

4. 热水泡双手

洁净热水一盆，把双手浸入。水量以浸过手腕为宜，并不间断地加些热水，以保持水温。浸泡半小时后，痛感可减轻，甚至完全消失。

5. 服丝、苦瓜藤

丝瓜藤、苦瓜藤炒枯碾末，每次用开水送服 10 ～ 12 克。

6. 服"中药"小方

甘菊花、石膏、川芎各 10 克，研末，

每服3克，清茶送下。

鼻塞家疗五法

感冒和鼻塞是常见病证。严寒冬季，室内外温差大，稍不留意易感冒。外出锻炼完，或干活中间休息，若不及时保暖，也易鼻塞头疼。现介绍鼻塞家庭疗法5种。

1. 侧卧按摩法

左侧鼻塞向右卧，右侧鼻塞向左卧，用双指夹鼻按揉双侧迎香穴1～2分钟，鼻塞可除。

2. 填充法

将葱白捣烂取汁渗入药棉内，将药棉塞进鼻孔，或将大蒜瓣1个削成比鼻孔稍小的圆柱形，用薄层棉花或纱布包好塞入鼻孔，效果也不错。

3. 煎熏法

将葱白一小把或将葱头（洋葱）三四个切碎煎汤，用鼻吸热气，或将食醋烧开吸醋气，疗效都较好。

4. 热敷法

用热毛巾敷鼻，或用电吹风对着鼻孔吹热风，吹双侧太阳穴、风池穴、大椎穴，鼻塞可解。

5. 变位法

这种方法适用于婴儿，婴儿鼻塞时，常哭闹不停，这时可将婴儿竖直抱起，很快便能安然入睡。

巧方治“电视眼”

好的电视节目，能使您流连忘返，甚至为之感动和落泪；长时间观看，往往会导致“节日电视眼”，即眼睛胀痛、视力模糊、眼角干涩等症状，为此向您介绍几种巧妙对付节日“电视眼”的小窍门。

1. 快速眨眼。缓慢地深呼吸，当吐气时，快速地睁眼和闭眼，而且慢慢地把气吐尽。

2. 瞅鼻尖。缓慢地深呼吸，当你吸气时，将眼睛做斗鸡眼状看着自己的鼻尖并同时看到鼻子的两边。当你吐气时，眼睛放松恢复正常，看远方的物体，并慢慢把气吐尽。

3. 按压穴位。闭上眼睛，把拇指放在太阳穴上。用食指第一节和第二节关节间的指腹，平稳地触压眼窝上缘和眼窝下缘，方向是从鼻子往太阳穴进行。

4. 灯光治疗。紧闭眼睛，放松，坐在距灯约15厘米远的地方，灯泡最好用150瓦的。轻轻地摆头，从一侧到另一侧。使眼睛沐浴在温热的灯光中。

5. 热敷冷敷交替治疗。闭上眼，用热毛巾捂30秒钟，然后用一条长毛巾浸到冰水里，捂眼睛，重复几次。

快速止鼻血三法

有的人无原因地经常流鼻血，有的时候堵也堵不住。流血过多，常引起头晕眼花，脸色苍白，非常让人紧张和害怕。快速止血非常必要，止血后再去看医生。现介绍3种办法。

1. 勾中指快速止鼻出血

鼻子流血时，只要自己两只手的中指互相一勾，即可在数十秒内止血。幼儿不会用双手中指互勾，大人可用自己两中指勾住幼儿的左右中指，同样可止血。

2. 香油防治流鼻血

每晚睡前，用棉签蘸点香油，涂于鼻孔内壁，涂时最好慢慢地向鼻后部位，尤其是鼻中隔处涂，因此处血管丰富，黏膜很薄易出血。

3. 刺儿菜根可止鼻血

将一把刺儿菜根用白布包好把水挤出来，喝下去，鼻血会立刻止住。而且不易再犯。也可用冷水清洗鼻腔，持续1～3分钟，洗完脸后，再用两中指在鼻侧上下按摩20次左右，每天1～2次，坚持一段时间后，可收到明显效果。

治高血压病六法

1. 刺儿菜能治高血压

将从农田里（秋后时期最好）采来的刺儿菜200～300克洗净（干刺儿菜约10克），加水500克左右，用温火熬30分钟左右（干菜时间要长些），待熬好的水温晾至40℃左右时，一次服下，把菜同时吃掉更好。每天煎服一两次，一周可显效，常喝此药，即可稳定血压。

2. 干老玉米胡子可治高血压

从自然成熟的老玉米穗上采“干胡子毛”（即雌花的细丝状干花柱）50克，煮水喝，可以有效治疗高血压。如依方连吃两剂，有的人即中断了常服的降压药，头晕、头痛等症状消失。

3. 芥末煮水洗脚可降压

芥末面250克（副食店有售）分成三等份，每次取一份放在洗脚盆里，加半盆水搅匀，用炉火煮开，稍放一会，免得烫伤脚，用此水洗脚。每天早晚1次，1天后血压就可下降，再用药物巩固一段时间，效果更好。此方无副作用。

4. 葡萄汁送服降压药效果好

用葡萄汁代替白开水送服降压药，血压降得平稳，不出现波动。依据是，加拿大西安大略大学研究者的文章，用葡萄汁送服药物，血液中药物含量比用开水服药时明显增加。但用柑橘汁服用时，就没有这种效果。

5. 明矾枕头可降血压

取明矾3～3.5千克，捣成花生米大小的块粒，装进枕芯中，常用此当枕头，可降低血压。

6. 鲜藕芝麻冰糖治高血压

鲜藕1250克，切成条或片状，再将生芝麻500克压碎放入藕条（片）中，再加入冰糖500克，上锅蒸熟，分成5份，凉后食用。每天1份，一般服用1副(1份)即愈。

治口腔溃疡妙招

老年人易患口腔溃疡，常常影响进食、说话，尤其是在进食刺激性食物时则更加痛苦。

用硫酸庆大霉素液局部外擦治疗口腔溃疡效果甚佳。方法是：先用温开水将口腔漱净，取一支8万单位的硫酸庆大霉素启开，用消毒棉球蘸药液直接涂于口腔溃烂部位，闭嘴10～15分钟。每日早晚各1次，一般擦药3次见效，连续用药3～5日即可痊愈。

防治口干舌燥三法

1. 莲子心水可防治口干舌燥

将莲子心用开水沏，不要过浓也不要过淡，日饮三次可预防口干舌燥、虚火上升、嗓子疼痒、声音嘶哑、头脑昏沉等。同时还可治疗咳嗽。

2. 吃枸杞子治夜间口干症

每晚吃枸杞子30克，嚼得越烂越好，要坚持不断。但应指出，对长期口干的老年人，应进一步检查，例如有人患癌症，也有口干的现象，请万万莫大意。另外，对糖尿病或老年人因津液分泌减退而感到口干者，尤其在夜间，可将枸杞子洗净备用，需要时取一粒含在舌心上，几秒钟后，就会从舌根生出津液，解除了口中干渴。入睡前含人，一夜不用喝水。

3. 蜂蜜加米醋治咽干舌痛

每天早晚各一次，每次1匙蜂蜜、2匙米醋，冲一大杯开水，连续喝几个月就会好转，同时大便异常也能恢复正常。

治牙痛三法

1. 二锅头鸡蛋治牙痛

将二锅头酒倒入碗内，放生鸡蛋1～2个，白酒的液面至鸡蛋的2／3，用火柴点燃白酒，用木筷翻动鸡蛋几次，约20分钟左右，以鸡蛋壳焦而不破，用筷子能夹起为最好。鸡蛋熟后去皮趁蛋热入口，在病牙处反复咀嚼后再咽下，一般5分钟左右见效。

2. 五倍子治牙痛

取五倍子（中药店有售）2枚水煎含漱，几分钟后就不觉疼了。

3. 用韭菜籽的烟治牙疼

50克左右陈旧韭菜籽，一块直径约5厘米大小薄而平的砖片，一个用硬纸做的一头大（直径大于5厘米）一头小（直径几毫米）高约20厘米的喇叭筒。将砖片放火上烧红，平放在铁板或石块上面，立即用手捏一小撮韭菜籽（几十至几百粒种子），撒放在烧红的砖片上，韭菜籽遇热，立刻燃烧冒出白烟，散发出特殊气味。此时，立即用纸喇叭筒大口罩住砖头片，烟便集中从喇叭筒小口冲出，张开嘴，将患牙对准喇叭筒小口接受烟熏，烟到疼除，熏完即可进食。对牙疼引起三叉神经疼的重症疼痛，用此法非常灵验。每日早晚各熏一次，连续两天，牙疼全除，恢复正常。注意不要烫着手，操作时动作要快，不然韭菜籽燃烧出的烟散失太多，只有重复多次才有效果。

牛肝粥治蝴蝶斑

蝴蝶斑，医学上叫黄褐斑，长在面部鼻的两侧面颊部，非常影响美观。脸上长蝴蝶斑的人，心理负担很重，尤其是中青年人，并且在医疗上没有什么有效的治疗方法。民间验方牛肝粥消蝴蝶斑，屡见成效。现介绍牛肝化斑粥方剂如下：牛肝500克、白菊花9克、白僵蚕9克、白芍9克、白茯苓12克、茵陈12克、生甘草3克、丝瓜30克（后六味放入纱布包内）、大米100克，加水煮成粥，至约500毫升，捞出药包，分两日服用。吃肝喝粥，每日早晚各服1次，每个疗程10天，中间隔一周，连服3个疗程，无任何副作用。

治疗少年花白头及黄发二法

1. 何首乌加生地可治青少年花白头及黄发

每次取何首乌12.5克、生地25克，先用白酒涮一下药，再放入茶杯内，用开水冲之，每天当茶饮，连续服用。水没色了换新药。半年后，头发会变黑，脸色红润。一年后，满头黑发。如果能再坚持一段时间，不反复时再停药最佳。

2. 乌发丸治少白头

生地60克，熟地60克，丹参60克，侧柏叶60克，旱莲草30克，桑叶30克，女贞子30克，黑芝麻60克，何首乌60克。将以上诸药研制成蜜丸，每丸9克，每日服3丸，一般连服3个月至半年左右，可望见效。

由于头发当中的色素颗粒是含有铁、铜、钴的混合物，因此白发者在日常生活中，要多食一些含有这些元素的食物如小油菜、芹菜、海带、黄豆、紫菜、猪肝、鸡肝、桂圆、黑木耳等。

治胃寒三法

1. 鲜姜、白糖治胃寒痛

鲜姜500克（研细末），白糖250克，腌在一起，每日3次，饭前吃，每次吃1勺（普通汤匙），坚持吃一星期，一般都能见效。如没彻底好，再继续吃，直至好为止。

2. 白酒烧鸡蛋治胃寒

二锅头白酒50克，倒在茶盅里，打1个鸡蛋，把酒点燃，酒烧干了鸡蛋也熟了，早晨空腹吃。轻者吃一两次可愈。注意不加任何调料。

3. 吃苹果可缓解胃酸

有的人在冬末春初，遇阴冷天或饮食不当，常泛胃酸，很难受。如果此时吃一个或半个大苹果，胃会很舒服。

吃笋小知识

选购春笋以质地鲜嫩，黄色或白色为佳；毛笋以整齐色白，细嫩为佳；行边笋以质嫩、色嫩的为佳；冬笋以黄中略显白的为好。

竹笋是鲜菜，越新鲜越嫩，吃起来口感越好，因此保鲜很重要。只要买回竹笋后在切面上涂抹一些食盐，然后将它放入冰箱中冷藏就可使其吃起来鲜嫩爽口。

冬笋的存放主要是防止水分丢失，可按以下法存放：

1. 选完整无伤的冬笋，放入塑料袋中，扎紧袋口，可存放一个月不变味。

2. 装箱保存。在木箱底层铺2～3寸湿黄沙，把冬笋尖朝上摆好，然后再用湿黄沙埋好并将沙子拍实，放在阴凉通风处，可存放1～2个月。

煮竹笋时，加放少量芝麻酱，不仅易软烂，而且芳香可口。

竹笋有涩味，吃时将其连皮放在淘米水中，加入一个去籽的红辣椒，用温火煮好后让它自然冷却，再取出来用水冲洗，涩味就没了。

除蟑螂小窍门

天热潮湿易生蟑螂，蟑螂会爬会飞，杀灭不容易。教您几个小窍门：

1. 洋葱驱蟑螂。蟑螂怕切开的洋葱的刺激味，如果您放一盘切好的洋葱片在蟑螂出没处，保证蟑螂立即逃走。

2. 糖水瓶子捕蟑螂。用罐头瓶1～2个，放3匙糖水加开水化开，将瓶放在蟑螂出没的地方，蟑螂闻到香甜味，就会掉进罐头“陷阱”。此法用于蟑螂少时。

3. 桐油灭蟑螂。买150克桐油，熬成黏性胶体，涂在木板或纸板上，中间放上带油香味的食物作诱饵，蟑螂一上来觅食，立即被粘住。

4. 配毒饵杀蟑螂。取硼砂、面粉各一份，糖少许，调匀做成米粒大的诱饵，蟑螂吃后即毒死。注意别让幼儿或宠物吃到。

5. 蟑螂怕鲜黄瓜和鲜桃叶，若是食品柜中有蟑螂，可放鲜黄瓜片或鲜桃叶，蟑螂闻到气味便避而远之。

第二章　自然健康生活保健常识

民间常用的捏脊疗法

捏脊是一种简单易行的民间疗法。主要治疗小儿因营养不良、消化不良、消化功能紊乱而产生的食欲不振、腹胀、呕吐、腹泻、便秘等症。具体做法是：让病人卧床或端坐。操作者将双手握成空拳状，沿脊柱两旁，用拇指、食指两个手指将皮肤提起，由长强穴起顺背部正中，自下而上，拇指和食指交替捏提，向前推进至大椎穴为止，依病情轻重重复3～5遍，每天1～2次，6天为一疗程。捏脊宜在清晨空腹时进行，操作者双手用力要均匀，捏拿皮肤的厚薄松紧要适度，一般捏起皮肤高度在0.5～1厘米为宜。捏脊疗法对患有心脏病者及背部化脓感染者不宜采用。

从事家务也健身

对担心发胖、影响形体美的女青年来说，养成勤快的好习惯，尽可能操持点家务活将受益匪浅。因为短时间内强度极大的剧烈运动，使身体处于供氧不足的状况，所消耗的不是体内多余的脂肪而是糖，故而并非控制体重的有效办法。至于盲目节食就更非良策，而家务活是经常性的，持续的时间长，可发挥体内多余的脂肪分解功能，倒是减肥和防止发胖的妙方。并且这样还可以减轻家人的负担，融洽家庭成员之间的感情，何乐而不为呢。

坐浴巧治病

坐浴是指病人取坐位，将臀部浸入药液中洗涮。坐浴前，病人先排尽大小便，洗净手，将裤子脱至膝盖部露出臀部，使臀部完全浸入药液中，并用消毒纱布轻轻擦拭局部伤口。坐浴盆选择搪瓷盆最好，放入1/3～1/2盆水，待水温凉至38～42℃时，加入药物高锰酸钾结晶配成1:5000的浓度(溶液呈浅红色)。坐浴可使局部血管扩张，减轻充血，可以清洁伤口，利于分泌物的引流，从而消除炎症，促使伤口愈合。凡属肛门疾病均可采取坐浴疗法。

蒸气浴健身法

蒸汽浴可使人体大量出汗，可引起神经系统、血液循环、心率和呼吸等方面一系列变化。蒸汽浴的温度应保持在32～43℃，这样可以增加肺活量，使血乳酸浓度明显降低，如过热，效果不佳。蒸汽浴可分3次进行，每次5～7分钟，每次蒸后冷淋浴20～30秒钟，做完最后一次蒸汽浴要休息10分钟。如果条件允许，最好再在水温25℃的游泳池里游几百米泳。

海水浴

海水浴对人体起着综合性的医疗和锻炼作用。在天气最暖的时候，海水的温度也比人体的温度低11～12℃，因此，当人体浸入海水时，皮肤血管就会收缩，然后又扩张，这对体温调节器官是很好的锻炼。此外，人体在海水中受到机械作用：小的压力及海浪的冲拍，有助于血液及淋巴液的流通及在体内循环，从而给心脏的工作创造了有利的条件。其次，对人体起作用的还有海水中所含的矿物盐、微量元素，溶解于海水的气体等，这些温度的、机械的以及化学的刺激因素，再加上新鲜的空气、太阳辐射、大海景色引发的舒畅心情，十分有益于人体健康，使人的新陈代谢、心血管系统、呼吸系统以及神经系统的功能都得到改善，同时还可以提高因寒冷所致疾病的抵抗力。海水浴不仅可以健身，对那些呼吸道、心血管和神经系统有病的人也是一种良好的治疗手段。

温泉的物理作用

温泉的作用主要体现在其机械作用和温度作用上。实验证明，在温度及机械因子综合作用的影响下，可出现表皮及真皮增厚，在表皮的生发层以及颗粒层内均有许多细胞增生，结缔组织层内纤维的数量及体积均大大增长。同时，对感觉神经能起镇静止痛作用，缓解肌肉紧张，帮助消除疲劳，使人感到温暖舒适。

温泉浴

温泉浴可活化细胞功能，增强肝脏解毒能力，提高免疫力，提高机体氧化还原功能，抵抗自由基的生成，提高解毒和排毒能力，促进代谢产物的排出，调整自主神经使之正常化，这是治疗慢性疾病和保健防病的重要基础。

温泉治疗各种疾病：

1. 肌肉关节病变：风湿病性关节炎、腰椎间盘突出症、颈椎病、肩周炎、腰肌劳损、坐骨神经病等。

2. 心血管疾病：高血压、高脂血症、非胰岛素依赖型糖尿病。

3. 消化系统疾病：胃十二指肠溃疡、胃酸过多、胆石症及外痔、肛裂。

4. 皮肤病（非传染性）：神经性皮炎、湿疹、皮肤瘙痒症、脂溢性皮炎等二十余种。

5. 生殖系统疾病：如妇科盆腔炎、慢性附件炎及男性前列腺增生。

泡温泉健身的化学作用

从现代科学分析，按化学成分，温泉可分为主要含钠、钾、钙、镁、铁、碘、重碳酸盐、硫酸盐、硅酸盐、碳酸气体、硫化氢气体、放射性元素氡等不同的矿泉。所以，温泉分为很多类型，如碳酸泉、碱泉、食盐泉、单纯温泉及放射性矿泉等。温泉水中的阴阳离子、游离气体、微量元素及放射性物质不断刺激体表及体内感觉器，将刺激传向大脑皮层，改善中枢神经的调节功能，有助于消除肌体的病理过程，从而恢复健康。

洗脚健身

春洗脚，升阳固本；夏洗脚，除温邪；秋洗脚，润肺腑；冬洗脚，暖丹田。用稍高于体温的水洗脚，对于五脏六腑有益：洗时不断按摩脚趾、脚掌心，可疏肝健脾，增加食欲，治肝脾肿大，治便秘、胁痛，小儿遗尿，并矫正妇女宫体位置，治胃虚体弱，活跃末梢神经，增强记忆，使周身均感轻快。

盐疗的作用

盐作为生命所必须的物质，在中国的远古时代，就已经被作为一种生活必需品，运用到人民日常生活当中。

随着盐的广泛使用，人们逐渐发现盐不仅具有调味功能，还具有较好的养生保健效果。

盐疗作为一种养生的休闲方式，它到底具有哪些保健价值呢?

盐疗作为近年来兴起的一种新兴保健养生方式，它对人体具有促进血液循环、排出体内毒素、柔肤美白的保健功效。再通过与一些中药材的结合使用，部分盐疗对慢性疾病具有一定的防治功效。盐的美容效果是非常容易理解的。首先，盐本身就具有消炎、杀菌的效果，对皮肤疾患有较好的治疗作用。同时，盐能够促进血液循环，加速新陈代谢，使皮肤的代谢周期加快，从而达到改善肌肤代谢、祛斑、美容的效果。

盐疗的方法

盐疗主要是通过洗、泡、蒸、按摩这几种手段来实现保健养生的目的。首先，通过使用盐疗洗浴产品清洁身体，然后利用相应的盐疗产品，通过泡、蒸、按摩等手段来加速身体的新陈代谢，达到保健养生的目的。

家庭自制盐疗产品

在家里自制一些盐疗产品是可以的，但需要结合其他产品使用。比如沐浴，如果采用泡浴的形式，可以将盐溶解在水中，同时结合个人喜好，加入一些牛奶、精油、沐浴液等配套产品共同使用。如果采用淋浴的形式，则可将浴盐与沐浴产品结合在一起，充分按摩身体，在盐粒充分溶解后，冲洗，达到盐疗保健的效果。

说说沙疗

沙疗的方法：病人或躺或卧，或跪或坐，将半身埋在滚烫的沙子里，在骄阳下进行日光浴。沙疗对各种类型的关节炎、慢性腰腿痛、坐骨神经痛及脉管炎疗效较好。

冰疗止关节痛

用冰袋裹在膝盖上止痛治疗风湿性关节炎是一种省钱省事的方法。具体做法是：取适量冰块加1/4水，与冰块混合装入塑料袋中，用冰袋敷患处，一天3次，每次20分钟，可止痛。

黑泥保健法

用矿物泥美容在国外非常流行，泥中的矿物质成分丰富，包括钾、钠、镁、钙、碘等，而海泥中还有丰富的维生素A、B、C、E等，可以补充和均衡皮肤中的矿物质和营养，养护皮肤。矿物质泥并不是死海才有的专利，其实，每个国家都有不同疗效的泥土，这些泥土主要可以起到两大功效：美容和保健。黑泥也是矿物泥的一种，是从多年的盐池底部挖掘出来的，经过加工，祛除其中有毒成分后，才提供给消费者使用的。黑泥主要是由老化的盐藻、小球藻、海洋矿物泥等物质组成，含有丰富的矿物质、微量元素、氨基酸等。黑泥一方面具有较高的保健价值，能够美白、柔滑肌肤，同时在享受黑泥康体项目中也能获得许多童年的乐趣，让人有返璞归真的感觉。

深海泥与健康

近年来，用深海泥做美容成了一件非常时尚和流行的事情。矿物泥美容虽然效果显著，但是因为每个人的皮肤吸收矿物质的程度不同，选用矿物泥美容产品时还应该循序渐进，并且避开皮肤敏感部位。

矿物泥养颜

美容所用的矿物泥颗粒都是非常细的，如黏土一般不会损害到皮肤。这种矿物泥可以吸收脸部的油分，让脸部皮肤变得清洁和干爽；在矿物泥干涸收缩后，收缩的压力会将脸部痘痘内的油脂和皮肤的分泌物“赶”出表皮。

矿物泥养颜美容既可以在美容院完成，也可以在家自己动手制作。现在许多精明的商家已经研制出了使用方便和携带方便的矿物泥面膜等产品，可以让你随时随地享受矿物泥带来的美容体验。

1. 先用温水洗脸，让脸部的肌肉放松，毛孔充分张开。

2. 把矿物泥面膜均匀地涂到脸上，注意避开眼睛四周。

3. 涂上面膜后，可以躺在椅子上休息或看看书，幻想一下死海边的情景，等待面膜的风干。

4. 5～8分钟左右，把干透的面膜用温水冲洗干净。

5. 在脸上轻轻拍打上爽肤水，补充脸部肌肤的水分。

泥浆面膜美容法

泥浆面膜对深层清洁皮肤和清除皮肤上的油脂特别有效，尤其适合油性肤质的人使用，每周使用的次数不宜太多，两到三次是比较合适的。矿物泥面膜深层清洁和去除死皮会让皮肤变得有些干燥，中性及干性肤质的人最好减少使用的次数，以免皮肤变得更加干燥。另外，使用矿物泥面膜的时候要注意避开眼部四周幼嫩的肌肤，否则容易让眼部出现皱纹。

矿物泥美体法

使用矿物泥美体也是一项十分流行的项目，因为这不但有“美”的功效，还有保健的作用。

最开始，人们用矿物泥进行“泥浴”，将泥浆涂满全身，躺在海滩上晒太阳，直到泥浆干裂从身体上剥落下来为止。由于这种方法有一定的局限性，现在已经很少用了，比较流行的方式是用热的泥浆敷在皮肤上，帮助松弛肌肉，清洁毛孔，去除体味，补充肌肤所需要的水分和有机矿物质，不但可以让皮肤变得柔软滑嫩，还有美白、收紧肌肤等多种功效。

矿物泥美体的工程比较“浩大”，一般需要在美容院里完成。

1. 检测体温、血压、皮质，根据不同皮肤类型进行不同的矿物泥美体。

2. 沐浴完之后，用浴盐按摩肌肤，去角质，让皮肤放松。

3. 涂抹矿物泥，让泥在身上停留大约20分钟。

4. 到风干室把泥吹干。

5. 通过淋浴把身上的泥冲洗干净。

6. 用润肤露滋润全身肌肤。

享受矿物泥的禁忌

死海泥、黑沙泥、冰河泥、火山温泥等，不同的泥有不同的功效。比如说，死海矿物泥能深层清洁，去除死皮和唤醒肌肤，有助于清除身体毒素和滋润肌肤，能吸附多余油脂及毛孔内的不洁物，从而平衡油脂分泌，改善毛孔粗大、粉刺等肌肤问题。而黑沙泥则直接作用于真皮层，使皮肤表面死皮脱落加速、真皮层细胞分裂，减少皱纹，推迟衰老周期。在进行矿物泥美体前应该让美容院的工作人员判断你适合用哪种泥，不可盲目选择。另外，患高血压、心血管等疾病者不适宜做矿物泥美体，在矿物泥美体过程中，如果出现头晕、心悸、恶心呕吐等情况，应当立即停止。

饮用小麦茎叶汁

病人每天吃一些新鲜的，不经加工或加热的食品，如新鲜的水果、坚果、芝麻、葵花籽、小麦茎叶的汁和新鲜蔬菜，可有助于康复。用小麦茎叶的汁医病是有科学根据的，小麦茎叶汁中可以分离出一百多种营养素，其中的脱落酸就有抑制肿瘤生长的作用。因此，小麦茎叶汁有“绿色的血液”的美名。

色彩辅助疗法

据科学家们研究，色彩可以治病：红色可以提高病人的食欲；褐色能使低血压患者血压升高；冷色可以使激动的病人安静；橙色可使神经衰弱病人振奋；浅蓝色可以帮助患者退烧；紫色对孕妇有镇静作用。可根据病情选择适当色彩予以辅助治疗。

氧疗

氧气是心肺类药物，氧气治疗是重要的医疗手段，应在医务人员或专业人员指导下使用。如果未能做到规范、安全用氧，不但不能改善病情，还可能对患者产生不良后果。

氧疗用户需要明确了解氧气的供应来源、给氧方式、每日吸氧时间、疗程以及在静息、活动以及睡眠时的吸氧流量，这样才能真正做到科学用氧。

对于已经伴有低氧血症的慢性阻塞性肺疾病患者，需要全天至少吸氧 15 小时，使动脉血氧分压至少达到 60 毫米汞柱，方可获得理想的治疗效果。

养花最“安心”

养花是一项最“安心”的活动。各种花卉由于经过长期的自然选择和人工培养，形成不同的生态习性，这就要求养花者不急躁，顺应其习性，创造适应其生长的环境。

无疑，培养“安心”的情绪对战胜慢性病大有裨益，具有调节神经中枢和杀菌的功能。养花能通过培养“安心”而产生疗效。

睡眠也治病

睡眠在人的生命中占有极其重要的地位，现代科学称睡眠为天然补药。实验证明，动物可以 30 日不食，却不能 10 日不眠。从医学上讲，睡眠时间的长短因人而异，青壮年人睡眠较多，老年人睡眠较少，体力劳动者睡眠较多，脑力劳动者睡眠较少。在实际生活中，常有这样的情况，某些人即使是睡 8 小时，起床后仍然无精打采，相反，另一些人虽然只睡 6 小时，醒来后却轻松愉快。这是因为睡眠是有节奏的，能掌握节奏，效果就好，反之就差。一般来讲，上床半小时之内能入睡者为最佳，如躺在床上辗转反侧睡不着，则不应硬睡，可冲一杯热牛奶喝下再睡，或到外面散散步再睡，可有一定效果。

蜂疗

利用蜜蜂及其产品供人体医疗保健的方法称蜜蜂疗法，简称蜂疗。蜜蜂疗法是一种自然疗法。中国幅员辽阔，蜜蜂资源丰富，养蜂历史悠久。自古以来，蜂疗在中国传统医学和民间医疗保健中占据重要地位。

水蛭治疗疾病

水蛭，又名蚂蟥。我国古代医药书上记载，把饥饿的蚂蟥装进竹筒里，扣在洗净的皮肤上，让它吸脓血，可治疗脓瘤和血肿。将蚂蟥晒干，研成粉末，制成中药，可治疗跌打损伤。

神奇的蚁疗

蚁疗，即应用蚂蚁进行治疗、保健、养生，是用蚂蚁（拟黑多刺蚁）的均衡营养、平衡机体、异病同治、药食两用的特质，融合蚂蚁滋补营养、健脾补肾、通经活络、益气活血、双向调节免疫、抗病毒、抗炎镇痛镇静等功能，治疗风湿、类风湿、乙肝、咳喘、糖尿病等虚损性疑难杂症。蚁疗还能均衡营养平衡机体，提高免疫力，提高耐力抗疲劳，增强性功能。蚁疗的主要功能和适用人群：

1. 风湿骨痛人群，防治风湿、类风湿关节炎、肩周炎、强直性脊柱炎、半身不遂、颈椎病、坐骨神经痛、骨痛、骨头坏死；

2. 保肝护肝，防治乙型肝炎、脂肪肝、酒精肝、胆囊炎等；

3. 止咳平喘，防治哮喘、咳嗽、急慢性支气管炎、支气管扩张、慢性咽炎、肺气肿、肺心病、痨伤、百日咳等肺、脾气虚证；

4. 补肾强身、滋阴壮阳、填精固髓、增强性功能，防治阳痿、遗精、前列腺炎，女子性冷淡、月经不调、子宫寒冷、产后风、产后缺乳；

5. 均衡营养机体、双向调节免疫，防癌抗癌、延缓衰老；

6. 调整血压、软化血管、防治心脑血管疾病，如冠心病、糖尿病、高血压、高血脂、动脉硬化、心绞痛、心肌梗死、心力衰竭、手脚麻木、中风前兆、胸闷胸痛、心律失常等；

7. 补气益血，提高耐力抗疲劳，改善心慌气短、头晕目眩、耳鸣、晕厥、面黄肌瘦、四肢无力等症状；

8. 痔疮、便秘；

9. 红斑狼疮、病后脱发、少白头。

鱼疗

鱼疗是利用某些鱼来吸食人体新陈代谢的死皮并能把残留在人体表皮毛孔中的垃圾和细菌吸出。使人体变得通透，去除在人体日积月累的沉积细菌、病毒，同时使人体充分吸收温泉中的矿物成分，达到祛病的目的。

简易“瑜伽”健身法

“瑜伽”是古印度佛教中的术语，意即修行，主要强调调息、静生等修行方法。国外施行的瑜伽锻炼法的要点就是使“身体伸长”，恢复和保持优雅、健美的体态，促进骨骼的生长。锻炼方法如下：

身体直立，两腿并拢，收紧肛门，挺直背部。在呼气的同时将两手臂举向头上，左右两手互相握住肘部，保持这个姿势，反复进行脚跟离地，着地运动。离地时吐气，以脚尖着地，重心落于双脚拇趾，收紧骨盆，脚跟着地时吸气。

这套锻炼法的重点在于，注意力要集中在背部，身体好像由上面牵引似的向上。

磁疗

以磁场作用于人体治疗疾病的方法。磁场影响人体电流分布、荷电微粒的运动、膜系统的通透性和生物高分子的磁矩取向等，使组织细胞的生理、生化过程改变，产生镇痛、消肿、促进血液及淋巴循环等作用。磁疗的常用方法有：①静磁疗法。用于穴位和病变局部。②动磁疗法。又称旋磁和脉动磁疗法。③磁化水疗法和磁针疗法等。临床常用以治疗软组织损伤、表浅血管瘤、乳腺增生、神经痛、胃肠功能紊乱等。

五行磁吸针疗法

五行磁吸针疗法是用一种特制的磁疗针具（各大医疗器械商店有售并附操作指导材料）治病的方法。它利用负压吸附原理，用磁针点压在穴位上，使磁力透入人体，刺激穴位，激发人体生物电磁感与经络传导信号，以达到疏通经络，活血化瘀，消除病痛的作用。是一种集针灸、点穴、磁疗、负压，药物渗透于一体而又无刺痛创伤的家庭治疗方法。

电疗

电疗是利用不同类型电流和电磁场治疗疾病的方法，是物理治疗方法中最常用的方法之一。主要有直流电疗法、直流电药物离子导入疗法、低频脉冲电疗法、中频脉冲电疗法、高频电疗法、静电疗法。不同类型电流对人体的主要生理作用不同。直流电是方向恒定的电流，可改变体内离子分布，调整机体功能，常用来做药物离子导入；低、中频电流刺激神经肌肉收缩，降低痛阈，缓解粘连，常用于神经肌肉疾病，如损伤、炎症等；高频电以其对人体的热效应和热外效促进循环，消退炎症和水肿，刺激组织再生，止痛，常用以治疗损伤、炎症疼痛症候群，大功率高频电可用于加温治癌；静电主要作用是调节中枢神经和自主神经功能，常用于神经官能症、高血压早期、更年期症候群。

风疗

风不但能够使人发病，还可用于治病。古代为什么没有提出风疗呢？原因是古代没有办法把风加热，所以，用现代技术能够实现热风、冷风的治疗。

风的特点，中医认为："风为百病之长，善行而数变，风为阳邪，其性走窜，易夹寒、湿、燥、火、暑等邪，易袭阳位。"上述特点，都是风的致病的特点，其实风的真正特点还不止这些：迅速和穿透力强，这是它的两大特点。例如，所说的寒风刺骨，寒风一吹，立刻就会感觉到骨头都是凉的，充分说明其迅速和穿透力强；另如，俗语说"没有不透风的墙"也体现了这两个特点；工业上制取饲料等就采用风干工艺，是因为风不但有加热功能，并且能够祛除湿气，风干食品是内外一致，烘干食品是外焦里湿。所以在治疗风湿病上，烤电治疗，不能驱除体内的湿气，因此远不及"风疗"，中医认为是"给邪以出路"。

中医理论认为"热者寒之，寒者热之"，热病用冷风、凉风，寒病用热风、暖风治疗，通常有独特的效果。

吹气止鼻血

如果家中有人流鼻血，可用手将其耳朵口适当扯大，以嘴对准耳朵口，用力地，缓缓地向耳道吹气，分别向两只耳朵连续吹三口气即可。若血未完全止住，可再吹一次。

这种止血方法是通过气流刺激耳朵内神经、交感神经及反射弧，使鼻黏膜血管收缩，达到止血效果。

热敷治疗毛囊炎

毛囊炎虽属外科小病，但如治疗不及时，常可发展成疖痈。家庭治疗毛囊炎可采用简单易行的热敷法。具体做法是：用清洁的毛巾蘸热水敷患处，每天两次，每次3～5分钟。水温宜高，以不烫伤为度，毛巾凉后，更换一次。一般3天可愈。

火疗

火疗是火灸疗法的简称，简单地说就是通过燃烧的火焰对人的肌体进行理疗，从而达到祛病、健身、养生、美容、减肥的功效。

火疗的独特功效，为大量的临床所证实，主要表现在：疏通经络、调节气血、平衡阴阳、活化全身细胞，激活全身潜能，祛除体内风、湿、寒、热、毒等。火疗有病治病，无病强身，特别是对处于亚健康状态的人群有特殊疗效，是日常保健的首选方法。聚文化、休闲、保健、美容、塑身于一体。

火疗疗法有疏通经络、调理气血、排毒养颜、激活功能、燃烧余脂、祛斑、瘦身功效，能调节内分泌、平衡阴阳、疏通经络、活血化瘀，对风湿、类风湿、关节炎、肩周炎、腰腿痛、脊椎、颈椎、腰椎间盘脱出（增生）有特别功效。火到之处，势不可挡。10～15分钟祛除酸、麻、肿、胀、痛，效果立竿见影。主要生理功能是调动全身气血、疏通全身经络、活化全身细胞、激活全身功能、燃烧全身多余脂肪，祛除体内风、寒、热、毒等。主治：肩周炎、颈椎病、糖尿病、神经衰弱、失眠多梦、四肢麻木、便秘、静脉曲张、腰酸背痛、跌打损伤、风湿、类风湿性关节炎、痛经、月经不调、性功能低下、阳痿早泄，尤其有美白、祛斑、祛皱及减肥等效果。

吹口琴带来的健康

吹口琴，不但能给生活带来欢乐，而且能增加肺活量，促进肺的呼吸功能。患有慢性肝炎的人，经常吹口琴，可以借肌肉收缩力量，按摩肝部，对消除肝部周围的炎症大有好处。当然，长时间连续吹奏，对身体无益。吹口琴之前和吹完口琴之后，对口琴要进行冲洗和消毒。口琴最好自己独自使用，以免传染各种疾病。

音乐疗法

“音乐疗法”这一术语是在20世纪40年代才正式出现的。20世纪50年代在美国首次有“音乐治疗家”的文凭。现代的音乐疗法是把音乐作为一种活动疗法，即通过具体的音乐活动来求得治疗的效果。这不仅把音乐看做是一种艺术，而且作为一种科学来对待。音乐疗法是针对病理的治疗而不是病态的治疗。它注重的是人的整体而不是某一部分。通过对人的整体乃至生活环境的调整，使其协调一致，从而消除心理的与身体的病态。音乐对于人来说不仅是一种单纯的声音，而且是一种有一定意义的声音的组合，是人与人之间交往的一种工具。因此在音乐治疗过程中，不仅需要音乐治疗者的努力，而且也要病人发挥其主观能动性，通过双方的合作才能取得治疗效果。

唱歌助语言功能

不少脑血管疾病，如脑溢血、脑血栓形成、脑血管痉挛以及某些脑外伤患者，在救治后，往往会失去说话能力，或变得发音不清，难于表达要表达的意思。遇到这种情况，不妨试试“唱歌疗法”，它常常可以帮助患者逐步恢复和改善语言表达能力。

为什么唱歌能促进说话功能的恢复呢？我们知道，大脑有两半球：左半球主要具有语言、逻辑推理等功能，而大脑右半球主要具有视觉图形的感知和音乐曲调的感知功能。歌词的感知在左半球负责语言的区域，而音调曲调的感知是右半球。这样，在唱歌时，不但可以激发左半球的大脑语言区域的神经细胞，而且可以促进两半球之间的功能协调。根据“用进废退”的生理特点，一旦患了脑血管意外的后遗症——失语，就能导致终身失去说话的能力，而唱歌这一音乐艺术的语言，乃是恢复说话功能的良好刺激剂。说话或唱歌不但是大脑的功能，而且需要人的发音器官、呼吸器官，即喉头和声带、口腔鼻腔和咽腔协调一致的动作，因此需要练习。一些因为大脑部位疾患而不能说话的病人，可以反复听各种流行音乐，速度经常变换，由慢到快，时快时慢，继而让他们慢慢试着哼唱。这样，一些说话困难和根本不能说话的患者，可逐渐恢复说话功能。

梳头作用大

梳头可刺激头皮的神经末梢，调节头部的神经功能，使头部处于紧张状态的神经得以松弛，从而能促进血液循环。当你感到头昏脑涨、思维能力下降时，就应该休息一会儿，拿起梳子梳 3 ~ 5 分钟头，再用梳子刮几下头皮，使之有酸胀感。这样每天重复 3 次，不仅可以健脑，而且对高血压、动脉硬化、神经衰弱等症也有辅助疗效。脑力劳动者尤应重视。

伸个懒腰也不错

长时间伏案，静脉血管就会松弛、扩张，淤积的血液使循环血液量减少，人就感到疲劳。这时伸一个懒腰，在持续几秒钟的伸懒腰动作中，很多淤积的血液被送回了心脏，这就可以大大增强循环血容量，改善血液循环。与此同时，肌肉的收缩和舒张作用，亦可增进肌肉本身的血液流动，使肌肉内的一些废物被带走，从而消除人的疲劳。

第三章　四季运动与健康常识

运动健康来

生命在于运动，运动使生命增强活力。运动可以调节人的心理，使人朝气蓬勃、充满活力；运动可以增强人对外界的适应力和抵抗力；能推迟衰老，防病治病，使人健康长寿。不运动的人，30岁以后身体机能就开始下降，而经常运动的人，四五十岁身体机能还相当稳定。人在运动中，身上的各器官、各部位都得到锻炼，从而提高人体对各种疾病的抵抗力。运动是一种神奇的药剂，持之以恒的体育运动，无疑将会延长生命。

运动有益大脑

运动可使大脑获得积极休息，改善大脑的供血情况，因而可以使人的头脑清醒、思维敏捷；运动可以促进血液循环，提高心脏的功能，运动时冠状动脉的血流量要比安静时提高10倍。

运动与心肺功能的改善

运动时能改善呼吸系统的功能，这是因为肌肉活动时需氧量增加，呼吸加速、加强，有利于肺功能的提高。只要没有心血管和肺结核等疾病，适当的运动肯定会收到良好的保健效果的。

运动锻炼肌肉骨骼

运动可促进骨骼肌肉结实有力。实验证明：一般人的股骨只要承受300千克的压力就会折断，但经常锻炼的人的股骨，可以承受350千克的压力而不折断。

运动与糖尿病

运动并不会增加人体内胰岛素的含量，却能使胰岛素代谢葡萄糖的功能增加30%，胰岛素受体增加50%。此外，运动有助于纠正糖代谢紊乱，因此，轻、中型的糖尿病患者，尤其可得益于运动。

运动需要有益环境

现实中，人们都需要有一个舒适、优美、和谐的工作、生活环境，这是不言而喻的。当人们进行体育锻炼时，也不例外地需要一个良好的运动环境。因为运动环境的优劣，不仅影响锻炼者的运动兴奋性，而且直接影响锻炼者的健康和运动效果。

老年人运动时务必注意的事项

每次运动前应做准备活动，运动后不要立即停止，要做放松活动。

1. 忌做过于突然的活动。老人不要做突然蹲起、低头旋转等难度较高的动作，以免脑动脉血压升高，而产生头晕、眼花等现象，或引起脑溢血等意外事故的发生。

2. 忌做憋气的运动。憋气运动会使肺泡内氧压突然降低，供氧减少，对身体健康不利，并容易使呼吸肌受损，引起肺部和支气管出血等现象。

3. 忌做速度太快的运动。老人因肺通气量减少，做快速活动时，易引起严重缺氧，导致头昏、昏厥等现象。

4. 忌做举重或负重活动。举重或负重时，易使肌肉、韧带、关节损伤，如果用力不当，还容易引起骨折等情况。

5. 忌参加运动竞赛活动。因各种比赛容易引起中枢神经的高度兴奋，使老年人心跳加快，血压升高而发生意外。

运动前的热身

要知道，这可不是梳一下辫子、喝杯水的事情，这是在开始运动前的必需完成的过程。肌肉越松弛，它们也更容易被驾驭和扩展，做这些运动将使您减少受伤机会，因此，花上 5 分钟的时间，让您的身体完全地活动开，有稍稍出汗的感觉是最好的。您需要明白这一步是您健身锻炼的良好开端。

伸展运动

生活中总有一些事情做来十分容易，但是，在健身练习之后的伸展运动并不是那么简单。当您锻炼一处肌肉的时候，它会变得紧绷而缩短，伸展运动就是帮助您放松肌肉，从而防止第二天的肌肉酸痛。需要注意的是，做这个动作的最好时间是在您完成热身运动之后，同时，持续每个动作 20 ～ 30 秒，这将有助于肌肉松弛，使您获得一个更有意义的伸展运动。

不要超负荷举重

当您看到插在生日蛋糕上的蜡烛已经逾 30 根时，不禁惊异岁月的飞逝，但这并不是让您冲进健身房，抓起第一眼看到的哑铃的理由。您需要慢慢地开始，并循序渐进地增加运动量，健身教练会告诫您：慢慢来是锻炼的关键。因为您可能想象不到运动之后的 24 ～ 48 小时之内，将会感到怎样的痛苦，因此开始的时候需要慎重一点。另外，如果您盲目地试图举起超负荷的重量，就有可能导致肌肉拉伤、扭伤，甚至伤及背部。这么看来选择 1.5 ～ 2.5 千克的重量会比较适合，通常重复动作 15 ～ 20 次，如果您希望更快地获得坚实的肌肉，也可以选择稍大些的重量，但只要重复 8 ～ 12 次就可以了。记住不要急于求成，有节制地完成您的练习，才会达到好的效果。

不要过激地运动

既然健身的目的是为以后一直坚持下去，那么您就不要期望一下就拿到“金牌”。因此，当您发觉自己的心跳如此之快，以致不能一口气说完一句话时，就意味着您的运动过激了，许多教练认为这就是大多数人半途而废的首要原因。因为一旦他们感到运动带给他们的不适时，他们就很难再坚持下去了。另外，如果您认为自己的体质不佳，您可以选择一些较轻松的运动去完成。不想到健身房去的人，可以选择适宜的有氧操，学习如何入门和提高运动的协调性，这也是不错的方法。不管怎样，只要您不过分给自己压力，并持之以恒，您就会从中受益。

水分补充很重要

切记，当您正在进行运动时，身体会因流汗而迅速丧失水分，而这些液体必须及时补充，否则的话，随时间的推移，您的身体就会出现脱水的现象，您也会感到口渴难耐。所以，在运动的自始至终您都不要忘记给身体补充水分。一般来说，人体每天需要 8 杯的水，而开始做运动时，则需要得更多。此外，充足的水分有助于减少饥饿感，可缩减您的摄食欲望。

不可依赖跑步机

有时您会感到身体很疲倦，运动的效果也不像想象的那么好了，而此时您却仍然希望通过锻炼获得再大一些的收益，于是您就在跑步机上玩命地“奔跑”，直到身体不能负担为止。您需要知道，这种“被动式”的运动——依靠跑步机来强迫自己完成任务，只会对身体产生危害，而达不到锻炼的目的。此时的跑步机只是一个帮助您的关节机械地活动的工具，而不是锻炼的帮手。因此，您该清醒地为自己选择一个合理的运动强度和正确的方法，而不是让身体处于被动状态，这一点很重要。

逐步增加运动强度

虽然这是一个好主意，然而高强度的运动并不适用于健身训练之初，对于那些已持续练习 6 个月或更长时间的人来说，这是值得注意的。可能会出现以下的情况：在达到某种程度后通常进入一个停滞的状态，而大部分人可能会认为“我并没看到身体的任何变化”——于是他会加快步伐，给自己制造更大的挑战。加大运动量，以期达到使身体有所改变的效果，然而，这种迫切心情却让其步入了误区。最好逐步地提高运动的持续时间和程度。可以从 20 分钟延长到 30 分钟，把用的 2 千克重量的哑铃改换为 3.5 千克的。总之不必一次性地同时做到，时间和强度取其中之一就好了。过一段时间之后，最终会惊喜地发现，肌肉又开始充满了新的活力。

动作不宜太急

当您正挤出时间完成锻炼计划时，您可能会冒险地加快动作频率，并且不顾身体的反应而坚持练习。尤其像举重之类的锻炼，如果您做得太快，剧烈的动作会使您的肌肉超出负荷，从而容易受到伤害，因此，这里有一个简单的规则：2 秒举起，4 秒放下，您总该保持有节奏的运动起落，要知道，做得越慢，收到的效果会越好。

运动中不要吃喝

听起来很“残酷”，但是我们完全可以不做任何食品补充，而坚持完成一个一般性的健身训练。事实上，任何不超过2小时的运动，都不要求必须补充能量，而您只要在运动之前的1小时内，确保进餐就已经足够了。虽然运动饮料对身体没有坏处，但还有什么比水更有益于身体的呢？另外，酒精含量高的饮品对您的运动是徒劳无功的。

运动后的必要“冷却”

如同健身之前，身体需要时间“预热”一样，身体在锻炼之后，也需要时间恢复平静，让心率重归正常。可以缓缓地放慢动作，直到心跳还原至每分钟120下或更少。当感到自己的心跳趋于缓和，呼吸也逐渐平稳时，就完成了最后的“冷却”工作。

多数人可能工作太忙，总是没有时间运动，这时，应该按以下原则进行锻炼。

1. 尽量利用零碎的时间活动身体，这是一个既节省时间，又十分有效的运动方式。建议坐办公室的人每隔1小时就用5分钟的时间伸展肢体。

2. 每周运动3次，每次不少于45分钟。作为一项计划，提前固定在每周的日程表上，雷打不动。要记住，身体可是实现一切远大目标的前提。

3. 交几个热爱运动的“狐朋狗友”，相约一起运动，既增加了友谊，又能督促自己锻炼，还是节省运动消费的好办法。

4. 早起和睡前各安排10分钟的小运动是非常易行且有效的方案。建议您早晨做伸展运动，晚间做一个身体按摩。

5. 试着将一项运动培养成自己的一个狂爱或特长，要知道运动还是建立自信心和享受成就感的有效方式。

6. 让朋友或男朋友监督您，记住，运动可以增加魅力。

7. 锻炼要持之以恒，循序渐进。三天打鱼、两天晒网式的锻炼方法效果不明显。不过，总比不锻炼强。还有，不要突然大幅度增加运动量。

8. 还有一个方法让您逐步养成运动习惯，就是不断看有关健康和运动的书籍资料，了解健康之道，潜移默化之下，您一定会越来越关注自己的健康问题。

锻炼的科学性和整体性

要能使整个身体各个部分都参加活动，不宜采用局限于某一肢体或器官、局部负担很重的运动。应特别指出，不能以体力劳动来代替运动。因为体力劳动一般都具有专业的性质，动作单调、重复，无法使机体得到整体的锻炼，容易使身体的某些部分畸形发展，或导致局部过度疲劳或劳损。锻炼应使机体的力量、速度、灵敏性、耐力等项素质得到全面的发展，这才是锻炼的科学性。

舒适自然，循序渐进

为健康而进行的锻炼，应当是轻松愉快的、容易做到的和丰富多彩的。运动的速度和力量要适宜，不能要求过高。健身运动不应追求外在的成绩，而应注重内在的效果。这样在锻炼中，就消除了竞争心理，没有精神压力，不会因要求过高而产生运动过度的危险。效果的取得，需要点点滴滴，日积月累。因此，健身运动不要急躁贪功，要轻轻松松地渐次增加活动量，必须以生物学的适应定律为指导，按照循序渐进的原则来制订健身计划。切记，在健身运动上，疲劳和痛苦是不必要的，盲目地增加强度是冒险的行为。

持之以恒方长久

“三天打鱼，两天晒网”的健身方式，不但会使锻炼的效果得而复失，而且还会因身体不能适应突然的运动，造成意外损伤。健身运动本身，也需要锻炼自己的决心和毅力。中年人每次能坚持30分钟的锻炼，每周坚持3～5次，坚持数月，必见成效；但也还要坚持下去才能保持、巩固和发展已经取得的成果。做到行之有素，持之以恒。天长日久，慢慢就会形成条件反射，偶然不锻炼，总会感到若有所失，不锻炼反而不舒服了。但愿你能达到这种境界。当然，患病或身体不适时，也不要勉强自己。

正常情况下，每月减重1千克左右是安全的。有些人为了速减体重，靠吃水果、喝汤来充饥，一个月以后体重出现明显下降，这是非常不科学、也是无法长久的做法。当一个人决定减肥时，应选择一种能长期坚持的方法。

适合你的锻炼时间

只要你认为某段时间合适，它就是你合理的运动时间。只要你愿意，一天中的任何时间都可以成为你理想的运动时间。关键在于要每天坚持。

用心选择运动器械

如果你真想购买一些健身器械，至少要弄清楚这样几个问题：拆装需要多长时间，安装好后体积是多大，用什么材料制造的，如果出现小零件问题或年久磨损需要更换，到什么地方能找到等等。最后，你最好亲自试用一下，看看是否符合自己的使用习惯，再下手购物为好。

群体运动效果好

单独及群体运动所营造的不同气氛，对运动者的心理也会有影响。群体运动较有归属感、参与感及舒畅感，只要避免强烈的竞争心理，对运动效率提高极有帮助。

大众保健操

保健操有多种形式，如广播操、健美操及健身操等。

其中广播操是经有关专家认真研究而制定的，一年四季均可操练。每节操的动作能分别活动身体的不同部位，它的适应范围广，对不同的人有不同的锻炼效果，适用于长期伏案工作的中老年人以及体质较差者或患有高血压、冠心病的病人。

健美操除了活动肌肉关节外，还有保持形体美的特殊作用，具有促进全身血液循环，改善内脏、神经及肌肉的功能状态，增强内脏的功能等作用。针对腰腹肌的健美操，可以去除腰腹部脂肪，提高腰部肌肉的弹性和韧性，特别适合于中青年人。

健身操的适应范围也很广，可以根据不同年龄、不同体质加以选择。

传统健身方式与现代健康生活

在我国传统的健身方法中还有太极拳、气功、五禽戏、八段锦等，也是春季很好的锻炼项目。另外日常生活中爬楼、骑车、甩手、仰卧起坐、退步行走等都是可以选择的项目。外出旅游，爬爬山，看看花草也是十分休闲的健身养生方法。

轻快散步健身法

医学家认为：轻快地散步 20 分钟，可将脉搏频率提高到限度的 70%，效果与慢跑相等。只要两腿健全，散步人人都可以做到。散步同其他运动一样，要有正确的方式。通常的散步，但却不能使人的心脏得到所需要的锻炼。与之相比，轻快散步具有更大效力。轻快散步，是有意识的锻炼，它可以平时步行的速度开始，然后逐渐提高速度和增加步伐的长度，直到感到轻快舒适为止。轻快散步正确的姿势是：抬头、摆平下巴、勿挺腹与臀、双脚平行、脚尖朝前。轻快散步，不仅对心肺有好处，而且能帮助人们澄清思虑，降低胆固醇以及血中其他油脂的含量，有助于减肥。轻快的散步必须长期坚持，每周至少 5 天，每天至少 45 分钟。

慢跑也有独特的健身效果

慢跑，关键在慢字，慢到什么程度，以边跑边能与别人聊天为宜，使消耗的氧气量不大于吸入的氧气量。慢跑时，吸入氧气量比静坐时多 8 倍，如每天坚持半小时到一小时的慢跑运动，呼吸系统的功能就会得到明显的改善。慢跑时对心肌的锻炼也是很显著的。对于患有心血管病的患者，慢跑虽不能消除动脉粥样硬化所产生的凝块，但可以加强冠状动脉循环功能，改善心肌的血液供应，减少和防止心绞痛的发作。长期坚持慢跑，中枢系统的功能同样会得到锻炼，消化、内分泌、排泄等系统的功能也会得到改善。

趣味退步走健身运动

老年人往往有不同程度的“姿势性驼背”，根治的好方法是以退步走的方式进行锻炼。退步走的方法是：立正挺胸、抬头平视、两手叉腰、拇指向后，按腰部的“肾俞”穴位，其余四指向前。退步走时，左脚开始，左大腿尽量向后抬，再向后迈出，身体重心后移，前脚掌着地，随后脚后跟着地，重心移至左脚，再换右脚，左右脚交替进行。退步走应选择平坦、无障碍物的场地进行。患有肿瘤和结核病的人不宜用此法锻炼。

步行健身也要注意细节

如今，以步行方法锻炼的健身者全世界至少有3700万人之多。有专家指出：在这些步行健身者中，至少有一半的人并不讲究方法，以致健身效果大大打了折扣。

通常情况下，步行健身的正确方法有下列几条：

1. 步速应尽量加快，绝不能慢得像是在散步；

2. 须特别注意保持步伐的频率，一般不应低于每分钟140步；

3. 每次步行可延续20分钟，当脉搏次数在锻炼后应达到平静时的150%左右，体内多余脂肪才可能被有效地消耗；

4. 正确的步行姿势是很重要的：头应微扬，身稍向前倾，肩膀放松，背部挺直，腹部微收；双臂可呈直角自然摆动；脚跟先着地，步子尽量放轻松；

5. 呼吸均匀，精神集中；如果能模拟竞走的姿势、步态，则效果会更好；

6. 加大运动量（包括时间和速度），比如：刚开始第一周每天步行30分钟，速度也可稍慢；第二周每天可增加10分钟，步频可增加10%；直至一个月后，每天步行时间可以延至40分钟，步频也可比开始时增加50%。

总之，要想通过步行运动达到健身的效果，不可急于求成，而应该把眼光放远，循序渐进、持之以恒。要想在一个星期或一个月之内消耗完体内多余的脂肪，并不现实。

如果在一段时间的锻炼后体重减轻仍不明显，那就更要坚定信心，坚持下去。切记，半途而废意味着前功尽弃。

独特的爬行疗法

双膝着地的爬行运动也堪称一种疗法，可治疗腰肌劳损和脊柱侧弯，并有显著的效果。从对各种爬行运动进行详细的观察中可发现爬行的动物很少患动脉硬化、冠心病、痔疮、下肢静脉曲张。60岁以上的患者像猴子一样每天在地上爬行20～30分钟，经过一段时间的锻炼后，健康状况会有明显的好转，所患的病也有不同程度的减轻。

爬行运动要循序渐进，距离由短到长，速度由慢到快，还要注意时间的安排，不要在饭前和饭后爬，以免影响消化。

简便易行的爬楼梯健身

爬楼梯被誉为运动之王，爬楼梯比一般运动所消耗的热量都多，爬楼梯看起来似乎只是两腿运动，但实际上是一种全身运动。爬楼梯不仅可以锻炼腿脚使之灵便，而且可使周身血液循环加快，增大肺活量，有益于身心健康，特别有助于肥胖症患者的减肥。爬楼梯老幼皆宜，可根据自身身体状况，随意选择高度，即运动量。对于城市居民来说，这种运动场地随处可见。有人测算，每爬一级楼梯可延长生命 4 秒钟。

跳舞既娱乐又健身

跳舞不仅仅是娱乐，医学研究表明：无论跳任何一种舞蹈，对人的健康与精神都有很大的裨益。跳舞可减轻思想上的压力，令人在优美的旋律中感到轻松舒畅，进而对生活的态度更加积极。同时，跳舞也可以使人获得足够的运动量，锻炼肌肉、加强心脏与肺部功能，特别是高血压病人在轻歌曼舞中可以使血压降低。

自行车旅游

自行车旅游是一种很好的户外休闲活动，它没有徒步旅行的劳累，却可以享受用双脚踩完全程的骄傲及乐趣。骑自行车旅游可以到离家较远的地方旅行，行前要注意以下三点：

1. 行程：目的地、路线、路况。

2. 人数：参与同行的人员。

3. 装备：行程中必须使用和备用的物品。

自行车旅行的装备

自行车旅行可以不用像普通出游般复杂，但该准备的东西还是不能省略的。

1. 饮料：最好是白开水或运动饮料，以能解渴者为佳。

2. 雨衣：既可遮雨也可防风。

3. 口粮：找不到餐饮店时充饥用。

对一日能往返的行程来说，配备不用太多，但若是长途，则要特别注意，最好使用专业车种并准备良好的配备。

其他要注意的是，到了夏天，骑车的时间应尽量避开中午十一点到两点，以免中暑。

在出发前检查车况，不论行程远近，一些必要的检查工作都不可以省略：

1. 前叉架与座垫是不是有松脱。

2. 胎压是不是正常，轮胎是否有气。

3. 螺丝有没有脱落的。

4. 刹车线是否松脱或已经老旧。

5. 若变速车则要特别注意变速器是否正常。自行车旅游因其轻便，可以海阔天空地游玩，目前国内正在大力推广，有兴趣的人不妨试试。如果你想骑自行车旅游，却又不知该怎么安排行程，可以参加自行车协会主办的活动。

跳绳

跳绳是一种器材简单，而且不受场地限制的运动，但是它却有很好的运动效果，对于要保持好身材的人来说，是极佳的运动。

相信每个人一定都玩过跳绳，但是，这并不代表每个人都会正确地玩跳绳。跳绳的基本要领就是腰部挺直、跳跃确实，以手腕用力，绳长要依身高略作调整，以踩住绳子时，两端可以拉到与胸同高为原则。

如果你嫌单纯的跳法太无聊，你可以玩交错双手交叉的跳法，或是一次跳跃甩绳两圈的跳法、跑跳法等。

如果有好几个人一起玩，那变化就更多了。基本的多人跳法有：

1. 带人跳：一个人先跳，另一个人趁空当钻进前面一起跳，甚至后面还可再钻一个人一起跳。

2. 并肩跳：两人牵手并肩成为一体，各用左手或右手拉绳的一端一起跳。

3. 长绳跳：准备一条五尺以上的绳子，两人各拉住一端，有规律地甩圈，其他人趁空当钻进去跳，绊到绳子的人就和拉绳子的人换手。

其他还有很多种玩法，你可以和朋友们研究，以长绳搭配短绳自由变化，相信你一定觉得这种运动趣味无穷。

乒乓球

乒乓球是一项很容易学而且很轻松的运动，一般来说只要两个人就可以玩了，场地上也没有什么太大的限制，只要有一张桌子和足够的空间，就可以大显身手了。

乒乓球可以说是一种极“平民化”的运动，但是若是比赛则不同了，因为一旦列为比赛，其规则、配备就有一定的限制。

乒乓球的玩法是先准备一张有网架的球台，打的双方以猜拳来决定由谁发球，发球者发出的球必须先触及桌面，然后直接越过球网到对方面前，若是球触网就必须重发。

胜负的决定很简单，就是看谁的得分多，凡是球没有照规定打入对方的桌面时，便失去一分。

发球是掌握胜败的一个关键，如果要想增加自己的实力，首先一定要勤练发球才行。

乒乓球是一种运动量适中的运动，你不妨试试看。

排球与篮球

排球也是一种有趣的户外球类运动。

打排球最好是在标准的排球场进行，而且要将球网挂上。排球的规则较为繁琐，一般可以分为六人制和九人制两种，两队隔着球网对打。比赛可分为三局两胜制和五局三胜制，每局抢 15 分，在某一队得到 8 分时，两队便要交换场地以求公平。如果两队打到 14 比 14 平手，必须继续比赛到有一队赢另一队 2 分，这和羽毛球的规则是一样的。

以6人制的比赛来说，大致上前排和后排各站3人，不可任意换位置。由后排最右边的人发球，发球给对方后，对方必须在三球以内把球打回来，而且不可以落地，否则这球就算失败。拥有发球权的一队得胜一球，就算是1分，由刚才发球的人继续发球；而没有球权的一方得胜一球，不计分，但是却取得发球权，此时，此队的每一个球员必须沿顺时针交换防守位置，再由后排最右边的人发球。

由于排球可以说是短兵相接的球类，有时为了救球，常会有跌倒的情况发生，所以打球前，最好能戴上护肘和护膝，以避免运动伤害。

篮球是一种运动量大，在室内或室外都可以玩的球类运动。

篮球的基本规则是：一队5人，每队互相把球投入对场的篮筐中，看哪一队投入的多，哪一队就赢了。

篮球比赛一节10分钟，分前、后两个半场，球进篮圈一次2分，若是在3分线外投进则为3分，此外，若是对方犯规，则可以获得罚球的机会，罚球若进了则可得1分。

篮球并不是很单纯、轻松的运动，要完成一场比赛，不但要花很多的脑筋，还要耗费很多的体力，而且它本身还有很多的战术要运用，所以可以说是一种同时锻炼脑力和体力的运动。

篮球运动和别的多人运动一样，都要有很好的团队默契，在上场的5个人里，不但各要有各的专长，还要配合得当，才能够完全发挥，赢得胜利。还有一点要特别注意，因为篮球运动相当的激烈，所以在安全上就要特别小心，避免撞伤、扭伤、摔伤的发生。

保龄球

1．概况

保龄球是近年来极为盛行的一种室内休闲活动，无论是大城小镇几乎都有保龄球馆的踪迹。如何到保龄球馆快乐地打一场球？

进保龄球馆后，首先要到柜台查询是否有空的球道，如果已经满道了，柜台小姐会给你一张号码单，请你稍候。一般球馆在每个楼层都会设有号码灯，所以，在等候时，你可以放心地在球馆内四处逛逛不必待在柜台边等。当跳号灯跳到你的号码，或是广播报到你的号码时，你就可以拿着号码单去柜台登记了。

把单子交给小姐后，告诉她你要买几局、要租几双鞋，这时小姐便会打一张电脑单和租鞋单给你，单子上面会写着你被安排在几号球道打球，付款之后，你只要拿着租鞋单去旁边的租鞋部换鞋，便可以到你的球道去打球了。

球道后方会有许多的球架，上面放的保龄球可供大家自由取用，找一只握起来很顺手的球，就可以把它捧到自己的球道去。

到了自己的球道，把电脑单出示给一旁的服务小姐看，她便会依照你买的局数为你开机。开机完成后就可以上场打球了。

一局打完了再打一局时，如果你不会操作球道后方的电脑的话，可以请服务小姐帮忙，把上一局的资料洗掉，再重新开始。

打到最后一局时，球道上的银幕会变色提醒你，如果你觉得意犹未尽还想继续打的话，只要当时球馆道还没有满道，球馆都会允许你使用同一个球道加局。你只要带着应缴的费用至柜台登记即可。

打完了球，把自己用的球放回球架上，就算正式结束了。别忘了回租鞋部把你的鞋子换回来哦！

2. 玩球的计分方法

每一个球道通常都有两个计分显示，一个是球道上方的银幕，一个是球道后方控制台的小银幕，两者都会列出一个长条形的表格，以计算你和朋友的成绩。

保龄球一局有十格，每格两球（第十格全倒可再加一球），一局的满分为 300 分，在球道上的球瓶有十个，打倒任何一个都可以得到 1 分。

如果在任一格的第一球你就击出全倒的话，画面上会出现一个“×”，这一格将会得到加分，也就是之后的两球分数将会被加进来。例如：第一格时打了全倒，第二格的第一球打了 7 分，第二球打了 2 分，那么第一格的分数是 10 分加 7 分加 2 分，也就是 19 分，而第二格的累积分数就是 28 分。

如果任一格的第一球没有全倒，但是第二格把剩下的球瓶都打倒的话，画面上会出现“／”的符号，而且这一格也将得到加分，但是只能加下一球的分数。

3. 打保龄球的礼仪与禁忌

①打球时务必换上保龄球鞋。

②记住自己拿的球，不要误用别人的球。

③不要过早上球道，待球瓶排好了再上球道。

④不要以声音、动作影响隔壁球道打球。

⑤相邻球道已有人准备投球时，不要站上球道。

⑥如果和相邻球道的人同时站上球道时，右侧球道的人可先投。

⑦投球的准备姿势不宜过久。

⑧投完球后，应立即下球道。

⑨不可扰乱正要出手投球的人。

⑩不可让球高高地落地，发出很大的声音。

不可在球道外挥动或滚动保龄球。

球友打出全倒，应适时鼓掌。

不可将成绩不佳，归咎于设备不好。

球道和鞋底切勿沾到水。

4. 保龄球选球的方法

保龄球馆一般都会准备各种不同磅数指孔的球，供客人选用，可依球的颜色和球上的数字来区分。

在选球时，你要注意的是：

①重量：用过量的球非但难以控制，也容易使你受伤，过轻的球则不易发挥威力，一般来说，女孩子以使用 8 ~ 10 磅的球较为适宜。

②指孔：保龄球上有三个指孔，因为开孔的位置、大小、深浅各不相同，所以握起来的感觉差异很大。

请把你的拇指、中指、无名指分别套人指孔中，试试看握起来顺不顺手，会不会过紧或过松，从其中选一颗握起来最舒服的球。

③球表面：有的球因为使用过久或使用不当，而有破损的情况发生，如果破损在指孔附近，最好不要使用，以免割伤手指。

水中健身法

游泳通过水的浮力，使全身关节不受身体重力影响，而处在几乎完全松弛的情况下运动，因而对关节，特别是膝关节、肩关节病证有治疗效果。在22℃以上的水中游泳可减轻风湿痛，在35～36℃的温水中游泳能治疗风湿症。水压对淋巴液和静脉血液的流动特别有利，因此，游泳对软组织疾病也有一定疗效。患者在下水前应做几分钟的准备活动，使身体发热，关节、肌肉和肌腱放松，血流通畅，不要在过冷的水中游泳，而且上岸后要立即用毛巾擦干，以防感冒。运动量要适度，不要使关节和肌腱过度疲劳。急性关节炎和慢性关节炎患者不宜游泳。

年轻人运动要讲方法

年轻人如果喜欢早上起来运动，最好能在运动前或运动中，饮一些水，饮水时不要一口气喝完，而要一口一口地喝。如果活动一个半小时，一般情况下1千克水就可以了。去健身房的时候，要带干净的运动服和一些饮料、白开水、食物等，随时注意补充运动时所需要的能量。

孩子运动健身要多做力量训练

少年儿童可参加一些球类、田径、游泳等运动项目。要加强对少年儿童的自我保护训练，诸如推、拉、撑等基本能力，这是人身处困境中最基本的自救能力。最好能到健身房里参加跆拳道等训练。如果方便的话，少年儿童的训练，最好放在上午9时以后。

老年人更适合传统运动

中国传统的运动对于老年人也是非常有益的，它也是深受老年人欢迎的运动，如简化太极拳，动作舒展、柔和有节律、动作与呼吸相配合、思想集中，是调节老年人神经系统功能和肢体灵活性较理想的运动方式。如果中老年人体质稍微差些，也可以参加一些动作简单，便于学习和记忆的体操和舞蹈活动。

春季锻炼“三宜三防”

春暖花开季节，人体新陈代谢变快，需氧量大增，容易导致人体出现春困等不适症状。为此，春季锻炼要做到“三宜三防”，否则健身效果就可能事倍功半。

一是宜注意保暖。运动中不要出太多的汗，以防凉湿之气侵入体内，诱发感冒。二是宜循序渐进，防运动失当。一般在适宜的强度下，应坚持运动30分钟至1小时。三是宜因人而异，要结合自己的健康状况和希望达到的锻炼效果来选择项目，以防随波逐流。

春季是锻炼的“黄金季节”

阳春三月，人体的机能活动逐渐进入高潮，冬季贮藏的脂肪和肝糖原等热能对外“敞开供应”，血流加速，新陈代谢加快等等，给发达肌肉、降脂减肥、健美形体提供了有利条件。加之气候温暖，湿度大，利于提高神经系统的兴奋性，降低肌肉的黏滞性，最大限度地发挥肌肉的收缩力量，因而堪称锻炼的“黄金季节”。对讲究形体美的人来说，由于阳气上升，气温增高，食欲下降，喜欢清淡，加上昼长夜短，消耗增多，因而又是降脂减肥的大好时机。

春天，人们根据自己的身体情况进行各项锻炼，既可补充冬季寒冷之气所消耗的阳气，又能供奉将要来临的夏暑炎热之气消耗的阴津。春练不要选择高强度的剧烈运动，以免由于过度活动和损耗反而对人体养生和生长产生不利影响。

一般在运动前应慢跑三五分钟，让血液加速循环，再伸展一下全身的肌肉和关节，使它们为后面要进行的运动做好准备。

运动结束后，不要就地坐下，要让心率缓慢地减至正常。比如，运动后再慢跑三五分钟，同时做一些放松活动。如果有明显疲劳感，则表明你的运动量过大，应适当减量。

春季适宜轻松散步

春天是万木争荣的季节，人亦应随春生之势而动。春季日出之后、日落之时是散步的大好时光，散步地点以选择河边湖旁、公园之中、林阴道或乡村小路为好，因为这些地方空气中负离子含量较高，空气清新。散步时衣服要宽松舒适，鞋要轻便，以软底为好。散步时可配合擦双手、揉摩胸腹、捶打腰背、拍打全身等动作，以利于疏通气血，生发阳气。

散步宜缓不宜急，缓步而行，全身松弛，手臂自然摆动，手脚合拍，呼吸和谐，心怡神悦。散步不拘形式，宜以个人体力定速度快慢，时间的长短也要顺其自然，应以劳而不倦，见微汗为度。散步速度一般分为缓步、快步、逍遥步三种。老年人以缓步为好，步履缓慢，行步稳健，每分钟行60～70步，可使人稳定情绪，消除疲劳，亦有健胃助消化的作用。快步，每分钟行走120步左右，这种散步轻松愉快，久而行之，可振奋精神，兴奋大脑，使下肢矫健有力，适合中老年体质较好者和年轻人。散步时且走且停，时快时慢，行走一段路，稍事休息，继而再走，或快走一程，再缓步一段，这种走走停停、快慢相间的逍遥步，适合病后恢复期的患者及体弱者。

春季适宜慢跑

慢跑是一种简便而实用的运动项目，它对于改善心肺功能、降低血脂、提高身体代谢能力和增强机体免疫力、延缓衰老都有良好的作用。慢跑还有助于调节大脑皮质的功能，促进胃肠蠕动，增强消化功能，消除便秘。

慢跑前做 3 ~ 5 分钟的准备活动，如伸展肢体及做徒手操等。慢跑速度掌握在每分钟 100 ~ 200 米为宜，每次锻炼时间以 10 分钟左右为好。慢跑的正确姿势为两手握拳，步伐均匀有节奏，注意用前脚掌着地，不能用足跟着地，慢跑后应做整理运动。

锻炼时间以早晚为宜，宜选择空气新鲜、道路平坦的地方进行。

春季放风筝健身

春天放风筝是一种集休闲、娱乐和锻炼为一体的活动。放风筝时，通过手、眼的配合和四肢的活动，可达到疏通经络、调和气血、强身健体的目的，对心情抑郁、视力减退、失眠健忘、肌肉疲劳等均有作用，较适合于青少年。中老年人在放风筝时要注意保护颈部，头颈不要长时间后仰，而应后仰与平视交替，以平视为主。放风筝最好以 2 ~ 3 人一起，选择平坦、空旷的场地进行为宜。

春季锻炼需注意时间与地点的选择

春季锻炼的时间最好选择在日出之后，因为日出之后植物能够很好地进行光合作用，空气中的氧气就会更多，人们就可以呼吸到更多的新鲜空气。春季是个多风多雾的季节，雾中含有很多对人体有害的微粒，对心血管和呼吸系统等均有危害，在工业城市中，早晨空气中存在过量的一氧化碳及其他一些有害物质，故晨练应选择在日出后。

春季锻炼地点最好选择室外宽敞平坦、树木茂密、空气新鲜的地方。可以选择空气新鲜的公园、操场、树林、河边等场所，因为树木花草有净化空气，吸附灰尘及调节温度、湿度，过滤噪声的作用。新鲜空气中所含的大量的负离子，对人体有调节作用，能提高工作效率，增加抗病能力。环境优美的自然景色有利于人体吐故纳新，使人心旷神怡，有助于精神心理的调节，振奋人体阳气。

春季锻炼需注意运动量

人们可根据各人年龄、体质、健康状况等的不同来选择运动项目，进行不同运动量的锻炼。开始应选择小运动量，以不出汗或微出汗为宜，因运动量过大、汗出过多会损伤阳气，影响人体的生长，而且汗出过多，毛孔开泄，易受风寒而诱发感冒。

年轻人可选择跑步、爬山和各种球类运动，老年人可选择慢跑、散步、太极拳等。需提醒的是，在风和日丽、景色宜人的环境里锻炼千万不能乐而忘返，如果运动后感到疲劳，不易恢复、头昏头痛、食欲不振、睡眠差就应调整运动量。一些体质虚弱或平素缺乏锻炼的老人，运动量必须由小到大，运动项目则由易到难，由简到繁。

春季锻炼需注意气候温度的变化

春季冷暖交替，气候多变，所以春季锻炼的衣着要合适，要随着气候的变化、运动量的大小而增减衣服。遇多雾、多风沙的天气最好不要在户外锻炼，大雨的天气亦应避免户外运动，以免着凉。

春季锻炼意外的预防

春练时要注意自我保护，适度的锻炼会使人精神愉快，情绪饱满，食欲旺盛，睡眠良好。冠心病、糖尿病、高血压患者锻炼时要带好必备的药物。运动前要做准备活动，运动后要做整理运动。颈椎病患者不要做头部剧烈运动；冠心病、哮喘病、高血压病患者不宜选择剧烈运动。在运动中若出现擦伤，可用凉水冲净后涂红药水或紫药水，或贴上护伤膏；发生肌肉拉伤，应立即停止活动，在痛处敷上冰块或冷毛巾；腰部或关节扭伤可先用冷毛巾冷敷，将受伤部位垫高，2～3天后再热敷，可贴麝香止痛膏等。

总之，在春季锻炼过程中，由于气候的变化及个人情况与条件差异，会在锻炼中出现许多特殊问题，只要妥善处理，春练会是一件十分惬意的事。

春季踏青需防12种常见花毒

春天里百花开，正是人们出门踏青的大好时光。脚踏青青草地，沐浴和煦阳光，阵阵花香袭人，怎能不让人感到心旷神怡，然而，春季踏青需防花毒，更不能因一时好奇而误食了有毒的花果，有些人在花丛前呆久了，会出现头昏脑涨，咽喉肿痛等症状。原来有些花会释放一种对人体有害的废气，有的花粉含有毒碱，久与花伴会造成慢性中毒。

1. 杜鹃花。杜鹃花又叫映山红，在南方的一些山上，一到开春的时节，漫山遍野地开着红的、黄的杜鹃花。其中黄色杜鹃花中含有四环二萜类毒素，中毒后会引起呕吐、呼吸困难、四肢麻木等症状。

2. 夜来香。夜间停止光合作用时，夜来香会排出大量废气，对人的健康极为不利，因而在晚上不应在夜来香花丛前久留。

3. 含羞草。内含含羞草碱，接触过多会引起眉毛稀疏，毛发变黄，严重的会引起不定期毛发脱落。

4. 郁金香。郁金香中含有毒碱，人在这种花丛中呆上2小时就会头昏脑涨，出现中毒症状，严重者可能导致毛发脱落。

5. 夹竹桃。夹竹桃的茎、叶、花朵都有毒，它分泌出的乳白色汁液含有一种叫夹竹桃苷的有毒物质，误食会中毒。

6. 水仙花。人体一旦接触到水仙花叶和花的汁液，可导致皮肤红肿；如果这种汁液不小心弄到眼睛里去，那么后果更为严重。水仙花鳞茎内含有拉丁可毒素，误食后会引起呕吐。

7. 马蹄莲。花有毒，内含大量草本钙结晶和生物碱，误食会引起昏眠等中毒症状。

8. 一品红。 全株有毒，一品红中的白色乳汁一旦接触皮肤，会使皮肤产生红肿等过敏症状，误食茎、叶有中毒死亡的危险。

9. 飞燕草。全株有毒，其中以种子的毒性最大，主要含有生物碱，误食后会引起神经系统中毒，严重时可产生痉挛，甚至因呼吸衰竭而导致死亡。

10. 花叶万年青。花叶内含有草酸和天门冬素，误食后会引起口腔、咽喉、食道、胃肠肿瘤，甚至伤害声带，使人变哑。

11. 虞美人。全株有毒，尤其以果实的毒性最大，误食后会引起中枢神经系统中毒，严重的甚至可导致生命危险。

12. 仙人掌类植物。刺内含有毒汁，人体被刺后，易引起皮肤红肿、疼痛、瘙痒等过敏症状。

夏季锻炼后忌立即洗凉水澡

夏季，酷暑难耐，令人烦躁难安，适当的运动健身，能让人身体健康，心神也得到调养。

需要注意的是，夏季锻炼后不要立即洗凉水澡。夏天天气炎热，体育锻炼时，全身的新陈代谢十分旺盛，体内产热量大增，需要释放，因而皮肤中的毛细血管也大量扩张。如锻炼后立即洗凉水澡，皮肤受到过冷的刺激，会使毛细血管骤然收缩，不利于体热的散发。洗过凉水澡后反而会使人感到热不可耐。同时，突然受到冷的刺激会使体表已张开了的汗毛孔骤然关闭，容易使人生病。

夏季锻炼忌大量喝水

夏天进行体育锻炼出汗多，会感到口干舌燥。如果这时大量喝水，会给消化系统、血液循环系统，尤其是给心脏增加沉重的负担。同时，体内的盐分已随着排汗而大量丧失，如果这时再大量喝水，出汗会更多，盐分也会进一步丧失，从而导致抽筋、痉挛等现象。

夏季锻炼忌大量吃冷饮

体育锻炼时，体内大量的血液会流向运动着的肌肉和体表，而消化器官则处于相对的贫血状态。如果这时大量吃进冰冻饮料，对于已经处于暂时贫血状态和胃酸浓度不足的胃刺激过于强烈，容易损伤其生理功能。轻者会使食欲减退，重者则会导致急性胃炎，甚至为今后发生慢性胃炎、胃溃疡等疾病埋下祸根。

夏季忌在强烈的阳光照射下锻炼

阳光中有一种红外线在夏天格外强烈，人体如果长时间受到阳光的照射，它将会透过毛发、皮肤、骨骼而辐射到脑膜和脑细胞中去，容易使大脑发生病变，也会导致类似中暑的症状。因此，夏天进行体育锻炼，最好安排在早晨和下午四时以后进行，而且锻炼时间不宜太长，运动量也不宜过大。

夏季健身要有度

夏季气温高，消耗大，消耗常得不到及时的补充，身体往往比较虚弱。过量运动会致使血糖偏低、抵抗力下降，严重的则会导致昏厥，对健康反而不利，因此建议职业人士夏季健身要把握运动量。部分医疗专家也建议，最好每天坚持30分钟到45分钟的运动，30分钟最佳，而有减肥意愿的白领可以将运动时间延长到40分钟左右。

据了解，很多白领女性多选择在夏季减肥，对此，一些健身俱乐部教练指出，夏季减肥效果比较明显，但如果一味追求减肥效果，而不注意在饮食和运动项目的选择上做到合理的安排，有时也会适得其反。

夏季健身项目的选择

游泳是夏季最好的健身项目，游泳不但可以起到全身锻炼的目的，而且可以起到降暑的作用。夏天紫外线比较强，选择室内运动可以保护皮肤不受伤害，而且如果有专业的教练指导也有助于起到健身的目的。早晚日照不是很强的时候，一些适量的有氧运动，如跑步、散步，打网球，骑单车等对健康也是很有益的。早晨锻炼有助于促进血液循环，傍晚健身有助于睡眠。

夏季晨练应当尽量推迟

夏季天亮得比较早，很多人习惯早起参加体育锻炼，这是一个误区。其实早晨太阳出来之前，空气中的二氧化碳浓度较高，难以呼吸到新鲜氧气。晨练过早，容易导致心血管疾病发作。有些人为了减肥，喜欢早上跑长跑等，这样做极为危险。夏季最佳的锻炼时间是早饭以后和晚饭以后的一段时间。

夏季健身注意避免阳光直射

在夏季，上午11时到下午4时是阳光最强的时候，对人的皮肤有直接伤害。应尽量避免在阳光最强的时候在室外健身。如果此时需要外出应戴上太阳镜、太阳帽，也可以使用一些护肤产品，保护眼睛和皮肤。

夏季健身饮水要适量

夏季人体水分蒸发较多，饮水对参与健身的人来说尤为重要。夏日健身，就意味着会消耗身体更多营养物质，所以健身者一定要注意补水，因为炎热的天气里，普通健身者在30摄氏度的温度下进行1个小时较大量的运动，汗液排放量便可达到3升以上，如果不及时补充水分，身体一旦出现脱水，健身者便会出现疲劳、厌食、头晕、恶心、肌肉痉挛，甚至昏厥等症状。如果外出健身，最好自己带水，应不断地少量饮水，不要等到口渴了再去饮水，切忌狂饮。

再者是遵循循序渐进的原则。夏季天气较好，很多平时较少参加体育锻炼的人也会出来活动活动。专家说，这一部分人应遵循循序渐进的原则，切忌凑热闹，选择适合自己身体情况的体育锻炼项目，经常锻炼，才会有良好的收益。

夏季健身后如何补水

对运动强度不大的健身者来说，出汗不会很多，只要在运动前后各喝1～2杯水即可。一般而言对以减肥为主要目的的健身者来说，健身者在运动前应喝1杯水，运动中应每隔30分钟喝1杯水，运动后应再喝1杯水。如果条件允许，应尽量在水中稍微加些盐，有淡淡的咸味即可。这样做可保持健身者的身体内环境稳定，使运动带来的脂肪燃烧作用能够充分发挥。对大运动量的健身者而言，运动前应喝2杯水，运动中应每隔20分钟喝一杯水，水中不但要加少许的盐，还要多添加些糖。如果条件允许，最好能够添加一些蜂蜜。这样可以使健身者能够在运动中，保持足够的血糖，使肌肉获得良好的做功能量。

此外，夏季健身时，除了要注意补水之外，还应该为自己的身体多补充一些矿物质。因为在健身者做运动的时候，很多矿物质会随着汗水丢失，其主要成分为钾和钠。建议健身者可以通过多食用水果或蔬菜来增加矿物质的摄取。如香蕉、橘子等水果，或蘑菇、花椰菜、花生等蔬菜。

夏季健身注意饮食要合理

运动后人体内能源物质、维生素和矿物质大量消耗，尤其是夏季消耗更大，所以在健身后一定要多补充蛋白质、维生素等身体必需的营养元素，饮食上最好荤素搭配，多喝白开水。少吃多餐，多吃水果和蛋白质含量较高的食品，运动完后最好别吃太油腻的东西。

夏季健身八戒

闷热的天气使户外健身的人少了，而走进健身房的人却更多了。有健美的身材和健康的活力能大大增加一个人成功的机会，也让他更有魅力，所以健身运动才成为现代人的时尚，可是健身像所有运动一样有着严格的要求，如果盲目健身效果也许会适得其反。

1．不做热身和伸展活动

对肌腱、肌肉和关节来说，举重是一项十分激烈的运动，所以在进行举重锻炼前一定要做一些适当的热身运动，让身体充分活动开，这样就不会使身体受到伤害。在举重前先用较轻的重量热热身，或者做做伸展运动，否则会对你的身体造成非常严重的伤害，轻者拉伤肌肉，重者损伤关节。不做准备活动对你整个的锻炼也会有影响，那就是降低效率。在锻炼前热身就像开车前热车一样，是获得最理想效果的重要一步。

2. 从不改变健身安排

健身要有常性，不能今天练这个，明天心血来潮去练那个，应该制订一个训练计划，一旦定下来就要遵守这个计划去进行锻炼。可是，这并不是说一旦制订了计划就一成不变了。有些人一年下来执行同一个计划而不改变，这是不对的。如果你想有一个长久的效果，那么就应该每过两个月换一下训练计划，没有训练的多样性就不可能达到令人满意的效果。改变你的训练并不是说要改变每一个身体部位的每一次锻炼，如果一项锻炼效果很好，也适合你，你不妨就用它，只是简单地改变一下角度、强度或者时间长度，这可能会让你觉得更有趣，效果也会更好。

3. 过度使用肩带和腰带

当提重物时，肩带和腰带是不错的工具，但不能经常使用，否则会有相反的效果，有使你的肌肉不能平衡发展的危险。另外,过度使用也会造成严重伤害，所以要有节制地使用。

4. 忽视身体某个部位

要想通过锻炼来塑造一个匀称而又健康的身体，那么进行全身锻炼就至关重要。不要只注意某一部位的锻炼而忽视另一部位的锻炼，如果那样的话你就很难有一个理想的身材。比如说腿吧，腿上的肌肉占全身肌肉的40%，可是人们往往忽视对腿部的锻炼，这就是为什么有些人有健美的上半身而两条腿却像筷子一样支撑着身体的原因。

5. 饮食错误

饮食错误包括没有规律、挑食偏食、营养不均衡等，饮食方面的错误是一个人不能达到自己追求的锻炼效果的主要原因。蛋白质是增加肌肉的主要营养成分，另外，如果要想拥有并保持一个健康的体格，还要补充碳水化合物以及其他必需的营养。还要考虑其他的营养问题，比如每天要摄人足够的热量，喝大量的水。因为这对健身来说十分重要，所以要多看一看有关常犯的营养错误方面的文章。

6. 缺乏休息

如果缺少休息，那么你就会发现自己的体力下降了，效果也不会太理想。保证每天晚上有8小时高质量的睡眠，这对于保证你的身体能够自我恢复是十分重要的。另外，要均衡地锻炼身体的每一个部位，不要让任何一个部位过度疲劳。避免在24小时至48小时内锻炼同一身体部位。

7. 不增加强度

健身是一个循序渐进的过程，不能老是以同样的强度进行长期的锻炼，应该过一段时间就增加一点强度，把每一组锻炼都百分之百地做完，否则就没有意义。人们通常犯的一个错误是，每当做最后一组时，往往要节省一下体力，这是一个大大的错误。

8. 锻炼过度

高温天气全面袭来，很多人仍坚持进行运动健身。夏季气温高，人体消耗大，身体往往比较虚弱。不科学的健身，很可能导致运动者血糖偏低、抵抗力下降，轻者头晕，严重的出现昏厥，健身不成反伤身。所以夏季健身要把握一个度。

夏季适宜的三项运动

由于天气原因，夏季健身有其特殊性，选择什么样的健身项目才能有好的效果呢？健身项目的选择，应根据自己的身体状况和承受能力，像爬山、球类运动、健身操等项目可以适当开展，但一定要注意循序渐进，才会有良好的收益。

1. 健步走。健步走是速度介于跑步和散步之间的一种运动方式。由于运动方式简单，没有意外伤害等原因，健步走深受广大体育爱好者的欢迎，尤其适合老年人参与。健步走的运动量适中，技术要求低，没有器械限制，而且锻炼效果比较好，对增强腿部肌肉和提高心肺功能有很好的作用，对于不经常参加体育锻炼的人来说，是一种很好的“入门”运动。

2. 钓鱼。钓鱼是一种体育和休闲两者兼而有之的运动，夏季天热尤其适合夜钓。但夜钓一定要注意安全，防止蚊虫叮咬。

3. 游泳。夏季尤其适合在室外游泳，室外空气好，出水以后有利于刺激皮肤，促进肌肉血管收缩，同时室外阳光照射，有利于促进身体吸收维生素 D，对皮肤的健康很有好处。

主动出汗好

被动出汗是对人体不利的，如由于天热、心情烦躁等形成的出汗，如果身体不好的话，这种出汗会对人体造成一定的损害。主动出汗是人体主动运动所出的汗，这种汗本身就是为保持体内的温度，散发热量而出的，有利于身心健康。

夏季在家健身

家里的一些物品都可以当体育器械进行训练，比如用两个小板凳放在地面上，就可以做俯卧撑了。躺在床上，胸前抱两个西瓜，可进行仰卧起坐的训练。

如果男士有啤酒肚，可以每天先进行 30 分钟的有氧训练，再进行腹部训练，例如可以做俯卧撑、原地高抬腿等，不要求速度很快，但要有足够的训练时间。这些都可以在家里进行。

夏季游泳健身须知

专家提醒说，夏季游泳，应尽量避免去河流等公开水域，公开水域的水温往往较低，而且在公开水域游泳容易发生意外。需要提醒读者的是，游泳健身的时候，要保护好耳朵。为减少耳疾发生，游泳爱好者在耳内进水时，千万不要私自乱掏，因为这样会损伤外耳道壁、鼓膜，引起外耳道炎或中耳炎。正确的方法是上岸后，将头偏向一侧，用手向后上方牵拉耳廓，并单腿跳跃，可使耳内的水流出来。如果耳朵进水自己无法处理时，应及早就诊。水呛入鼻腔，进入耳内，也可引发中耳炎，一旦鼻腔进了水，正确的擤鼻排水法是手指紧压一侧鼻孔，另一侧鼻孔缓缓擤出水液，左右反复 3 ~ 4 次，注意不要用力过猛，以免引发中耳炎及鼻窦炎。慢性中耳炎、鼓膜穿孔或正在流脓者，均不宜游泳。

夏天减肥应加强

爱美的女孩子在夏天千万不能因为天热而中断自己的美体塑身计划。如果突然间断的话，肌肉将会变得很松弛，使以前的训练功亏一篑。活动时间尽量在一到一个半小时，应该以有氧运动为主，诸如跑步、跳操、游泳、户外自行车运动等。但要想达到良好的效果，最好到健身房进行系统训练。

在运动期间，应该注意饮食，活动以前的饮食，应该以米面为主。运动后，应该以蛋白质为主，多吃些鸡蛋、鱼、瘦肉等。在运动期间，每天最好用小水杯喝 6 ~ 8 杯的水。

游泳减肥法

夏天，再没有哪项运动比游泳更经济实惠、一举两得了。天那么热，跳到水里的感觉太爽了。资料显示，水的热传导系数比空气大 26 倍，在相同温度的水里比在空气里散失热量加快 20 多倍，能有效地消耗人的热量。测试表明：若在水中游 100 米，消耗 100 千卡热能，相当于陆地跑 400 米，或骑自行车 1000 米，或滑冰 1500 米。另外由于波浪的作用，不断对人体表皮进行按摩，从而使皮肤得到放松和休息，所以经常游泳的人，都有一身光洁、柔软的皮肤。有“搂草打兔子”的意外收获。

爬山减肥法

夏天爬山减肥效果显著。城里艳阳高照，燥热难忍。到郊区去吧，那儿气温至少低二度，加上植被丰厚，空气清新，心情会变得很愉快。天气炎热的时候爬山，体力消耗大概增加 20% ~ 30%。专家说“消除脂肪最好的方法是‘有氧运动’，爬山就是最好的有氧运动”。每次爬山准备休息时，拿表测试一下：每分钟心跳 120 下，能持续 10 分钟，说明运动量达到燃烧脂肪的目的了。

散步减肥法

天热懒得动的朋友可以散步，但不要沿着马路走，汽车尾气污染严重。去公园，找一个有水、有树、门票又不那么贵的，比如北京南三环的玉渊潭公园，门票才两块钱。这儿集各类运动健身项目之大成，适合各类人群：耍剑的、舞枪的、打太极拳的、跳木兰扇的；这边民族舞，那边交际舞；左边唱戏的，右边唱歌的，参加哪一项运动都比在家睡懒觉好。

其他减肥辅助措施有：多吃蔬菜水果，少吃主食甜食等。

秋季健身综述

俗话说“秋高气爽”，秋季空气清新，正是运动健身的好季节。为了减少寒冷季节易发的疾病，在秋凉时节，应加强耐寒锻炼，逐步过渡到寒冷的冬季。秋季在户外慢跑，吸进微冷的空气，可提高呼吸道和肺部的耐寒力。慢跑时吸入的氧气比安静时多7～9倍，这又可改善呼吸系统的功能和心肌的供血状况。此外还可进行爬山、打球、做操等活动。

秋凉后每天用冷水浸泡双脚，先从温水开始，逐渐降低水温，直至4℃左右。每次锻炼2～5分钟，然后按摩双脚掌，可防冻疮和感冒。

身体强壮的人可进行冷水浴锻炼，以增强皮肤弹性，促进全身血液循环，提高皮肤、心血管和神经系统的适应能力。开始可先用冷水洗脸、洗脚，继而用冷水擦身，然后用干毛巾擦至皮肤发红，再进行冷水淋浴。冷水浴的水温应由高到低，时间由短到长，只要坚持，即可大大提高耐寒能力。还有要进行冷空气适应锻炼，秋天要晚添衣服，迟穿棉衣，做到“秋冻”。

秋季健身要循序渐进

秋季气温适中，是人们健身的好时机，但为了收到良好的效果，不同人应根据年龄、体质、爱好等不同，选择不同的健身项目。健身者可根据自己的体质和爱好，选择散步、健美操、球类运动等比较适合在秋季进行的运动。秋季运动量与夏季相比可适当增大，运动时间也可加长，但要注意循序渐进。人们在秋天容易疲乏、思睡，所以在运动后要注意休息，以恢复体力。不要主观地认为秋高气爽，身体状态也不错，就忘乎所以地进行超负荷的体育锻炼。运动切忌过度，要适可而止。专家建议，秋天人们可以参加一些轻松平缓、活动量小的运动。这样既不会因出汗多损耗元气，又可以舒展筋骨，提高身体素质。

秋季健身须注意补水

由于秋季是气温不断下降的季节，而人体在气温下降的环境中会反射性地引起血管收缩，肌肉伸展度明显降低，关节生理活动度减小，神经系统对运动器官调控能力下降，因而每次健身前一定要注意做好充分的热身活动，避免在运动中受到伤害。

注意补水。秋季气候渐趋干燥，在

进行身体锻炼的前后要多喝些饮料，通过补充体内的水分来保持上呼吸道黏膜的正常分泌，并提高口鼻黏膜的防御机能。方法上要注意少量、多次、缓饮补水，目的是保证身体拥有足够的水分，以便在进行健身运动时，更好地促进周身血液循环。

秋季户外登山运动适合中老年

秋季人体的柔韧性和肌肉的伸展度下降，因此不应突然加大运动量，做过于剧烈的运动。太极拳和健身舞这两种较为舒缓的健身方式不但可以令人很好地舒展肢体、锻炼筋骨，同时可以避免运动损伤。加之秋季气候宜人，这类运动虽然运动量较小，在户外进行也不会觉得冷，所以适合大多数人，尤其是中老年人。

秋季健身可以选择登山、洗冷水浴、打太极拳和跳健身舞等运动方式。登山能增强人体的呼吸和血液循环功能，使人的肺活量及心脏收缩力增大。秋日郊游登山能使人吸收空气中更多的负氧离子，对人的神经系统具有良好的营养和调节安抚作用。

登山比较适合中、青年，儿童和老年人在体力允许的情况下，也可以偶尔为之，但一定要注意不能选择过高、过长的登山线路，以免过于劳累引发身体不适。

秋季冷水浴

洗冷水浴也是一种不错的健身方式。秋天气温、水温与人体体温较接近，冷水对人体的刺激较小。如果从这时开始洗冷水浴，可以使身体对冷水的刺激产生适应能力。坚持洗冷水浴可以增强人体对寒冷的适应力及对感冒等疾病的抵御力。

洗冷水浴前一定要活动身体至发热，之后将冷水先抹在脸、手臂和大腿等处，让身体逐步适应，然后再用冷水冲洗全身，且要边冲边摩擦身体，一般冲洗 10 分钟就可以了。冷水浴比较适合 18 岁至 50 岁的人群，但有关节炎、风湿及心脏病的人最好不要轻易尝试。

秋季健身须知

秋令时节，若坚持适宜的体育锻炼，不仅可以调心养肺，提高内脏器官的功能，而且有利于增强各组织器官的免疫功能和身体对外界寒冷刺激的抵御能力。秋天是健身的大好季节，但是随着天气逐渐转凉，很多问题也就接踵而至。这里要提醒广大健身爱好者的是，由于秋季早晚温差大，气候干燥，要想收到良好的健身效果，更需要注意健身的方法，否则就会适得其反。

秋季健身须防受凉感冒

秋季在锻炼过程中和锻炼后，要特别注意保暖。秋日清晨气温低，不可穿着单衣去户外活动，应根据户外的气温变化来增减衣服。夏季人们习惯了清晨穿背心短裤出来锻炼，但秋天早晚温度都比较低，如果不注意就很容易感冒，所以不管是晨练前还是在健身房里健身都要根据气温变化增减衣服。秋天温度较低，如果不适时增加服装，会影响健康，晨练时更要根据天气变化选择适当的服装。尤其要注意的是，在运动中大量出汗之后，如果不及时保暖，很可能引起伤风感冒。锻炼时不宜一下脱得太多，应待身体发热后，方可脱下过多的衣服。出汗后，千万不要穿着湿的运动服在户外长久逗留，以防身体着凉。

秋季健身须防秋燥

秋天气候干燥，对于运动者来说，每次锻炼后应多吃些滋阴、润肺、补液生津的食物，如梨、芝麻、蜂蜜、银耳等，若出汗较多，可适量补充些盐水，补充时以少量、多次、缓饮为准则。

秋季健身须防运动损伤

由于人在气温下降环境下会反射性地引起血管收缩，极易造成肌肉、肌腱、韧带及关节的运动损伤。因此，每次运动前一定要注意做好充分的准备活动。

秋季健身须防运动过度

秋天是锻炼的好季节，但此时因人体阴精阳气正处在收敛内养阶段，故运动也应顺应这一原则，即运动量不宜过大，以防出汗过多，阳气耗损，运动宜选择轻松平缓、活动量不大的项目。秋天相对舒适的温度，大家进行运动的欲望越来越强烈。但身体状况不好的人，不应进行大运动量的训练，反而会对身体造成伤害。尽管凉爽的秋季比较适合进行健身运动，但在健身时一定要循序渐进，不要使自己过于疲劳。

中老年人秋季健身不容忽视的问题

步入中老年阶段，人体的生理功能及智力开始缓慢下降。为了保持身体各系统的功能，保持健美的体形，同时消除疲劳，中老年人应该有意识地进行身体锻炼。大众健美操是首选，它不受场地、器械、年龄、性别和职业的限制，具有动作舒展大方、姿态优美、节奏感强等特点。

健身操是一种有氧代谢运动，而有氧代谢能直接使用体内脂肪的储备、消耗多余脂肪，更明显的是可以促进局部小区域的运动，起到减肥作用。而且，健身操在塑造形体美的同时，还潜移默化地影响着人们的情操，使人胸怀豁达，形成乐观进取的生活态度，这也正是中老年人所追求的一种境界。

另外，合理安排中老年人的膳食是保证他们的健康、减少疾病、延缓衰老的重要途径。进入秋季后，中老年人的代谢率开始缓慢下降，活动量减少，故饭量也应适当减少，以使体重维持在正常范围，勿使过胖为宜。蛋白质以每千克体重摄入1～2克计，一天应摄入

60～70克，其中三分之一为动物性蛋白质。蛋白质过多会增加肝肾负担，对身体有害。为预防心血管疾病，应少吃动物脂肪、含胆固醇高的蛋黄及动物内脏，但鱼油富含多种人体所必需的不饱和脂肪酸，对降低血脂、防止血栓形成有利。植物脂肪应主要来自植物油，但也不应太多，脂肪在供应人体所需过程中，不应超过30%。中老年人易患骨质疏松，每日应饮牛奶，吃富含钙的食物，可适当多吃青菜，既供应维生素，也增强膳食纤维摄入，促进肠蠕动。中老年人一般味觉减退，多喜咸味，易引发高血压，应尽量吃清淡的食物，少吃甜食，少量多次地饮水，及时将废物排出体外。

秋季健身要重“养”

秋季养生，必须注意保养内守之阴气，凡起居、饮食、精神、运动、防病等方面的调摄，皆不能离开“养”这一原则，方能安全度过“多事之秋”。

运动重“护养”

金秋季节，天高气爽，是开展各种体育锻炼的好时机。在运动时要针对季节和自身的特点进行锻炼。“春夏养阳，秋冬养阴”。凡运动、导引也应遵循这一规律，运动量不宜太大，不宜剧烈；气功可多做一些“静功”，如内养功、意守功、保健功和太极拳等，常练可振奋精神，强体健魄。

起居重“调养”

秋季，自然界的阳气由疏泄趋于收敛、闭藏，起居作息要相应调整。《素问．四气调神大论》说：“秋三月，早卧，早起，与鸡俱兴。”早卧，以顺应阳精的收藏，以养“收”气；早起，以顺应阳气的舒张，使肺气得以舒展。秋燥常会使人的皮肤和口角干裂、皱缩增多、口干咽燥、毛发脱落、大便干结。这时应注意保持室内一定的温湿度；要多吃水果、多饮生津养阴的饮料，以补充体内水分。秋天气温多变，即使在同一地区也会出现“一天有四季，十里不同天”的情况。因此需多备几件秋装，及时增减衣服，防止感冒。

饮食重“摄养”

秋属肺金，主收。《素问·藏气法时论》说：“肺主秋……肺欲收，急食酸以收之，用酸补之，辛泻之。”酸味收敛补肺，辛味发散泻肺，秋天宜收不宜散。所以，要尽可能少食葱、姜等辛味之物，适当多食一些酸味甘润的果蔬，如百合、银耳、秋梨、柿子、甘蔗、藕、蜂蜜、乳品等，以润肺生津、养阴清燥。秋季饮食除以用酸、润为主外，还必须注意不要过于进补，以免“饮食自倍，肠胃乃伤”。

精神重“修养”

秋季虽天高云淡，但日照减少，气

温渐低，气候渐渐干燥。深秋之时，草叶枯落、花木凋零，常在一些人，尤其是老年人心中引起凄凉、垂暮之感，产生忧郁、焦虑、烦躁等情绪的变化，故有“秋风秋雨愁煞人”之说。这时应注意保持心理平静，神态安宁，减缓秋季肃杀之气对人体的影响；收敛神气，以适应秋天容平之气。我国素有农历九月初九重阳节登高赏景的习俗，登高远眺，胸怀顿开，心旷神怡，可使一些忧郁、伤感顿消。祖国医学认为，登山是治疗忧郁症之良方。根据秋季情绪不稳定、睡眠欠佳的特点，可选择一些自己感兴趣的娱乐活动，如书画、养鸟、赏花、打牌、下棋等，以达到宁神定志，心理豁达，调节精神，强壮体魄的效果。

防病重“保养”

秋季是疟疾、痢疾、肠炎、乙脑等病的多发季节。做好预防就要注意环境卫生和饮食卫生，不喝生水、冷水，不吃腐败变质的食物，防止“病从口入”；按时接种乙脑疫苗。秋季燥邪容易伤人，除应适当补充一些维生素外，还应服食一些滋养阴津、宣肺化痰的中药，以利于缓解秋燥，达到防病治病、保健养生的效果。

冬季健身须知

冬季天气寒冷，适当的运动锻炼可以起到御寒健身养生的功效。刚从室内到室外锻炼时，要穿厚一点，先做准备活动，如蹦跳、徒手操、慢跑、转腰等，身暖后再脱去厚衣服，进行正式锻炼。寒冷使四肢末端的血管处在收缩状态，血液循环缓慢，肌肉的黏滞性增加，关节韧带的弹性较差。所以锻炼前的准备活动要充分，防止肌肉拉伤和关节扭伤。

冬季寒冷干燥的空气对呼吸道黏膜有很大的刺激作用。运动时要采取深而慢的呼吸节律，并尽量使用鼻子呼吸。因为鼻子里的血管丰富，对于寒冷空气能起到加温加湿的作用，可以减少对呼吸道黏膜的刺激。如果单用鼻子呼吸不能满足需要时，可以微微张开嘴巴，轻轻咬住牙，让空气从牙缝进去，千万不要张大嘴喘气。

初参加锻炼的人，要根据自己的身体条件适当掌握好运动量，循序渐进。运动间隙和运动结束后，随时将衣服穿好。如果出汗多，浸湿了内衣，要及时将汗擦干，换上干内衣，不要穿着湿衣服让风吹，防止着凉感冒。

在冰天雪地的环境中锻炼时，为了防止暴露部位发生冻伤和皮肤裂口，在锻炼前先进行按摩，使这些部位发红发热，还可以涂些凡士林、冷霜、蛤蜊油等，起到滋润和保护皮肤的作用。

冬季健身当心八种运动损伤

冬季运动伤害比其他季节要高出三成，运动过程中要确保安全，不要因运动损伤使良好的意愿适得其反。

1. 骨折。冬季气温低，容易使人体骨骼僵硬脆弱，加上肌肉、关节伸展性下降，人们的动作灵活性、身体协调性都受到影响，因此一定要特别注意在运动时防滑防摔，否则容易造成摔伤、骨折等意外伤害。常见的骨折有两种：一类是没有伤口、皮肉不破损，称闭合性骨折；另一类是骨的尖端穿透皮肉，称开放性骨折。对开放性骨折，不能用手回纳、揉搓或按摩，否则易引起骨髓炎，应用消毒纱布包扎患处，止血后，再用平木板固定，急送医院治疗。骨折在上肢者，可将关节固定在躯干上；骨折在下肢者，可伸直腿足，固定于对侧肢体上并急送医院诊治。在室外运动时，要尽量避开结冰的路面，在室内运动也要充分进行准备活动，伸展肢体，进行“预热”，这样有利于防止骨折等意外的发生。

2. 猝死。心脏猝死包括安静型和运动型两种，其中81%的猝死是安静型的，即由于突发冠心病和肺栓塞而导致的。除了心脏疾病导致的猝死外，运动过量也是发生猝死的一个重要原因。如进行长跑锻炼时身体需要的血液量和氧气量会突然增加，而供给量却相对减少，在这种血、氧供不应求的状态下，跑步者的心脏会出现急性缺血，继而出现心脏骤停和脑血流中断。如果在跑步时感到身体不适，要马上停下来，千万别硬撑着。

3. 肩周肌腱劳损。受伤的原因主要是重复的超负荷动作使肩周的肌腱、肌肉反复受到刺激而受损，患处会发炎肿痛，活动时加剧。肩周肌腱受损可分为急性损伤、慢性劳损及肌腱撕裂。典型病证是打球后出现肩局部肌肉肿痛现象以及将手臂慢慢抬高时感到痛楚甚至抬臂困难，如肌腱撕裂会感到软弱无力。伤后急性期应予冰敷，多休息肩关节并减少活动量。病证反复及伤情严重者须就医。

4. 网球肘。不单是网球运动可引发“网球肘”，打羽毛球、乒乓球及做家务劳动亦可致病。患者会感到手肘外侧疼痛，手握力减小及力量较差，打反手球时显得非常困难，主要是因肌肉肌腱点处发炎所致。运动后急性期疼痛应予冰敷，口服、外用消炎止痛药。慢性炎症可以理疗及使用护肘托等。

5. 膝关节韧带、半月板损伤。膝关节韧带对稳定关节十分重要。扭伤及运动中碰撞易引起韧带撕裂，出现关节不稳、活动后肿痛等症状。半月板是膝关节内的两块软骨垫，是人体的避震器。半月板撕裂可出现关节响声，深蹲时疼痛。膝关节韧带、半月板损伤后如未及时发现，继续活动极易反复受伤，引起创伤性滑膜炎、关节软骨磨损，导致关节提早退化。

6. 腹部刺痛。侧腹痛主要发生在停止运动一段时间，重新开始接受运动训练的初期，或偶尔参加身体活动的人。一般认为，侧腹痛是因为呼吸肌在运动时血流不足而形成的缺氧性疼痛。饭后马上剧烈运动或是肠内积气也可能造成侧腹痛。

7. 肌肉痉挛。抽筋是肌肉遇寒冷刺

激、精神过度紧张、身体过度劳累所引起的过度收缩所致。在一些长时间的运动或游泳中最为常见，热身运动没有准备充分的时候也容易出现抽筋现象。发生抽筋时，肌肉坚硬、疼痛难耐，往往无法立刻缓解，处理不当时会造成肌肉的损伤。

8. 肌肉损伤。肌肉损伤除由外力直接作用引起肌肉挫伤外，主要是外力间接作用下使肌肉发生拉伤。肌肉拉伤后，伤处疼痛、肿胀、压痛或痉挛，触之发硬。受伤的肌肉做主动收缩或被动拉长的动作时，疼痛加重。

冬季健身留心鼻出血

冬季空气干燥，鼻黏膜的水分蒸发很快，鼻腔毛细血管壁弹性降低，变得很脆弱。参加体育锻炼时，如果血管受到强烈震动，就比较容易破裂出血，而且很难止住。

那么，怎样预防鼻出血呢？首先，要保护好鼻黏膜。如果感到鼻子干燥不舒服时，可用毛巾或棉花蘸温开水轻擦一下，也可以用开水的蒸气哈一哈。其次，在参加体育锻炼时，特别是在跑、跳时要注意前脚掌着地，充分利用缓冲作用；在进行对抗性活动中，要避免头部、鼻部的强烈震动和冲撞。

一旦出现鼻出血，要立即停止锻炼，抬头仰脸，用力捏住鼻子，压迫鼻血管，以达到止血的目的。如果止不住血，可用毛巾蘸上冷水捂在鼻子和脸上，使血管收缩，防止血液继续外流。也可在棉球上滴几滴麻黄素药水塞入鼻孔，使血管迅速收缩，加强止血效果。

冬季健身小心运动过敏

冬季的气温、湿度、气压发生剧烈变化，机体不能适应时，人就会发生过敏反应，医学上称为气象过敏症。冬季锻炼尤其是在剧烈运动后半小时，最易产生运动过敏症。有6%～8%的运动员曾在冬季室外锻炼时发生过运动过敏，老年人和妇女更易出现运动过敏反应。

如何防止运动过敏呢？冬季天气剧烈变化时，可暂停室外锻炼两至三天，改为室内活动；运动前要充分做好准备活动，以提高机体对寒冷的适应能力；锻炼时要掌握好运动量，一般不宜剧烈运动；锻炼前1小时最好不要进食，这样有利于减少发生运动过敏症的几率。

冬季何时健身最佳

有关专家认为，冬季健身的最佳时间为14：00～19：00。人体活动受“生物钟”控制，按“生物钟”规律来安排运动时间，对健康更有利。冬季健身在14：00～19：00比较理想。此时，室外温度较高，人体自身温度也比较高，体力也比较充沛，很容易兴奋，容易进入运动状态。下午（14：00～16：00）：是强化体力的好时机，肌肉承受能力较其他时间高出50%。黄昏（17：00～19：00）：

特别是太阳西落时，人体运动能力达到最高峰，视、听等感觉较为敏感，心跳频率和血压也上升。

不宜运动的时间

进餐后：这时较多的血液流向胃肠部，以帮助食物消化及吸收。此时运动会妨碍食物消化，时间一长会导致肠胃系统的疾病，影响身体的健康。因此，饭后最好静坐或半卧 30 ~ 45 分钟后再运动。

饮酒后：酒精吸收到血液中，进入脑、心、肝等器官。此时运动将加重这些器官的负担。同餐后运动相比，酒后运动对人体产生的消极影响更大。

室外健身不是越早越好

冬季日出前的地面温度较低，清晨空气中释放出的一氧化碳、二氧化碳等污染物的含量较高。另外，汽车排放尾气中的氮氧化物、碳氢化物、铅等有害污染物质也聚于地面，人们若早起锻炼，就会吸入很多的烟尘和有毒气体。长期在这种环境下锻炼，可能会出现乏力、头晕、咽喉炎等疾患，危害身体健康。

冬季健身，应该在 10:00 左右为宜。这时太阳出来后晒到地面，使污染的空气向高空扩散，对人体的侵害会减小。另外，冬季晨间气温较低，要到太阳出来半个小时后才会慢慢升温。

冬季什么气候下不宜锻炼

冬季气候特点，主要是温度低，气候干燥，多风。如果气温突然大幅度地下降，风势猛然增大，不宜进行户外锻炼，特别是老幼体弱和锻炼基础较差的人，更应该注意。

大雾天也不宜进行锻炼。雾是地面上的水蒸气遇冷后，与飞起的尘土凝结成不透明的小水点浮游在近地面的空间而成的。在大雾的时候，不仅空气中的水分多，尘土多，而且气压较低，呼吸困难，汗液不易蒸发，再加上视线不清楚，在车辆较多的野外或马路上练长跑，可能发生意外危险。所以，在大雾时不宜做剧烈运动。

大雾天，可以在室内做体操、打拳等。雾气稀薄时，也不宜在室外做剧烈运动，如径赛项目或剧烈的球类活动等。至于一般的体操和器械体操，以及缓和的球类活动还是可以进行的。

有雾的时候，空气流动得很慢，越是山凹或是低洼的地方，雾气就越重。所以，最好选择比较空旷或地势较高的地方进行活动，因为高地空气流动性较大，雾气较薄。因此，雾天爬山登高，更为合适，但一定要注意安全。

冬季运动前应充分热身

气候寒冷，人体各器官系统保护性收缩，肌肉、肌腱和韧带的弹力和伸展性降低，肌肉的黏滞性增强，关节活动范围减小，再加上空气湿度较小，所以使人感到干渴烦躁，身体发僵，不易舒展。如果不热身就锻炼，往往会造成肌肉拉伤、关节扭伤。运动中的肌肉拉伤、骨折等意外的发生，大多是由于运动前的准备活动不充分，尤其是冬天天气寒冷，韧带、肌肉更脆、更僵一些，肌肉比较紧，如果准备活动没做好，甚至没做准备活动就立即进行猛烈的运动，就很容易受伤。这是由于肌肉没有准备好就突然受到超负荷的刺激，而引起的肌肉拉伤。

从临床观察上看，这个季节运动创伤更多一些。一旦出现肌肉拉伤，轻者会影响正常工作，重者需要手术治疗才能康复。有关专家提醒：冬季进行训练的人更应时时注意预防肌肉拉伤。那么，肌肉拉伤是如何造成的呢？肌肉拉伤后该如何处理呢？

运动医学指出，肌肉主动强烈地收缩或被动过度地拉长所造成的肌肉微细损伤、肌肉部分撕裂或完全断裂，都称为肌肉拉伤。在体育运动中，经常会由于准备活动不充分，训练水平不够，过度疲劳，错误动作或注意力不集中等原因造成肌肉拉伤。其根本原因有二：

1. 是在完成动作时，肌肉猛烈地主动收缩超过了肌肉本身的负担能力；

2. 是由于突然被动的过度拉长，超过了肌肉的伸展性。

在发生肌肉拉伤后，会出现局部疼痛、压痛、肿胀、肌肉紧张、痉挛、功能障碍等现象。当受伤肌肉主动收缩或被动拉长时疼痛感会加重。有些严重的伤者除有以上症状外，还会产生皮下出血，触摸局部有凹陷及一端异常隆起等现象，这可能是出现了肌肉断裂。

肌纤维轻度拉伤及肌肉痉挛者，可用针刺疗法治疗。肌纤维部分断裂者，早期可冷敷、加压包扎，48 小时后开始按摩治疗，手法要轻缓。对于怀疑发生肌肉完全断裂者，应在局部加压包扎，固定患肢后，立即送医院确诊，必要时接受手术治疗。

既然肌肉拉伤会造成这么严重的后果，就必须知道预防肌肉拉伤的方法和措施：

1. 运动前做足准备活动。准备活动可以升高体温，降低肌肉的黏滞度，放松肌肉，使肌肉达到运动所需的状态。不可不做准备活动直接参与大运动量活动。

2. 合理安排训练量。应根据自身的情况合理安排运动量，不要盲目照搬他人的训练计划，有条件的可请专业指导帮助制订训练计划。

3. 正确掌握技术动作。要在完全掌握技术动作要领后再开始练习。在做较大运动量的高负荷练习时，最好有同伴在旁保护。

寒冬锻炼前的有效准备方案

在冬季进行健身锻炼时，尤其是在室外，首先要做充分的热身活动，通过慢跑、徒手操和轻器械的少量练习，使身体发热微微出汗后，再投身到健身运动中。

很多朋友有每天锻炼的好习惯，在寒冷的冬天，这样的习惯也没有因季节的变化而中断。冬季进行适当的锻炼，可以御寒抗病、磨练意志。但是，冬季锻炼如果不当，很容易给自己的身体带来负面的影响，所以掌握冬季锻炼的一些安全知识很重要。

在室外锻炼时，人体的肌肤暴露在寒风中，容易使肌肉关节变硬，暴露部分的血管收缩，血液循环能力降低。因此，进行锻炼的时候，应该穿上保暖、轻柔的运动服装，另外，对于暴露在外的手、鼻、眼、耳等部位要保护好，以防冻伤。

冬季锻炼前的准备活动特别重要，尤其在准备进行较强的体育活动时，要用平时 2 ～ 3 倍的时间进行准备活动，这样，能有效防止肌肉和关节受伤。准备活动主要是活动四肢关节和肌肉，还可以上下跳动来增加体温和身体的柔软性。

冬季在野外锻炼体能消耗较大，容易疲劳，最好事先定好合适的运动量。心脏病、高血压患者在温度骤降时进行锻炼要特别小心，尽量避免剧烈的野外运动，天气条件不好时，进行室内锻炼也同样会取得良好的运动效果。

老年人冬季起床时宜慢

时间生物医学的研究显示，心脑血管疾病多在深夜和凌晨发作，而心肌梗死、心源性猝死和中风的发病率以清晨为高。凌晨 4 点左右，人的心跳与呼吸速度减慢，生命活动处于最低点，此时心脑动脉血流极缓，易致血栓形成，心脑缺血；而当清晨人从“半休眠”状态苏醒时，呼吸心跳加快，血流加速，血压升高，又易使已老化的心脑血管破裂。为防不测，脑动脉硬化、高血压、心脏病病人以及年老体弱者，冬天早晨起床前，宜躺在床上闭目养神数分钟，等头脑完全清醒、身体适应了“生物钟”节律的变化，再缓慢起来。其间，可在床上先左右后轻缓地伸伸懒腰，做些微小的活动，以确保起床及其以后的平安。

冬季健身衣着厚薄要适宜

冬季进行健身，开始要多穿些衣物，且衣物要轻软，不能过紧，热身后，就要脱去一些厚衣服。锻炼后，如果出汗多应当及时擦干汗，换掉汗湿的运动服装、鞋袜，同时穿好衣帽，防止热量散失。另外，在室外进行健身锻炼更要注意保暖，锻炼后身体发热，总想凉快一下，但切不可站在风大的地方吹风，而应尽快回到室内，擦干汗水，换上干净衣服。俗话说：“寒从脚下生。”由于人的双脚远离心脏，血液供应较少，加上脚的皮下脂肪薄，保暖性差，所以冬季在室外进行健身活动特别容易感到脚冷。若头、背、脚受冷，冷空气从皮毛和口鼻侵入肌体，不但影响健身效果，还会感冒生病。平时有些健身爱好者喜欢穿健身鞋过冬，这样不好。因为胶底鞋导热快，不锻炼时脚掌容易受寒，以致引发冻疮、关节炎等疾病。

冬季健身环境要舒适

冬季人们习惯把健身房的窗子关得紧紧的。殊不知，人在安静状态下每小时呼出的二氧化碳有20多升。若十多人同时进行锻炼，一小时就是200升以上。再加上汗水的分解产物，消化道排出的不良气体等，致使室内空气受到严重污染。人在这样的环境中会出现头昏、疲劳、恶心、食欲不振等现象，锻炼效果自然不佳。因此，在室内进行锻炼时，一定要保持室内空气流通、新鲜。另外，冬季也不宜在煤烟弥漫、空气浑浊的庭院里健身。同时要注意，气候条件太差的天气，如大风沙、下大雪或过冷天气，暂时不要到室外锻炼。若想到室外锻炼，应注意选择向阳、避风的地方。

锻炼方法因季而宜

由于冬季寒冷，身体的脂肪含量较其他季节有所增加，体重和体围也会相应增加，这虽然对瘦人增重长胖有益处，但肌肉轮廓、线条和力度的发展不够理想。因此，冬季健身要提高锻炼的强度和力度，增加动作的组数和次数，同时增加有氧锻炼的内容，相应延长锻炼时间，用以改善机能，发展专项素质，消耗体脂，防止脂肪过多堆积。另外，注意锻炼间隙要适当短一些，尤其在室外应避免长时间站立于冷空气中。如果间隙时间过长，体温下降，易使肌肉从兴奋状态转为疲惫，黏滞性增大，这样不但影响锻炼效果，而且再进行下组练习时容易受伤。呼吸时，不要张大嘴呼吸，以免冷空气直接刺激咽喉，引起上呼吸道感染及咳嗽。

饮食健康讲究多

冬季健身锻炼由于气温低，肌体的散热量大，基础代谢相应升高，加上运动量较大，所以热量消耗较大。因此，对希望减脂的朋友可能比较有利，对肌肉增粗有一定的难度。所以要更加注意饮食的科学性。相反如果在冬季很少到户外活动，也不参加体育锻炼，尤其在北方由于饮食习惯的问题很容易造成脂肪堆积。因此一般来讲，在冬季进行锻炼的同时配合科学合理的饮食减脂效果会较好，同时对提高肌肉质量也是比较合适的。

冬季锻炼8项注意

1. 不要在汽车多的路边活动，因为汽车在行驶时会带起很大的灰尘。也会排出废气，会直接被吸入体内，导致急性或慢性病证。在健身时尤其不要在交通指挥灯、马路转弯处或汽车站附近进行。

2. 在长跑时，容易将冷空气吞咽进胃肠道，从而引起胃肠痉挛性剧痛或腹胀。因此，为减少吞咽进过多的冷空气，运动时不宜张口呼吸、嚼口香糖、说笑打闹等。在进行体育比赛前两天应少食芹菜、韭菜、大豆、扁豆、甘薯等纤维及氧化酶含量高的食物，可减免运动时发生腹胀。一旦腹痛或腹胀难忍，被迫终止运动时，可食用少量生姜、芥末粉、豆豉、葱白等具有温胃散寒作用的食品。在脐周围涂松节油或樟脑酯擦剂，加敷热水袋可帮助排气消胀。

3. 要避免着凉。冬季到户外锻炼，要适当穿得暖和些，戴上帽子和手套，如果风太大，要戴上口罩。但也不要穿得太厚、太臃肿，以免妨碍身体的运动，加重身体负担，乃至出汗太多，从而招致感冒。在休息时，切记穿上外套，不可任风寒乘浑身毛孔大张之时，侵入体内致病。在锻炼结束后，要擦干汗水，换上干软的内衣。要是靠身体把汗焐干，就会觉得全身冰凉，容易感冒。

4. 要避免在大风、大寒、大雪、雾露中锻炼，这一点对于老年人、体质较弱的人尤其重要。此外，在冬天的早晨，由于冷高压的影响，往往会发生逆温现象，即上层气温高，而地表气温低，大气停止上下对流，早晨生活、工业排出的废气不能向大气层扩散，造成室外空气相当污浊，能见度大大降低。这时在室外运动就不如在室内活动了。

5. 不要在烟多的庭院或街道胡同里锻炼，这对健康的损害也是不小的。烟雾、废气都会直接损害人体健康，引致急性支气管炎、肺炎、哮喘等呼吸系统疾病。冬日的锻炼活动宜在大气污染轻或无污染的地方进行，如山谷、溪流旁、树林草地、空气清新洁净的地方，使机体在锻炼的同时吸入更多的新鲜空气。

6. 冬季锻炼，应充分做好准备活动。人在冬季从室内来到室外，温度骤然降低，会使皮肤和肌肉立即收缩，关节和韧带僵硬，体内的代谢放缓。在这种情况下，若立即开始锻炼，有可能造成肌肉拉伤或关节损伤，而且由于心跳加快，还可能引起恶心、呕吐等不适应症状。因此，应做好准备活动，使浑身的肌肉、关节活动开，体内器官，尤其是心脏进入适应运动的状态，提高神经中枢的兴奋性，使血液循环和物质代谢得到改善。准备活动要做到浑身发热，这样开始活动，便会觉得四肢有力，精神饱满，寒冷也不足惧了。

7. 冷水浴是不少人喜欢的冬季锻炼项目。事实证明，这是一项能够提高耐寒力的有益运动。但是，应该根据个体情况选择全身性冷水浴还是局部擦身。全身冷水浴水温应在 10 ~ 16 摄氏度，脱掉衣服，站在淋浴喷头下迅速冲洗，时间不宜过长，2 ~ 3 分钟即可。这种锻炼最好从夏天开始，每天坚持，这样到冬天就可以达到适应锻炼的目的。局部擦身的水温可在 8 ~ 12 摄氏度，蘸湿毛巾迅速擦身。局部擦身选择的部位常常是面部、耳部、手部、脚部等。这种方法男女老少均可采用。

8. 冬季的室内锻炼。在大风降温、大雾、降雪天不宜做室外活动时，室内的适当活动也是冬季锻炼的好办法。在室内锻炼时，要选择向阳的房间，将室内通风换气后，可以做体操，活动腰腿，也可以做气功锻炼，应选用动静结合的功法为好。还可以自己编一套健身操，比如有颈椎病、腰腿痛、高血压等病的人，可根据自己的个体情况做四肢、腰腿活动，尤其在头部施行搓、按、捋、梳等手法，都会收到很好的效果。

冬季如何进行慢、长跑锻炼

冬季是开展群体活动的好季节。慢、长跑，作为最普及的大众体育运动项目，深受各年龄段人们的喜爱。冬季进行长跑锻炼，不仅能增强体质，抵御寒冷，而且能振奋精神，锻炼意志。那么，如何进行长跑锻炼呢?

做好跑前准备工作。冬季气温低，外出晨跑穿着不能太单薄，尤其是上腹部要注意保暖，以免受凉引起脾胃不适。出门前最好喝一杯白开水，喝水不仅能补充水分，解除口干舌燥，而且能降低血液浓度，促进血液循环和物质代谢。有些人习惯于一出门马上就跑，其实这样不好。最好先搓搓手和脸，轻揉两耳廓。再分别转动脚腕，活动膝关节。最后，深呼一口气，调整一下心理情绪。这时，你可以起跑了。

掌握正确的方法起跑后，上身稍微前倾，两眼平视，两臂随跑的节奏自然摆动，脚尖要朝向正前方，不要形成“八”字，后蹬要有力，落地要轻柔，动作要放松。长跑时脚的着地动作有两种：一种是脚前掌或脚掌外侧着地。这种方法速度快、效果好，但比较费力。它适合于提高成绩的专业运动员。另一种是全脚掌落地过渡到前掌蹬地。这种方法，腿的后面肌肉比较放松，跑起来省力，但速度较慢，适于大多数人和初学者，平时健身很适宜。

长跑时的呼吸很重要。长跑属于有氧代谢运动，在跑的过程中，人体对氧气的需求量不断增加，因此要很好地注意呼吸节奏。一般情况下，可二步一吸或三步一吸，注意节奏，不能起伏过大。在吸气方式上，应采用鼻呼吸和口鼻混合吸，可用舌抵住上颚，以避免冷空气直接大量吸入而造成对胸部的刺激。在长跑中，由于氧气供应落后于肌肉的活动需要，因此在跑的过程中会出现不适应的现象，使人感到腿发沉、胸发闷、呼吸困难和不想继续跑下去。这时，要适当降低跑速，调节好呼吸节奏，坚持跑下去。不久，困难就能克服。

跑后的活动和放松。许多人习惯于一跑完马上就回去休息，其实这样不好。跑步后，人体全身上下得到活动，这时，进一步做好基础锻炼，就能取得好的健身效果。这时，可以做一套广播体操，也可以进行压腿、踢腿、跨跳、纵跳摸高、单腿跳和高抬腿练习，发展下肢力量和提高耐力。整个练习做完后，也不要急于休息。还可以原地蹦跳踢腿，注意全身要放松，两臂自然抖动，两条腿交替前后左右自然摆动。然后，抬膝俯身，两手握拳或成刀形，捶打大腿和小腿肚，使肌肉充分放松。

冬季游泳健身好处多

北方寒冷干燥的冬季，最适合游泳，其健身价值比夏季更高。而且冬季游泳的感觉与夏季也有许多不同。冬季游泳，一般都由室外转入室内。这样，一方面可以免受户外空气污染的侵害，另一方面，游泳时，由于冷水对皮肤的刺激，使得皮肤的血管急剧收缩，大量血液被驱入内脏和深部组织，血管一张一缩也能得到锻炼，使人体能更快地适应这种冷热交替的变化。冬季游泳在一定程度上还能有效地提高人体的免疫能力，游泳运动员不易感冒就是最好的证明。同时，游泳时身体处于水平状态，心脏和下肢处在一个平面上，使得血液从大静脉流回心房时不必克服重力的作用，为血液循环创造了有利的条件。心室充满了流回心脏的血液，有利于提高心血管系统的功能。另外，水的流动和肌肉的运动，都会起到按摩小动脉的作用。这种经常性的按摩，能减少小动脉的硬化，使心脏射血时所遇到的外围阻力减少，可以防止高血压、心脏病的发生。

冬泳健身的15条禁忌

冬泳是磨炼人的意志、锻炼身体的良好方法，但也有禁忌。

1. 忌饭前饭后游泳：空腹游泳会影响食欲和消化功能，也会在游泳中发生头昏乏力等意外情况；饱腹游泳亦会影响消化功能，还会产生胃痉挛，甚至呕吐、腹痛现象。

2. 忌剧烈运动后游泳：剧烈运动后马上游泳，会加重心脏负担；体温的急剧下降，会使抵抗力减弱，引起感冒、咽喉炎等。

3. 忌过久：皮肤对寒冷刺激一般有三个反应期。第一期：入水后，受冷的刺激，皮肤血管收缩，肤色呈苍白。第二期：在水中停留一定时间后，体表血流扩张，皮肤由苍白转呈浅红色，机体由冷转暖。第三期：停留过久，体温热散大于发热，皮肤出现鸡皮疙瘩和寒战现象。这时应及时出水。游泳持续时间一般不应超过1.5～2小时。

4. 忌在不熟悉的水域游泳：在大然水域游泳时，切忌贸然下水。凡水域周围和水下情况复杂的都不宜下水游泳，以免发生意外。

5. 忌不做准备活动立即游泳：水温通常总比体温低，因此，下水前必须做准备活动，否则易导致身体不适感。

6. 忌游泳后马上进食：游泳后宜休息片刻再进食，否则会突然增加胃肠的负担，久之容易引起胃肠道疾病。

7. 忌月经期游泳：月经期间游泳，病菌易进入子宫、输卵管等处，引起感染，导致月经不调、经量过多、经期延长。

8. 有癫痫史忌游泳：无论是大发作型或小发作型，在发作时有一瞬间意识失控，如果在游泳时突然诱发，就难免陷入“灭顶之灾”。

9. 高血压患者忌游泳：特别是顽固性高血压，药物难于控制，游泳有诱发中风的潜在危险，应绝对避免。

10. 心脏病者忌游泳：如先天性心脏病、严重冠心病、风湿性瓣膜病、较严重的心律失常等患者，对游泳应“敬而远之”。

11. 患中耳炎忌游泳：不论是慢性还是急性中耳炎，因水进入发炎的中耳，等于“雪上加霜”，使病情加重，甚至可使颅内感染等。

12. 患急性眼结膜炎忌游泳：该病病毒，特别是在游泳池里传染速度之快、范围之广令人吃惊。在该病流行季节，即使是健康人，也应避免到游泳池内游泳。

13. 某些皮肤病忌游泳：如各个类型的癣，过敏性的皮肤病等，不仅诱发荨麻疹、接触性皮炎，而且易加重病情。

14. 酒后忌游泳：酒后游泳体内储备的葡萄糖被大量消耗会出现低血糖。另外，酒精能抑制肝脏正常生理功能，妨碍体内葡萄糖转化及储备，从而发生意外。

15. 忌忽视泳后卫生：泳后，应即用软质干毛巾擦去身上水垢，眼中滴上氯霉素或硼酸眼药水，擤出鼻腔分泌物。如若耳部进水，可采用“同侧跳”将水排出。之后，再做几节放松体操及肢体按摩或在日光下小憩15～20分钟，以避免肌群僵化和疲劳。

冬泳谨防3大误区

冬泳是挑战人体极限的运动，虽有积极的强身健体作用，也有相当的危险性。有三个误区，必须注意：

误区一：以为冬泳包治百病。冬泳从本质上讲是一项体育运动，一些人希望通过冬泳的方法治疗疾病，必须慎重行事，听从医生或专业人士的安排。

冬泳可以强身健体、提高肌体免疫能力，能促进一些功能性疾病逐渐缓解、好转。虽然经常可以看到某人因为坚持冬泳治好了疾病的报道，但是，我国在这方面的研究还很有限，个别的例子和经验并不具有普遍性。

误区二：以为所有的人都适合冬泳。有较严重疾病的人，如药物不能控制的高血压病人、先天性心脏病人、风湿性心瓣膜病人、癫痫病人等，都不宜参加冬泳。即便是体质好的人要进行冬泳，也应有一个循序渐进的过程，最好从夏秋季开始，使身体逐步适应。

误区三：以为游的时间越长越能锻炼身体。不同的人冬泳的时间应因气温、水温和人的体质而异。有两种现象值得注意，一是在水里游的时间过长，上岸后全身麻木、冷战不止，这极容易损伤某些器官。另一种现象是在水里的时间太短，刚下水就上岸，没有经受充分的刺激，达不到锻炼的效果。

冬泳中的七大危险与对策

冬泳可以增强体质，预防多种疾病的发生，使人体皮肤、神经系统、心血管系统、呼吸系统的功能得到加强，但是如果运动方式方法不当也会带来很大的危险，为了保证冬泳安全，须知以下七大“秘诀”：

1. 冬泳前的准备活动如果不充分，易发生抽筋，重者会导致淹溺。

对策：入水前充分做好准备活动，游泳时先立于水中洗脚洗头，并撩水浇身，最后再全身入水。

2. 江河中如果有冰凌，贸然跳入水中或潜泳，将有可能被冰凌扎伤。

对策：冬泳时不要“扎猛子”或草率潜水。

3. 冬泳消耗体力大，易出现低血糖反应，重者导致低血糖休克。

对策：冬泳时可以随时补充一些含碳水化合物类食物。

4. 冬泳如在饭后立即进行，易发生腹痛和腹泻。

对策：将冬泳时间安排在早晨或者下午，离吃饭时间远一些。

5. 冬泳前喝酒易出现水中昏迷窒息，冬泳后喝酒易刺激心脏而发生意外。

对策：在冬泳前后不要饮酒。

6. 冬泳易患感冒，重者会导致病毒性心肌炎。

对策：坚持每天早晚用冷水洗脸擦身，促进全身血液循环，提高鼻黏膜对寒冷刺激的抵抗力。

7. 冬泳后骤然走进高温屋中或者烤火，会导致关节炎和其他疾病的发生。

对策：出水后立刻将衣服穿好，做些适当的运动使身体暖和。

冬季登山请注意保温与御寒

冬季是登山爱好者很好的登山季节，征服陡峭的山峰，观看白雪覆盖的山顶等都是让人十分惬意的事情。登山露营的人，应具备抗炎热与寒冷的能力，且衣着以宽松为佳。

由于生活水平的提高，天热有了冷气，天冷了有暖气，舒适极了。由于过分地受保护，人们渐渐地丧失了与大自然抵抗的能力。准备登山露营的朋友，在平时就要锻炼自己的身体与学习保温的知识，以应上山露营时之所需。

人类依靠食物的热量来维持体温，延续生命力。保温的原理，在于维持体内正常的体温，这也是我们为什么要穿衣服的道理。因为穿上衣服后，在人体的四周会形成空气层，这个空气层可调节体温。

毛制品的衣服保暖性特高，这是因为毛料轻盈柔软而且体积大，穿上后，容易在身体四周形成调节体温的空气层，这层空气层能够防止体温的散失，使身体不受寒，并非毛料发热，使得身体暖和的。毛制品是由毛纤维所构成，具有排水性，所以潮湿了一样可以保暖，即使是被雨淋湿，只要拧干，还是不失其保温性。毛制品衣服被雨淋湿的话，应裹在吸水的旧报纸里一起拧干，然后穿上，体温会使不完全干的衣服干燥。如果你急需穿衣服时而衣服又没有干的话，不妨试试看。毛制品衣服是理想的登山服，它不像其他质料的衣服，遇雨后会变得又重又冷的衣服，非但不能御寒，还会因此而受寒，甚至于冻坏。

其次，谈谈再保温的问题。在疲劳又潮湿的状况下，将身体暴露在寒天下，体温会下降，以致有生命危险，所以，露营时如果衣服弄湿了，一定要赶快换下，不要使体温下降，体温下降时，身体自然会感到不舒服。

干的旧报纸是一种多用途的物品。它可以用来生火，也可以用来作为避免包装食品相碰撞的缓冲材料。此外，衣服湿了可以用报纸来揉搓，放在内衣里层，具有吸收水分的功能。虽然放在内衣里，会很不方便，尤其是在我们活动时会产生沙沙的响声，然而，它仍不失为理想的御寒用品。

唯有根据气温变化而调节空气层的做法，才能保温。晚间或凌晨风大的时候，可以穿衣，感觉寒冷时，就要穿保温的毛衣，如此才能将身体四周的空气层留住，使身体不致受寒。露营时的帐篷，所利用的原理亦是如此。雪停时，穿上风衣就可以，雨衣可以换下来了。

年轻人为了显示其修长的身材，喜欢在登山露营时穿着紧绷的衣服。从保温性与灵活性的立场看来，这是很不适合的。最好能穿着宽松的衣服，膝与肘部能够活动自如的最佳。而且，不止穿一件，应该多穿几件，其中最外层的衣服要能够保持空气层；如此就不必担心会受强风的侵袭了。

夏天天气炎热，有人因此穿短裤上山露营，由于长时间的暴露腿与膝部，到了晚上休息时，便会感到异常的疲倦。上半身的情况也是如此，在微风中或是烈日下行走太久，一样会产生疲倦的感觉。所以，不得不审慎地考虑上山时的穿着。

保温的方法很多，只要能够用心研究，一定会有心得。

中　卷

西医生活保健常识

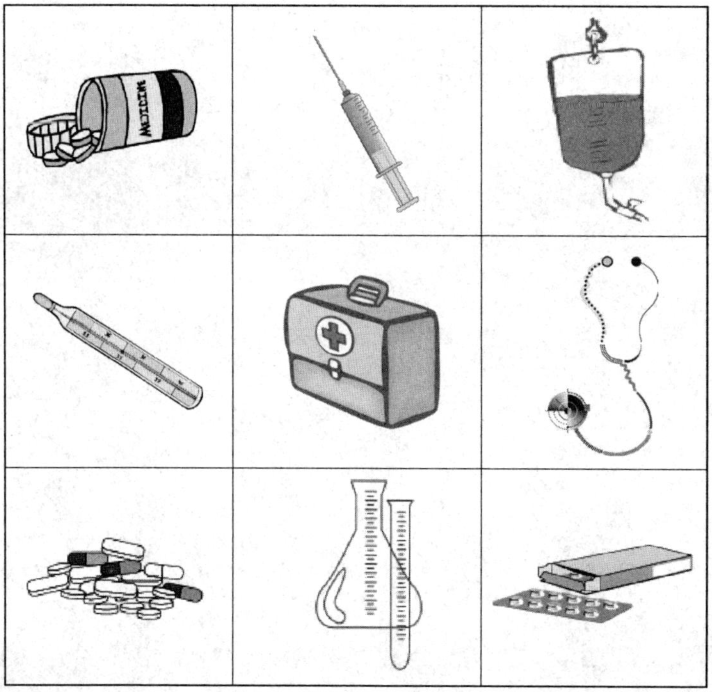

第一辑　西医西药常识

第一章　西医生理学基本常识

西方医学的起源

西方医学的起源与中医学十分相似，都是从巫术和巫医开始，是医学不可避免的开端。但是医学成为科学是西方人对人类的贡献。西方医学起源于古希腊医学，《剑桥医学史》对古希腊医学的一个定义描述："它是一种整体医学，强调心与身、人体与自然的相互联系；它非常重视保持健康，认为健康主要取决于生活方式、心理和情绪状态、环境、饮食、锻炼、心态平和以及意志力等因素的影响。在这个传统中，要求医生应当特别重视研究每个病人个体健康的特殊性和独特性。它关注的是病人而不是疾病，强调的是病人和医生之间的主动合作。"

人体解剖学

人体解剖学是一门研究正常人体形态和构造的科学，隶属于生物科学的形态学范畴。在医学领域，它是一门重要的基础课程，其任务是揭示人体各系统器官的形态和结构特征，各器官、结构间的毗邻和联属，为进一步学习后续的医学基础课程和临床医学课程奠定基础。

生理学

生理学是生物科学的一个分支，它是一门研究生物机体及各组成部分功能活动规律的科学。单细胞生物体的全部生命活动都发生在一个细胞内，在多细胞生物，不同的细胞群构成各个器官和系统，行使不同的功能，如消化、呼吸、循环、肌肉收缩、腺体分泌等。生理学是以活生命体（包括活器官、活细胞）为研究对象，研究各种生命现象的活动变化规律。人体生理学则以人体及组成人体的各个系统、器官及细胞为研究对象，研究人体及各个器官、细胞功能表现的内部机制，不同细胞、器官、系统之间的相互联系和相互作用，从而使人们认识到人体作为一个整体，其各部分的功能活动是如何相互协调、相互制约，并在复杂多变的环境中维持正常的生命活动过程的。

人体结构概况

构成人体基本的结构和功能单位是细胞，细胞与细胞之间存在着细胞间质。细胞间质是由细胞产生的不具有细胞形态和结构的物质，它包括纤维、基质和流体物质（组织液、淋巴液、血浆等），对细胞起着支持、保护、联结和营养作用，参与构成细胞生存的微环境。众多形态相似功能相近的细胞由细胞间质组合成的细胞群体叫做组织。人体组织有多种类型，一般传统地将之归属于四种基本组织，即上皮组织、结缔组织、肌组织和神经组织。以一种组织为主体，几种组织有机地结合在一起，形成具有一定形态、结构和功能特点的器官。一系列执行某种同一功能的器官有机地联系在一起，形成具有特定功能的系统。构成人体的系统有运动系统——包括骨、骨连接和肌肉，是人进行劳动、位移与维持姿势等各项活动的结构基础；内脏诸器官分别组成了消化系统——担负摄入食物的消化、吸收和残渣排出；呼吸系统——进行气体交换；泌尿系统——排出组织细胞代谢产生的终极产物；生殖系统——产生生殖细胞并形成新个体以延续种族；以及将上述执行新陈代谢的各系统联系起来，为它们提供营养物质并运输代谢产物的循环系统；神经系统包括中枢部分的脑和脊髓及遍布全身的周围神经，以及作为特殊感受装置的感觉器官，它们感受人体内外环境的各种刺激，并产生适当的应答；此外，还有散在于身体中功能各异的内分泌腺。人体各系统既具有本身独特的形态、结构和功能，又在神经系统的统一支配下和神经体液的调节下，相互联系，相互制约，协同配合，共同完成统一的整体活动和高级的意识活动，以实现与瞬息万变的内外环境的高度统一。

组织

在多细胞生物体内，由一群形态和功能相同的细胞，加上细胞间质组成的基本结构。生物体的进化程度越高，组织分化就越明显。细胞分化产生了不同的细胞群，每个细胞群都是由许多形态相同，结构、功能相似的细胞和细胞间质联合在一起构成的，这样的细胞群称作组织。人有四大基本组织：上皮组织、结缔组织、肌肉组织、神经组织。

器官

组织是构成器官的基本成分，上述四种组织排序结合起来，组成具有一定形态并完成一定生理功能的结构，称为器官，例如胃、肠等。

系统

许多器官联系起来，成为能完成一系列连续性生理功能的体系，称为系统。如由口腔、咽、食管、胃、小肠、大肠、肛门以及肝、胆、胰等一系列器官联系起来，共同完成食物的消化和吸收，组成了消化系统。其他还有运动、呼吸、泌尿、生殖、循环、神经、感觉和内分泌等8个系统。

细胞

细胞是生命的基本单位，细胞的特殊性决定了个体的特殊性，因此，对细胞的深入研究是揭开生命奥秘、改造生命和征服疾病的关键。细胞生物学已经成为当代生物科学中发展最快的一门尖端学科，是生物、农学、医学、畜牧、水产和许多生物相关专业的一门必修课程。细胞是由膜包围着含有细胞核（或拟核）的原生质所组成，是生物体的结构和功能的基本单位，也是生命活动的基本单位。细胞能够通过分裂而增殖，是生物体个体发育和系统发育的基础。细胞或是独立的作为生命单位，或是多个细胞组成细胞群体或组织或器官和机体。细胞还能够进行分裂和繁殖，细胞是遗传的基本单位，并具有遗传的全能性。

除病毒外的所有生物，都由细胞构成。自然界中既有单细胞生物，也有多细胞生物。细胞是生物体基本的结构和功能单位，细胞是生物界中不可或缺的一部分。

细胞是生命的最基本元素

所有生物都是由细胞组成的。一些生物，如细菌和阿米巴原虫，只含有一个细胞，而其他生物则含有数百万个甚至更多的细胞。一个细胞本身就是一个生物。它能呼吸、摄取食物、产生能量、生长和自我繁殖。一个人身上大约有几十兆个细胞，这些细胞小到只有通过显微镜才能看见。细胞的大小和形态由它的功能决定。每种细胞都具有特定的功能，它们都能分裂产生新的细胞。不过，细胞虽然是一个单位，但对于每一个单位来说，它们都是一种复杂的构成品。

人体细胞之最

1．人体最大的细胞是成熟的卵细胞（直径0.1毫米）。

2．人体最小的细胞是淋巴细胞（直径6微米）。

3．人体寿命最长的细胞是神经细胞。

4．人体寿命最短的细胞是白细胞。

体液

体液就是身体内的液体，基本上包括唾液、精液、血液、淋巴液等。

人和动物体内含有的液体，包括水和其中溶解的物质，正常成人体液总量约占体重的60%，体液在体内被分隔成几个区域，首先以细胞膜为界把体液分为两大部分，即细胞内液与细胞外液。细胞外液再以毛细血管壁为界，分为血浆和细胞间液两部分，细胞间液包括淋巴液。

体液的含量随性别、年龄、胖瘦与疾病的不同而异。脂肪组织含水较少，仅15%～30%；肌肉组织含水多，达70%～80%。体液总量随体内的脂肪的增加而减少。人体体液总量随年龄增长而减少。

细胞内液和细胞外液

细胞内液是指在细胞以内的液体，占人体总重量的40%左右，它的容量和化学组成，可直接影响细胞代谢和生理功能。细胞外液，是人体的内环境，它的成分极为复杂。其中主要成分是水，水作为优良的溶剂溶解了细胞赖以生存的各种分子和离子，也能溶入细胞制造的物质和生活的废物。其二是气体。当然最重要的是氧和二氧化碳。

神经

神经是把中枢神经系统的兴奋传递给各个器官，或把各个器官的兴奋传递给中枢神经系统的组织。由许多神经纤维构成。心理的物质基础是神经。神经主要由三大系统组成，即脑神经、脊神经、植物神经。各系统之间以脑神经为中心，分工协同，共同实现心理功能。

从心理现象的物质依托角度看，神经可以定义为心理的物质（生理）实现，心理是神经的功能表现；

从神经与神经元的关系来看，神经是神经元及介质构成的系统；

从生理心理角度，神经比神经系统概念更确切；

心理是神经的功能，而不（仅仅）是脑的功能；

依据以上四点，心理学中的相关概念需要做适当调整。

神经调节

通过神经系统而实现的对机体功能活动的控制、协调和统一，是体内起主导作用的调节机制，其基本活动方式为反射。完成反射活动的结构基础为反射弧。反射弧包括五个部分，即接受环境变化刺激的感受器，反感觉信息以神经冲动的形式传入中枢的传入神经，对传入信息进行分析处理的神经中枢，传递由神经中枢发生控制信息的传出神经和按照控制信息作出反应的效应器。由于体内效应器上也分布有特殊的感受器，效应器活动的情况可随时传回中枢，适时地调整中枢所发出的控制信息，使效应器的活动准确、协调。所以神经调节是通过一个闭合回路来完成的。神经调节的特点是调节过程迅速，作用准确和表现自动化，是体内最重要的调节方式。

神经调节机制是在动物进化过程中发展和完善起来的，它使机体各个部分成为整体并与外环境相统一。健全的神经调节，使全身各器官的活动协调一致地适应环境的各种变化。若调节功能紊乱甚至丧失，特别是在一些功能性疾病中，神经调节功能的改善往往有利于机体的康复。

神经系统是机体内起主导作用的系统。内、外环境的各种信息，由感受器接受后，通过周围神经传递到脑和脊髓的各级中枢进行整合，再经周围神经控制和调节机体各系统器官的活动，以维持机体与内、外界环境的相对平衡。神经系统是由神经细胞（神经元）和神经胶质所组成。神经系统分为中枢神经系统和周围神经系统两大部分。

神经系统

神经系统是机体内起主导作用的系统，主要分为中枢神经系统和周围神经系统，包括脑神经、脊神经和植物神经三部分。脑神经共有12对，主要支配头面部器官的感觉和运动。人能看到周围事物，听见声音，闻出香臭，尝出滋味，以及有喜怒哀乐的表情等，都必须依靠这12对脑神经的功能。脊神经共有31对，其中包括颈神经8对，胸神经12对，腰神经5对，骶神经5对，尾神经1对。脊神经由脊髓发出，主要支配身体和四肢的感觉、运动和反射。植物神经也称为内脏神经，主要分布于内脏、心血管和腺体。心跳、呼吸和消化活动都受它的调节。植物神经分为交感神经和副交感神经两类，两者之间相互对抗又相互协调，组成一个配合默契的有机整体，使内脏活动能适应内外环境的需要。

神经元（神经细胞）

神经元是一种高度特化的细胞，是神经系统的基本结构和功能单位，它具有感受刺激和传导兴奋的功能。神经元由胞体和突起两部分构成。胞体的中央有细胞核，核的周围为细胞质，胞质内除有一般细胞所具有的细胞器，如线粒体、内质网等外，还含有特有的神经原纤维及尼氏体。神经元的突起根据形状和功能又分为树突和轴突。树突较短但分支较多，它接受冲动，并将冲动传至细胞体，各类神经元树突的数目多少不等，形态各异。每个神经元只发出一条轴突，长短不一，胞体发出的冲动则沿轴突传出。

神经胶质

神经胶质数目是神经元的10～50倍，突起无树突、轴突之分，胞体较小，胞浆中无神经原纤维和尼氏体，不具有传导冲动的功能。神经胶质对神经元起着支持、绝缘、营养和保护等作用，并参与构成血脑屏障。

突触

神经元间联系方式是互相接触，而

不是细胞质的互相沟通。该接触部位的结构特化称为突触，通常是一个神经元的轴突与另一个神经元的树突或胞体借突触发生功能上的联系，神经冲动由一个神经元通过突触传递到另一个神经元。

大脑

大脑包括左、右两个半球及连接两个半球的中间部分，即第三脑室前端的终板。大脑半球被覆灰质，称大脑皮质，其内部为白质，称为髓质。髓质内的灰质核团为基底神经节。在大脑两半球间由巨束纤维相连。具体内容有大脑半球各脑叶、大脑皮质功能定位、大脑半球深部结构、大脑半球内白质、嗅脑和边缘系统五大部分。大脑半球表面凹凸不平，布满深浅不同的沟，沟间的隆凸部分称脑回。大脑半球的背侧面，各有一条斜向的沟，称为侧裂，其上方约当半球的中央处有一由上走向前下方的脑沟，称为中央沟。每一半球又分为四个叶。在中央沟之前与侧裂之上的部位，称为额叶，为四个脑叶中之最大者，约占大脑半球的三分之一；侧裂以下的部位，称为颞叶；中央沟之后与侧裂之上的部分，称为顶叶；顶叶与颞叶之后，在小脑之上大脑后端的部分，称为枕叶。以上各脑叶，均向半球的内侧面和底面延伸，而在各脑叶区域内，各有许多小的脑沟，其中蕴藏着各种神经中枢，分担不同的任务，形成了大脑皮质的分区专司功能。

大脑是人体的“司令部”

人们的每一个思想和动作，都是由大脑支配的，因此，大脑也被称为人体“司令部”。大脑是人体中很复杂的器官，负责联络和指挥身体的各种活动。脑由亿万个神经元或神经细胞的活体单位组成，神经元沿着脊髓将数以百万计的信息输送到脑。脊髓往下直到背的下部，将脑和身体其他部分联系起来。当这些信息或神经信号传到脑，脑将它们加以整理，又沿着神经向身体其他部分发出指示。神经好像电线一样，是由神经细胞束组成的。感觉神经将从眼睛、耳朵和皮肤得到的信号送到脑，运动神经从脑将信号发往肌肉，告诉它们什么时候挪动身体。成年人的脑平均重量为1400克左右，质地有如胶糊状，在头颅里面由脑壳保护。

脑子越用越好使

人的脑子聪明还是愚笨，并不是一生下来就固定不变的，只要多注意饮食，并且多训练用脑，就可以使头脑更好。“生命在于运动”，这是生物界的一个普遍规律。勤于用脑的人，脑血管经常处于舒展的状态，脑神经细胞会得到很好的保养，从而使大脑更加发达，避免了大脑的早衰。相反，懒于动脑的人，由于大脑受到信息刺激少，容易引起早衰。科学家观察了一定数量的20～70岁的人，发现长期从事脑力劳动的人，到了60岁时仍能保持敏捷的思维能力；而那些终日无所事事、得过且过的懒人。大脑早衰者的比例大大高于前者。

人和动物的大脑有何不同

人类是所有生命中最聪明最高级的。与其他动物相比，我们人类的大脑皮质发育得更好，并且拥有较多数目的神经元。昆虫只有自主神经系统而没有大脑；鱼类的大脑几乎是由味觉及嗅觉神经系统组成的；鸟类的大脑有一个较大区域的视觉中枢；爬行类的大脑已经与人的大脑有点相似了，也有两个大脑半球；哺乳动物的大脑最大，其中猴子的大脑和人的大脑最为相似。虽然人和其他动物的大脑有很多不同之处，不过它们都由神经纤维相连，是中枢神经系统的最高级部分，也是脑的主要部分。人和其他动物只有在不断接受刺激的环境下生活，大脑才能不断得到锻炼，并长时间保持敏锐。

脑神经的分布

脑神经指由脑发出的神经，是与脊神经相对而言的。一般有嗅、视、动眼、滑车、三叉、外展、面、听、舌咽、迷走、副、舌下各神经共12对，但视神经本来并非脑神经。

神经中枢的概念

中枢神经系统内调节某一特定生理功能的神经元群。如呼吸中枢、体温调节中枢、语言训练中枢等。通常，一些简单的反射中枢范围较窄，如膝跳反射的中枢在腰部脊髓，角膜反射中枢在脑桥。但调节某一复杂生命活动的中枢，其范围却很广，如调节呼吸运动的中枢分散在延髓、脑桥、下丘脑以及大脑皮层等部位，而延髓呼吸中枢是基本的，其余各级中枢通过影响延髓呼吸中枢来调节呼吸运动。可见反射中枢并非仅是中枢神经系统内某一局限的孤立区域。即使同一水平的某一神经中枢内部各个神经元之间，也还有错综复杂的联系，它们相互影响，决定着这个中枢的功能活动状态。

脊髓

脊髓位于椎管内，呈圆柱形，前后稍偏，外包被膜，它与脊柱的弯曲一致。脊髓的上端在平齐枕骨大孔处与延髓相连，下端平齐第一腰椎下缘，长40～45cm。脊髓的末端变细，称为脊髓圆柱。自脊髓圆柱向下延为细髓是神经系统的重要组成部分，其活动受脑的控制。来自四肢和躯干的各种感觉冲动，通过脊髓的上行纤维束，包括传导浅感觉，即传导面部以外的痛觉、温度觉和粗触觉的脊髓丘脑束、传导本体感觉和精细触觉的薄束和楔束等，以及脊髓小脑束的小脑本体感觉径路。这些传导径路将各种感觉冲动传达到脑，进行高级综合分析；脑的活动通过脊髓的下行纤维束，包括执行传导随意运动的皮质脊髓束以及调整锥体系统的活动并调整肌张力、协调肌肉活动、维持姿势和习惯性动作，使动作协调、准确、免除震动和不必要附带动作的锥体外系统，通过锥体系统和锥体外系统，调整脊髓神经元的活动。脊髓本身能完成许多反射活动，但也受脑活动的影响。长的终丝，它已是无神经组织的细丛，在第二骶椎水平为硬脊膜包裹，向下止于尾骨的背面。

植物神经系统

植物神经系统是神经系统的组成部分之一，具有特殊的生理功能，主要支配内脏、血管和腺体，在维持人体的随意和不随意活动中起重要作用，它的活动是在无意识下不随意进行的，故也称自主神经系统。医学中许多疾病都牵涉到植物神经系统，有些疾病则以植物神经损害为主。由于植物神经系统与全身各器官、腺体、血管，并与糖、盐、水、脂肪、体温、睡眠、血压等调节均有关系，所以植物神经发生障碍后可以出现全身或局部症状。其临床表现涉及心血管系统、呼吸系统、消化系统、内分泌系统、代谢系统、泌尿生殖系统等。

反馈控制系统

反馈控制系统是人体生命活动最常见的反馈控制系统，它是一个闭环系统，即控制部分发出信号指示受控部分发生活动，受控部分则发出反馈信号返回到控制部分，使控制部分能根据反馈信号来改变自己的活动，从而对受控部分的活动进行调节。可见，在这样的控制系统中，控制部分和受控部分之间形成一个闭环联系。在反馈控制系统中，反馈信号对控制部分的活动可发生不同的影响。

人体骨骼

人体共有206块骨骼，分为颅骨、躯干和四肢3个大部分。它们分布在全身各部位，支撑着身体，保护内部器官，同时由肌肉帮忙，进行各种活动。假如没有了骨骼，人体就成了一堆肉，还能做什么呢？人体所有的骨骼，从形状和大小上各不相同，有的较大，如胫骨、肱骨等，有的则很小，如趾骨等。从形状上大致可分为5种：长骨、短骨、扁骨、不规则骨和含气骨。扁平状的骨起保护内脏器官的作用，比如颅骨保护大脑等；棒状骨负责人体运动，例如四肢的骨骼等。

肌肉

每一块肌肉都是一个器官。肌肉主要由肌肉组织构成。肌细胞的形状细长，呈纤维状，故肌细胞通常称为肌纤维。肌肉可分为平滑肌、心肌和骨骼肌三类。组成运动系统的肌肉皆是骨骼肌，可随人的意志收缩，又称随意肌，广泛分布于头、颈、躯干和四肢，约占体重的40%。每块肌肉都有一定的形态、结构、位置和辅助装置，并有丰富的血管、淋巴管分布和神经支配，所以每块肌肉都可视为一个独立的器官。

血液

血液是流动在心脏和血管内的不透明红色液体，主要成分为血浆、血细胞和血小板三种。血细胞又分为红细胞和白细胞。血液中含有各种营养成分，如无机盐、氧、代谢产物、激素、酶和抗体等，有营养组织、调节器官活动和防御有害物质的作用。人体各器官的生理和病理变化，往往会引起血液成分的改变，故患病后常常要通过验血来诊断疾病。人体内的血液量占体重的7%～8%，如体重60千克，则血液量在4200～4800毫升。各种原因引起的血管破裂都可导致出血，如果失血量较少，不超过总血量的10%，则通过身体的自我调节，可以很快恢复；如果失血量较大，达总血量的20%时，则出现脉搏加快，血压下降等症状；如果在短时间内丧失的血液达全身血液的30%或更多，就可能危及生命。

血液的组成

血液由四种成分组成:血浆、红细胞、白细胞、血小板。血浆约占血液的55%，是水、糖、脂肪、蛋白质、钾盐和钙盐的混合物，也包含了许多止血必需的血凝块形成的化学物质。血细胞和血小板组成血液的另外45%。

血液的功能

血液在人体生命活动中主要具有四方面的功能：

1. 运输。运输是血液的基本功能，自肺吸入的氧气以及由消化道吸收的营养物质，都依靠血液运输才能到达全身各组织。同时组织代谢产生的二氧化碳与其他废物也赖血液运输到肺、肾等处排泄，从而保证身体正常代谢的进行。血液的运输功能主要是靠红细胞来完成的。贫血时，红细胞的数量减少或质量下降，从而不同程度地影响了血液这一运输功能，出现一系列的病理变化。

2. 参与体液调节。激素分泌直接进入血液，依靠血液输送到达相应的靶器官，使其发挥一定的生理作用。可见，血液是体液性调节的联系媒介。此外，如酶、维生素等物质也是依靠血液传递才能发挥对代谢的调节作用的。

3. 保持内环境稳态。由于血液不断循环及其与各部分体液之间广泛沟通，故对体内水和电解质的平衡、酸碱度平衡以及体温的恒定等都起决定性的作用。

4. 防御功能。机体具有防御或消除伤害性刺激的能力，涉及多方面，血液体现在免疫和止血等功能方面。例如，血液中的白细胞能吞噬并分解外来的微生物和体内衰老、死亡的组织细胞，有的则为免疫细胞，血浆中的抗体如抗毒素、溶菌素等均能防御或消灭入侵机体的细菌和毒素。上述防御功能也即指血液的免疫防御功能，主要靠白细胞实现。此外，血液凝固对血管损伤起防御作用。

人类的血型

随着医学科学的发展，人们对于血型的认识也越来越深刻。由于血液内部的组成成分的不同，各自所具有的抗原物质的性质也不一样，因此，血型千差万别。如红细胞已发现有20多种血型系统，不同的血型抗原就有400多种。白细胞上的抗原物质更为复杂，仅本身就有8个系统近20种血型抗原，此外还有红细胞血型抗原和与其他组织细胞共有的抗原，其中与其他组织细胞共有的抗原就已检出148个。这类抗原也称为人类白细胞抗原（简称HLA抗原）；血小板有特异性抗原7个系统，内又有十多种抗原，另外还有20多种血清蛋白、血清酶以及30多种抗原种类，共计在600种以上。如按这个数字再进行排列组合，那么人类血型就有数十亿种之多。人类除同卵双生子女外，再也找不到两个血型完全相同的人。

O型血可以输给任何血型的人吗

从血型抗原和抗体的免疫学理论看，O型血是不可以输给A型、B型和AB型人的。但是，由于O型血的红细胞上既没有A抗原又没有B抗原，输给A、B、AB型人后，O型红细胞不被受血者血清中的相对的抗A或抗B抗体结合，因而输入的O型红细胞不受破坏，而发挥其良好的携带氧气和排除二氧化碳的功能，人们称O型血的人为“万能输血者”只是从这一点来说的。在通常情况下，我们不主张O型血输给其他血型的人，是因为在O型血的血清中，含有抗A和抗B两种抗体，输入其他血型的人的体内后，它可以与受血者血液中的红细胞发生凝集继而产生溶血。由于输入的血量少，受血者体内的血液量大，通过血液循环的稀释，和受血者血浆中存在的一些A型或B型的血型物质对O型血清中的部分抗A和抗B抗体的中和，可以把结合的红细胞的溶血机会降低。但是如果输入的O型血量较大，而且血清中所含抗A抗B抗体浓度很高，同样可以发生严重的输血反应，由此可见，“万能输血者”并非万能，同样潜伏着严重的危险性。根据以上介绍，我们认为，除非特殊情况下，O型血不可以输给其他血型的人。我们应将坚持同型血相输视为输血领域中最重要的基本原则。

血型与性格

血型与性格在幼儿期、少年期、青春期、中年期、老年期各有不同。

一个人走向社会，从参加工作后，由新手成为骨干，由下级成为上级，由工作直到退休，这期间其性格也都在不断地变化。在这种变化中，可以看到不同血型的许多特征。当然，血型与性格之间也并不是有必然联系，只能作为一种参考。A 型人小时候比较任性，年轻时性格果断刚毅，时时处处要强。走向社会后，随着年龄的增长和社会经验的积累，他们开始克制自己的情绪，表现出稳重谦虚的态度，容易成为不愿过分表现自己的谨慎派。A 型人在老年时，则显得很固执。

B 型人大都有一个天真烂漫的幼年期，随着年龄的增长，逐渐分成心直口快和不擅交际应酬型两种倾向。B 型人由于性格自幼到老变化不大，相对来说会让人感到他们越活越年轻。

O 型人年少时比较温顺，但随着年龄的增长，他们会积极地呈现出强烈的自我主张和自我表现，甚至成为非常有魄力的人。O 型人从小至老的变化是最大的，往往是少年温顺，老来强硬。

AB 型人大多小时候怕陌生人，很闭塞，但长大以后善交朋友，交际广泛。AB 型人因过于自信，容易自满，老年时给人感觉很傲慢。

血液循环

心脏节律性的搏动推动血液在心血管系统中按一定方向循环往复地流动，被称作血液循环。

血液循环系统是血液在体内流动的通道，分为心血管系统和淋巴系统两部分。淋巴系统是静脉系统的辅助装置，而一般所说的循环系统指的是心血管系统。

心血管系统

心血管系统是由心脏、动脉、毛细血管及静脉组成的一个封闭的运输系统。由心脏不停的跳动、提供动力推动血液在其中循环流动，为机体的各种细胞提供了赖以生存的物质，包括营养物质和氧气，也带走了细胞代谢的产物二氧化碳。同时许多激素及其他信息物质也通过血液的运输得以到达其靶器官，以此协调整个机体的功能，因此，维持血液循环系统于良好的工作状态，是机体得以生存的条件，而其中的核心是将血压维持在正常水平。

血压

血压是血液在血管内流动时，作用于血管壁的压力，它是推动血液在血管内流动的动力。心室收缩，血液从心室流入动脉，此时血液对动脉的压力最高，称为收缩压。心室舒张，动脉血管弹性回缩，血液仍慢慢继续向前流动，但血压下降，此时的压力称为舒张压。健康人动脉血压在日常生活中基本恒定，但也常有生理性变动。运动时、进食后、情绪激动时升高；睡眠时、轻松愉快时血压稍降。吸气时血压先降后升，呼气时血压先升后降，这些血压变化多呈暂时的。瘦弱的人血压多偏低，超重的人血压多偏高。

血浆蛋白

血浆蛋白是血浆中含量最多的一类固体成分。随着分离、纯化、测定技术的发展，对血浆蛋白成分及功能的复杂性有了更多的了解，目前已发现的血浆蛋白超过200种，各有其特异的分子组成、结构、理化性质、代谢及生理功能。血浆蛋白生理功能非常复杂，有些尚不清楚，大致可归纳为：①维持血液胶体渗透压：此功能主要由白蛋白完成。血浆蛋白在pH7.4时呈弱酸性，并以酸及盐两种形式存在，有缓冲作用，因而具有调节pH的功能。②运输功能：许多物质都是以与蛋白质结合的形式在血浆中运输。结合功能最广的是白蛋白，它可以和许多物质（如胆红素、游离脂肪酸、阳离子、阴离子等）结合。还有些特异运输蛋白，如运铁蛋白、铜蓝蛋白、运皮质激素蛋白等。许多药物也是与蛋白结合运输、代谢的。③凝血与抗凝作用：血浆中的凝血与抗凝物质相互制约，以维持血液成为液体状态并防止出血。④营养作用：血浆蛋白，尤其是白蛋白，可分解成氨基酸，参与组织蛋白不断地更新合成作用。⑤免疫作用：血浆球蛋白是多种蛋白质的混合物，其中含量最高的免疫球蛋白，有免疫防御作用。血浆蛋白检查有重要的临床意义。血浆蛋白减少可见于引起蛋白丢失过多、合成不足、合成低下、分解旺盛的各种疾病。也有一些疾病还可引起某种蛋白特异性增加。

红细胞

在所有的脊椎动物及若干无脊椎动物中，其血红素包含在特定的细胞中来进行其机能活动，这种血球称为红细胞，或称红血球，是血液中数量最多的一种血细胞，同时也是脊椎动物体内通过血液运送氧气的最主要的媒介。其他的血细胞，如白血球，则是免疫细胞。

红细胞中含有血红蛋白，因而使血液呈红色。血红蛋白能和空气中的氧结合，因此红细胞能通过血红蛋白将吸入肺泡中的氧运送给组织，而组织中新陈代谢产生的二氧化碳也通过红细胞运到肺部并被排出体外。血红蛋白更易和一氧化碳相合，当空气中一氧化碳含量增高时，可引起一氧化碳中毒。

红细胞和血红蛋白的数量减少到一定程度时，称为贫血。红细胞大量被破坏可引起溶血性黄疸。

白细胞

白血球，或称白细胞，是血液中一种重要的血细胞，通常被称为免疫细胞。除了在血液外，白细胞还存在于淋巴系统、脾以及身体的其他组织中。除白血球外，人体血液中还含有红血球、血小板和血浆。白血球作为免疫系统的一部分，能帮助身体抵抗传染病以及外来的东西。

白细胞是机体防御系统的一个重要组成部分。它通过吞噬和产生抗体等方式来抵御和消灭入侵的病原微生物。

血红素

血红素也称血红蛋白，是高等生物体内负责运载氧的一种蛋白质。

心动周期与心率

心脏一次收缩和舒张构成一个机械活动周期，称为心动周期。由于心室在心脏泵血活动中起主要作用，所以心动周期通常是指心室活动周期。心动周期时程的长短与心率有关，心率增大，心动周期缩短，收缩期和舒张期都缩短，但舒张期缩短的比例较大，心肌工作的时间相对延长，故心率过快将影响心脏泵血功能。

人体恒定体温

有许多动物的体温会随环境温度的变化而改变，但人的体温却保持着相对的恒定——总是保持在37℃左右，人体是通过产热和散热来保持体温的相对恒定的。人体产热和散热功能活动，随环境温度和体内血液温度的变化而变化，内受机体的神经和体液的调节。当人在暑热环境时，皮肤的热感受器受到刺激，传到中枢——恒温中枢，并通过其他体温调节中枢的活动引起皮肤血管扩张而散热，同时通过神经调节促使汗腺分泌汗液，通过汗的蒸发进行散热。如果人在寒冷处，则冷的刺激作用传到恒温中枢，再通过其他体温调节中枢的作用使皮肤血管收缩，减少皮肤的散热。

呼吸最重要

俗话说，民以食为天。没有吃的，人就不能活着，于是粮食成了人的第一需要。后来，又有科学家发现，人饿上几天不要紧，要是几天不喝水，那就活不成了，于是，有人总结说："水就是生命。"其实粮食和水都不是人的第一需要。人的第一需要是空气。成年人每分钟呼吸16次，每次吸入约500毫升空气，那么1分钟需要8升，一天就需要11520升空气。人呼吸空气，需要的是空气里的氧气。当人吸入一口气时，肺气泡里便装满了氧气，刚好血红素带着二氧化碳来到肺部，它便把人体不需要的二氧化碳甩给肺，而把肺泡里的氧气送到身体各部，甩给肺的二氧化碳呼吸呼吸作用被排出了体外。

消化和吸收

消化：食物在消化道内被分解成可吸收的小分子物质的过程。吸收：食物消化后的小分子物质通过消化道黏膜进入血液和淋巴液的过程。

脑电波

脑电波也是一种电磁波，人脑本身就像电视台一样不断向外发射电磁波信号。脑电波能被接收，接收脑电波就像接收电视信号一样，能从脑电波中分离出思维信号、视觉神经信号、听觉神经信号。现在所有人类思维的内容都可以通过脑电波扫描仪接收并存储在电脑中，每个人的脑电波指纹不同，就像指印一样。

生殖

人类和其他生物一样，个体生长发育到一定阶段后，能够产生与自己相似的子代个体，这种功能称为生殖或自我复制。所不同的是人类及高等动物已经分化为雄性与雌性两种个体，各自发育雄性生殖细胞和雌性生殖细胞，由这两种生殖细胞结合以后才能产生子代个体。通过生殖人类和生物均能延续，所以生殖是生命的特征之一。

新陈代谢

新陈代谢是生命现象的基本表现。它包括合成代谢和分解代谢两个方面。

机体从环境中摄取营养物质，合成为自身物质的过程称为合成代谢。机体分解其自身成分并将分解产物排出体外的过程称为分解代谢。

内分泌

机体生命活动需要不断地自外界摄取营养物质，并在体内经过化学变化以及不断地向外界排出自身和外来物质的分解产物，这一过程称为物质代谢。物质代谢是生命的物质基础，使构成细胞的生物分子在物质交换的过程中不断更新，保证生命活动正常运行。

与物质代谢相伴随的是能量的摄取及其在体内的转换、利用、贮存和排出，这个过程称为能量代谢。物质代谢是能量代谢的基础，是能量的根本来源。物质在体内进行化学转化过程中产生能量，用于机体活动的需要和体温的维持，多余的能量则以热的形式发散到体外。因此，新陈代谢包括两个部分：物质代谢和能量代谢，二者是生命活动必不可少的。

淋巴系统

淋巴系统是脉管系的一个组成部分，由淋巴管道、淋巴器官和淋巴组织构成。淋巴系统是人体的重要防卫体系，它与心血管系统密切相关。淋巴系统能制造白细胞和抗体，滤出病原体，对于液体和养分在体内的分配也有重要作用。

像遍布全身的血液循环系统一样，淋巴系统也是一个网状的液体系统。淋巴系统里流通的淋巴液，由血浆变成，但比血浆清，水分较多，能从微血管壁渗入组织空间。

胃的结构

界于食道和十二指肠之间，是消化道最宽大的部分，它的形状和位置随内容物的多寡和体位变化而改变。胃分4个部分，靠近食道的部分是贲门部，胃上部膨大部分是胃底部，自胃底部往下是胃体部，靠近十二指肠的部分叫幽门部。

在胃内壁上覆盖着一层厚约0.3～1.5毫米的胃黏膜，胃黏膜上生长着三种腺体，即贲门腺、胃底腺和幽门腺。三种腺体加起来的数量是惊人的，每天分泌的胃液的数量约有1500～2500毫升。

贲门腺和幽门腺主要分泌黏液，起到保护胃黏膜的作用。胃酸的强刺激和胃蛋白酶的强消化力，都不能破坏胃黏膜，主要就是因为黏液总是先于胃酸和胃蛋白酶分泌出来，并均匀地布散到胃壁上的缘故。胃黏膜的这种巧妙的自我保护功能，是令人叹为观止的大自然的杰作之一。

胃的功能

1. 存放食物。液体食物在胃里停留时间很短，油脂性食物在胃里停留时间较长，混合性食物在胃里停留时间在4～6个小时。

2. 胃蛋白酶可消化食物中的蛋白质。

3. 制造内因子及吸收维生素B_2。

4. 胃酸可杀灭随食物进到胃里的细菌。

胃内有食物时，胃的蠕动方向是由贲门向幽门进行，当胃内容物排空后、血糖也消耗到较低水平时，胃会由幽门向贲门方向逆性蠕动，这叫饥饿蠕动，使人产生饥饿感。

肝脏的结构

肝脏是人体内最大的内脏，成年人的肝脏重约1500克。肝脏位于腹腔右上部，横膈下面，右肋弓内侧，由8根韧带、一层包膜和丰富的结缔组织固定着。

肝脏分为左右两叶，左叶小而薄，右叶大而厚。在肝脏下边中央有一个门，叫做肝门，有血管、神经和淋巴管从这里进入肝脏，负责把肝脏分泌的胆汁输送出来的输胆总管也是从这里出肝，把胆汁送到胆囊和十二指肠里去。

肝脏构造的基本单位是肝小叶，肝小叶的直径约1.5毫米。在显微镜下可以清楚地看到肝小叶内有无数不规则的多边形肝细胞。肝小叶中央有1～2根中央静脉血管，肝细胞围绕中央静脉呈放射状排列。在肝小叶与肝小叶之间有动脉、静脉血管和小胆管。

肝小叶分泌的胆汁进入小胆管，小胆管最后汇合成一根粗大的输胆总管。

肝脏的功能

肝脏每天能分泌胆汁 800 ～ 1000 毫升。胆汁中的胆盐能将脂肪乳化成极细微的小滴，以便于消化液中的酶起消化作用。

从肠道吸收来的各种营养物质在进入全身血液循环之前，都必须先经过肝脏加工处理，因此说肝脏不仅是个消化腺，而且还是个重要的代谢器官。肝脏把从肠道吸收来的营养物质，加工制造成人体可以利用的东西，然后通过血液循环送往全身。如果肠道吸收来的营养物质身体暂时还不需要的话，肝脏还可以把这些物质储存起来。看来肝脏不仅像座化工厂，还像座仓库。进入人体内的各种有毒有害物质多数也是在肝脏解毒而后排出体外的。

小肠的结构和分类

食物经过胃的初步加工，变成了粥状食糜，随着胃的蠕动，分批通过胃的出口幽门，进入小肠。

小肠从上到下分为三段：分别叫十二指肠、空肠和回肠。小肠总长度在 6 ～ 9 米。

紧接着胃的一段小肠叫十二指肠。它的名字表明它大约有人的 12 个手指并排起来那么长，在 25 厘米左右。从肝脏来的输胆总管和从胰脏来的胰管都在十二指肠开口处，所以十二指肠在消化功能中起着重要作用。

十二指肠下边接着的一段小肠是肠道中最重要的一段，叫空肠，我们吃下食物的营养成分 90% 以上是在这段小肠里吸收的。

空肠内壁黏膜一环一环地折叠成皱褶状。有的皱褶高达 7 毫米。在空肠黏膜上还密密麻麻地排列着 500 万根小肠绒毛。由于有皱褶和这么多的小肠绒毛，使得小肠黏膜的总面积达 550 平方米，相当于一个篮球场那么大。这就为食物的充分消化与吸收，创造了有利条件。

最末尾的一段小肠叫回肠，回肠的消化吸收能力就比较差了。回肠末端与大肠的首部——盲肠相通，把食物残渣送到大肠里去。回肠与盲肠之间有一个回盲，阻止大肠内容物倒流回小肠。

大肠的构成和功能

大肠包括盲肠、结肠和直肠三部分，成年人的大肠约有 1.5 米长。大肠的起始部是个盲端，叫盲肠，人类的盲肠只有 6 ～ 8 厘米长。食草动物盲肠很发达，如马的盲肠有 60 ～ 70 厘米，兔的盲肠容积达胃的 30 倍，澳大利亚袋鼠的盲肠长度达体长的 2 倍。

在我们人类盲肠的下端还长着一个像蚯蚓一样的小赘生物，长 5 ～ 7 厘米，这就是阑尾。阑尾管腔狭小，很容易堵塞而发炎。迄今人们还没有搞清楚阑尾到底有何功能。

盲肠向上即为结肠。结肠包绕在小肠周围，在整个腹腔绕一大圈，像一个“门”字，从右下腹开始上升的一段叫升结肠；到右上腹部肝脏下边向左拐横着走的一段叫横结肠；到左上腹部又拐向下去，这一段叫降结肠；到左下腹部后结肠拐一个弯，接上直肠，这一段形状像“乙”字，所以叫乙状结肠。

结肠中横行的一段即横结肠的下边，挂着像帘似的膜，叫大网膜。大网膜除了对胃肠等内脏有保护作用外，还是体内脂库之一。人胖了会大腹便便，主要就是大网膜里脂肪太多的缘故。

结肠里有食物残渣，有水分，呈弱碱性环境，很适合细菌生长，结肠几乎成了细菌的大本营。结肠除了贮存食物残渣、吸收水分和少量无机盐之外，似乎没有什么重要作用。但是，由于大量细菌的存在，结肠的重要性似乎提高了。因为细菌在代谢过程中能够合成像维生素 K 等维生素，可以供给人体需要。

直肠 15 ~ 20 厘米长，是消化道的最后一段，粪便由直肠经肛门排出体外。

泌尿系统

人体有一套完备的排泄废水的系统，这就是我们身体里的下水道，即泌尿系统，包括肾脏，以及配合肾脏完成排尿任务的输尿管、膀胱和尿道。

肾脏，俗称“腰子”，形如蚕豆，两个加在一块儿约有 250 克重，位于后腰两侧。

肾脏的主要功能是泌尿，排泄体内一切能够溶于水的代谢废物。

呼吸系统

维持人体生命活动的基本条件之一，就是不断地吸入氧气，并随时将体内新陈代谢产生的二氧化碳排出体外。完成这一重要功能的就是呼吸系统。

呼吸系统包括呼吸道和肺两大部分。呼吸道是输送气体的管道，包括鼻腔、口腔、咽喉、气管和支气管。呼吸道又分为上呼吸道和下呼吸道，上呼吸道包括鼻，口腔、咽喉，下呼吸道包括气管和支气管。

骨骼系统

骨骼是我们身体的支架。

我们身体上的骨头根据所在部位的不同，分为三种：头骨、躯干骨和四肢骨。

全身的骨头共有 212 块，分布如下：头颅 25 块；脊柱 34 块；胸廓 25 块；肩胛带 4 块；手臂 6 块；手掌 54 块；骨盆 6 块，腿部 6 块；脚掌 52 块。

这 212 块骨头大小不同，形态各异，各有自己独特功能，这些骨头也都有自己的名字。这二百多块骨头的巧妙组合，形成了完整的人体骨架。

心脏

从2周的胎儿开始形成心脏起，到出生、长大、衰老，直到生命的最后一息，我们的心脏要不停地工作一辈子。心脏跳动，推动血液循环，为身体各组织运来氧气和养料，运走废物，保证生命活动顺利进行。

一个成年人的心脏，和自己的拳头大小差不多，约有250克重。心脏外面包着一层膜，叫心包，对心脏有保护作用。心脏内部有四个腔，即左心房、左心室、右心房、右心室。

女性生殖系统

女性生殖器官包括卵巢、输卵管、子宫、阴道、阴蒂、前庭大腺、大阴唇和小阴唇。

卵巢是最重要的女性生殖器官，它可以生成雌性生殖细胞——卵子，还可以分泌雌性激素。卵巢位于子宫两侧，成年女性的卵巢长约4厘米，宽约2厘米，呈椭圆形。在卵巢的实质部分有许多大小不同的细胞群，叫做卵泡。每一个卵泡中央有一个大细胞，这就是人体最大的细胞——卵细胞。成年健康妇女约每28天从卵巢排出一次成熟卵细胞。卵巢分泌的雌性激素和孕激素能促进乳腺和子宫内膜等的生长。输卵管是输送卵细胞的管道，左右各一。阴阜、大小阴唇、阴蒂、阴道及附属腺体形成了女性外生殖器，或叫外阴。阴道口周围有一环形或半月形黏膜瓣，即处女膜。

男性生殖系统

男性生殖器官包括阴茎、尿道、尿道球腺、前列腺、阴囊、输精管、附睾及睾丸。

男性生殖器官中最重要的是睾丸，其他都是附属生殖器官。睾丸是男性的性腺，具有两大功能：一产生性细胞即生殖细胞——精子，二产生性激素。精子的形状很像蝌蚪，卵圆形的头部，后面是颈部，再往后是一根长长的尾部。成年人的精子长约0.06毫米，在有利的环境之下，它可存活100个小时之久。

第二章　西医生物化学常识

蛋白质

蛋白质是一切生命的物质基础，是肌体细胞的重要组成部分，是人体组织更新和修补的主要原料，没有蛋白质就没有生命。蛋白质是由20多种氨基酸组成，因氨基酸组成的数量和排列顺序不同，使人体中蛋白质多达10万种以上。它们的结构、功能千差万别，形成了生命的多样性和复杂性。

蛋白质的生理功能

1．构造人的身体：蛋白质是一切生

命的物质基础，是肌体细胞的重要组成部分，是人体组织更新和修补的主要原料。人体的毛发、皮肤、肌肉、骨骼、内脏、大脑、血液、神经、内分泌等都是由蛋白质组成，所以说饮食造就人本身。蛋白质对人的生长发育非常重要。

比如大脑发育的特点是一次性完成细胞增殖，人的大脑细胞的增长有两个高峰期。第一个是胎儿3个月的时候；第二个是出生后到1岁，特别是0～6个月的婴儿是大脑细胞猛烈增长的时期。到1岁大脑细胞增殖基本完成，其数量已达成人的9/10。所以0到1岁儿童对蛋白质的摄入要求很高，对儿童的智力发展尤为重要。

2. 修补人体组织：人的身体由百兆亿个细胞组成，细胞可以说是生命的最小单位，它们处于永不停息的衰老、死亡、新生的新陈代谢过程中。例如年轻人的表皮28天更新一次，而胃黏膜两三天就要全部更新。所以一个人如果蛋白质的摄入、吸收、利用都很好，那么皮肤就是光泽而又有弹性的。反之，人则经常处于亚健康状态。组织受损后，包括外伤，不能得到及时和高质量的修补，便会加速机体衰退。

3. 维持肌体正常的新陈代谢和各类物质在体内的输送。载体蛋白对维持人体的正常生命活动是至关重要的。可以在体内运载各种物质。比如血红蛋白——输送氧（红血球更新速率250万/秒），脂蛋白——输送脂肪，细胞膜上的受体还有转运蛋白等。

4. 白蛋白：维持机体内的渗透压的平衡及体液平衡。

5. 维持体液的酸碱平衡。

6. 免疫细胞和免疫蛋白：有白细胞、淋巴细胞、巨噬细胞、抗体（免疫球蛋白）、补体、干扰素等。7天更新一次。当蛋白质充足时，如有需要，数小时内可以增加100倍。

7. 构成人体必需的催化和调节功能的各种酶。我们身体有数千种酶，每一种只能参与一种生化反应。人体细胞里每分钟要进行一百多次生化反应。酶有促进食物的消化、吸收、利用的作用。相应的酶充足，反应就会顺利、快捷地进行，我们就会精力充沛，不易生病。否则，反应就变慢或者被阻断。

8. 激素的主要原料。具有调节体内各器官的生理活性的功能。胰岛素是由51个氨基酸分子合成。生长素是由191个氨基酸分子合成。

9. 构成神经递质乙酰胆碱、五羟色氨等；维持神经系统的正常功能，即味觉、视觉和记忆。

10. 胶原蛋白：占身体蛋白质的1/3，生成结缔组织，构成身体骨架。如骨骼、血管、韧带等，决定了皮肤的弹性，保护大脑（在大脑脑细胞中，很大一部分是胶原细胞，并且形成血脑屏障保护大脑）。

11. 提供热能。

胶原蛋白

胶原蛋白又称胶原。由3条肽链拧

成螺旋形的纤维状蛋白质。在体内以胶原纤维形式存在，在水中加热即溶解成胶。在高等动物机体中含量丰富，约占蛋白质总数的1/3。主要分布在结缔组织中，如皮肤干重的70%为胶原。胶原蛋白是一种糖蛋白，分子含糖及大量甘氨酸、脯氨酸和羟脯氨酸，不含胱氨酸和色氨酸。属不完全蛋白，营养价值不很高，但对动物和人体皮肤、血管、骨骼、筋腱、牙齿和软骨的形成都十分重要，是这些结缔组织的主要基质。

氨基酸

氨基酸是生物功能大分子蛋白质的基本组成单位，是构成动物营养所需蛋白质的基本物质，是含有一个碱性氨基和一个酸性羧基的有机化合物，氨基一般连在 α－碳上。

氨基酸的结构通式：氨基酸是指一类含有羧基并在与羧基相连的碳原子下连有氨基的有机化合物。

人体所需的氨基酸约有22种，分非必需氨基酸和必需氨基酸（须从食物中供给）。另有酸性、碱性、中性、杂环分类，是根据其化学性质分类的。氨基酸是构成生物体蛋白质并同生命活动有关的最基本的物质，是在生物体内构成蛋白质分子的基本单位，与生物的生命活动有着密切的关系。它在抗体内具有特殊的生理功能，是生物体内不可缺少的营养成分之一。

赖氨酸

赖氨酸为碱性必需氨基酸。由于谷物食品中的赖氨酸含量甚低，且在加工过程中易被破坏而缺乏，故称为第一限制性氨基酸。

赖氨酸可以调节人体代谢平衡。赖氨酸为合成肉碱提供结构组分，而肉碱会促使细胞中脂肪酸的合成。往食物中添加少量的赖氨酸，可以刺激胃蛋白酶与胃酸的分泌，提高胃液分泌功效，起到增进食欲、促进幼儿生长与发育的作用。赖氨酸还能提高钙的吸收及其在体内的积累，加速骨骼生长。如缺乏赖氨酸，会造成胃液分泌不足而出现厌食、营养性贫血，致使中枢神经受阻、发育不良。

赖氨酸在医药上还可作为利尿剂的辅助药物，治疗因血中氯化物减少而引起的铅中毒现象，还可与酸性药物（如水杨酸等）生成盐来减轻不良反应，与蛋氨酸合用则可抑制重症高血压病。

单纯性疱疹病毒是引起唇疱疹、热病性疱疹与生殖器疱疹的原因，而其近属带状疱疹病毒是水痘、带状疱疹和传染性单核细胞增生症的致病者。印第安波波利斯 Lilly 研究室在1979年发表的研究表明，补充赖氨酸能加速疱疹感染的康复并抑制其复发。

核酸

由许多核苷酸聚合而成的生物大分子化合物，为生命的最基本物质之一。

核酸广泛存在于所有动物细胞、植物细胞、微生物内，生物体内核酸常与蛋白质结合形成核蛋白。不同的核酸，其化学组成、核苷酸排列顺序等不同。根据化学组成不同，核酸可分为核糖核酸（简称RNA）和脱氧核糖核酸（简称DNA）。DNA是储存、复制和传递遗传信息的主要物质基础，RNA在蛋白质合成过程中起着重要作用，其中转移核糖核酸，简称tRNA，起着携带和转移活化氨基酸的作用；信使核糖核酸，简称mRNA，是合成蛋白质的模板；核糖体的核糖核酸，简称rRNA，是细胞合成蛋白质的主要场所。核酸不仅是基本的遗传物质，而且在蛋白质的生物合成上也占重要位置，因而在生长、遗传、变异等一系列重大生命现象中起决定性的作用。

基因与基因组

1. 基因的现代分子生物学概念是指能编码有功能的蛋白质多肽链或合成RNA所必需的全部核酸序列，是核酸分子的功能单位。一个基因通常包括编码蛋白质多肽链或RNA的编码序列，保证转录和加工所必需的调控序列和5’端、3’端非编码序列。另外在真核生物基因中还有内含子等核酸序列。

2. 基因组是指一个细胞或病毒所有基因及间隔序列，储存了一个物种所有的遗传信息。在病毒中通常是一个核酸分子的碱基序列，单细胞原核生物是它仅有的一条染色体的碱基序列，而多细胞真核生物是一个单倍体细胞内所有的染色体。如人单倍体细胞的23条染色体的碱基序列。多细胞真核生物起源于同一个受精卵，其每个体细胞的基因组都是相同的。

嘌呤

嘌呤是细胞中核物质的组成元素，不仅我们人体细胞含有嘌呤，几乎所有的动植物细胞都含有嘌呤。在正常情况下，从饮食摄入的嘌呤和人体自身代谢生成的嘌呤会以尿酸的形式通过肾脏从尿中排出，“入”与“出”处于动态平衡中。一旦这种平衡被破坏，就会表现为痛风了。

嘧啶

嘧啶是一种杂环化合物。嘧啶由2个氮原子取代苯分子间位上的2个碳形成，是一种二嗪。和吡啶一样，嘧啶保留了芳香性。形成DNA和RNA的五种碱基中，有三种是嘧啶的衍生物：胞嘧啶、胸腺嘧啶、尿嘧啶。其中胸腺嘧啶只能出现在脱氧核糖核酸中，尿嘧啶只能出现在核糖核酸中，而胞嘧啶两者均可。在碱基互补配对时，胸腺嘧啶或尿嘧啶与腺嘌呤以2个氢键结合，胞嘧啶与鸟嘌呤以3个氢键结合。

酶

酶是由生物体内细胞产生的一种生物催化剂，是由蛋白质组成（少数为RNA），是一类具有催化作用的蛋白质。与一般催化剂相比，酶的催化作用有高度专一性、高催化效率及其催化活性的可调节性和高度的不稳定性（变性失活）等特点。酶的这些性质使细胞内错综复杂的物质代谢过程能有条不紊地进行，使物质代谢与正常的生理机能互相适应。若因遗传缺陷造成某个酶缺损，或其他原因造成酶的活性减弱，均可导致该酶催化的反应异常，使物质代谢紊乱，甚至发生疾病。因此酶与医学的关系十分密切，能在机体中十分温和的条件下，高效率地催化各种生物化学反应，促进生物体的新陈代谢。生命活动中的消化、吸收、呼吸、运动和生殖都是酶促反应过程。酶是细胞赖以生存的基础。细胞新陈代谢包括的所有化学反应几乎都是在酶的催化下进行的。如哺乳动物的细胞就含有几千种酶。

酶与疾病的治疗

替代治疗：因消化腺分泌不足所致的消化不良可补充胃蛋白酶、胰蛋白酶等以助消化。

抗菌治疗：凡能抑制或阻断细菌重要代谢途径的酶活性，即可达到杀菌或抑菌的目的。如磺胺药即是通过竞争性抑制细菌中的二氢叶酸合成酶活性而使细菌的核酸代谢障碍而阻遏其生长、繁殖。

抗癌治疗：肿瘤细胞有其独特的代谢方式，若能阻断相应酶的活性，就能达到遏止肿瘤生长的目的。L-天冬酰胺是某些肿瘤细胞的必需氨基酸，如给予能水解L-天冬酰胺的L-天冬酰胺酶，则肿瘤细胞因其必需的营养素缺乏而死亡。

对症治疗：如链激酶、尿激酶可用于溶解血栓，多用于心、脑血管的栓塞。

调整代谢：如精神抑郁症是由于脑中兴奋性神经介质（如儿茶酚胺）与抑制性神经介质的不平衡所致，给予单胺氧化酶，可减少儿茶酚胺类的代谢灭活，提高突触中的儿茶酚胺含量而抗抑郁。

血糖

血液中的糖称为血糖，绝大多数情况下都是葡萄糖，其他各种糖类，如果糖、双糖、多糖都只有转化为葡萄糖进入血液之后才能称之为血糖。

体内各组织细胞活动所需的能量大部分来自葡萄糖，所以血糖必须保持一定的水平才能维持体内各器官和组织的需要。正常人体的血糖浓度同样也是处于稳定和平衡之中的。一旦平衡被破坏，如血糖异常升高，就回会出现糖尿病。

正常人在清晨空腹血糖浓度为80～120毫克／分升。空腹血糖浓度超过130毫克／分升称为高血糖。如果血糖浓度超过160～180毫克／分升，就有一部分葡萄糖随尿排出，这就是糖尿。

血糖浓度低于70毫克／分升称为低血糖。可见于饥饿时间过长、持续的剧烈体力活动、严重肝肾疾病、垂体前叶功能减退、肾上腺皮质功能减退等。低血糖时，脑组织首先对低血糖出现反应，表现为头晕、心悸、出冷汗以及饥饿感等。如果血糖持续下降到低于45毫克／分升，就可发生低血糖昏迷。

酮体的生成和利用

在肝脏中，脂肪酸的氧化很不完全，因而经常出现一些脂肪酸氧化分解的中间产物，酮体是脂肪代谢的产物，包括乙酰乙酸、β－羟丁酸及丙酮。其中乙酰乙酸及β－羟丁酸均为强酸，三者统称为酮体。患糖尿病时，因为糖代谢紊乱加重，细胞不能充分地利用葡萄糖来补充能量，只好动用脂肪，脂肪分解加速产生大量脂肪酸，超出了机体利用的能力而转化为酮体。当通过肾脏排酮体时，酮体从尿中排出，所以尿中出现酮体。

尿中出现酮体时的对策

饥饿性酮体：由于是由饥饿引起，因此进食是最好的处理方法，如果有低血糖，则应按照低血糖处理方法立即吃一些糖块、含糖饮料及其他食物等。

糖尿病酮症：糖尿病，尤其I型糖尿病病友尿中出现酮体大多是由于体内胰岛素严重缺乏引起，此时伴随血糖也明显升高，因此，首先需要补充一定量的额外胰岛素。然后是需要大量饮水，饮水一方面补充人体内缺乏的水分，另一方面可以加快酮体等有害物质的排泄。最后需要指出的是，糖尿病病友当尿中出现酮体时，一般需要告诉您的医生或到医院就诊，在医生的指导下进行治疗和处理。对于症状严重的病友为了安全起见，则需住院治疗，防止酮症酸中毒的发生。

脂肪酸

脂肪酸是一类羧酸化合物，由碳氢组成的烃类基团联结羧基所构成。

脂肪酸是由碳、氢、氧三种元素组成的一类化合物，是中性脂肪、磷脂和糖脂的主要成分。

脂肪酸分为三类：①饱和脂肪酸：烃类基团是全由单键构成的烷烃基。②单不饱和脂肪酸：烃类基团是包含一个碳－碳双键的烯烃基。天然脂肪的双键均为正式（双键两侧的基团偏向一个方向），反式脂肪仅见于人工产品。③多不饱和脂肪酸：烃类基团是包含多个碳－碳双键的烯烃基。

前列腺素

前列腺素是存在于动物和人体中的一类由不饱和脂肪酸组成的具有多种生理作用的活性物质。最早发现存在于人的精液中，当时以为这一物质是由前列腺释放的，因而定名为前列腺素。现已证明精液中的前列腺素主要来自精囊，全身许多组织细胞都能产生前列腺素。前列腺素（PG）在体内由花生四烯酸所合成，结构为一个五环和两条侧链构成的20碳不饱和脂肪酸。按其结构，前列腺素分为A、B、C、D、E、F、G、H、I等类型。前列腺素具有对产生前列腺素的细胞本身或对邻近细胞的生理活动发挥调节作用。前列腺素对内分泌、生殖、消化、血液、呼吸、心血管、泌尿和神经系统均有作用。由于前列腺素能引起子宫强烈的收缩，故应用于足月妊娠的引产、人工流产以及避孕等方面，取得了一定的效果。前列腺素治疗哮喘、胃肠溃疡病、休克、高血压及心血管疾病，可能有一定疗效，因而引起人们的重视。

甘油三酯

甘油三酯是血脂成分之一，广泛分布于体内各组织器官。血液中的甘油三酯主要存在于低密度和极低密度脂蛋白中，其测定用于诊断高脂血症。人体脂肪组织可贮存大量的甘油三酯，具有减震和保温的作用，同时又可作为能源，随时满足人体生命活动的需要。血甘油三酯的含量可随膳食的改变而改变，并随年龄增长而上升，体重超过标准的中老年人往往偏高。

血清甘油三酯检测异常的临床意义

1．增高见于动脉粥样硬化、肥胖症、高脂蛋白血症（Ⅰ型、Ⅳ型、Ⅴ型）；严重糖尿病、痛风、甲状旁腺功能减退；胰腺炎、迁延性肝炎、阻塞性黄疸、脂肪肝；长期禁食或高脂饮食以及大量饮酒等；妊娠和口服避孕药，以及更年期妇女采用雌激素替代疗法。

2．降低见于肝实质病变、爆发性肝炎，甲状腺功能亢进、甲状旁腺功能亢进，肾上腺皮质功能不全，恶病变，原发性β－脂蛋白缺乏症。

胆固醇

胆固醇又称胆甾醇，是由甾体部分和一条长的侧链组成的一种环戊烷多氢菲的衍生物。早在18世纪人们已从胆石中发现了胆固醇，1816年化学家本歇尔将这种具脂类性质的物质命名为胆固醇。胆固醇广泛存在于动物体内，尤以脑及神经组织中最为丰富，在肾、脾、皮肤、肝和胆汁中含量也高。其溶解性与脂肪类似，不溶于水，易溶于乙醚、氯仿等溶剂。胆固醇又分为高密度胆固醇和低密度胆固醇两种，前者对心血管有保护作用，通常称之为“好胆固醇”，后者偏高，患冠心病的危险性就会增加，通常称之为“坏胆固醇”。血液中胆固醇含量每单位在140～199毫克，是比较正常的胆固醇水平。

尿素的生成

尿素是氨基酸的代谢产物，人体有代谢活性的细胞都能产生尿素，可以说，尿素是产生于全身各处的。然后这些尿素进入血液，通过血液循环到达肾，被肾小球过滤出来，再通过肾小管汇入肾盂，然后经输尿管导入膀胱储存。

天门冬氨酸

天门冬氨酸通过脱氨生成草酰乙酸而促进三羧酸循环，故是三羧酸循环中的重要成分。天门冬氨酸也与鸟氨酸循环密切相关，担负着使血液中的氨转变为尿素排泄出去的部分工作。同时，天门冬氨酸还是合成乳清酸等核酸前体物质的原料。

通常将天门冬氨酸制成钙、镁、钾或铁等的盐类后使用。因为这些金属在与天门冬氨酸结合后，能通过主动运输途径透过细胞膜进入细胞内发挥作用。天门冬氨酸钾盐与镁盐的混合物在医药、食品和化工等方面有着广泛的用途。在医药方面，可以用于治疗心脏病、肝脏病、高血压症，具有防止和消除疲劳的作用，和多种氨基酸一起，制成氨基酸输液剂，用作氨解毒剂、肝功能促进剂、疲劳恢复剂。主要用于消除疲劳，临床上用来治疗心脏病、肝病、糖尿病等疾病。天门冬氨酸钾盐可用于治疗低钾症，铁盐可治疗贫血。

谷氨酸

谷氨酸、天门冬氨酸具有兴奋性递质作用，它们是哺乳动物中枢神经系统中含量最高的氨基酸，其兴奋作用仅限于中枢。当谷氨酸含量达 9%时，只要增加 10 ~ 15mol 的谷氨酸就可对皮层神经元产生兴奋性影响。因此，谷氨酸对改进和维持脑功能必不可少。

谷氨酸经谷氨酸脱羧酶的脱羧作用而形成 γ－氨基丁酸，后者是存在于脑组织中的一种具有抑制中枢神经兴奋作用的物质，当 γ－氨基丁酸含量降低时，会影响细胞代谢与细胞功能。

谷氨酸的多种衍生物，如二甲基氨乙醇乙酰谷氨酸，临床上用于治疗因大脑血管障碍而引起的运动障碍、记忆障碍和脑炎等。γ－氨基丁酸对记忆障碍、言语障碍、麻痹和高血压等有效，γ－氨基 β－羟基丁酸对局部麻痹、记忆障碍、言语障碍、本能性肾性高血压、癫痫和精神发育迟缓等有效。

代谢调节

生物代谢不断经受多种形式的调节以适应内外环境的变化。根据生物的进化程度不同，代谢调节大体上可分神经、激素和酶三个水平，而最原始、也最基本的是酶水平的调节。神经和激素水平的调节最终也通过酶起作用。

基因

基因是指携带有遗传信息的RNA序列，也称为遗传因子，是控制性状的基本遗传单位。基因通过指导蛋白质的合成来表达自己所携带的遗传信息，从而控制生物个体的性状表现。基因有两个特点，一是能忠实地复制自己，以保持生物的基本特征；二是基因能够“突变”，突变绝大多数会导致疾病，另外的一小部分是非致病突变。非致病突变给自然选择带来了原始材料，使生物可以在自然选择中被选择出最适合自然的个体。根据原初功能（即基因的产物）基因可分为：①编码蛋白质的基因。包括编码酶和结构蛋白的结构基因以及编码作用于结构基因的阻遏蛋白或激活蛋白的调节基因。②没有翻译产物的基因。转录成为RNA以后不再翻译成为蛋白质的转移核糖核酸(tRNA)基因和核糖体核酸基因。③不转录的DNA区段。

基因变异

基因变异是指基因组DNA分子发生的突然的可遗传的变异。从分子水平上看，基因变异是指基因在结构上发生碱基对组成或排列顺序的改变。基因虽然十分稳定，能在细胞分裂时精确地复制自己，但这种稳定性是相对的。在一定的条件下基因也可以从原来的存在形式突然改变成另一种新的存在形式，就是在一个位点上，突然出现了一个新基因，代替了原有基因，这个基因叫做变异基因。于是后代的表现中也就突然地出现祖先从未有的新性状。基因变异的后果除形成致病基因引起遗传病外，还可造成死胎、自然流产和出生后夭折等，称为致死性突变；当然也可能对人体并无影响，仅仅造成正常人体间的遗传学差异，甚至可能给个体的生存带来一定的好处。

基因疗法

随着人类对基因研究的不断深入，发现许多疾病是由于基因结构与功能发生改变所引起的。科学家将不仅能发现有缺陷的基因，而且还能掌握如何进行对基因诊断、修复、治疗和预防，这是生物技术发展的前沿。这项成果将给人类的健康和生活带来不可估量的利益。所谓基因治疗是指用基因工程的技术方法，将正常的基因转入病患者的细胞中，以取代病变基因，从而表达所缺乏的产物，或者通过关闭或降低异常表达的基因等途径，达到治疗某些遗传病的目的。目前，已发现的遗传病有6500多种，其中由单基因缺陷引起的就有约3000多种。因此，遗传病是基因治疗的主要对象。

DNA

DNA(脱氧核糖核酸)是核酸的一类，因分子中含有脱氧核糖而得名。DNA分子极为庞大（分子量一般至少在百万以上)，主要组成成分是腺嘌呤脱氧核苷酸、鸟嘌呤脱氧核苷酸、胞嘧啶脱氧核苷酸和胸腺嘧啶脱氧核苷酸。DNA 存在于细胞核、线粒体、叶绿体中，也可以以游离状态存在于某些细胞的细胞质中。大多数已知噬菌体、部分动物病毒和少数植物病毒中也含有DNA。除了RNA（核糖核酸）和噬菌体外，DNA 是所有生物的遗传物质基础。生物体亲子之间的相似性和继承性即所谓遗传信息，都贮存在 DNA 分子中。

RNA

由至少几十个核糖核苷酸通过磷酸二酯键连接而成的一类核酸，因含核糖而得名，简称RNA。RNA 普遍存在于动物、植物、微生物及某些病毒和噬菌体内。RNA 和蛋白质生物合成有密切的关系。在RNA 病毒和噬菌体内，RNA 是遗传信息的载体。多项研究表明，一些长度较短的核糖核酸，即所谓“小核糖核酸”，能够对细胞和基因的很多行为进行控制，比如打开和关闭多种基因，删除一些不需要的DNA 片段等。它们在细胞分裂过程中更是发挥了至关重要的控制作用，可指导染色体中的物质形成正确的结构，防止 DNA 片段位移出错。RNA 功能的错乱，可能是引发癌症的一个重要原因。

唾液

唾液是一种无色且稀薄的液体，俗称为口水。

它主要由腮腺、颌下腺和舌下腺这三条唾液腺共同分泌出来，同时，受到大脑皮层的控制，也会受到饮食、环境、年龄以及情绪或唾液腺病变等影响。正常人每天分泌唾液 1000 ~ 1500 毫升，是由口腔内三对较大的唾液腺腮腺、颌下腺和舌下腺所分泌液体的混合物组成。正常唾液无色、无味、近于中性 (pH6.6 ~ 7.1)，主要成分是水，占 98.5% ~ 99%，其余是含钠、钾、钙、氯、硫等离子的盐类，以及淀粉酶、溶菌酶、黏蛋白等。

唾液的基本生理功能是湿润和清洁口腔，消灭产生齿垢的细菌，溶解有害于牙齿的物质，软化食物以便于吞咽，还能分解淀粉，有消化作用。如果唾液中的淀粉酶减弱，就会影响食物的消化，并由于无法保护胃黏膜免受胃酸损害，易导致胃肠炎症或溃疡。

体质强健的人，唾液分泌比较充盈旺盛。年老体弱者唾液分泌不足，常出现口干舌燥、皮肤干燥、体力日衰、耳鸣重听、面部失去光泽、大便秘结等情形，运用吞口水养生法，可重拾青春，抗衰延老。

唾液的作用

①湿润口腔和食物，便于说话和吞

咽。②溶解食物并不断移走味蕾上的食物微粒，从而能不断尝到食物的味道。③清洁和保护口腔。④抗菌作用。⑤消化作用。

胃液

胃液：胃内分泌物的总称。包括水、电解质、脂类、蛋白质和多肽激素。纯净胃液为无色透明液体。

纯净的胃液是一种无色透明的酸性液体，pH0.9～1.5。正常成人每日胃液分泌量在1.5～2.5L。胃液所含的固体物中的重要成分有盐酸、胃蛋白酶原、黏液和“内因子”。

胃液的组成和作用：①盐酸：可激活胃蛋白酶原，并为胃蛋白酶的作用提供酸性环境；杀死进入胃内的细菌；促进胰液和胆汁的分泌；有益 Ca^{2+} 和 Fe^{2+} 的吸收。②胃蛋白酶原：被激活为胃蛋白酶后，可水解蛋白质为脲和胨。③黏液：保护胃黏膜免受机械和化学损伤。④内因子：保护维生素 B_{12} 并促进其在回肠的吸收。

胰液

胰液产生于脊椎动物的胰腺中，是胰腺分泌的经胰导管输送至十二指肠的消化液。具有无色透明、可拉成丝和易于起泡沫的特性，呈碱性。胰液是胰腺的外分泌物，成人每日分泌1～2L胰液。胰液中的有机物主要是消化三种营养物质的消化酶，它们是由腺泡细胞分泌的。主要有胰淀粉酶、胰脂肪酶、胰蛋白酶原和糜蛋白酶原。前两种酶具有活性，胰淀粉酶可将淀粉水解为麦芽糖及葡萄糖。胰脂肪酶可分解甘油三酯为脂肪酸、甘油一酯和甘油。后两种酶原均不具活性。当胰液进入十二指肠后，胰蛋白酶原被肠液中的肠致活酶激活成为具有活性的胰蛋白酶。此外，酸和胰蛋白酶也能使胰蛋白酶原活化。糜蛋白酶原由胰蛋白酶激活为糜蛋白酶。胰蛋白酶和糜蛋白酶都能分解蛋白质为脲和胨，二者共同作用时，可使蛋白质分解为小分子的多肽和氨基酸。糜蛋白酶还有较强的凝乳作用。

胆汁

胆汁是在胆道中流动的一种特殊的体液，由肝脏分泌产生。胆汁的生成过程非常复杂，肝脏产生的胆汁称为肝胆汁。肝脏不断地生成胆汁，每天的生成量为100～200ml。其分泌量随着人们的活动、饮食的质和量以及饮水量的不同而变化，进餐时肝脏产生的胆汁比平时多得多。胆汁对脂肪的消化和吸收具有重要作用。胆汁中的胆盐、胆固醇和卵磷脂等可降低脂肪的表面张力，使脂肪乳化成许多微滴，利于脂肪的消化；胆盐还可与脂肪酸甘油－酯等结合，形成水溶性复合物，促进脂肪消化产物的吸收，并能促进脂溶性维生素的吸收。

激素

激素音译为荷尔蒙。希腊文原意为“奋起活动”，就是高度分化的内分泌细胞合成并直接分泌入血的化学信息物质，它通过调节各种组织细胞的代谢活动来影响人体的生理活动。它对肌体的代谢、生长、发育和繁殖等起重要的调节作用，是由内分泌腺或内分泌细胞分泌的高效生物活性物质，在体内作为信使传递信息，对机体生理过程起调节作用。它是我们生命中的重要物质，中的任何一种都不能在体内发动一个新的代谢过程。它们也不直接参与物质或能量的转换，只是直接或间接地促进或减慢体内原有的代谢过程。如生长和发育都是人体原有的代谢过程，生长激素或其他相关激素增加，可加快这一进程，减少则使生长发育迟缓。激素对人类的繁殖、生长、发育、各种其他生理功能、行为变化以及适应内外环境等，都能发挥重要的调节作用。一旦激素分泌失衡，便会带来疾病。

甲状腺激素

甲状腺是人体最大的内分泌腺，位于颈前部，喉和气管的两侧，分为左右两叶，中间彼此相连。甲状腺能分泌甲状腺激素，它是含有碘元素的一种氨基酸。甲状腺激素包括：甲状腺素和三碘甲状腺原氨酸。

甲状腺激素的主要作用是促进新陈代谢，加速体内物质的氧化分解过程，促进生长发育，提高神经系统的兴奋性。如果甲状腺功能亢进，分泌甲状腺激素过多，患者往往表现为食量增大而身体消瘦无力，心跳、呼吸加快，容易激动，甚至眼球突出等症状。相反，甲状腺功能不足，分泌激素过少，患者则表现出代谢缓慢，体温较低，心跳较慢，全身浮肿，智力减弱等。婴幼儿时期甲状腺激素分泌过少，还会患呆小症：身材矮小，智力低下，生殖器官发育不全。

另外，碘是合成甲状腺激素的主要原料之一，人体需要的碘是从饮食中获得的，有些离海较远的山区饮食里缺碘，使甲状腺激素分泌不足，这样，就会刺激垂体分泌大量促甲状腺激素，从而引起甲状腺代偿性地增生、肿大，叫做地方性甲状腺肿，俗称“大脖子病”。要预防这此病，应食用加碘食盐和多吃含碘食物如海带等。

肾上腺糖皮质激素

肾上腺糖皮质激素是一种肾上腺皮质激素，肾上腺皮质激素是肾上腺皮质所分泌的激素的总称，属甾体类化合物。糖皮质激素作用广泛而复杂，且随剂量不同而异。生理情况下所分泌的糖皮质激素主要影响物质代谢过程，超生理剂量的糖皮质激素则还有抗炎、抗免疫等药理作用。具有调节糖、脂肪和蛋白质的生物合成和代谢的作用，还具有抗炎作用，称其为“糖皮质激素”是因为其调节糖类代谢的活性最早为人们所认识。

肾上腺皮质激素应用于临床已半个世纪。从我国的调查显示，类风湿关节炎患者过去服用过和（或）现在仍服用激素的患者，达50%～70%。长期服用数年，甚至达十数年者大有人在。所以有必要进一步提高对皮质激素的认识。首先，不能认为激素是“万能药”。

胰岛素

胰岛素是一种蛋白质类激素，体内胰岛素是由胰岛β细胞分泌的。在人体十二指肠旁边，有一条长形的器官，叫做胰腺。在胰腺中散布着许许多多的细胞群，叫做胰岛。胰岛素是由胰岛β细胞受内源性或外源性物质如葡萄糖、乳糖、核糖、精氨酸、胰高血糖素等的激动而分泌的一种蛋白质激素。胰岛素是机体内唯一降低血糖的激素，也是唯一同时促进糖原、脂肪、蛋白质合成的激素。作用机理属于受体酪氨酸激酶机制。胰岛素的主要生理作用是调节代谢过程。对糖代谢：促进组织细胞对葡萄糖的摄取和利用，促进糖原合成，抑制糖异生，使血糖降低；对脂肪代谢：促进脂肪酸合成和脂肪贮存，减少脂肪分解；对蛋白质：促进氨基酸进入细胞，促进蛋白质合成的各个环节以增加蛋白质合成。总的作用是促进合成代谢。

睾酮的生理作用

睾酮是最重要的男性激素（雄激素），主要由睾丸分泌。男子血浆内同时有睾酮（男性激素）和雌激素。

睾酮对男子生殖器官及其他重要器官的作用相当复杂，其生物化学过程尚未完全阐明。但是，睾酮可能影响许多身体系统和功能，包括血生成，体内钙平衡，骨矿化作用，脂代谢，糖代谢和前列腺增长。

雌激素

雌激素是一种女性激素，由卵巢和胎盘产生。肾上腺皮质也产生少数雌激素。女性儿童进入青春期后，卵巢开始分泌雌激素，以促进阴道、子宫、输卵管和卵巢本身的发育，同时子宫内膜增生而产生月经。雌激素还能促使皮下脂肪堆积，体态丰满；乳腺增生，乳头乳晕着色，并产生性爱和性欲；促使体内钠和水的滞留、骨中钙的沉积等。目前常用的雌激素有雌二醇、已烯雌酚、炔雌醇、炔雌醚等。

孕激素

孕激素又称“女性激素”，促进女性附性器官成熟及第二性征出现，并维持正常性欲及生殖功能的激素。分为两大类（均为类固醇激素），即雌性激素（又称“动情激素”）和孕激素。雌激素主要由卵巢的卵泡细胞等分泌（睾丸、胎盘和肾上腺，也可分泌雌激素），主要为雌二醇。孕激素主要是孕酮，它的主要任务是对妊娠的维护。就是说在雌激素作用的基础上，进一步作用于生殖道和乳腺，创造受精卵种植的环境，有利于维持妊娠，并准备泌乳。没有雌激素的先期作用，孕激素无从发挥作用；单有雌激素的作用，也不能完成受孕、妊娠、泌乳等一系列任务。二者通力合作，才能完成孕育下一代的使命。具体作用分述如下：

1. 维持妊娠。使子宫内膜继续增殖并呈黄体期的变化，为受精卵着床提供良好条件。减弱子宫和输卵管的活动，使受精卵安心地住在子宫，不被排出。

2. 促进乳腺组织发育成熟。

3. 维持下丘脑－垂体－卵巢轴系的功能调节，抑制黄体生成素的分泌。

第三章　人体与健康常识

水在人体中的作用

水是人体的重要组成部分。儿童体重的4/5是水，成人体重的2/3是水。水是人体的忠诚卫士：如眼泪可以冲刷飞进眼里的尘沙；通过腹泻，可以排除不干净的食物。水是不可缺少的化学兵：人体就像一座化工厂，各种营养物质通过氧化、还原或水解等化学作用后，被人体吸收和利用。水是良好的润滑剂：泪水滋润眼球，唾液湿润口腔。水是优秀的运输兵：水帮助血细胞昼夜不停地在人体内循环，将各种营养素运送到不同的内脏器官和各种组织，同时又将新陈代谢的废物携带到排泄器官而排出体外。水是人体体温的调节者：人体就像一座熊熊燃烧的火炉，每昼夜能产生2400～2700大卡的热量。

人身上配合最好的一对器官

人身上有很多成对的器官，它们互相配合，完成了许多动作。两只眼球是配合得最好的一对器官。如果一个眼球朝上看，那么另一个决不能朝下；一个朝右看，另一个就决不能朝左。原来，牵动每个眼球的有6条肌肉，叫眼外肌：上面的一条叫上直肌，下面的一条叫下直肌；里面的一条叫内直肌，外面的一条叫外直肌；上面有条斜的叫上斜肌，下面斜的叫下斜肌。眼外肌都受大脑的统一指挥。当大脑发出指令“向右看”时，右眼的外直肌和左眼的内直肌就拉紧，而右眼的内直肌和左眼的外直肌就放松，从而使两个眼球都向右转。因此，人们的眼睛虽然有两只，但由于密切合作，形影不离，所以看物体时总是一个。

衰老的秘密

人体的组织细胞每6～7年就要更换成新细胞。这些衰老细胞死亡了，但人的生命并不因此死亡，这是因为新的细胞都有再生能力的缘故。而神经细胞是没有再生可能的，它的衰老死亡，可招致人体整个生命的衰老死亡。现在认为，人体衰老首先是中枢神经系统和植物神经系统正常功能受到损伤。神经系统在机体调节中起主导作用，如机体内环境的稳定状态遭到损坏时，即可发生衰老。在老年机体组织中一般都可发现色素的堆积，这种色素是脂类氧化后的结果，故认为细胞膜上脂质与蛋白质受自由氧基损伤也是衰老的一个因素。另外，身体中毒、营养不良都会导致人的衰老。

皮肤会脱落的原因

每天因为摩擦或者擦洗而脱落的表皮细胞高达几百万个，如果把它们积累起来计算，一个人一生中，总共有将近18千克的皮肤脱落掉。将这部分皮肤的重量与一个人全身皮肤的平均重量相比，人一生中相当于从里到外完整地蜕了7次皮。值得注意的是人体各个部位的皮肤厚度各不相同。相对而言，眼睑部分的皮肤最薄，也最娇嫩，只有0.1～0.5毫米厚；而手掌、脚底的皮肤最厚，能达到4 毫米左右。

人体的平衡能力是哪里来的

我们都有这种体验，走路时不慎被什么东西绊了，一个踉跄，眼看就要跌倒了，可是在摇晃几下后，身体又保持平衡了。那么，人体的平衡能力是哪里来的呢？原来，在人的颅骨内有一个小而结构十分复杂的内耳。主宰人的平衡能力的是内耳中的半规管和半规管前的两个囊状结构。半规管是分别处于3个互相垂直的平面的管道。当头部在三维空间发生位置变化时，半规管的内部组织会把这种信息传到大脑中枢；而那两个囊状结构则专门感受头部处于静止时的位置，以及前进、后退、升降等直线运动。神经中枢正是从内耳获得人在运动时的种种信息，从而及时做出反应，纠正可能破坏身体平衡的动作，使人体保持平衡。

做梦

当人睡着之后，大脑的大部分皮层的细胞休息了，可仍有一部分神经细胞处于兴奋状态，正是这个原因，人的脑海中便产生了梦。俗话说：“日有所思，夜有所梦。”梦离不开日常生活。有些梦，往往与自身经历中有深刻印象的事情密切相关，或者受到电视、电影、小说中某些情节的影响。还有一些梦，是因为身体某部分受到刺激后产生的。例如受到憋尿的刺激时，常常会梦到厕所。形成梦的另一原因是强烈的愿望。恋爱时，梦中经常会出现恋人的身影。当特别想到某个地方去玩，或特别想吃某样东西时，在梦中就经常会如愿以偿。所以，“梦想成真”常作为对人的美好祝福。

记忆储存

记忆是大脑信息储存库，这些信息

都会被记忆在人们的大脑里。人的大脑实际上是分为很多区来分管不同“事务”的，有些区域发出指令启示或协调随意运动；有些区域处理感觉信息，如光线和声音。人的记忆也分为不同的类型分别储存在这些区里。例如打球和骑自行车，这些记忆在运动区，而音乐则记忆在听觉区。产生记忆的过程，是由神经细胞形成新的蛋白质分子相互联系的过程。人的短期记忆每次最长只能保持60秒左右；长期记忆则能保持几分钟甚至很多年，容量大得令人难以置信。记忆必须加以巩固才能持久，因为短期记忆要经过巩固才能转为长期记忆。

人体自燃现象

科学家们对人体自燃现象各持己见，但却没有足够的说服力让人信服。因此，人体自燃现象仍是一个谜。有些科学家认为，人体自燃与体内过量的可燃性脂肪有关，如果体内积累过多可燃性脂肪，到一定时间，就会自发燃烧起来。有些科学家认为，人体内可能存在着一种比原子还小的“燃粒子”，当“燃粒子”积累到一定数量时，有可能引起自燃。还有些科学家认为，人体内存在某种天然的“电流体”。这种“电流体”到了某种条件具备时，可能造成体内可燃性物质的燃烧。这些观点都缺少令人信服的实验证据。因此，人体自燃现象仍是一个待揭之谜。

眼睛能看到东西的原因

眼睛是人体最纤细复杂的器官之一，它就像一架照相机，照相机是靠光来工作的，眼睛也是利用光线来工作的。眼球正前方，有一层透明的角膜，就像照相机的镜头，眼球内黑色的瞳孔会根据光线的强弱调大小，恰似照相机的光圈，还有视网膜相当于照相底片。光线经过眼睛时，会被一个特殊的透明组织——晶状体聚合在一起，在正常而健康的眼睛里，晶状体的形状会不断改变，调整焦距，这样，晶状体会把光线聚合在视网膜上，视网膜上有几百万个视觉细胞，它们是通过专门的视神经，把图像传入大脑，使人的脑海中呈现出一幅幅视觉画面。这样，人就能真实地感受到外界万千事物的形象和色彩了。

人人都可以戴隐形眼镜吗

隐形眼镜是一种与眼球直接接触的超薄眼镜片。由于佩戴美观，而且运动时不受影响，免去了佩戴框架眼镜的许多不便，所以倍受年轻人欢迎。那么是不是人人都可以戴隐形眼镜呢？隐形眼镜是用高分子合成材料做成的，由于它直接接触眼球的角膜，所以会使眼球产生异物感，引起眼睛疲劳、充血以及分泌物增多等症状。所以一些眼外伤、结膜炎、沙眼或是眼过敏症者都不适合佩戴隐形眼镜。

眼皮跳与健康

我们知道，全身的肌肉都是受神经支配的，这些神经都通向脑和脊髓。眼皮里面有肌肉，有的是从上到下的，它们一收缩，可使眼皮闭合。这些肌肉分别归第三对和第七对脑神经指挥。如果这两对神经有了什么问题，眼皮的活动就会受到影响。相反，如果脑子里管理这两对神经的细胞活动过多了，眼皮里的肌肉就会发生一阵阵的收缩，这就是引起眼皮跳动的原因。其实，脑或脊髓里的细胞受到刺激而产生兴奋，接着引起它所指挥的肌肉产生收缩或跳动的现象，并不是很少见的。它们有时发生在手臂上，有时发生在小腿上，但是由于不起眼，它们就不被人注意。

眼眉和眼睫毛的作用

人的眼眉和眼睫毛除了修饰眼睛，增加眼睛的美观外，还有什么作用呢?眉是眼睛的“卫士”，它能把从额部淌下的汗液引开，起分流作用，使其不致顺流而下浸渍眼睛。睫毛呢？它的反应是“闪电式”的，当外来物体一碰触睫毛，就在1%秒的时间内，它就可传递触觉，引起闭眼反射，使眼球不受外来物的侵犯。另外，睫毛还能防止紫外线直接照射眼睛，避免因紫外线直射而致病的危险。所以，眼眉和睫毛不光构成眼睛上的两道风景线，也共同构成眼睛的第一道防线。所以我们不能小看它们，而应注意保护，不要随便去拔，也不要用剪子去剪，让它们时刻为眼睛站岗、守门。

哭对身体有好处

哭是一种生理现象，是痛苦的一种表达形式，哭就会流眼泪。根据科学家们的研究发现：同样是哭，一个人悲伤所流出来的眼泪与伤风感冒所流出来的眼泪所含的化学物质是不同的。因悲伤而流的眼泪中含有一种能缓解痛苦的物质，可减轻悲痛对健康的伤害。再说，如果真的很悲伤，有泪哭不出来，那么眼泪只好沿着鼻腔最后进入胃里，而眼泪中含有的有害物质有可能引起哮喘、胃溃疡、心脏病以及血液循环系统的疾病。我们提倡坚强，但想哭的时候一定要哭出来，如果强忍我们的眼泪，对身体健康是有损害的。

眼泪的作用

在人们的泪水中，99%是水分，1%是固体，这固体里有一半多是盐。泪水里怎么会有盐呢？原来，每个人的眼睛里都有制造眼泪的“小工厂”，人们给它取名叫“泪腺”。每天，这座“小工厂”都不停地制造着泪水。也许我们都想不到，眼泪是以血为原材料，由泪腺加工后制成的。盐在泪水里占0.6%，所以眼泪是咸味的。眼泪的用处可大啦。眨眼的时候，眼泪就均匀地涂抹在眼球上，对眼球起着湿润的作用。眼泪还能冲刷掉眼球表面的脏东西，起着清洁作用。黑眼珠之所以能看起来水汪汪的，也是泪水的功劳。泪水里不仅含有盐，还含有能够溶解细菌的酶，起着杀菌和轻微消毒的作用。

眼睛不怕冷的原因

冬天，我们觉得寒风刺骨，手脚冰凉。这时候，我们穿上厚厚的棉衣棉鞋，戴上棉帽，还常常被冻得鼻青脸红。不过，你也许会发现，同样暴露在体表的眼睛却不怕冷。即使眼眉结冰睫毛上霜，它却照样顾盼自如，丝毫没有一点冷的感觉。它的科学原理是什么呢？原来眼睛的构造比较奇妙，构成眼球的角膜、结膜、巩膜上虽然有极丰富的触觉和痛觉神经，却没有管冷的神经。更重要的是，角膜和巩膜是缺少血管的透明组织，几乎没有什么散热作用，而且起到缓冲寒冷传导到眼球里的作用，加上有一层眼皮保护，给眼球热量，所以眼球尽管露在外面，也不怕冷。

打呼噜

白天，当人处于清醒状态时，会通过有意识地调整呼吸节奏和气流量使这种声音不能发出。而到了晚上，当人呼出的空气由肺流出，经过弯弯曲曲的呼吸道到达口腔后，由于不可能有意识地控制气流，使气流冲向松弛的软腭，造成软腭振动发出声音，这就是所谓的打呼噜。尤其是取仰卧位睡觉时，打呼噜的声音会更响。对于老年人和儿童而言，由于身体状况的因素，口腔内的软腭相对于青壮年来说更柔软，因此他们更容易发出鼾声。要想避免在睡觉时打呼噜，最重要的是要使从肺里呼出的气流顺畅地通过呼吸道，为此可以取侧卧位睡觉。

鼻子能闻到气味的原因

人类的鼻子有两大功能，一是用来呼吸，二是作为嗅觉器官。鼻子能闻出各种气味，是因为在鼻腔黏膜中，有一些是嗅膜，里面分布着许多的嗅细胞以及可以分泌液体的嗅腺。含有气味的物质微粒，挥发到空气中以后，人吸气时，微粒就会随气进入鼻腔，从而溶解在嗅腺的分泌物中，此时，就可以刺激嗅细胞，从而产生神经冲动。这些冲动主要是经过嗅神经，传到了大脑的嗅觉中枢。大脑再经过分析判断，就可以辨别出各种各样的气味了。

嗅觉失灵

大家一定都有这样的感觉吧，如果在芳香扑鼻的花园里待久了，就不会觉得花香了。这是什么原因呢？原来当身处花香中时，香味进入鼻腔，刺激了鼻黏膜上的嗅觉神经，嗅觉神经将有关香味的信号传递给大脑皮质。大脑皮质中的嗅觉中枢经过仔细分析，传达给我们“香”的信息。当在花园待的时间长了，花香不断地刺激鼻嗅觉神经，有关香味的信号被不断输送给大脑皮质。同样的刺激重复地出现，时间久了，大脑嗅觉中枢神经转入抑制状态，就不会再传达“香”的信息。这样即使你还是站在花丛中，也不会觉得香了，这时的嗅觉就好像失灵了一样。

鼻子有两个鼻孔的精妙之处

鼻子的构造非常精妙，它长在人脸部的中央，而且外形凸出，使我们的脸看上去更有立体感。鼻子是人的嗅觉器官，是大自然赋予人体的气体分析仪。另外，还能过滤空气中的异物和捕捉细菌。人的鼻子有大有小，但鼻子的内部结构都是由外鼻、鼻腔和鼻旁窦组成。鼻子有两个鼻孔，这两个鼻孔有同样的功能，都能单独执行任务。医学家通过实验证明，我们的两个鼻孔是轮流呼吸的。通常，大概每隔三四个小时，左右鼻孔就要换一次班。

舌头能辨别味道

人的舌头是感受味觉的主要器官。人的舌头可以分辨酸、甜、苦、辣应当归功于味蕾。味蕾分布在舌头上的乳头状突起内、舌的底面和口腔内咽部、软腭等处，是一种椭圆形的结构，外面有一层盖细胞，里面是细长的味觉细胞，味觉细胞的末端有味毛，它是味觉感受的关键部位。食物进入口腔以后，通过咀嚼运动，食物的味道就会溶解在唾液中，从而刺激味觉细胞，引起神经冲动，再通过神经传入大脑皮层的味觉区，这样就引起味觉。

小舌

在扁桃腺中间、悬挂在喉咙里的东西，叫做小舌（悬雍垂）。它是软腭的一部分，和其他组织一起组成声道。别看它不起眼，在吃东西的时候还真离不开它呢。当食物往肚子里咽的时候要经过咽部。咽部既和下边的肚子相通，又和上边的鼻腔相通。为了把食物全部咽进肚子，而不让食物跑入鼻腔，咽东西时就要把去鼻腔的路口堵住。悬雍垂就像“哨兵”一样守在路口，当食物往里咽时，首先遇到悬雍垂，它便马上挺身而出，堵住去鼻腔的路。除此之外，它还帮助发音，有一种低频率的“腔音”就是靠它发出来的。

耳朵是怎样听到声音的

声音是由压力波构成的，它能通过空气、液体和固体传播。当这些压力波撞击外耳后，就会汇集到耳道，然后到达鼓膜，并导致鼓膜振动。鼓膜是一片紧绷的小皮，声波会使它振动。鼓膜与一个被称作锤骨的小骨头连接，振动波由锤骨再传给另外的两块小骨——砧骨和镫骨，然后进入耳蜗。耳蜗是一种蜗牛壳状的管道，内部充满液体。当液体运动时，它会刺激耳蜗内的特殊纤毛细胞。这些纤毛细胞发出信号沿听神经传到大脑，大脑再将信号转化为声音。

耳屎贵如金

耳屎是耳朵的外耳道常分泌的一种油脂，是保护耳朵的一道防线。因为耳屎的味道很苦，又是油乎乎的，如果小虫想进耳朵内去探探险，耳屎就会请它们尝尝特有的“苦”味，把小虫吓退；而灰尘一钻进耳朵，就会被这些油脂黏住。另外，耳屎还能防水，保持耳道干燥。一般，耳屎到一定时候会自动掉出来，不需要特意去挖。人们挖耳的用具一般都不够卫生；这会使耳朵的外听道染上细菌，发肿化脓；而最可怕的是一不小心，戳破了耳朵里面的鼓膜，轻者会发生中耳炎，引起听力减退；重者就会变成聋子！因此，别看人们为耳屎起了一个不干净的名字，它的作用却是太重要了，无怪乎有的医学家说“耳屎贵如金”呢。

耳朵最怕冷

在人体的各个部位中，就数耳朵最怕冷了，这是因为人体的热量是靠血液循环来传递的，血液刚从心脏流出时温度相对较高，越向末梢血管循环，温度就越低，而耳朵里分布着末梢毛细血管，血液越少，自然能量和热量越少。再者，耳朵虽然相对于身体其他部位体积小，但相对表面积却很大，所以热量很容易散发。而且，当身体穿上厚厚的冬衣时，耳朵却无法罩得严实。当凛冽的寒风从耳边呼呼掠过，将耳朵的热量也带走了，自然耳朵会感到冷了。

长期用“随身听”不好

在日常生活中，很多人都喜欢用“随身听”收听音乐，往往一戴上耳机就听很长时间，甚至走路、做功课也不肯取下来，这样做是很不科学的，会严重损害听力。它的科学原理是什么呢？原来，耳机的耳塞将耳道口塞得很紧，耳道处于密闭状态，音量大的声音进入耳道内直接传递到耳道深处的鼓膜，引起鼓膜强烈振动。时间一久，就会对内耳的细胞、神经纤维产生损伤，使听神经细胞的活动能力减弱，听力就会受到影响。久而久之，听力就会不断减退，所以我们用“随身听”的时间不要太长，最好一次不要超过 1 小时，音量也不要太大。

牙齿有不同的形状

正常的人有 32 颗牙齿，在嘴里分成上下两排。它们有的尖，有的扁，还有的是圆圆的。为什么它们的形状都不一样呢？原来牙齿所担负的工作不一样，各自分工不同，所以它们的形态也就出现了差别。尖尖的牙叫尖牙，也叫犬齿，专管撕碎食物；扁扁的牙叫切牙，长在最前面，也叫门牙，它们专管切断食物；

圆圆的牙叫磨牙，也叫臼齿，它们就像磨盘一样，把食物嚼碎、磨细。吃东西的时候，这些牙齿分工合作，来帮助我们咀嚼食物。

牙膏与牙齿健康

刷牙是清洁牙齿，去除牙菌斑和细菌的好办法，我们刷牙时为什么要用牙膏呢？牙膏是一种口腔清洁剂，由多种无机物和有机物组成，一般包括摩擦剂、清洁剂、黏合剂、润湿剂等。常用作摩擦剂的是磷酸氢钙和碳酸钙。它们有较强的摩擦力，既可以靠摩擦去掉牙齿表面的污垢，又不会伤害牙釉。清洁剂是牙膏中起清洁作用的成分。清洁剂能把牙齿表面的垢物除去，使牙齿露出洁白如玉的珐琅本色。我们在牙膏中加入不同用途的药物成分，就构成药物牙膏。如牙膏里加入氟化物，可以有利于牙齿的矿化，减少龋齿的发生；加入中草药，可以预防一些牙周疾病。

头发脱落

头发的生长速度是每个月增长 1 厘米。单根头发能生长约 6 年，可达 1 米长。一般来讲，6 年后头发脱落，另一根头发在原处开始生长。其实，毛发从毛囊中长出来时已死去很久，不再是能够分裂繁殖的细胞了。每天梳头发时，会脱落 50 ~ 100 根头发。头发虽然已经死亡，但仍然有弹性。湿的头发在原有的基础上能拉长 60%，但一放手就会收缩并恢复到原来的长度。头发的生长与身体的健康状况、年龄以及气候有关。身体健康、年纪轻的人头发长得快；夏天，随人体的新陈代谢速度加快，头发也长得快些;反之，头发就长得慢，容易脱落，而且颜色发黄，没有光泽。

头皮屑

头皮屑实际上是脱落的角质细胞。我们头部长有头发的那部分皮肤就被称作头皮。其实头皮的结构和身体其他部分的皮肤一样，也有表皮和真皮两层。表皮又分成四层，最外面一层是“角质层”。在角质层，不时有老细胞退休，同时有新细胞积极顶替，头皮浅层的角化上皮多是退休离任的“老将”。它们和皮脂腺分泌的皮脂混合起来，就又组成新的“队伍”——头皮屑。到了一定的时候，就飘落下来。如果用碱性很强的肥皂洗头，或者使用一些刺激性大的药物，也会使头皮屑增多。头皮屑过多还可能与真菌感染有关。因此，要多吃蔬菜和水果以及富含维生素 B 的食物，增加洗头的次数，以及有针对性地用些抗真菌的药物治疗。

少白头的原因

人到了老年，头发就会渐渐变白，但有些年轻人，甚至小孩也会长出许多白头发，我们把这种现象叫做“少白头”。

这是什么原因造成的呢？头发根部的毛乳头会产生黑色素，头发颜色的深浅就是由黑色素的多少来决定的。黑色素越多，头发的颜色就越深；黑色素越少，头发的颜色就越浅；不含黑色素，头发就是白色的。人到老年的时候，生理功能衰退了，黑色素产生得少了，头发就渐渐变白。而一些年轻人，由于毛乳头的功能发生障碍，无法产生黑色素，或者产生的黑色素无法达到头发里面去，于是就产生了“少白头”。形成这种现象的原因可能是精神过度紧张，也可能是由于遗传或是疾病的原因。

指甲生长的秘密

指甲跟头发一样，也是皮肤的附件，可以保护指尖。指甲每天大约长0.1毫米。在每一个手指的指尖处，有一个地方叫做甲根，就是指甲的生产工厂。指甲是由一种硬角质蛋白组成的。这种蛋白是从表皮细胞演变而来的，因为表皮细胞从出生一直到死亡，都在不断地进行新陈代谢，所以指甲角质蛋白也会不断生成，因此，指甲也不停止生长。所以，在人们剪了指甲后，指甲还能够长出来。另外指甲的生长速度不是永恒不变的。刚出生的婴儿指甲长得很慢，以后渐渐快起来，到了青壮年时期生长最快。经过摩擦，也可以刺激指甲的生长，如常剪指甲，指甲反而长得快。

肤色

人的皮肤中的色素是用来保护身体免受紫外线损伤的。决定肤色的是黑素细胞产生的黑色素。这些黑色素并非在机体内到处都有，而是仅存在于专门的细胞组织内。黑素细胞不单在表层皮肤内有，毛囊内和眼睛的虹膜内也有。黑素细胞是由其前身“成素细胞”变成的，而成素细胞早在三个月的胚胎期就已在表皮内形成了。实际上平均每个非洲黑人的黑素细胞和一个欧洲白种人的黑素细胞同样多，他们间的差别主要是表皮内黑素粒形成规模及其数量、形状、大小和分布。亚洲人的黄色皮肤主要是由真皮内的胡萝卜素造成的。

青春痘

青春痘在医学上叫痤疮，也叫“粉刺”，是男女青年易得的炎症状皮肤病。在青春发育期，皮脂分泌量大大增多。当皮脂淤积，堵塞了毛囊，发生细菌感染，青春痘就在脸上“冒尖”了。最初，毛囊口被皮脂堵塞，形成的小包，可以挤出像豆腐渣样的皮脂栓。皮脂栓不久就变色发黑，形成黑头粉刺，如果被细菌感染就会长出小脓疱。细菌感染会引起痒、痛，这时候如果去抓去挤，很容易使病情扩大，小疙瘩变成大疙瘩，万一把细菌挤进了血管，可能会造成十分严重的疾病。所以，我们对青春痘一定要小心看护，尽量少吃脂肪类、糖类和刺激性食物。经常保持皮肤清洁，每天用热水多洗脸，帮助皮脂顺利排出。

指纹

每个人的手指上，都长着各不相同的指纹。指纹是由遗传基因决定的，而且指纹一旦形成，就成为某个人终生不变的一种标志。即使刀伤、火烫使表皮受损，伤口痊愈后，指纹依然不变。指纹由不同长短、形状、粗细、结构的纹线组成，分斗、箕、弓三种基本类型。因为每个人都有各不相同的指纹，所以各国都有过用指纹代替图章和签字的历史，而公安机关也可以根据罪犯作案时留下的指纹来破案。另外，从指纹可看出遗传规律和某些疾病的迹象。如有一种先天性痴愚病，这种病人的指纹便不同寻常。所以，科学家正不断探索研究利用指纹以及掌纹和足底纹等诊断疾病。

冷和热的感觉

在冬天，凛冽的寒风吹到身上，会让人产生冷的感觉。在夏天，烈日当空，虽然只穿很单薄的衣服，我们仍然会感到热。人为什么会有冷和热的感觉呢？据科学研究，在人体的皮肤内部，分布着大量感受温度的感受细胞。感受细胞可分为两大类，一类专门感受冷，因此，它们所存在的皮肤部位就叫冷点；而另一类专门感受热，所以，皮肤上也相应存在着许多热点。当皮肤受到低温的刺激后，冷点处的感受细胞马上会兴奋起来。它们把接收到的信息通过神经末梢传送到中枢神经，于是人体就产生了冷的感觉。同样，皮肤通过一样的过程感觉到热刺激。

发烧前先感到冷

发高烧的原因很多，有许多是因为传染病引起的。发高烧前，总会先觉得冷，这是由于散热减少导致的。因为皮肤小血管收缩，皮肤血液流量减少、不出汗，皮肤的温度也会降低，因此我们会觉得发冷。发冷的同时，经常会发抖，这主要是增加肌肉活动以增加产热。热量产生多，发散少，不久以后，体内热量积蓄超过平时，体温就会升高，并要等到产热及散热慢慢平衡，体内积蓄的热量通过皮肤血管扩张，全身肌肉松弛以及大量出汗发热，热量才退，从而使体温恢复正常。

皮肤受伤后，伤口是怎样痊愈的

皮肤受伤后，伤口的痊愈一般分渗出、增长与分化三个阶段。根据伤口种类的不同，三个阶段的持续时间可能有很大的差别。另外，人的年龄、某些激素的分泌以及总的健康状况都对痊愈过程有一定的影响。肉芽组织对伤口的闭合有重要作用。这是一种富含血管的新的结缔组织，由无数的毛细血管和幼稚结缔组织组成。肉芽组织由纤维母细胞和毛细血管内皮细胞旺盛增生而逐渐形成。在此过程中，成纤维母细胞还合成胶原纤维、酸性黏多糖、透明质酸、硫酸软骨素等物质。此外肉芽组织中还含有多种炎性细胞。通过肉芽组织的作用，最终实现了伤口的痊愈。

伤口碰到咸的东西会特别痛

皮肤的表面有数不清的汗毛，连微风吹动它都能感觉到，而且表皮下有非常丰富的神经纤维和各种各样的感觉细胞，能感受触觉、温觉和痛觉。但是，神经纤维并不直接暴露在外，而是躲藏在皮肤里面。通常打一拳，捏一把，被打、被捏的局部皮肤会觉得痛。不过，痛的时间很短。然而要是皮肤破了，有了伤口，敏感的痛觉神经纤维在伤口处暴露出来，各种各样的刺激都会影响到它，引起疼痛。咸的东西里面含有盐分，盐分浓度较高时，能直接刺激痛觉神经纤维。所以当伤口碰到咸的东西时，便会感到特别痛。

验血是查病的手段

我们都有这样的经历，当发热的时候，医生常会建议你化验一下白细胞，只要在手指尖上刺一下，挤出一滴血便可大致了解你的病情。如果白细胞大于 $110\times10^9/L$，中性粒细胞大于67%，很可能是细菌性感染；如果淋巴细胞大于33%，白细胞总数不高，则提示为病毒性感染。现代先进的设备，还可以通过一滴血测知一个人的肝、肾功能，免疫功能，血糖水平，胆固醇、血脂情况，白蛋白、球蛋白的比例，钠、钾、氯、钙、镁等电解质值，体内各种激素的水平等，甚至还可以发现体内是否已经存在癌肿了。

少量献血对健康无害

目前虽然已经有了代用血、人造血，却仍不能完全解决血源不够的问题，还必须靠献血来补充。很多人都担心，说血液是生命，血少了就会影响健康。一个60千克的人,体内大约有4800毫升血。在科学家多次实验后表明，失血8%以下是不会影响健康的。血液中的主要成分是水，水和无机盐在短时间内就会得到补充，血浆蛋白质在两三天内就可以完全复原，白细胞需要一个多星期的时间，红细胞就慢些，需要100～120天。人体血液中的新陈代谢是非常旺盛的，失血后的两三天内红细胞就会开始增加，一般在第五天到第七天达到高峰。所以说少量失血还有刺激骨髓造血功能的作用。

人体的血型也会发生变异吗

在特殊情况下，如患病、连续多次输血等等，人的血型就有发生变异的可能性。据报道，在1960年，有一位A型血的人患有白血病，后来失去了A型血的特征。也有人曾发现，肠道癌患者从A型血变为B型血的例子。在1977 年，英国科学家通过采用一种特制的血细胞分离器，在72小时后，成功地将一个原先血型为O型的人的血液，变成了B型。而美国的研究人员则通过从绿咖啡豆中提炼出一种酶，成功地将B型血变成了O型血。

白细胞是人体的“卫士”

白细胞包括中性粒细胞、单核巨噬细胞、淋巴细胞。中性粒细胞具有活跃的变形能力、敏锐的趋化性和很强的吞噬及消化致病微生物的能力，是吞噬微生物病原体的主要细胞。单核巨噬细胞可吞噬消灭病毒、疟原虫和结核分支杆菌等致病物，识别和杀伤肿瘤细胞，识别和消除衰老受损的红细胞、血小板，吞噬逸出的血红蛋白，并参与体内铁和胆色素的代谢。淋巴细胞是人体免疫功能的主力军，又分为T淋巴细胞和B 淋巴细胞两种。T淋巴细胞主要执行细胞免疫功能。B淋巴细胞主要执行体液免疫球蛋白功能。能识别、凝集、溶解异物或中和毒素。可见，白细胞是名副其实的人体“卫士”。

皮肤划破后血会自动凝结

当人皮肤受伤时，血就从伤口中流出来，但是如果伤口不大，过一会儿血就不流了，这实际上是血小板的功劳。血液里住着许许多多血小板，它一从血管里流出来，就会与血浆凝血致活酶原在钙离子的帮助下，作用形成凝血致活酶；血液里的凝血酶原在钙离子以及凝血致活酶的作用下，转变成少量凝血酶；血浆中的纤维蛋白原在凝血酶和血小板因子的作用下，变成网状固体的纤维蛋白。纤维蛋白是人体里的“水泥”，它会很快地凝固，凝成一张细长的纤维网，从而网住血细胞，使越来越多的血细胞坠入网中，形成了血凝块。血凝块可以帮助止血，于是伤口的血流就会慢慢停止了。

身体红线

当你看到身体上有时起一条红线或者几条红线时，一定会感到吃惊，这到底是什么缘故呢？因为，在我们的身体里有很多淋巴管，这些淋巴管就好像血管一样遍布全身各个部分，在淋巴管里流动着淋巴液。而人体的淋巴系统，起着帮助血液循环的用途。在人体抗抵力下降的时候，如果抓破了皮肤，或者长了手癣、脚癣时，从皮肤表面就能看到一条或者几条红线，这就是发炎的淋巴管。假如用手按红线会感觉有些痒，有些人还会发烧、头痛。生了这种病，要及时到医院治疗，很快就会治好的。

剧烈运动时心脏会剧烈跳动

心脏能根据机体的需要而改变血液的输出量，需要量大时，血液在全身循环的速度大大加快。心脏输出量的增加主要有两种方法：一为加快心脏跳动；二为增强心脏的收缩力。当做登山、跑步等剧烈运动时，身体肌肉需要的养料和氧气比平时增多，因此心脏输出的血量也必须相应增加。这时由于交感神经兴奋，心率加快，收缩力量增强，所以会感到心跳得又快、又重，十分剧烈。跑步似乎加重了心脏的负担，其实对心脏是很有好处的，心脏正是需要一定的负荷才能增进健康。

人是怎样消化食物的

食物的消化是从口腔开始的，在口腔内被咀嚼成细小的颗粒。从食道进入胃后，即受到胃壁肌肉的机械性消化和胃液的化学性消化作用，此时，食物中的蛋白质被胃液中的胃蛋白酶初步分解，胃内容物变成粥样的食糜状态，然后进入到小肠，这就像在一条弯弯曲曲的传送带上，凡是传送带经过的地方，都可以吸收食物中的营养成分。营养混在血液里，然后被输送到全身的各个部位。食物在传送带上被小肠绒毛吸收了营养成分之后，剩下的是些对身体没用的残渣。这些残渣被送到大肠。大肠会吸收残渣里的水分。最后这些残渣将通过肛门排出体外，这就是粪便。这就是一个完整的食物消化过程。

胃为什么不会把自己消化掉

胃有消化食物的作用，是指胃能分泌胃液，胃液中的盐酸能激活胃蛋白酶元，使它变为胃蛋白酶，而胃蛋白酶能消化食物中的蛋白质，把它变成人体的营养物质。而胃本身也是由蛋白质组成的，为什么胃本身不被消化呢？科学家们发现：胃还能分泌一种黏稠的、胶冻状的黏液物质，这种物质可以覆盖在胃的内表面，防止胃酸和胃蛋白酶的腐蚀。此外，胃内表面黏膜的上皮细胞，是一层紧密排列的特殊结构，从而形成了一道生理屏障。这种屏障可以阻止胃酸侵入。只要黏液膜和胃黏膜生理屏障这两道“防线”健全，就能抵御胃自身的分解。

胃切除后为什么还能消化食物

在食物的消化过程中，胃起着非常重要的作用。但有的人由于疾病，不得不做胃切除手术，那么胃被切除后还能消化食物吗？一般切去2/3左右的胃，然后把胃和肠接起来。这样，残胃不用几年就会“再生”长大，几乎能达到以前一样大小，对消化食物影响不大。如果把胃全切了，肯定会影响消化。但是胃的作用主要在“碾磨”粗食物和分泌部分消化酶，还有许多消化酶是由肝、胰所分泌的，主要吸收在小肠里进行。所以，胃即使全部切掉，只要进食流质或稀薄的半流质食物，在小肠里照样可以被消化吸收。

尿是怎么形成的

尿是在肾脏中形成的。肾脏长在腰后部的脊柱两侧，左右各一个，大小如拳头，形状很像蚕豆。肾脏分为生尿和排尿两部分。产生尿液的部分叫肾单位，它由肾小体和肾小管组成。肾小体内有一团毛细血管叫肾小球，肾小管是位于外面的一段弯弯的管子。当血液流过肾小球时，就像被筛子过滤了一遍，血液中的废物和多余水分被滤到肾小管中，于是就形成了尿液。许许多多的肾单位，把产生的尿液汇集到肾脏的排尿部分——肾盂，然后再通过输尿管进入到膀胱。当膀胱中的尿液积累到一定量时，就会受到膨胀性刺激，这种刺激通过神经传入到大脑，大脑便发出“排尿”的命令。这时候，尿液便源源不断地流向尿道，排出体外。

人的呼吸是有规律的

呼吸是一个非常有规律的运动。人的呼吸运动是由呼吸肌控制的，由于呼吸肌有规律的收缩和舒张，牵引着肺有规律地运动，才使得吸气和呼气有规律地交替进行。呼吸肌受呼吸中枢的控制。呼吸中枢有很多，最基本的呼吸中枢叫做脑干呼吸中枢。在脑干呼吸中枢的施令下，吸气和呼气有规律地交替进行着。脑干呼吸中枢又分为吸气中枢和呼气中枢。吸气中枢掌管吸气，呼气中枢掌管呼气。它们交替控制着呼吸运动，从而表现为呼吸运动的节律性。

用嘴呼吸不利于健康

呼吸系统由呼吸道和肺组成。呼吸道是气体进出肺的通道，由鼻、咽、喉、气管、支气管及其分支所组成。鼻是呼吸的第一站。鼻孔中的纤毛，就像一个清道夫一样，可以除去进入鼻孔中的灰尘，使我们能呼吸到干净的空气。另外，鼻内黏液和鼻毛可以粘住吸入空气中的灰尘和细菌，把它们“拒之门外”。鼻腔黏膜中还有一种鼻子所特有的嗅细胞，可以发挥嗅觉功能，当它闻到刺激性或有害气体的味道，会立即作出判断，向大脑“汇报”。在大脑的指挥下，人就能赶紧捂住鼻子，减少有害物质的伤害。嘴巴作为消化道的一个重要器官，完全没有鼻子的特殊功能，当它遇到有害气体时，不会分辨，所以用嘴呼吸对健康不利。

为什么人吸进氧气，呼出二氧化碳

肺脏是人体中一个专门负责气体交换的器官。当氧气被鼻孔吸入，便进入到气管。气管笔直向下，然后分为左右两根支气管，分别埋藏在左右两肺之中。支气管会不断地细分，产生无数极细微的分支，每一根细支气管末端都连接着几个肺泡。肺脏就是由重重叠叠的细支气管和肺泡组成的。肺泡表面布满了毛细血管。吸进的新鲜氧气就在这儿扩散到毛细血管中，随着血液流动到达人体的四面八方。与此同时，人体中产生的二氧化碳废气也来到这儿的毛细血管中，通过气体交换进入到肺泡内部，再从支气管汇集到气管处，最后随呼气排出体外。

女人不长胡子的原因

经常见到男人的唇上及两腮部长着浓密的胡子，但是女人没有，它的科学原理是什么呢？原来，这与人体内性激素代谢有密切的关系。一般来说，青春期后的健康男性都会长胡子，最初柔软稀少，以后逐渐变得粗硬稠密。现代医学发现，这时候男子体内分泌出较多的雄性激素使毛发又黑又粗，胡子的产生就是一种典型的表现。而女子体内此时雌性激素占有绝对优势，雄性激素数量很少，助长毛发的作用远不如男子。相比之下，她们的毛发就比较纤细，颜色也比较淡，所以，女子就不会长出浓密粗硬的黑胡子了。

双胞胎长得非常相似

我们平常不管是在生活中还是在电视上看到的双胞胎的长相一般都非常相似，你知道这是为什么吗？原来，双胞胎有两大类。一类是双卵双胎，即妇女同时排出两个卵子，又各自和一个精子受精，成为两个受精卵。由于从不同的卵子演变而成，各含有不同的遗传结构，所以这类双胞胎的性别往往不同，身体特征、外貌也不一定相似。而另一类是单卵双胎，即在整个胚胎发育的早期，由于某种原因使受精卵在第一次分裂时形成了两个卵裂球，两者各自发育成一个胎儿。这类双胞胎具有相同的遗传特征，他们的性别往往是相同的，其血型、相貌、身材、智能和性格特点也极为相似。

男孩女孩是怎样生成的

胚胎染色体是细胞核中的丝状结构，其中23条来源于父亲，23条来源于母亲。大多数染色体都配对，但有2条决定性别的可以不同。在这对染色体中，每位女性有2条X染色体，而男性有一条X染色体，一条Y染色体。在形成受精卵的过程中，如果精细胞带的是X型染色体，而卵细胞带的也是X型染色体，那么受精卵中的性染色体为XX，生下来的就是女孩；如果精细胞带的是Y型染色体，那么受精卵中的性染色体就为XY，生下来的就是男孩。而Y型染色体只有男性才有，所以说，生男生女是由父亲决定的。

婴儿生下来就会哭

婴儿出世后，由于身子不再蜷成一团，原来曲缩着的胸廓忽然伸张，胸腔立即扩大，肺叶也跟着张开，这时就吸进了第一口空气。空气从气管进入肺泡，吸气肌肉群马上松弛，呼气肌肉群立即收缩，胸廓收缩到原来大小，迫使肺内的空气排出。呼出的气体经过喉头时，喉头肌肉收缩，喉腔内两根声带拉紧靠拢，气体冲击声带，声带振动就发出了像哭的声音。婴儿刚出世的那会儿，血中二氧化碳量较多，刺激和兴奋了呼吸中枢，所以都是大口大口地呼吸。因此，每个婴儿出世以后都要这么“哭”上一阵，等到呼吸活动建立了正常节律，也就不再那么“哭”了。

早产儿智力并不差

早产儿是指胎龄不满37周而体重又小于2500克、身长不超过45厘米的初生婴儿。胎儿大脑中的神经细胞在10～18周便开始增殖，25周至出生后头6个月为激增期。6个月后增殖速度显著变慢。脑细胞的发育有一个特点，即细胞的增殖是一次性完成的，错过这个机会便再也无法补偿了。早产儿如果胎龄过小，神经系统肯定发育较差，这种情况对今后的智力发育可能会产生影响。但如果早产的日期不是很早，产后又加强护理，特别是科学地喂养，由于神经细胞在产后半年还可充分发育，这样的早产儿智力是不会有问题的。

骨骼是坚硬的

骨骼构成了人体的支架，所以它的组织特别坚硬。骨骼分为骨皮质与骨髓质两部分。真正坚硬无比的是骨皮质，而骨髓质半空心，宛如丝瓜筋络，是制造血液的“工厂”。骨皮质如此坚硬，究竟是由什么成分组成的呢？骨皮质主要由以下这些物质组成：水50%、无机物（钙、镁、钠、磷等）21.85%、脂肪15.75%、有机物（骨胶质等）12.4%。正是这些物质所构成的组织结构才保证了骨骼有一定的坚硬度。

人会出现早高晚矮的现象

白天，因为人体处于站立状态，受到地球引力的作用，椎间盘不断受到挤压，就像弹簧垫一样被渐渐压薄，整个脊柱的长度也就缩短了。这也就是为什么到了晚上，身高一般处在一天的最矮处。夜间由于人体取卧姿休息，椎间盘所受到的压力被解除了。经过一夜的休整，它有充裕的时间慢慢恢复本来的厚度，这就使人的身高在早上起床后达到一天的顶点。也就是说椎间盘受到压力后变形是导致人体身高在早晚间发生波动的原因。如果这一天是走远路，或者是干重活、抬重物，那么到晚上时，你的身高就会更矮，有时会差4～6厘米。

人体的左右不对称

从外表看，人的身体从五官到四肢，都是左右对称的。例如两只眼睛、一对耳朵、一双手、两条腿等。如果进入人体的内部，就会发现不少内脏器官并不对称：心脏位于身体偏左部位，肝脏则长在人体右边；左支气管细长，走向较为平斜，右支气管又粗又短，几乎是垂直走向。再回到体外，有的人一只眼睛双眼皮，另一只眼睛单眼皮；两条眉毛一高一低；微笑时一边有酒窝，另一边却没有，这些都是正常的不对称现象。如果出现反常的不对称现象，常常是生病的预兆。比如，只有半边身体冒汗，这是中风或半身瘫痪的先兆。

大多数人右手比左手灵活

你可能已经注意到，大多数人习惯于用右手写字、拿筷子，大多数人的右手比左手灵活；如果不是的话，我们常称他们为“左撇子”。为什么右手比左手灵活呢？这不仅仅是习惯上的原因，而且与人脑左右两半球的功能分工有关。科学研究表明，神经的经络是中途交叉的，即右手是归左边的大脑半球“管”，左手却是归右边的大脑半球“管”。由于人们经常使用右手，渐渐地，左边的大脑半球的活动也变得复杂一些，而这又反过来促使人们更经常使用右手。不过，如果你是个左撇子，也不要因此而烦恼。科学家们的一些研究结果表明，左撇子对于开发人的右脑大有益处，一定条件下，说不定比常人还聪明呢！

男子的肌肉比女子的肌肉发达

动物在长期的进化过程中，雄性与雌性的身体结构因分工的不同而发生了差异。雄性要猎取食物，抵抗入侵者，要在竞争中生存，就必须身强力壮。雌性怀孕生育，哺乳后代，其乳房发达，体态丰满，皮肤细腻，骨盆比雄性宽大，但骨骼与肌肉的发育相对比雄性弱些。动物雌、雄性的这些构造特点同样表现在人类身上。当然，通过经常锻炼，女子的肌肉也可练得很粗壮。反之，男性发达的肌肉若不去锻炼，也会萎缩松软。但不管怎样锻炼，女性的解剖结构与男性的差异，仍然存在。女性肌肉的质与量相对比男性弱，而脂肪组织相对比男性多。

参加体育锻炼能使身体增高

人的身高虽然主要受遗传因素的影响，但是体育锻炼也会使人增高。人体长高主要是下肢骨生长。人在儿童或青少年的时候，经常参加体育锻炼，骨骼组织里的血液供应充分，新陈代谢旺盛，从而促使骨质增长。另外，经常参加体育锻炼，还能活动我们的筋骨，有益于我们的身体健康。所以，我们一定要养成参加体育锻炼的好习惯，坚持锻炼，持之以恒，一定会练出结实、高大、健康的好身材。

克隆技术

克隆是指生物体通过体细胞进行的“无性繁殖”，以及由“无性繁殖”形成的基因型完全相同的后代个体组成的种群。用现在较常见的卵细胞核移植技术、雌核生殖技术等方法“制造”出的后代个体都可以算作克隆。将克隆技术合理地应用于医学，可造福人类。也许在不久的将来，生命科学能够做到随心所欲地把一个个细胞或 DNA 克隆成人类所需要的生物个体或器官，为人类医学的发展作出真正的贡献。

试管婴儿

首先，医生们先给妈妈注射一定量的能促使卵子生长发育的激素，然后再通过外科手术，将体内成熟的卵子取出，并把它放在一个具有一定温度和培养液的玻璃器皿内，接着，加入爸爸的精子，使卵子在体外受精。此后，不断地更换培养液以使受精卵能够自然地分裂发育，并成为一个具有许多细胞的胚泡。在第 6 天的时候，这个胚泡又被放回妈妈的子宫里，使其得到母体的营养。之后，经过几个月正常的妊娠，健康的婴儿便诞生了。这就是人们所说的“试管婴儿”。

第二辑　西医检查与护理急救常识

第一章　西医生化检查常识

病人的外观特征与生化检查

每个疾病的发生和发展都有自身的规律和特征，也在不断的变化之中，病情变化有许多是患者自己和家属能够观察到的，了解这些变化对疾病的诊断和治疗具有重要意义。

病人需要观察并记录的二十三项内容

1. 生命体征：包括体温、脉搏、呼吸、血压。

2. 神志：清晰、模糊、昏睡或昏迷。

3. 体重：肥胖、消瘦、正常、增加或减轻。

4. 表情：淡漠、痛苦、忧虑、恐惧或安静。

5. 步态：稳健、蹒跚或搀扶行走。

6. 饮食：食欲好坏、食量多少、饮食内容。

7. 恶心呕吐：时间、次数、程度、性质和量。

8. 吞咽：正常、困难或疼痛。

9. 大便：性状、次数、量、有无便秘或腹泻。

10. 小便:次数、量、颜色、是否流畅。

11. 出血:时间、颜色、量、伴随症状。

12. 咳嗽：程度、性质、内容，有无痰及痰是否黏稠，痰的颜色、量。

13. 声音:洪亮、有气无力或声音嘶哑。

14. 疼痛：部位、时间、程度、性质及伴随症状。

15. 皮肤颜色:潮红、苍白、绀或黄染，皮肤有无出血点、皮下瘀斑、皮疹或肿块。

16. 眼：眼睑有无浮肿、眼睑下垂，巩膜、有无黄染或出血，瞳孔大小、是否对称、光反应情况。

17. 耳:听力是否正常，有无分泌物。

18. 鼻:是否通畅,有无出血及分泌物。

19. 口腔：黏膜颜色、舌苔情况，有无溃疡。

20. 颈：柔软或抵抗、强直。

21. 姿势和体征：有无被动体位或强迫体位。

22. 睡眠：安静、烦躁不安。

23. 药物反应：用药或治疗后有无不良反应。

病人先要进行体温测量

体温，常以口腔、直肠或腋下温度为标准。常用的水银柱体温计有两种，即口表、肛表，是由玻璃制成的，一端内装水银，水银遇热后升高的刻度即是体温度数。

测量前：将已消毒的体温计用纱布拭干，将水银柱甩至35℃以下，并根据病情和年龄选择口腔、腋下或肛门。

体温表

体温表是测量身体温度的工具。

正常人的体温保持在相对恒定的状态，其正常波动范围为：口腔温度36～37摄氏度，直肠温度比口腔温度高0.3～0.5摄氏度，腋下温度比口腔温度低0.3～0.5摄氏度。

体温表有口表与肛表两种。测体温前，先将体温表水银柱甩到35摄氏度以下，再用酒精棉球消毒体温表。腋下测温法：先擦去腋窝的汗液，将口表有水银柱的一端置于腋窝深处，屈臂过胸将之夹紧，10分钟后取出。直肠测温法：先将肛表水银圆端涂点油类润滑，再慢慢插入肛门3～5厘米，并用手扶住肛表上端，3分钟后取出。口腔测温法：应在进食、喝水或吸烟后半小时进行。将表斜放于舌下，让病人紧闭口唇，牙齿不要咬合，3分钟后取出。看体温表数字时，应横持体温表缓慢转动，取水平位观察水银柱所示温度刻度。体温表用完后用75%酒精消毒。腋下测温法简便、安全、卫生、舒适，现多采用此法。昏迷病人或婴幼儿可采用肛表测温。

如何选购体温表

选购体温表时，首先要检查表面有无因碰压造成的表壁断裂痕；然后夹在腋下试一试，水银柱应在3分钟内上升到35℃以上；最后用手捏住体温表顶部轻甩几下，水银柱应退到35℃以下，而且无间断现象，否则为不合格产品。体温表最高温度值是42℃，因此，使用、保管或消毒时，温度都不可超过42℃。

皮肤的温度和测量

皮肤的温度略低于体温。有的人基础体温高，皮温也高，有的人基础体温低，皮温也低。老年人体温略低，所以皮温也略低。老年人病情危重时，周围循环血流障碍，肢体发绀、皮肤冰凉，如休克、急性大失血、慢性消耗性疾病、年老体弱、营养不良等。高热时皮温升高，如各种细菌性感染及中枢神经性高热等。随着病情的恶化，肢体甚至躯干部的皮肤冰凉发紫或持续高烧不退，均为不祥之兆。

皮肤的湿度与汗腺的分泌功能有关，由于正常人的植物神经功能是因人而异，所以有的人皮肤比较干燥，有的人皮肤比较湿润。在气温高、湿度大的环境里出汗增多是正常的生理调节，但在病理的情况下出汗过多则具有重要的临床意义。老年人病情危重时，表现为手脚冰凉，全身大汗淋漓，称为冷汗，是休克的主要临床症状之一。皮肤温度过低，湿度过高是疾病的全身反应，应视为危象。在观察皮肤温度与湿度的同时，须配合生命体征的观察，才能准确地判断病情的变化。

体温测量中的注意事项

1. 测体温前后，应检查体温表有无破损。在甩体温表时，不可触及他物，防止撞碎表。

2. 精神异常、昏迷及小儿不可测口腔温度，这类病人测体温时，必须有人在旁守护，并用手扶托体温表，以防体温表失落或折断。对不合作、口、鼻手术或呼吸困难者，也不可测口腔温度。进食或面颊部作热敷或冷敷者，应间隔30分钟后方可测量温度。

3. 腹泻、直肠或肛门手术病员不可由直肠测温；坐浴或灌肠后，须待30分钟后，方可测直肠温度。

4. 若病员不慎咬破体温表而吞下水银时，可服大量鸡蛋清或牛奶，使蛋白质和汞结合，以延缓汞的吸收，最后排出体外。

在不影响病情的情况下，吃大量韭菜等粗纤维食物，使水银被包裹而减少吸收，粗纤维还可以刺激肠蠕动，加速汞的排出。

5. 体温表用后消毒，以酒精浸泡为宜，切忌把体温表放在热水中清洗或放在沸水中煮，这样会引起爆裂。

6. 体温各部可用不同符号表示，需要注意区分。

观测呼吸的基础知识

人体在新陈代谢过程中，需要不断地从环境中摄取氧，并排出二氧化碳，这种机体与环境之间的气体交换，称为呼吸。

正常成人呼吸的速率每分钟为16～20次。随年龄、劳动和情绪等因素而改变。小儿较快，老人稍慢，劳动和情绪激动时增快，休息和睡眠时较慢。正常情况下呼吸频率和深度比较均匀平稳。

呼吸的变化

受疾病影响，呼吸速率、节律和深浅度可发生改变。

1. 呼吸速率的改变：成人每分钟呼吸超过24次者，称呼吸增快，常见于高热和缺氧。每分钟呼吸少于10次，称呼吸缓慢，常见于颅内疾病及安眠药中毒等。

2. 呼吸节律改变：常发生呼吸节律紊乱。

①潮式呼吸：是一种周期性呼吸异常。特点是开始呼吸浅慢，以后逐渐加快加深，达高潮后，又逐渐变浅变慢，然后呼吸暂停数秒之后，又出现上述呼

吸状。如此周而复始，其呼吸运动呈潮水涨落状态，故有潮式呼吸之称。多见于中枢高度缺氧所致。

②间断呼吸：表现为呼吸和呼吸暂停现象交替出现，其特点是有规律地呼吸几次后，突然停止呼吸，间断短时间后，又开始呼吸，如此反复交替。常见于颅内病变及呼吸中枢衰竭。

3. 呼吸深浅度改变：

①深度呼吸：是一种深而规则的大呼吸，多见于代谢性酸中毒，如糖尿病酮症酸中毒。

②浮浅性呼吸：是一种浅表性不规则的呼吸，有时呈叹息样，见于濒死的病人。

4. 呼吸音响改变：

①蝉鸣样呼吸：吸气时有一种高音调的音响，多由于声带附近阻塞，使空气进入发生困难所致。多见于喉头水肿、痉挛、喉头异物。

②鼾声呼吸：由于气管或支气管内有较多的分泌物储积，使呼吸发出粗糙的鼾声，多见于深度昏迷者。

5. 呼吸困难：

客观表现为呼吸频率、节律、深浅度均发生改变。病员主观感觉空气不足、呼吸费力、胸闷烦躁、不能平卧，口唇、指甲紫绀、鼻翼扇动，主要是气体交换不足，缺氧。

又可分为：

①吸气性呼吸困难，吸气费力，其时间显著长于呼气，致呼吸肌强烈收缩，出现三凹征。见于喉头水肿、喉头异物。

②呼气性呼吸困难，呼气费力，其时间明显长于吸气，多见于哮喘。

③混合性呼吸困难，吸气和呼气均感费力，呼吸频率增加而表浅。多见于肺部感染性疾病。

观测呼吸的方法

1. 常在测量脉搏之后测量呼吸，将手仍按在病员的手腕上，以转移病员的注意力。

2. 观察病员胸部或腹部的起伏，一吸一呼为一次。

3. 观察呼吸的深度和节律，成人和儿童数半分钟后乘 2。如果呼吸不规则，要数 1 分钟。婴儿要数足 1 分钟。

4. 当危重病人呼吸微弱不易观察到时，可用棉花少许置于病员鼻孔前，观察棉花吹动情况，加以计数。记录 1 分钟呼吸次数。

血液常规检查

血液是人体的重要成分，它起着运输物质和联系各部分功能的重大作用。血液病常常影响全身的脏器，而各个脏器的病变又常引起血液成分的变化，因此血液常规检查最常用、最有意义。

血液常规检查的内容

血液常规检查包括血红蛋白、红细胞计数、白细胞计数和白细胞分类。

血红蛋白存在于红细胞中，红细胞运输氧和二氧化碳的任务是通过血红蛋白来完成的。血红蛋白减少称为贫血，增多则为血红蛋白增多症。血红蛋白正常值男性为 120 ~ 160g/L，女性为 110 ~ 150g/L。

血液常规检查的综合知识

正常人血液中的白细胞共有五种：中性粒细胞、嗜酸性粒细胞、嗜碱性粒细胞、淋巴细胞和单核细胞。白细胞计数是计算每立方毫米五种细胞的总数。白细胞是人体的卫士，与侵入人体的细菌、病毒等作战，将它们杀伤、中和及除掉。白细胞增高见于各种炎症、烧伤、大出血、白血病等，白细胞减少见于一些传染病、血液病等。但在剧烈活动和饭后的暂时性增高，则属于正常现象。白细胞计数正常值为 4000 ~ 10000/mm^3。

白细胞分类是看五种白细胞百分比各占多少，比例的变化是不同疾病的反映。

电子血压计

家用电子血压计从测量方式上分主要有两种，一是臂式，二是腕式。这两种电子血压计，对于健康人来讲都适用。但要特别说明一点，腕式的电子血压计，不适用于患有血液循环障碍的病人。糖尿病、高血脂、高血压等疾病会加速动脉硬化，从而引起患者末梢循环障碍，这些患者的手腕血压与上臂的血压测量值相差较大。建议这些患者和老年人选择臂式电子血压计。另外，在购买前应该实地测量一下，选择与自己平时血压值最接近的那种。电子血压计若能正确使用，应该与传统的水银柱或表式血压计一样准确。但它的搏动传感器的敏感性可能造成测压误差。而袖带及绑缚的位置，移动、摩擦、周围噪声、机械或电路故障，均能影响其敏感性。

哪种血压计更准确

因为水银血压计是利用水银压力汞柱原理，水银柱上升到哪个位置，哪里就是病人血压的度数，非常直观，因此，医生们普遍认为水银血压计的准确度要比电子血压计高。电子血压计并非人人适用。时下的电子血压计除了有臂式还有腕式和指夹式的。这些血压计看似携带方便，但对于高血压病人的日常监测不主张使用这两种血压计。因为血压指的是人体体表大血管的血压，腕式和指夹式血压计实际上测量的是人体末端小血管的血压，然后再通过换算，得出大血管的血压。多了一次换算过程，就多了一个增加误差的机会，所以更加不准确了。

常见的血压计使用误差

就是因为受电子血压计测量原理所限，有一些人不能用它来测量血压：①脉搏很弱的人；②血压过低者；③恶性高血压的人；④在某些紧急情况下切不可使用电子血压计。例如，一名病人因为消化道大出血而晕倒，甚至休克，这时家人如果用电子血压计为其量血压，由于心情紧张操作不规范，再加上电子血压计本来就存在的误差，往往会得出病人血压仍然正常的错误结论。这会误导家人不将病人送去医院，耽误救治的时机。操作失误影响测量结果，袖带底部应在手臂肘窝上方1～2厘米地方，袖带戴不对测量结果次次不同。水银血压计要求使用者必须受过专业的培训，而且还要配合听诊器使用，所以对于家庭来说确实不太方便，有时测量结果不准是患者不恰当的使用方法造成的。例如，有的市民不清楚血压计袖带正确的佩戴位置，所以每一次测量血压的结果都不一样。其实，无论是水银血压计还是电子血压计，袖带的底部都应该在手臂肘窝上方1～2厘米的地方。有的患者把袖带戴得过高或者过低，血流经过这些地方时压力已经发生了改变，测量的结果当然不准确。此外，有的电子血压计袖带使用范围为22～32厘米，但一些使用者的臂周长大于或小于袖带适用的范围，这样一来其血压测量值也可能不准确。因此一定要配置一条尺寸合适的袖带，并且把它戴在准确的位置上。

如何选购血压计

血压计的选择要依使用的方便、准确及可维修情况而定。原则上建议大家使用水银柱式血压计。它的优点是测血压准确度及可信度较高。缺点是较重，水银可能会泄漏，携带不方便，且要用听诊器来听，听力不好者则无法使用。

表式血压计的优点是携带方便、操作简单；缺点是测血压准确度不及水银柱式血压计，且维修也较困难，刻度数字较小，听力、视力不好的老人使用较为困难。

电子血压计轻巧、携带方便，操作也简单。但有时患者使用不当，所测血压与实际血压有误差，价格较贵。其他产品如手指血压计和腕式血压计不但不准确，价格也贵，不建议使用。

血压

血压系指血液在血管内流动时，对血管壁产生的压力。动脉和静脉均有血压，动脉内压称为动脉血压，静脉内压称为静脉血压。一般所说的血压是指动脉血压，它是推动血液在血管内流动的动力。心脏收缩时，血液由心脏流入动脉，所以动脉血管内的压力最高，称为收缩压。心脏舒张时，虽无血液自心脏流入动脉，但由于血管壁的弹力仍能维持血液向前流动，压力比心脏收缩时降低，此时称为舒张压。收缩压与舒张压之差，称为脉压。

血压观测知识

血压是循环功能的重要指标之一，与

心输出量有密切的关系。正常的血压是保证各器官和组织血液供应的重要条件。如果动脉血压过低，即不能保证各组织的血液供应，尤其较心脏为高的部位如头部，更是如此。但另一方面，动脉压过高也有危害性，因动脉压过高代表了周围血管阻力过大（血管痉挛），使心脏工作负担过重，时间一久即可发生心力衰竭。同时血压过高时，血管壁也易发生损害，如脂质沉积，最后导致动脉硬化。因此正常动脉压是有一定范围的。

正常人血压数值，随年龄增长而升高，正常成人收缩压为 90 ~ 140mmHg，舒张压为 60 ~ 90mmHg，脉压为 30 ~ 40mmHg。如果经多次测定收缩压高于 160mmHg，或舒张压高于 95mmHg，即可确定为高血压。血压低于 90 / 60mmHg 称为低血压。

血压是人体健康状况的重要指标之一，所以在家庭中备置一个血压计是很有必要的。测量血压可以及时了解老人的血压情况，若有突变，则应马上去医院诊治，对久有高血压的老人，则能根据血压高低来适当增减降压药物的剂量。

血压的变化原因

正常情况下保持相对恒定。但在各种因素影响下可有小幅的改变：

1. 年龄及性别：小儿血压较低偏低（属儿童生理特点）。中年以前女子血压比男子低 5 ~ 10mmHg，中年以后无区别。

2. 时间和睡眠对血压的影响：一般傍晚高于清晨，当休息和睡眠不佳时，血压稍增高。

3. 环境变化：在寒冷的环境中，血压可以上升；在高热的环境中，血压可以下降。

因各种因素影响心输出量、外周阻力、动脉管壁弹性及循环血量变化时，血压就有所改变。

1. 高血压：收缩压在 160mmHg 或以上，舒张压在 90mmHg 或以上，即称为高血压。

2. 临界高血压：指血压值在正常和高血压之间。收缩压高于 140 而低于 160mmHg，或舒张压高于 90 而低于 95mmHg，定为临界高血压。

3. 低血压：舒张压低于 60、收缩压低于 90mmHg 者为低血压。

怎样测量血压

准备好血压计和听诊器，测量者将血压计打开，扭开水银柱开关及气囊开关，将囊中的气挤掉，被测者露出一侧上肢，必要时脱去衣袖，将气囊袖带平整地缚于上臂，袖带下缘距肘窝 2 ~ 3 厘米，松紧度应适宜。关上气囊开关，视血压表上的水银柱须在零点，手触肘窝正中偏内，当感到动脉跳动处，即将听诊器胸端置于搏动处并紧贴皮肤，将听诊器耳件嵌入耳孔。开始打气至水银柱升到动脉搏动音消失后再加压升高 20 ~ 30 毫米汞柱，然后再缓开气门，注视水银柱下降的同时也要耳听有无搏动音，当听到第一个跳动声音时，即是收缩压。当再继续放松气门钮时，听到搏动突然明显变弱即是舒张压。测完后解开袖带，将带囊中余气排出，卷好袖带，放入盒内，以手倾斜表盒，将柱内水银全部倾入蓄器中，拧紧水银柱开关，盖好血压计并妥善放好。

测量血压的注意事项

1. 测量前，应检查血压计的汞柱有无封锁破损，是否保持在“0”点处。橡胶管和输气球是否漏气。

2. 袖带不宜过宽，或过窄，以免影响数值。

3. 血压计的“0”点应和肱动脉、心脏处于同一水平，坐位时、卧位时均应保持同一水平线，如肢体过高测出的血压常偏低，否则测得的血压偏高。

4. 若听不清动脉搏动或异常时，应重复测，先将袖带内的气体驱尽，使汞柱降至“0”点，稍待片刻，再进行测量，直到听准为止。否则连续加压,时间过长，可使肢体循环受阻，病人感到不适，并影响测量数值。

5. 对于需要密切观察血压变化的病员，应尽量做到定时间、定部位、定体位和定血压计，这样测量才能相对准确，有利于病情监护。

6. 对偏瘫病员，应在健侧手臂上测量，因患侧血液循环有障碍，不能真实地反映血压情况。

7. 注意防止血压计本身造成的误差，如水银不足，测出血压可偏低。

8. 情绪激动、紧张、饮酒、吸烟和刚刚运动后，不要马上测量血压。需静等15分钟后方可测量，否则结果偏高。

9. 放气要缓慢，以每秒钟下降2毫米汞柱为宜，如果没有听清楚时，不要马上反复打气，以免血压不准，应该将气囊里的气全部挤出，等5分钟左右，再重新打气测量。

10. 袖带缚于手臂不可过松或过紧，因为过松测出的血压则偏低，反之则偏高。

11. 正常情况下影响血压的因素，使血压有高低的变化，如早晨血压较低，晚上、饱食后血压较高，高热环境中血压可以下降，寒冷环境中血压上升。所以测量时需注意客观因素的影响。

12. 血压计应经常检查修理，以保证结果准确。

测量血压的准确时间

每天固定一个测量血压的时间也很重要。有的人测血压，今天是一早起床测，明天则是中午测。要知道，人的血压在一天之内的变化是很大的。严格来说，人每一时刻的血压都是不一样的，而且还会随着人的心理状态、时间、季节、气温的变化以及测量的部位、体位的不同而发生变化的。因此，每天测量血压的时间应该固定。医生建议，最佳的测量血压时间应该是清晨起床后，这时人处于一种静息状态下，比较能真实地反映血压水平。

超声波检查

利用超声产生的波在人体内传播时，通过示波屏显示体内各种器官和组织对超声的反射和减弱规律来诊断疾病的一种方法。超声波具有良好的方向性，当在人体内传播过程中，遇到密度不同的组织和器官，即有反射、折射和吸收等现象产生。根据示波屏上显示的回波的距离、弱强和多少，以及衰减是否明显，可以显示体内某些脏器的活动功能，并能确切地鉴别出组织器官是否含有液体或气体，或为实质性组织。

核医学检查——γ照相

用 γ 照相机可自动连续拍摄，能显现放射性药物分布的动态变化。在核医学诊断中，主要用于脑、心、肾等器官的动态功能研究，诊断脑、甲状腺、肺、肝、肾及骨骼等部位肿瘤和其他疾病。

X射线检查

X 射线检查分普通检查、特殊检查和造影检查。透视是一种简便而常用的检查方法，可从不同角度观察脏器的形态及功能改变。X 射线摄影需要用特制的感光胶片，由于 X 射线穿过人体时，人体内密度高的部位吸收 X 射线多，在胶片上乳剂感光少，冲洗后呈白色。反之，密度低部位呈灰或黑色，从而形成人体影像。胶片可以长期保存。射线剂量少，但价格比透视高。体层摄影为临床上常用的一种特殊检查方法，多用于证实肺内有无空洞形成、骨骼是否有破坏、腔内是否有腐骨、气管是否有狭窄等等。

广大患者，特别是孕妇和幼儿，要慎重选择 X 射线检查，更不要主动要求进行 X 射线检查。如果确有必要，应采取防护措施，向放射科医生索取并佩戴必要的防护用品，避免不必要的照射。同时，各级各类医疗机构也要加强放射防护管理，在诊断效果相同的情况下，尽量避免采用放射性诊断技术，不能将 X 射线胸部检查列入儿童和青少年的常规检查项目。照射时还要严格掌握适应症，控制受照剂量，对邻近照射野的敏感器官和组织进行屏蔽防护。同时在对患者，尤其是孕妇和幼儿照射时，应事先告知其对健康的影响。

造影检查

造影是一种常用的 X 线检查方法，即用高于或低于人体软组织密度的造影剂灌注检查部位，然后进行 X 线检查。由于已灌注造影剂的组织器官与周围部位密度差异变大，在 X 线下形成鲜明对比，便可以发现形态或功能是否异常。

造影剂按性能分为五大类：一为经肾排泄的造影剂，多用于泌尿系统和心血管的造影，如泛影葡胺等。二为经肝胆排泄的造影剂，用于胆管造影，如碘番酸等。三为油脂类造影剂，如碘化油、碘苯酯等，主要用于支气管、子宫等管道和体腔的造影。四为固体造影剂，如硫酸钡，将其调成混悬液吞服或灌肠用于消化道造影。以上四类造影剂密度均高于人体软组织，统称为阳性造影剂，在X线片上呈白色。第五类为气体造影剂，如空气、二氧化碳、氧气等，这类造影剂密度低于人体软组织，属阴性造影剂，在X线片上呈现黑色。

目前，尽管有了对组织器官分辨能力比普通X线强100倍的电子计算机X线断层扫描（CT），但造影术仍不失为一种重要的辅助检查方法。

病历

病历，亦叫病史、病案，是医务人员对病人患病经过和治疗情况所作的文字记录。病历是医生诊断和治疗疾病的依据，是医学科学研究的很有价值的资料。

病历为病人所有，但由医院代为保存。病人如果需要用自己的病历，可以复印，但不能拿走原件。医院的门诊病历要保存15年以上，住院病历要保存30年以上。

心电图

心脏在每个心动周期中，由起搏点、心房、心室相继兴奋，伴随着生物电的变化，通过心电描记器从体表引出多种形式的电位变化的图形（简称ECG）。心电图是心脏兴奋的发生、传播及恢复过程的客观指标。

心电图是反映心脏兴奋的电活动过程，它对心脏基本功能及其病理研究方面，具有重要的参考价值。心电图可以分析与鉴别各种心律失常；也可以反映心肌受损的程度和发展过程和心房、心室的功能结构情况。在指导心脏手术进行及指示必要的药物处理上有参考价值。然而，心电图并非检查心脏功能状态必不可少的指标。因为有时貌似正常的心电图不一定证明心功能正常；相反，心肌的损伤和功能的缺陷并不总能显示出心电图的任何变化。所以心电图的检查必须结合多种指标和临床资料，进行全面综合分析，才能对心脏的功能结构做出正确的判断。

CT

CT是“计算机X线断层摄影机”或“计算机X线断层摄影术”的英文简称，是从1895年伦琴发现X线以来在X线诊断方面的最大突破，是近代飞速发展的电子计算机控制技术和X线检查摄影技术相结合的产物。CT是用X线束对人体的某一部分按一定厚度的层面进行扫描，当X线射向人体组织时，部分射线被组织吸收，部分射线穿过人体被检测器官接收，产生信号。因为人体各种组织的疏密程度不同，X线的穿透能力不同，所以检测器接收到的射线就有了差异。将所接收的这种有差异的射线信号，转变为数字信息后由计算机进行处理，输出到显示的荧光屏上显示出图像，这种图像被称为横断面图像。CT 的特点是操作简便，对病人来说无痛苦，其密度、分辨率高，可以观察到人体内非常小的病变，直接显示 X 线平片无法显示的器官和病变，它在发现病变、确定病变的相对空间位置、大小、数目方面非常敏感而可靠，具有特殊的价值，但是在疾病病理性质的诊断上则存在一定的限制。

听诊器

现代听诊器主要由铜材、橡胶管、弹簧片和听头组成。听头采用压模热锻而成，组织密度高，不会有沙孔，声音传播更加清晰。类型目前有单用听诊器、双用听诊器、三用听诊器、立式听诊器和多用听诊器之分，颜色也有多种颜色可选。一般由听头的不同组合分成多种类型。扁形听诊头常用于听诊高音调杂音。大小双功能扁形听头用于探测低频心音、扩张音和第三音以及第一、第二心音，已经能听到小儿的心音。钟形听诊头常用于听诊低音调高杂音，可以听到腹中的婴儿心跳。表式听诊器，常用于听诊手腕的脉搏声响。

胃镜

胃镜检查是目前诊断食管、胃和十二指肠疾病最可靠的方法，其他任何检查方法，包括上消化道钡剂造影、胃电图和胃肠道彩色B超等都不能替代它。目前临床上最先进的胃镜是电子胃镜。电子胃镜具有影像质量好、屏幕画面大、图像清晰、分辨率高、镜身纤细柔软、弯曲角度大、操作灵活等优点，有利于诊断和开展各种内镜下治疗，并有储存、录像、摄影等多种功能，便于会诊及资料保存。

B超

B 型超声是现代临床医学中不可缺少的诊断方法。彩色显像的成功,使心脏、动静脉、淋巴管、胆道等声像图更加逼真，一目了然。

近年来，介入性超声逐渐普及，体腔探头和术中探头的应用，扩大了诊断范围，也提高了诊断和治疗水平。例如，食管探头、胃及十二指肠探头、腹腔探头、阴道探头、宫腔探头以及直肠、尿道探头等等。B 超对受检者无痛苦、无损伤、无放射性，且可重复使用，深受医生和病人的欢迎。

在临床应用方面，B 超可以清晰地显示各脏器及周围器官的各种断面像，由于图像富于实体感，接近于解剖的真实结构，所以应用 B 超可以早期明确诊断。

B 超检查时的病人体位，因探查部位的需要，可采取各种体位，如仰卧位、左右侧卧位、俯卧位、坐位、立位、截石位、膝胸位等。应尽量充分地暴露检查部位，便于医生从各个断面去探查。

核磁共振

人们所说的核磁共振指的是利用核磁共振现象获取分子结构、人体内部结构信息的技术。

原子核自旋产生磁矩，当核磁矩处于静止外磁场中时产生进动核和能级分裂。在交变磁场作用下，自旋核会吸收特定频率的电磁波，从较低的能级跃迁到较高能级。这种过程就是核磁共振。

核磁共振（MRI）又叫核磁共振成像技术。MR 提供的信息量不但大于医学影像学中的其他许多成像术，而且不同于已有的成像术，因此，它对疾病的诊断具有很大的潜在优越性。它可以直接作出横断面、矢状面、冠状面和各种斜面的体层图像，不会产生 CT 检测中的伪影；不需注射造影剂；无电离辐射，对机体没有不良影响。MR 对检测脑内血肿、脑外血肿、脑肿瘤、颅内动脉瘤、动静脉血管畸形、脑缺血、椎管内肿瘤、脊髓空洞症和脊髓积水等颅脑常见疾病非常有效，同时对腰椎椎间盘后突、原发性肝癌等疾病的诊断也很有效。

常见生化检测的标本内容

疾病诊断除临床症状体征外，化验也是不可缺少的重要方法，化验结果正确与否和标本的采集有着密切关系。

经常送验的标本有排泄物、分泌物、呕吐物、血液、体液和脱落细胞等。通过标本的检验，在一定程度上了解机体正常的生理现象和病理改变，结合其他对确定诊断，观察病情，制定防治措施起着重要作用。相反，如标本采集不当，可影响检查结果的准确性，甚至延误诊断和治疗。因此，采集标本和送验极为重要，西医化验采集标本主要以大便、小便、痰为重点。

粪便常规检查

粪便检查帮助诊断消化道疾病和其他有关疾病。上消化道出血时呈黑色，下消化道出血时带血色，总胆管完全阻塞时呈灰色或陶土色，这些均为不正常现象，应进一步检查以明确诊断。通常大便为成形软便，腹泻或患痢疾时为水样便、黏液便或脓血便。患有寄生虫病者可见到蛔虫、蛲虫，钩虫、绦虫的体节。

粪便常规显微镜检查

观察食物残渣，可以了解胃肠道消化功能。观察寄生虫卵及原虫，对寄生虫病和原虫病有确定诊断的价值。大量上皮细胞表示肠黏膜有急性炎症，细菌性痢疾黏液多且有多量白细胞。

大便标本的采集与化验内容

大便化验检查有助于消化道疾病和寄生虫病的诊断，根据化验项目的不同，收集大便标本有不同的要求。

1. 大便常规检查：要求标本新鲜，

病人排便后用小竹签挑出蚕豆大小大便，放入清洁塑料盒或塑料杯中。若为腹泻病人，有脓血便者，应挑取含有脓血及黏液的部分。若为水样便应盛于容器中送验。

2. 大便隐血检查：检查前三日病人应禁食肉类、肝、血、大量绿叶素食物及含铁剂药物，以免出现假阳性反应，影响疾病诊断。

3. 寄生虫及虫卵标本：应在新鲜大便上做多部位的采集，并及时送验。检阿米巴原虫时标本量应在 10 克左右。

4. 培养标本：嘱病人排便于便盆中，用无菌棉签采取粪便的脓血或黏液部分少许，置培养试管内立即送验，或用无菌棉签蘸生理盐水，由肛门插入 6 ～ 7 厘米，轻轻转动，取出大便少许，放入无菌试管，盖好送验。

尿液常规检查

尿液是人体新陈代谢的排泄物，它含有人体不需要的废物，而不能带走对人体有用的东西。当人患有某些疾病，尤其是泌尿系统疾病时，尿液则发生变化。而较为简便又能基本反映问题的检查方法为尿常规检查。

尿常规检查的内容

尿常规检查包括一般性状、蛋白质定性、糖定性和显微镜检查。

健康人一天尿量为 1000 ～ 1500 毫升。颜色为稻黄色至黄褐色。在食入葱、蒜等后可有相应的特殊气味。患糖尿病、酮症时散发出水果的甜味。新鲜尿清晰透明，若因盐类析出而变混浊，则为正常现象。正常人蛋白质定性为阴性。若为阳性则为疾病所致。通常尿中含有微量葡萄糖，只不过用普通方法检查不出来，尿糖是“阴性”的。老年人尿糖阳性应进一步检查是否患有糖尿病。

尿液标本的采集和化验内容

收集尿液标本可作物理、化学、细菌学及显微镜检查。

1. 尿常规：嘱病人收晨起第一次尿液约 100ml 留于清洁容器中送验。

2.12 小时或 24 小时尿液标本：嘱病人于晨 7 时排空膀胱后开始留尿，需较大容器，将 24 小时尿液均留于容器中，次晨 7 时排完最后一次尿液，将全部尿液送检。如留 12 小时尿，则自晚上 7 时开始至次晨 7 时为止。

为了避免尿液久放变质，应将盛尿容器置阴凉处，并根据检验要求，在尿中加入防腐剂。常用为甲醛、浓盐酸、甲苯等。

3. 培养标本：让病员取坐位或卧位，放上便盆，对外阴进行消毒后（男女均应消毒），嘱病员自行排尿，弃去前段尿，用无菌试管接取中段尿，塞紧试管盖，送验。

尿标本的显微镜检查

正常尿中无红细胞或偶见，可有少量白细胞和上皮细胞，偶见透明管型。红细胞增多见于肾炎、肾结核、肾结石、肿瘤，白细胞增多说明泌尿道有炎症，管型提示有肾脏病变。

痰标本的采集和化验内容

痰液系肺泡、气管或支气管的分泌物。当气管、支气管、肺发生病变时，呼吸道黏膜受刺激，分泌物增多，可能有痰咳出。

收集痰标本的目的是检查痰内细胞、细菌、寄生虫等。

1. 常规标本：嘱病人晨起后漱口，然后用力咳嗽，咳出气管深处的痰液，盛于清洁容器内送验。

2.24 小时痰液标本：从清晨 7 时至次日晨 7 时，留取 24 小时痰液，应避免口水、唾液、鼻涕等混入。

颅脑损伤需要密切观察护理

颅脑损伤与生理的改变相关。老年人生理功能逐渐衰退，机体反应能力差，故伤情一般较重，恢复慢，死亡率亦较高。

由于颅骨钙质增加，弹性差，经暴力打击后易出现颅骨骨折。损伤后常出现昏迷、头痛、呕吐、瞳孔变化、眼球的位置改变及运动障碍，以及肢体活动障碍而导致瘫痪，或四肢伸肌强直，或角弓反张，甚至出现脉微弱且频速，血压下降，呼吸缓慢等危象变化。当发生颅内血肿，或严重脑水肿等现象时，可使脑组织受压而移位形成脑疝，危及病人生命，所以在老年人头部外伤后应注意密切观察。

病人化验前的抢救知识

1. 早期发现异常症状，应送至医院抢救治疗。

2. 病人如有明显脑动脉硬化、高血压、冠状动脉硬化性心脏病、慢性支气管炎、肺气肿等疾病，应注意防治。

3. 颅脑损伤患者的护理在早期一般应使卧床至少 3 ~ 5 天。低颅压休克病人应采取平卧头低足高位（床尾抬起 15 ~ 30 度），以保持脑内血液循环。颅压升高，脑水肿者，则取头高卧位，以利于静脉回流和减轻脑水肿。

4. 对颅底骨折有脑脊液鼻漏或耳漏者，严禁用棉球等物堵塞，以防感染。

5. 昏迷病人和肢体瘫痪患者要保持口腔及呼吸道通畅，有分泌物或呕吐物用无菌纱布或干棉球擦净。

6. 眼睑闭合不全、角膜暴露以及分泌物存留可发生角膜炎或溃疡等。护理时应每日冲洗眼结膜一次，有炎症时涂敷药物后戴眼罩保持清洁。

7. 为了防止这类病人因长期卧床而发生肺部感染或褥疮，要定时翻身（每 2 ~ 3 小时一次），翻身的同时轻轻拍打患者背部有利于呼吸和排痰，减少并发肺部感染。对受压部位进行按摩，并保持皮肤干燥清洁。被褥要拉平，不要有皱褶。对易于出现褥疮的骶尾部、髋部、踝部、足跟部及肩胛部等可用棉垫或海绵垫垫起，以缓冲压迫。

8. 颅脑损伤患者时常出现躁动，一般不用镇静剂，待医生查明原因后方可使用镇静药物。

9. 有时病人出现腹胀、大便色黑（称柏油便），或呕吐物为咖啡色液体，这是胃肠道黏膜出血，是病情危重的指征，应及时送往医院治疗。

10. 呼吸困难或呼吸道有梗阻的病人往往需要做气管切开手术，以减少呼吸道的死腔，有利于气体交换，防止二氧化碳蓄积而加重脑部症状。对已做气管切开的病人应定时吸痰、蒸气吸入，并在气管内每日 3 ~ 4 次滴入或吸入抗菌素液体，防止呼吸道感染。

11. 清醒后的病人应给以易消化、热量较高的半流质饮食。如蛋花面片汤、米粥加鱼松、肉松或肉末等。昏迷病人应禁食，静脉输液补充营养及液体，待病情稳定后可鼻饲流质饮食，进行鼻饲时要注意：

①每次鼻饲前应先检查胃内容物是否已经排空，否则应推迟鼻饲时间或减少每次鼻饲量；

②鼻饲时应防止食物逆流进入气管；

③对食欲不振，加之卧床常出现消化能力减弱和便秘者，应定时服缓泻药物；

④对恢复期病人必须给高热量、高蛋白饮食，每千克体重至少 25 卡热量，否则将延迟病情恢复时间。

12. 对排尿困难的病人尽量用针灸、按摩等方法协助排尿，防止膀胱过度膨胀而导致收缩无力，十分必要时才可使用留置导尿管。留置导尿管每 3 ~ 4 小时开放一次，每周更换导尿管一次。只要病情好转应尽早拔除。

瞳孔

瞳孔俗称“瞳仁”，是角膜（俗称“黑眼珠”）正中一正圆形的小孔，可随光线强弱而变化，在光亮处缩小，在暗处则扩大。瞳孔最主要的生理功能是调节进入眼睛的光量（如同照相机的光圈）。

瞳孔反射在临床诊断上的意义

瞳孔犹如脑组织的一个窗口，瞳孔反射在临床诊断上有重要意义，它是脑中枢功能状态的指标。瞳孔的变化是由瞳孔环状肌与辐状肌来完成的。辐状肌（又名瞳孔扩大肌）收缩使瞳孔扩大，环状肌（又名瞳孔括约肌）收缩使瞳孔缩小。在病理情况下所看到瞳孔的诸种变化（如形状、大小及对光反应敏感性等）可作为观察危重病人和诊断某些神经系统疾病的指标。

怎样观察瞳孔

观察的内容包括两侧瞳孔的大小和形态以及对光反射及调节反射是否存在。

正常人瞳孔在室内自然光线下直径在3～4毫米，两侧瞳孔等大、等圆，对光反射和调节反射存在，并且灵敏。两侧瞳孔缩小，见于吗啡、巴比妥类、氯丙嗪（冬眠灵）、有机磷农药及毒蕈中毒。两侧瞳孔扩大见于濒死状态、视神经萎缩、绝对期青光眼、阿托品及可卡因作用等。瞳孔大小不等，提示有颅内病变，如脑外伤、肿瘤、脑膜炎、脑炎及脑血管意外引起的脑疝等。

正常人在光线刺激瞳孔时，瞳孔会立即缩小，移开光线瞳孔立即复原，称为对光反射。瞳孔对光反射的检查方法，可用右手持电筒，左手将上下眼皮分开，打开电筒开关，从一侧移至眼的正中，观察瞳孔是否缩小。如迅速缩小为对光反射灵敏，如缩小缓慢则为对光反射迟钝，如没有缩小则为对光反射消失。调节反射则是根据所视物体的距离而有瞳孔的缩小，可将手指放在距病人眼睛1米处，让病人注视手指，然后将手指迅速移近眼珠，看到缩小时称为正常，如不缩小则为调节反射消失。调节反射消失可见于动眼神经麻痹，如颅底肿瘤、结核性脑膜炎或脑出血合并脑疝。

总之，瞳孔的异常变化，常表示中枢神经系统疾病及病情危重，发现后应立即送医院进行紧急处理。

肝功能检查

常用的肝功能检查有下列各项：

1. 转氨酶的测定

转氨酶包括谷丙转氨酶（GPT）、谷草转氨酶（GOT）。这两种酶是蛋白质合成与分解代谢的重要物质，在人体许多组织中广泛存在，但以肝脏中含量最丰富。当肝脏受损害时，血中这些酶的活性就升高。血中转氨酶测定方法不止一种，正常值也不同。因此，要根据检查单位的正常值来判断化验结果。

转氨酶测定对肝脏病的检查虽灵敏度较高，但由于这些酶分布较广，其他病也可使其增高，如心肌梗死、胆道梗阻、急性胰腺炎、溃疡病和肌肉疾病等。

2. 胆红素测定

正常人每100毫升血清中含胆红素0.1～1.0毫克，高于1毫克为不正常。当高于2毫克时，就会发现白眼珠变黄，严重者全身皮肤发黄，就是常说的黄疸。许多病都可引起黄疸，常见的为肝炎、胆结石，肿瘤、血液病等也可引起黄疸。

3. 血清白蛋白与球蛋白测定

肝脏是合成血浆白蛋白的主要场所。正常人血清总蛋白60～75g/L，其中白蛋白40～55g/L，球蛋白20～30g/L，白蛋白与球蛋白的比例（A/G）为（1.5～2.5）:1。肝脏有病时，白蛋白减少，球蛋白升高。A/G比值倒置时，表示肝功能严重损害。另外，某些全身性疾病也可引起白蛋白的减少和球蛋白的升高。

4. 血糖测定

老年人易患糖尿病，而糖尿病又常为冠心病、脑血管病、肾脏病及失明的罪魁和同犯。因此老年人要警惕糖尿病，定时检查血糖。正常人血糖水平较恒定，宜清晨空腹取血。血糖升高多为糖尿病所致，血糖降低亦属不正常，要查明原因。

5. 血脂测定

血脂是指血浆中所含脂质的总称，概括为四类：甘油三酯、磷脂、胆固醇、胆固醇酯及非酯化的脂肪酸。血中胆固醇含量增高称为高胆固醇血症。高胆固醇血症患者，甘油三酯亦升高。常见于吃含胆固醇高的食物过多、糖尿病、肝病等。高脂血症与冠心病关系密切，故疑为冠心病时，常做血脂检查。

随着血液的黏度增高，血液会变稠，流动速度也会随之减慢，造成大量脂质沉积在血管内壁，使各器官供氧不足，导致人头晕、困倦、记忆力减退。日积月累，当年轻人开始步入中年甚至老年时，这些平时沉积的脂质块与衰老脱落的细胞、细胞碎屑聚集在一起，容易形成血栓阻住血管，使依赖该血管供血的组织缺血与坏死，从而引起脑栓塞、栓塞性脉管炎、心肌梗死等病。

要降低血液黏稠度，可多喝水以稀释血液。最好是喝凉开水或者有抗凝聚作用的淡茶水，在每天清晨、饭前一小时及睡前两小时饮用。多吃一些蔬菜和水果，降低脂肪。黑木耳具有溶血的作用，长期食用可以有效防止血栓形成。此外，经常吃一些维生素 C，多参加运动消耗脂肪，因熬夜而消耗体液后多补充水分，也都有防止血液黏稠的作用。

6. 尿素氮测定

血液中含氮物质主要为蛋白质，占总氮量的 98% ~ 99%，只有 1% ~ 2% 为非蛋白氮，其中尿素中的氮又占非蛋白氮的一半，大部分由肾脏排出体外。如果体内蛋白质分解代谢增加或肾脏排泄障碍时，血液中尿素氮便升高。常见于心力衰竭、休克、消化道大出血、肾炎、肾脏肿瘤、输尿管结石、前列腺肥大、肿瘤压迫所致的尿路梗阻等。

超声波雾化器

超声波雾化器是应用超声波声能，把药液变成细微的气雾，随着病员吸气而进入呼吸道。常用于慢性呼吸道炎症、哮喘、支气管内膜结核、肺脓肿、肺癌等。有消炎、镇咳、祛痰、解除支气管痉挛，使呼吸道通畅等功能，也用于胸部手术前后，预防感染。

超声雾化操作方法

1. 在水槽内加冷蒸馏水或冷开水 250ml，液面高度约 3 厘米。要浸没雾化罐底的透明膜。

2. 雾化罐内放入稀释至 30 ~ 50ml 的药液，将罐盖旋紧，把雾化罐放入水槽内，将水槽盖盖紧。

3. 接通电源，先开灯丝开关预热 3 分钟，再开雾化开关，此时药液已成雾状喷出。

4. 根据需要调整雾量，在大、中、小三档中，一般常用中档。将“口含嘴”放入病员口中，让病人紧闭口唇做深呼吸，以达到治疗目的。每次治疗时间为

15～20分钟。治疗完毕，先关雾化开关，再关电源开关。收拾机器。

超声雾化操作的注意事项

1. 使用前先检查机器是否完好。

2. 水槽和雾化罐中切忌加温水或热水。

3. 如连续使用，中间须间歇半小时。

4. 每次使用完毕，雾化罐和“口含嘴”应用新洁尔灭液浸泡消毒。

氧气吸入的功能和作用

氧气吸入疗法是维持机体生命活动的一种治疗方法，通过给氧，提高肺泡内氧分压，纠正各种原因所造成的缺氧状态，促进新陈代谢。当有呼吸困难、心力衰竭等情况时，急需要吸氧。而家庭用氧大多为氧气袋、保健氧，少数有条件者使用氧气钢瓶，还有家用制氧器。无论是氧气瓶或氧气袋，最重要的是掌握给氧方法。给氧方法很多，有鼻导管法、鼻塞法、口罩法、面罩法、氧气枕法、氧气帐法。

鼻导管供氧法

鼻导管供氧法可分为单侧鼻导管和双侧鼻导管供氧法，其基本方法相同，只是所用材料双侧的较复杂。在此只介绍单侧鼻导管法，也是最为常用的。此法设备简单，方法简便，而且节省氧气，其缺点是刺激鼻腔黏膜，长时间使用，病人感觉不适。需要用:氧气袋或氧气瓶，导管一根，胶布、棉签、备用玻璃接管。

具体操作如下：

1. 将氧气袋或瓶移至病人床旁，病人取卧位或坐位，用湿棉签清洗鼻孔，将鼻导管蘸水，自鼻孔轻轻插至鼻咽部。约自鼻尖至耳垂的三分之二长度，如无呛咳现象，随即将鼻导管用胶布固定于鼻翼二侧及面颊部。

2. 打开流量开关，调整流量，即能达到供氧目的。停用氧气时，取下鼻导管，关掉开关。

口罩供氧法

以漏斗代替鼻导管连接氧气袋或瓶的橡胶管，将漏斗罩在病员口鼻处，用绷带或胶布固定防止移动。此法简便，且无导管刺激黏膜的缺点，但耗氧量大，多用于婴幼儿或气管切开术后病人。

面罩供氧法

将面罩罩住病员的口鼻部，用胶布固定接氧气管，其余同口罩法。

鼻塞供氧法

将带有管腔的有机玻璃制成的球状物塞于患者一侧鼻孔，以代替鼻导管用氧的方法。然后接通氧气，鼻塞深度应恰能堵塞鼻孔为宜，不宜过紧过深。需长时间供氧病员适用此法，感觉舒适，且使用方便。

氧气枕使用法

氧气枕同氧气袋类似，要连接湿化瓶，使用时先将枕内灌满氧气，接上湿化瓶、导管或漏斗，调节流量即可给氧。让病员枕于氧气枕上，借重力迫使氧气流出。此法多用于转送病员。

第二章　西医护理急救常识

病情观察

观察病情的目的在于能及时发现、妥善处理，使病人转危为安。病人的意识、心跳、呼吸、瞳孔等往往是观察的重要项目。

病情观察的内容及方法

1. 用眼观察。查看病人是否有出血、外伤等症状，心脏是否仍在跳动，用言语试探病人是否仍有清醒的意识，病人的皮肤是否有苍白或青紫。

2. 用手触摸。用手触摸病人应了解其脉搏的快慢、体温的高低、呼吸的快慢以及产生疼痛的部位。

3. 用耳朵接近病人胸部听诊。听诊的内容包括呼吸和心跳等。

4. 检查瞳孔。借助手电光照射，注意观察两侧瞳孔是否一样大、一样圆，对于手电光的照射是否反应灵敏、迟钝或消失。正常瞳孔直径2.5～3.5毫米，瞳孔直径超过5毫米或小于1.5毫米均为异常，常是病情危重的征兆。

观察病情的注意事项

观察时要沉着冷静，检查是否有呈现各种危及生命的症状出现，例如大量出血，是否有呼吸、意识、重伤、服毒或中毒症状出现，把握准确的情况，以备医治。

不要随便移动病人或随意独自处理。

护送危急病人的方法

1. 快送病人，就近治疗。时间就是生命，必须争分夺秒，尽快使病人得到救治。对于大咯血、呕血、外伤出血、中风、急性心肌梗死等病人，应尽可能就近治疗，及早找当地医生或送附近医院抢救。不要舍近求远，否则可因路途过远贻误病情。

2. 保持平稳。近距离时，可用担架或躺椅运送病人。较远距离用三轮车，远距离可用救护车或其他汽车。在求快的同时还应“稳”，使路途中的颠簸降到最低程度，在上下楼梯、爬坡时都应尽可能保持平稳。

3. 妥善安排病人的体位。对于大量咯血、呕血、昏迷并伴有频繁呕吐者，应把病人的头偏向一侧，以免呕吐物阻塞气管导致窒息。

心脏衰竭病人应采取头高脚低位，以减少下肢静脉血液回流，减轻心脏负担，改善因心脏功能不全引起的呼吸困难。

中风病人可采取头高脚低卧位，尽量减少震动，搬运动作要轻。

咯血病人应向已知患病的一侧卧，这样可以压迫患侧肺脏，使其呼吸运动减轻，减少出血。

外伤出血的病人，应将出血部位置于心脏水平以上，局部包扎止血后，头面部出血者如无休克应采取坐位，有休克者则应采取头低脚高位，以保证脑等重要脏器的血液供应。

对腰部外伤怀疑有腰椎骨折者，应用硬板运送，以免骨折端压迫脊髓而引起截瘫。四肢骨折者，在运送前应进行固定，避免骨折肢体移位，损伤血管、神经。

4. 保持冷静，忙而不乱。在进行一般急救后，如病人急需送医院做进一步治疗，要注意带上病人的有关就诊资料，如门诊病历、心电图、化验单、X 光片等。如属服毒或怀疑服毒时，还应带上有参考价值的标本，如药物、药瓶等，以便为医生提供线索及早采用相应的救护措施。

护送危急病人的注意事项

1. 不要拖住病人哭喊，摇动病人身体。对于大咯血、呕血病人，可因摇动而造成血不能及时吐出，引起呼吸道阻塞，发生窒息，对于脑外伤或中风病人，过多的摇动可加剧颅内出血；急性心肌梗死的病人往往神志清醒，如果哭喊摇动，可使病人精神紧张，血压升高，增大心梗范围。

2. 注意观察病情，妥善处理紧急情况。运送途中应经常测脉搏、呼吸，如发现病人呼吸心跳停止，要立即进行心前区叩击术、人工呼吸和胸外心脏按压术。发现病人窒息时，应立即使病人俯卧，轻拍背部，帮助排出阻塞气管的血块、呕吐物、痰液，也可采取头低脚高位，以利于清除气管内阻塞物。协助者帮忙，同时尽可能迅速地采取适宜的应急治疗。

呼叫救护车的呼救内容

当你遇到急病或重伤病人时，你除了在现场做简单的应急处理，还应尽快与卫生院、医院或急救站取得联系，而最好的办法就是用电话呼救，叫救护车。

镇静地、确切地告诉对方“何人”、“何事”、“何地”、“怎样发生”等主要事项。讲清所在地的主要标志，具体街道，病人的情况、病态及状况。询问对方在救护人员到来之前应采取何种措施。

呼叫救护车的注意事项

1. 应与急救站或最近的医院取得联系。

2. 急救电话应记准并贴在显眼的地方。

3. 联系时一定要听清对方的答复。

此外，宜让一人在现场附近的胡同口或路旁等候来人、来车，以免救护车因寻找病人而耽误时间。

在报告时不要加入太多自己的预想或意见，而应该简明扼要地告知对方主要事项。

联系完毕后，还应继续进行紧急处置，仔细观察病人病情，并为病人入院做好一些必要的准备工作。

搬运病人的方法

搬运转送病人时，要根据病人的具体情况，因地制宜，选择合适的搬运方法、搬运工具。在抱扶病人时，救护者的动作要轻巧、敏捷、一致。整个过程应快而稳，避免因搬运而加重病人的病情。

1. 担架搬运法

①担架的种类。担架的种类很多，除制式普通担架外，在救护现场，救护者可根据现场条件临时制作简易担架，如被服担架、绳络担架、门板担架以及椅式担架。

②搬运方法。由 3 ~ 4 人合成一组，将病人稳妥地移上担架。

病人头部向后，脚朝前，以便于后面的抬担架者随时观察病人的变化。

抬担架者前进应平稳，应前面的人迈左脚，后面的人迈右脚。

无论是上坡还是下坡，抬担架者应使病人保持在水平状态。

2. 徒手搬运法

若急救现场找不到担架，而且转运路程较近，病人病情较轻，可采用徒手搬运法，但此法不宜用于病情较重或有骨折、胸部创伤的病人。常用的徒手搬运法有：①单人徒手搬运法，如扶持法、抱扶法、背负法；②双人或多人徒手搬运，如拉车式、坐椅式、平抱式等方法。

如果怀疑病人有胸、腰椎骨折，则应采取“特殊”的方式搬运，禁止一人抱胸、一人搬腿的双人搬抬法，因为这样搬运易加重脊髓损伤。正确的是由三人配合搬抬。一人托住肩胛部，一人扶住腰部和臀部，另一人扶住伸直和并拢的两下肢，三人同时行动把病人轻轻“滚”到硬板担架上。

取仰卧位时，在胸腰部用一个高约 10 厘米的小垫或衣服垫起。如果怀疑病人颈椎受伤，救护者则需十分小心。向担架上搬动时，应由 3 ~ 4 人一起搬动，其中一人专管病人的头部的牵引固定，使头部始终保持与躯干部成直线的位置，维持颈部不动。另有两人托住躯干，一人托住下肢，将病人平直抬到担架上，并在病人的颈下放一小枕，头部左右用软垫或沙袋固定。

3. 机动车搬运法

用机动车（尤其是救护车）搬运病人比较理想，但受条件限制。途中行车要减少颠簸，保持平稳。一般病人可取仰卧位，胸部受伤病人可用半卧位，颅脑受伤病人应使其头都偏向一侧。救护者应注意观察病人的呼吸、脉搏等重要体征。

灌肠法

灌肠是将一定量的溶液通过肛管，由肛门经直肠灌入结肠，帮助病员排出粪便和积存的气体。也可以输入药物进行治疗，常用于便秘的治疗、检查、手术前肠道准备等。由于灌肠的目的不同，分为保留灌肠法和不保留灌肠法。

1. 保留灌肠法

从肛门灌入药物，保留在直肠或结肠内，通过黏膜吸收，达到治疗目的，常用于镇静、催眠及肠道炎症等。

用物：灌肠容器、肛管、血管钳、石蜡油、塑料布、便盆、输液架、卫生纸。

操作方法：

①备齐用品，将塑料布铺于床上，嘱病人排便，以清洁肠道，便于药物吸收。

②肠道病患者在晚间睡眠前灌入为宜，灌肠时臀部应抬高10厘米，使液体易于保留。卧位根据病情而定，如慢性痢疾病变在乙状结肠和直肠，采用左侧卧位为宜。阿米巴痢疾病变多在回盲部，应采取右侧卧位，以提高疗效。

③在肛管上涂上液体石蜡油，缓慢插入肛门10～15厘米，放开血管钳，让药液流入，速度宜慢，压力要低，以便于药液的保留。

④拔出肛管后，应以卫生纸在肛门处轻轻按揉，嘱患者保留1小时以上，以利药物吸收。保留时间愈长愈好。

⑤注意：肛门、直肠、结肠手术后病员，排便失禁的病员均不宜做保留灌肠。

2. 不保留灌肠

不保留灌肠根据灌肠目的不同可分为大量不保留灌肠、小量不保留灌肠和清洁灌肠三种。大量不保留灌肠，成人每次用500～1000ml，小儿每次用200～500ml。小量不保留灌肠液量一般在150～250ml，多用于老人、体弱、小儿或孕妇。清洁灌肠是清除结肠中的粪便，常用于直肠、结肠检查前的准备或脏器造影，摄片及肠道手术前的准备，以清洁肠道，便于检查，防止手术部位感染等。具体操作方法大同小异，故不做详细介绍。

灌肠操作的注意事项

1. 灌肠中间如有腹胀或便意时，嘱病人做深呼吸。灌肠完毕不要立即排便，要使液体保留至少10～15分钟。

2. 掌握溶液的温度、浓度、流速、压力和溶液的量，伤寒病人灌肠溶液不得超过500ml，压力要低。

3. 为高热降温灌肠，可用28～32℃等渗盐水，保留30分钟后再排出，排便后隔半小时再测体温。

4. 肝昏迷病员禁用肥皂水灌肠，以减少氨的产生和吸收。

5. 灌肠过程中注意观察病人情况，如发现脉速、面色苍白、出冷汗、剧烈腹痛、心慌气急，应立即停止灌肠。防止肠穿孔，必要时转送医院。

6. 妊娠、急腹症、消化道出血病人不宜灌肠。

加夜班时间不宜过长

每晚不宜超过午夜12点，因过于劳累、睡眠不足会引起疾病发作或加重，特别是心血管疾病，易在夜间发作。要备急救药物，稍有不适，则应立即停止工作，及时服药。

老年心脏病人健康须知

老年心脏病人要按时服药，定期复查，随身携带急救药品，以备急用。

导尿法

导尿术是一种用无菌导尿管自尿道插入膀胱引出尿液的方法。常用于尿潴留，如前列腺肥大、盆腔内器官手术前，昏迷、尿失禁病人，及泌尿系统疾病手术后等。

用物：无菌导尿包（包括导尿管、血管钳、棉球、洞巾），无菌手套、小药杯、液体石蜡油、新洁尔灭、橡胶单、便盆等。

导尿的应用范围

导尿术是在无菌操作的情况下，利用导尿管经尿道插入膀胱进行导尿，要由医护人员来操作。

导尿在临床应用中分两种，一是不留置导尿，二是留置导尿。采用哪一种要根据导尿目的来确定。不留置导尿法常用于临时治疗或采集尿液标本，导尿后即将导尿管拔出。留置导尿法常用于持续性引流尿液或观察肾功能情况，导尿管插入膀胱后需加以固定。

不留置导尿术

1. 导尿前物品准备，无菌导尿包一套（粗细导尿管各一条、弯盘、镊子两把、孔巾、纱布两块、棉球少许），橡皮布、治疗巾各一块，消毒剂（0.1%新洁尔灭或红汞），无菌滑润剂，便盆等。手术前先做好病人的思想工作，解除顾虑，取得配合。嘱病人用肥皂水洗净外阴，如病人不能自理可由护士协助，护士要向病人了解有无尿道外伤史和导尿史。

2. 男性病人导尿的具体操作方法：

①手术者站在病人的右侧，病人仰卧，将裤子脱至两膝上三分之一处，上半身盖好，避免不必要暴露，两腿放平略分开，橡皮布及治疗巾铺在臀下。

②消毒外阴。左手持纱布托住阴茎，并将包皮后推，露出龟头，右手持镊子夹新洁尔灭棉球，自尿道口向外以旋转的动作擦拭龟头、冠状沟、阴茎、阴阜、阴囊部皮肤2～3遍。

③戴好无菌手套，铺好孔巾，以左手拇指、中指和无名指自冠状沟下方将阴茎提起，与腹部成60°角，用食指分开尿道口，右手持血管钳或镊子夹住已滑润的导尿管头端5厘米处，在左手指的辅助下，自尿道口轻轻插入18～20厘米，见尿液流出后，再继续插入2厘米即可。

④导尿完毕后，拔出导尿管，安置病人休息。

3. 女性病人导尿的具体操作方法：

①作好导尿前的准备。

②手术者站在病人右侧，将被叠至床尾，脱下右裤腿，盖在左腿上，右腿可盖块小毛毯，然后将橡皮布和治疗巾垫在臀下。

③病人屈膝仰卧，充分暴露外阴，弯盘放在两腿之间。

④消毒外阴部，用镊子持新洁尔灭棉球，按顺序从尿道口、小阴唇、大阴唇，从上至下各用一棉球擦洗。

⑤戴好无菌手套，铺孔巾，将换药碗放在孔巾口的下方，打开纱布叠成长条，8字形缠在左手拇、食指上，然后分开大、小阴唇，固定不动。右手持镊子夹红汞棉球，自上而下擦尿道口两侧，然后再换一红汞棉球擦洗两遍。完毕后，撤掉弯盘。右手持镊子夹住用由棉球润滑过的导尿管头端5厘米处（尾端放入接尿瓶内）对准尿道口，缓慢地插入4～6厘米，见尿液流出后，再插入少许，以避免因病人紧张使导尿管脱出。

留置导尿法

留置导尿术，除导尿用物以外，还要备有无菌玻璃接管、橡胶引流管（长约65厘米）、贮尿瓶、治疗碗、生理盐水200～300毫升、冲洗器、别针、胶布和细线绳（男性用）等。

1. 具体操作方法如下：

①剃除阴毛，以便用胶布固定导尿管。

②按常规导尿法进行导尿，待尿液流尽以后，用冲洗器吸生理盐水60～80毫升，自导管注入膀胱。如回收顺利，液量与注入量基本相等时，则提示导尿管在膀胱的位置适宜，即可用胶布固定导尿管。

③留置导尿管的固定方法在男性为导尿管采取蝶形胶布固定在阴茎两侧，再以胶布轻绕固定，其远端折叠部用线绳将其与导尿管结扎。女性导尿管固定可采用线绳结扎导管，远端用胶布固定法或用胶布三向交叉固定法。

④导尿管固定后，用玻璃接管连接导尿管和引流管，其远端放入贮尿瓶内，悬挂于床旁。

⑤用别针将引流管固定于床单上，但须保持一定长度，防止病人翻身时，将引流管从贮尿瓶中拉出。

⑥若为间歇性排尿者，定时开放导尿管。

2. 导尿时注意的事项：

①应掌握男性与女性尿道的解剖特点。男性尿道较长，并有弯曲和狭窄部位，尤其当膀胱颈部肌肉收缩时，可造成插管困难。因此，插管时，动作要轻柔，让病人尽量放松，作深呼吸或稍停片刻再插管，切勿粗暴或盲目地强行插入，以免损伤尿道黏膜。女性尿道较短，要防止导尿管脱出，尿道口呈矢状裂，处于阴道上方，插管时要辨认清楚，勿错插阴道。导尿管一旦插错或脱出，要更换导尿管，防止细菌感染。

②严格遵守无菌操作原则，要认真进行消毒，防止泌尿道继发感染。

③对尿潴留病人导尿时，须分次放尿，首次放尿量不应超过1000毫升，以免膀胱内压突然下降，导致虚脱、休克或其他不适。

④导尿前要注意选择好导尿管，检查是否畅通，粗细要适宜，对患有尿道狭窄或因前列腺肥大引起尿潴留的病人，应选择质量较好的导尿管。当遇有插管困难者，可采用加压扩张插管法（即在尿道内加压注入无菌石蜡油15～20毫升，随尿道的扩张插管）。

如此法失败，可考虑选用金属导尿管。

换药操作法

皮肤及皮下组织创伤、疖肿或手术切口需要换药，以促使组织修复，达到康复。

换药应视创口或疖肿的部位、程度，由患者自己、家人或医务人员进行。

用物：消毒换药碗、镊子、剪刀、外用药、消毒纱布敷料、酒精棉球、碘酒棉球、绷带及胶布。

操作方法：

1. 充分暴露换药部位，用酒精棉球作周围消毒后再用双氧水对创口进行冲洗（对有脓性分泌物的创口），轻轻擦干创口。

2. 新鲜外伤伤口，可上消炎粉、云南白药等；有分泌物的创口可用凡士林纱条敷盖在创面上；有脓性分泌物者应用雷夫奴尔纱条或呋喃西林纱条引流，以利脓液流出。

3. 如为疖肿，应将引流条伸入脓腔底部，注意不宜塞得太紧，以免引流不畅。对于感染性伤口也可用庆大霉素纱条换药。

4. 处理好创口后，在创面上覆盖纱布敷料，冬季可厚，夏季可稍薄。

5. 化脓性创口应每天换药1次，直到炎症消退，分泌物干净，创面修复为止。无感染创口冬季3～5天换药1次，夏季2～3天换药1次。

换药中的注意事项

1. 严格消毒，无菌和有菌创口防止交叉感染。

2. 创面内不能用碘酒消毒，红汞与碘酒不能合用。

3. 前次换药的敷料粘连在创面上不要强行撕拉，以免造成疼痛和伤口出血，应用生理盐水或双氧水湿润几分钟后，再轻轻揭去。

急症病人的体位

一般情况下，病人可取仰卧位。但昏迷病人仰卧时，应将其头部偏向一侧，使口腔分泌物及呕吐物易于流出，防止发生窒息和吸入性肺炎。

如病人有哮喘、呼吸困难或严重的心力衰竭，可让病人取半卧位。用棉被等物将病人上半身支起，膝下垫一圆枕或叠好的小棉被，防止病人往下滑。

背、腰、臀部有伤口不能平卧及侧卧的病人，可取俯卧位：病人俯卧，头偏向一侧，两臂弯曲放在头的两侧，腹部及膝下各垫一软枕，既可使病人体位舒适，又不影响呼吸道通畅。

有腹痛或腹部创伤的病人，可屈曲双腿，以松弛腹部肌肉，降低腹壁紧张度。

四肢出血者，应将伤肢垫高，高于心脏水平。

鼻饲进食法

对不能由口腔进食者，如昏迷、口腔疾患及口腔手术后，或破伤风不能张口者，可将胃管经鼻腔插入胃内，从管内灌注流质食物、水分或药物，以保证患者的营养供给，这种给食方法称鼻饲法。

鼻饲进食的操作方法

鼻饲管有橡皮和硅胶管两种，其上有长度标志，插管前须准备好消毒胃管、治疗盘、镊子、石蜡油、夹子、胶布、50ml 注射器等。

1. 病人取坐位或卧位，清洁鼻腔。

2. 用石蜡油润滑鼻饲管前端，左手持纱布托住胃管，右手持镊子夹住胃管前段沿一侧鼻孔缓缓插入。到咽喉部时，嘱病员做吞咽动作，同时将胃管送下。若病员出现恶心，应暂停片刻，嘱病人做深呼吸或做吞咽动作，随后迅速插入。插入不畅时应检查胃管是否盘在口中。插管过程中如有呛咳、呼吸困难、紫绀等情况，表示误入气管，应立即拔出，休息后重插。

3. 若为昏迷病人插管，因吞咽和咳嗽反射消失，在插管前应将病人头向后仰，当胃管插至 15 厘米时，以左手将病员头部托起，使下颌靠近胸骨柄，以增大咽喉部通道的弧度，便于管子插入预定长度。

4. 胃管插入预定长度后，接注射器先回抽，见有胃液抽出，即表明胃管已在胃中，或将胃管末端插入水中无气泡说明胃管在胃中。然后将胃管用胶布固定在鼻翼侧。注入少量温开水，再慢慢注入准备好的流质或药液。

5. 每次鼻饲量不超过 50ml，间隔时间不少于 2 小时，每天 5 ～ 7 次，每次鼻饲后，注入少量温开水以冲洗净胃管，避免食物存积管腔中变质，造成胃肠炎或堵塞管腔。

6. 每次鼻饲后将胃管末端反折，用纱布包好，夹子夹紧，用别针固定于病员枕旁。每次鼻饲应记录时间和量，每次鼻饲后应洗净用物，每天应消毒一次。

7. 配制的鼻饲食物：目前医药商店和医院药房均有出售，所含成分比较全面，能够保证热量供应，按其说明书加热、煮沸即可使用，鼻饲时温度可在 39 ～ 41℃。

8. 每次鼻饲食物时应检查胃管是否仍在胃内，可用注射器注入 10ml 空气，然后用听诊器听胃部有气过水声，说明胃管仍在胃内。

9. 须用鼻饲药物时，应将片剂碾碎，溶解为水剂再注入。长期胃管鼻饲者，应每天进行口腔清洁护理，胃管应每周更换一次，翌晨再由另一鼻孔插入。

为病人保暖法

1. 保暖的意义

给急症病人，尤其是重症病人保暖，既可维持其体温正常，不致因重病所致的全身抵抗力下降引起发热，使其情绪镇定，安静休息，又可减少病人在各种挪动、搬运、转移的过程中所产生的震动。

2. 具体措施

如果病人衣服受湿，应尽早将湿衣服脱掉，为其换上干净的衣服。

可用毛毯、毛巾或其他保暖物品包盖病人身体，尤其是在气温寒冷时更应如此。

如条件有限，应尽可能地利用一切物品进行保温，麻袋、纸张、稻草等都可起此作用。

要注意给病人身下铺好保暖物。

必要时，可使用热水袋、电热毯等进行保暖，但要注意防止烫伤病人皮肤。

保暖要适宜，不应过之，而使病人因受热而流汗。

疏通气道法

疏通气道可解除病人的呼吸道阻塞，便于实施人工呼吸，是抢救意识消失和呼吸停止病人的首要措施。

1. 解除舌下坠法

呼吸停止的病人，常因下颌下移而使舌根向后坠落，堵塞气道。救护者应将病人的头尽力后仰，仰至病人的口唇能够张开。由于仰头后，病人下颌和咽喉间被拉紧，舌根也被连带上提，而解除气道堵塞。

如果病人颈部有损伤或年龄偏大，使用上法不能完全解除舌下坠，可采用推颌法：救护者用双手抓住并举起病人的两侧下颌角，使下颌向前推起，下坠的舌根离开咽后壁。

2. 简易吸痰法

①口对口吸痰法。救护者一手托起病人下颌，使其头部后仰，另一手捏紧病人鼻孔，用自己的口对准病人的口用力将分泌物吸出。此法最适用于患者因痰液突然堵塞发生窒息但又无任何急救设备的情况。

②注射器吸痰法。病人取卧位或半卧位，头稍向后仰并偏向一侧。救护者用50或100毫升注射器，接上粗而多孔的导管（如无导管可用塑料管代替）进行抽吸。如喉头有分泌物，导管可由口腔进入；如咽喉部有分泌物，可由鼻腔插入导管。

3. 环甲膜穿刺法

对有急性喉头水肿或喉部外伤者，不能采用上述方法解除气道阻塞或经以上方法治疗无效时，可用较粗的注射针头做环甲膜穿刺，以保证供氧。

4. 注意事项

在疏通气道前，应解除其他影响因素，如及时解开病人领扣及腰带，为女病人去除乳罩，以加强通气效果。

将病人头部偏向一侧，以免分泌物向后流至咽部。

注意观察病人胸、腹有无呼吸的起伏动作，听病人口、鼻有无气流通过声门，用面颊贴近病人的口、鼻，感觉有无气体进出。

静脉输液的目的

静脉输液治疗疾病，又称液体疗法，目前应用非常广泛。通过静脉输液，可纠正水和电解质失调，维持酸碱平衡，补充营养，输入药物维持热量等，以达到治疗疾病的目的。

静脉输液的操作方法

1. 准备输液器、碘酒、酒精棉签、胶布、止血带等。

2. 将加好药物的输液瓶悬挂在输液架上，插入一次性输液器，排尽空气，关紧开关，进行病员准备。

3. 选择静脉，结扎上止血带，用碘酒、酒精棉签消毒穿刺部位皮肤。由左手绷紧皮肤，右手持针按静脉走向刺入，见回血后将针头再进入少许，放松止血带，打开输液器开关，观察溶液点滴是否通畅，用胶布固定针头，盖上无菌纱布。

4. 调整滴速。根据病情以及年龄、药物性质，调节滴速。一般成人每分钟40～60滴，儿童每分钟20～40滴。对年老体弱、婴幼儿及心肺疾病患者要慢，严重脱水而心肺功能良好者滴速可适当放快。

5. 静脉输液的看护。通常一次输液要几个小时，有的病人在家庭治疗，看护由非护理人员担当。

静脉输液的注意事项

1. 注意观察输液器中间滴壶是否正常点滴，如壶中液面过高妨碍观察，可拔出输液器几秒钟，再插入输液瓶中，待液体下滴时，滴壶液面自然下降。

2. 滴速快慢可由输液管上的开关调节，若发现输液管内有空气时，可轻弹输液管，让空气上升至滴壶内。

3. 观察穿刺部位是否有药液外溢而致皮下肿胀，严重肿胀应立即停止输液，或拔出另行穿刺。

4. 静滴过程中如病人有不适，出现怕冷、发热、心慌，应先减慢滴速，观察数分钟仍无好转，应立即停止输液，可考虑输液反应，与医生联系。

5. 输液中需更换液体时，应关掉开关，将输液器拔出，将另瓶瓶盖消毒后插入，再打开开关。输液完毕，用无菌棉签压住针眼，拔出针头，用棉签按压2～3分钟。不宜揉搓局部，以免引起局部瘀血。

吸痰

吸痰是常用的排痰方法之一。目的是采用各种方法将阻塞于呼吸道的分泌物吸出，以保证呼吸道的畅通。常用吸痰方法有导管吸痰法、支气管镜下吸痰法、气管切开吸痰法、口对口吸痰法等。

导管吸痰

主要是用注射器抽吸，让病人取平卧位，头侧向一边略后仰，面对操作者，将吸痰导管润滑后由鼻腔轻轻插至咽喉部，待病人吸气时，迅速将导管送入气管内 20 ~ 25 厘米，此时病人由于气管受到刺激引起咳嗽，表明导管已进入气管内。然后取 50 毫升注射器与吸痰导管连接，接好后即可边抽吸、边将导管慢慢上移并左右旋转把痰液吸出，直至将气管、咽喉部、鼻腔部的分泌物吸尽为止。

支气管镜下吸痰

此种方法通常用于痰黏稠不易咳出，下呼吸道阻塞及导管吸痰无效者。病人在手术前 3 小时内禁食，避免术中发生呕吐。术前要向病人解释清楚,取得配合，插管前于咽部喷地卡因进行局麻，然后再行吸痰。手术后可能出现咽喉疼痛或痰中带血，应注意休息。手术后禁食 3 小时，以免食物误入气管。必要时用多贝尔氏液漱口或口含消炎片。

气管切开吸痰

此种方法非在必要时一般不采用。吸痰时，是将吸痰导管直接插入气管套管内吸痰。

吸痰时应注意的事项

1. 插入吸痰导管以前，应用水润滑导管尖端，插管遇有阻力时，切勿强力插入，以免损伤气管内膜。

2. 吸痰时，要随时注意病情变化，特别注意呼吸及心跳。要防止刺激迷走神经而引起反射性心脏骤停。

心前叩击术

心前叩击术是指救护者用拳捶击病人胸部，使心脏复跳。但是，严格地说，它不起人工心跳的作用，而只仅仅是刺激心脏而已。

胸外心脏挤压术

胸外心脏挤压术是就地抢救心跳停止病人的有效方法之一。它具有方法简单、效果确切的特点，很适合家庭抢救时应用。挤压应有节奏、有冲击力，对准脊柱方向进行。

挤压时切忌动作粗暴或用力过大，以免造成肋骨骨折甚至肝脾破裂。

按压后，若触到股动脉或颈动脉搏动，说明挤压有效。应同时做人工呼吸。

止血

外伤后引起的大出血往往可导致病人休克甚至死亡，只有迅速、果断、有效地进行止血，才能挽救病人的生命。

止血带止血法

1. 常用方法

橡皮止血带止血法。布条止血带止血法，可用三角巾、手绢代替。

2. 注意事项

用止血带止血是一种临时性措施，由于易引起组织坏死，应慎用。

紧急人工呼吸

人工呼吸是抢救停止呼吸病人的重要急救技术，简便易行的人工呼吸法是口对口吹气的方法。做人工呼吸前，先要清理病人的口腔、鼻腔里的痰涕及异物，摘掉活动的假牙，保持呼吸道通畅。让病人仰卧，头向后仰，做人工呼吸的人一手托起病人下巴，另一手捏住病人的鼻翼，深吸一口气，用口紧对病人的口吹气。吹气不必过于用力，尤其是小儿，过度用力容易吹破肺泡。吹完气，救护人员的嘴离开，捏鼻子的手放松，让病人的胸部回缩呼气，反复进行，每分钟吹气15次左右。对牙关紧闭的病人，也可对其鼻孔吹气，如病人的心跳也停止了，应同时做心脏挤压。

止血的原则

小伤口的少量出血，一般不需进行处理可自行止血。出血较多用纱布、绷带或手绢包扎好伤口止血。如较大的动脉血管出血或受损伤，要立即采取止血措施，迅速止血。如已失血过多，则应输血输液，积极防治休克。如伤及重要血管，应争取尽快恢复血管的畅通，减少肢体的坏死和残废。

少量出血的紧急处理

1. 暂时止血法。在紧急情况下采用，以免失血过多。

①指压止血法。在伤口上方，即近心端，找到搏动的动脉血管，用手指或手掌把血管压迫在骨头上，即可止血。手和前臂出血，可用双手拇指压迫上臂内侧动脉搏动处；脚和小腿出血，可压迫大腿根部股动脉搏动处。

②加压包扎止血法。用干净的，最好是无菌的纱布、绷带、手绢、毛巾等物品填塞伤口，外用绷带或布条、毛巾等加压包扎，即可止血。松紧要适度，止住出血即可。

③止血带法：用1米长的橡皮管1根，在急救时或用布带、绳索、三角巾或毛巾代替。止血带必须扎在患肢伤口的近心端，肘关节以下的伤口应将止血带扎在上臂，膝以下的伤口应扎在大腿。在选定扎止血带的部位先包一层布或单衣，以保护皮肤和神经不致勒伤。将止血带

扎在其上，可打结或用止血钳夹住管子的交叉处夹住。如伤口未停止出血说明止血带太松，须重新扎紧止血带。但也要注意不要过紧，以防远端严重缺血而发生坏死。要定时松开止血带，以防远端因止血而造成循环障碍。

2．彻底止血法。一般均在有一定的医疗条件下进行。有结扎血管法、填塞法、电凝固法等。

3．药物止血法。可应用云南白药外敷或内服，止血粉外敷，还可使用安络血、止血敏、维生素K或应用各种凝血因子，能提高凝血作用。另外明胶海绵或淀粉海绵亦可局部试用。

外伤包扎法

包扎是最常用的外科急救技术之一，它具有压迫止血、保护伤口、防止感染、固定骨折和减轻疼痛等作用。一般是用绷带进行包扎，但在急救时，亦可因地制宜，用干净的衣服、毛巾、手绢等材料代替。

大量出血的紧急处理

出血量较大时，常引起出血性休克，除尽快送医院、寻找病因进行止血处理外应积极做抗休克治疗。

猝死的急救

病人的心跳突然停止，意识突然不清，周身大动脉停止搏动，呼吸不规则，或四肢突然抽搐，是猝死的症状，要立即进行抢救。医学证明，从心跳停止到完全死亡的时间一般是8分钟，超过8分钟，脑细胞就可能损坏，即使抢救过来也会成为废人。因此，一旦发生猝死，要立即争分夺秒组织现场抢救。具体做法是：

1．先使病人气道通畅，让病人仰卧并撤去枕头，脖子伸开，头上仰。

2．进行口对口呼吸。抢救者宜在病人右侧，右手托住病人下颌，左手捏住病人鼻孔，然后进行大力吹气，以每分钟20～30次的速度进行，同时做心脏挤压。此两种方法交替进行。如二人同时抢救病人，可由一人口对口呼吸，另一人挤压心脏。以上过程要在2～3分钟内完成，如操作得当大部分病人可起死回生。

昏迷

在医学上，昏迷有着特定的含义，它是指病人的意识完全丧失。引起昏迷的原因很多，流行性脑脊髓膜炎、流行性乙型脑炎、脑出血、脑血栓形成、颅脑损伤、中暑、煤气中毒、药物中毒、低血糖等，都可导致昏迷。

呼吸停止的原因

1．呼吸道梗阻

如溺水、气管内异物、昏迷或麻醉

时胃内容物流人呼吸道、舌后坠、分泌物过多等。

2．呼吸肌瘫痪

如传染性多发性神经根炎、脊髓灰质炎、重症肌无力、严重的低钾血症或家族性周期性麻痹、颈椎骨折或脱位压迫脊髓等。

3．呼吸中枢兴奋性降低

①脑水肿和颅内高压，见于颅内占位性病变、颅脑损伤、乙型脑炎、脑膜炎、中毒性肺炎、中毒性痢疾等。

②感染引起的呼吸中枢衰竭或抑制，如延髓型小儿麻痹、乙型脑炎、脑膜炎等。

③其他原因引起的呼吸中枢抑制，如吗啡、杜冷丁、安定、巴比妥类药物中毒，以及电击等。

跷板式人工呼吸法

将患者固定在直的木板或板凳上，胸腹向下。将此木板放在高约1米的窄板凳上，两人在木板的两头，一高一低地有节奏地轮流掀起、放下，来回摆动，当头部向下时，肺部受胃肠压迫，驱出空气；向上时，空气被吸到肺内，而且由于内脏刺激膈膜，也能促进呼吸作用。

举臂压胸人工呼吸法

患者仰卧，腰背部垫一低枕，头偏向一侧，施术者跨跪于患者头两侧，以两手握患者前臂上部尺侧，将臂上举至垂直，待2秒钟后，再曲其两臂，并以其肝部于前侧方压近两肋弓约2秒钟。按此反复施术。

俯卧压背人工呼吸法

患者俯卧，头向下略低，面部转向一侧，两臂前伸过头，施术者跨跪于患者大腿两侧，将手放置在患者背部，压迫胸部两侧下后方，以每分钟18～24次的速度按压。

仰卧压胸人工呼吸法

患者仰卧，背垫枕使胸部抬高，其上肢放于体侧，施术者跨跪于患者大腿两侧，将手掌放于患者两侧肋弓部位，拇指向内，余四指向外，向胸部后方压迫，将气压出肺脏。然后松手，此时胸廓自行弹回，有节奏地进行，每分钟按压18～24次为宜。

简易呼吸器人工呼吸

有条件时可用麻醉机通过口腔气管内插管或通过气管切开插管，进行间断性加压给氧人工呼吸。此方法能更好地调节呼吸的深度与频率，保证有效的呼吸交换量。在没有麻醉机时，可用简易呼吸器进行人工呼吸。呼吸机通过面罩、气管插管或气管切开与病人相连。挤压气囊时，氧气即进入病人肺部，放松气囊时，病人呼出的气体能通过呼吸活动排出体外，此方法一次能挤压

500～1000毫升气体入肺，通气效果好。在自主呼吸部分恢复后，抢救的人员可以按病人微弱呼吸的频率轻度地挤压气囊，帮助病人更完全地呼吸。

针灸法治疗呼吸停止

在施行有效人工呼吸的同时应针刺人中、涌泉、内关、足三里等穴，以急刺、强刺激手法为主。

中风的急救

中风多由脑血管疾病引发，是一种常见急症。处理原则是：保持安静，让病人卧下，将头部稍垫高，偏向一侧。应有人照看，注意呕吐物要及时清除，避免误入气管，并防止病人从床上摔下。可针刺双侧曲池、足三里、人迎以降低血压。待病情稍稳定后，将病人转送医院，注意动作要轻慢。

脑血管急症

脑血管意外是指供应脑血流的血管发生显著的循环异常所引起的疾病，大多数起病急骤，故有时称之为卒中或中风。其症状多急速进展，常表现有不同程度的意识障碍及神经系统局部受损的体征，如偏瘫、失语等。

脑血管急症的发病原因

1. 颅内血管病变，如粥样动脉硬化、动脉炎、动脉瘤、血管畸形等均可引起脑血管意外。

2. 颅外血液循环障碍，如血压过高或过低、心脏疾患（风湿性心脏病、心肌梗死、先天性心脏病等）、颈部大血管病变、血液成分变化（红细胞增多、血小板减少、血凝障碍等）、血黏度增加等也均能引起脑血管意外。

脑血管急症的分类特点

脑血管意外分缺血性和出血性两种。

缺血性：由血管痉挛、狭窄、闭塞、盗血等引起，有短暂性脑缺血发作、脑血栓形成、脑栓塞等。

出血性：由于血管破裂、渗出引起，有脑溢血、蛛网膜下腔出血等。

脑血管急症需要尽快确诊

脑溢血者或蛛网膜下腔出血者应绝对静卧休息，尽量减少各种刺激，避免不必要的检查。维持呼吸道畅通，侧卧，防舌后坠，吸痰，间断给氧，头痛者给予安痛定2毫升，临时肌肉注射或口服止痛药物，烦躁者使用镇静药物安定10毫克，肌肉注射或者口服。

小儿抽风的急救

2～3岁以下的小儿常因高烧而抽风。小儿抽风，家长不要惊慌失措，应该让病孩躺在床上，解开衣服，免得妨碍呼吸。为了防止抽风咬伤舌头，又不让舌头向后倒，可用布包裹筷子头，放在牙齿之间，并压住舌头，这样可保持呼吸通畅。

对抽风严重的小儿，可用指头掐上唇中间的“人中穴”及双眉中间的“印堂穴”，小儿正抽风时，不要喂水、喂药，以免吸入气管发生窒息或引起肺炎。如小儿发高烧，可用冷湿毛巾敷在小儿额上，也可用温水擦身；在夏季，宜用冷水擦小儿四肢。若用酒精加一半水擦皮肤，退热效果更好。由于发生抽风的原因很多，在做上述处理的同时，应尽快到医院就诊，以免耽误治疗。

癫痫发作

癫痫俗称“羊角风”，主要表现为阵发性神志突然丧失和四肢抽搐等症，是由于大脑皮层中存在病理性兴奋点所致。癫痫有原发性和继发性两种，原发性找不到病因，继发性的病因很多，有时在临床上找到病因也是很困难的。

根据病史、脑电图、CT 及其他辅助检查，确定是原发还是继发，绝不能轻易地做出原发性癫痫的诊断。

癫痫发作的临床特征

癫痫的分类相当复杂，在此仅根据其临床表现形式，粗略分为四种。

1. 强直性大发作。患者突然尖叫一声，跌倒在地，意识丧失，双眼球上翻或固定，四肢强直，呼吸停顿，全身骨骼肌出现阵挛，牙关紧闭，发绀，口吐白沫或血沫（因咬破舌头或牙龈出血），瞳孔散大，常伴有小便失禁。抽搐1至数分钟即自行停止，以后转入昏睡或躁动不安，精神恍惚。有的很快清醒，有的经1～2小时才完全觉醒。醒后可有头痛，周身痛，疲倦，对发作情况不能记忆。

大发作连续不断，患者神志不能恢复，这种情况叫做癫痫持续状态，不及时抢救，可因衰竭或严重生理功能紊乱而死亡。

2. 失神小发作。只有短暂（1–2秒）神态丧失而无抽搐、跌倒或两眼呆视，手中持物掉落，面色苍白，流涎等。发作较频繁，有时一日可多至数十次以上。

3. 精神运动性发作。表现为一时性神志模糊，做一些无意义的动作或有情绪改变，发生错觉、幻觉，甚至伤人、毁物等。可持续数小时至数日，事后患者不能记忆。发作间歇期精神状态正常。

4. 局限性癫痫。为大脑皮层某部有病灶所致，多无意识丧失，表现为一侧肢体、个别肢体及面部的抽搐，如习惯性挤眼、动嘴点头等。

对癫痫发作者的紧急抢救

1. 一般措施。对大发作患者要扶持其卧倒，防止跌伤或撞伤。衣带、衣领和腰带必需松解，以利于呼吸通畅。

将毛巾或手帕（在医院则用外裹纱布的压舌板）塞入齿间，可以防止舌部咬伤。

惊厥时不可按压患者的肢体，以免发生骨折或脱臼。在背后垫以一卷衣被之类的软物，可以防止椎骨骨折。惊厥停止后，将头部旋向一侧，让分泌液流出，避免窒息。如果惊厥时间偏长，或当日已有过发作，可给苯巴比妥钠0.2克，肌肉注射，否则不需特殊处理。对精神运动性发作的自动症，要注意防护，避免自伤或伤人。

2. 特异性用药。原发性大发作的首选药物是丙戊酸钠，其次为苯妥英钠或苯巴比妥；局限性发作的首选药物为苯妥英钠，其次为卡马西平或苯巴比妥；精神运动性发作的首选药物是卡马西平，其次为苯妥英钠或扑痫酮；失神小发作的首选药物为乙琥胺，其次为丙戊酸钠；肌阵挛性小发作首选药物为丙戊酸钠，其次为氯硝安定或苯妥英钠；非典型小发作的首选药物为硝安定，其次为硝基安定或苯巴比妥。儿童用药一般选用丙戊酸钠口服液。

3. 癫痫持续状态的抢救。在给氧、防护的同时，应从速制止发作。可用安定10～20毫克静脉注射，其速度不超过每分钟2毫克，以防患者呼吸抑制。或给予100～200毫克安定，溶于5%糖盐水中，于12小时内缓慢静脉注射。也可用异戊巴比妥钠0.5克溶于10毫升注射用水中，5分钟左右推完。另外，还可用副醛、水合氯醛灌肠。

急性腹痛

腹痛有三种类型：①绞痛，疼痛剧烈，常为阵发性，多见于胆结石、肠梗阻；②钝痛，能为病人忍受的持续性疼痛，如胃炎、肝炎引起的疼痛；③放射痛，因神经支配的关系，一个脏器疼痛牵涉到其他部位，如肝胆疼痛可放射到右肩。

突然而至的腹痛，而且剧烈难忍，往往是病情严重的征兆，需急送医院救治。

中暑的急救

首先应将病人迅速移到通风较好的阴凉地方，解开衣扣，让病人平卧，用冷水毛巾敷其头部，扇扇，并给予清凉饮料。

轻型病人可服人丹、十滴水，也可采用针刺疗法。针刺大椎、委中、合谷或曲池、百会、人中等穴位。

对较重病人要进行降温。先用10～15℃的水擦身，然后逐步降低水的温度。可在大血管处放些冰块。为使体内余热更快地散失，在用冷水降温的同时，用扇子扇病人，或用电风扇，以增加空气对流，并适当补充水分和无机盐类。如病人能饮水，给喝凉盐开水或清凉饮料；不能饮水者，静脉输入生理盐水。必要时要及时送往医院。

咯血的急救

喉部以下的呼吸道出血，经口腔咯出，叫咯血。许多疾病都可引起咯血，如肺炎、肺脓肿、肺结核、支气管扩张、白血病、二尖瓣狭窄、左心衰竭等。每次咯血量在100毫升以下为小量咯血，100～300毫升为中等量咯血，300毫升以上为大量咯血。

肺结核、支气管扩张、肺脓肿以及心脏病发生心力衰竭时都可能咯血。遇到这类病人，尤其是大量咯血者，首先判明是由呼吸道咯出的，还是由消化道呕出的。呕出的血液暗红色，无泡沫血痰，并混有食物。大咯血的急救原则是：让病人安静躺卧，头偏向一侧，轻拍其背部，清除口鼻内的血块，以保持气道通畅，给病人以精神安慰，不要搬动病人。病人咳嗽时要轻咳，但也不要强忍，不要把血咽下去，待病情稍缓和些，速送医院治疗。

呕血

食管、胃或十二指肠出血并从口内呕吐出来，叫做呕血。胃十二指肠溃疡、胃癌、胃炎以及肝硬化所致的食管下段和胃底静脉曲张破裂出血是呕血的主要原因。

鼻出血

鼻出血，又叫鼻衄，是较为常见的现象。气候干燥、鼻内发炎、鼻腔肿瘤、高血压、血液病、麻疹、伤寒等，以及维生素缺乏、外伤、妇女经期等，都可以引起鼻出血。

鼻出血的现场救护

用手指紧捏鼻翼10～15分钟，用口呼吸。

稍许仰高额头，但不要过高，以免血液流向喉部，引起不适。

可将用冷水浸湿的毛巾或用手绢包裹小冰块敷在病人鼻部和额头，以达到收缩鼻部血管而止血的目的。

出血量较大时，可用脱脂棉、软纸，最好是将纱布用清水浸湿，然后用筷子将湿棉花或纱布慢慢填入鼻腔，使之压迫出血点，待观察3～4小时后再取出。如在填塞物上撒上云南白药或其他止血粉，则效果更佳。

止血后不要用力揉擦鼻腔、挖鼻孔，以免再次引发鼻衄。

对老幼病人还要注意其呼吸、脉搏。

如经上述处理而仍出血不止，应尽快送病人去医院。宜抬送，病人应侧卧，途中可喝淡盐水或糖盐水，以补偿失血。

鼻腔异物

鼻腔异物多见于儿童。小儿玩耍时将豆类、瓜子、糖纸、纽扣、小玻璃球等物塞入鼻孔，而无法取出可形成鼻腔异物；鼻出血时堵塞用的纱布、棉球未能及时取出，忘记在鼻腔，也可成为异物。

毒虫螫伤

一般常见的是蜜蜂、蝎子及蜈蚣等

毒虫的螫伤。根据被蜇伤史，损害多见于手、足和面部等露出部位，多为单侧。损害部位为一片红肿，其中心可发现瘀点，为蜇伤的痕迹，疼痛剧烈，有时伴有大疱或产生坏疽等，可分别根据这些情形诊断此病。

蜈蚣咬伤的治疗

1. 立即用肥皂水、3%氨水或5%碳酸氢钠溶液洗净伤口，用鲜扁豆叶、鲜蒲公英、鱼腥草、芋头等其中任何一种草药，将其捣烂外敷，或用南通蛇药外涂伤口周围（不可涂伤口上）。

2. 冷敷或用0.25%～0.5%普鲁卡因作伤口周围封闭。

3. 剧痛者可注射杜冷丁或吗啡。

蝎子蜇伤的治疗

1. 迅速拔除毒针，局部冷敷或喷以氯乙烷，蜇伤上方可缚以止血带，或用0.25%～0.5%普鲁卡因封闭。清除毒液可切开螫伤处，先以氨水、石灰水或高锰酸钾溶液冲洗，然后以口吮或火罐吸出毒液。

2. 局部敷药：取南通蛇药数片，用冷开水调成糊状在伤口周围约3厘米处敷成一圈，也可选用明矾粉调醋、雄黄及枯矾各半调水或大蜗牛1只连壳捣烂外敷伤口，均可止痛祛毒，中草药、薄荷叶、大青叶等亦可捣烂外敷。

3. 中毒严重者，可用特效抗蝎子毒血清，或用肾上腺皮质激素。

4. 可对症及支持治疗，如止痛、抗惊厥、补液等。

蜂类螫伤的治疗

1. 立即拔除蜂刺，用肥皂水、3%氨水、5%碳酸氢钠溶液洗敷伤口，若为黄蜂则用食醋。

2. 伤口周围可搽以南通蛇药，或选用草药青苔、半边莲、七叶一枝花、紫花地丁捣碎外敷。

3. 有过敏性反应者，迅速静脉注射地塞米松5～10毫克，并肌肉注射抗组织胺药物或肾上腺素。

4. 对症处理，如肌肉痉挛用10%葡萄糖酸钙10毫升静脉注射或局部普鲁卡因封闭等。

毒蛇咬伤

毒蛇咬伤常见于我国南方农村、山区和沿海一带，夏秋季节较多。毒蛇种类很多。毒性以大眼镜王蛇为最，中毒死亡率最高。其他如金环蛇、银环蛇、眼镜蛇、五步蛇、蝰蛇、蝮蛇、竹叶青、烙铁头、海蛇等都有剧毒。

毒蛇与无毒蛇的区别

毒蛇大多头部呈三角形，颈部较细，咬人时嘴张得很大，牙齿长。毒蛇的毒腺与毒牙相连，咬人时毒腺中的毒液顺着上颚前面的两颗牙齿注入人体，被咬的地方留有两排牙齿印，两端有两个粗而深的痕迹。

毒蛇咬伤后的毒液扩散的防止和吸收处理

1. 结扎：被蛇咬伤后立即用止血带或橡胶带结扎伤口的上方，以阻止毒液吸收。如伤在足背，则在踝关节上端和膝关节下端结扎；如伤在手背，则在腕关节上端和肘关节下端结扎。结扎松紧度以阻断淋巴和静脉回流为准，结扎后每20分钟放松2～3分钟，以免肢体因血液循环障碍时间过长而坏死，待急救处理结束后可以解除。

2. 冲洗伤口，用净水、冷开水、生理盐水或0.1%高锰酸钾冲洗，将患肢置4～7℃冰水中或2%冷盐水中，自上而下以手挤压排毒20～30分钟，创口用湿敷，以利毒液流出。

3. 扩创排毒：创口周围以1%普鲁卡因封闭后，用吸奶器或火罐吸吮毒素，在紧迫情况下可用口吸吮，边吸边吐，再以清水漱口，尽可能吸尽毒汁。如咬伤后不超过24小时，必要时可于创口处作十字切开后再吸吮。但切口不宜太深，只要淋巴液外溢，促使毒液排出即可，如创口有毒牙残留，应立即排除。咬伤超过24小时，一般不需排毒处理。如创口肿胀明显，可在肿胀处下端每隔约5厘米处用消毒粗针平刺2厘米，以加速排毒；如上肢肿胀时，穿刺八邪穴，下肢肿胀，穿刺八风穴，以排毒消肿。

毒蛇咬伤的一般抗毒、解毒处理

1. 紧急时可用氢化可的松、地塞米松静注或同时并用葡萄糖液、三磷酸腺苷、辅酶A、普通胰岛素静滴，以减轻毒性反应。

2. 应用利尿剂、甘露醇等脱水剂以促使毒素排出和防治脑水肿。

3. 急性溶血和血红蛋白尿患者，可应用右旋糖苷、肾上腺皮质激素，同时碱化尿液，以减少血红蛋白沉积，防止急性肾功能衰竭。

4. 积极处理呼吸困难、心力衰竭和休克等症状。给予抗生素，预防感染。

气管异物

气管异物是指异物进入气管或支气管，多见于3～5岁的儿童。常见的异物有瓜子、花生米、蚕豆、黄豆、果核等食物，以及硬币、图钉、纽扣、发卡、玻璃球等物品。此病后果严重，要迅速抢救，否则，病儿可在几分钟内昏迷、死亡。

疯狗咬伤

疯狗咬伤，在山区农村中较为多见。疯狗咬伤的危险性在于因咬伤而引起的狂犬病（又称恐水病）。

狂犬病的预防

狂犬体内有比细菌还小得多的病毒，这种病毒主要侵犯神经系统。患病狗在咬人时其唾液中的大量病毒进入伤口，沿神经传至大脑，在大脑处繁殖，引起严重症状，并易传染给别人。

感染狂犬病的症状

疯狗咬伤以六、七、八月为多见，故此季节遇到狗咬应想到有狂犬病发生的可能。狂犬一般具有性情突变、狂躁易怒、狂吠、暴躁咬人，或虽安静无暴躁现象，但不食、逐渐消瘦、肌肉麻痹瘫痪而死亡的特点。狂犬咬人后，患者并不立即发病，潜伏期短者数十日，长者可达半年、一年，甚至更久。病人的症状主要表现是烦躁、惶恐不安、牙关紧闭抽风、不敢饮水、瘫痪、呼吸麻痹等。

狂犬咬人后的紧急治疗

1. 将伤口上下方用止血带紧紧勒住。

2. 将伤口稍作扩大，吸吮出局部血液，并用高锰酸钾液或双氧水、升汞水、肥皂水冲洗，也可用醋冲洗伤口。

3. 用浓硝酸或浓的石炭酸、碘酒烧灼伤口。

4. 使用抗素菌和破伤风抗毒血清，预防和控制感染。

5. 注射狂犬预防疫苗。

6. 送医院做进一步处理。

此外，要及时报告当地公安机关，捕捉此狗进行检查，若系狂犬则应注射狂犬疫苗。

外耳道异物

常见于小孩，一般的异物有小玩具、豆类、纽扣、石子、纸卷、小的昆虫，以及医生治耳病时遗忘的棉花、药块等。

外耳道异物的确诊

常可引起疼痛、耳鸣或眩晕，较大的异物或谷物遇水后胀大，常有听力减退。如异物未伤及鼓膜和外耳道壁，也可无自觉症状。

诊断时一定要与外耳道耵聍或外耳道炎性肿胀相鉴别。

外耳道异物的紧急治疗

1. 豆类、花生仁可先滴入酒精，使之缩小，再钩出或掏出。

2. 扁形和棒状异物可用耳镊夹出。

3. 圆形质硬的异物可用耳钩针，经异物周围细小间隙放入，绕过异物而将其钩出，切忌将异物推入深部。

4. 如系小泥块、泥沙，不便掏取时，可用温开水冲洗。但有中耳炎或鼓膜穿孔者，不能冲洗，可用棉花棍头的纤维扫出，或用挖耳勺或小匙细心挖取。

5. 活蚊蝇小虫入耳，可用蘸有乙醚或氯仿的棉签接触虫体，将其杀死后，用夹子取出或用水冲出。

眼耳鼻内进入异物怎么办

1．当眼内落入小沙粒、小虫子等东西时，立即会出现痒疼、灼热、流泪等症状。这时，不要揉眼睛，应小心地用干净的手帕从眼角朝鼻子的方向擦眼泪，因为眼泪可以将异物洗掉。假若痒疼不止，则应用盛凉开水或浓茶的杯子贴近眼睛，在凉开水或浓茶里多次眨巴眼睛。经这种处理仍感不适，就要在眼睛上敷上湿药棉并去找医生。

2．小孩玩的时候，有时会将小豆子、小种子等塞进耳朵里，有时睡觉时耳朵里还可能爬进小虫子。这时，应立即把这些异物从耳朵里取出来。方法是：往耳朵里滴上几滴食用油、甘油或温水，然后耳朵内有异物那一侧的脚跳几下，使异物颠出来。绝不要用镊子、发卡、大头针等去取掉进去的东西。这样做会损害鼓膜，引起耳聋。

假若上述方法仍不见效，就应去找医生处理。

3．有时因不留意会将小东西吸进鼻子里。为了把它弄出来，要挤住那个没有异物的鼻孔，用劲擤鼻涕。如果这样无济于事，可拿一根橡皮管，管内吸满温开水喷鼻孔，水就可以将异物带出来，如仍不奏效，要立即请医生处理。

电击伤

人体接触电流或电弧可引起电击伤，常见于工业用电或闪电击伤。接触1000伏以上的高压电多出现呼吸停止，220伏以下的低压电易引起心肌纤颤及心搏停止，220～1000伏的电压可致心脏和呼吸中枢同时麻痹。

电击伤合并伤的种类

1．常合并骨骼损伤，X光片可见触电部位骨骼发生裂纹。

2．电击引起烧伤，局部烧的严重程度与电流通过的时间、电压的高低、电流的强弱及局部组织电阻的大小有关。接触电流部位的皮肤，多见深度烧伤，与正常组织分界清楚。深部组织烧伤，常见于肌肉广泛坏死，可引起局部组织水肿与血液循环障碍。

电击伤合并伤的紧急抢救

1．立即切断电源或用就近的一些绝缘物使患者尽快脱离电流。

2．患者昏迷可针刺压按人中、中冲穴位。

3．将患者移至通风处，保持呼吸道通畅。若呼吸停止，应立即进行人工呼吸，至少4小时，或直至自动呼吸恢复为止，有条件应立即进行气管插管，加压氧气人工呼吸。若心脏停搏，应立即行胸外或胸内心脏按摩。呼吸恢复后，因缺氧易引起脑水肿，应使用甘露醇、50%葡萄糖或甘油静注，进行降颅压减轻脑水肿治疗。

电击伤急救治疗

1. 电灼伤创面要特别重视消毒包扎，减少污染。伤面周围皮肤最好用碘酒、酒精处理后，加上消毒敷料。一旦坏死区域边界明确，即应去除坏死组织。

2. 血压下降，可用升压药物(新福林、去甲肾上腺素、间羟胺等)。

3. 对昏迷、头痛等中枢症状，用高渗溶液脱水疗法（高渗葡萄糖、山梨醇、甘露醇等）。

4. 处理外伤、骨折等。

5. 纠正酸碱平衡。

6. 全身应用抗生素，预防感染。

7. 全身性支持疗法。

8. 治疗其他合并症。

医生对烧伤的诊断

1. 了解烧伤原因、时间、既往健康状况。

2. 烧伤面积的粗略估算，以病人手掌为准，五指并拢，单掌面积为体表面积的1%。

3. 烧伤深度的估计，通常用三度四分法来估计烧伤深度。

①Ⅰ°烧伤，损伤仅及表皮层，出现红斑，轻度红、肿、热、痛，感觉过敏，干燥无水疱。

②浅Ⅱ°烧伤，损伤达真皮浅层。出现水疱、剧痛，感觉过敏，疱皮剥脱后基底潮湿红润，水肿。

③深Ⅲ°烧伤，损伤达真皮深层，水疱可有可无，痛觉迟钝，疱皮剥脱后基底湿润苍白，间有红小斑点，拔毛疼痛，伤后2～3天出现细小网状栓塞血管。

④Ⅳ°烧伤，损伤累及皮肤全层、皮下组织、肌肉及骨骼等，外观皮革样，灰白、蜡黄等，痛觉消失，痂下水肿，拔毛不痛。伤后2～3天出现粗大树枝状血管。

烧伤急救与治疗

现场急救是治疗烧伤的起点，其要领可概括为：一灭、二查、三防、四包、五送。

一灭：即采取各种有效措施迅速灭火，使伤员不再受伤，除去热源就可使伤员烧少点、烧浅点、烧轻点。

二查：检查全身状况有无合并损伤，如有其他损伤要注意采取相应措施。

三防：防休克、防窒息、防创面污染。疼痛可服止痛药，口渴可少饮淡盐水。呼吸道烧伤，要清除异物，保持呼吸通畅，同时要注意保护创面，防止污染。

四包：用较干净的衣物，把伤面包裹起来防止再次污染，在现场，除化学烧伤外，一般不对创面处理，尽量不弄破水疱，冬天要注意创面保温。

五送：迅速离开现场，把伤员送往医院。

轻度烧伤的处理

首先清洗创面，剃去烧伤部位和附近的毛发，剪去指（趾）甲，除去异物和已剥落的表皮，用自来水或生理盐水冲洗，然后将烧伤部位浸泡在冷水中。无法浸泡的部位，可用浸有冰水的毛巾湿敷，并要反复更换，直到疼痛消失为止。创面上不要涂红药水、紫药水等带颜色的药。如果皮肤有水疱，要用消毒敷料覆盖，不要弄破或引流水疱，以防感染。创面可涂一些收敛消炎止痛药，如獾油、清凉油、烧伤油等。创面大，可包扎；创面小，亦可用暴露疗法，但冬季要注意保暖，屋内防尘，以免感染。浅表层烧伤面积广泛时也要引起高度重视；电烧伤、脸烧伤、手脚烧伤以及生殖器烧伤应视为严重烧伤，必须去医院治疗。

服毒中毒

毒物种类甚多，此处所言仅指有机磷农药，如敌敌畏、1605（对硫磷）、1059（内吸磷）、敌百虫、乐果等。服毒的原因很多，有因保管不当所致的误服、食用被农药污染的瓜果和蔬菜、在农药残留量很大的地域生产劳动等，亦有故意服毒的。

吃错药中毒

用来治病的药物也是一种毒物，只不过是在一定剂量内，它具有治病的功用，而超过了它的范围，则会导致中毒。清除口腔分泌物，保持呼吸道通畅。有呼吸、心跳停止者，应即时施行人工呼吸和胸外心脏挤压术。

尽快送病人去医院急救，且不要忘记携带病人可能误服药物的药瓶，以便于医生诊断。

有条件者，可实施催吐。

如怀疑病人误服了来苏儿、高锰酸钾、碘酒这类强腐蚀性药物，可给其灌服牛奶、生蛋清、稠米汤或豆浆，以保护胃黏膜。

溺水

1. 溺水后因水进入呼吸道，造成窒息而死亡。

2. 淹没于淡水者，肺内很快吸入大量水分，血液被稀释，红细胞水肿破裂，释放出大量钾，使血中钾钠比值增高，作用于心脏，发生室颤或因窒息而死亡。

3. 淹没于海水者，因电解质含量比血浆的电解质高，以致体内水分渗入肺内，引起肺水肿和循环衰竭而死亡。

溺水自救

不熟悉水性的人误入深水中，千万不可慌张，要努力保持头脑清醒，采取自救措施。方法是尽量仰头，眼向上方，使口鼻露出水面，这时就能进行呼吸。呼气宜浅，吸气宜深，万不可将手上举或挣扎，这样反而会使身体下沉，同时立即向岸上的人呼救。

如果溺水的人还在水面活动，救护人员宜从其背部拉住腋窝托出，如果救护人员游泳技术并不熟练，最好携带救生器材下水，但需注意不要被溺水的人紧抱缠身，以免累及自身。

简易救助溺水者

如溺水的人呼吸已停止，可在水中边游泳，边做口对口人工呼吸，救上岸后，迅速清除溺水者口和鼻中的污泥、杂草及分泌物，有活动的假牙也应取出，以免坠入气管，还需解开溺水者的衣扣、腰带。

如发现溺水者口内有水或肚子鼓胀，应将水控出。救护者一腿跪地，另一腿屈曲，将溺水的人腹部放在自己的膝盖上，使其头下垂，然后再按其背部。也可利用地面上的自然斜坡，将头部放在下坡位置；用小木凳、大石头等垫在溺水人肚子底下也可以控水。小孩溺水，可倒提双足控水。应注意，如拍背几下无水外溢，就不必再坚持控水。

若呼吸、心跳已停止，要立即做人工呼吸及心脏挤压，绝不可再为控水耽误时间。即使在送往医院的途中，也不能停止人工呼吸和心脏挤压。

紧急抢救溺水者

1. 将溺水者从水中救出后，立即清除口腔、鼻腔内的水和泥沙等污物，恢复呼吸道的通畅，并将舌头拉出，以免后翻堵塞呼吸道。迅速进行倒水动作以倒出呼吸道及胃内积水。如果呼吸或心搏已停止，应首先或同时进行人工呼吸或心脏按摩。倒水动作主要有：

①将患者俯卧，腰部垫高，头部下垂，并以手压其背部。

②抱住溺水者的两腿，腹部放在急救者的肩部快步走动，使积水倒出。

2. 立即进行人工呼吸，采取俯卧压背法。如溺水者呼吸已停止，应采用口对口或口对鼻人工呼吸。有条件时应采用气管插管，正压给氧。

3. 在淡水淹溺，有明显溶血和贫血者，可输红细胞或全血。由于血红蛋白血症而发生的尿少或无尿时，应给予相应治疗。

4. 如神志持久不清，可考虑用三磷酸腺苷、细胞色素 C、辅酶 A 以促进脑细胞功能的恢复。

5. 神志昏迷者应注射中枢兴奋剂，如尼可刹米、回苏灵等，并针刺合谷、内关、太冲、丰隆等穴。

6. 应用抗生素以预防吸入性肺水肿及支气管痉挛，可喷雾吸入 0.5%异丙肾上腺素或吸入通过 5% 酒精的氧气。

7. 海水淹溺者，有明显血液尿浓缩及血容量减少者，应输血浆加以纠正。

8. 心跳停止者应先进行胸外心脏按摩术，心内注射肾上腺素或合用异丙肾上腺素。

9. 注意避免酸中毒及保持电解质平衡，如有紊乱及时加以纠正。代谢性酸中毒较常见，可静脉滴注5%重碳酸钠溶液100～200毫升。

怎样给病人换药

1. 解除外层胶布及绷带，用镊子轻轻揭去覆盖创口的内层敷料。

2. 用75%的酒精棉球消毒创口周围皮肤，要注意先由创口边缘开始，再向周围涂擦，不要将酒精擦入创口。

3. 用生理盐水棉球或呋喃西林溶液棉球清洁创口内部，轻轻除去脓液、坏死组织等。（观察创口是否发生变化，如觉得没把握可请医务人员处理）

4. 以酒精棉球再次消毒创口周围一次，然后覆盖消毒纱布，以胶布粘住，或按医嘱敷药用绷带包扎。

急性酒精中毒

饮酒过量为急性酒精中毒的常见病因。患者有饮酒史，嗅其有强烈酒味。早期有面红、脉快、精神激动、语无伦次、共济失调、恶心、呕吐、嗜睡等特点，重者可呈昏迷状态甚至呼吸麻痹而死亡。也可发生低血糖症、酮酸中毒、脑水肿、高热、惊厥等。

下列情况与急性乙醇中毒的严重度有关。

1. 原来健康不良，特别是有心、肺、肝或肾疾病者，容易造成较重中毒。

2. 乙醇如与巴比妥酸盐类或吗啡同服，即使血液中乙醇浓度较低，亦属危险。

3. 由乙醇引起的中毒，其昏迷达10小时以上者，往往极为严重。

4. 血液中乙醇浓度高于400毫克者，预后甚差。

酒精中毒的急救治疗

1. 对烦躁不安或过度兴奋者可压迫舌根催吐，并肌注安定5～10毫克。

2. 血压降低呈休克状态者，给予升压药及其他抗休克治疗。

调理好病人的饮食

病人多半食欲不好，消化能力差，因此病人的饮食既要营养丰富，又要有利于消化，一般情况下病人的饮食以软食和流食为最佳。调理好病人的饮食，有助于病人的康复，也是治疗疾病的手段。病人的饮食调节要根据病情而定。例如：肾病、水肿、心脏病、高血压病、妊娠中毒等病人，要求少盐清淡食物；动脉硬化、胰腺炎、胆结石等病人，要求低脂肪食物；肺结核、甲状腺功能亢进病人，要求高脂肪、高热量食物；一日三餐是传统的饮食习惯，但有些病人则要求少量多餐，即每次食入量少，增加每日进餐次数，以保证营养的供给。

煤气中毒

含碳物质在不完全燃烧时都可产生

一氧化碳。一氧化碳为无色、无味的气体，比空气轻，在空气中燃烧有时可见蓝绿色的火焰。

煤气中毒致病原因

1．在日常生活上，常因冬季用煤炉取暖时，门窗紧闭排烟不良及煤气灶漏气等原因造成。

2．在工业上，炼钢、炼铁、炼焦等冶炼车间，丙酮、甲酸、甲醛等合成车间，矿业采掘爆破，内燃机、汽车发动时排出的废气等，均含有大量的一氧化碳，在通风不良的情况下，均可造成一氧化碳中毒。

煤气中毒的诊断

首先要有中毒环境及接触史，中毒症状的轻重与病员吸入空气中所含一氧化碳的浓度、中毒时间的长短以及体质强弱等有关。

1．轻度中毒：血液中碳氧血红蛋白在10%～20%。头痛、眩晕、心悸、恶心、呕吐、四肢无力，甚至短暂的昏厥。吸入新鲜空气后，症状迅速消失。

2．中度中毒。血液中碳氧血红蛋白在30%～40%。除轻度中毒的症状加重外，且有昏迷或虚脱。皮肤和黏膜呈樱桃红色，尤以两面颊部、前胸和大腿内侧较为明显。及时抢救，亦能较快清醒，数日内恢复，一般无后遗症状。

3．重度中毒。在短时间内吸收高浓度的一氧化碳，或连续吸入时间过长，血液碳氧血红蛋白约在50%以上时常表现深昏迷，各种反射消失，大小便失禁，四肢厥冷，出汗，呼吸急促或可现潮式呼吸，血压下降，最后心跳、呼吸停止。此外可有肺炎、肺水肿、心肌损害、心律紊乱或传导阻滞，高热及周围神经炎等并发症。昏迷时间愈长后果愈严重，常留有痴呆、记忆力和理解力减退、震颤麻痹、肢体瘫痪等神经系统后遗症，后遗症亦可在病人清醒二周后出现。

煤气中毒紧急治疗

1．立即打开门窗，将患者移至空气新鲜、通风良好的地方，松解衣扣，注意保暖，如呼吸停止，应立即进行口对口人工呼吸。

2．昏迷患者应注意吸出口腔及呼吸道的分泌物，保持呼吸道通畅。

3．50%葡萄糖溶液50毫升加维生素C500～1000毫克静脉注射。

4．能量合剂静脉滴入，以促进细胞功能的恢复。

5．立即进行针刺治疗。取穴太阳、头维、神庭、列缺，留针15分钟。昏迷者强刺人中、少商、十宣、涌泉、合谷、足三里等穴位。

6．呼吸兴奋剂的使用。尼可刹米1.5毫升，苯甲酸钠咖啡因0.5克，山梗菜碱3～6毫克，野靛碱1.5毫克肌注或静注，可选两种交替注射，每小时1次。

7．尽快吸入氧或含5%二氧化碳的

氧气。有条件时尽快进行高压氧舱治疗，氧压不应超过两个大气压。

药物中毒怎么办

误服毒性强的药物或服药量过大都会发生药物中毒现象。药物中毒后应及时送医院抢救，以防吸收。如离医院较远，则应先在家里进行初步的去毒、解毒处理。

首先是催吐。即用手指或筷子轻触咽喉部，通过刺激令其呕吐。也可先让患者喝大量盐水，再用手指刺激咽喉。

其次，如毒物已进入肠道，可采取催泻的办法。取硫酸钠30克，以温水溶化，给患者服下，可使毒物随下泻排出体外。

再次，可采取解毒的方法。如重金属中毒，可饮浓茶；如是腐蚀性毒物，可喝牛奶、豆汁或蛋清，以保护胃黏膜；如是碱性药物中毒，可饮食醋加水中和；如是酸性药物中毒，可服氢氧化铝、氧化镁等中和。此外，饮用绿豆和甘草汤，也可解各种药物中毒。

安眠药中毒

常用的氯丙嗪类药物包括氯丙嗪（冬眠灵）、三氟拉嗪、乙酰普马嗪、奋乃静等，这些药物均可引起毒性反应。

经常吃安眠药的人，机体耐受能力增高，只有用量比常人大时才能入眠，因而有时不易控制用量，服用过量后造成中毒；也有企图自杀，一次大量服用的。

安眠药中毒的确诊

1. 有大量服用安眠药病史。

2. 中枢神经系统抑制症状。如头昏、软弱、淡漠、嗜睡、震颤麻痹症候群、肌肉痉挛、不随意动作等，甚至出现深昏迷和反射消失。

3. 低血压。血压下降或直立性低血压，患者感到眩晕、面色苍白、肢体发冷、心动过速、呼吸急促，甚至晕厥或休克。

4. 尿液氯丙嗪定性试验阳性。有条件者可导尿做氯丙嗪定性试验。

安眠药中毒的治疗

1. 口服中毒未超过6小时者，1∶5000高锰酸钾溶液或温开水洗胃，硫酸镁导泻。

2. 患者应平卧。尽量少搬动头部，以避免体位性低血压。

3. 血压下降用去甲肾上腺素或间羟胺静脉滴注，忌用盐酸肾上腺素。

4. 惊厥时用异戊巴比妥0.1～0.2克静脉滴注或用硫喷妥钠250毫克加于葡萄糖液40毫升内静脉缓注。

5. 昏迷时给予盐酸哌醋甲酯（利他林）40～100毫克肌肉注射。必要时每0.5～1小时重复应用，直至苏醒（昏迷而有惊厥者忌用）。

6. 复合维生素B肌肉注射以保护肝脏。

7. 在长期大剂量治疗中，一旦出现明显中毒症状，应即停药观察。

怎样护理咳嗽的孩子

孩子咳嗽有带痰的湿咳和无痰的干咳。干咳多由上呼吸道感染、喉炎、白喉、胸膜炎、百日咳等疾病引起；湿咳多由急性支气管炎、慢性支气管炎、支气管扩张、肺结核、肺膜炎等症引起。

孩子连续咳嗽时，应卧床休息，室内要保持空气新鲜、湿润。可在室内烧些开水，使空气中含有水蒸气，这样易使病孩气管中的痰被稀释，容易咳出来。还要防止病孩着凉，以免感冒加重病状。

骨折

1. 外伤而致：当外力过猛时，致使骨质的连续性中断发生骨折。

2. 骨骼本身疾患，如骨结核、骨髓炎，外力并不很强也会引起骨折。

骨折的分类

按照骨折线的方向和断端的情况可分为：

1. 横折，单一骨折线与骨纵轴垂直；

2. 斜折，单一骨折线与骨纵轴不垂直；

3. 螺旋骨折，骨折线呈螺旋状者；

4. 粉碎骨折，骨折的断片在三块以上。

按照骨折的稳定性可分为：

1. 不稳定骨折，复位后容易发生移位，不易固定；

2. 稳定骨折，复位后不易再移动。

按照骨折周围软组织损伤情况可分为：

1. 闭合性骨折，骨折处或其附近的皮肤和肌肉未发生破裂；

2. 开放性骨折，骨折处或其附近的皮肤和肌肉已经破裂，骨折片已与外界空气相通，甚至骨折断端外露。

骨折的确诊

1. 了解受伤全过程。了解受伤的形式——跌、撞、击、挤、压等，从而分析骨折发生的可能性；了解暴力的大小与作用部位，从而判断伤情的程度。

2. 对患者进行全面检查。注意有无休克、软组织损伤、出血，检查创口大小、形状、深度及污染情况，有无骨端外露，有无神经、血管、内脏损伤及有无其他部位的骨折。

3. X 光检查。诊断骨折的有效方法，有条件时可拍摄 X 光片。但须指出一般诊断骨折的有无，不可依赖照片，仅靠仔细临床检查即可作出。正侧位 X 光摄片，可以进一步确定骨折的部位、形状及移动情况，为准确及时治疗提供参考。

骨折简易疗法

如果有人摔倒或受其他外伤，身体的某个部位疼痛剧烈、发生畸形或活动受限，就要想到可能是发生了骨折。

特别是老年人受外伤更易发生骨折。家里一旦发现骨折病人，应做紧急处理，然后送医院救治。紧急处理方法是：

病人疼痛剧烈的可服一些止痛药，帮助止痛；如有开放伤口，应注意保护，防止污染。有出血者应先设法止血。千万不要让已经骨折的肢体活动，以防骨折断端刺破周围神经、血管等组织。把受伤肢体固定起来，是防止损伤周围组织和止痛的好办法。固定的方法可用木板附于患肢一侧，在木板与肢体间垫上棉花或毛巾等松软物品，再用带子绑好，松紧要适度。木板长出骨折部位上下两个关节，做超关节固定，这样才能彻底固定患肢。如没有木板可用树枝、擀面杖、雨伞、报纸卷等物品代替。

骨折紧急治疗

1．就地检查。急救动作要求快、准、稳、轻，避免不必要的搬动和不必要的检查。有休克者，先救治休克。合并有内脏损伤者，先紧急处理内脏伤。

2．妥善处理伤口。开放性骨折，常伴有出血，选用有效的暂时止血方法。加压包扎较为常用，既可止痛，又可防止伤口再次污染。适当应用抗生素，防治创口感染。如骨断端外露者，除血管受压外，一般不宜做回纳。

3．离断肢体的处理。可用清洁布包好，最好外面加水袋降温，为断肢再植提供有利条件。

4．骨折的临时固定。有效的临时固定可避免骨折断端再次损伤软组织，也可止痛，有利于感染与休克的预防，便于转运。固定的材料应就地取材，固定范围包括骨折上下两个关节。

5．对骨折端畸形的处理。当闭合性骨折的成角畸形很显著，有穿破皮肤、损伤血管和神经的危险时，应牵引伤肢远端纠正畸形，然后用夹板固定。

6．止痛。一般单纯骨折，经初步固定后，疼痛也有所减轻，对症用些止痛药物即可。如能肯定全身无其他严重脏器损伤时，可适当考虑使用小剂量杜冷丁类止痛药物。

凡怀疑有骨折的病人，均按骨折处理。骨折未经急救处理，不允许转运。

孕妇急产

产妇在临近预产期时，仍然外出旅行或去田间干活，而在火车、轮船上或在田间地头突然分娩，即谓急产。急产常见于有过生产经历的妇女（经产妇）。为保证母婴健康，要根据现场的具体情况，迅速做好接生准备。将产妇安置在一个清洁、避风的地方平卧，注意保证空气新鲜。接生前在产妇臀部垫上雨衣、塑料布或清洁的衣服，最好能铺上一层卫生纸。待接生者用肥皂和清水刷净自己双手后，再让产妇两腿弯曲，分开，露出外阴部，用肥皂水或清水洗净外阴。

将干净毛巾或手帕折叠好，托在阴部帮助胎儿头娩出，保护会阴。如胎儿头娩出困难，可做会阴侧切（用消毒过的剪刀）。尽量避免污染产道。

胎儿娩出后，可断脐带。

脱位

脱位是指关节脱位，即关节不在正常的位置。外伤、神经肌肉病变均可导致脱位，但脱位常见于儿童，这是因为小儿关节周围的韧带、肌肉不发达，当有强大外力时，关节易从正常位置脱出，形成脱位。常见的脱位有桡骨小头半脱位、下颌关节脱位和肩关节脱位。

第三章 西医免疫与保健预防常识

免疫和免疫力

所谓“免疫”，顾名思义即免除瘟疫。用现代的观点来讲，人体具有一种“生理防御、自身稳定与免疫监视”的功能叫“免疫”。

免疫是人体的一种生理功能，人体依靠这种功能识别“自己”和“非己”成分，从而破坏和排斥进入人体的抗原物质，或人体本身所产生的损伤细胞和肿瘤细胞等，以维持人体的健康。人体的免疫力一般情况下也可以叫抵抗力，就是身体在受到外来干涉的侵害时，如细菌、病毒入侵人体时，身体抵抗外来入侵的能力。当身体疲劳或机体功能不协调时，人体的免疫力就会下降。当出现身体免疫力下降现象时，应赶快采取增强免疫力的措施。

免疫学

免疫学是一门古老而又新兴的学科，在当代医学中免疫学也是发展得最为迅速的学科，因而成为所谓边缘科学，它已经渗透到医学基础和临床各科专业之中，形成跨学科性的专业。免疫学包括免疫生物学、免疫遗传学、免疫分子学等，它与医学的相互渗透，产生了免疫病理学、免疫药理学、免疫毒理学、心理神经免疫学、生殖免疫学、肿瘤免疫学以及临床免疫学、变态反应学等。这些分支学科的研究将对当代医学面临的重大问题，如器官移植、生育控制、延缓衰老，以及肿瘤、传染病和各种自身免疫性疾病的发病学和防治都有重要意义。

吃出免疫力来

有些食物的营养成分能够刺激免疫系统、增加免疫能力。如果缺乏这些重要的营养成分，将会严重影响身体免疫系统功能。

1. 蛋白质。它是构成白血球和抗体的主要成分。蛋白质严重缺乏会使免疫细胞中的淋巴球数目大减，造成免疫功能严重下降。

2. 维生素和胡萝卜素。营养素中维生素 C、维生素 B_6、胡萝卜素和维生素 E 与免疫力关系密切。维生素 C 能刺激身体制造干扰素来破坏病毒以减少白血球与病毒的结合，保持白血球的数目。因此，感冒期间必须大量补充维生素 C，以增强免疫力。维生素E能增加抗体，并维持白血球的恒定，防止白血球细胞膜产生过氧化反应。

3. 叶酸烟酸等。营养素中还有叶酸、维生素B_{12}、烟碱、泛酸和铁、锌等矿物质，它们都和免疫力有关。人体缺乏这些营养素都会影响到免疫功能。因此，各类营养素的摄取必须充足，才能使我们的免疫系统强壮起来。

吃一些动物肝脏可以增强免疫力。加拿大温尼伯市的营养学家安恩·马肯基说，动物肝脏富含多种有助于促进免疫功能的物质，例如叶酸、硒、锌、镁、铁、铜，以及维生素B_6、B_{12}等。

冷水浴可增强人体免疫力

冬泳是所有体育运动中提高人体免疫力最有效的运动；冬泳者的免疫球蛋白比常人要高，这种免疫球蛋白可与巨噬细胞结合，增强巨噬细胞的吞噬作用。冬泳爱好者上岸后的白细胞数量会提高30%。另外，冬泳时的寒冷刺激可促进机体内自由基的生成，而自由基的生成是一种防御机制，可以帮助多核白细胞吞噬和杀灭病毒，提高人体的免疫功能。在大多数人没有从事过冬泳的情况下，坚持洗冷水澡也是一个可以提高身体抵抗能力，提高免疫力的有效办法。

冷水浴时身体的应激状态与冬泳时相似，可以有效刺激体内的白血球的增加，对神经内分泌系统也很有益。如果有条件，可冷水浴与桑拿浴交替进行，效果更好。

但是，冷水浴也要因人而异，不能盲目进行，而且要循序渐进，水温由高到低，否则容易感冒发烧。

种痘

将牛痘苗接种到人体，使人体获得对天花免疫力的措施。牛痘病毒对人的致病力很弱，一般仅能在接种部位繁殖，但它与天花病毒有很强的交叉免疫反应，故接种牛痘后人体会出现对天花病毒的免疫力而不会再得天花。种痘后10～14日体内即可查出抗体，而天花的潜伏期为12～14日，故在接触病人后的第二天再接种牛痘苗，天花可不发病，3～7日后接种也多可不发病。种痘也伴有并发症，如局部化脓、败血症、匍行痘、全身痘、种痘后脑炎等。1980年10月世界卫生组织宣布全世界已消灭天花，故种痘也就取消了。

卡介苗

卡介苗是一种用来预防儿童结核病的预防接种疫苗。接种后可使儿童产生对结核病的特殊抵抗力。由于这一疫苗是由两位法国学者卡迈尔与介兰发明的，为了纪念发明者，将这一预防结核病的疫苗定名为“卡介苗”。目前，世界上多数国家都已将卡介苗列为计划免疫必须接种的疫苗之一。

卡介苗接种的主要对象是新生婴幼

儿，接种后可预防儿童结核病，特别是能防治那些严重类型的结核病，如结核性脑膜炎。接种卡介苗对儿童的健康成长很有好处。

卡介苗接种被称为“出生第一针”，所以在产院、产科新生婴儿一出生就应该接种。如果出生时没能及时接种，在1岁以内一定要到当地结核病防治所卡介苗门诊或者卫生防疫站计划免疫门诊去补种。

精神因素对人体的免疫功能的重要作用

精神因素对人体的免疫功能状态有着很重要的调节作用。美国霍普金斯医学院的托马斯教授对1337位学生进行了长达18年的观察，发现如果人长期处于孤独、矛盾、失望、压抑状态，就会影响体内环境的平衡，从而减弱人体的抵抗力。而乐观、愉快及自信对预防疾病和抗老化有促进作用。

回归自然养生治病法

近几年来，西方国家兴起用达尔文的进化论解释威胁现代人生命的主要杀手——各种“富贵病”，如心脏病、脑血管意外、糖尿病和癌症等高发的原因及其症状，寻求好的养生治病途径。而防治之道，侧重于返璞归真、回归自然。下列貌似返祖行为，正是达尔文医学大力推崇并很有科学道理的回归自然养生治病方法。

1. 森林疗法。假日常到森林或公园等绿地游玩可防治都市疲劳症、气管炎、高血压。

2. 踏石疗法。赤足在卵石道上慢跑、跳绳或步行，可防治肾、胃肠、肝胆、膀胱等病。

3. 退步走疗法。练退步走，可锻炼平衡功能，防治腰痛、驼背。

4. 爬行疗法。可防治腰椎、心脑血管疾患。

5. 素食疗法。以素为主的食谱，有利于防治肥胖、高血压、冠心病、癌症等疾病。

6. 生食疗法。宜生食的瓜果蔬菜尽可能生食，可防治癌症、糖尿病、维生素C缺乏症。

7. 喊叫疗法。在绿化区空旷处，大声喊叫，可治精神抑郁、焦虑症。

8. 洞穴疗法。洞穴环境冬暖夏凉，有利于防治哮喘、支气管炎、高血压。

9. 倒立疗法。青少年、中壮年人靠壁练倒立，可防治内脏下垂、腰酸、足肿、痔疮等症。

西化饮食，容易引起青春痘

青春痘大家都不陌生，当前医学界关于青春痘成因及治疗方法的论证也非常之多。近日，美国科罗拉多州立大学的一份研究报告又提出了一个全新的概念，认为西方文化是青春痘的真正“祸首”，因为深受西方文化影响的一些饮食习惯，如常吃面包、蛋糕、薯条等可能会改变皮肤状况，导致青春痘及其他问题的出现。虽然遗传因素很可能导致青春痘的出现，但是，深受西方文化影响的饮食习惯是青春痘的重要成因。西方人常常食用大量高糖的碳水化合物，这些食品往往引起人体内荷尔蒙的变化，最终导致青春痘出现。

致病的自由基

越来越多的材料表明：人体老化和多种疾病的发生都与自由基有密切关系。

自由基又称活性氧，是一个极小的微粒。机体在氧化代谢的同时，会不断产生自由基；另外，环境污染、辐射、不良生活习惯，不论正常产生的，或其他诱因产生的自由基，均会形成脂质过氧化物，损害生物膜和降低细胞的活力，加速衰老及引起百病。在一项最新的研究中，三组小鼠分别自由饮食、限量摄取八成、限量摄取六成。结果摄取六成的动物寿命最长，八成次之。

自由基破坏细胞，阻碍正常新陈代谢，加速老化，并可引起癌症、白血病、高血压、心肌梗死、动脉硬化、糖尿病、肝炎、痛风、肾炎、白内障等。

西医保健的明显不足

在实验解剖学基础上发展起来的实证医学，由于片面地强调实证，造成了灵魂与躯体分离的思想主导，并统治了整个医学领域。因此必然决定了现代西方医学对人体生命的认识，存在着严重的偏见和先天不足。重躯体、轻精神；重局部，轻整体；只见病，不见人，成为当今医学临床治疗的基本手段。在这种错误理念的指导下，许多源自人体内部、原因极其复杂的各种慢性疾病，在现代医学的临床上被简单化，造成对各种疾病本身并无确切疗效，只能对局部症状有一定缓解作用，却有严重副作用的治疗，在现代医学的经典及临床，随处可见。

尿路刺激症的保健指导

1. 注意个人卫生。尤其会阴部及肛周皮肤的清洁，特别是女性月经期、妊娠期、产褥期，应特别注意会阴部卫生，不要忍尿，以免细菌病毒侵袭致病。

2. 避免劳累，坚持体育锻炼，增强机体的抵抗力。

3. 多饮水，勤排尿。它是最简便而有效的预防尿路感染的措施。

4. 及时治疗。若局部有炎症（如女性尿道旁腺炎、阴道炎，男性前列腺炎等），应及时治疗。

5. 药物预防。如果炎症的反复发作与性生活有关，应注意性生活后即排尿，并口服抗菌药物预防。

6. 控制检查。严格掌握尿路器械检查的指征，减少不必要的导尿和泌尿道器械操作，也可减少本病证的发生。

7. 治疗其他病证。积极治疗糖尿

病、结核等原发病，以预防尿路刺激症的发生。

8. 随时监控。定期门诊随访。

肠道自我免疫

日本京都大学教授本遮佑领导的一个科研小组最近发现，肠管可产生免疫能力，这为开发高效率的疫苗开辟了新途径。这个科研小组从小肠黏膜上分离出来一些细胞，然后把这些细胞放进培养液。这种培养液含有能引起炎症的沙夫卡因等物质。他们观察到培养液中的细胞发生了变化——产生了免疫能力。在此之前，科学家认为，免疫能力通常是由免疫组织产生的，即淋巴细胞在细菌等异物侵入体内发生的变化，产生以特殊形式与异物相结合的抗体，而制造抗体的淋巴细胞则被血液输送到全身。本遮佑教授确认消化器官之一的肠管可产生免疫能力，在世界学术研究上是第一次。

补牙要慎用汞合金和镀金物料

在现今社会,人们每当遇到蛀牙问题都必会向牙科医生求助。不过,一名德国医学专家最近警告,用以填补牙患的汞合金和镀金物料,会削弱人体免疫系统。

西医保健的迷茫

1. 医学专家曾宣布科学研究表明：“服用维生素可以防止衰老。”可是过了一年新的研究成果突然又告知人类：长期服用维生素会导致癌症。使得多少听信医学权威忠告而长期服用维生素者惊恐万状。

2. 在美国西医权威们警告，更年期妇女应及时服用荷尔蒙，可有效预防冠心病及改善更年期综合征，造成多数美国妇女都去服用。可最近有关研究又说，服用荷尔蒙非但不可能预防冠心病，相反会导致卵巢癌的发生率明显上升，这又使多少妇女同胞大惊失色。

3. 胆固醇曾被医学研究者告知，是导致心血管疾病的元凶，可不久研究者又改口说，胆固醇可以预防癌变。

什么是荷尔蒙

荷尔蒙，也叫激素，是由内分泌腺分泌出来的一种化学物质。身体能正常发育，功能正常地运转，荷尔蒙起了非常重要的作用。一旦体内的某种荷尔蒙量增多或减少，身体就会马上出现异常。若这种情况长时间持续下去，身体的某个部位或系统就会发生障碍和疾病。比如月经紊乱，就是因为卵巢不能有规律地排出卵子，雌激素分泌不足，导致子宫内膜不能正常脱落。

荷尔蒙与女性健康

荷尔蒙与女性健康有着密不可分的关系，荷尔蒙的种种变化总是在女性身上表现得特别突出。食物是补充荷尔蒙的重要因素，尤其多食黄色的食物，对促进女性荷尔蒙分泌有更多的帮助呢？

人体会分泌 75 种以上的激素，它们在人体中扮演着各自不同的角色。体内荷尔蒙浓度高的女性比荷尔蒙浓度低的同龄女性看起来年轻很多。21 ～ 22 岁是处于青春的巅峰时期，也是分泌系统功能处于最顶峰的时期。从 25 岁开始，女性体内荷尔蒙的分泌量便以每 10 年下降 15% 的速度逐年减少，人体各器官组织开始逐渐老化萎缩，皮肤明显黯淡，精神不佳。60 岁时，荷尔蒙分泌量只有年轻时的 1/5 左右。

女性缺乏荷尔蒙的表现

症状 1：失眠头痛

表现：失眠、多梦、疲倦、头痛。晚上催眠的方法皆用尽，还是睡不着。白天注意力不集中，困倦嗜睡，严重影响了日常生活。

症状 2：月经不调

表现："老朋友"总是不按时出现，不是提前就是推后。提前还好说，最多就是弄个措手不及，但推后就不安了，疑神疑鬼地掰着手指头算日子，或是怀疑安全套是否出问题了。好不容易把它盼星星盼月亮似的盼来了，却发现在它该离开的时候，拖拖拉拉地不肯走。

症状 3：皮肤衰老

表现：皮肤出现松弛，白皙的肌肤也日渐粗糙，毛孔也膨胀粗大起来，甚至连色斑也跳出来捣乱，镜子中呈现出来的是标准的"黄脸婆"。

症状 4：烦躁胸闷

表现：心慌气急、易激动甚至狂躁，会因一件小事与同事或家人争吵，总是摆出一副"不高兴"的样子，有时很难控制自己的情绪；夜间睡觉时会因为胸闷而憋醒，严重时血压也会像暴脾气一样，说翻脸就翻脸。

卵巢保健与女性健康之美

专家指出，卵巢是女人年轻健康之本，雌激素是女人青春魅力之源。时下，很多女性寄希望于补充外源雌激素来延缓衰老，这是十分有害的。盲目补充外源雌激素，会使卵巢产生依赖性，长期"怠工"，进而"罢工"。外源雌激素是人工提取或化学合成物，是卵巢囊肿、子宫内膜癌等女性疾病的重大诱因，服用会留下诸多后患。科学证明，只有经常滋养卵巢，促进卵巢分泌雌激素，才是女性保持健康、重现青春与魅力的最佳方式。

滥用药物的危害

无节制地滥用药物，必定会导致各种药物取代人体自身固有的、为生存需要所具备的三大功能，使人体康复功能被药物取代而长期废弃不用。人类的功能用则进，不用则退，长期依赖各种药物必定会使自身的康复功能丧失殆尽。尤其令人担忧的是：一代人的功能退化还会经遗传贻害我们的子孙后代，造成人类整体物种康复功能的全面退化。

滥用抗生素，破坏人体免疫力

英国科学家对10年的医学文献进行反复研究发现，有2/3的病例在抗生素的使用上都是不恰当的。

在医生的诊所里，抗生素有3/4是作为安慰剂使用的。1983年，在美国有超过320万的病人在去医院看普通感冒时，医生都给他们开了抗生素。而任何一个医生都明白，抗生素对于病毒性感染是没有作用的。

英国国家药典上注明了许多严重的抗生素副反应，如肝坏死、干扰骨髓造血功能以及非可逆性骨髓抑制等。更令人担心的是，抗生素的反复使用正以一种我们还不清楚的方式破坏着我们的免疫系统。过度使用抗生素还可能导致更为严重的疾病，例如糖尿病。澳大利亚的化学博士Lisa对23岁前确诊的年轻的糖尿病病人进行了研究，发现无论是在儿童期、胚胎期或是新生儿期，接触的抗生素越多，其早期患糖尿病的可能性就越大。

西药的副作用

1982年，欧美发现了许多“粒细胞缺乏症”病人，他们对多种感染失去防御能力，极易发炎、发热。后经医学家长达11年的努力，才查明是解热镇痛药氨基比林在作祟，而此药竟已使用了40年之久。1995年，欧美国家出现大量失明的白内障病人，尤其以肥胖妇女居多。经查实，系服用减肥药二硝基酚所致。1999年，美国推出降血脂新药三苯乙醇，虽然疗效较好，但大量病人服用后，不但发生脱发等毒副反应，而且还有许多人患上了白内障。2000年，西欧一些国家发现，用新药“反应停”治疗孕妇的呕吐反应，竟然出现1200多个类似海豹一样的胎儿，他们缺胳臂少腿。在日本则因长期使用抗炎症药氮碘喹，酿成了万余人致盲及下肢瘫痪。2002年，在美国发现了300多名妙龄少女患阴道腺癌，后来才证实与她们的母亲在怀孕期间服用保胎药己烯雌酚有关。

人工细胞改善基因免疫

人类的免疫系统是阻绝病菌感染和抑制癌细胞扩散的主要支柱，而抗原则是被所有人体“视为”外来物质，为了对付这些抗原，免疫系统便会加强其运作。一旦被称为T细胞的免疫细胞表层接受器结合抗原，这些细胞便会大量复制并转化为多种特殊的T细胞，然后产生各种防御功能。专家强调，这种人工细胞的好处多多，由于这些细胞在实验室里的状况相当稳定，而且又很容易控制操作，“因此它们的运用意味着未来的新抗原细胞将是既省时又省力”。

上火的西医解释与保健

西医理论说上火是人体内的酸碱平衡失调，使人体呈现酸性（正常身体是弱碱性，pH 在 7.3 左右）。导致上火的原因有多种，饮食不均衡，食物中摄取的酸性物质太多；或者作息不规律，缺乏锻炼，也会破坏人体平衡。去火的方法主要是：摄取偏碱性的食物或者药材。改变生活习惯，减少熬夜。常见的酸性食物：肉食、主食、甜食。碱性食物：蔬菜、水果、豆制品、醋、辣椒。

青霉素过敏反应是如何发生的

在使用青霉素过程中经常遇到有人过敏，甚至发生过敏性休克。青霉素过敏反应发生的机制，还不完全清楚。根据目前研究，青霉素过敏反应和其他药物过敏反应相似，都是由于药物半抗原进入人体后与体内组织蛋白结合成完全抗原，因而刺激人体产生免疫反应的结果。青霉素过敏反应的致敏物质是什么呢？在研究青霉素过敏反应中曾经发现青霉素分子在 pH7.5 水溶液中很快重新排列成青霉素烯酸，进而分解为青霉素噻唑酸。这种青霉素噻唑酸可与人体组织内的 γ－球蛋白和白蛋白结合成青霉噻唑蛋白。这种青霉噻唑蛋白即是引起青霉素过敏反应的主要致敏物质。在刚发生过敏反应患者的血清中可以测出青霉素噻唑抗体，这也证实了青霉噻唑蛋白在形成过敏反应中的重要作用。青霉噻唑蛋白不但在人体内形成，也可以在青霉素生产过程或储存过程中形成，特别是提纯精制的纯度差或含有杂质较多时青霉素溶液本身就可能含有青霉噻唑蛋白，注射这种青霉素溶液，就可能直接引起青霉素过敏反应，甚至发生过敏性休克。

鸦片有哪些危害

提取鸦片的原植物叫罂粟，是一种美丽的植物。而海洛因就是从鸦片中提取的毒品，人吸食上瘾后，精神上会对它产生强烈的依赖，生理上则日益衰败形同枯骨，几近废人！

在整个毒品犯罪的链条中，种植、制毒、贩毒都是靠毒品牟取暴利，而吸毒者由于对毒品的依赖，也就成了最大的受害者。但是从广义的角度讲，毒品泛滥成灾后，摧毁的将是整个民族的意志，从而削弱一个国家、一个民族的抵抗外侮的能力。历史已经告诉我们，打击毒品犯罪，该有多大的意义。

怎样用“行为矫正”方法来治疗失眠

利用“行为矫正疗法”治疗失眠症，是既经济简便又切实可行的好办法，用“行为矫正”的方法去克服解决失眠症的“习惯性行为”，已被众多的医务工作者与失眠患者所承认和接受。

在罗忠悃编著的《睡眠与梦的奥秘》

一书中介绍说：

1. 首先是在自己思想上应该有足够的信心和对各种现象（如症状反复等）的精神准备，这是保证疗效的基础。

2. 下午和晚上不喝茶，上床前半小时停止脑力活动，也不抽烟，做好睡觉的准备（如把被子、褥子铺好，洗脸刷牙等），到室外活动 10 ~ 15 分钟。这种活动根据自己的体力及具体条件来安排。如有条件的，可用 32℃ ~ 35℃水浸泡全身 20 分钟，或者到室外走动以活动肢体，或者上下楼梯几次，或者用热水泡脚等。在此期间，不要与他人谈论工作，自己也不要去想工作或去做别的事。

3. 上床前不要给自己任何暗示，比如“我今晚可能会睡不好”，“今晚不要失眠”等之类的想法。上床后，也不必强迫自己“快点入睡”，因为事实上这是强迫不了的。相反，越强迫自己入睡，越不能睡。也不要强迫自己“不要想事”，这种“强迫”是毫无用处的。也不要时时看表，去计算已经上床多久了。因此最好把手表摘下放在桌子上，也不要放在枕头下，因为那些失眠症的患者，枕头下手表滴答的声音有时反而使他不能入睡，而且手表放在枕头下，也容易使他忍不住取出来看看上床多久了。

4. 上床后，如果感到脑子特别清醒毫无睡意，那么就立即起床工作，直到感到有些倦意时，再关灯上床。这对住在集体宿舍的学生来说，此时可以到室外去活动或看书，以免影响他人。

5. 上床后，如出现倦意，但是脑子却还老是想一些事，摆脱不了，就随他去，尽量保持平静，一般这时想的都是一些比较零碎和片断的事，就不要去把它们连起来系统化，更不要去思索“为什么是那样的，不是这样的”。如果中间思路断了，也不要去回想，更不要强行记忆或者仔细思索什么复杂问题。

6. 上床后，把肢体摆在你认为最舒适的位置上，双眼半闭，轻轻地呼吸，让全身肌肉放松，眼睛可以固定注视一点，可以轻轻地提示自己：“我的手臂感到沉重无力了，脚也无力了，要睡了。”或者使自己轻轻地打呵欠，此时再想象一个十分寂静的环境，这样，不久你就会慢慢地进入梦乡。

此时关键是放松肌肉。要学会放松肌肉，先是头部、枕部，然后是上肢、腹部，最后是下肢。放松的标志是抬不起，手脚移动都感到很沉重，但是感到舒适，同时思想也要放松。

7. 每天定时起床。在开始时，起床时间可以早一点，比如规定早晨五点，到时候一定起床，即使是被闹钟叫醒的，当时仍感到昏昏欲睡，也要立即起床，即使当晚你只睡了 3 ~ 4 个小时也要起来。起床后，如果有条件，冬天洗个温水澡，夏天洗个冷水浴，或者用冷水（冬天用温水）洗脸、冲头，然后到室外去活动，再照常上班工作。

8. 在治疗期间不睡午觉，早起可以喝浓茶一杯（如果没有午睡习惯的可不喝），如果有午睡习惯，中午做些轻度体力劳动或者打打球。下午如果感到头昏或倦怠时，可用温水洗脸冲头，但不要睡觉。

9. 晚上入睡后，如果中途醒来，不要睁开眼睛，轻轻地翻个身再睡，不要开灯看表。有晚上起床小便习惯的，小便后立即再睡，不要吸烟或做其他任何事情。如果小便后脑子清醒不想再睡了，就按第4条的办法。如果已经快到规定起床的时候（比如规定五点半起床的，你在四点半起床小便而不想睡了），那么就按照第7条的办法，索性起床进行各种活动，而不要在床上等待天亮。

以上这种自我锻炼的行为矫正疗法，适用于任何形式的失眠，不论是初起或者是长期失眠，但必须注意的是要坚持，坚持，再坚持。初患失眠的，一般一个星期左右就可得到纠正，长期失眠的人治疗时间则需要长一些，有时要一个月。遗憾的是许多同志不能很好坚持，因为是在家里自行掌握，就容易放松，在开始治疗时，由于晚上睡眠较少，白天会出现倦怠没睡醒的感觉，有些人就不愿坚持，或者怕这样下去，要影响工作，又要影响健康，而不敢坚持下去，这是治疗的最大心理障碍。其实对于这种现象，根本不必着急，随着每天晚上睡眠时间的提前，早晨起得较晚，这种白天倦怠感觉很快就会消失的，即使在上午有这种感觉，做做体力活动和洗脸等就可使这种症状减轻或消失。实践证明，失眠虽然顽固，但只要坚持行为矫正治疗，不用药也可以完全治愈。

西餐减肥小贴士

大多数人外出吃饭时都很容易吃得更多。这里有一个指导：在墨西哥餐厅里，避开玉米面豆卷色拉，它能把你推向1000卡路里，而要一些鸡肉或者海鲜菜。去意大利餐厅，带沙司的鸡肉和意大利面食，如烤宽面条都是禁忌。沙司另要或者吃烤鱼都可以。如果你想吃小牛肉就点排骨，其他的小牛肉菜脂肪含量会很高。调味品另要。

西医对近视眼的认识

中医（祖国医学）和西医对疾病的认识、病因诊断、发病机理及诊疗方法等方面均有很大区别。由于对眼病的认识及发病理论上的不同，在治疗上也有很大差异。总的来说，西医治疗眼病着重于眼局部生理病理及结构的改变，辅以全身治疗。治疗方法上西医则以眼局部治疗为主。主要的区别有以下几个方面：

1. 近视眼的病因方面：西医认为除先天遗传因素外（指高度近视眼有家族史者），后天性近视主要以环境因素为主，用眼不当，缺乏眼睛保健常识，近距离工作时间过久，致使调节疲劳，久而久之，使眼球前后轴变长，形成近视。

2. 近视眼的诊断及分类方面：西医对近视眼的诊断较明确，分类也较详细，如单纯近视、复性近视散光、混合散光、调节性近视（功能性近视）、高度近视（病理性近视）等。

3. 近视眼的治疗方面：西医治疗以局部治疗为主，基本上不用口服药，包括戴普通眼镜和隐形眼镜，使光点后移，聚焦在视网膜上形成清晰的图像；其次是应用手术的办法来改变眼球的基本结构，使角膜变扁平，前后径变短，如目前盛行的放射状角膜切开术、角膜板层镜片术、角膜切削术、准分子激光角膜切开术等，都是近几年开展的治疗近视眼的手术。

4. 近视眼的预防方面：西医强调用眼卫生，包括光线、用眼时间的控制、避免过度疲劳等。

第三辑　西医健康安全用药常识

第一章　西药常识

哪些药物会上瘾

有些药物长期服用，除能解除疾病痛苦外，还能产生一种欣快感，一旦停药，就会出现某些症状，如疲倦、乏力、恶心、呕吐、食欲不振、失眠、激动、流涎等，病人产生继续用药的欲望，要求继续服用。

常见的能够成瘾的药物有：

1. 麻醉性镇痛药：吗啡、杜冷丁、美撒痛、阿度那、可待因等。

2. 镇痛催眠药：苯巴比妥、戊巴比妥、异戊巴比妥、速可眠、安眠酮、眠尔通、安定、水合氯醛等。

3. 中枢神经兴奋药：咖啡因、安那咖及麻黄碱等。

4. 解热镇痛药：APC、阿司匹林、优撒痛。

因此，以上成瘾药物，都不宜长期服用。

常用的药物剂型

1. 注射剂。包括大输液、水针剂、粉针剂等。

2. 片剂。在临床上使用最广，包括普通压制片、糖衣片、缓释片、控释片、泡腾片、微囊片、多层片等。

3. 颗粒剂。又称冲剂或干糖浆，是近年来发展较快的一种剂型，尤其是在儿科用药方面。

4. 胶囊剂。根据装置药物的胶囊材料的不同，分为硬胶囊和软胶囊（又称胶丸）。

5. 栓剂。由药物和可溶性基质组成，用时塞入肛门、阴道等腔道后，会自动融化，通过黏膜吸收发挥药效。

6. 口服液。是近年来兴起的一种新型剂型，服用方便，容易吸收，多用于中成药或稳定性好的药物。

除上述剂型外，常见的还有软膏剂、滴剂、气雾剂、膜剂、洗剂、酒剂等。

安全服用维生素A

维生素 A 急性中毒症状包括倦睡、头痛、呕吐、视乳头水肿、皮肤干燥、皮肤粗糙、脱发、唇干裂、皮肤瘙痒或低热等，还会严重影响婴儿发育。

维生素B族过量的危害

1. 维生素 B_1 过量：会出现昏昏欲睡或轻度的喘息症状。

2. 维生素 B_2 过量：大剂量注射维生素 B_2，能使肾脏的肾小管发生堵塞，产生少尿等肾功能障碍。

3. 维生素 B_3 过量：会使皮肤潮红、发热、瘙痒、出现蚁走感，也可发生心慌、恶心、呕吐等症状。

4. 维生素 B_6 过量：会对大脑和神经造成伤害，还可能导致神经性疾病，使皮肤失去知觉。孕妇如果使用 25 毫克以上的大剂量，还会影响胎盘对胎儿营养的供给，使胎儿的发育发生障碍，并产生依赖性。

5. 维生素 B_{12} 过量：可出现哮喘、荨麻疹、湿疹、面部浮肿、寒战等过敏反应。心慌会使心绞痛患者病情加重或发作次数增加。急性血栓栓塞和红细胞增多症病人也不宜使用。

安全服用维生素C

过量服用出现的症状包括：恶心，腹部痉挛，腹泻，铁的过量吸收，红血球破坏，骨骼矿物质代谢增强，妨碍抗凝剂的治疗，血浆胆固醇升高，并可能对大剂量维生素 C 形成依赖。

临床研究表明，长期过量服用维生素 C，还会诱发尿路结石。用大剂量维生素 C 进行快速静脉注射，会发生红细胞溶解或静脉栓塞，有致命的危险。婴儿过量服用维生素 C 常有睡眠不安、消化不良、浮肿、腹泻、风疹块等。痛风、糖尿病、胃十二指肠溃疡患者也应慎用。正在接受放射线或化学药物治疗的癌症患者不宜服用维生素 C。

安全服用维生素D

如人体每日摄入量过多，或连续数次摄入大剂量，可出现过量甚至中毒症状，严重者还会危及生命。维生素 D 过量时，常食欲下降，食量减少，体重不增，可有烦躁、多尿，心、肾等脏器钙沉着等症状，严重者最终可死于肾功能衰竭。

安全服用维生素E

长期过量应用，可能导致血栓，还会引起月经过多或闭经现象；当剂量用到 1200 毫克时，对有些病人会影响生育。

此外，维生素 E 服用过多会引发高血压、极度疲乏、乳腺肥大，还可以引起阴道出血、头痛、腹痛、腹泻、肌肉衰弱及视力障碍等症状。维生素 E 过多症还会引起多种异常，如激素代谢紊乱、凝血功能降低、免疫功能减退、甘油三酯及胆固醇水平升高、免疫功能减退等。我们知道，适量服用维生素 E 有抗癌作用，但如果摄入过量的维生素 E 反而有诱发癌症的可能性。

安全使用凡士林

凡士林是一种矿物蜡，能在肌肤表面形成一道保护膜，是从石油产品里提炼的一种附加矿物油，主要用来保湿。因此世界不少保湿的化妆品里都有这个成分，日韩的保湿化妆品用的较多，欧美的则用得比较少。凡士林本身没有多少害处，但是偏油性皮肤的就不能使用含凡士林的保湿产品，因为它会阻塞毛孔，所以应优先选择欧美的保湿产品。凡士林是人体无法吸收，也没有任何反应的东西，除非是堵在呼吸道窒息而死，否则是没有任何害处的。

下列几种情况不宜使用凡士林。第一，刚刚烧伤时最好不用，否则热量散不出去，反而会影响伤口愈合。第二，鼻子阻塞时不要使用，因为凡士林会影响鼻毛对脏空气的清洁能力。第三，使用避孕套时最好不要使用，因为凡士林是脂溶性的，能够和橡胶发生反应，造成避孕套破损。

吗啡的镇痛作用

吗啡有显著的镇痛作用，并有高度选择性，镇痛时，不但病人的意识不受影响，其他感觉亦存在。对持续性疼痛（慢性痛）效力胜过其对间断性的锐痛。如增加剂量对锐痛亦有效。其镇痛原理除提高痛阈外，对疼痛反应的改变也是一个重要因素。用吗啡后，痛刺激虽照旧能感觉到，但像紧张、恐惧、退缩等普通应有的反应却已消失，病人“痛而不苦”。经常伴随疼痛的不愉快情绪若被取消，疼痛也就较易耐受。可待因的镇痛作用约为吗啡的 1/4。

吗啡的催眠作用

吗啡有催眠作用，但睡眠浅而易醒，不能视为真正的催眠药。

吗啡对呼吸的抑制与镇咳作用

吗啡对呼吸中枢有高度选择性抑制作用，低于镇痛剂量时，对呼吸已有抑制。这时，呼吸中枢对 CO_2 的敏感性降低，可用于治疗呼吸困难（心脏性哮喘）。呼吸抑制的最先表现为频率减少，此时由于深度加大的代偿作用，对换气量尚无影响。中毒时由于抑制加深，频率减少太甚，则呼吸的深度加大亦不能代偿，而出现严重的缺氧。呼吸中枢麻痹为吗啡中毒的直接致死原因。可待因对呼吸抑制的作用远较吗啡为轻。

在吗啡的作用下，颈动脉体的化学感受器反应性提高，这是呼吸抑制造成缺氧的结果。吗啡中毒时，呼吸的维持有赖于缺氧对化学感受器的刺激。此时若吸入纯氧或高浓度的氧，可使自动呼吸立即停止，故给氧时应进行人工呼吸。

吗啡的止咳作用也很强，主要由于对咳嗽中枢的抑制。止咳所需的剂量比止痛小，例如吗啡2～4毫克即可产生显著止咳作用，而止痛则需5～15毫克。可待因镇咳作用不及吗啡强，但已够满意，而又没有吗啡的许多缺点（成瘾性强、易致便秘、抑制呼吸等），所以为最常用的镇咳药。

吗啡对心血管系统的作用

治疗剂量对卧位病人的血压、心率及节律无甚作用，对血管运动中枢也无明显影响，但可发生体位性低血压。吗啡有舒张外周小血管及释放组织胺的作用。血容量减少的病人应用吗啡易引起低血压，吗啡与吩噻嗪类药物合用对呼吸抑制有协同作用，并有引起低血压的危险。肺心病人应用吗啡曾有引起死亡的报告，必须注意。

罂粟碱的药用价值

罂粟碱能作用于颈动脉窦与主动脉体化学感受器而有轻度兴奋呼吸的作用，但在治疗上无大意义。罂粟碱能松弛各种平滑肌，尤其是大动脉平滑肌（包括冠状动脉、脑动脉、外周动脉及肺动脉），当存在痉挛时，松弛作用更加显著。可用于外周动脉或肺动脉栓塞。有长时间舒张冠状血管及增加冠脉流量的作用，但因其表现正性肌力及收缩压降低的作用，故并不足以防止心绞痛。大剂量可抑制心肌传导及延长不应期，治疗量对心电图无明显影响，高剂量可防止氯仿－肾上腺素引起的心脏颤动。罂粟碱能抑制肠平滑肌但作用很弱，也不能消除吗啡引起的胆管痉挛，对于醋甲胆碱引起的哮喘（人）也无效。

那可汀的药用价值

那可汀具有与可待因相等的镇咳作用，但无其他中枢抑制作用，不会产生精神或肉体的依赖性，亦不抑制呼吸。对动物，量大时反有兴奋呼吸的作用。那可汀也能抑制平滑肌及心肌，但在止咳剂量时，这些作用并不出现。

吗啡对消化道及其他平滑肌器官的作用

吗啡可致便秘，主要由于胃肠道及其括约肌张力提高，加上消化液分泌减少和便意迟钝，因而使胃肠道内容物向前推进的运动大大延缓。治疗量吗啡使胆道压力显著增加，病人感觉上腹不适，甚则发生胆绞痛。胆道痉挛时不宜使用（或与解痉药物同用），吗啡能使奥狄氏括约肌收缩，阻止排空，因而提高管内压。可待因抑制肠蠕动的作用远弱于吗啡，不易引起便秘。

虽然大量吗啡可使支气管收缩，但在治疗量时则罕有发生，在支气管性哮喘发生期间有应用吗啡致死的报告，故禁用吗啡。吗啡还有显著的缩瞳作用，可作为吗啡中毒时诊断依据之一。

海洛因的中毒和上瘾

海洛因即二乙酰吗啡，鸦片毒品系列中最纯净的精制品。

海洛因为白色粉末，微溶于水，易溶于有机溶剂，盐酸海洛因易溶于水，其溶液无色透明。海洛因进入人体后，首先被水解为单乙酰吗啡，然后再进一步水解成吗啡而起作用。因为海洛因的水溶性、脂溶性都比吗啡大，故它在人体内吸收更快，易透过血脑屏障进入中枢神经系统，产生强烈的反应，具有比吗啡更强的抑制作用，其镇痛作用亦为吗啡的 4 ~ 8 倍。

吸食海洛因两次后，大多数情况下都会使人上瘾，产生生理和心理依赖。海洛因的戒断症状一般表现为：焦虑、烦躁不安、易激动、流泪、周身酸痛、失眠、起“鸡皮疙瘩”、有灼热感、呕吐、喉头梗塞、腹部及其他肌肉痉挛、失水等。还出现神经质、精神亢奋、全身性肌肉抽搐、大量发汗或发冷，男性还会出现自发性的阴茎勃起甚至射精，或二者兼而有之。

海洛因中毒的主要症状是：瞳孔缩小如针孔，皮肤冷而发黑，呼吸极慢，深度昏迷，呼吸中枢麻痹，衰竭致命。海洛因吸毒者极易发生皮肤菌的感染，如脓肿、败血症、破伤风、肝炎、艾滋病等，甚至会因急性中毒而死亡。

正确认识青霉素

青霉素是指分子中含有青霉烷，能破坏细菌的细胞壁并在细菌细胞的繁殖期起杀菌作用的一类抗生素，是第一种能够治疗人类疾病的抗生素。青霉素类抗生素是 β－内酰胺类中一大类抗生素的总称。青霉素别名盘尼西林、配尼西林、青霉素钠、苄青霉素钠、青霉素钾、苄青霉素钾。

青霉素的药用价值

青霉素钠（钾）为 β－内酰胺抗生素，对革兰阳性菌及某些革兰阴性菌有较强的抗菌作用，金黄色葡萄球菌（金葡菌）、肺炎球菌、淋球菌及链球菌等对本品高度敏感；脑膜炎双球菌、白喉杆菌、破伤风杆菌及梅毒螺旋体对本品也很敏感。青霉素是一种高效、低毒、临床应用广泛的重要抗生素，它的研制成功大大增强了人类抵抗细菌性感染的能力，带动了抗生素家族的诞生。它的出现开创了用抗生素治疗疾病的新纪元。通过数十年的完善，青霉素针剂和口服青霉素主要用于敏感菌引起的各种急性感染，如肺炎、支气管炎、脑膜炎、心内膜炎、腹膜炎、脓肿、败血症、蜂窝组织炎、乳腺炎、淋病、钩体病、回归热、梅毒、白喉及中耳炎等病。继青霉素之后，链霉素、氯霉素、土霉素、四环素等抗生素不断产生，增强了人类治疗传染性疾病的能力。但与此同时，部分病菌的抗药性也在逐渐增强。为了解决这一问题，科研人员目前正在开发药效更强的抗生素，探索如何阻止病菌获得抵抗基因，并以植物为原料开发抗菌类药物。

青霉素的用量与用法

一般成人为 80 万 U ～ 160 万 U/d，肌注或静注；儿童为每日 3 万 U ～ 5 万 U/kg，分 2 ～ 3 次给药。

静滴浓度一般为 1 万 U/ml，不宜超过 2 万 U/ml。如用量较大，则应测定血钾、血钠浓度，根据情况选用钾盐或钠盐。青霉素钾盐不能静脉推注，可以静滴。青霉素钠盐必要时可作静脉推注（青霉素钠每 1000 万 U 含钠 400mg）。

青霉素的副作用

1. 青霉素类的毒性很低，但较易发生变态反应，发生率 5% ～ 10%。多见的为皮疹、哮喘、药物热，严重的可致过敏性休克而引起死亡。

2. 大剂量应用青霉素抗感染时，可出现神经精神症状，如反射亢进、知觉障碍、抽搐、昏睡等，停药或减少剂量可恢复。

3. 使用青霉素前必须做皮肤过敏试验。如果发生过敏性休克，应立即在皮下或肌肉注射 0.1% 肾上腺素 0.5 ～ 1ml，同时给氧并使用抗组胺药物及肾上腺皮质激素等。

4. 肌注钾盐时局部疼痛较明显，用苯甲醇溶液作为稀释剂溶解，则可消除疼痛。

服用青霉素的注意事项

1. 青霉素与丙磺舒合用可提高血浓度约 1 倍，t1/2 亦相应延长。

2. 青霉素不能与四环素类、磺胺类合并用药。因青霉素属细菌繁殖期杀菌剂；而四环素类及磺胺类为抑菌剂，能抑制细菌蛋白质的合成，使细菌处于静止状态，而青霉素对静止期细菌作用弱，故两者合用药效明显降低。

3. 对酸不稳定，口服无效。肌注后，吸收快而完全。60 万 U 肌注后 15 ～ 30 分钟血药浓度达高峰。

阿米洛利（利尿及脱水药）

阿米洛利又称氨氯比咪，主要成分为阿米洛利。

该药能增强氢氯噻嗪和利尿酸等利尿药的作用并减少钾的丢失。一般不单独应用。

用法及用量：口服，1 日量 10 ～ 20mg，分 2 ～ 3 次服。

不良反应和注意：①服后偶有恶心、呕吐、嗜睡、轻度腹泻、软弱、口干及皮疹等。②大剂量长期使用或与螺内酯合用，可出现血钾过高现象，停药后症状可逐渐消失。③服药后多数病人可出现淡蓝色荧光尿。④应随时调整剂量。

服用禁忌：①孕妇慎用，应随时注

意血象变化、肝功能或其他特异反应。②严重肝、肾功能不全者，有高钾血症倾向者忌用。

双苯丁胺

可长期用于冠心病心绞痛的治疗。

用法及用量：口服，每次25mg，每日2～3次。与硝酸甘油同用可减少其用量。

丙硫硫胺（维生素）

别名二硫丙基硫胺、新维生素 B_1、优硫胺、优硫胺新 B_1，主要成分为丙硫硫胺。

功能主治：①常用于脚气病、缺乏维生素 B_1 所致的营养障碍等。②与溴化钠合用，可治疗胃神经官能症、慢性胃炎及溃疡病等。

用法及用量：口服，每次5～10mg，1日3次。肌注或静注：日量5～10mg。

不良反应和注意事项：①长期服用本品，可引起不良反应，如头晕、眼花、焦躁等。②临产妇若用剂量过大，则可引起出血不止。③本品肌注或皮注有疼痛感。因毒性较大，现已少用。

酮洛芬（皮肤科用药）

又称普菲尼德凝胶，主要成分为普菲尼德凝胶。

功能主治：用于创伤性损害（扭伤、腱炎、水肿、挫伤）及疼痛的短期治疗。

用法及用量：每日于患处涂抹2次，涂药后轻轻按摩。可用于封闭敷裹。

不良反应和注意事项：有少数病人发生局部皮肤发红或瘙痒。

禁忌：勿涂于破损部位、湿疹、黏膜及眼内。

胃益宁（抗酸及抗溃疡药）

又称乐悦、胃宁片。本品能改善溃疡病时胃黏膜的微循环障碍，增强胃黏膜的抵抗力，并能抑制胃酸分泌及胃蛋白酶的活性，还有解痉作用。用于治疗胃溃疡，对合并糜烂性胃炎的胃溃疡、反复发作及难治性溃疡、低酸高位溃疡等有良效。

用量用法：口服，每次0.2g，每日3～4次，饭后及睡前服。

注意事项：副反应少见，偶有胃肠道反应、皮疹等，消耗性凝血障碍及血栓形成疾病患者慎用。

新可滴耳剂

五官科用药，治疗急、慢性化脓性中耳炎。用法及用量：滴耳，1日3次。

赛美欣

功能主治：各种急慢性淋病、非淋球菌性尿道炎、女性生殖道炎症。

用法及用量：50mg，每日3次。首

次加倍。

不良反应和注意事项：恶心、呕吐、胃部不适、食欲不振、头晕、头痛，个别患者可发生水肿和过敏反应，如皮疹和风团。

慎用：造血功能不良或肝肾功能不全者慎用。孕妇避免使用。

盐酸安非拉酮

减肥药物，又称安非泼拉酮、二乙胺苯酮、丽姿片，其主要成分为盐酸安非拉酮。

功能主治：由于本品对心血管系统影响较少，可用于伴有轻度心血管疾病的肥胖症病人。口服容易吸收，一般耐受性好。以各种代谢物形式从尿中排泄。

用法及用量：口服，1次25mg,1日2～3次，饭前0.5～1小时服用。如疗效不显，而耐受良好时，可增加剂量至每日100mg，即傍晚加服1次25mg。每1疗程为1.5～2.5个月，必要时可隔3个月重复疗程。

副作用:可有激动、失眠、口干、恶心、便秘或腹泻等反应。

注意事项：①甲状腺功能亢进者慎用。②治疗期间应采用低热量饮食。③长期服用，特别是过量时也会产生依赖心理。

硫酸阿司米星

硫酸阿司米星，别名福提霉素、阿司米星、武夷霉素、强壮霉素。

功能作用：对革兰阳性菌及阴性杆菌有强大的杀灭作用。本品对沙雷菌属、肠杆菌属、变形杆菌属及柠檬酸菌属等革兰阴性杆菌以及金黄色葡萄球菌有强大的杀菌作用。其作用机制为抑制细菌的蛋白质合成而杀灭细菌。临床主要用于慢性支气管炎、支气管扩张症感染、肺炎及肾盂肾炎等。

副作用：①本品耳毒性和肾毒性较轻;②偶有皮疹、瘙痒、发热等过敏反应；③偶见肝脏损害，出现血清胆红素升高；④少见恶心、呕吐、腹泻等消化道反应；⑤有局部刺激反应(如疼痛、硬结)。

注意事项：①肝肾功能不全者、年老体弱者慎用；②不宜与强利尿药、右旋糖苷类、肌松药联合应用。

更昔洛韦

又称赛美维、丽科伟。

功用作用：预防及治疗免疫功能缺陷病人的巨细胞病毒感染，如艾滋病患者，接受化疗的肿瘤患者，使用免疫抑制剂的器官移植病人。

注意事项：怀孕及哺乳期妇女，对本药或阿昔洛韦过敏者禁用。致癌、致畸性及对生育能力影响，临床前期研究发现，本药可以引起精子减少，突变，致畸及致癌，在停止治疗的90天内应采取避孕措施。10%～40%接受治疗的患者出现白细胞减少，因此本药应慎用于有白细胞减少病史的患者。10%接受本药治疗的患者出现血小板减少（少于5万个/L），接受免疫抑制药物治疗的患者比艾滋病患者下降得更低。当患者的血小板计数少于10万个/L时，发生血小板减少的风险也增大。对妊娠和哺乳的影响：动物实验发现本药有致畸作用，怀孕期妇女不能使用。本药对哺乳动物的后代可产生不良影响。目前尚不知本药是否能分泌到人乳中，故不能在哺乳妇女中使用，使用本药72小时后才能恢复哺乳。对儿童的影响：应用于12岁以下儿童的临床经验有限，故儿童应慎用。据报道其不良后果与成人相似。对老年人的影响：应按肾功能情况调整用药剂量。

心痛定的不良反应

心痛定是治疗高血压、心绞痛、心肌梗死的常用药之一，随着其用途的不断拓展，不良反应也时有所闻。

据报道，近10年来心痛定毒副反应的总发生率在15%～50%，中断治疗后的发生率可达5%，特别是还有仅口服10mg即引起严重低血压而致死者。前年国外报道，1位79岁的妇女服心痛定的首次剂量1小时后，便发生心源性休克，并于10小时后死亡。1995年国外学者临床试验分析，服短效心痛定导致死亡的危险性随剂量增大而明显增高（表现出极强的剂量依赖性），日服30～50mg者，死亡率危险比例（RR）为1.06，日服60mg者RR为1.88，日服80mg者RR为2.83。另一项对照研究结果，与利尿剂或β阻滞剂治疗比较，服心痛定等钙阻滞剂者发生心肌梗死危险性较高，而且剂量越大，发生心肌梗死的危险性越大。

国内有人报道心痛定常见不良反应发生率：面部潮红12%，眩晕3%，头痛6%，恶心4%，心动过速15%，另有头痛、头晕、步态不稳各10%，乏力5%～10%的报道。据统计，2%～5%患者发生肌阵挛和震颤，个别患者发生严重的帕金森氏病；使心绞痛加重者11%，曾有10位患者服药20～30分钟后心绞痛加重。157位急性心肌梗死患者连续用心痛定治疗6周后，发现部分病人心肌梗死范围扩大。10位顽固性心绞痛患者口服心痛定每次剂量≥80mg时，导致了症状性低血压、心绞痛和可逆性心肌缺血。心痛定还引起冠状动脉缺血，加重心力衰竭，诱发肺水肿。曾有1位患者舌下含化心痛定产生过敏性休克，3人发生血压短暂升高，1人发生室性早搏。此外，偶可引起上消化道出血，肝功能损害，诱发或使糖尿病恶化，9人服药1天后夜尿明显增多，19位老年患者产生急性尿潴留。当用于重度高血压或高血压急症时，约25%的患者有心率加快和踝部水肿。

长期服用心痛定可致阳痿，个别男性患乳房肥大症。有一位62岁的Ⅲ期高血压女患者，服用心痛定4年后出现齿龈红肿、胀痛，咀嚼困难，停药后消失。

5位艾森曼格氏综合征患者，服用心痛定后出现不同程度的紫绀加重。两位患者口服心痛定治疗哮喘时引起早产。动物实验证实心痛定有致畸性，小剂量对胚胎有毒性，因此孕妇忌用。

其他还有撤药综合征：长程治疗后停用或减量会导致心绞痛复发、发作加重与加频，以及出现血液动力学紊乱等。

近年还有心痛定缓释片致耳鸣的报道。

黄体酮治疗泌尿系结石

黄体酮是一种孕激素，临床上主要用于治疗功能性子宫出血、先兆流产等。黄体酮的解痉、松弛、扩张输尿管和尿道平滑肌的作用，可促使结石下移，同时还具有竞争性拮抗醛固酮的作用，有助于结石排出，以及有抑制结石形成和止痛作用，能显著缓解肾绞痛。应用黄体酮对病程较短、结石横径在1厘米以下，其形态表面光滑、无肾积水的患者进行治疗，结果有效率达84.3%。尿系结石是最常见的泌尿外科疾病之一，十多年来，尿路结石的治疗方法有了迅速发展，90%左右的尿路结石可不再采用传统的开放手术治疗。临床上药物治疗常用排石冲剂，部分患者得以排除结石，有关专家在此基础上加用了黄体酮，结果排石效果明显，优于未加用黄体酮者。黄体酮治疗泌尿结石排石率高，止痛效果好。偶有患者出现恶心、呕吐、乳房胀感等副作用。

谷维素的新用途

谷维素是从米糠油提取的一种维生素类药物，临床上用来治疗植物神经功能失调（包括胃肠、心血管神经官能症）、周期性精神病、脑震荡后遗症、更年期综合征、经前期紧张症、血管神经性头痛等。

1. 降血脂

日本医学专家用谷维素来治疗高脂血症，疗效显著。血脂长期增高，是导致动脉硬化、冠心病发生的危险因素。为降低血脂，有的患者经常不断服用降血脂药物，但血脂居高不下。对血脂老是降不下来者，不妨试服谷维素，可能获得满意的疗效。

2. 抗心律失常

国内医学专家用谷维素治疗心律失常疗效显著。用量150～500毫克／日，疗程为2～6周，用于治疗冠心病、高血压、植物神经功能性紊乱等引起的室性早搏、房早、房颤等，显效率在85%以上。谷维素的抗心律失常作用，可能是通过调节植物神经功能，使心肌兴奋性降低，另外谷维素的降脂作用，也可改善心肌的血液供应。

3. 治细菌性痢疾

用法为每次100～200毫克，每天3次，空腹服用，连服3～4天（此期间不用其他抗生素）。有资料报道，治疗49例，治愈率达96%，其中47例两天内治愈。而对照组用复方新诺明治愈率仅为62.5%。医学专家们认为谷维素治疗菌痢其作用机制是调整或刺激了免疫系统或植物神经系统，促进了肠道炎症及早修复，因而具有疗程短、见效快、方法简单、无副作用的特点。

4. 治胃溃疡

日本用谷维素 300 毫克 / 日 (不用其他药物)，治疗 9 例经 X 射线确诊为胃溃疡的病人，7 例有效，疼痛减轻，壁龛明显缩小或消失。另外用谷维素治疗 67 例胃溃疡活动期病人，每日用量为 150 毫克，用药 8 周，用胃镜观察疗效，治愈率为 91.5%，而用抗酸药的对照组疗效仅为 70%。谷维素抗溃疡的机理是作用于植物神经中枢，抑制迷走神经活动，抑制胃液分泌，促使溃疡愈合。

谷维素服后偶有胃不适、恶心、呕吐、口干、皮疹、脱发、油脂分泌过多、乳房肿胀等反应，但停药后均可消失。

甲硝唑的临床新应用

甲硝唑又名灭滴灵，是目前用于抗滴虫和抗阿米巴原虫的首选药物。近年来临床应用又有了一些新进展。

牙龈出血：甲硝唑具有降低牙龈出血时间，使牙龈炎症痊愈的作用。

牙周炎：口服甲硝唑治疗慢性牙周炎，有效率为 92%。

口腔溃疡：用 2% 甲硝唑水溶液治疗小儿口腔溃疡，直接局部给药疗效显著。

咳嗽：用甲硝唑治疗成人久咳，方法：停用其他药物，按每日每千克体重 20 ~ 30 毫克给药，分 3 次服用，每个疗程 10 ~ 14 天，服药期间忌酒。

其他如对咯血、鼻源性哮喘、高脂血症、结肠炎、痤疮、银屑病等都有一定的疗效。

头孢拉定的严重不良反应

头孢拉定为近年来推广使用的广谱抗生素，在临床应用中发现本品可引起一些严重不良反应。

1. 过敏性休克：静滴头孢拉定数滴后，出现头晕、眼花、出冷汗、胸闷、心悸、四肢麻木、面色苍白、脉搏细弱、血压下降等症状。

2. 血尿：应用头孢拉定后引起血尿，其特点是：发病快，多数患者在用药后 1 小时即出现反应，有的伴有腹痛、腰痛等，但均有膀胱刺激症状；停药并对症治疗后血尿会逐渐消失。由于头孢拉定 90% 以原形由肾脏排出，在短期内给予高浓度大剂量后，尿内药物浓度过高，沉积于肾小管内，阻塞及损伤肾小管，导致血尿。本品有抑制血小板凝集的作用，对血尿的产生起促进作用。

3. 流感综合征：静脉滴注头孢拉定用药过程中出现寒战、高热、全身酸痛不适，伴恶心、呕吐、流鼻涕等症状时应立即停药并静注地塞米松等药，上述症状可消失。

4. 室性心律失常：静脉滴注或口服头孢拉定，出现头晕、胸闷、心悸、神志恍惚等，心电图示加速性交界性心动过速及频发短阵性室速、室颤、室性早搏。

服用头孢拉定的注意事项

在使用头孢拉定时应注意如下几点：

①在使用前应询问病人有无药物过敏史。②按照头孢拉定皮试液配制浓度进行皮肤过敏试验。③如无过敏反应时方可用药。在静脉滴注过程中，开始可将滴速调至20～30滴／分钟，观察20分钟左右，无异常情况可将滴速调至40～60滴／分钟。④如发生以上不良反应时，应立即停药，报告医生，组织抢救。

高渗葡萄糖的临床新用途

临床将浓度为50%的葡萄糖注射液称为高渗糖，过去常用于肺、脑等重要脏器水肿时的脱水、利尿。随着新一代脱水药物的不断问世，目前其应用已渐减少。近年国内外学者陆续发现了它的另外一些新用途，主要表现在以下9个方面：①用于急性肠道感染。②治疗宫外孕。③促进宫口扩张。④治疗内痔。⑤促进切口愈合。⑥治疗创口溃疡。⑦用于肥厚性鼻炎。⑧治疗静脉炎。⑨用于糖尿病皮肤溃疡。

左旋咪唑治疗小儿疾患

小儿反复呼吸道感染是指在一年内患者多次出现咳嗽、发热、呼吸加快等急性呼吸道症状和体征，以1至3岁婴幼儿多见。

引起小儿反复呼吸道感染的直接病因主要是呼吸道病毒，如流感 、副流感、呼吸道融合病毒等，仅有少数是细菌感染所致。众所周知，病毒感染是发生在机体免疫防御能力降低的基础上的，且可能随着机体免疫防御能力的改善和提高而使病情好转或痊愈。左旋咪唑治疗小儿反复呼吸道感染，主要是利用其免疫调节作用。它能使受抑制的巨噬细胞和淋巴细胞功能恢复正常，使机体抵抗病毒及细菌感染的能力增强，从根本上解决反复感染的问题。

左旋咪唑的应用，是在小儿急性上呼吸道感染被有效控制的基础上，每周服药2天，每天3次，每次按每千克体重2.5毫克计算药量，予以口服，全部疗程为3个月。左旋咪唑价格便宜，服用方便。

常用安眠药简介

人们常说的安眠药，其实包括两类药：镇静催眠药和抗焦虑药。

镇静催眠药属于中枢神经抑制药，对中枢神经系统具有广泛的抑制作用，其作用因剂量不同而异。一般小剂量时可产生镇静作用，使患者安静、活动减少和缓和激动，并可诱导睡眠；中等剂量时可引起近似生理性睡眠；大剂量时则产生麻醉作用，过量可造成生命危险。

常用的镇静催眠药有巴比妥类（如苯巴比妥、速可眠等）与非巴比妥类（如安眠酮、水合氯醛等）。这类药催眠作用强而有效，但用后可出现头晕、困倦等后遗效应，久用可产生耐药性及成瘾性，多次连用可产生蓄积中毒，使用安全性低，因此，要严格控制用量，以免出现危险。

抗焦虑药是一类影响人的精神活动的药物，能稳定人的情绪，减轻焦虑及紧张状态，并能改善睡眠，但无麻醉作用，主要用于抗焦虑及各种神经官能症和用于催眠。常用的药物有安定、利眠宁、舒乐安定、氟安定、硝基安定、安宁等。这类药物副作用小，较巴比妥类安全，因此在临床上使用很普遍。但是长期使用也可产生习惯性，有的亦可成瘾，故也作为精神药品控制使用。

缓释胶囊

缓释制剂是通过适当方法，延缓药物在体内的释放、吸收、分布、代谢和排泄过程，以达到延长药物作用的一类制剂。除了布洛芬外，阿司匹林、泰诺等都有缓释制剂。

和一般制剂相比，缓释制剂有 3 个优点：

1．服用方便。一般制剂常需一日数次给药，而缓释制剂通常每日只给药 1～2 次即可。

2．缓释药较一般制剂作用徐缓，避免了一般制剂频繁给药后，因血药浓度起伏过大而出现有效血药浓度的忽高忽低。

3．毒副作用较一般制剂小。

木糖醇

木糖醇也叫戊五醇，是一种五碳糖。是木糖代谢的正常中间产物，外形为结晶性白色粉末，广泛存在于果品、蔬菜、谷类、蘑菇之类食物和木材、稻草、玉米芯等中。它可作为甜味剂、营养剂和药剂在化工、食品、医药等工业中广泛应用。

木糖醇作为一种功能性甜味剂，能参与人体代谢，进入血液后，不需胰岛素就能透入细胞而且代谢速度快，不会引起血糖升高，是最适合于糖尿病患者食用的营养型食糖替代品。

木糖醇和葡萄糖一样都是由碳、氢、氧元素组成的碳水化合物，木糖醇在代谢初始，可能不需要胰岛素参加，但在代谢后期，就需要胰岛素的促进。因此，木糖醇不能替代葡萄糖纠正代谢紊乱，也不能降低血糖、尿糖，改善临床症状。临床实践表明木糖醇并不能治疗糖尿病，而且木糖醇吃得过多，血中甘油三酯升高，引起冠状动脉粥样硬化，因此，糖尿病人不宜多食木糖醇。木糖醇和普通的砂糖相比，具有热量低的优势，在一定程度上也有助于牙齿的清洁度，但是过度食用也有可能带来腹泻等副作用，这一点也不可忽视。

洋地黄中毒症状表现

首先在肠胃道引起食欲不振、恶心呕吐（胃内容物为草绿色）、厌食、流涎、腹痛腹泻，偶见出血性胃炎及胸骨下疼痛。以成年人较多见，尤其是患慢性充血性心力衰竭的老人长期应用洋地黄治疗的更为多见。早期的另一征象是尿少。心脏方面的症状是各种类型的心律失常并存或先后出现，如心动过速或过缓，心律改变如过早搏动、二联律或三联律、阵发性心动过速、心室颤动，各级房室传导阻滞。心室颤动和心室静止是最严重的心律失常，可直接危及生命。尤其是小儿洋地黄中毒最易出现上述症状。神经及精神方面：头痛、眩晕、失眠、耳鸣、乏力、嗜睡，甚至昏睡，共济失调、关节痛、神经痛、肌痛、牙痛、痉挛等，病人可表现激动不安、精神错乱、失语、幻觉、木僵、记忆力减退、定向力丧失、抑郁性妄想，甚至谵妄，最后发生惊厥、虚脱、昏迷等。眼部症状：视物模糊、畏光、眼前闪光、有暗点、视力减退、复视、色觉紊乱，常见者为黄视和绿视。此外，长期应用洋地黄可产生雌激素样作用，如男子乳房发育，绝经期后妇女垂体促性腺激素分泌减少，如绝经期后的妇女应用洋地黄2年以上，阴道鳞状上皮细胞显著成熟，因而容易与子宫内膜癌或卵巢癌的细胞学诊断相混淆。少数对洋地黄过敏的病人可能出现各种皮疹、瘙痒、血管神经性水肿，嗜酸性粒细胞增多极少见。尚有偶因过敏，发生心室颤动导致死亡的，应密切观察，加强预防，妥善处理。

药店禁售非处方抗菌药

自2004年7月起，消费者就不能在药店随便购买未列入非处方药药品目录的各种抗菌药物。据了解，抗菌药物包括抗生素和磺胺类、喹诺酮类、抗结核、抗真菌药物。还规定，各级药品监督管理部门要加强对抗菌药物不良反应的监测，各级药品不良反应监测中心要密切监测抗菌药物不良反应的发生情况，并加强抗菌药物不良反应发生发展趋势的分析和研究，发现问题及时报告。

服用硝酸甘油7项须知

硝酸甘油是冠心病病人，尤其是心绞痛病人常用的一种急救药，但并不是每一位冠心病患者都能正确合理地使用。如何使硝酸甘油更好地发挥疗效，更快地缓解心绞痛，本文用7项须知加以概括。

1. 须知用药途径。心绞痛急性发作时，应立即将硝酸甘油片含于舌下。

2. 须知服药姿势。应采取坐位，最好是靠在沙发、藤椅或其他宽大的靠背椅上。

3. 须知药品剂量。心绞痛急性发作时，可立即舌下含化一片硝酸甘油，如不见效，隔5分钟再含化一片，可以连续应用3次，一般不超过3次。

4. 注意疗效。若疗效不佳时，要想到其他疾病的可能。连续含化3片硝酸甘油，心绞痛没有缓解，且伴有大汗、面色苍白、恐惧不安、四肢发冷等症状，要想到已经发生了心肌梗死，在抢救的同时立即拨打 120 急救电话。

5. 须随身携带。有冠心病史或心绞痛的病人外出时，一定要随身携带硝酸甘油，以防不测。这一点非常重要。

6. 须避光保存。硝酸甘油在随身携带时，由于受体温的影响，且密闭情况不好，容易分解失效，所以最好每月更换一次。

7. 须知随时补充。平时要多查验药盒，若余量不足时，应及时补足药量。

服用硝酸甘油的不良反应

硝酸甘油用量过大，会引起面色潮红，搏动性心痛、心悸、血压降低等副作用，此时应减少用量。也有的患者对硝酸甘油比较敏感，即使小剂量也会出现上述症状。更有甚者对其极度敏感，只要一使用就会全身出冷汗、血压测不到等虚脱症状。这一点应引起注意，并与急性心梗加以鉴别。

前列腺素E_1

前列腺素 E_1 作为生殖系统用药，又称前列地尔、凯威捷等。

作用及功能：具有扩张阴茎动脉、松弛阴茎海绵体平滑肌、加速阴茎动脉血流的作用。适用于勃起功能障碍疾病的诊断和治疗。

不良反应：可有头痛、食欲减退、恶心、腹泻、低血压、室上性早搏、心动过速等。阴茎海绵体注射有阴茎疼痛和异常勃起。

注重事项：不能用于对此药过敏者，或有持续勃起倾向者；如有镰刀状细胞贫血、多发性骨髓瘤、白血病及阴茎解剖学畸形禁用；阴茎植入假体者不宜用。注射后出现异常勃起应及时就医，眼压增高者、使用降压和抗凝血药物者禁用。

服用鱼肝油引起尿路结石

形成尿路结石的原因比较多，这与尿液中的钙、磷排泄量增多而易于形成结石有密切关系。由于鱼肝油丸含有丰富的维生素 D，可促进肠黏膜对钙磷的吸收和增加肾小管对钙磷的再吸收，同时，在甲状旁腺素的协同作用下，动员骨钙游离入血，进而增加血中钙磷浓度以增加肠黏膜对钙磷的吸收。因此，当老年人长期多量服用鱼肝油丸，势必增加机体对钙磷的吸收。由于血液内钙磷过多，特别是在骤然增加的时候，就会增加尿内的钙磷排泄。而尿中钙质一多，势必导致钙质的过剩与饱和，易于在体内发生沉淀。老年人由于体内血液循环相对缓慢，就更容易发生尿路结石。

因此，老年人采用鱼肝油或鱼肝油丸防治骨质疏松、动脉硬化、冠心病或眼疾时，要注意剂量适当，切勿过大。一般说来，每天服 3 次，每次服一丸就可以了。同时，服用 2 周停药一周，平时注意多饮水，增加尿液排泄，防止钙质沉淀。患有尿路结石或体质虚弱的人，则不宜服用鱼肝油，谨防加重结石症状或发生中毒，不利身心健康。

阿司匹林不是谁都能吃

美国联邦贸易会不久前对德国拜尔公司提出指控，说该公司声称“定期服用阿司匹林有助于预防心脏病和中风”缺乏充分依据。为了取得和解，拜尔公司投资一百万美元实施消费者教育计划，并在其刊登的文章中强调：“阿司匹林不适合每个人，服用前一定要先征询医生的意见。”拜尔公司还将免费向消费者分发题为《阿司匹林疗法对你合适吗？》的小册子，以改变人们对阿司匹林顶礼膜拜的错误心理。

据悉，阿司匹林预防心脏病的功效在1985年曾获得美国食品与药品管理局的认可，但最近美国心脏病协会的史塔克医生说：“目前我们并没有充分掌握阿司匹林预防心脏病发作的证据，但阿司匹林的副作用对某些人更有害。而且，心脏病患者服用阿司匹林的剂量与治疗头痛服用的剂量不一样。”医学人士在亚洲进行的病例调查表明，阿司匹林对于因血管阻塞而中风的患者来说，长期服用可以改善病况，并降低再次中风的几率，甚至使因中风导致残废的可能性减少一半，但对于因血管破裂导致中风的病人来说，服后反而会加剧病情。此外，经常受胃溃疡、胃出血折磨的人以及对药物过敏的人也不宜长期服用阿司匹林。

拜尔药厂也承认：有些人的病情会因服阿司匹林而变得更糟。

第二章　家庭用药常识

家庭不要草率用药

随着科学的发展，很多药品对家庭来说，已成为必备药、常用药。例如抗生素、抗感染药等，特别是有些新药，虽然同过去常用的药物具有相同效用，但用法、用量往往不同。有些人服用时，好凭以往经验，或道听途说草率服用，这是非常有害的。还有的人求愈心切，“狠病狠吃药”，不按说明，加大药量，这是很危险的。药物可以治病，但也可致病，例如消炎药复方新诺明，它在人体内的半衰期是12小时，故每天服2次，每次2片。若服药间隔小于12小时，在体内就会出现蓄积，严重者可损伤肾脏。

处方药与非处方药的区分

药品质量特性可概括为安全性、有效性、稳定性，它与保障人民群众的生命和健康密切相关。

我们知道，到药店购药时，售货员会问你购买处方药还是非处方药，那么他们是如何区分的呢？

处方药是指必须凭执业医师或执业助理医师处方才可调配、购买和使用的药品；非处方药是指不需要凭执业医师或执业助理医师处方，消费者即可自行判断、购买和使用的药品。

自2000年1月1日，《处方药与非处方药分类管理办法(试行)》正式施行，并公布了第一批国家非处方药(西药、中成药)目录，共收入西药165个品种，中成药160个品种，每个品种含有不同剂型。对药品实行分类管理的目的是严格有效地规范对处方药的监管，防止消费者因自我行为不当导致药物滥用和危及健康事件的发生，同时通过规范并加强对使用非处方药的指导，引导消费者科学、合理地进行自我保健。

家庭药箱配备常识

家庭药箱的常备药物要根据家庭成员的年龄及健康状况配备。一般常备药品应该有：碘酒、红药水、紫药水、胶布、绷带、纱布、脱脂棉、高锰酸钾、消炎粉、云南白药、磺胺软膏、止痛片，常用感冒药及体温计、镊子、剪刀等器械。

有婴幼儿的家庭，还要配备小儿常用药品，如胖得生、小儿金丹、小儿清肺散、百炎灵、病毒灵等。此外，家庭药箱的药物配备还要根据季节增添常备药。夏秋两季要配备防暑降温和蚊虫叮咬的药，如藿香正气丸、人丹、风油精、清凉油；治疗胃肠炎等病的药物，如氯霉素片、乳酸菌素片、痢特灵等。春冬季节要备有冻疮膏和消喘、化痰、止咳药，如川贝精片、止咳糖浆、化痰片、扑热息痛片、甘草片等。

总之，家庭药箱的药品要根据家庭成员的健康状况，合理配备。

根据家庭成员的健康状况，还可以制作一个家庭急救包，放在家庭药箱一隅。急救包中药品的配备要因不同病人的不同需要而确定，以便一旦发生紧急情况，使用方便。

服用哪些药不宜喝热水

现代医学研究认为，在日常生活中，有些药是不宜喝热水服用的，主要有如下三种：

1. 消化类。如胃蛋白酶合剂、胰蛋白酶、多酶片、酵母片等，此类药中的酶是一种活性蛋白质，遇热后即凝固变性而失去催化剂作用，达不到助消化的目的。

2. 维生素类。维生素类的维生素C是水溶性制剂，不稳定，遇热后易被还原破坏而失去药效。

3. 止咳糖浆类。此类糖浆为复方制剂，若用热水冲服，会稀释糖浆，降低黏稠度，不能形成保护性“薄膜”，影响治疗咳嗽的效果。

吃药也需讲究姿势

吃药要讲究姿势，是为了更好地发挥疗效，避免不良反应。卧床病人最好采用坐式，以60毫升温开水送服。一般病人服用药片，应至少饮用100毫升温开水，并保持站立姿势1分半钟，可获得良好的疗效。心绞痛病人在含服硝酸甘油片时，应将身体紧靠在椅子上，2至5分钟即可奏效。若站着服，因脑部缺血，易眩晕、昏厥；若卧床服，会增加静脉的回心血流量，使发病时间延长，故以坐式喝服药片为好。

另外，吃药不饮水可致药效降低或造成食管的损伤。饮水可增加胃的排空速度，使药物更快到达小肠，有利于药物的吸收。增加饮水量还可使溶解度小而剂量大的药物增加溶出量，使吸收增加，从而提高血中药物的浓度。切忌干吞药以免药片损伤食管黏膜。

药品的稳定性

药品的种类繁多，剂型不一，性质复杂，易受外界影响，在储存过程中均有可能发生某些变化。主要有以下三个方面：

1. 化学变化：药品由于化学变化引起的不稳定主要表现为水解、氧化、光化分解、聚合等化学反应。药物与药物之间，药物与溶剂之间以及药物与附加剂、赋形剂、容器、外界物质（空、气、光、水分）、杂质之间，都能发生化学反应而导致药品的变质分解。

2. 物理变化：由于药品物理性状的改变，如吸湿、潮解、风化、挥发、蒸发、凝固、结块、熔化、变形、分层等，而使药品质量降低或不能使用。

3. 生物学变化：由于微生物的滋生，引起药品发霉、腐败或分解。

药品稳定性主要决定于药物本身的化学结构，在外界因素的影响下，药品稳定性发生改变，常常表现在物理性状方面的改变。因此，必须根据药品性质和影响它们的各种因素，做好药品的贮藏和保管。

影响药品质量的外界因素有哪些

1. 空气：空气中的氧和二氧化碳对药品质量有较大影响。

氧：有些药物如维生素A、维生素D、吡唑酮类、吩噻嗪类等，遇空气中的氧会缓慢氧化；其他的一些如硫酸亚铁氧化后生成硫酸铁，变成黄色；氯化亚汞氧化成氯化汞毒性增加。药品被氧化后，可以发生变色、异臭、分解、变质、失效，甚至产生毒性。

二氧化碳：药品与空气中的二氧化碳结合而变质的现象称为碳酸化。如氨茶碱露置空气中吸收二氧化碳后析出茶碱不溶于水；磺胺类药物钠盐、巴比妥钠、苯妥英钠等和二氧化碳作用后，分别生成游离的磺胺类、巴比妥类、苯妥英类而难溶于水；氢氧化钠、氧化镁等均易吸收二氧化碳生成碳酸盐。

此外，空气影响药品变质的例子很多，如具有吸附作用的药品（如矽酸银，药用炭等）久置空气中能吸附空气中的各种气体，使吸附力降低而影响药效；过氧化氢受空气中尘埃的污染能加速分解变质；许多药品还能受空气中水汽、微生物的影响而发生质量变化等。

2. 光线：光线能使药品变质，其中

紫外线起主要作用，它能直接引起或促进药品发生变质分解、氧化等化学反应。

变色：如肾上腺素受光影响可逐渐变成红色至棕色，使疗效降低或失效；磺胺类药物遇光逐渐变色；银盐、汞盐见光后能析出游离状的银、汞，颜色变深，毒性增加。

分解：有些药品受光线作用后，可发生分解，如过氧化氢溶液，见光分解成水与氧；甘汞遇光能逐渐分解生成汞及升汞，变为深灰色，有剧毒。

氧化：许多药品在有空气或氧气的存在下，遇光能加速氧化过程。如氯仿在空气中见光后，经氧化产生有毒的光、气及氯化氢；酚类药物在氧和光线作用下变为淡红色或红色；维生素A、维生素D等在光、氧等影响下，易氧化失效。

3. 温度：温度过高或过低都能促使药品变质失效。温度过高可促进氧化、水解等化学反应而加速药物的变质，如抗生素受热后加速分解失效；油脂类及其软膏长期受热易酸败变质。温度过高还能使挥发性药品如薄荷脑、乙醇、氨水等加速挥发；含结晶水药品可加速风化，同时还可破坏剂型，如使糖衣片熔化粘连；软膏溶化分层；胶囊、栓剂黏软变形等。温度过低也能使一些药品产生沉淀、冻结、凝固，甚至变质失效，如生物制品因冻结失去活性，胰岛素久冻后可发生变性；葡萄糖酸钙等溶液久置冷处可析出结晶不再溶解；乳剂溶液冻结后分层无法恢复原状；注射液及水溶制剂在0℃以下低温能发生冻结，体积膨胀，使玻璃容器破裂。

4. 湿度：湿度对药品质量的影响亦很大。湿度过大能使药品吸湿而发生潮解、稀释、水解、变形、发霉；湿度太小又容易使某些药品风化。

潮解：某些易溶于水的药品，露置于潮湿的空气中，逐渐吸收空气中的水分，使其部分溶解呈液状的现象叫潮解。如氯化钙、氯化钾、枸橼酸钠等易吸湿而潮解。

分解：有些药品吸收水分后能分解变质。如阿司匹林吸湿后逐渐水解成醋酸和水杨酸，对胃的刺激性加大；碳酸氢钠吸潮后缓慢分解成碳酸钠，碱性增强；抗菌素如青霉素、强心苷类如洋地黄，吸潮后加速分解，使疗效降低。

变形：药品吸潮后因引起物理形态的改变而变形。如片、丸剂吸潮后因崩解剂的膨胀而发生裂片。糖衣片发生溶化粘连，甘油栓剂变潮后变为不透明，软化变形。

风化：许多含结晶水的药品，在干燥空气中容易风化。如硫酸钠、咖啡因、磷酸可待因等。药品风化后并不改变其化学性质和疗效，但含量不定，剂量难以掌握，特别是剧毒药品，可能因超量而造成事故。

5. 微生物和昆虫：药品露置空气中，易受微生物（细菌、霉菌、酵母菌等）和昆虫的污染、霉变或虫蛀，对一些含营养性物质（如淀粉、糖、蛋白质、脂肪等）的药物尤其如此。空气中湿度过高，温度适宜，有利于微生物的生长繁殖，尤能使药品发生这些变化。

6. 时间：有些药品贮藏时间过久，亦会变质失效。如效期药品，即使贮存条件适宜，过期后亦往往效用降低或毒性增强。

还有些药品，特别是性质不稳定的药品，如乳剂、水剂、栓剂等，虽无效期规定，时间过长也会影响质量。当然，药品的贮藏时间与其他因素（贮藏条件）有很大关系，如保管不当，贮藏时间虽不长或有效期未到，也可能变质失效。

无病不要吃补药

首先应该明确，补药也是药。其次，吃补药要对症吃，身体健康，不缺乏营养，吃补药有害无益。要想健康长寿，吃补药不是办法，也达不到目的，健康长寿的秘诀是：良好的生活方式和运动。

科学地贮存管理药品

药品应按其性质和剂型特点，在不同条件下妥善保存。

1. 密闭贮藏：以下药品要用具有磨口的玻璃瓶贮存，或用软木塞及石蜡熔封，防止吸湿变质，相对湿度在60%以下保管较适宜。

①易吸湿而变质的药品：如氢氧化钠、无水氯化钙、浓硫酸、溴化钠、对氨基水杨酸钠片、干酵母、复方甘草合剂片、各类抗生素、胃蛋白酶、阿司匹林、硫酸亚铁等。

②易风化的药品：各种含结晶水的药品如枸橼酸、硫酸铜、硫代硫酸钠等。

③易挥发药品：如浓氨水、双氧水、酒精制剂、薄荷油、樟脑等。

2. 避光保存：为避免光线对药品的影响，可储存于棕色玻璃瓶或黑色纸包裹的玻璃瓶，以防紫外线的透入，引起药品变色、变质。

①避光保存的药品：硝酸银、碘化钠、肾上腺素溶液、氨茶碱、维生素C等。

②见光易氧化的药品：麻醉乙醚、肾上腺素等。

3. 低温贮存：这类药品有受热变质失效的特性。如人血白蛋白、人血丙种球蛋白、促肾上腺皮质激素、鱼精蛋白、肝素、麦角新碱、催产素、脑垂体后叶素、疫苗、血清、抗毒素及生物制品等，应贮存于冰箱或冷库内，温度保持在2～10℃。

药品的批准文号

国务院卫生行政管理部门或省、自治区、直辖市卫生行政部门，对药品生产企业申请生产某种药品所报送的处方、工艺、质量标准、检验结果、药理、临床试验等技术资料和生产条件、检验条件等进行审核，认为已具备生产条件者予以批准，并给所申请生产的药品一个特定的编号，这就是药品的批准文号。一般由批准机关、简称、类别、年份、序号等构成，药品批准文号有唯一性（每一种药品规格、剂型颁发一个批准文号，其他单位或药品不得假冒使用）、法定性（生产单位必须取得批准文号才能生产药品，未取得批准文号生产的药品一律按假药处理）。因此，药品大小包装的标签和说明书必须注明批准文号，以示该药品为合法生产。

药品的批号

批号是药厂同批生产投料药品的标志。目前国内通常是将批号与制造日期合并，从批号便可知药品的生产年月和批次，了解药品存放时间的长短，便于检查药品质量情况。批号的另一个重要作用是在质量检查、抽样检验及入库验收时，根据所发现的质量情况，便于对整个批号进行处理。药品批号一律按生产日期编排，以数字表示，一般采用六位数字，前两位数为年份，中间两位数为月份，后面两位数为日。有的厂家一天多个班包装，还在后面加上班号数字，为亚批号。

如"970405"，即1997年4月5日生产；如标明"970405-2"即表示同时生产的第二批。

药品的商标

商标是商品的标志。任何商品在市场上出售都要有商标，是区别其他同类产品的一种标记，药品作为特殊商品也不例外。《中华人民共和国药品管理法》第四十一条规定：除中药材、中药饮片外，药品必须使用注册商标，未经核准注册的，不得在市场上销售，商标注册人享有商标专用权，受法律保护。注册商标必须在药品包装和标签上注明。

药品的有效期

药物的有效期是指药物在特定贮存条件下，含量降到90%所需要的时间。

药品经过一些科学实验，以其效价和稳定性为标准定出某些药的有效期。有效期的产品标签上一律加以注明。归纳起来，有下列几种表示法：

1. 直接标明有效期为某年某月，如有效期2009年10月即指该药可用到2009年10月31日。

2. 直接标明失效期为某年某日，如失效期2009年8月，即指该药可用到2009年7月31日。

3. 标明有效期长短，写"有效期×年"系由生产日期（批号）的下月1日算起。如某药品有效期2年，批号为070801，按批号推算，此药有效期应到2009年8月31日。

4. 国外产品效期多采用"失效期"Expiration Date(Exp. date)，但表示法很不统一，各国各厂有自己的习惯写法。欧洲国家多按日、月、年顺序如8/5/07，即为2007年5月8日失效。

美国产品是按月、日、年排列，如Nov.1, 07，即为2007年11月1日失效。

日本按年、月、日顺序排列，如失效期为08.6.1，即为昭和08年6月1日，换成公元应加25年。

药品对包装有特殊要求

药品是一种特殊商品，物理化学性质各异，纯度及卫生要求极高，因此产品的贮藏和销售必须有特别的容器和包装才能满足需要。同时，不论内包装、外包装都要有正确的标签，才不会发生差错和事故。

根据《药品管理法》的有关药品包装的规定：药品包装必须适合药品质量的要求，方便贮存、运输和医疗使用。规定有效期的药品，必须在包装上注明有效期。标签、纸盒、纸袋、塑料袋等版面较小而内容难以印全时，应有说明书详细介绍，不得缺项，并将说明书附入盒内或箱内，以保证用药的安全有效。

包装容器及贮藏温度均应按《药典》的规定执行。根据药品性质，药品的包装容器分为密闭容器、密封容器、熔封或严封容器和遮光容器四种。

1. 说明书：是药品生产单位向医药人员和消费者宣传介绍药品特性、指导合理用药和普及医药知识的主要媒介，同时也是医药人员以及患者治疗用药时的科学依据。

生产厂家不仅要对药品质量负责，而且也要对产品说明书内容是否符合要求，是否真实可靠负责。

2. 标签：是药品生产单位对药品质量和数量承担法律责任的标志之一，内容及写法与说明书类同，但简单明了。

麻醉药品、精神药品、医用毒性药品、放射性药品等称之为特殊管理药品，若使用不当，极易造成对人民健康的危害，甚至危害社会。因此对这类药品必须实行有别于一般药品的特殊管理方式，如定点生产、定点供应、限量购买等。此外在标签上印有特殊标志，比如：①麻醉药品蓝白相间有“麻”字样；②精神药品绿白相间有“精神药品”字样；③毒性药品黑白相间有“毒”字样；④放射性药品红蓝相间。

药品的性状检查

药品的性状检查主要是通过对药品的外观、色泽、澄明度、均匀度等方面的考察，看其是否符合《国家药典》标准。药品按剂型形态分类为液体剂型（如芳香水剂、溶液剂、注射剂等）、固体剂型（如散剂、丸剂、片剂、膜剂等）、半固体剂型（如软膏剂、糊剂等）和气体剂型（如气雾剂、吸入剂等）。

下面针对主要的几个剂型，加以说明。

1. 片剂：是指药物与适宜的辅料通过制剂技术制成片状或异形片状的制剂，主要供口服。片剂应符合以下要求：外观应完整光洁，色泽均匀；有适宜的硬度；药物的含量准确；片剂的重量差异小；在正常贮存条件下化学性和物理性稳定等。

2. 胶囊剂：分硬胶囊剂、软胶囊剂和肠溶胶囊剂，供口服用。胶囊剂应符合下列规定：外观应整洁，不得有黏结、变形或破裂现象，应无异臭。

3. 颗粒剂：是指药物与适宜的辅料制成干燥颗粒的制剂。分可溶颗粒剂、混悬颗粒剂和泡腾颗粒剂等，供口服用。颗粒剂应符合下列规定：颗粒剂应干燥，颗粒均匀，色泽一致，无吸潮软化、结块、潮解等现象，宜密封贮藏，在干燥处保存。

4. 软膏剂：是指药物与适宜基质制成具有适当稠度的膏状外用制剂。软膏剂应符合下列规定：软膏剂应均匀、细腻，涂于皮肤上应无刺激性；并应具适当的黏稠性，易于涂布于皮肤或黏膜上。应无酸败、异臭、变色、变硬、油水分离等变质现象。

5. 注射剂：是指药物制成的供注入体内的灭菌溶液、乳浊液或混悬液，以及供临用前配成溶液或混液的无菌粉末或浓缩液。注射剂应符合下列规定：注射剂要求无菌，无热源，不得有肉眼可见的混浊或异物，不能对组织有刺激或发生毒性反应，确保使用安全。

家庭药品保存常识

1. 家庭药箱里的药品应放置整齐，外用药和内服药要分开放，箱内不要放置自己不熟悉的药物。

2. 盛药的药瓶或药盒上应贴有该药的正确名称标签，并说明服法、用量、失效日期等。

3. 用药前要仔细看好药品性能说明、用量、出厂日期、失效日期。过期药物坚决扔掉，千万不可服用，尤其是水剂。

4. 家庭药箱应选择避光和温度较低的地方，但要防止冰冻。

5. 家庭药箱不应上锁，但要放在孩子拿不到的地方。

怎样判断药物变质

1. 片剂：凡变色、发霉、有臭味，药片松散或变形，表面出现斑点或出现结晶，糖衣片发生粘连或出现较多斑点者，不可再用。

2. 丸剂：出现发霉、变形、变色、有臭味者已变质。

3. 针剂：颜色有变化或色度异常、发浑、沉淀或盛药瓶有裂纹、有絮状物出现或有结晶析出时，已变质。

4. 胶囊：发霉、变软或碎裂者，不可用。

5. 内服药水：出现发霉、变色、有絮状物或沉淀者，说明已变质。

6. 眼药水：变色和色度异常、发浑、有沉淀物等，千万不可再用。

7. 眼药膏：出现颗粒、有败油臭味或出现液状物时，已变质，不能用。

家庭药箱的维护和更新常识

家庭药箱是必备的，但一定要经常处理失效药物并管理好各种药物。任何药物都不能无限期保存与使用，过期药物或失去效力，或因成分的重新组合而变成有害物质。那些过期的、变色的、变黏稠的和变得浑浊的药物必须及时扔掉，尤其是要避免使用陈旧的碘剂、滴眼剂、洗眼剂、滴鼻剂、咳嗽药和软膏等。家庭药箱要经常做到以新药代替旧药。保管好全部药品也很重要，扔掉废药品时也应注意处理好，不能被小孩拾回吞服。

老人和小孩用药剂量推算法

1. 老人量：60～80岁，用4/5成人量，80岁以上用1/2成人量。

2. 婴儿量：2岁以下婴儿剂量＝年龄(月数)/150×成人剂量

3. 老幼用药剂量快速折算法：

年龄	用药量
60岁以上	3/4～4/5成人量
15～18岁	3/4成人量
12～15岁	3/5成人量
8～12岁	1/2成人量
6～8岁	1/3成人量
4～6岁	1/4成人量
2～4岁	1/6成人量
1～2岁	1/8成人量
初生儿～1岁	1/24～1/12成人量

家庭应当注意有效期规定的药物

应当注意有效期的药物，常用的有青霉素、链霉素、庆大霉素、卡那霉素、强力霉素、四环素、土霉素、利福平、胰岛素和三磷酸腺苷等。

常见外用药水的使用

使用外用药水要用干净的药棉球涂抹，切忌用瓶塞直接在伤口上涂抹，以防交叉感染。用完后，要盖好瓶塞，放在阴凉处待用。

碘酒的使用方法

碘酒是碘化钾和碘的酒精溶液。具有消肿、止痒、杀菌和消炎的作用。适用于没有破皮的创面，如疮疱初起、皮肤发痒、红肿等情况，不易涂抹在疮面、口腔和嘴唇的黏膜上，也不宜与红药水同时使用。

红药水的科学使用

红药水是红汞的水溶液，故又称红汞水。具有消毒防腐作用，对身体没有刺激，涂在伤口创面上也不疼。适用于涂抹小面积的表皮创伤，不宜与碘酒同用，以防碘化汞中毒。

紫药水的科学使用

胆紫的水溶液，故又称龙胆紫。

具有消毒防腐、结痂、干缩的作用，适于口内生疮、脸部生疮、皮肤和黏膜的创伤、发炎等，特别是对引起化脓的细菌很有杀伤力。紫药水无毒，对人体刺激性小。

双氧水的使用

过氧化氢的水溶液，杀菌作用较强，主要用于清洗创伤、溃疡等。

酒精的使用

75%的乙醇溶液，具有表皮消毒作用，常用于皮肤及器械消毒。此外，用酒精涂擦卧床不起的病人皮肤可防止褥疮发生。

喉片不能当糖吃

喉片是一种家庭常备药，常用喉片可分薄荷喉片和杜末芬喉片。因为喉片很甜，特别是薄荷喉片口感甚佳，因此，有些没有咽喉疾病的人，也喜欢含些喉片，还有的家长把喉片当糖片给孩子吃。岂不知喉片虽甜，但它是药，而不是糖。薄荷喉片具有收缩血管消肿止痛作用。但咽喉无病而大量吃喉片，则会引起黏膜干燥破损而引发口腔溃疡。杜末芬喉片具有消炎杀菌作用，若口腔无炎症而大量服用，对口腔黏膜也有损害，甚至可以诱发胃肠疾病。

止痛片不能滥服

止痛片是家庭药箱的必备品，但需使用得当，如错用、滥用和用量过大，不仅不能治病，还会造成严重后果。止痛片可分两大类，一类是解热止痛药，另一类是解痉止痛药，它们虽有止痛这种共同作用，可是它们的应用范围、作用原理、治疗效果、不良反应等却大不一样。解痉止痛药主要用于治疗胃肠及其他平滑肌的痉挛性疼痛，例如胃肠、胆道、泌尿道的绞痛。这方面的代表性药物有阿托品、普鲁本辛、颠茄片等。解热止痛药主要可用于治疗伤风、感冒、发烧、疲劳性头痛、肌肉酸痛、神经痛、月经痛等。这方面的代表性药物有阿司匹林、扑热息痛、消炎痛等。这些止痛药都对胃有一定的刺激性，要在饭后服用，以减少刺激。止痛片只能治标，不能治本，要使病情好转，还必须根据病因做根本性治疗。

不可滥用肤轻松

肤轻松是一种人工合成的激素，制成软膏主要治疗接触性皮炎、神经性皮炎、湿疹等。但它有降低人体对霉菌、细菌和病毒抵抗力的副作用，如患霉菌引起的手癣、足癣、体癣、股癣、化脓性细菌引起的毛囊炎、疖肿、脓疱疮和病毒引起的水痘，用了肤轻松不但治不好，还会发生病变，使病情恶化。因此说，肤轻松不是医治皮肤的万能药，不可滥用。

不能随便吃补药

有人认为补药是补养身体的，有病无病吃了都有好处。但是任何事物都有两重性，有一利，就有一弊。比如长期过量服用维生素C，可引起呕吐、腹泻；又如人参是补药，可是阴虚火盛的人服用人参则有害无益。

其实，药补常常不如食补。人体所需的六大营养素——蛋白质、脂肪、维生素、糖、无机盐和微量元素，都可从食物中摄取，只要不是严重疾病造成特殊需要，就不必花大钱去吃补药。

正确使用退烧药

病者本人或给家庭成员服用退烧退热的药时，应注意：

1. 病因不明不用；
2. 短期低烧不用；
3. 突发高烧慎用；
4. 必要时辅以物理降温；
5. 服药后多饮水。

去痛片不是止痛片

许多人认为去痛片就是止痛片，这是不对的。他们只注意了两种药解热镇痛的共性，忽略了它们在构成、服量、副作用方面以及治疗功能上的细微差别。

去痛片又名镇痛片、索密痛，是由氨基比林、非那西丁、咖啡因、苯巴比妥四种药物组成的。除解热止痛外，还有抗风湿作用。

止痛片又名复方阿司匹林、ABC。它主要是由阿司匹林、非那西丁、咖啡因几种药物组成，除解热止痛外，可用于伤风感冒等症。

去痛片成人日服3次，每次服一片。止痛片成人日服3次，每次服1～2片。

由于止痛片成分中有阿司匹林，它对胃肠有严重刺激，因而胃病患者不宜服用。

怎样服用中成药

中成药是中药制成的便于服用和保存的成品药。有药丸、药片、药水、药粉、药膏、药酒等。

服中成药要注意：

1. 注意用量。每种药服多少都是有科学根据的，不能少服，也不宜多服。一般药物（有毒性的除外）如服后效果不明显，且无不良反应，可逐渐加大剂量。

2. 注意每天服药的最佳时间。滋补类药物宜空腹服用，健胃消食的宜在饭后15分钟服用，镇静安神的以及酒类宜在睡前半小时服用。

3. 注意服法。大丸药可放口内咀嚼，再用白开水送下；也可割成小方块，捏成小丸服用；或者将药丸用水调成糊状服用。

不要乱给孩子吃药

孩童生长发育期间新陈代谢旺盛，血液循环时间短，吸收排泄快，抵抗力弱，对药物反应敏感，用药不当会产生不良反应。

长期使用皮质激素，例如强的松等，

或免疫抑制剂例如环磷酰胺等，能导致骨骼生长延缓，早产儿长期应用四环素能使骨骼生长停滞。

四环素、皮质激素、维生素A等药物可增加脑压或引起脑水肿，皮质激素还可以影响儿童对钙质的代谢，产生手足抽搐。链霉素、卡那霉素、庆大霉素、多黏霉素等可致使听力减退，引起耳聋，不会说话的小儿，耳聋后还可导致哑巴。

过量服用氯霉素、四环素、金霉素、新生霉素、氯丙嗪、异烟肼等，可导致中毒性肝炎。

长期服用皮质激素如地塞米松，可引起消化道溃疡；长期服用氯霉素，可引起小儿再生障碍性贫血；磺胺类药物服用过多可引起血小板减少等症。

由此可见，小儿患病切忌乱用药，特别是副作用较大的药物，剂量不可过大，用药时间不宜过长，一定要按药品说明书或遵医嘱服用。

儿童禁服阿司匹林

阿司匹林能够引起非常严重的雷耶氏综合征，雷耶氏综合征是一种罕见的儿童肝脏和大脑疾病，因此绝不能给12岁以下的儿童服用任何剂型的阿司匹林，除非有医生的特殊指导。

给幼儿灌药的好方法

孩子多不肯好好服药，家长为此急得按胳膊、揪脑袋、捏鼻子，硬将药往孩子口里灌；孩子则拼命挣扎，大哭大闹，常常是药没有喂好，大人小孩弄得一身汗。有的家长则把药溶解在牛奶中，装入奶瓶，让孩子吃，这样也不好。

因为小儿的服药量很少，有一部分沾在奶瓶上，药量就不足了。下面介绍一下喂药的方法。

1. 喂药前不要喂奶，也不要让孩子喝太多的水，以免喂药时引起呕吐。

2. 灌药时，勺子不要顺着舌头直往里插，这样容易呛着，应把勺子从孩子的嘴角处插入，倒在舌边稍停一下，等到咽下时再将勺拿出，动作要轻巧。

3. 喂药后可给少量的酸味果汁，以避免呕吐。

4. 如果孩子不合作，或是药味过苦，可在勺里放点果酱，哄其吃下。

5. 在喂胶囊药粉时，有时需要一粒的一半，而一粒胶囊丸分开后，两个半粒都无堵头，吃药时难免撒在嘴里，小孩常因此呕吐。最好的办法是用饭粒或面食堵住被分开的开口处，这样既节约，又可达到预期的效果。

药物致耳聋须知

据调查，我国因药物引起的聋哑近年来有增加的趋势，20世纪50年代不足3%，到70年代以后上升到28%～35%。

许多聋哑儿童是因用药不当造成的。据统计，我国现在耳聋患者约有500万，其中因用药不当而造成的中毒性耳聋即占了300多万。

理论研究和临床实践均表明，许多药物，尤其是抗生素类药物中的链霉素、庆大霉素、卡那霉素和新生霉素等，都会损害人的听觉神经，此类抗生素有“耳聋性抗生素”之称。过去，当孩子发生一般性的发烧、感冒和上呼吸道轻度感染等，有些家长为了小儿的病早愈，常常主动要求医生给孩子用抗生素针剂。殊不知，抗生素不是万能药，盲目滥用往往会适得其反，特别是“耳聋性抗生素”更应慎重使用。临床研究发现，短期内应用链霉素的小孩约有10%发生耳聋，长期注射造成听觉神经功能障碍者可高达75%以上。值得注意的是，孕妇、乳母使用此类药物，亦会造成胎、幼儿先天性耳聋。研究人员专门调查过，在药物引起的聋哑儿童中，7%是妊娠期和哺乳期母亲用药造成的。

临床医生还发现，少数小儿对“耳聋性抗生素”十分敏感，只要偶然使用一两次，就能导致耳聋，而且耳聋的早期症状又很不明显，仅表现为对外界刺激反应迟钝，等发现时往往为时已晚。对此，专家们指出，应尽量避免对婴幼儿使用“耳聋性抗生素”，如果病情需要，非用不可，医生要向家长交代药物的毒性和观察方法，家长应按医生的交代密切观察用药反应，一旦患儿出现恶心、头晕、手足及口唇麻木等中毒先兆时，就应尽快报告给医生，应即停药。

老年人用药有三忌

老年人因身体器官有衰老变化，用药有三忌。①忌滥用药物。人到老年，肌体免疫系统功能减退，易得病，如果服药不遵医嘱，滥用后，会加重肝、肾等器官的负担。②忌剂量大。老年人用药原则是：量宜小，不宜大，以不超过成人量的3／4为限。同时使用两种药时，更要慎重。③忌滥用抗生素。有些人把抗生素当做“万灵药”，有点伤风感冒或发热，认为吃“素”能解决。但据分析，滥用抗生素会造成二重感染（即菌群交替症），并出现严重后果。

用果汁服药降低药效

果汁或冷饮中的果酸容易导致多种药物在小肠内的吸收，而大大降低药效；还有许多药物，如阿司匹林、保泰松等抗风湿痛的药，本来就对胃黏膜有刺激作用，而果酸则可加剧对胃壁的刺激，甚至可造成胃黏膜出血；有些抗菌素，如红霉素、氯霉素等，在酸性液体作用下易被水解而降低药效，有的甚至与酸性液体反应，生成有害物质。

服药宜多饮水

有些人在服用药片或胶囊类药物时，不用水或仅用很少的水，尤其是卧位服药或服药后立即上床休息，药物易在食道内滞留，容易引起食道溃疡、食道炎。

特别是服用氯化钾片、四环素、强力霉素、红霉素、强的松、阿司匹林、消炎痛、保泰松等易引起食道损伤的药物更应注意。应尽量避免卧床服药，在服用药片或胶囊时，要用足够的温开水送服。

哪些西药不可同中药一起服

1. 在服用洋地黄类药物时，应避免同时服用含蟾酥的六神丸、六应丸、喉症丸、牙痛一粒丸等中成药，因为蟾酥具有类似洋地黄的药理作用，洋地黄具有一定毒性，两种药同时服用可增加洋地黄的毒性。

2. 服用降压片、降压灵等药物时，不宜同服麻黄及含麻黄的药，如再造丸、定喘丸、防风通圣丸、麻杏石甘糖浆、祛风舒筋丸等。因为这些药物中所含的有效成分麻黄碱，在祛痰平喘的同时还有升高血压的作用。

3. 服用氨茶碱时，不宜与麻黄及其制品同服，否则会出现心跳过速、头痛恶心等不适症状。

须知药物也可成瘾

有些患者在常服某些药物后，一旦停用，便会产生流泪、流涕、发抖、虚脱、精神萎靡、全身不适等现象，强烈要求继续用药，长期下去，不但健康受损，而且可导致道德沦丧。

容易成瘾的药物主要是用于镇痛、止咳的麻醉药，如鸦片、吗啡、可卡因、杜冷丁、镇痛新、安侬痛、复方桔梗等。

还有些催眠药如安眠药、安眠酮、鲁米那、阿米妥等，长期服用，也易成瘾。

皮肤用药须知

常见的湿疹、皮炎等皮肤病，在急性期可选用含收敛及减少渗出物作用的水溶液或洗剂，如用3%硼酸溶液、炉甘石洗剂等均有效。但不宜选用软膏或含有刺激性药物的乳剂，因为在急性期选用软膏或含有刺激性药物的乳剂不仅不能治病，反而会使病情加重。湿疹和皮炎的慢性期则可选用保护皮肤、止痛止痒、起促进皮肤损伤愈合作用的软膏、硬膏，但不应选用具有收敛干燥作用的水剂或洗剂，因为这不会产生治疗效果。应该注意的是，抗菌类药物对霉菌感染引起的皮肤病无治疗价值。除用药种类外，在用药方法方面也有学问。例如，用糊剂时下次用药可用花生油等先清洗患处，再用糊剂药物，可提高疗效。药物的浓度也要注意，以免刺激性大，甚至导致过敏。不同年龄、不同性别以及患位不同在用药时都要有一定区别。女性与孩子多面部皮肤柔嫩，为避免有红肿、水疱等不良反应，宜选用刺激性小和浓度较低的药物。黏膜处药物容易吸收，要注意用量不宜过大。有毛发的部位，一般不宜用粉剂、洗剂和糊剂。还有值得注意的一点是不宜用药过杂。

滥用药物引肝祸

肝脏是人体内重要代谢器官，许多药物(包括滋补药)的代谢均在肝脏进行，因此肝脏最容易受药物的损害，滥用药物或无原则地服用保肝药都会加重肝脏负担，影响肝功能。随着大批新药的问世，药物性肝病的发生率亦见增加。但到目前为止，药物性肝病的危害性尚未引起广大医务工作者及患者的足够重视。

药物性肝病顾名思义是由药物引起的肝病，然而药物种类繁多，药物引起的肝损害也多种多样，千变万化。大体归纳起来可分为两个方面，一是药物对肝脏的直接损害，这一类是可以预防和避免的。二是患者本身的特异性(过敏反应等)，这一类往往不容易预测。

明明白白服药保肝脏

药既能治病，也能伤人，因此明白药物的副作用，尤为重要。那么，哪些药物能引起肝损害呢？临床上常用的抗生素中的四环素、红霉素可致肝损害。有报道，每日静脉滴注四环素 1 克，可能引起急性脂肪肝；应用磺胺药物约有 0.6%可发生急性肝炎；抗结核药中的异烟肼、对氨基水杨酸钠、乙硫异烟胺、利福平等均可引起血清转氨酶升高，甚至可能诱发暴发性肝炎；镇静安眠药，如氯丙嗪、苯巴比妥、苯妥英钠、丙戊酸钠、利眠灵、安定等可引起胆汁郁滞性肝炎。抗血吸虫病药物酒石酸锑钾可以引起肝肿大和转氨酶升高，重者会出现肝昏迷而危及生命。治疗甲亢的药物，如甲亢平、他巴唑以及口服避孕药，如甲地孕酮、炔诺酮或炔雌醇、同化激素甲基睾丸酮等可以损害肝功能引起黄疸；抗癌药 6- 巯基嘌呤、瘤可宁、丝裂霉素、放线霉素 D、环磷酰胺，还有解热止痛药，如水杨酸类、扑热息痛、非那西汀、消炎痛、保泰松，中药的苍耳子、黄药子、乌头、附子等都可引起肝脏损害。

药厂、医师、患者三方结合安全用药

要想避免药物性肝病的发生，应做到药厂、医师、患者三方结合。药厂对一个新药的临床应用要严格依照有关程序运作，必须有足够的动物实验及临床实验，既要有短期观察，又要有长期观察，尽量将药物的毒性反应降低到最低限度。而作为祛病治疗者，临床医师应熟悉所用药物的性质及毒性，尽量少用或不用对肝有毒性作用的药物。对于有过敏史及肝肾疾病、营养不良的患者，尽量不用药或选用对肝损害少的药物，用药时间也不应过长。在用药前后及用药期间，应注意观察毒性反应，定期检查肝功能。作为患者，应严格在医师指导下用药，切忌滥用药物或随意改变药物剂量。药物性肝病多属于医源性疾病，因此，预防重点应放在临床医师上。

吃药莫信道听途说

自己前几天头晕得厉害，听人说某药挺管事儿。这些日子头晕病又犯了，正好朋友在场，就对你说上次他的头晕病就是吃什么药好的，建议你不妨也试试。你又急于解决病痛，就按图索骥弄到别人介绍的药物吃了下去。结果怎样呢？大概会有四种情况：

1. 有效。你的病情恰好与亲戚朋友听说或经历的病情一致，吃了别人介绍的药物当然对你的病痛也就管事了。但实际上这种几率很低，切不可再采用这种方式用药治病。

2. 无效。人类到目前为止已经发现了成千上万种人体疾病，涉及到脑的疾病也已达千种以上。因此，虽然两个人都有头痛、头晕，在更多的情况下是两种不同的疾病，并不是简单用去痛片就可以解决的。即使是中医治病，也必须遵循辨证论治的原则，比如对头痛也要先辨别头痛为外感、内伤。外感中常见有风寒头痛、风热头痛、风湿头痛；内伤中常见有气血两虚头痛、肝阳上亢头痛、肾虚头痛、痰浊头痛、瘀血头痛，实际症型还远不止此。而西医以头痛为主要见症的疾病至少在百种以上。因此道听途说用药更多的时候是无效的。

3. 毒副作用。因为药不对症，所以无效。无效也就罢了，大不了再到医院看一看重新开始治疗。可问题并不这么简单。药物本身毒副作用小，你吃的剂量又少，药物对你的负面影响还不足以影响身体大局；但是如果服用了作用剧烈的药物或服用时间过长、剂量过大的话，那情况可就危险了。比如这些日子不知什么原因总是失眠，听别人介绍服用了安定，头两天感觉还好，几天后就不大管事了，于是就自作主张加大剂量，结果是沉沉地睡了好长时间，可醒后头晕、打不起精神、总是想睡觉的毛病却又接踵而来。有人说中药没有副作用，中药副作用小，这只是道出了问题的一个方面，中药的毒副作用确实存在，而且复杂。如中药马钱子对于外伤引起的肿痛及风湿痹痛或肢体拘挛麻木确实有很好的疗效，但用量稍过，就可引起肢体颤动、惊厥、呼吸困难，甚至出现昏迷中毒反应。再如中医对昏迷有“闭症”和“脱症”之分，如果只听到安宫牛黄丸治疗昏迷有奇效（实际只对昏迷闭症中的热闭有很好疗效），而对昏迷的“脱症”施用的话，那结果就不堪设想了。

4. 小心依赖与成瘾。身体某处出现了疼痛，盲目地用了好多药物也没有什么效果，不知从哪儿听说杜冷丁这种药止痛效果不错，经过努力弄到后一试，还真灵。此后每逢出现病痛就盯上了杜冷丁这种神奇的药物，过了一些时日却有了新的发现，用了杜冷丁就精神十足，而且有愉悦、快慰、温暖、舒适的感觉，不用杜冷丁就表现呵欠连连、流涕、容易出汗、失眠、全身软弱无力。哪想到这是上了瘾。医学研究表明：镇痛、镇静、催眠、抗焦虑等药物临床使用得当就能充分发挥重要的医疗作用，如果对上述类别的药物在使用和管理方面出现不当就会成为滥用的毒品，给人体和社会带来严重的危害。

基于以上的现实，为了你的健康，请做到医疗用药，谨遵医嘱，切莫道听途说。

弄清补脑药品

中西药物中哪些品种有健脑作用呢？就健脑而言应从两个方面去理解，其一，是指能够治疗脑部疾病的药物，从而使脑恢复健康；其二，是指在脑部无明确疾病，偶尔出现失眠或自觉记忆有所下降的时候，打算通过“补脑”来达到使脑更加强壮。

1. 治疗脑病的药物多指西药，由于脑病不同，所用药物当然也就不同。因此，在了解上面“道听途说之弊”后，就知道应该按照医生的嘱咐，去服用治疗脑病的药物。

2. 如果你喜欢服用中药，请你记住两点：其一，中医看病的原则是辨证论治，不同的症用药也就不同，症的辨别是中医大夫根据你的种种症状表现得到明确的，因此，脑部的病证用药还是请中医先生给你安排；其二，学习一些中医补脑常识，中医认为髓聚为脑，髓由精转化而来，并认为肾藏精、肝藏血，精与血之间可以相互转化，因此，凡是具有补血、补精、补肝、补肾的中药和成药，都有不同的补脑作用。常用的中药有酸枣仁、柏子仁、当归、熟地黄、何首乌、阿胶、龙眼肉、麦冬、天冬、黄精、山萸肉、枸杞子、桑葚、黑芝麻等。常用的成药有六味地黄丸、杞菊地黄丸、复方阿胶浆、生脉饮、安神补脑液等，可以参考选用。

女性治疗性药物和避孕药不可同时服用

女性由于感冒、发烧或患其他感染性疾病时，常使用抗生素治疗。据研究表明，青霉素、氨苄青霉素、氯霉素、新霉素等，都会使避孕药的有效作用降低20%～30%。女性因生理或生活环境等原因，情绪易于波动，使用镇静安眠药物无可非议，但当苯巴比妥、苯妥英钠、眠尔通、安定和利眠宁等与避孕药同时服用时，也会使避孕效果下降，还会导致阴道出血。

患结核病的女性不宜再服避孕药，因常用的抗结核药利福平与避孕药同用时，可使月经紊乱和阴道出血。口服避孕药还会使降压药物效果降低，使降糖灵失效，故高血压和糖尿病患者宜采用其他方法避孕。由于氢化可的松类激素药物和保泰松等抗风湿药，均可加速口服避孕药物在体内的代谢，故常导致避孕失败。

感冒后不宜滥用抗生素

感冒是由病毒引起的呼吸道传染病。初期鼻咽部发痒、发干、打喷嚏，随后出现鼻塞、流清涕、咳嗽，周身酸痛或沉重无力、发热、恶寒、头痛，或伴有食欲不振等。一旦患了感冒，很多人都会自己去药店里买一些螺旋霉素、先锋霉素之类的抗生素药物服用。殊不知，这样做是有害无益的。

近些年来，由于抗生素在临床上的广泛应用，使人体内很多细菌对抗生素产生了耐药性，从而影响了药物的疗效。因为感冒是由病毒引起的疾病，而抗生素对感冒病毒是无效的，所以不宜使用抗生素药物。对于一些发热原因不明而病情严重者或细菌性感染不能排除者，可针对性选用抗生素类药物。一旦确诊为非细菌感染，应立即停用，以免产生毒副作用，损害人体健康。

肺气肿忌服用安眠药

因为肺气肿主要是由慢性支气管炎、支气管哮喘、肺结核等肺部疾患发展而来，其主要特点是呼吸功能不全，表现为缺氧和二氧化碳潴留，有胸闷、气短、呼吸困难以及口唇、指甲发绀等常见症状和睡眠时通气功能下降。上述病理状态有不同程度加重时，如再服安眠药就可能发生危险。有人曾观察过中度或重度肺气肿患者睡眠时的呼吸变化，在2～8分钟内，患者发生呼吸暂停的次数为5～7次，平均血氧饱和度降低7.5%，有显著的氧化碳潴留，但是这时机体处于代偿阶段，血中二氧化碳浓度升高，可刺激呼吸中枢，使呼吸加深加快，以维持正常生理功能，也不至于危及生命。

常用的安眠药，如鲁米那、安定等，都是通过抑制中枢神经系统而产生催眠作用的。这些药物在催眠的同时，也抑制呼吸中枢，这对肺气肿患者危害甚大，它可以使呼吸变浅且次数减少，从而加重缺氧和二氧化碳潴留，引起发绀，严重者可发生肺水肿，甚则导致呼吸麻痹而死亡。其他一些安眠药，如利眠宁、安眠酮等均有抑制呼吸中枢的作用，对于肺气肿病均不宜服用。

血友病忌用阿司匹林

血友病以出血为主要表现，一般应避免创伤及注射治疗，绝对禁止使用阿司匹林。因为阿司匹林能使血小板凝聚性降低，血管脆性增加，引起凝血障碍，延长出血时间，从而更容易出血，加重病情。除阿司匹林外，还应禁用消炎痛、保泰松、潘生丁、前列腺素E、右旋糖苷等，它们与阿司匹林药理作用相似，均易造成出血不止。

另外，中药如红花、丹参、鸡血藤、三棱、莪术等活血化瘀，可致出血，血友病患者也应禁用或慎用。

消化性溃疡忌用阿司匹林

消化性溃疡主要包括胃溃疡和十二指肠溃疡，本病的发生涉及多种因素。其中，规律性应用阿司匹林容易发生胃溃疡，但并不引起十二指肠溃疡病发病率的增高。阿司匹林主要通过两个机制损害胃黏膜：

1. 破坏胃黏膜屏障；

2. 抑制前列腺素的合成。前列腺素可以保护胃黏膜免受外源性因素的损伤，所以本病禁用此药。

除阿司匹林外，消化性溃疡还应禁用消炎痛、保泰松、布洛芬、萘普生等，它们统称为解热镇痛药，可以在不同程度上抑制前列腺素的合成，产生类似阿司匹林的临床效应。

吗丁啉忌与抗酸剂合用

因为吗丁啉是一种新型胃动力药，它能增强胃肠蠕动，主治多种原因引起的恶心、呕吐、腹胀等消化道症状。而抗酸剂治疗溃疡要求在胃中停留时间要长，以便分散在胃黏膜表面，保护溃疡面，所以临床上常常辅以抗胆碱药使胃运动减弱，延长胃排空时间，增长抗酸剂的作用时间。但若与吗丁啉合用，由于吗丁啉增加胃肠蠕动，缩短了抗酸剂在胃中停留时间，使作用减弱。所以，吗丁啉不可与抗酸剂合用。

吗丁啉忌与胃蛋白酶合用

因为胃蛋白酶的作用主要是消化蛋白质。此酶只在酸性条件下作用最强，若与吗丁啉合用，尽管吗丁啉不影响胃酸分泌，但是由于其增强胃蠕动作用，使胃中的胃蛋白酶迅速达到肠腔，失去了适宜的疗效环境，起不到应有的作用，所以二者不宜同用。

急性腹膜炎忌用吗丁啉

急性腹膜炎大多是由于腹腔内器官的炎症或穿孔所造成的，其次腹内其损伤破裂或手术污染而引起，主要症状为腹痛、呕吐等，若应用吗丁啉药物以止吐，则可引起肠管蠕动增加，刺激腹膜充血、水肿，使炎性渗出物不断增加，导致炎症扩散，细菌大量繁殖，使病情更加严重，所以，本病忌用吗丁啉。除吗丁啉之外，还不宜使用西沙比利等以及中药大黄、厚朴、枳实之类，它们均可促进胃肠蠕动，而加重病情。

另外，还应禁用阿托品等止痛药，它们会掩盖症状，延误诊断。

便秘忌用活性炭等药物

便秘是指大便次数减少和粪便干燥难解。一般2天以上无排便，提示存在便秘。常伴有排便困难感，或有腹痛、腹胀、恶心、食欲减退、疲乏、无力及头痛、头昏等症状。诊断本病时还须根据患者平常排便习惯作判断。引起便秘的原因有直肠肛门病变、结肠病变、肌力减退、内分泌及代谢疾病、神经系统疾病、药物及化学品影响、饮食不当、精神因素等。所以，临床治疗以病因治疗和对症治疗为主，要正确应用泻药；而活性炭为止泻药物，其作用恰恰相反，会使便秘加重或引起本病，本病患者应当慎用或禁用。另外，碳酸铋、苯乙哌啶、氢氧化铝、鞣酸蛋白、氯苯哌酰胺、樟脑酊及可待因等均有止泻作用，都不宜应用。

还有吗啡及阿片制剂，如阿托品、普鲁本辛、颠茄类等药物，六甲双铵、美加明、咪噻吩等神经节阻断药，丙咪嗪、阿米替林、多虑平等抗抑郁药，以及中药洋金花、曼陀罗和肉桂、干姜、赤石脂、肉豆蔻、诃子、乌梅、五倍子、麻黄、罂粟壳、附子、鹿茸、巴戟天等温燥之品，均可引起便秘。若误用以上药物，可使便秘加重，甚至导致脱肛、肛裂、痔疮等。

高脂蛋白血症慎用安妥明

安妥明又称氯贝丁酯，是使用较早的降血脂药物，主要用于治疗高脂蛋白血症，能显著降低患者血中的极低密度脂蛋白及甘油三酯含量。但从长期临床治疗观察到，本品并无预防冠心病和心肌梗死的作用，且副作用较大，如腹泻、腹胀、头痛、乏力、肌痛、肌炎样综合征，以及肝功能异常等，还有胆石症及非心脏原因（主要是肿瘤，尤其是胃肠道癌）的死亡率有所增加，所以肝肾功能不全者应慎用，由于本品能通过胎盘，故孕妇禁用。一般情况下，本药仅在其他药物治疗无效时，方可应用。

目前，在临床治疗本病中，安妥明有被淘汰的趋势，逐渐被一系列安妥明衍生物，如非诺贝特、苯扎贝特、吉非罗齐等苯氧酸衍生物代替。

动脉粥样硬化症是指动脉血管壁增厚、变硬、管腔缩小的退行性和增生性病变的总称：病因与年龄、性别、高脂血症、高血压、糖尿病及抽烟饮酒有关。其病理变化为动脉内膜呈黄色脂肪条纹，动脉腔内出现纤维斑块或纤维斑块处发生出血、坏死、溃疡、钙化和附壁血栓形成等。常见症状有心绞痛、高血压、眩晕、头痛、腹痛、下肢发凉、麻木和间歇性跛行等，常用调血脂药物如非诺贝特、烟酸、洛伐他汀、安妥明等为主进行治疗。

因为人参中含有抗脂肪分解的物质，这类物质是一种具有蛋白质特性的肽类物质，还有天门冬氨酸、精氨酸等氨基酸都具有抗脂肪分解的特性。这类抗脂肪分解的物质，能抑制体内脂肪的分解，促进组织器官的脂肪增加，而体内脂肪的增加对患有动脉硬化、高血压的人来讲是极为不利的。所以，患有动脉硬化、高血压的病人，不宜长期服用人参。

心脏功能不全忌用心得安

心脏功能不全是指心血输出量在循环血量与血管舒缩功能正常时不能满足全身代谢对血流的需要，从而导致具有血流动力学异常和神经激素系统激活两方面特征的临床综合征。引起本病发生的因素很多，临床表现不一，常见症状有呼吸困难或端坐呼吸、口唇发绀、大汗、咳吐红色泡沫样痰、腹胀、尿少和水肿等，主要用西地兰、地高辛、多巴胺、多巴酚丁胺、氨力农、速尿、双氢克尿噻等药物治疗。

心功能不全有急性和慢性两种，临床上一旦处理不当，就可能危及生命。所以，治疗用药宜慎重，如心得安（又称普萘洛尔）可抑制心收缩性，减慢心率，减少心输出量，降低血压，诱发或加重心功能不全。即使给药初期，用小剂量时也会出现，故心功能不全时不宜用心得安。还有心得舒、心得静、噻吗心安、氨酰心安（阿替洛尔）、美多洛尔等药物，同心得安一样，统称为 β 受体阻滞剂，均不宜应用。

皮质醇增多症忌用强的松

皮质醇增多症，又称柯兴氏综合征，系由多种原因引起肾上腺分泌过多的糖皮质激素（主要是皮质醇）所致：其主要临床表现为满月脸、向心性肥胖、紫斑、痤疮、糖尿病倾向、高血压、骨质疏松等，由于大量皮质醇引起代谢紊乱及多器官功能障碍。本病以对病因治疗为主。禁止使用强的松，因为强的松是一种糖皮质激素，会使本病病情加重。除强的松以外，还应禁用氢化可的松、地塞米松等属糖皮质激素药物。另外，如果因治疗某种疾病而长期大剂量应用上述药物，还可引起医源性类柯兴氏综合征。所以，应禁用上述药物。

视神经萎缩禁用异丙嗪类药

异丙嗪又名非那根，兼有抗胆碱作用，可致瞳孔散大，进一步妨碍房水回流而使眼压升高，使视神经萎缩加重。其他具有抗胆碱作用的药物，如苯海拉明、扑尔敏、克敏嗪等也有类似作用，故也应慎用或禁用。

青光眼禁用阿托品

青光眼是病理性眼压升高伴有肿胀、眼痛、头痛、视野缩小、视力下降、视神经损害的眼部疾病。有明确的全身或眼局部疾病引起眼压升高者称为“继发性青光眼”,反之则称为“原发性青光眼”。临床上以原发性青光眼多见。本病禁用阿托品，由于阿托品能阻断眼内平滑肌的神经兴奋，而使这些平滑肌松弛，出现瞳孔散大。由此可压迫前房角，妨碍房水回流，致使眼内压升高和调节麻痹，致使本病加重或恶化，甚至失明。除阿托品外，还应禁用颠茄、普鲁本辛、东莨菪碱、胃复康等，它们统称为 M 受体阻滞剂，药理作用相似。

另外，异丙嗪、苯海拉明、扑尔敏、克敏嗪等 H 受体阻滞剂兼有抗胆碱作用，可使瞳孔散大，阻碍房水回流，使青光眼症状加重。还有左旋多巴，亦可妨碍房水回流致眼压升高，可加重或促发青光眼。所以，本病应禁用上述药物。

色素膜炎忌用毛果芸香碱

色素膜炎是指虹膜、睫状体和脉络膜发炎，又称葡萄膜炎。主要表现有眼部疼痛、畏光、视力下降、房水混浊、视网膜水肿、脉络膜有渗出物等，本病在临床上主要用1%阿托品或0.5%～1%东莨菪碱等扩瞳药及抗生素治疗，可防止虹膜发生后粘连，也可解除瞳孔括约肌和睫状肌的痉挛，以减轻症状，并能促进睫状体血液循环。而毛果芸香碱有缩瞳作用，瞳孔缩小可以使发炎的虹膜和晶状体表面粘连在一起（称虹膜后粘连），严重者可引起瞳孔闭锁，继而引起前房与后房不通，从而使房水循环受阻，眼压增高，出现临床上称为继发性青光眼等严重并发症。故色素膜炎应忌用毛果芸香碱，除此以外，还忌用毒扁豆碱等，它们统称为缩瞳剂，作用相似。

口服四环素时不宜喝牛奶

四环素是常用的抗生素类药物，在服用四环素前或服四环素后都不宜喝牛奶，更不宜将四环素与牛奶同服。

牛奶及奶制品中含有钙、铁等离子，这些离子和四环素类药物能生成稳定的络合物或难溶性的盐，使药物难以被胃肠吸收，这就降低了药物在血液中的浓度，从而影响疗效。所以，服用四环素类药物不宜立即喝牛奶。

胃蛋白酶不宜与颠茄同服

因为颠茄合剂能抑制胃酸分泌，并可中和胃蛋白酶合剂中的盐酸并降低胃蛋白酶的活性，故二者不宜同服。同样道理，胃蛋白酶与小儿溴碘合剂也不宜同服。

维生素C不宜冲水喝

维生素C是一般疾病常用的辅助治疗药物，如慢性肝炎、心肌炎、重金属中毒、各种贫血、感冒、癌症等患者以及高温作业的人，需要较多地补充维生素C。但有些人的服法不正确,不是吞服，而是把维生素C放入茶杯内，用开水浸泡冲水喝，这是不科学的。

因为维生素C虽有果酸性,易溶于水，但本品极易氧化，不耐热，用开水浸泡能使其加速氧化，有效成分受到破坏而失去药效。所以，维生素C不宜冲水喝。

铁剂药物不宜与谷物同服

凡铁剂药物是不宜与玉米、高粱、大麦等谷物同时服用的。因为这类谷物中含有磷酸、植物酸，它们会与铁剂中的成分结合成不溶性的化合物，阻碍药物的吸收，从而降低药效。所以，铁剂类药物不宜与谷物同服。

铁剂不宜与氯霉素合用

氯霉素可使铁剂的药效减弱或消失，因其分子中的硝基苯基团能直接抑制红细胞对铁剂的摄取与吸收。另外，氯霉素还能抑制蛋白质的合成，使骨髓中铁络合酶活性下降，导致铁的利用障碍，故铁剂不宜与氯霉素合用。

牛黄解毒片忌与四环素族抗生素合用

因牛黄解毒片中的石膏是一种含水硫酸钙的矿石，具有清热泻火、除烦止渴之功能。当它与四环素族的抗生素如土霉素、强力霉素等合用时，四环素族的抗生素结构中的酰胺基和多个酚羟基会与石膏中的钙形成难溶的螯合物，不易被胃肠道吸收，从而降低了牛黄解毒片的功效，也降低了四环素族抗生素的抗菌作用。故而牛黄解毒片不宜与四环素族的抗生素合用。同理，异烟肼含有酰肼结构，当它与牛黄解毒片合用时，也会形成螯合物，使异烟肼抗结核的作用减弱，故也不宜同时应用。

青霉素与链霉素忌混合注射

过去医生们经常将青霉素和链霉素合在一起应用。因为单用青霉素进行肌肉注射非常痛，合用可以减轻疼痛。但是实践证明，合用是很危险的。

因为青霉素是一种有机酸，链霉素是碱性甙，二者混合发生化学反应，降低疗效。另外，青霉素、链霉素都可能诱发可怕的过敏性休克，而各自的发病原理和抢救方法完全不同，二者混合注射，万一发生过敏性休克，很难判定是哪一种药物引起的过敏，无法进行有效的抢救。所以，青霉素和链霉素不宜混合注射。

忌平时服药以预防疾病

现在许多人稍感不适时，总喜欢服几片药来预防疾病，所以存在着为了防病或怕药物发生毒性反应而采用小剂量服药的情况。其实这样非但无效，反而还会产生抗药性。

忌认为避孕药会增加患癌症的几率

事实上，口服避孕药可以提供额外的保护，使您能够抵抗癌症的侵害。有不少研究证明，女性在服用避孕药 1 年以后，得宫颈癌的几率降低一半；而服用超过 1 年以上，则可以使得卵巢癌的几率降低 40%。

据我国台湾省一份新近的统计资料显示，女性在服用避孕药 10 年之后，得乳腺癌的几率并不会高于从不服用此药的女性。

红霉素忌与普鲁本辛同服

红霉素与普鲁本辛同服，前者抗菌疗效降低。因普鲁本辛为抗胆碱药，具有松弛胃肠道平滑肌的作用，能延长胃排空时间，而红霉素在胃酸影响下易被破坏失效，两药合用延长红霉素在胃中的停留时间，故易使其疗效降低或失效。若需合用可在红霉素疗程结束后再服普鲁本辛，或服红霉素2小时后再服普鲁本辛，也可同时加服碳酸氢钠或胃舒平等碱性药物以中和胃酸。

乳酶生忌与抗菌药物同服

因为乳酶生是活的乳酸杆菌，能被抗菌药物抑制或杀灭，如与红霉素、氯霉素、磺胺类、黄连素、痢特灵等合用，会影响乳酸杆菌生长和繁殖，降低疗效。如必须合用，应间隔2～4小时服药。

苯妥英钠忌与异烟肼（雷米封）同服

异烟肼系药酶抑制剂，能明显抑制苯妥英钠对位羟基化，使苯妥英钠代谢受阻，生物半衰期延长，血药浓度增加，作用增强，同时也使毒性增强。

苯妥英钠忌与安妥明同服

安妥明能抑制苯妥英钠在体内的代谢，使苯妥英钠的半衰期延长，血药浓度增高，作用增强，但毒性亦增大，故不宜同用。

苯妥英钠忌与氯霉素同服

由于氯霉素是药酶抑制剂，可使苯妥英钠代谢受阻，因而使苯妥英钠血药浓度增加4～5倍，半衰期延长1倍，使其作用增强，同时也增加了苯妥英钠中毒的危险性。

丙戊酸钠忌与氯硝安定、乙琥胺同服

因丙戊酸钠与氯硝安定、乙琥胺合用可使氯硝安定、乙琥胺的血药浓度升高，引起中毒。

丙戊酸钠忌与含氰甙的中药同服

因含氰甙成分的中药如枇杷仁、桃仁、苦杏仁等与具有安定、镇静作用的抗癫痫药如苯巴比妥等联合应用，可能会造成呼吸中枢抑制，进而损害肝功能，甚至有些患者会死于呼吸衰竭。

苯巴比妥忌与胃舒平同服

苯巴比妥与胃舒平两药合用可妨碍或延缓抗酸药物胃舒平在胃肠道的重吸收，使作用减弱。

苯巴比妥忌与碳酸氢钠同服

因为碳酸氢钠碱化尿液，可减少弱酸性药物苯巴比妥的重吸收，促进排泄。所以，碳酸氢钠可用于解救苯巴比妥的中毒。

苯巴比妥忌与双氢克尿噻同服

因为苯巴比妥与双氢克尿噻两药相互作用，能增强体位性低血压的发生。

苯巴比妥忌与安定催眠药同服

苯巴比妥与安定催眠药，如氯丙嗪、奋乃静、安定、利眠宁、眠尔通、溴化钾、溴化钠、溴化铵、导眠能、速可眠、戊巴比妥、扑癫灵、安眠酮等配伍，可使镇静催眠作用增强。

苯巴比妥忌与单胺氧化酶抑制剂及药酶抑制剂同服

单胺氧化酶抑制剂如痢特灵、优降宁、异烟肼等和药酶抑制剂如甲氰咪胍均可使本药代谢减慢，作用增强，故合用时应适当减量。

苯巴比妥忌与避孕药同服

因为苯巴比妥能加快口服避孕药的代谢，导致血浆中避孕药的浓度降低，使避孕失败。此外，苯巴比妥有可能引起月经期间大量出血。

苯巴比妥忌与苯妥英钠同服

因为苯巴比妥诱导肝微粒体酶系统，可加速苯妥英钠的代谢，使血药浓度和效力显著降低。如果两药长期合用，还可因两药都具有酶诱导作用，使体内维生素D的代谢加速，而引起维生素D缺乏。故两药应尽量避免合用。

维生素B_{12}忌与雌激素同服

雌激素的转化产物可与维生素B_6竞争酶蛋白，从而促进维生素B_{12}的排泄，降低其疗效。雌激素还可使色氨酸氧化酶活性增加，使色氨酸代谢中维生素B_{12}的需要量增大，因而导致体内维生素B_{12}的相对不足。

维生素B_{12}忌与氯霉素、阿司匹林同服

因氯霉素、阿司匹林都有可能减少维生素B_{12}的利用，合用可使维生素B_{12}的疗效降低。

维生素B_{12}忌与氧化剂或还原剂及维生素C同服

维生素B_{12}遇氧化剂或还原剂能被分解而失效。维生素C与维生素B_{12}同时使用时，能使维生素B_{12}生物利用度下降，

故需要二者同用时服药时间应间隔 2 ~ 3 小时。

维生素B12忌与降糖灵同服

由于降糖灵能抑制酶系统，与维生素 B12 合用可使其吸收减少，故应避免合用。

维生素B12忌与消胆胺同服

因消胆胺与维生素 B12 合用，使维生素 B12 的吸收减少，故不宜合用。

硝酸甘油忌与含乙醇的药酒或酊剂同服

因为乙醇和硝酸甘油合服后，可引起血管扩张，出现低血压。常用的药酒和酊剂包括舒筋活络酒、胡蜂酒、远志酊、姜酊、颠茄酊等。

硝酸甘油忌与肝素、潘生丁同服

硝酸甘油可抑制肝素的抗凝血作用，已用肝素的患者，如果再用硝酸甘油，应增加肝素剂量；如果停用硝酸甘油，则应减少肝素剂量，否则可导致出血。而肝素与潘生丁合用，则有加重出血的倾向。

硝酸甘油忌与巴比妥类药物同服

巴比妥类药物是肝脏酶诱导剂，能加速肝脏对硝酸酯制剂的代谢，从而使硝酸酯的血药浓度下降，作用减弱。

维生素D忌与消胆胺同服

因消胆胺是阴性离子树脂，对维生素 D 有干扰作用，合用会使其疗效减弱。

维生素D忌与新霉素同服

因新霉素可减少维生素 D 的吸收，降低维生素 D 的疗效。

维生素D忌与液体石蜡同服

因二者合用维生素 D 易被溶解于液体石蜡中，不被吸收，降低血药浓度而使疗效减弱。如临床需要，则可先服维生素 D，2 小时后再服液体石蜡。

维生素D忌与苯巴比妥、苯妥英钠同服

因苯巴比妥和苯妥英钠药物均有酶诱导作用，能使维生素 D 代谢率提高，从而影响钙的平衡，故应避免同服。

维生素A忌与新霉素、卡那霉素、巴龙霉素同服

新霉素能干扰胆酸的生理活性，从而减少维生素 A 的吸收。新霉素也可抑制胰脂肪酶，并能引起小肠黏膜的形态学改变，从而干扰维生素 A 的吸收。同

样与新霉素相类似的药物如卡那霉素、巴龙霉素也会发生类似影响。

维生素A忌与消胆胺同服

因消胆胺可降低胆固醇，影响维生素A的吸收，故二者不宜同用。

维生素A忌与液体石蜡同服

维生素A宜饭后15分钟服用，若与液体石蜡同用则会影响本品的吸收。

维生素A忌与糖皮质激素同服

因维生素A与糖皮质激素，如强的松、可的松等有药理性拮抗作用，故二者不宜并用。

钙剂忌与洋地黄同服

因钙剂能增加洋地黄制剂，如地高辛、西地兰的毒性反应，故二者合用应慎重。必须合用时应减少洋地黄的剂量。

钙剂忌与四环素类药同服

因钙离子与四环素类药，如四环素、土霉素等会结合成络合物，减少吸收，降低疗效，故二者忌同服。

环孢霉素A忌与疫苗同服

接种疫苗，如伤寒菌苗、狂犬菌苗、天花菌苗、脊髓灰质炎菌苗等可减弱环孢霉素A的免疫抑制活性，故应避免同时应用。

环孢霉素A忌与速尿、双氢克尿噻同服

环孢霉素A虽可抑制肾排泄尿酸，但一般并不引起痛风。若与利尿剂速尿、双氢克尿噻合用，则可竞争性抑制尿酸的分泌排出，使血清尿酸浓度进一步提高，从而诱发痛风。

环孢霉素A忌与免疫抑制剂同服

环孢霉素A除肾上腺皮质激素外，一般不得与其他免疫抑制剂，如硫唑嘌呤、氨甲蝶呤等同用，以免增强不良反应。

下　卷

特殊人群的健康生活常识

第一辑 儿童健康成长常识

第一章 家庭育儿保健常识

珍贵的初乳

生产后，首先流出的乳汁叫做初乳。初乳含有维生素、蛋白质、矿物质等新生儿期必需的多种营养成分。特别是在初乳中含有大量的抗体，这种抗体对婴儿的被动免疫具有重大的意义。也就是说，婴儿吃了初乳，就不容易发生牛奶过敏症和新生儿流行性腹泻。

一般来说，在新生儿的血清中只有很少的一点抗体，所以对细菌感染的抵抗力非常弱。但在初乳中存在大量含有抗体的优质蛋白质，因此婴儿吃了以后立即吸收进入血液中，获得被动免疫而增强抵抗力。而乳母在此期间，能产生自动免疫抗体。

另一方面，因为在初乳中含有大量的盐类，能起适度的缓泻剂的作用，使新生儿大便排泄顺利。

如上所述初乳对婴儿是有好处的，所以一定要喂给婴儿。有的医院考虑到母亲体力不支，会喂牛奶。如有可能，应尽量将初乳喂给婴儿。

开始喂奶的时间

只要母子都没有异常，产后12小时左右，就可在医生和助产士的指导下，开始喂奶。大多数人，最初的一两天乳汁只有很少一点。婴儿也不会吸吮，有时含上乳头1～2分钟就离开。那是在练习，还应继续让婴儿吸。

过三四天以后，乳汁通畅，婴儿也会吃了，渐渐地走上正轨。但是，无论是母亲还是婴儿都有个体差异，所以要耐心地努力坚持下去。喂奶的次数及时间间隔：在出生后一个月内，婴儿愿意吃，哭泣时就喂，所以次数和间隔都不规则。但是，这期间每次都增加一点饮用量，渐渐地就空出喂奶的间隔。大体上隔三四个小时一次，每天七八次。

夜间的间隔要比白天长，但在开头几天里也要喂两三次。以后有意识地把间隔延长，即从中减少一次，使婴儿养成习惯，母亲就能从容地休息了。

一次的哺乳时间，开头有的只用

1～2分钟，以后逐渐地延长，最终标准是15～20分钟。如果长达30分钟以上的话，婴儿和母亲都会疲劳。

喂奶的正确姿势和方法

正确的喂奶姿势对母乳喂养成功是很关键的。喂奶时，母亲可根据情况选择轻松舒适的体位——坐着或躺着。坐着喂奶，以盘腿坐在床上或坐在椅子上较好。坐在椅子上喂奶比较舒适，最好在喂哺乳房的同侧置一矮凳，母亲的脚踏在凳子上抬高大腿，这样可以使婴儿的头抬高更靠近乳房。喂哺三个月内的婴儿不宜躺着，以防窒息。

哺乳前，先查看一下尿布是否湿了，如果尿布湿了，婴儿不能好好吃奶，要先更换。接着母亲清洗双手，用消毒棉(2%的硼酸水，在100毫升的热水中溶入满满一茶匙的硼酸调成）或用煮沸棉擦净乳头和乳头周围。用一只手抱起婴儿，婴儿的后背贴着手腕，手托着婴儿屁股，角度在45°左右为宜，使婴儿整个身体靠近母亲，且面向乳房，然后母亲用乳头去触及婴儿的面颊或口周皮肤，以刺激受食反射的产生。婴儿吸吮部位正确时，婴儿的嘴及下颏部会聚靠乳房，嘴张得很大，上唇处很少见到，婴儿吸吮动作缓慢而有力，显得轻松愉快，这时妈妈不会感到乳头疼痛，而有阵阵奶汁涌出的感觉。

喂完奶后，用消毒棉好好擦擦乳头和乳头周围，还有婴儿的嘴周围也要擦擦。

喂完奶将婴儿抱直靠在母亲肩上，轻轻地拍孩子背部，使哺乳时吸入的空气排出，以防溢乳。如果乳房内有乳汁残留，要挤出。剩下的乳汁如不处理的话，会造成出奶不畅，还有可能得乳腺炎，所以必须遵守这点。

增加母乳的方法

母乳喂养不足的原因：一方面是许多母亲不愿喂奶，另一方面是有些母亲想喂奶而奶汁不足。那么，该如何增加母乳的量和质呢？最好的办法自然是饮食。母亲首先不要怕奶不够，因为哺育后代是人类及所有哺乳动物的本能。只要有信心，母亲心情舒畅、增加营养，特别是让孩子多吸吮乳头，增加喂奶次数和时间，奶就会越下越多。如果母亲希望增加乳汁量，最好的办法是鼓励孩子延长吸吮时间，增加吸吮次数。不应该为节省乳汁而减少喂奶，或以糖水、米糊之类的食品来填饱婴儿的肚子，那样反而会导致乳汁量的减少。

如何保养母乳

授乳的准备应从孕期就开始了，孕妇在妊娠中、晚期就应做乳房按摩，尽量多次地向外挤压或拉伸乳头，每天做十几次，同时用温水常擦洗乳头，可防止产后乳头被吸破和吮吸困难。有乳头陷没和乳头扁平的人，应从妊娠期就开始医治，做一做让婴儿吸吮的练习，或用胸部吸器加以纠正。

开始授乳时，按以下方法保养好母乳可使乳汁通畅，防止乳汁的淤滞，预防乳腺炎。

1．乳房的清洗，乳头上一点小伤口感染了，就会引起乳腺炎等疾病。因此，在授乳时，一定要用肥皂洗手消毒，用硼酸棉擦拭乳头、乳房，要一侧一侧地擦，授乳后也要把乳头擦干净。

授乳时间以外要用干净的布把乳房罩上，特别是在乳汁通畅时，溢出的乳汁会弄湿胸罩，湿了要勤换洗。

乳头上长水疱疹或有伤时，应尽早请医生诊治。

2．继续做乳头的保养和乳房按摩。产后第一天，只限于洗去附着在乳头上的污垢（皮脂）。

做乳房按摩以前，用蒸过的毛巾把乳房全部覆盖，使其温暖，以促进血液循环，乳房胀得很硬时，用温热的毛巾慢慢地使其温暖。

将乳房上的水气擦干以后，再开始按摩，每天做一次，两侧各做15分钟左右。要慢慢地周到地做。

3．让婴儿将乳头含到乳晕部分。

4．授乳前稍挤出些乳汁就能正常分泌。

5．授乳后要将残留的乳汁挤出，使乳房变成空的。

6．睡眠不足和疲劳，精神上的负担也会影响乳汁的分泌，因此要保证充足睡眠和休息，心情不要压抑。有烦恼和放心不下的事要和丈夫、家里人、有育儿经验的人、医生等商量，不要一个人愁眉不展。

7．注意吃营养价值高的、营养均衡的膳食。

8．乳头如果有伤，硬让婴儿吃的话伤势会加重，因此要尽早向医生或助产士请教，暂时中止喂奶，或戴乳头帽（戴在乳头上的乳头形的橡胶工具）后再喂奶。还可以擦些软膏等药物。

断奶时间及方法

婴儿喂奶到10个月或1年，应考虑给孩子断奶。因为这时婴儿的胃肠消化能力已逐渐增强，需要的营养也不断增多，主要靠喂母乳已不能满足婴儿生长发育所需了，而且吃母乳的孩子往往不愿意吃一般的饭菜，这就更易引起营养不良。在这种情况下，及时断奶就很有必要。当然也有母亲因事、因病（如活动性肺结核、急慢性肝炎、全身性严重感染性疾病、乳房化脓感染、精神病等）而需要提早断奶的。

如果可能，断奶的时间最好选在春秋季节，夏天气候炎热，孩子的消耗较多，细菌的繁殖也快，若这时断奶，稍不注意，就易引起肠胃道疾病，饮食冷烫也不易掌握好，最好暂避一段时间。

断奶时还得考虑孩子当时的健康状况，要是正在患病，也应延缓些日子。

既要适时地给孩子断奶，也要适时地让母奶回掉，否则会给母亲带来不必要的麻烦和痛苦。

注意：

1．断奶前，先应逐渐给孩子添加辅食，以便为完全断奶做好准备。

2．断奶时，母亲不要在奶头上涂辣的、苦的或带色（如紫药水）的东西，避免孩子产生恐惧心理。

3．刚断奶时，食物的花样宜多些，食物要做到碎、软、烂、热。

儿科健康检查的项目

小儿科医生对儿童进行健康检查的项目：

1．头部：量头围，检查囟门，触摸颚部检查有无颚裂。

2．胸部：用听诊器听心脏、肺脏是否正常，并测量脉搏。

3．腹部：触摸腹腔，检查器官大小是否正常。

4．四肢：检查是否等长，两脚有无畸形。

此外，还要检查儿童生殖器有无异常，以及脊椎骨是否都沿脊柱排列。

在检查时，父母若有任何疑虑，可以请教医生，医生将会给你满意的答复。

不可使用闪光灯为宝宝拍照

婴儿出生，父母都想为心爱的小宝宝拍照片作为纪念，却忽略了闪光灯对新生儿的视网膜造成的伤害。它可能使眼底或角膜烧伤，甚至导致失明。这是因为新生儿眼睛受到强光刺激时，还无法调整，而且在出生前经过 9 个月漫长的子宫暗室生活，所以对光的刺激非常敏感。

宝宝正常的生长数据

新生儿的体温通常比成人略高，因为新生儿的体温调节约需 4 天的时间，以后稳定在 36 ～ 37℃。新生儿的呼吸较急促，但不要紧张，因为新陈代谢所需的氧量颇大，只有加快呼吸次数来满足所需，每分钟 35 ～ 45 次为正常。

新生儿平均约 50 厘米高，前半年每个月长 2 ～ 3 厘米，后半年每个月约为 2 厘米。这是平均数值，只要差距不大都是正常现象。

新生儿出生 3 天至 1 周内，体重会减轻。这是因为刚生出来的新生儿会排泄掉体内一些废物，而且食量又小，大约 10 天后，体重就会慢慢回升了。

如何让新生儿自然睡眠

有些新生儿出生后，睡眠规律尚未形成，该睡觉时不睡，甚至哭闹，只有大人将其抱起，拍拍摇摇，或者含着奶头才能入睡，这习惯是大人养成的。

新生儿大脑发育还不健全，出生后几乎大部分时间都处于睡眠状态，每天有 18 ～ 22 小时在睡眠中，只要环境安静、舒适，片刻后孩子就本能地自然入睡。

认识新生儿哭的原因

许多家长最怕孩子哭闹，常常是孩子一哭就抱起来。其实，“哭”是新生儿的本能。当孩子哭时，家长要分析一下哭的原因。

一般新生儿在吃饱奶后又无其他不舒适(如尿布湿了,皮肤皱褶处淹了……)时，哭闹常常是疲倦的表示。如果这时大人总是抱着孩子拍、摇、抚等，倒是破坏了孩子本能的自然睡眠的调节规律，而形成新的条件反射。这样，孩子以后则必须在大人的拍、摇情况下才能入睡，渐渐地养成“闹觉”的坏习惯。

所以，当新生儿确实是因疲倦而哭闹时，可采用以下方法诱导孩子自然入眠：首先，妈妈要靠近孩了，并发出单调、低弱的噢噢声；或者将孩子的单侧或双侧手臂按在他的胸前，保持在胎内的姿势，使孩子产生安全感，他就会很快入睡。这样，孩子慢慢地就养成自然入睡的习惯了。

新生儿头顶部厚痂的处理方法

有些新生儿头顶部常有一层厚薄不均的油腻灰黄或棕黄色痂，多是由于家长看到前囟门的波动而不敢洗擦该处，由皮脂腺的分泌物及脱屑的头皮长时间堆积而形成的厚痂。这既不美观又不卫生，还影响小儿头发的生长，应当去掉。可以用消毒的植物油或0.5%金霉素软膏敷在痂上，24小时后用细梳子轻梳1～2次即可除去，不要用手抠抓，以免损伤皮肤引起感染。除去后要用温水、婴儿香皂洗净。

防治新生儿臀红

新生儿肛周或会阴部的皮肤出现的红色小皮疹，严重时局部伴有渗液，称为红臀或尿布疹。

红臀是因为局部皮肤受损和细菌感染引起。得了红臀，除部分皮肤出现红色皮疹外，新生儿还容易啼哭不安。

预防的方法是每次大、小便后用温水洗净臀部，局部保持清洁和干燥，涂扑些松花粉或消炎药膏，选用棉质透气的尿布。不用有刺激性的清洁剂洗涤尿布。

一旦发生了红臀，轻者局部扑上松花粉或小儿爽身粉，保持干燥；较重者，应到医院诊治。

防治新生儿斜视和“睡偏头”

1. 防止新生儿斜视

①注意婴儿头部位置，不要使其长期偏向一侧。

②小儿对红色反应较敏感，所以可在小床正中上方挂上一个红色带有响声的玩具，定期摇动，使听、视觉结合起来，有利于新生儿双侧眼肌动作的协调训练，从而起到防治斜视的作用。

2. 避免新生儿“睡偏头”

新生儿出生后如不及时注意睡眠姿

势，头部长期偏向一侧，头部容易形成左右不对称，俗称“睡偏头”，影响仪表。预防和纠正这种“睡偏头”的方法很简单，即婴儿的头部不要长期处于一种姿势，应定期更换睡眠姿势，不久后即能起到防治作用。

新生儿昼夜颠倒如何应付

有些新生儿夜间哭闹不睡，白天反而熟睡不醒。这不仅妨碍父母休息，也使四邻不安，人们称这种小孩是“夜哭郎”，使父母大伤脑筋。遇上这种情况怎么办？其实不必着急，因为在母体内，孩子是不分昼夜的。出生后尚未适应外界环境，睡眠规律尚未形成，不会分辨白天黑夜。为了培养其正常习惯，家长可有意识地让孩子白天少睡觉或不睡觉。具体做法是：白天可少喂些奶，使孩子处在半饥饿状态，或多给孩子些刺激（捏耳垂、弹足底等），使孩子睡不踏实。这样，白天孩子疲倦了，夜晚自然就会睡得安稳。经过几天适应过程，正常睡眠规律就会慢慢形成。

如何安抚哭闹婴儿

当婴儿哭闹时，你不要紧张，不要着急，观察一下，他是否要睡觉，如果是“闹觉”，哭一会儿就会睡觉，如果不是“闹觉”，那么大人就要采取措施，对婴儿进行安抚，使其安定下来。安抚哭闹婴儿的方法大致有以下几种。

1. 喂奶：第一个月的婴儿，饥饿可能是婴儿啼哭的主要原因，而喂奶自然是最有效的安抚方法。如果婴儿是人工喂养，而且喂奶时他显出狼吞虎咽的状态，那么他哭闹往往是饥饿的原因。也有的是因为口渴而哭闹，可试着在两次喂奶之间，用消毒奶瓶喂他一点凉开水，也许对其有安抚效应。

2. 搂抱：要经常搂抱孩子。搂抱是婴儿所需要的充满爱的身体接触，能使他安静下来，停止啼哭。当你立着抱他，让他靠在你的肩膀上便安静了，他可能是因为肠中有气而哭起来。如果是因为亲戚朋友抱来抱去而哭，那么爸爸妈妈抱过来，就是很大的安抚。

3. 把婴儿包好：婴儿包裹不好，缺乏安全感和舒适感，往往引起哭闹。发现孩子哭闹时，重新包好，他就得到了安抚，停止哭闹。

4. 有节奏地拍婴儿：拍他和按摩他背部或腹部常常可使他安静下来，而且可以帮助他排气，使其舒服。当你给他换尿布时，为了防止他哭闹，你也可用手拍打几下或用手抚摸，也起到安抚作用。

5. 给婴儿一点东西吸吮：你可以把自己干净的小手指放进正在哭的婴儿嘴里，他就会停止哭闹。也可以令其吸吮消过毒的橡皮奶头，都会起到安抚作用，但不可经常这样做。

6. 分散婴儿的注意力：给一些东西让婴儿注视，或者以什么悦耳的响动吸引正在哭闹的婴儿，都会使他安静下来。

如何分辨新生儿的各种哭声

新生儿的各种哭声表示的内容都不同，一定要认真鉴别。

新生儿出生时的哭声，是安全的标志，有利于肺的发育。孩子在出生时，妈妈最想听到自己孩子的哭声。如果哭声流畅、洪亮，说明孩子平安，妈妈和医护人员都会放心了。但是若在生后一分钟无哭声，说明新生儿有窒息危害，助产人员则需进行抢救，如吸净口、鼻、咽部的黏液，拍打足心或臀部，使新生儿哭出声来。对新生儿出生以后的哭声需要认真辨别。

1. 新生儿出生后，逐渐适应外界各种生活条件，养成不同的生活习惯，当未能满足他的需要时，或改变了以往的习惯时，他就会用哭的形式表达出来。如吃奶量不够或浓度不够；喂奶后不到2～3小时就哭，这时伴随着饥饿的动作，如小嘴触到东西就有吸吮表示，此时尿也比较多；又如以往每天给他洗澡，偶尔不洗，他也会哭；大小便后，尿布潮湿未及时更换或因衣服、尿布包裹太紧，不舒服，他也会用哭来表示“抗议”。这些哭声都不是病态，一般哭声响亮而柔和，有节奏，时哭时停，只要满足了“需要”，哭声即可停止，安静入睡。

2. 有的新生儿，由于身体某处疼痛也要哭，这种哭声突然开始，哭声大而节奏快，难以用吃奶、洗澡、换尿布等方式使他停止哭闹，这时要注意检查新生儿颈部、腋下、大腿根部皮肤皱褶处有无擦伤，肚脐有无红肿，臀部有无尿布疹，尿道、肛门有无红肿，两耳有无压痛或流脓，若无以上改变，应立即到医院，请医生诊治。

3. 表示疾病的哭声。如新生儿有颅内出血、颅内水肿或颅内感染，由于颅内压增高，剧烈头痛，轻者哭声发直，或哭声短；重者哭声尖锐，同时伴有其他的症状和体征，如两眼直视、两手握拳、抽搐、发烧、前囟膨隆等，这时应马上抱孩子上医院检查、治疗。

作为新生儿的父母亲和家人，一定要认真辨别新生儿的哭声，哪些属于生理性，哪些属于病理性，只有这样，根据不同情况及时给予处理，才能使孩子健康成长。

如何预防宝宝发生眼外伤

这需要全家人格外小心。对于1岁以内的宝宝，爸妈不要拿任何带有锐角的玩具给他玩。宝宝长到1岁左右就会走，会跑了，这时候更要小心预防眼外伤。千万不要给宝宝拿刀、剪、针、锥、弓箭、铅笔、筷子等尖锐物体，以免宝宝走路不稳摔倒而让锐器刺伤眼球。

另外，在节假日不要让宝宝自行燃放鞭炮，因为宝宝不能掌握燃放技术，爆竹爆炸时产生的巨大的外力，对眼球的猛烈冲击会产生一系列的眼损伤，如眼睑皮肤和结膜破裂、烧伤，以及角膜、结膜多发性异物、角膜裂伤、前房和眼内出血、眼底损害和青光眼，严重者完全失明。有关教训实在不少。

孩子发热不爱吃奶怎么办

人体发热可引起胃肠功能紊乱，交感神经活动增强，消化酶的分泌减少。虽然食入量很少，但食物在胃肠内停留的时间很长。所以，孩子在发烧时食欲减退，有时还肚子胀。

怎么办呢？可以让孩子每次食入量少一点，多吃几餐。而且要吃一些稀释而清淡的有助于消化吸收的食品，在牛奶中加一些米汤或水，并注意给孩子多喂水，保证足够的液体供给。发烧时体内水分消耗较多，如不注意给孩子喂水，一方面烧不容易退，另一方面，容易引起代谢紊乱。在补充水时，特别要注意补充些鲜果汁或菜汁等。

幼儿患病有何症状

即使孩子并无确切的症状，由于某些原因而使他生病时，还是可以觉察到的。你会注意到他看上去比平时更苍白并且依赖性也更大。他可能不吃东西、哭叫或看来很烦躁。当孩子出牙的时候，会造成牙龈疼痛，因而口水比平时流出得更多并且更烦躁，但是你不要以为孩子的任何症状都是出牙引起的。出牙一般不会使他发热或使他生病。你若认为孩子是病了，就要找到一些确切的症状，正如下面所描述的那样。1岁以下的婴儿，一切症状都应认真对待，不能忽视，因为婴儿很快就可能生病；如果孩子超过了1岁，那么发现症状后，可以再观察几小时，看看他的症状如何发展。

1. 感觉不舒服。孩子可能变得更依赖你，并且在他生病的时候需要你更多的关怀。

2. 症状。儿童患病时最常见的早期症状是：体温升高达到或超过38℃，哭叫或烦躁，呕吐或腹泻，拒绝进食或饮水，喉咙疼痛或发红，皮疹，颈部或颌下淋巴腺肿大。

3. 急症体征。孩子如有下列情况立即请求紧急援助：呼吸音极为喧嗓，呼吸急促或伴有呼吸困难；惊厥；跌倒后意识丧失；剧烈而持续的疼痛；发热并且表现异常烦躁或嗜睡；出现扁平的暗红色皮疹或紫色带血的斑点（淤斑性皮疹）。

4. 看医生。如果你认为你知道孩子有什么不妥，请阅读以上各疾病中的有关部分。这部分对于你是否需要请医生也提出了意见。按照一般规律，较小的儿童起病与病情的发展都更迅速，所以应及时看医生。如果对自己应做些什么没有把握，就告知医生孩子的症状及他的年龄。医生会指导该做些什么并且也会了解到孩子是否需要医疗。

5. 紧急救治须知。任何时候，当你需要请医生时都应知道孩子需要医疗救治的紧急程度：

①即刻请求紧急救治：这是一种威胁生命的紧急情况，所以要叫救护车，或者去附近医院的急症门诊。

②立即看医生：孩子需要即刻医疗

救治，所以即使是半夜也要直接和医生联络。如果他不能立刻赶到，马上请求紧急救治。

③尽快看医生：孩子需要在 24 小时内看医生。

④看医生：孩子应在几天内就能看医生。

如何给孩子做各项疾病检查

1. 如果感到孩子不舒服，或者看来好像发烧，就要测量体温。体温达到或超过 38℃时是疾病的症状。

2. 检查孩子的喉咙是否发炎或感染，但对 1 岁以下的婴儿不要设法检查他们的咽喉。如果他的年龄足以能理解就让他说“啊”，以便暴露咽喉的背侧。孩子的喉咙如果看起来发红，或者你能见到奶油色的小点，他可能有喉咙痛。

3. 沿着下颌骨下缘以及颈部左右两侧轻柔地触诊检查。如果你能触摸到在皮下有小的肿块，或者在这些部位看来有肿胀或触痛，表示孩子有腺体的肿大，这都是疾病常见的症状。

4. 要检查一下看看孩子有无皮疹，特别要注意胸部以及两侧耳部的后面——皮疹开始出现的最常见的区域。如果有皮疹及发热，可能患有一种常见的儿童期传染性疾病。

如何防治儿童蛔虫病

对蛔虫病的防治，应注重幼儿饮食卫生和个人卫生，如饭前、便后要洗手，不吃生冷、不洁的食物。在蛔虫病流行的地区，应为幼儿每半年驱虫一次，以免引起并发症。市面上有多种驱虫药，常用的有驱蛔灵、驱虫净等。服用上述药物时可能会引起恶心、呕吐等副作用，但为时短暂，可以给幼儿喝些糖水或白粥。

如何防治儿童蛲虫病

根除蛲虫病也是以预防为主。必须培养幼儿良好的卫生习惯，饭前、便后洗手、不吮吸手指、勤剪指甲、勤换衣裤被褥、穿满裆裤。此外，定期用来苏水湿揩抹家具，玩具、家私洗抹后曝晒 6 ～ 8 小时，或用紫外线消毒，尤其在幼儿园、托儿所，这样才能消灭蛲虫。

如发现幼儿体内有蛲虫，可服用驱蛔糖浆；每次大便后要洗净肛门四周，擦干，涂上蛲虫膏，睡前再涂一次；睡觉时穿满裆裤、戴手套，每天换洗裤子。如无蛲虫膏，可于每晚睡前用药棉球放在肛门后贴以胶布，以“诱捕”蛲虫，需要约 1 个月的时间才能成功。

如何防治幼儿湿疹

预防湿疹的措施有三方面。①幼儿应避免穿着毛制或尼龙织品的贴身衣物，宽松合适的棉布衣物较为理想。洗涤衣物要用无生物活性的洗衣粉，不加纤维调节剂，洗后要彻底漂清。②应避免进食牛奶、奶制品和鸡蛋等。严重湿疹患儿可以试用更为复杂的饮食，但一定要在医生指导下食用，否则饮食引起的麻烦可能比湿疹引起的麻烦还要多。③幼儿应避免处于过热或过冷的环境。已患湿疹的幼儿，要进行药物治疗。药物有三类，一类是润肤剂或润滑剂，能使皮肤保持湿润。第二类是类固醇乳剂，使用范围是局部病灶，最常用的是氢化可的松。还有一类是止痒药，用于夜间止痒。

儿童营养健康十忌

1. 忌发胖：肥胖对儿童发育不利，易造成弓形腿与平足。

2. 忌偏食：偏食会营养不良，不利于智力发育。

3. 忌暴食：暴食将造成消化不良。

4. 忌骂食：孩子在吃饭时挨骂，会造成儿童心情郁闷，消化不良，影响食欲。

5. 忌多糖：易引起蛀牙和肥胖。睡觉前更是不能吃糖。

6. 忌过咸：吃过咸食物易引起高血压。

7. 忌刺激：大人不要讲有刺激性、恐怖性的故事，更不要看这类电视或电影，以免影响孩子的正常心理发育。

8. 忌揉眼：常揉眼易发生眼疾。

9. 忌挖耳：以免引起耳疾。

10. 忌蒙头睡：以免呼吸不良气体。

如何克服宝宝对打针的恐惧

1. 提供事实。许多宝宝并不知道血液可以自动凝固，害怕因为打了一针就流血不止。此时父母应告诉宝宝他们的身体大约循环着 4 升血。它们将注射进来的药带到身体患病的部位。若是宝宝因化验必须抽血，要先给宝宝解释清楚抽血的目的，抽多少血，以及人体的造血功能。

2. 告诉宝宝注射器的样子以及打针的程序。不少宝宝以为打针和被刺伤是一回事。医生可以用橘子做示范，告诉宝宝针只扎进皮肤一点点时，宝宝就不再害怕了。

3. 告诉宝宝打针需要多长时间。有些宝宝认为打针要用很长时间，必须要让宝宝对打针有个时间概念。只要在宝宝打针时给他数数就能让宝宝轻易地忍受这段时间。

纠正孩子不肯吃药打针等坏习惯

许多孩子生病后，变得特别娇气和脆弱，根本不愿意吃药、打针。这时候家长一定要让孩子明白，只有吃药、打针才能把疾病从身体里赶走。如果孩子根本听不进去，就需要不容商量地告诉孩子：“你除了把药吃下去，老老实实地接受打针，别无选择”。家长千万不要流露出孩子很“可怜”的表情，让孩子没有任何“逃避”的侥幸心理。

孩子害怕医生，害怕进医院，这似

乎是一种本能。当家长说什么孩子都不愿意接受治疗时，家长只能横下一条心，“强迫”孩子接受治疗。在这种时候，家长不能有丝毫的“心慈手软”，也不要自责。

可以为孩子选择一些药片、药水或能嚼着吃的带甜味的药，既便于孩子吞咽，又不会影响到药品的功效。同时，家长还需弄清楚哪种药孩子比较容易吞服。当然，所有的药品都要在医生的指导下服用。孩子拒绝服药的主要原因是药很苦，因此，在医生允许的情况下，家长可以把药片碾碎，和布丁、苹果酱或果酱搅拌在一起，让孩子服用。当然，最好不要哄骗孩子这是在吃点心，而不是在吃药。

奖励孩子配合。当孩子乖乖地把药吃下去，或者孩子爽快地配合护士打完了针，家长要给予孩子口头奖励，或者物质奖励。当然，最主要的是要帮助孩子克服害怕吃药、打针的恐惧心理。

保护孩子，让孩子更安全

2～3岁的幼儿，没有“危险”的概念，周围的世界对他们是那样新奇而诱人。他们的身体迅速成长，急于学习，什么都想看看、摸摸、尝尝、玩玩，跃跃欲试。如果成天把孩子搂在怀里，放在床上，不许下地，不许摸东西，那是不行的。妈妈的责任就是既要引导孩子认识事物、顺利成长，又要保护他不受伤害。为此，应注意以下几点。

1. 不要让幼儿到厨房去。厨房是烧火做饭的地方，烧水、炒菜，用火用电，孩子进去容易受伤害。另外，火柴要放在安全的地方。

2. 房间的电灯、电视、冰箱的线路要完整无损，裸露的电线要修理。开关要高一些，插座要安全，用东西罩上，防止孩子摸抓。

3. 大人抽烟时应远离孩子，不要抱孩子喝汤饮茶，热水瓶和杯要放在孩子摸不到的地方，防止开水、热汤等烫伤孩子。

4. 不要让2岁以下的孩子单独在浴盆里，防止呛水；淋浴时要防止水灌进孩子耳朵；别让孩子在游泳池边、湖边、河边、井边爬行或奔跑，农村的粪坑和厕所要加盖，防止孩子坠入发生意外。

5. 幼儿窒息是经常发生的最为严重的意外灾祸。如别针、发夹、钉子、玻璃球、硬币等，他们喜欢玩，动不动就往嘴里放，以致误入咽喉、气管，也有的卡进鼻孔、耳朵里。这些东西一定要放好，不能给孩子当玩具。幼儿吃鱼时，要剔出骨头鱼刺等，时刻注意安全。

6. 孩子的衣裤要宽松简单，多余的过长的绳带要去掉，扣子要钉牢。

7. 要把家里的刀、剪、针、钓鱼钩等放在安全地方，镜子、玻璃易碎物品不要让孩子摸抓，以免发生割伤。

8. 不让孩子到窗台、阳台或高处、桌子上玩耍，不让幼儿自己爬楼梯。

9. 家庭用药要保管好，以防孩子误食。要把毒物和容易造成污染的物品，如油漆、汽油、来苏水、硼酸水、染发剂等放在孩子拿不到的地方，并和食物分开。

10. 大人的一举一动对孩子影响很大，如喝酒、抽烟、打麻将等，要避开孩子。

儿童健康生活九不宜

1. 不宜穿紧身裤

紧身衣裤透气性差，汗液不易散发，长久穿着，会影响男孩的睾丸发育，诱发女孩尿道炎或阴道炎。

2. 不宜久看电视

儿童每次看电视不要超过半小时，两次间隔时间要在1小时以上，看的距离不少于荧屏对角线长度的6倍。

3. 不宜戴有色眼镜

儿童的双眼视觉是随年龄的增长而逐渐发育的。如果没有一定的光线刺激，视觉发育就会受到影响，常戴有色眼镜，视网膜会因得不到足够的光刺激而影响视觉发育，造成弱视。

4. 不宜睡在大人中间

父母排出的“废气”（二氧化碳）双管齐下，会使孩子处于一个供氧不足而二氧化碳弥留的小环境里，出现睡不稳、做噩梦或半夜哭闹等现象。

5. 不宜穿皮鞋

儿童肌肉嫩、骨骼软，各组织器官还处于发育阶段，而皮鞋硬度大、伸缩性小，过早穿皮鞋，会压迫脚部神经和血管，影响脚掌和脚趾的生长。

6. 不宜常听立体声耳机

儿童常用立体声耳机听音乐或故事，久而久之听力会减退。因为儿童听觉器官较成人娇嫩，鼓膜与听觉细胞对声音刺激更敏感，而耳机又封闭了外耳道，声音无缓冲余地，极易损害听力。

7. 不宜长时间读写

学龄前儿童长时间看图书、画报或写字画画，容易诱发内斜视。

8. 不宜睡弹簧床

儿童期的骨骼发育不成熟，长骨端为游离骨骼，可塑性大。如每天睡10小时弹簧床，会影响骨骼正常发育，还会破坏脊柱的正常生理性弯曲，引起驼背、脊柱侧弯畸或腰肌劳损。

9. 不宜涂口红

口红在化妆品中含颜料最多，属化学合成物质，如不留意，容易随食物一道进入体内，对人体产生不良影响。

多与宝宝“聊天”有助于孩子的智力开发

美国普林斯顿大学的一项研究表明：婴儿开始有迈步愿望的时候，也就是能逐渐听懂周围人说话的时候。

心理学教授彼得·贾兹克认为，不到半岁的孩子能意识到不同的人在说话。他进行的实验表明，这个年龄的婴儿能听懂一段话中的几个词。如果一段话中有一个婴儿熟悉的词，那听懂的就会更多。实验同时表明，18个月的孩子虽然通常只能一次说出两个不相连贯的词，但已经能理解语法正确的句子。这些实验得出的结论是：婴幼儿早在能说出简单的句子之前，就能听懂周围人的话。

了解这一点对父母来说至关重要。父母应该在小宝宝出生以后，就经常和他说说话。这是开发孩子智力的有效措施，也是父母对孩子应尽的一份责任。

父母亲切温和辅以爱抚的话语，对婴幼儿的智力发展会产生良好的刺激。但要注意的是，必须亲切自然。若采取说教的方式，会适得其反。

注重孩子的早期智力开发

有人说："孩子小，吃饱了睡足了就行了，不需要什么教育。"这种观点显然是不对的。要培养人才，必须进行早期教育。早期教育是指从出生到4～6岁期对小儿进行的有计划、有目的的教育。抓住不同年龄智能发育的关键期，有针对性地进行各种教育，以充分开发其智力潜能，这对促进整个0～6岁儿童的智能发育，无疑是非常重要的。为了做好早期智能开发，家长应在保健医生的指导下，做好以下各项工作：

1. 做好智能发育监测

新生婴儿满月时，最好能安排一次智能测查，了解孩子的智能发育水平。婴儿期最好每3个月能进行一次智力测验，幼儿期每半年进行一次智力测验，4～6岁期每一年进行一次智力测验。每次测查后，均应做详细的记录，动态地监测孩子的智力发育过程。每次测查后都应根据测查结果，分析大运动、精细动作、适应能力、语言和社交行为每个功能区，以及整个智能的实际发育情况，并根据结果提出相应的训练措施。

2. 早期教育的手段、方法和应注意的问题

这里需要强调的是：在早期教育中，家庭对孩子的影响极大。过分溺爱和随心所欲的小儿，就很难养成坚强的意志、勤奋的习惯和谦逊的态度。反之，对小孩子要求过严，责备多，启发诱导少，就很难培养孩子的创造性和独立性。因此，教育要从早期开始，要创造良好的环境，要有正确的教育方法。家长既要用父母的感情，使小孩子在爱抚中成长，又要负起时代教育的责任，让教育在小儿的成长过程中起主导作用。

第二章　青春期儿童生理卫生保健常识

睡眠与儿童健康

睡觉对儿童特别重要，足够的睡眠是保证儿童健康的必要条件。一般认为：人及动物的年龄越小，所需的睡眠时间也越长。新生儿除了吃奶以外，几乎都是在睡眠中度过的，一昼夜要睡18～20小时。随着年龄的增长，睡眠时间也逐渐减少。7～13岁的儿童，睡眠时间相当于新生儿的一半，即9～10个小时。

睡眠时，大脑神经细胞在进行着积极而紧张的活动，不但大脑本身在生长，而且还能分泌大量的激素，如生长素、

催乳素、睾丸素等，这些激素促使脑蛋白合成，也促使全身蛋白质合成。有人发现，动物和人类在进入睡眠后不久，皮肤和骨髓的有丝分裂活动（细胞增殖）就开始旺盛起来。因此，儿童在熟睡过程中，身体的生长速度要比醒时快3倍，难怪人们常说，小孩子睡一觉就长一长，看来是有科学根据的。由于儿童正处在生长旺盛时期，所以睡眠的重要性就可想而知了。特别是在孩子得病以后，更要保证充足的睡眠。人们发现肺炎病人如果睡眠不好，他的预后就差，可见睡眠不足还影响免疫功能。

不宜让儿童长期被动吸烟

科学家通过观察和研究发现，儿童被动吸烟可导致身材变矮。通过对近万名儿童长达6年的观察，发现家长每天吸烟10支以上的家庭的儿童，比不吸烟家庭儿童，平均身高矮0.65厘米；而家长每天吸烟10支以下的家庭的儿童，比不吸烟家庭的儿童平均矮0.45厘米。

用餐时不宜训斥孩子

有的家长常在吃饭时训斥和打骂孩子，这对孩子的健康非常不利，不但会影响孩子的食欲，而且也破坏了孩子的神经中枢的正常活动，引起植物神经功能紊乱，使消化腺的正常分泌受到抑制，造成消化和吸收功能障碍，从而发生消化不良。再者，饭粒、菜肴和水很容易在抽泣时误入气管，严重者可能发生窒息。

家长切忌在用餐时打骂或训斥孩子。

消除孩子夜惊的人为因素

生活中时而会出现这样的现象：孩子突然从睡梦中惊醒，或大喊大叫，或又哭又闹，经过大人的抚慰才渐渐恢复平静，这就是夜惊。夜惊会影响孩子的休息，影响他们的健康，家长也免不了跟着担惊受怕。夜惊可以由癫痫症引起，但大部分不是器质病变，而是人为因素造成的。常看见一些孩子愿意蒙头而睡，觉得这样舒服，殊不知这样非常容易出现大脑缺氧；有的孩子俯卧入睡或习惯性地把手搭在胸上而眠，这又会使血液循环不畅。无论大脑缺氧，还是血液循环不畅，都会产生严重不适感，睡梦中仍有一部分脑细胞在活动、工作，不适感通过这些脑细胞反映出来，往往就表现为夜惊。由上可见，开导孩子不要蒙头睡、不要俯卧而眠，更不要手压胸部而睡是很重要的。有些孩子虽然睡觉姿势没有毛病，可是白天的日子却不好过。他们的家长不是运用循循善诱的教育方法，而是采取“棍棒加训斥”的“育儿”手段，这就使孩子精神高度紧张，大脑不断处于兴奋状态。这些孩子晚上易做噩梦，如果梦中出现暴力威胁的场景，就有可能转成夜惊。所以，我们的家长都应改掉粗暴的教子办法，多一点慈善，多一点温和。

小孩不可躺着看电视

有的年轻父母喜欢让小孩躺在床上或沙发上看电视，以为这样可使子女舒服些。其实适得其反，对孩子的健康颇为不利。

因为长时间歪着脖子和偏转眼睛，容易引起眼球外的肌肉和眼球内的睫状肌收缩，造成眼眶、眼球胀痛、结膜充血，甚至视觉模糊和视力下降。由于眼球的内外直肌、上下斜肌发育尚不完全而造成斜视。还有，人躺着时，全身大部分肌肉已放松，人体呼吸和血液循环减慢，大脑中枢神经系统逐渐进入抑制状态，此时看电视也有损健康。为此，希望家长们，为了您的子女身体健康，不要让他们躺着看电视。

孩子提出性问题不应该回避

中国人忌讳讲性问题，尤其对孩子更是讳莫如深。当孩子问起自己是怎么来的，大人往往用“你是医生用包拎来的”等话搪塞。殊不知人类从婴儿开始就具有“性”本能和“性”反应，总是不正面回答反而会增加孩子的性好奇心。所以，性教育也应是教育孩子的一个组成部分，要因势利导，循循善诱。当孩子问起这类问题时，可以反问孩子，如果孩子答得基本对，就直截了当告诉他（她）“你说得对”。如果孩子回答得不对或迷惑不解，就需根据孩子的年龄，做详简不同和内容不同的回答。回答还要生动有趣，适应儿童的心理特点。

儿童发烧不宜吃鸡蛋

鸡蛋属于纯蛋白，当它进入机体分解后，会产生一定量的额外热量，客观存在的额外增热量可达30%左右。发烧的儿童吃了鸡蛋后，会使机体内热量增加，散热减少，犹如火上浇油，不利于孩子退烧和恢复健康，因此，发烧儿童不宜吃鸡蛋。

说说孩子的青春期

青春期是由儿童向成人过渡的时期，是从第二性征出现至性成熟及体格发育完全的阶段。由于遗传素质、生活环境、营养状况不同，以及疾病的影响，青春期开始的年龄有很大的个体差异，一般女孩较同龄男孩早1～2年。这一阶段体格发育的最显著特征是出现“第二性征”。

青春期的特征

在体内性激素作用下，男孩表现声音变粗，喉结突出，面部长须，腋下和阴部生毛，开始出现遗精等；女孩则出现乳晕及乳房增大，乳头凸出，骨盆变大，皮下脂肪增厚，长出腋毛、阴毛，月经来潮等。应注意的是性发育开始时约有1/2的男孩乳房也有发育，单侧或双侧，乳头突出，乳晕下有硬块，有触痛，此为正常现象，不必担心，数月后即可消失。

若女孩青春发育开始于8岁以前，男孩睾丸阴茎增大开始于9岁以前时称为性早熟。女孩13岁，男孩14岁尚无青春发育性征表现，称为性发育迟缓或缺乏青春期发育。如果开始有青春发育期的性征表现，但发育缓慢或停滞，如：女孩从乳房开始发育经过5年还未有月经初潮，或男孩睾丸开始增大后5年内不能发育成熟达到正常成年男性水平，都属性发育延迟。出现性早熟或性发育延迟征象者应及时就医，进行必要的相关检查，以明确病因及是否需要进行药物治疗。除第二性征出现之外，青春期身高的增加非常明显，每年可增高6～12厘米，肺活量显著增加，脑、神经功能迅速完善，思考和理解能力进一步增强，对事物的反应能力提高，掌握较广泛的知识技能。

父母应告诉子女的青春期保健知识

青春期男女生理上的变化很大，父母和教师应向孩子们讲授有关的知识，使他们在心理上做好准备。认识到月经来潮和遗精的出现是人的正常生理现象，消除恐惧感和神秘感。指导女孩如何使用卫生巾、卫生带等经期用品，注意经期不要游泳、坐浴及做剧烈运动等经期卫生保健常识。女孩应记住第一次月经来潮的日期（即初潮日期），并了解在初潮后半年至1年内，月经来潮的间隔可能会不规则。这并非病态，是由于卵巢功能尚不健全，随着卵巢发育趋向成熟，月经来潮的间隔会逐渐规则。其他还有：

1. 进行适当的性教育，正面引导，防止性无知而导致性犯罪。

2. 宣传晚恋、晚婚的好处，使青年珍惜学习黄金时期，努力学习，积极进取，把充沛的精力投入到有益的活动中去。

3. 培养少女自尊、自爱的高尚情操，避免婚前性行为。

男孩出现遗精后注意内裤不可过紧、过小，睡前不要用手玩弄生殖器。变声期间不要长时间高声唱歌、喊叫，保护嗓子。此外，青春期身体生长发育加速，应注意增加营养，保证睡眠，加强锻炼，以具备健康的体魄。

少男少女的青春期心理保健

进入青春期后，随着生理上的巨大变化，男女孩的性意识也开始觉醒。他们对自身及异性的发育怀有强烈的神秘感和好奇心，产生对异性的关注。表面上男女同学间相互疏远，而内心却存有相互接近、彼此了解的强烈愿望。在青春后期，对与异性交往的愿望更为迫切，并对特定的异性产生爱慕感。少男少女们渴望了解性知识，但却因为害羞而不愿张口向大人询问，不敢公开阅读有关青春发育及性知识的读物，而往往是通过伙伴之间的相互传播或通过其他渠道获取一些支离破碎的有关知识，更加深了对性的神秘感。若因此而去觅求一些黄色书刊或音像制品，则更会遗害无穷。

因而对青少年要进行正确、系统的性教育，使之了解性生理解剖知识及有关性的伦理道德规范。家长与教师要加强联系，并多与孩子进行思想交流，建立父（母）子（女）＋朋友、师生＋朋友的新型关系，了解孩子的思想动态。对于男女同学之间的纯洁感情，切不可横加干涉。同时又要引导他们遵守社会道德规范，劝阻过早专注性的异性交友，以疏导的手法避免可能过早到来的情爱，注意防止非婚过早的性行为发生。

少女的经期卫生

其实，少女在平时就要注重生活卫生。一个有良好卫生习惯的女孩，不管她外貌长得如何，看起来总令人有聪明伶俐的感觉。尤其在月经期间，清爽干净的卫生习惯，更能增加自己的信心。

在月经期间，每天洗澡是必要的。沐浴时，最好采取淋浴，若用盆浴，肥皂水容易进入阴道，可能会引起阴道刺痛而感染。也千万不可将水灌入阴道内，以为可以洗净，阴道有自我洁净的功能，它不需要特别的清洗和消毒。擦洗阴部时，由前往后的方向擦拭为正确。

女孩初潮

女孩第一次来月经的年龄，并非固定，这和家庭遗传有关。如果你的母亲很早就来月经，那么你也可能如此。但大致上，女孩子到了十二三岁，就会有了第一次月经的来潮。直至今日，仍没有人确实地知道，是什么原因促使月经开始来潮。但是它的来龙去脉，根据医学界的认为可能是脑部、肾上腺、卵巢，或者是甲状腺的多种荷尔蒙及化学物质互相作用的结果。

女孩初潮不免一时手足无措，不知道怎么办了。有了月经是成长的一种自然现象，表示在生理上已发育成具有生育能力的成熟女性。虽然刚开始会带来些轻微的不适应,情绪也极为低落。这时，你不妨与母亲或姐姐谈谈，或者与闺中密友聊一下，了解一下她们是否也开始有了月经，并可询问她们是否和你一样，有烦躁的感觉。如果你是个很有自信的人，你可以和同学倾谈，看看有多少女同学和你一样也开始了月经，然后与她们交换和比较心得。朋友率直和不害羞的态度，往往能帮助你消除尴尬的心理。这样一来，你便能接受月经来潮的正确观念，并视它为女性生活的一部分。

月经到底是怎么一回事

月经就像宇宙天体的自然运行一般，也是自然的一种现象，并没有什么特殊的理由。过去，女人的月经一直被认为是“不洁”、“不祥”之物，只因它是一种极神秘而不可明言的东西。现在随着科学发展，月经的神秘面纱被揭开了。

女性体内有一个月经形成的系统，即是“下视丘－脑下垂体－卵巢－子宫内膜”。

下视丘属于脑的性中枢，由它产生荷尔蒙刺激脑下垂体，脑下垂体受刺激后，又会产生另一种荷尔蒙去刺激卵巢，这时卵巢又会释出性荷尔蒙和黄体素，使子宫内膜变厚且充满血管。当卵巢所释出的两种激素达一定浓度时，下视丘就会自动停止荷尔蒙的分泌了，其他的荷尔蒙也会随之减少。若没有受孕，子宫内膜就会自然脱落，剥落的组织和血液经阴道排出体外成为经血。

由此可知，月经的成分是子宫内膜的黏膜和血液。但除此之外，也包含了子宫颈黏膜、阴道黏膜等。因为血液把所有的黏膜或分泌物染红了，所以经血是红色的，有时也含有血块。然而，初潮的月经，并不如想象中的那般鲜红，而是带有些棕色的，血量也不多，周期也不规律，这些都是正常的情况。月经本身也不会有任何异味，只在与空气中的细菌接触后，或腐败时，才会有臭味产生。所以何来“不洁”，更毋论“不祥”之有了。

月经周期

一般女子的月经周期是 28 ~ 30 天，但是也有人 40 天来一次月经。只要有规律性，均属于正常情况。另外，月经容易受多种因素影响，所以提前或错后 3 ~ 5 天，也是正常现象。如果这次月经周期是 20 天，下次是 40 天，而且经常出现这种情况，有的甚至月经来 1 ~ 2 天，过十多天又来 1 ~ 2 天，失去了周期性，这属于月经不调。少女初潮时，由于卵巢刚发育，其功能还不完善，所以会出现功能紊乱和不规律，这不是病理现象。

当一个小女孩进入了青春期，她就犹如一朵含苞待放的花朵，等春天一到，马上绽放美丽的花瓣，吐露芬芳的气息。

然而，愉快的成长，必经一番痛苦挣扎，正如美丽也必须付出代价一般。当你踏入青春期，女性最主要的性征之一——卵巢，便开始运作了。它的第一个活动就是每 28 天左右，有一颗卵子在卵巢中发育至成熟，换句话说，卵巢每 28 天一个周期，释出一个卵子，卵子成熟剥落，便是月经了。这也表示，你的性器官已发育成熟，具有怀孕的能力了。

一旦开始有了月经，你不必以为那就是以后每个月都来一次！事实上不然，初潮来过后，有的人要隔好几个月才又来，甚至半年以上，而月经周期也不很准确。

月经周期平均是 28 ~ 30 天，若在 26 ~ 33 天内都是正常的。大多数的少女要在初经之后，经过一年或 18 个月以上才有较准确的周期。所以，你不必为刚开始时的周期不准，或血量不固定而烦恼。有的人月经周期从来就没准确过。

对于每个月都来拜访的“好朋友”，是值得你骄傲的。每一次的周期都是重复肯定了你是一个富有女性气质的完全女性。所以月经周期应该是信心的补助剂，不要将它视为情绪低落或不美满的原因。它是生活中的规律及完整的一部分，你应该看重它，因为它象征了你的身体运作完好。虽然它有时会带给你些微的不适、痛楚、倦懒的感觉，但这些都是容易解决的。

换句话说，月经周期就和饮食、睡觉一样，是生活中的一部分，从此角度来看待它，就不会有所不适了。

简易经期止痛法

据调查，许多少女经常出现的症状有：

1．头痛。

2．关节疼痛。

3．重复出现的过敏性反应。

4．不能专心。

5．不耐烦、易发脾气。

6．觉得所有人都跟自己作对。

7．活动反应迟钝，易发生意外。

8．说话词不达意，结巴不流畅。

9．情绪低落。

10．体重增加。

11．失眠。

当你在月经期间，常受痛经的困扰时，以下有几个简易的止痛妙方，不妨试试看。

1. 尽可能保持日常的活动，以转移痛经的不适应。

2. 用热水袋或热毛巾放在下腹部热敷，可减轻痛楚感。

3. 吃些温热的汤饮。老一辈的人说吃一些略为上火的汤汁，可以温暖子宫，缓和痛经。

4. 使用一般的止痛剂，可以舒解痛感。

月经前紧张和痛经是不能混为一谈的，两者并无关联之处。对于许多少女来说，经前紧张的不仅仅是情绪低落、脾气暴躁、容易流泪，情况可能要比此复杂得多，症状往往因人而异。

造成月经前紧张的原因

事实上，造成月经前紧张的原因十分复杂，而且牵涉到多个器官和荷尔蒙。原因之一是：令体内水分不能排出的抗利尿荷尔蒙，此时分泌量特别多。所以，服用利尿剂可能有某些程度的治疗效果。原因之二是：半数以上有情绪低落情况的少女，相对地，她们也缺乏维生素 B_6，所以在服用维生素 B_6 以后，情况好转的人很多。但是在没有经过医师指示时，千万不可以自己服用维生素 B_6，胡乱吃药的后果没有人能够负责。原因之三是：脑下垂体产生的卵胞刺激素（刺激卵巢产生雌激素）和黄体生成荷尔蒙（刺激卵巢产生黄体酮）的分泌量不平衡，有些少女是因缺乏黄体酮，只要注射黄体酮便可以减轻不适的症状了。

闭经也就无月经，指的是完全不来月经。这种情况通常与身体代谢的疾病，或染色体不正常有关。一位少女一直到十七八岁还不来月经，就应该到医院接受详细的身体检查。

首先，医生会替她做一些化验，看她的基本性器官是否能正常运作，她的荷尔蒙分泌是否正常且平衡等项目。透过化验，医生可以找出代谢疾病，或某些染色体的不正常。虽然进行这些种种的检查和化验，似乎是很麻烦，不过，由此找出真正的原因，而予以适合的荷尔蒙注射治疗，便可解决无月经的烦恼了。

生理期的用品

生理期来临，大多数女孩都深感不便。其实，只要你处理得当，再加上现在很方便的各种生理用品可以帮你解决不便之处，实在也不用多担心。

最常见的生理用品有卫生巾、卫生棉条、生理裤、生理清洁用品等，只要依个人生活习惯和所需，审慎选择，在生理期间，你仍可和平时一样过得逍遥又自在。

卫生巾是女性普遍使用的用品，它可分为一般型——适用于普通生理期；超薄型——针对喜爱讲求舒适感的人设计的，较为贴身；夜间型——适于夜间长时间、量多时使用；外出型——单片包装，于外出时携带方便；活性炭卫生巾——如果经期中会产生异味，此种卫生巾将令你有意想不到的效果；卫生护垫——适用于平时有分泌物或生理期前后有少量分泌物时。

在此特别介绍一下卫生棉条，因为很多少女对其使用怀有一知半解的模糊的观念。卫生棉条，顾名思义，它是一种呈圆筒长条状的卫生棉，直径约有一厘米，长五六厘米，可直接放入阴道内以吸收经血。因为是直接放入阴道内，可避免经血不小心渗出裤外，造成尴尬。而且，也不致影响上体育课时的激烈运动。

曾有保守者对卫生棉条的使用怀有惶恐，尤其对未婚的少女来说，她们以为卫生棉条直接置入阴道内，会破坏处女膜，其实，这是不必要的担心。因为处女膜只不过是一种富有弹性的褶襞而已。它的中间也有一道二厘米的裂口，而直径才一厘米的棉条可平滑地置入，不会构成伤害的。更何况以处女膜判定贞洁与否的时代，已经过去了。

以上介绍的生理用品，不管你选用哪一种，都以二至三小时更换一次为佳，一方面可避免细菌感染，另一方面能避免经血渗出之虞。

闭经和痛经

少女最常遇到的经期问题是“经痛”、“月经前紧张”、“闭经”。大多数的少女烦躁，可能都来自以上三种生理上的痛苦，现代医学都有治疗的方法。

“经痛”或叫“痛经”，是指痉挛性经痛。症状有的只是轻微的不适，有的则痛得完全不能行动。早先，一般人都把此种经痛看做是一种神经过敏反应。但现在医学界已研究出其起因乃源于荷尔蒙，而并非源自脑部。少女的一般经痛可能是一种荷尔蒙“前列腺素”分泌太多，也可能是子宫对于分泌量正常的前列腺素比平日敏感所致。

前列腺素是直接引发分娩的荷尔蒙，它促使子宫有节奏而强烈地收缩，使胎儿被挤出产道。所以，经痛的原因，也是子宫强烈收缩的结果。而始作俑者，则是前列腺素荷尔蒙的引导。

少女青春期需要重视卫生保健

青春期是少年儿童开始发育、成熟，最后成为青年的一个过渡阶段。少女青春期一般在 12 ~ 18 岁。在此阶段，少女身体方面是以性发育、生殖系统成熟为主，表现为第二性征发育，月经来潮，以至生殖器官发育成熟到具有生育能力为止。第二性征发育的顺序为乳房发育、阴毛生长、腋毛生长；皮下脂肪丰富，并集中于肩、胸、臀部，乳腺发育，乳房隆起，骨盆宽大。少女首次阴道出血称“月经初潮”，是青春期发育的一个明显特征。我国少女月经初潮的平均年龄为 13 ~ 15 岁，初潮后 1 ~ 2 年内月经可能不规则，有时甚至可间隔数月或半年后才来第二次月经。同时，内外生殖器官发育，由幼稚型变为成人型。

由于青春期正处于性成熟和各系统器官迅速发育的过程，往往使得有些少女的思想情绪和心理状态不稳定，有些少女会产生一些失调不适，应引起家长和老师们的注意和关心，并给予必要的卫生指导。

少女青春期需保持清洁卫生

1. 每晚用温开水清洗外阴，不加消毒剂。

2. 洗外阴的盆和毛巾要个人专用，也不可与自己洗脚的盆、毛巾和水混杂。

3. 宜穿纯棉内裤，切忌互相借用，以免交叉感染。

4. 如发现白带增多、有臭味、带血或外阴瘙痒，必须到妇产科就诊，查明病因，积极治疗。

青春期少女需加强营养

1. 青春期少女应保证有足够的营养，每日需吃四大类食物，主食，肉、蛋类及其他动物性食品，蔬菜和水果，油脂。

2. 纠正偏食、挑食等不良习惯，以免因为缺乏某营养要素而影响发育。

3. 不可为追求体形苗条而过度节食，过度节食除了造成营养不良外，还会导致神经性厌食症，导致皮肤干燥、心动过缓、怕冷、便秘、子宫萎缩、闭经等严重后果。

女孩需加强乳房保健

乳房发育时间在 9 ~ 14 岁，发育完成平均需要 4 年时间，但个体差异颇大，短者一年半，长者达 9 年，个别人一直到首次妊娠时才最后发育成熟。所以青春期应注意乳房保健。

1. 如果在 14 ~ 15 岁，乳房仍未发育，应向专科医生诊治。

2. 青春期禁止束胸，以免影响乳房发育及日后哺乳。

3. 乳房基本定型后应及时佩戴胸罩，使乳房得到支持和扶托，使乳房血液循环通畅，有利于乳房发育，并能保护乳头，避免擦伤和碰痛。

毛发长出不烦恼

有一天，当你在洗澡之际，忽然发现腋下有那么一两根长长的毛发，是否会吓一跳呢？也许你会忍住轻微的痛，把它拔掉了，但没多久后又长出来，而且愈长愈多。

阴部的情况也是一样，总是拔不尽，真是别扭死了。其实，如果你将它视为如同头上的毛发一样，就不会那么在意它的存在了。腋毛和阴毛，正如头发的生长，一切都是自然现象而已。身体成长到一定的阶段，它就自然出现。一般说来，女孩阴毛长出大约是在 12 岁左右，而腋毛长出大约在 14 岁左右，汗腺也于此时活跃起来。

身上毛发的出现，是青春期发育的过程，一切只要正常，没有什么好害羞的，更不用担忧了。

胸部的变化

到了青春期，最令少女难堪的可能是藏也藏不住的胸部变化了。本来一向都不太去注意的乳房，怎么乳头变得明显而突出？整个乳房也肥大了。洗澡时，不禁一次又一次地用毛巾去紧勒它，好让它缩回去。这是没用的，因为人的体内有一种荷尔蒙激素，到了青春期便开始活跃，身体也开始发育，胸部是女性的第二性征之一，当然也会有它自然发育的历程，小女孩别大惊小怪了。重要的是，面对身体成长而来的发育历程，应重视生理和心理的调适，要通过各种途径，加以咨询。

刚进入青春期的你，其实不必为胸部的大小太过担心，随着身体各部位发育，你的乳房自然会变大。

乳房是由乳腺和脂肪构成的。乳腺能分泌奶汁，脂肪则是保护乳腺的。人体的乳房大部分是脂肪。所以，你只要摄取充分的营养，就能增进乳房中的脂肪。但是,有的少女为了拥有苗条的身材，不顾营养得失，实施节食，这样便妨碍了正常的发育，使乳房也发育的不好。

有的人会发觉左右两边的乳房大小不一，其实这是很正常的；习惯用右手的人，右胸的肌肉自然会比较发达，右边的乳房自然也比左边的乳房大了。

如果你希望拥有丰满的胸部，就随时要注意伸直背部，挺起胸膛。这样，在不知不觉中会促进胸肌发达，使乳房曲线美观。另外，你也可以多做胸部扩胸运动，来达到胸部健美的目的。

胖子烦恼多多

正值青春发育期的你，其实不必太为身材的变化而烦恼，因为你正在发育，若为了要苗条，或更苗条而勉强节食，是会影响你的健康的。不管你是胖是瘦，发育期间如果没有摄取充分的营养，一段时间之后，就会体力不足，健康也会亮起红灯。况且，节食不是减肥的方法，想要苗条些，多运动，才是最有效的良方。

专家指出，如果你为了想瘦下来而

不吃早餐，那么，体内会分泌一种特殊的荷尔蒙，反而会使你发胖。所以，不吃早餐还是会发胖的。

饥肠辘辘的时候，吃进体内的食物会使胃肠的活动趋于激烈。会发胖的原因是由于体内的热量，比身体消耗的热量还多，进而积存在体内，才造成了肥胖。换句话说，如果你运动量足够把热量消耗掉，就不会发胖了。

说说“性”

大多数的青少年对性，都怀有一种似懂非懂，又刺激又好奇的复杂矛盾心理，这是很正常的。我们的社会和许多公众舆论也一致认为，未成年人的性行为是不道德的，而性行为应该只是婚姻的一个部分。但是，电影、电视、传播媒介、广告媒介及各种杂志，它们所传达的信息是到处泛滥的性行为。其实，根据调查，现代青少年对性方面的看法的确是很混乱。他们经常感到自己受到很多压力，正面的和反面的都有。有时，你看不惯同学和朋友的行为举止，但却又偏偏跟着他们走，因为你不想被孤立或觉得没面子。

对性满怀好奇心，真想探个究竟，是少男少女的共同心态。

只可惜，假如没有从正当的渠道得到正确的性知识，反而混淆了他们的性观念。所以，花点时间去思考一下“性是什么？”对形成正确的性观念是有帮助的。大多数的人对这个问题都不曾认真想过，如果你能认真想想人们对性的看法，可能会有助于你得出自己的结论。

从最基本的意义来说，性是为了物种生存而存在的，它保证了人类的繁衍。从社会和家庭的角度来说，性是夫妻之间密切而持久关系的重要因素，帮助他们建立和稳固家庭。性更给人养儿育女的乐趣。性最吸引人的特质，可能在于它比其他的方法更能表达两个人之间那份特殊的关怀、爱恋和情感。

从医学观点来看，女孩子不宜在年纪很小时就与男朋友发生性行为。这可以从两个方面来说：一是过早进行性行为，尤其是青少年时期有两个以上性伴侣，会使你更容易患上子宫颈癌；另一点是就感情方面来说，任何少女在未认清性爱和性价值之前，就和人发生性关系，这是很不明智且危险的。

性关系的基础是双方都认为对方是一个自己最关心、最重视的人。若没有这样的基础，你们就还没有足够的条件去发生性行为。当你怀疑你的男友图谋不轨时，就不要贸然与他发生性关系。有些青年人认为性关系会使他们成熟起来，会给他们向父母报复的机会，不至在男友间丢面子，或者使他们能够跟上潮流，这些潜在的意识都是错误的。

女孩子的自我保护

少女对性关系感到害怕的原因之一，就是她不能肯定她是否会继续下去。她担心情况失去控制而不能自拔，或者发现根本不是愉快的事。多数女孩子都不知道怎样拒绝，有时她们明知可以不答应的，但是就是不知要怎么拒绝才好。

“我很难拒绝他，我总害怕他舍我而去，所以最后我只好同意了。我似乎对自己信心不够！”很多少女都会这样表白。但有一个基本原则你要遵守，那就是如果你不愿意，就不要去做。其他还有几个原则，你可以参考的，就是如果不愿意，要绝对诚实地告诉他，不要找借口，比如别说你刚好月经来了等，你必须把自己的想法告诉男朋友。事实上你必须说出个“不”字，这是你应该说的一切。你毋需多说，但如何说倒是值得考虑，否则你最后还是会妥协，因为你没有把意思讲清楚。一定要坚持，必须一次又一次地说“不”。只要你态度坚定，必可化险为夷。

关于童贞

几乎所有的女孩子都觉得，童贞是可贵的。她们都想把它献给自己挚爱的人。如果不是为所爱的人而活，失去童贞几乎是件可悲的事。有一位少女接受访问，她就说：“我过去总是想为所爱的人献出童贞，但后来我发现我并不爱他，我感到十分失望。”

另一位受访的少女，她就很明确表示了一个观念，她说：“我并不十分介意童贞本身，我介意的是我为谁献出。”多数少女在童贞问题上有内心的挣扎，也有外在的社会压力，她们有非常矛盾且复杂的心情。性，使人向往又好奇，但是似乎是错误的，少女不应该有性行为，但又有如此多的人做过。

有的失去童贞的少女，觉得已经走了不可挽回的一步，感到害怕、伤心，就像失去了身体的重要部分，永远也找不回来了。我们把整个问题看得透彻一点，可能有帮助。很多喜欢运动的女孩子在运动时或剧烈活动时，都会失去童贞。处女膜是保护子宫的薄膜，它的韧性因人而异。有些活动，如骑自行车、骑马、做体操或游泳，都可能在年纪很小的时候弄破了处女膜。所以，如果你很好动，很可能你的童贞已在不知不觉中失去了。

童贞本身并没有什么好挂心的，重要的是，在你想付出第一次时，是不是值得才是要三思的。

男生青春期有三个阶段

男生从 13 ～ 14 岁开始进入青春期到 18 ～ 20 岁结束。在这段时期不仅身体发育迅速，男性特征也逐步发育成熟。如出现音调低沉，喉结凸出，长胡须和阴毛等第二性征的男性体态，并有遗精、手淫等生理现象。

男性：长胡须，喉结突出，声调低沉，肌肉发达，体毛较多，腋毛和生殖器四周长出体毛（阴毛）。

1．青春期的三个阶段

早期：生长突增阶段，第二性征开始出现。

中期：以第二性征迅速发育为特点，多数已出现首次遗精。

晚期：性腺发育基本成熟，第二性征发育完成，骨骺趋向完全愈合，体格发育逐渐停止。

由于受气候、体质、遗传、营养等因素的影响，每个人的青春期也不尽相同。

2. 青春期总的特点

①身体生长加速，出现第二次生长突增。

②各内脏器官体积增大，功能日趋成熟。

③内分泌系统功能活跃，与生长发育有关的激素分泌明显增加。

④生殖系统发育骤然增快，到青春期结束时具有生殖功能。

⑤第二性征发育使得男女两性在形态方面差别更为明显。

⑥在身体及功能迅速发育的同时，也产生了剧烈的心理变化，容易出现心理卫生问题。

3. 男生性器官的发育（性器官指睾丸、阴茎、阴囊、龟头）

男孩子在小学三年级（约 9 岁以前），睾丸体积较小，长度小于 2.5 厘米。阴茎和阴囊仍处于幼儿型。进入四五年级（9 ~ 11 岁），睾丸长度开始有所增加，阴茎增大，阴囊的皮松落，带红色。在阴茎根部及耻骨部有短小、颜色淡而且较细软的阴毛出现。到六年级以后，睾丸开始变厚、增重、加长，阴茎和阴囊增大，阴毛增长，颜色转黑，稍硬而且稠密。

睾丸增大是男性青春发育开始的信号。9.5 ~ 13.5 岁，平均 11.5 岁，约半年至 1 年后，阴茎开始增大，阴茎突增的年龄平均在 12.5 岁。在青春期前，阴茎长度一般小于 5 厘米，至青春期末可达到 12.4 厘米。

睾丸的主要功能是产生精子和雄激素。精子离开睾丸后，在附睾内停留约 21 天，继续发育成熟，与迅速发育的精囊所产生的精囊液、前列腺产生的前列腺液等混合，形成精液。精液在体内积累到一定量，就会溢出来产生遗精。所以，遗精是青春发育后男性的正常生理现象。

首次遗精的发生年龄在 12 ~ 18 岁，平均为 15.6 岁。多出现在夏季，常发生在睡眠中。有些男孩因毫无心理准备，常会出现恐惧。有些可能表现为惊慌失措，有的甚至以为自己患了疾病，由于羞于启齿而无处求助。

4. 第二性征的发育

主要表现在阴毛、腋毛、胡须、变声、出现喉结等方面。阴毛开始发育的年龄有很大的个体差异，一般在 11 岁左右开始出现。1 ~ 2 年后腋毛也开始出现，胡须也随之萌出。13 岁左右声音逐渐变粗，约至 18 岁时完成发育。此外，值得注意的是，男孩中会有 1/3 ~ 1/2 的人出现乳房发育，经常先有一侧乳头突起，乳晕下可触及硬块及轻微的胀痛。一般在半年左右自行消退，属正常现象。

男孩性发育的困扰

16岁左右的男孩在其性发育过程中，常被下列问题所困扰：性生理发育的快慢，阴茎大小、睾丸大小是否影响性生活，自慰和梦遗是否对身体有害等。

男孩青春期性发育的四个阶段

1. 第一阶段(9～15岁)：睾丸开始生长，阴囊的皮肤变得较红且粗糙，阴茎根部出现阴毛；睾丸酮的作用也逐渐发挥，导致体形改变，如肌肉开始发育，个子长高，乳晕更大更黑。

2. 第二阶段(11～16岁)：阴茎开始长大，睾丸及阴囊继续发育，阴毛更粗更卷，且扩展到两腿间的区域，体形变高，肩膀变宽，臀部变窄；喉头变大，声音低沉，胡子及腋毛已稀疏出现。

3. 第三阶段(11～17岁)：阴茎变粗变长，睾丸增大，阴毛、胡子及腋毛增多。内生殖器官已发育成熟,开始射精；皮肤油脂增加，会出现青春痘。

4. 第四阶段(14～18岁)：身高接近成年人。生殖器达到成年大小，胡子发育完全，胸毛出现。有些年轻人到了二十出头，在高度、体毛及肌肉发育和强度方面有更进一步的增强。

不用过于担心阴茎短小

阴茎是男子最显著而且又被谈论的最多的性器官。阴茎疲软状态下的长度，各人之间的差异很大，即使是同一个人，在不同的精神状态和不同的环境下，阴茎的大小也有差别。

一些男子以为自己的阴茎比别人小，从而产生自卑感，甚至担心影响性生活，其实大可不必。因为阴茎的大小对女性的性满足并不十分重要。阴道2/3对阴茎的刺激不太敏感；在性交时，阴茎和阴道的摩擦，刺激了阴蒂、小阴唇、阴道口及阴道的外1/3段，才使女性获得快感。而且事实上由于阴道富有弹性，男性阴茎的大小并不影响女性性交时的快感。因此说，阴茎短小，不用担心，只要阴茎能勃起进入阴道性交，它就是符合标准的。

男生的勃起

勃起，甚至在没有性状态下勃起都是正常的，而且是健康良好的征兆。有些男性在8岁左右开始增加自然勃起的次数。这种不自主的勃起常发生在没有性念头或性刺激的情况下，可能会在生殖器摩擦到衣服时，感到寒冷时或淋浴时有勃起现象，这些都是正常的现象，企图控制自然勃起可能对以后的性功能造成影响。事实上，这种自然勃起几分钟内就会消失，但你若感到焦虑则可能会使勃起更持久。

男生的梦遗

夜间射精(梦遗)也是完全正常的现象，而且完全无法由意志控制。一般来讲，正常情况下出现的梦遗对身体是无害的。因为睾丸在不断地制造精子，前列腺和精囊等会分泌精浆，两者形成了精液，当精液积累到一定程度，就会以梦遗的方式溢出体外。通常，青春期的男性，一般十几天可发生一次梦遗，但如果每隔两三天就发生一次梦遗，那就有问题，应及时去医院检查治疗。

青春期男孩注意阴茎包皮的清洗

男孩子在幼年时，阴茎的包皮会将阴茎头（又称龟头）盖住。随着青春发育的开始，阴茎上的包皮会逐渐向上退缩，慢慢露出龟头。在这一变化过程中，阴茎头部冠状沟相当容易囤积脏物，形成白色甚至紫黑色的“包皮垢”。包皮垢是细菌的良好培养基，它很容易导致包皮和阴茎头发炎，所以应该养成经常清洗阴茎和阴部的习惯。在清洗时，将包皮往上推送，露出龟头，然后用手指合着肥皂和清水慢慢地清洗，为保持外生殖器的清洁，应该经常更换衬裤。衬裤布料最好选用透气性强的纺织品，要略微宽松一些。

运动中小心保护睾丸

睾丸是身体的重要器官，十分脆嫩，又因为露在体外比较容易受到伤害，所以，在嬉戏和运动过程中，要随时注意保护自己的生殖器官，同时注意千万不要去踢打他人的下身。

睾丸正常的位置是在阴囊内，如果阴囊内无睾丸或缺一只睾丸，就称为隐睾症。隐睾是男孩中的一种先天性畸形。患者要是能够尽早得到治疗，仍可与同龄男性一样健康发育。

男生与手淫问题

手淫是指用手玩弄生殖器，以达到自我发泄性欲，获得一种性满足的动作。男生手淫多发生在 13 ~ 14 岁这个年龄。虽然手淫是男生正常的生理现象，但频繁的手淫则会造成体质虚弱、精神萎靡、失眠。因此，要养成良好的生活习惯，不睡懒觉，不抽烟，不喝酒，不吸毒等等。每天睡前清洗阴部，平时把精力集中在学习上，多参加文体活动，不看黄色书刊和黄色录像。

男生青春期的心理变化

出于对女性感兴趣的心理，促使处于青春期的男孩会依次做出以下选择：首先是欲接近又表现为疏远女性的举动，对女性往往表现冷漠、躲避或其他消极的态度。其次，是一种完全相反的举动，在各种场合讨好女性，尽量表现自我，尤其是在集体活动时设法引起女性的注意等，这一时期的男孩开始注意自己的打扮，变得爱美了。第三，部分男孩已经开始恋爱，开始追求自己仰慕的女性，也就是所谓的初恋，但这种恋爱形式有时是单方面的，即单相思。

以上这些青春期的心理变化，是青

春期男孩发育中的正常心理现象，社会、学校、家庭都应该了解这些心理特征，引导他们多了解自己及生理知识。

注意给青春期的男孩补充充足的营养

在青春期前，男孩、女孩的身高差别很小，群体均值水平男孩略高于女孩1～5厘米，但经历了10年左右的青春期后，成年男子的身高明显高于成年女性。根据医学科学观察，一般青少年在青春期身高突增持续3年左右，男孩在这期间每年可增长7～9厘米，最多可达10～12厘米。这样男孩在整个突增期平均长高28厘米左右，较女孩高3厘米，约为成人身高的90%，体重也会增加至成人的80%～90%。而且，女孩在青春期侧重脂肪的发育，青春期男孩则骨骼和肌肉迅速发育。

由于生长发育的“迅猛”，男青少年对营养的需求则十分重要。这期间，他们对热量、蛋白质等营养素的量是一生中最高的。青春发育期，男青少年生长发育需要食物中提供热能，且他们的基础代谢增高，体力活动增加也需要较多的热量维持，因而每日供给的食物中要保证有足够的热量及蛋白质。在安排青少年高热量、高蛋白的膳食时，应以平衡膳食、全面营养为原则，既考虑他们所需热量、蛋白质、碳水化合物，也应安排好各种维生素、矿物质的摄入，选择食物要广泛，主、副食搭配。

男孩在发育期较女孩食欲强、食量大，因此谷类食物摄入十分重要。谷类食物包括稻米、面粉、小米、玉米及甜薯等。它们是人体热能的主要来源，同时谷类供给的蛋白质、无机盐和B族维生素也在膳食中占一定比例，谷类食物来源广泛、经济，是我国青少年每日膳食的重要部分。一般来说，13～17岁的青少年，日进餐主食不应少于500克，否则时间长了必然带来不良后果。动物食品，如鸡、鱼、猪、牛、蛋、乳类食物等都是蛋白质最好的来源。男青少年在青春发育期因身体生长迅速，身体内各组织、器官、肌肉都随之发育、增长，所以体内需要大量优质蛋白质，构造组织、促进生长发育。根据我国实际情况，动物食品若不能每日供应充分的情况下，要利用我国盛产大豆资源，从中摄取植物蛋白质，以保证青少年每日蛋白质的需求量。因此经常摄入豆制品，既能改善膳食花样，又能增加营养，且来源十分经济。

男孩除要摄入谷类、动物食品外，还应注意多食海产品、蔬菜、水果等。因男孩青春期骨骼发育较快，应多食含钙、磷等矿物质丰富的食物，如虾皮、海带、乳制品、豆制品等。每天应食400～500克新鲜蔬菜，以保证维生素和矿物质、纤维素的摄入。

有些男孩食欲好，偏爱肉类炸制食品，尤其市场上各种中西快餐店应运而生，制作的含高脂肪、高糖、高蛋白质食品，如炸鸡、汉堡包、三明治、冰淇淋吸引着孩子们。而长期过食这种快餐食品对身体是有害无益的，再者暴饮暴食会伤脾胃，影响其他食物摄入，而且是发生肥胖和增加成年患心血管疾病的因素。因此，要想给身体打下良好基础，就应重视青春期合理营养。

儿童教育专家的忠告

目前，全社会都非常关注儿童的健康成长。作为未来社会的栋梁之材——儿童，他们不仅需要一个健康的体魄，同时也需要完善健全的人格和心理。因此，有儿童教育学家就如何培养身体健康、心智健全的儿童向孩子们的第一任“老师”——家长提出了忠告：

1．教育孩子不要急于求成

家长应该把孩子看成是正在不断进步的个体。正如园丁种花一样，在花园里栽种之后，几年间你辛辛苦苦地坚持给它浇水，它只长了几厘米，某一年你却突然发现它一下子蹿高了将近 1 米。所以，每个孩子的成熟速度是不一样的。但家长一定要耐心，给他们成长的时间。

2．逐渐向孩子灌输对学习的热爱

告诉孩子学习就是探险，也许他慢慢就会产生热情。和学校学习所不同的是，父母在家里主要要从艺术创造力上来引导孩子，甚至可以通过图书角等，和孩子一起来体验学习的乐趣。

3．告诉孩子勇敢地坚持自己的意见

让孩子明白有时候大多数人的意见也可能是错误的，因此要敢于坚持自己独特的见解，不要因为害怕与众不同而发表违心的意见。

4．帮助孩子制定合理的目标，而少用惩罚

应该在撒谎没有发生之前就同孩子一起讨论诚实的重要性。用惩罚的方式来教育孩子是最不可取的。不要忘了这么一个道理：教育就像治水，在于疏导，而不是堵截。

5．打骂是教孩子使用暴力

如果被打骂过的孩子果然变老实了，那是因为他们的心里充满了恐惧，而不是真正地理解了自己的错误所在，这也不能帮助儿童确立正确的是非观念，只会教会他暴力是一种很好的控制别人的办法。要想让孩子变成什么样子，就需要你自己先做出表率。

6．给孩子以闲聊的乐趣

平常在家里要创造一个宽松的环境，让孩子能放松地讲出他们心里所有的喜悦和困惑、恐惧、失望、压力……鼓励其说出自己所有的想法，甚至包括对你的不满。这会帮助他把你当成一个值得信赖的朋友，还能培养他自我表达的能力。

教育学家特别提醒，与孩子成为朋友这点非常重要。如果孩子（尤其进入青春期后）感到说出实话总不能得到家长理解时，他们就会很容易地走到危险的道路上去。

儿童心理问题的治疗

对儿童心理障碍的治疗，以心理治

疗为主。针对儿童的主要问题，由心理医师有计划、有步骤地通过谈话、游戏、环境调整等手段，达到治疗目的，常用的方法有行为治疗、认知治疗、支持性心理治疗、感觉综合治疗等。对于有些问题，还需进行家庭治疗。有些问题药物治疗也是必不可少的，但药物必须在医师的指导下服用。

父母爱自己的孩子，这是人之常情。它对孩子的健康成长起着很大的促进作用。

那么，怎样才算是真正爱孩子呢？也就是说应该如何掌握爱孩子的分寸呢？

1. 要有理智

这就是说，在爱孩子的过程中，要能自觉地控制自己的感情，克制那些无益的激情和冲动。前苏联著名教育家马卡连柯的《父母必读》一书中的序言有这样一段话："子女固然由于父母方面的爱的不足而感受痛苦，可是，他们也会由于那种过分洋溢的伟大的感觉而腐化堕落。理智应当成为家庭教育中常备的节制器，否则孩子们就要在父母最好的动机下养成了最坏的特点和行为了。"这段话讲得十分深刻。

然而，我们有些父母，尤其是相对年轻的父母，对待孩子的关系上，往往缺乏应有的"分寸感"。他们对待孩子往往是无原则地、过分地宠爱。有的对孩子姑息迁就，任其发展；有的只知道想方设法满足孩子的衣锦食美，却不懂得给孩子良好的精神食粮和思想营养。这样势必把孩子惯坏、宠坏。这种"爱"是盲目的、有害的。

2. 爱要与严格要求相结合，严格要求也是爱孩子的一种体现

所谓"爱之深，责之切"，就是说，严格要求正是出于深切的爱。所以，做父母的不应该受盲目的爱所支配，要"严"中有"爱"，"爱"中有"严"。当然严格要求并不意味着对孩子的严厉，动辄训斥打骂，而是要做到以合理为前提。同时，态度应该是耐心的，循循善诱的。

严格要求，对孩子来说，是很主要的。这是因为，孩子们往往缺乏经验，是非界限有时不清，而且对自己的情感和行为往往也不善于独立控制。如果家长对他们不严格要求，他们往往还不能主动、自觉地学习和按行为道德标准来行动。因而，这就更需要父母对他们的思想和行为有严格的要求，使他们养成良好的思想和行为习惯。但是只有爱不见得教育和培养出优秀的孩子来，而应该把爱和严格要求结合起来。

综上所述，父母对子女一定要怀着带有严格要求的爱，千万不要溺爱姑息孩子、过分地迁就孩子与宠爱孩子。一定要有理智，有分寸。只有这样，才能把孩子培养成为有良好个性品行的优秀人才。

儿童的皮肤保养

12 岁以前属于儿童期，儿童皮肤处于生长阶段，是身体的生长高峰期，性腺尚未发育，皮脂腺分泌不旺盛，皮肤光洁、细腻，但显干燥。对皮肤的保养

主要以清洁为主，加强皮肤保健，如体育锻炼，提高身体素质，增强抵抗疾病的能力，经常用清水给予沐浴，忌用碱性皂或浴液，而选用中性或多脂性香皂、浴皂清洁皮肤，勤换衣服（衣服要穿得宽松一些，利于皮肤的呼吸），预防湿疹、痱子等。护肤品则选用对皮肤无刺激的润肤露。培养孩子不偏食的习惯，多吃水果、蔬菜，养成良好的卫生习惯，保证孩子有充足的睡眠，经常晒太阳，注意保暖。暴露在外的皮肤可适当用一些偏油性的润肤霜。

青少年的皮肤养护

青春发育期，是青少年性成熟的开始，内分泌功能增强，皮脂腺、汗腺发育迅速，分泌增多。此时期的皮肤一般偏油性，毛囊皮脂腺导管易阻塞，导致皮脂淤积形成粉刺，加之毛囊内的丙酸杆菌繁殖引起痤疮。脱发、酒糟鼻等也是此期的多发病。应预防青春期疾病：对于油性皮肤应经常用温热水和偏碱性的香皂清洁，可适当选用一些皮肤收敛液和含油少的乳液护肤品；干性皮肤清洁后可选用爽肤液及乳液状营养护肤品。不宜用碱性大的肥皂。

痤疮患者应及时就医。适量紫外线对人体的健康、皮肤健美有益。养成良好的生活习惯，饮食要得当，食物以清淡为主，不要过多食用甜食、油腻和刺激性食品，多吃蔬菜、水果。保证充足的睡眠。少用化妆品。

第二辑 夫妻健康保健常识

第一章 生殖系统知识与优生优育常识

男性生殖系统

男性生殖器分为内生殖器和外生殖器。内生殖器包括生殖腺（睾丸）、输送管道（附睾、输精管、射精管和部分尿道）和附属腺体（精囊、前列腺和尿道球腺）。外生殖器包括阴囊和阴茎。

男性外生殖器

阴茎海绵体位于阴茎的背侧。左右并列构成阴茎的主体，尿道海绵体位于阴茎海绵体的腹侧，尿道贯穿其全长。其前端膨大称为阴茎头，后端膨大称为尿道球。

海绵体为勃起组织，由许多海绵体小梁和腔隙组成，与血管相通，当海绵体腔隙充血时，阴茎变粗、变硬而勃起。阴茎海绵体和尿道海绵体外面共同由阴茎深、浅筋膜和皮肤包被。

阴茎的皮肤薄而柔软，富有伸缩性，皮肤至阴茎颈部游离向前延伸，形成包绕阴茎头的双层环形皱襞，称阴茎包皮，包皮的前端围成环形的小口称包皮口。在阴茎头尿道外口与包皮相连的皮肤皱襞称包皮系带。

男性的睾丸

睾丸位于阴囊内，左、右各一。睾丸是稍扁的卵圆形器官，表面光滑。睾丸的表面覆盖一层浆膜，浆膜的深面是白膜，在睾丸后缘，白膜增厚形成睾丸纵隔，纵隔的结缔组织发出许多小隔，将睾丸分隔成许多个睾丸小叶，每个小叶内有 1 ～ 4 条高度盘曲的小管，称为精曲小管。精曲小管在小叶顶端汇集成精直小管，精直小管进入纵隔为睾丸网。精曲小管间的疏松结缔组织为睾丸间质。

精曲小管管壁由复层生精上皮构成。生精上皮由生精细胞和支持细胞组成。上皮下方有基膜，基膜的外侧有胶原纤维和肌样细胞，肌样细胞的收缩有利于精子的排出。

生精细胞包括精原细胞、初级精母细胞、次级精母细胞和精子。

精原细胞：在青春期前，精曲小管中仅有精原细胞。青春期开始，在脑垂体产生的促性腺激素作用下，精原细胞开始增殖发育。一部分继续保持原始状态，称作A型精原细胞，另一部分则发育转化为B型精原细胞，后者经过分裂分化为初级精母细胞。

初级精母细胞：初级精母细胞经过染色体复制、同源染色体配对、联合、等位基因交换等，完成第一次成熟分裂，形成两个次级精母细胞。

次级精母细胞：次级精母细胞迅速完成第二次成熟分裂，形成精子细胞。精子细胞的核型为23X和23Y。

睾丸产生精子，精子形似蝌蚪，分头、尾两部分。精子头部呈扁梨形。由高度浓缩的核和顶体组成，顶体内含多种水解酶。精子尾部是精子的运动器官，可分为颈段、中段、主段及末段四部分。

人类精原细胞发育成精子，需要64～75天。

男性睾丸的功能

睾丸是男性的生殖腺，具有产生精子和分泌雄激素的功能。精子由睾丸精曲小管的精原细胞分阶段发育形成。雄激素由睾丸间质细胞合成和分泌。睾丸分泌的雄激素主要是睾酮，日分泌量4～9毫克，50岁以上睾酮分泌量逐渐减少。

睾酮可以促进男性性器官的发育和副性征的出现，与卵泡刺激素共同刺激睾丸生精作用并维持精子的成熟与活力，维持男性正常的性欲和性行为，促进肌肉和生殖器官的蛋白质合成，促进骨骼生长和钙磷沉积，促进红细胞生成。

睾丸功能由下丘脑－垂体－睾丸轴调节：下丘脑合成的促性腺激素释放激素经垂体门脉系统到达腺垂体，促进腺垂体促性腺激素细胞合成和分泌卵泡刺激素和黄体生成素。

睾丸分泌的睾酮在血中达到一定浓度后，可抑制下丘脑和腺垂体的分泌活动。致使促性腺激素释放激素、卵泡刺激素和黄体生成素的分泌减少。通过这种负反馈调节维持血中睾酮水平的相对稳定。

男性的附睾系统

完成精子形成的过程以后，精子首先进入输出小管并进入弯曲的睾道管；附睾的尾部是贮藏精子的主要地方。附睾壁是一层分泌上皮，具有不运动的纤毛柱状细胞。这些细胞分泌的液体具有营养功能，精子在此成熟。精子在附睾中存活的时间要比在男性生殖道的其他部位长。在附睾中精子是不活动的，只是当它们和氧或一种能被代谢成乳酸的物质接触时才开始活动。

与整个精液相比，附睾分泌物的特点是钾的含量较高。一些精子的细胞内成分很可能是在附睾中获得的。附睾中吞噬细胞的细胞解体作用以及未射出的精子的降解在这个区域内进行，并可能为液体提供了某些成分。

附睾的功能

1. 附睾上皮有极强的吸收能力。附睾可分泌多种物质，与精子的营养和成熟有关。

2. 精子在附睾内停留 15 天左右，获得向前运动能力和受精能力。

3. 精子在附睾内经多种因素作用，向输精管方向移动。

4. 附睾尾部可暂时贮存少量精子。

男性的输精管

附睾的尾部不太卷曲并发出一条很长的弯曲的导管，这就是输精管。输精管沿着睾丸的后缘向上，成为精索的一部分，最后横过膀胱进入前列腺的尿道。在进入前列腺之前，一条精液的主要分泌管加入输精管，两者形成了射精管，横过前列腺。在它进入前列腺之前管子变大，弯曲，称作末端壶腹。在壶腹内是一层皱折的上皮细胞膜，成为精子的第二个贮存处，是一个在空间上和功能上复杂的系统。在输精管的近端有不活动的纤毛，但是在远端包括壶腹部却没有。壶腹是贮存和积累润滑精子的导管分泌物处。壶腹的分泌物是黄色的。

前列腺

人的前列腺并列于膀胱的颈部，直径大约在 4 厘米，围绕着尿道和两条射精管，主要是由两个大的侧叶和较小的前叶、后叶和中叶所组成。两条射精管位于前列腺的中叶和侧叶之间。它们汇合时变小，并终止于前列腺尿道处。射精管中排列着柱状的分泌上皮细胞，具有很多腺状的突起。这些突起伸入到前列腺内。前列腺的分泌物是碱性的，主要的成分是酸性磷酸酶、纤维蛋白溶解酶和钙。在射精的过程中，精子经前列腺过射精管，到尿道的前列腺部，一直到膜状尿道和阴茎尿道。在人类中无色的前列腺分泌物是偏酸性的（pH6.5），具有一些很强的蛋白质分解酶，还含有大量的纤维蛋白分解酶。因此，可以用 1 毫升的前列腺液在大约 18 小时内使 50 毫升已凝固了的血液液化。

尿道球腺和尿道腺

在人体中这些腺体很小，并由很多彼此紧密地联合在一起的小叶所组成。尿道球腺位于尿道的后部，分泌一种黏蛋白。这些物质是在精子之前被射出。在尿道的整个长度上有广泛分布的小腺体。

附属腺体的功能

1. 精囊分泌液呈碱性，可中和阴道酸性保护精子活动能力。

2. 前列腺分泌液呈弱碱性，可降低阴道酸度，有利于精子的生存和活动，影响精液的凝固和液化过程。

3. 尿道球腺分泌液有黏性，富含唾液酸蛋白，其主要作用是润滑尿道。

勃起与射精

勃起与射精是一系列复杂的神经反射过程。勃起反射的基本中枢在脊髓骶段，此反射可由许多刺激引起，勃起明显受意识控制。阴茎的勃起主要是由于阴茎小动脉扩张，血窦充血膨胀所致，静脉血液也有助于勃起。射精首先由附睾、输精管平滑肌按一定顺序收缩，将精子排入后尿道，然后由坐骨海绵体肌和球海绵体肌收缩，将精液由尿道射出体外。

精液的组成和作用

精液由精子和精浆两大部分组成。精子是男性生殖细胞，精浆主要由精囊和前列腺分泌液组成，约占精浆的90%以上，其余为附睾和尿道球腺分泌液。精浆有运送精子，中和阴道酸性，提供能源物质，参与精液的凝固和液化的作用。

总之，男性生殖功能包括：精子发生、精子成熟、精子排出以及通过性交把精液射入女性生殖道。

1. 精子发生。精子发生过程是在睾丸曲细精管内进行的。精原细胞经过有丝分裂、增殖、分化，再经过一次减数分裂以及变态等一系列复杂过程，最后生成成形精子。精子发生是雄性配子的产生过程，是在神经内分泌功能的严密调控下进行的。

2. 精子成熟。就功能和超微结构而言，在曲细精管中生成的精子尚未达到完全成熟，尚不具备受精能力。当精子进入附睾后，须在附睾中停留5～25天才能逐步成熟。此阶段精子无论在形态、大小、膜通透性、超微结构以及在代谢、耐寒和热性等方面均发生了不同程度的改变。在附睾中逐渐成熟的精子，其运动方式从原地摆动进而为转圈状运动，最后为螺旋式的向前运动，并获得使卵子受精的能力。精子在附睾中的以上变化称为精子的功能成熟过程。

3. 精子排出。精子与附属性腺分泌物共同组成精液，通过射精随精液一起排出体外，进入女性生殖道。

精子在穿入卵子并使卵子受精之前，必须在女性生殖道中度过一段时间。此过程是精子获能的过程，无此过程，精子不能穿入卵子。

排入女性生殖道的精子，只有一个精子与卵子结合。精子与卵子结合后，在卵子外围便立刻形成一层膜，把其他精子拒之膜外。进入卵子的精子细胞核与卵细胞核接近，融合成合子，形成受精卵。

阴茎如何勃起

阴茎勃起，可能是由于思想或生理受到刺激所致，也有可能是结合两种因素刺激所致。这些刺激包括视觉、味觉、听觉、幻觉或触觉，举例来说，男性只要想及性事或想到某种引起兴奋的物件或人物，便有可能勃起。脑部接收到刺激，便把信息传送到脊髓，然后再传送到阴茎去。

生殖器官部位受到刺激，亦会引起勃起。阴茎的感觉神经受到刺激后，把讯息转送到脊髓，再继续传送到大脑，然后传回阴茎去。一般情况是：在心理兴奋和阴茎同时受到生理上的刺激之下，向大脑发出讯息，阴茎周围的平滑肌开始放松，让血液供应增多，引致阴茎变大。

在正常勃起的情况下，需要从动脉，输送比日常高出六倍的血液到阴茎去。一般健康及性能力正常的年轻人，平均血液流量每分钟达 90 毫升。在开始勃起之际，这个流量更增至每分钟 270 毫升。

我国男性一般睾丸大小

我国成年男子睾丸大小，范围在 15 到 25 号之间，15 号相当于 4.29 厘米（纵径）×2.58 厘米（横径）大小，25 号相当于 5.01 厘米(纵径)×3.01 厘米(横径)大小，如果睾丸大小在此范围之内，应视作正常。睾丸长得太小，尤其离开上述正常标准距离很远者，也许会有妨碍性生活。表现为阴茎勃起不够坚硬，射精没有力量等，但是多半人还是能够完成性生活，问题在于生育力，睾丸太小，其里面负责生产精子的曲细精管会发育不良，无力负担生产精子的任务，往往导致不育。

女性生殖系统

女性生殖器分为内生殖器和外生殖器。内生殖器包括卵巢、输卵管、子宫和阴道。外生殖器包括阴阜、大阴唇、小阴唇、阴蒂和阴道前庭。女性生殖系统自青春期开始迅速发育成熟。其结构和功能活动出现明显的周期性，具有生殖能力。更年期后，生殖器官逐渐萎缩，功能逐渐减退直至消失。

女性外生殖器

1. 阴阜：耻骨联合前方的皮肤隆起，皮下具有较多的脂肪组织。性成熟期以后，皮肤长有阴毛。

2. 大阴唇：一对纵长隆起的皮肤皱襞。大阴唇的前、后端左右互相联合，形成唇前联合和唇后联合。

3. 小阴唇：位于大阴唇内侧，为一对薄的皮肤皱襞，表面光滑无阴毛。两侧小阴唇后端互相联合形成阴唇系带。

4. 阴道前庭：位于两侧小阴唇之间的裂隙。前部有尿道外口，后部有阴道口，另外还有以下各部：

①前庭球：相当于男性的尿道海绵体，具有一定的勃起性。

②前庭大腺：与男性尿道球腺相当，为黄豆大。

5. 阴蒂：由两个阴蒂海绵体构成。相当于男性的阴茎海绵体，表面盖以阴蒂包皮。露于表面的为阴蒂头，感觉敏锐。

女性卵巢的构成和排卵：

卵巢是成对的实质性器官，呈扁卵圆形。卵巢位于子宫两侧，含有卵泡，是卵泡发育的部位。

卵泡由卵母细胞和卵泡细胞构成。原始卵泡位于皮质的浅层。卵泡在发育过程中体积增大，细胞数量增多。

周围结缔组织发生变化，卵泡的功能也相应变化。青春期以前，卵巢内仅有原始卵泡，进入青春期，原始卵泡在垂体的促性腺激素作用下，周期性地分批生长发育、成熟并排卵。每个月经周期有多个卵泡进入发育阶段，但一般只有一个卵泡发育成熟，其他卵泡都在发育的不同阶段退化成为闭锁卵泡。卵泡的发育是一个连续的过程。

原始卵泡：由位于中央的初级卵母细胞和周围单层扁平的卵泡细胞构成。

生长卵泡：生长卵泡又可分为初级卵泡和次级卵泡两个阶段。

1. 初级卵泡：生长卵泡发育的初级阶段。

2. 次级卵泡：卵泡细胞间形成充满卵泡液的卵泡腔，这样的卵泡为次级卵泡。

3. 成熟卵泡：卵泡体积明显增大，颗粒层变薄，整个卵泡突出于卵巢的表面。于排卵前 36 ～ 48 小时，初级卵母细胞完成第一次成熟分裂，产生一个大的次级卵母细胞和一个小的第一极体。次级卵母细胞随即进行第二次成熟分裂，并滞留于分裂中期。

出生时，初级卵泡的数量为 15 万～ 50 万个。到青春期后逐渐减少，约 34000 个，到绝经期则所剩不多。在一个妇女的生育时期中，估计仅有 300 ～ 400 个卵细胞成熟排出，剩余以闭锁形式消失。成熟卵的直径为 0.2 毫米，是人体最大的细胞。在正常情况下，每个周期中只选择 1 个卵泡排卵，其余十几个较大的卵泡退化。

成熟卵泡破裂，次级卵母细胞连同透明带、放射冠与部分卵泡液一起从卵巢排出，进入腹腔的过程，称为排卵。次级卵母细胞由卵巢排出后，如果在 24 小时内不受精即退化；若卵受精，次级卵母细胞迅速完成第二次成熟分裂，形成一个成熟的卵细胞和一个第二极体。

通常每 28 天左右（即一个月经周期）排一个卵，双侧卵巢交替排卵。排卵一般发生在下次月经来潮前的 14 天左右。

排卵后，卵泡壁塌陷，在黄体生成激素的作用下，颗粒层细胞和卵泡膜内层的细胞分裂增生，形成一个血管丰富，具有内分泌功能的细胞团，新鲜时呈黄色，称黄体。排卵后 7 ～ 8 天，黄体发展到顶峰。

若排出的卵细胞未受精，在排卵后第 10 天黄体开始退化，黄体仅维持 2 周，称月经黄体；最后被结缔组织取代成为白体。若排出的卵细胞受精，在胎盘绒毛膜促性腺激素的影响下，黄体进一步增大，6 个月后才退化，称妊娠黄体。

卵巢的功能

卵巢是女性的生殖腺，具有产生并排放卵子和分泌雌激素、孕激素以及少量雄激素的功能。卵巢中卵泡发育经历原始卵泡、生长卵泡和成熟卵泡三个阶段，通过排卵过程卵细胞进入输卵管。雌激素由卵泡的颗粒细胞、内膜细胞和黄体细胞分泌，孕激素由黄体细胞分泌。

1. 雌激素：促进女性性器官的生长发育并维持正常状态，使子宫内膜发生增殖期变化。使宫颈腺分泌大量稀薄的黏液，促进输卵管运动，刺激阴道上皮细胞增生，降低阴道 pH 值，抑制病菌生长。促进女性性征的出现并维持成熟状态。促进乳腺导管上皮增生。促进蛋白质合成，加速骨生长，促进钙盐沉积。促进肾小管对水和钠的重吸收。

2. 孕激素：通常在雌激素作用的基础上保证受精卵着床和维持妊娠；使子宫内膜在增殖期出现分泌期的改变，使宫颈腺分泌黏稠的液体。促进乳腺腺泡和导管的发育为分娩后泌乳做准备；排卵后由于孕激素的作用使基础体温升高 0.2 ~ 0.5℃。

3. 下丘脑－垂体－卵巢轴调节：下丘脑分泌的促性腺激素释放激素经垂体门脉运送到腺垂体，作用于促性腺激素细胞，促进卵泡刺激素和黄体生成素的分泌。卵泡刺激素主要促进卵巢中卵泡的生长、发育和成熟，并在黄体生成素的协同作用下促使卵泡分泌雌激素。

黄体生成素则促使成熟卵泡排卵，使排卵后卵泡中残留的细胞转化为黄体细胞形成黄体，并促使黄体分泌孕激素和雌激素。

卵巢分泌的雌激素进入血液循环后，对下丘脑和腺垂体分泌的调节既有正反馈作用，也有负反馈作用，即在不同时期表现为促进其分泌或抑制其分泌。卵巢分泌的孕激素与雌激素协同对下丘脑和腺垂体的分泌产生负反馈作用，抑制其激素的分泌。

阴道的构成和作用

处女期：阴道壁处于紧密相对的位置，其间形成一个潜在的腔，前壁长度范围 6 ~ 7.5 厘米。后壁大约 9 厘米。阴道腔在入口处收缩，中部扩张，接近子宫末端部分狭窄。子宫颈突入阴道腔，包绕宫颈的隐窝称阴道穹隆，分为前、后和侧部。

阴道壁由三层组成：黏膜、肌肉和纤维层。肌肉有两层：强韧的表面纵肌层，其纤维和子宫肌纤维相连；较弱的内环肌层，阴道被横纹肌纤维带所包围，外层结缔组织包围了肌肉组织，是膀胱直肠及其他骨盆结构的结缔组织的延续。

输卵管

输卵管是一对细长而弯曲的管道，全长 8 ~ 14 厘米。输卵管位于子宫底的两侧，外端开口于腹膜腔，内端开口于子宫腔，称输卵管子宫口。输卵管由内侧向外侧分为：子宫部、输卵管峡部、输卵管壶腹部、输卵管漏斗部。

子宫

子宫是一空腔器官，位于膀胱与直肠之间，形状为三角形，在妇女生育年龄期长6.5～8厘米，厚2.5～3厘米，底部宽5～6厘米，峡部宽2.5～3厘米。子宫体和子宫颈是连续的。在子宫底部侧面与输卵管相连。子宫腔下部与阴道连接，上部与输卵管腔相通。子宫内部为黏膜表面，称为子宫内膜。在此层之下为子宫肌层，由三层分界不清楚的平滑肌层组成。

子宫内膜组织及其分泌物在生殖过程中起主要作用。当精子通过子宫腔到达输卵管时，它们被浸泡在子宫内膜分泌物中。当受精卵运行到子宫腔，在着床之前的这一时期内，它们又从子宫分泌物中接受营养。着床后胚胎依靠子宫内膜获得足够的血液供应以得到营养。以后子宫内膜的生理特点以及其血液供给是胚胎在整个妊娠期的生存与发育的关键因素。

月经周期

由月经来潮的第一天至下月月经来潮的前一天所经历的时间称为一个月经周期，平均28天。在月经周期中，子宫内膜经历周期性的剥脱、出血、修复和增生，按子宫内膜变化分为月经期、增生期和分泌期三期。

胎盘的内分泌功能

1. 受精后第6天左右，胚泡形成滋养层细胞，开始分泌人绒毛膜促性腺激素。妊娠早期形成绒毛后由合体滋养层细胞分泌大量人绒毛膜促性腺激素，至妊娠8～10周达高峰，此后下降并维持至分娩。人绒毛膜促性腺激素从尿中排出，可用于早期妊娠诊断。人绒毛膜促性腺激素在妊娠早期刺激母体的月经黄体转变为妊娠黄体，妊娠黄体分泌大量孕激素和雌激素以维持妊娠的顺利发展。

2. 由胎盘合体滋养层细胞分泌的胎盘催乳素，可促进乳腺发育，具有催乳作用，可调节母体的糖代谢和脂肪代谢，促进胎儿生长。

3. 妊娠期产生大量的甾体激素，主要有孕激素、雌激素和肾上腺皮质激素三类。胎盘不能独立合成这些激素，而是从胎儿或母体获取激素的前体物质进行加工。孕激素主要是孕酮，随着妊娠进展，孕酮分泌量逐渐增加，足月时达高峰．孕酮使子宫内膜分泌，防止妊娠子宫收缩，对维持妊娠起重要作用。雌激素主要生理作用是促进子宫、乳腺发育增长，松弛骨盆韧带，调节母体和胎儿代谢。

优生首先要考虑家庭健康史

如果父母双方或一方有遗传病，那

么他们的子女或部分子女就会承袭该病，而且还会按遗传病规律一代一代地延续下去。比如，一个母亲如果患了“先天性肌强直”，到了第四代时就有10个患此病者，到了第五代就会增加到19名患者。有人调查了近50万人，发现智力低下、痴呆、白痴和精神病四种遗传病中，父母都患病者所生的子女发病率达73%，如果父母一方患病者子女患病率达39.4%，而父母均无病的子女发病率只有0.25%。有的人表面上看和正常人一样，但却带有遗传病的基因（隐性遗传），虽然本人不发病，但可以遗传给下一代，使其发病。因此青年男女在选择对象时，不但要注意对方已经表现出来的遗传病基因症状，还要注意到遗传病携带者。可以通过观察对方家庭中是否有遗传病患者，或者双方本人通过医学诊断，如果是遗传病基因携带者，就不要选择。

近亲结婚子女易患遗传病的科学道理

有些遗传病，其基因位于第1～22对常染色体上，基因的性质是显性的（一对基因中只要有一个有病，就能在下一代中表现出来），这种遗传叫做常染色体显性遗传病。

显性遗传病的特点在于患者双亲之一是发病的，患者的同胞中有1/2也是发病的患者，而且男女发病的机会均等，往往在连续几代中都有发病的患者。

还有些遗传病，其基因位于常染色体上，基因的性质是隐性的（只有一对基因都有病，才能在下一代中表现出来），这种遗传病就叫做常染色体隐性遗传病。

隐性遗传病的特点在于，一对基因都是致病的，才能发病。如果有一个显性基因是正常的，另一个致病基因的作用就不能表现出来。这样的个体虽然不发病，却能将致病基因传给后代，因此叫做携带者。

父母本人虽没有发病，然而却是遗传病基因携带者。患者同胞中有1/4发病，其他人虽然未发病却有2/3可能是携带者。

隐性遗传病患者的双亲往往是近亲结婚，因为近亲中具有很多相同的遗传致病基因，又都是携带者。就表兄妹来说，他们之间基因就有1/8的可能性是相同的，使致病的基因碰头的机会大大增加。因此，在近亲婚配时，其子女易患遗传病。

据世界卫生组织估计，人群中每个人体内约带有5～6种隐性遗传的致病基因。在随机婚配时，由于夫妻两人毫无血亲关系，所以相同的基因甚少，他们所携带的隐性致病基因也不同。我们假设丈夫携带的隐性致病基因为A、B、C、D、E，妻子则携带H、S、F、C、M，这就不容易形成隐性致病基因的患者。而近亲结婚时，由于夫妻两人携带相同的隐性致病基因可能性很大，丈夫带有A、B、C、D、E等隐性致病基因，妻子也很可能带有这些基因，因此容易形成隐性致病基因的患者，从而使后代遗传病的发病率升高。

目前已经发现的遗传病种类达44种，经医学专家研究表明，近亲比非近亲结婚的婴儿死亡率要高3倍，而近亲结婚子女先天畸形率也逐年增多。近亲结婚的子女易得遗传病和先天畸形，并且体质较弱，所以做夫妻还是不要“亲上加亲”为好。如果已经结婚，一定要听从医生的指导，以免产生恶果。

在最佳婚育年龄结合

目前，我国法定的结婚年龄是：男子不低于22周岁，女子不低于20周岁，但并不是说到了这个法定年龄一定要结婚。提倡晚婚与婚姻法的规定并不矛盾。青年时期是人生的黄金时代，这个时期精力充沛，记忆力强，是勤奋学习、增长知识和本领的良好时机。为了更好地学习和工作，男女青年自觉晚婚是值得鼓励的。但是晚婚晚育会不会造成难产？会不会影响后代的智力发育或使后代体质下降？什么年龄生育最合适？这不仅是青年男女所关心的问题，也是他们的家长和整个社会所关心的问题。

临床经验证明，分娩是否顺利主要取决于产力、产道和胎儿三个方面，年龄虽有一定影响，但不起直接作用。产力是指子宫收缩力，最主要的产力异常是指子宫收缩乏力；产道包括骨产道和软产道，产道异常主要是指骨盆狭窄；至于胎儿方面，则胎儿的大小与胎儿在子宫里的位置起着决定性作用。有科学实验证明子宫收缩力在20～30岁无明显差异，以后随着年龄的增长而递减。产道方面骨盆的变化不显著，然而35岁以后骨盆韧带的松弛性、骨盆底和会阴肌肉的弹性有所减弱。胎儿位置与年龄无关，但胎儿大小却有随母亲年龄增长而减小的倾向。上海市某区3915例初产妇分娩情况调查资料证实，手术产的发生率在20～24岁与25～29岁相近，各占24.75%及22.38%，30岁以后有上升趋势，35岁以后占53.57%。

从优生角度来看，过晚生育，特别是超过35岁，后代的体质和智力可能较差，先天性畸形的发生率和围生儿死亡率也会增高。国家提倡晚婚晚育，并不是鼓励越晚越好，一般认为25～29岁是最适合的生育年龄，不但不会增加难产率及影响后代的健康和智力，而且对青年个人、家庭和国家都有利。

结婚后何时生第一个孩子好呢？由于夫妻双方的年龄、经济状况、身体状况等不同，应该因人而异。当然，这些条件当中最重要的是妻子的年龄。

女性的年龄直接关系到胎儿及分娩情况。因此，在女性身体最健壮的25～26岁时生第一胎，是比较理想的。如果无法做到，最好争取在30岁前生第一胎。

尽力减少有缺陷婴儿的出生

现在提倡一对夫妇只生一个孩子，因此要选择最有利于优生的时机受孕，也就是说，要有计划地受孕。注意避免下面所述的一些不利因素，就能避免或减少有缺陷的婴儿出生。

1. 要避免高龄（35 岁以上）妊娠，因为 35 岁以上的妇女生畸形儿率高。

2. 男女中任何一方身体健康状况欠佳时，要避免妊娠，如患急性传染病、病毒性肝炎、风疹、流感等，因为这些疾病可能影响精子和卵子的质量及胚胎的发育。在女方患有心、肝、肾等慢性疾病并影响到内脏功能时，则应避孕，直到病情缓解，不需再用药，功能良好时才能怀孕。

3. 妇女直接接触过放射线，如放射科工作人员，或刚进行过腹部透视，最好间隔 4 周后再怀孕。

4. 长期服用某些会产生致畸或不良影响的药物，如抗癌药、抗癫痫药、链霉素、四环素等，最好在停药或停药一段时间再怀孕。服避孕药者建议在停药 3 个月后再妊娠。

5. 避免一些不利因素对受精卵的影响。烟、酒对生殖细胞都有不良影响，使受精卵的质量下降。因此，如想要孩子，最好在夫妇双方都戒掉烟、酒 2 ~ 3 个月后再怀孕。

6. 应该创造一个良好的受孕环境。天气、地点、双方情绪等都应该是安适、协调的。但一些迷信之说，如“虎年生虎子”、“羊年生人命苦”等，纯属无稽之谈，不要因此而去做人工流产。

妻子如何判断自己怀孕与否

妻子判断自己是否怀孕，一般可根据以下几点：

1. 月经停止：如月经一直规律正常，一旦超过 7 天以上不来，应首先想到可能是怀孕了。

2. 早孕反应：停经后的妇女逐渐出现胃肠道反应，如恶心、呕吐、厌食、挑食或食欲明显增加等，称为早孕反应，多在早晨出现，严重时还会出现头晕、乏力等。

3. 尿频：怀孕后由于子宫增大，压迫膀胱而出现小便次数增多，多在夜间出现。

4. 乳房增大：怀孕后乳房增大，有胀满感，乳头有刺痛，乳晕颜色变深，皮肤下出现一些结节。这些乳房的变化说明是怀孕了。

5. 基础体温升高：如每天测基础体温会发现升高，可能持续 3 周以上。

妇女发生以上变化，即可到医院进一步检查明确是否已经怀孕，同时可以检查胚胎发育是否正常。确认怀孕后就应注意饮食营养和生活中的保健，以保证孕妇的健康和生个健全而健康的宝宝。

第二章　夫妻性生活卫生保健常识

男性阴茎的卫生保健

阴茎的表皮薄，皮下无脂肪。在不勃起时，在阴茎冠状沟处复叠并遮盖阴茎头的后半部的皮肤，称为包皮。包皮内面和阴茎头连接处有小皮脂腺不断地分泌淡黄色的油性物质，与少量的尿液和皮肤脱下来的污垢混合成包皮垢。包皮垢很容易给细菌繁殖造成机会，引起发炎等。因此，阴茎和包皮应当勤洗以免积垢较多，发生不适或感染。

包茎和包皮过长是常见的包皮发育异常。包茎指包皮口狭窄或包皮与阴茎头粘连，包皮不能上翻露出尿道口和阴茎头。小儿一般到3岁以后阴茎头和包皮之间的轻度粘连才自行消失。童年时包皮能上翻但也常将尿道口盖住，在青春期阴茎头逐渐露出。因此，在童年以前包皮长是正常的。成人阴茎疲软时包皮不遮盖尿道口。包皮上翻时能露出冠状沟，即为正常长度的包皮。包茎严重可影响排尿，以致造成整个泌尿系统的功能障碍。包茎和包皮过长会减低男方性快感，甚至因包皮牵扯而感觉疼痛。包皮过长要保持局部清洁，经常清洗，最好行环切术。因为屡次发炎可使包皮口缩小，并与阴茎头粘连，变为包茎。包茎也可后天获得。包茎包皮垢易引起慢性炎症，甚至诱发癌变。包茎可以手术治疗，包皮过长一般也以手术切除为宜。

男性阴囊和睾丸的卫生保健

阴囊是皮肤囊袋，内容睾丸、附睾等。阴囊可随温度的变化而发生变化。常态下阴囊多处于收缩状态，表面出现皱褶。当温度增高时或老年人以及体弱者，阴囊常伸展呈松弛状态，皱褶消失。在寒冷的环境中，或青年人以及强壮者，阴囊缩小并与睾丸紧贴。阴囊的收缩或舒张，可以调节阴囊内的温度，以适于精子的生长和发育。阴囊的皮肤薄而柔弱，因此应避免伤害。不要用碘酒及一些刺激性较大的药物，小心避免虫咬等，以免造成疼痛和损伤。

睾丸在胚胎第7～9月内降入阴囊。个别孩子出生时未降入，亦多在出生后短期内降入。未降入阴囊的睾丸称为隐睾，隐睾多数发生在右侧，也有发生在双侧的。隐睾对睾丸功能的影响在5岁以后逐渐开始，主要是曲细精管萎缩，导致精子生长不良。青春期后，绝大多数隐睾者发生睾丸萎缩，如果发生在双侧，则丧失生育能力，并出现雄激素缺乏的症状。另外，隐睾发生肿瘤的机会较正常者要大数十倍。因此，隐睾需要积极治疗。单侧隐睾多需手术治疗。双侧隐睾可先用药物治疗，效果不满意者再考虑手术。一般在5～6岁前施行手术，最迟不应晚于10岁，否则睾丸的发育障碍不能恢复。

成年人的睾丸如鸽卵大小。一般左侧的睾丸比右侧的大一些，也比右侧低一些。睾丸表面有一层光滑的膜，使睾丸在阴囊里可以自然滑动，在剧烈运动时，也不至于受到损伤。但易受暴力的挤压和打击，使睾丸受到严重损伤。

女性生殖器的自然防御机制

女性的阴道口距肛门很近，很易造成污染。但是阴道的外侧端比内侧端狭窄，平时阴道的前后壁是互相紧贴，使阴道口闭合着。另外。阴唇亦有一定的保护作用，因而阻挡了部分病原体侵入阴道内。阴道上皮细胞在卵巢分泌的性激素作用下增生、表层细胞角化，使阴道黏膜得以抵抗阴道内的病原体侵入。

子宫颈内口平时是紧闭的。子宫颈管形成黏液栓，阻止病原体进入子宫腔内。子宫内膜周期性地剥脱，也可以清除子宫腔内的部分污物和病原体。阴道在正常情况下呈酸性，抑制了在碱性环境下繁殖的病原体，而子宫颈管的黏液呈碱性，使适应于酸性环境的病原体的繁殖受到抑制，便可保持相对清洁和卫生。在一般情况下，过多地清洗阴道将会破坏阴道内和子宫颈管的正常酸碱平衡，使原来受到抑制的病原体生长和繁殖活跃起来，以致引起阴道、宫颈、宫腔、输卵管等器官的炎症。

当妇女体弱多病时，免疫功能就下降；营养充分、健康良好时，免疫功能的作用就较强。因此，性器官也依赖于身体的整体健康水平。

阴道分泌物与女性健康

阴道分泌物是由阴道黏膜渗出物、宫颈腺体及部分来自子宫内膜的分泌物混合而成，内含阴道上皮脱落细胞、白细胞、乳酸杆菌，医学上将这些统称为“白带”。

正常情况下的白带为白色黏稠物，一般无气味，量多少不等，与雌激素水平高低及生殖器官充血情况有关。青春期卵巢逐渐发育，并分泌雌激素时，开始有阴道分泌物排出，一般在月经中期接近排卵期时，由于宫颈内膜腺细胞分泌旺盛，白带中的宫颈黏液占主要成分，此时白带增多，清澈透明，稀薄似鸡蛋清。排卵2～3天后，白带又变成混浊黏稠且量少。行经前后因盆腔充血，使阴道黏膜渗出物增加，白带也往往增多。妊娠期因雌激素水平高，阴道黏膜渗出物及宫颈分泌物都增加，故白带也较多。另外，性生活前后、阴道内使用避孕药物等，都可能引起白带增多。

当妇女身体出现不适时会有白带异常。特别是发生生殖器官的炎症或癌症时。白带异常主要表现如下。

1．无色透明黏性白带，外观与正常白带基本相似，只是量比较多，常见于应用雌激素类药物，或使用阴道避孕药之后，妇女体虚亦可见这种白带。

2．血性白带，内混有血，血量多少不定，应进一步检查恶性肿瘤的可能，如宫颈癌、宫体癌等。另外，如宫颈息肉、宫内节育器所引起的副反应、黏膜下肌瘤、老年性阴道炎、重度慢性宫颈炎等也可出现血性白带。

3．豆腐渣样白带，呈豆腐渣样或凝乳状小碎块，为霉菌性阴道炎所特有，常伴有外阴瘙痒。

4. 脓性白带，色黄或黄绿有臭味，大多为滴虫或化脓性细菌感染所引起，常见于滴虫性阴道炎、慢性宫颈炎、老年性阴道炎、子宫内膜炎、宫腔积脓、阴道异物等。

5. 黄色水样白带，往往是由于病变组织坏死或变性所致，常发生于子宫黏膜下肌瘤、子宫颈癌、子宫体癌、输卵管瘤。黄色水样白带量多而带有恶臭味者，应注意做进一步检查确定病因并进行治疗。

女性外阴的卫生常识

妇女要经常清洗阴阜和大阴唇。因为自阴道内流出的白带、月经血和外阴分泌物黏附在阴毛内，或积存在大阴唇同小阴唇、阴蒂之间的皱褶中，如不经常清洗掉，便可刺激外阴的皮肤，引起瘙痒或炎症。这些污垢也增加了病原体进入阴道口的机会。清洗外阴的顺序是：从大阴唇内侧开始，向内清洗小阴唇、阴蒂周围及阴道前庭。尿道口处于阴蒂下方及前庭前部，其后上壁有一对并列的腺体，称尿道旁腺，常为细菌潜伏所在，故尿道口、阴道口周围应注意清洗。然后，清洗大阴唇外侧、阴阜、大腿根部内侧，最后清洗肛门。

女性的内裤要经常换洗，洗外阴和内裤应有专用盆。妇女要避免内裤穿得太紧。女性的尿道比较短，距阴道口很近，阴道口生长繁殖的病原体也时刻威胁着尿道口，这些病原体一旦进入尿道，就可能沿着尿路上行感染引起泌尿系统的炎症。另外，肛门距外阴也很近，如果内裤穿得太紧，内裤便与外阴和肛门频繁地摩擦，肛门处的病原体可以通过内裤污染到外阴，同时，内裤与外阴的紧贴摩擦，易使外阴处的病原体进入尿道口和阴道口，引起泌尿系或生殖系的感染。

女性月经期的卫生

月经周期一般为28～30天，提前或延后7天左右仍属正常。每人月经周期有自己的规律性。月经可持续2～7天，多数为3～5天。月经量一般在50毫升左右，个别妇女可超过100毫升或量很少，月经的第2～3天出血量最多。大多数妇女在月经期无特殊症状。有些妇女可有下腹部下坠及腰部沉重，个别可有尿频、轻度头痛、失眠、精神抑郁、易于激动、肠胃功能紊乱如恶心、呕吐、便秘或腹泻以及鼻黏膜出血等。

由于月经期生殖器官及全身神经体液等方面有较大变化，如不注意保护身体，不讲究卫生，便有可能引起妇科疾病。

有些人认为月经血很脏，不愿用手去碰，于是在月经期间便不清洗外阴，甚至有的人不注意卫生巾的清洁，不按时更换卫生巾，这都是不正确的做法。积存在阴道内、黏附在外阴上、渗透在卫生巾上的血液，是病原体生长繁殖的地方，因此，要及时清洗外阴和内裤，要用干净的盆和干净的毛巾蘸温水擦洗外阴，从前到后面，不要将外阴浸泡在水中，以免污水进入阴道内。

月经期前后，阴道的酸碱度有所变化，经期子宫口微微张大。因此，生殖器官的炎症常在此期复发或加重，必要时，可适当地用药。

由于失血、机体抵抗力下降，月经期不宜进行重体力劳动或剧烈运动，应避免接触冷水，饮用、食用冰冻食品和饮料，月经期间应禁止性交以免感染。

夫妻需注意新婚卫生与保健

1. 初次性生活要消除紧张情绪，男方要体贴、关怀女方，要互相照顾。

2. 初次性交可使处女膜破裂，给女方带来轻微疼痛和少量出血，故男方动作要轻柔，粗暴性交可造成会阴或阴道裂伤至大量出血。一旦发生,需急诊止血。

3. 新婚后注意节制性生活，根据身体情况，每周可有 3 ～ 4 次性生活，应以不影响次日的工作为度。

4. 每次性生活前后都要清洗外阴，可预防生殖道炎症和泌尿系感染。

性生活中夫妻间的差异

男女在性生活中仍有一定的差异。一对夫妇可因为不了解人类在性行为中的男女差异而得不到满意的性生活，从而互相猜疑、争吵、抱怨，以致造成感情破裂。由于性解剖结构的不同，男、女在性活动中需要的刺激和出现的反应是不同的。

如当男女都已进入性的兴奋状态时，男性生殖器往往很快出现反应，渴望性交，而女性在性兴奋的初期更倾向于渴望得到爱抚、拥抱和情话等。男、女在性活动中的心理状态不同，如男性希望表现力量，并以自己的满足和对方的满足作为对自身的评价，女性则是在性满足中肯定自身的吸引力，同时评价对方。

性生活的时间

性交的频率和时间在每一对夫妇之间并没有一个固定的模式。因为男女的性生理有别，同性之间也存在着个体差异,加上年龄、体质、性格、职业等的不同,性交的次数在不同的夫妇之间就可能相差很大。即使是同一对夫妇，性的要求也往往受到气候、环境、工作的轻重、疾病、年龄增长等因素的影响而有变化。

多数人选择入睡以前过性生活。如果夫妻日间很疲劳，此时进行性生活难得和谐和满意。最好先休息一下，如睡至半夜，或次日清晨，待双方精神、体力都很饱满时再进行。另外，选择在休息日的午睡前、午睡后都不错。

性生活的环境

性生活的环境是性生活成功与否的重要条件。

1. 卧室的环境应尽量地安静和严密，不要受外界的干扰；睡床要舒适，卧具要整洁。

2．室内空气要流通新鲜，因为性生活过后，疲乏使人很快入睡，新鲜空气有助于良好的睡眠，使身体和大脑得到足够的休息。许多人喜欢在较暗的光线下进行性生活。确实，较暗的光线可以促进人的性感集中，但也不是完全黑暗就好。性的刺激部分来自于视觉，而这些可以通过光线和颜色的强弱来加深印象，因此，人们常喜欢用带颜色的灯来装饰卧室。

性生活中的性器官卫生

夫妇在性生活前，应清洗外阴和外生殖器。性生活易把阴茎上的、阴道口的污物带到女性阴道内，引起感染。男性要清洗阴茎和阴囊，同时应把包皮向阴茎根部拉住，使包皮翻转，阴茎头完全暴露出来，再用肥皂和水进行清洗。女性主要应注意大小阴唇和阴蒂附近卫生，最后还要清洗一下肛门，不要冲洗阴道。性交后，男、女双方最好也要清洗一下男性生殖器和女子的外阴，女性排一次小便，因为尿液有冲刷的作用，对于女性的健康颇为有利。如果一方患有生殖器官的疾病，应严格遵守医生的嘱咐，需要时，禁止性生活，并进行双方治疗。

性生活的心理卫生

绝大部分性功能障碍都是精神因素造成的。因此，性生活的心理卫生是非常重要的。

1．有性的要求和性的行为都是人的正常生理、心理现象。性生活的幸福是家庭中夫妻关系的一个重要组成部分，不应为此有任何心理障碍。

2．在性生活中男女是平等的，女方和男方有同等的权利表达性欲、采取主动。女子应能够支配自己的性行为。女子的主动可使双方获得满意的性生活。

3．要遵循男女在性反应中的生理差异和心理差异，寻求精神上的共鸣。同情、理解、尊重、支持，这是夫妻幸福相处的根本条件，也是完美、和谐的性生活的根本条件。

4．十分和谐的夫妇也有可能出现偶然的性生活不满意，至少单方面的不满意或者双方的满意程度下降。性生活受到多方面因素的影响，只要坦然相待，积极地寻找原因并给予纠正，满意的性生活还会恢复。一旦一方出现了性障碍，千万不可埋怨、争吵，甚至侮辱对方，这样只能加重对方的心理负担，造成性关系和婚姻关系的破裂。

两性性器官的日常洗护

1．男性

①早晚要仔细地清洗阴茎头即龟头，而且也要清洗包皮的内层以及冠状沟，这样做的时候要将包皮翻起。应当使用清水和事先浸在水里的小块棉绒，注意每次都要使用一块新的棉绒。

②排尿时避免弄脏内裤，如果弄脏，应当及时换掉。要尽可能经常地换洗内

裤，这条规则同样适用于内衣和睡衣。

③排尿后最好用一小块干净的软布擦拭。

④性交之后，应当冲洗阴茎，清洁阴茎头。

⑤过度兴奋地使用了生殖器后，如原来有轻度的炎症，会使阴茎特别是包皮发痒、灼痛、肿胀和充血，那么，就应把包皮翻起用棉绒仔细地清洗，并放一层薄薄的干药粉。应把药粉施于龟头和皮冠，这是为了防止阴茎头和包皮的摩擦。

2. 女性

①每天早晚应彻底地清洗阴门，应特别注意阴蒂。使用棉绒清洗，这种药物用棉绒，需要的仅仅是一小块，费用并不大。

外阴唇周围的皱褶和缝隙部分要仔细清洗。坐在浴盆之上用一块清洁的棉绒蘸温水冲洗，然后用一条干净毛巾轻轻拍干，不要擦抹。

②只要有可能，排尿后就要清洗，以驱除各种尿迹。使用棉绒和清洁的温水或凉水，并用清洁的毛巾擦干。

③大便后应仔细地清洗肛门。应使用最好的卫生纸揩除脏物。揩除时应注意由前向后，切忌方向相反。然后，由前向后清洗。会阴亦应得到彻底的清洗。

④应当避免粪便、尿或脏水弄脏内衣。如果弄脏，应更换内衣、床单。

⑤月经期应尽可能保持清洁。卫生巾应当经常更换，内裤的更换如果不能一天2次，至少应一天1次。

⑥性交后，应仔细地冲洗阴门。

⑦如果阴门在用力较大之后，有发炎的迹象，或者是由月经（或其他）分泌物引起了红肿、灼痛、瘙痒、轻度的肿胀，那么，必须得到非常彻底而又轻柔的清洗，然后用棉绒轻施药粉。

⑧不用所谓的“清洁”冲洗剂，那些东西会破坏阴道自洁功能，只有在医生开了处方才能使用冲洗剂。

其他的注意事项还有：

使用清洁的水，如果没有过滤的水，要将水烧开之后再用。不要用海绵，不要用粉扑。生殖器部位应避免接触毛线内裤。不管是你自己还是配偶都只能用完全干净的手去触摸生殖器，这一点对妇女特别需要，不要以为这样做过分或者太麻烦了。

男性在性交中的意外和处理

男性在性交中的意外致死比女性稍多见。如男子过度兴奋，神经中枢失去抑制作用，最后精脱死亡。又如不顾奔波劳累，纵欲过度，也可虚脱死亡。危急时可采取用指甲或发卡掐刺腰部等紧急措施。男子的神经中枢或许立即发生反应，制止令人衰竭的痉挛性发作。

也有的人是在连续激烈的运动、工作后，身体疲惫时强行同房，到处精脱而死。古人云“百里行房者死”，这是因为体内激素大量耗竭，疲劳体虚，进而阴虚阳亢所致。遇到这种情况，可积极救治，如掐人中，轻咬舌头、嘴唇等。

另须注意极度疲劳者不可不慎重行事。饱食之后即刻发生性行为也很危险，轻者导致终生消化不良，长期腹泻，重者有生命之忧。

性行为后大汗淋漓，过分贪凉，暑日恣情纵欲，均易引起意外。

1. 激烈的性交可使男子发生尿道炎。

2. 长时间的激烈的性交可能引起尿道创伤，引发疼痛。已有尿道炎、尿道结石、尿道憩室、尿道狭窄等异常均可使尿道损伤。

3. 使用器具、咬伤等可使阴茎皮肤出现创伤，阴茎出现水肿。

4. 包皮过长过紧的男子包皮可无法回到原来位置。

5. 睾丸被挤到耻骨或腹股沟造成睾丸损伤。

6. 阴茎撕裂多发生在阴茎的中段和远端。在损伤时发生“喳”的一声响，然后是剧痛和迅速肿胀、变色和变形，当尿道口流血、尿血或排尿困难时应怀疑有尿道损伤。勃起阴茎产生创伤时可发生阴茎折断，性交时突然改变性交体位时一般会发生阴茎折断。

女性在性交中的意外和处理

1. 失神或性交后意识丧失

可能与心脏血管障碍或中枢神经系统异常有关，运动太激烈时也可出现，太激动或太紧张时也可出现，表现为面色苍白、大汗、呼吸急促、血压低、意识丧失等症状。平卧休息后可以很快恢复，必要时可刺激人中穴。

容易引起妇女严重外伤的情况还发生在月经期、产后恶露未尽、哺乳期、炎症、性交姿势不当、手术疤痕、肿瘤、绝经期后等阴道壁组织薄弱、弹力差、尚未复原之时，这些因素均可导致组织破裂、大出血，甚至休克。

2. 阴道痉挛

阴道痉挛一般是在性交之前阴道发生强烈痉挛，阴茎无法插入。阴道痉挛的原因为精神因素，如女性对性的恐惧和憎恶，曾被强奸；有分娩或人工流产痛苦体验，有性交痛历史；性交前的心理准备不充分等。发生阴道痉挛时，阴道括约肌强烈痉挛性收缩，阴茎全部插入阴道后较细的根部被阴道口卡住，不能拔出，女方越紧张，阴道口越收缩。男方此刻痛苦惊恐。这种事发生率很低。性交前要充分调动情绪，有充分的心理准备，清楚有关性的知识，就不会发生这样的事情。如果发生这种情况，不要慌张，突然刺激女方臀部，可缓解痉挛；这样做无效时，可叫人猛泼一身冷水，痉挛多可得到解除。

经期和孕期性生活须知

1. 经期性生活

女性在月经期感到不舒适和不方便，情绪往往不好，但性欲却可能比较强。许多妇女在月经前、月经中和月经后有较强的性欲。而在排卵期，性欲却不一定是强的。绝大多数夫妻能在月经期将性欲克制下去。经期性交是不适宜的。

在月经的前两天性交，女性会出现盆腔充血，后几天，可使经血增多。如果经期性交，男方也会不舒适；经期应避免性交，如坚持，医生建议最好使用安全套。

2．孕期的性生活

孕早期，即前3个月最好不同房，特别是有流产史的孕妇。在整个孕期，绝大多数女性性欲下降，她们不喜欢同房。

在孕晚期，孕妇腹部隆起，身子很重，她们更不喜欢性交。特别是在孕9个月，性交会使阴道感染细菌，造成炎症。

孕期阴道变短变窄，如果阴茎插入过多，将给子宫造成压力。如果压在孕妇腹部，也会影响胎儿和孕妇。可以采取侧身的方法和从后进入的方法，避免对孕妇造成伤害。

孩子出生后，如果没有特殊情况，6周以后可以同房。这时产妇的身体基本恢复。

孕期对夫妻来说是一个很长的不能有正常性生活的时期。孕妇对这个过程不难适应，她的注意力在自己的身体和胎儿身上，她对丈夫的关心变少了，性欲也减退了。可是丈夫的性欲却不会改变，他依然有正常的性要求，妻子应该想办法让他得到满足，这对夫妻双方都是有益的。在婚姻生活的特殊时期，要相互体谅，真诚相爱。

夫妻房事的一般频度

适度而和谐的性生活，可促进夫妻身心健康、延年益寿。现代性医学对夫妻性生活的频度，并无系统的研究和明确的规定。一般认为，正常性生活后应有良好的自我感觉，即朝气蓬勃、精力充沛。

通常在新婚后，性的要求比较迫切，性交的次数也比较频繁。婚后数月，多数夫妇逐渐采取每周1～2次，或2～3次的规律。随着年龄的增长，性交的次数会逐渐减少，大致维持在1～2周1次。

性生活的频率，一般以每周1～2次为宜。当然，性交还要根据体质、健康状况、情绪等因素加以合理调节。专家们研究认为，性生活有一定的时间间隔，有益身心健康。如夫妻每星期1次的性生活，比2～3天1次的性生活，更有激情，更容易冲动，能使夫妻更加亲爱，性生活也会更愉快，更能满足。“小别胜新婚”，说的就是这个道理。

这是一般情况，但实际性生活次数的多少，主要应以有性行为后的第二天双方均不感觉疲劳为原则。次数适当时，第二天并不感到疲乏，有时反而觉得全身清爽、精神愉快。如果出现无精打采、头沉腰酸、心跳气短或食欲不振等情况，则说明性生活过于频繁，要及时调整。至于少数夫妇性欲旺盛、性交向来很频繁的，双方能保持充沛的体力和饱满的精神，也应该认为是适当的。可不必过分顾虑。

男性在50岁以后性能力一般下降，但也有至70岁仍维持中年时期性能力的。所以说个体的性能力差异是很大的，即使同一对夫妇在不同的时期性生活的频度也往往有一定差异，也不必有统一的规定。

性生活要以不损害身心健康为原则

对于大多数夫妇来说，一天或一夜进行一次性生活就可以满足，但是个别夫妇，一方或双方性欲过于强烈，需再次或多次重复性生活才能满足，这种做法不利于身心健康。其理由如下：体力消耗过多，影响休息和工作；反复性生活，使性兴奋神经与内分泌系统连续多次处于高度兴奋状态，有可能造成性功能障碍。性器官劳损过度，男子容易勃起无力，射精延迟，甚至不射精；女子会出现性高潮缓慢；性生活质量比第一次大为下降，得不偿失。所以说不宜在一天或一夜内重复性生活，要适可而止，以不损害身心健康为原则。

夫妇每次性交后，第二天双方或一方出现精神不振、腰酸背痛、下肢沉重、头昏脑涨等现象，那就是性生活过度的信号。性生活的过度频繁，会使人体质下降，过早衰老。男子纵欲过度，久之会出现阳痿、早泄，女子纵欲过度会出现月经不调和泌尿系统的感染。性生活过度，还会耗损肾气，使人精神疲惫，工作效率下降。

总的来说要避免性生活过度造成的疲劳、疾病，以免影响工作和健康。

适当而和谐的性生活有益健康

1．正常的性生活，可使骨盆、四肢、关节、肌肉和脊柱更多地运动，促进血液循环，增加心脏功能和肺活量。

2．性生活对女性来说，促进卵巢生理功能的增强。

3．对男性来说，促使男性睾丸酮分泌量增多，增强性能力；另外，由于睾丸酮对全身的作用，使身体的肌肉发达，可提高骨髓的造血能力。

夫妻在“性事”上的批评和忍耐

1．批评，怎也说不出口

如果性生活变得乏味，最好多和伴侣沟通。你们应该无所禁忌地坦言有什么性的要求。消除不快，沟通是非常重要的，可惜偏偏却经常被忽视。

当然，要跟伴侣坦诚谈论性问题，有时真的颇难。因为无论你如何婉转含蓄，他都可能把你的话听成：“你的造爱方式对我来说是错的，快快改进。”因此，最好还是不要在床上跟他谈论这个问题，他便不会觉得你在批评他，也就不会感到自己表现不佳。选择在适当的地方和时候对他说，他不但不会介意，听上去还会像你在挑逗他。

如果你觉得还是开不了口，有另一个好方法，就是用行动如呻吟声来让他知道你喜欢和需要些什么（这次就要在床上了）。多给他提示和鼓励，情况很快便会改善。

2. 忍得一时，不能忍一世

虽然如此，如果一直以来你只是假装得到高潮，但其实跟他一起你从未得过一次真正的满足，那又怎么办呢？

我们都知道，每个人对自己在床上的表现都极为忧虑，因此情侣们都害怕自己的言行会伤害到对方的自尊和心灵。既然他在其他方面满足到你，他对你温柔体贴、忠贞不二，是个可托付终身的好男人，要对他说他在床上的表现未达理想，着实很难说出口。

不过，你俩爱得越深，就越应该深入沟通。如果你对他是一往情深，打算跟他长相厮守，更需鼓起勇气，将你的性需要表达出来。否则，你忍得一时，亦难以忍得一世。相处日久才因性生活不合而分开，不是更叫人伤感遗憾吗？

现在就鼓起勇气跟伴侣商讨你俩的性生活吧！只要处理得宜，不但能解决问题，还会把你俩的距离拉近。

人工流产后禁止性生活

在人工流产以后，一定要禁止性生活。其原因有两个方面，一是人流时子宫颈经手术扩张后，需经 1 ~ 2 周后才能复原，这时如果过性生活，容易将阴道内的细菌带入子宫腔内，使细菌在子宫内蔓延繁殖，引起子宫内膜炎、盆腔炎等妇科疾病。二是人流后，卵巢功能恢复很快，可很快再次排卵。如果过早地进行性生活，就有可能在子宫尚未复原的情况下再次怀孕。往往有少数人过早地恢复性生活，在当月还没有来月经的情况下就怀孕了，与前次人工流产只相隔 40 多天，又再次做人工流产手术。前次妊娠的影响尚未完全清除，再加上新妊娠的变化，子宫壁会明显充血，质地松软，弹性和张力差，很容易发生手术损伤，甚至导致穿孔和不孕症。因此，人工流产后应在一个月内严格禁止性生活。

第三章　避孕和节育常识

避孕套的概念和作用

1. 概念。避孕套又称安全套，分男用和女用两类。男用避孕套也称阴茎套，女用避孕套也称阴道套。男用避孕套是一种男性避孕工具。

2. 作用。在开始性交前将其套在阴茎上，直到性交结束时与阴茎一并抽出，这样性交过程中的副性腺分泌物及射出的精液便全部泄入套的顶端，而不进入女子阴道，从而达到避孕的目的。使用避孕套后，性交时两性生殖器不直接接触，还可预防性传播疾病，后者在性传播疾病较为普遍存在的今天，更具有重要意义。

避孕套的种类

男子阴茎的长短、粗细各不相同，为适应不同个体的需要，避孕套也有多种规格。

避孕套的型号：我国出售的避孕套依其直径大小，可分为4种型号，即大号（直径35毫米）、中号（直径33毫米）、小号（直径31毫米）及特小号（直径29毫米）。使用较为普遍的是中号。

避孕套的厚度：随橡胶质量与生产工艺的提高，避孕套的厚度日趋变薄，而其弹性与坚度却有增无减。依厚度可将避孕套分为普通型（厚度0.04～0.07毫米）、超薄型（厚度0.03毫米）及薄型（厚度介于前二者之间）。超薄型号即国内通用的高级透明避孕套。

避孕套的外观：

1. 普通型。为乳胶橡皮套，其顶端有贮精用的小囊，体部平滑。

2. 异型。套的体部有1～4个狭窄段。

3. 波纹型。体部制成多层波纹或花形。

4. 颗粒型。套的表面均匀地附着乳胶颗粒。制作过程中可掺入香料，使其散发出清淡的各种花香味。若配以消炎药或性兴奋迟缓剂，则可发挥消炎、延长性交时间的作用。

使用避孕套的效果

男用避孕套是一种屏障避孕法，仅阻断精子进入阴道，并不干扰下丘脑－垂体－性腺轴的功能，故不影响女性排卵及月经，也不影响男性的生精、输精与射精，停止避孕即可受孕。对胎儿不产生影响，使用安全，适用范围广，用法得当，避孕效果可达95%或以上。

有许多需要节育的妇女因身体的各种情况不能采用体内节育器、避孕药等避孕措施，故使用男用避孕套是唯一可行的办法。避孕套也适用于新婚夫妇，尤其适用于中年夫妇。

避孕套使用中的优缺点

避孕套作为避孕工具使用简便，用法得当避孕效果良好，无毒副作用，价格便宜，便于推广。此外，避孕套还有以下功用。

1. 使用避孕套可避免两性生殖器的直接接触，从而可以预防梅毒、淋病、尖锐湿疣或艾滋病等性传播疾病。

2. 有些不孕的妇女体内存在抗精子抗体，从而导致不孕。若采用避孕套3～6个月，可暂时断绝与精液的接触，待妇女体内抗精子抗体的滴度下降后，停用避孕套短期内可望受孕。

3. 男子早泄采用避孕套，可降低龟头的局部兴奋性，也有助于延长性交时间。

4. 避孕套可阻断包皮垢与子宫颈的接触，或有助于减少宫颈癌的发生。有的妇女对其丈夫精液过敏，性交时用避孕套可防止发生过敏反应。

避孕套避孕的缺点有以下几方面：用法不当可致性交过程中避孕套破裂或性交结束时将避孕套遗留在阴道中，使精液流入阴道，从而导致避孕失败；少数人用避孕套后性感减弱；个别对橡胶过敏者不能使用。

使用避孕套的注意事项：

1．必须坚持使用，每次性交均要使用，不可存在侥幸心理。因为男性副性腺分泌物中存有精子，不射精即可进入阴道并可致受孕，所以要求自性交开始至结束均需戴套，不可仅在射精前才用。

2．配戴型号要合适，过小不但用时有不适感，而且射精后易被胀破；过大的套，在抽出阴茎时容易将套遗留于阴道中，二者均是避孕失败的常见原因。

3．戴套前，应将套的前端或小囊处的空气挤出，并在阴茎前端涂少许避孕胶冻，再将套戴在阴茎上，直达根部。如此可为射出的精液留出贮存的空间，以防将套胀破。

4．女方阴道分泌物过少时，配戴避孕套由于干涩，会引起女方阴道疼痛，且易损坏避孕套。可配合使用避孕胶冻增加润滑作用。涂有硅油的透明超薄型避孕套，其本身即有润滑作用，可不必使用避孕胶冻。

5．射精完毕，在阴茎勃起未全消退时，应用手捏住套的上口，与阴茎一并拔出，避免将套遗留于阴道内，以致精液泄入阴道，导致受孕。拔出套后，应仔细检查有无破裂。发现破裂时，还可采取补救措施。

避孕套的选用及保管原则

1．根据阴茎勃起后的长度和粗细程度，选用不同的型号。

2．优质的超薄型避孕套最好，可保证避孕效果，也不致削弱性感；波纹型或颗粒型避孕套可增加摩擦力，增强快感。

3．根据双方的心理状态及具体情况可选择不同颜色、香型或释放药物的避孕套。

4．避孕套均为橡胶制品，购买时应注意有效期限，过期后橡胶老化、变质，可影响效果。建议一次购买量不要过大，过期产品不要再用。

避孕套的保管应注意以下几点：购得的避孕套最好再仔细复查有无漏气，然后卷好保存。应将避孕套保存在干燥、凉爽处，避免接触油类。最好不要重复使用，若需重复使用时，应在用后以水清洗干净、晾干，检查确系完整者，涂以滑石粉保存。涂有硅油的透明超薄型避孕套为一次性使用用品，不能保存。

使用避孕套失败的处理

在房事后发现套子破裂或不慎将其遗留于女方阴道中，应积极采取措施以防止受孕。

1．精液射出后不久多为胶冻样，精子在其中的活动范围也较小，女方立即坐起后可促使大部分精液流出；还可用温开水清洗外阴、阴道，用温开水灌洗阴道可更有效地冲出遗留的精液，若用2%食醋溶液灌洗效果更好，因精子在酸性的环境中不易生存。之后，可将含杀精子剂的避孕胶冻挤入阴道，杀灭残存的精子。

2．性交后72小时内放置含铜的宫内节育器，以改变子宫内膜的环境，即使受孕，孕卵发育5～7日方具有着床能力，此时内膜情况已不适于其种植而发生极早期的流产。此法适用于无放置宫内节育器的禁忌症者。

3．服用“53”号探亲避孕药片，性交后立即服1片。次晨加服1片，以后每日1片，至少需连服8～12日，其抗着床效率达99.5%。

4．在医生指导下使用药物紧急避孕。

5．月经逾期未来，应及时检查确定是否妊娠，以便不失时机地采取简便方法终止妊娠。

女用避孕套的使用方法

女用避孕套由一个松弛的聚氨酯套和两个有弹性的聚氨醇环组成。其长度与男用避孕套相仿，一端封闭呈袋状并置有内环，另一端开口与外环融合成套外口。女用避孕套于性交开始前放置，性交结束后取出，经指导事先由本人或男方协助放入。放置时首先选择一种最舒适的姿势，取出避孕套，确定内置的弹性内环处在套袋的底部；一手将阴道口大阴唇分开，另一手用拇指、食指和中指捏紧内环的下半部，在挤压内环的同时尽量将其推往阴道内。然后把手指伸进套内，直至触摸到内环为止，再继续把内环推进阴道内；用手指将内环沿阴道后壁送入阴道深处，使内环置于耻骨后端，外环留在阴道外面，盖住阴唇；性交后，抽出避孕套时要扭转外环一周，一边徐徐往外拉，以防精液外漏。

女用避孕套的优缺点

1．优点。在性交前放入，不影响快感。比男用避孕套更为敏感和舒适。性交时不易滑脱和破裂。

2．缺点。价格较贵，性敏感区被遮盖，可能影响快感。阴道较紧的女性不宜使用。

阴道隔膜的类型

阴道隔膜又称子宫帽，是一种女用安全可靠的避孕工具。使用时把它置于阴道顶端，盖住宫颈口，使阴道内的精子不能进入宫腔，从而达到避孕的目的。

阴道隔膜有7种型号，每种型号的阴道隔膜均用乳胶薄膜制成，四周边缘橡皮膜内镶有弹簧圈，所以既柔软又富有弹性。依其弹簧圈外直径（毫米），分为50、55、60、65、70、75和80等型号。我国育龄妇女最常用的是65、70、75号。

阴道隔膜的使用方法

采用阴道隔膜避孕，放置前必须经妇科医生检查，无禁忌症后，用手指测量自阴道后穹隆至耻骨联合下缘的距离，再用尺测量其长度，以选择相应型号的阴道隔膜。如型号过小，宫颈口遮盖不严，隔膜易移位，精子便于通过而进入宫腔，造成避孕失败。如型号过大，可使阴道壁被挤压，造成阴道壁的损伤，所以选择阴道隔膜的型号是非常重要的。

大小合适的阴道隔膜是隔膜的后缘达后穹隆，前缘达耻骨联合后上缘，其他各缘紧贴阴道侧壁，阴道隔膜部正好盖上了宫颈部。

使用阴道隔膜前首先要解小便，把手洗干净，详细检查膜有无破损或小孔，如无，则把避孕药膏挤在隔膜的凹凸两面及边缘上，并涂抹均匀。放阴道隔膜的姿势为坐式、蹲式、站立弯腰式或半卧式。放时将两腿稍分开，一手分开大阴唇，另一手的拇指和中指将阴道隔膜捏成椭圆形，凸面指向宫颈，沿阴道后壁向上方送入，直达穹隆顶端，再向前方移动，使阴道隔膜前端达到耻骨联合上缘，以盖住宫颈口全部和子宫颈。放好后再用食指检查一遍，如不合适可重新放入。只要经过医生测量，型号选择合适，放置正确，阴道隔膜不会影响正常活动，甚至大小便均丝毫不会受到影响。

一般在性交后 8 ~ 12 小时之后取出阴道隔膜，精子在阴道内存活时间为 8 ~ 12 小时，如过早取出，部分精子在阴道内尚有活动能力，可进入宫颈、宫腔内导致妊娠，避孕就可能失败。放置时间也不宜过长，不能超过 24 小时，以免刺激阴道壁，使分泌物过多而引起不适或感染。

阴道隔膜的取出如同放入的方法。将手指伸入阴道，钩住阴道隔膜的前缘。向上、向外慢慢拉出。取出的阴道隔膜要用肥皂水洗净，同时检查有无漏孔或破裂。如无损伤，则应擦干净，涂上滑石粉，包好，保存备用。只要使用得当，1 只阴道隔膜可以避孕 2 年左右。

阴道隔膜的使用禁忌症

1. 患生殖道炎症，如阴道炎、重度宫颈糜烂、盆腔炎症，反复发作的泌尿系统感染及习惯性便秘者。

2. 阴道过紧，阴道畸形，如阴道纵隔或横隔，阴道壁过松或膨出，子宫脱垂者。

3. 对橡胶过敏者。

4. 经反复教而无能力学会者。

阴道隔膜使用的优缺点

优点：

1. 如使用正确，避孕有效率可高达 95%；

2. 使用方法简便、经济；

3. 不影响性生活的快感；

4. 对人体无害。

缺点：

1. 如使用后过早取出阴道隔膜，此时精子尚未完全死亡，可导致怀孕；

2. 放入时没有完全盖好宫颈口而导致怀孕；

3. 放入前未检查阴道隔膜，因有破损而使避孕失败；

4. 使用时没有用杀精药物，以致避孕失败。

5．阴道隔膜的大小型号不合适，使精子进入宫腔而导致避孕失败。

6．使用阴道隔膜避孕时易出现以下副作用：

①由于使用杀精剂，对局部可产生刺激性，并有轻微的烧灼感。

②有的妇女对橡胶或杀精剂出现过敏或不良反应。

③未认真洗净阴道隔膜而重复使用，以致引起阴道炎症。

④阴道隔膜在阴道内存放过久，引起局部反应，导致阴道分泌物增多，细菌在阴道内繁殖，从而引起阴道、宫颈感染。

⑤阴道隔膜周围是由弹簧圈构成的，如佩戴不合适，向上会压迫尿道，引起膀胱尿道炎症，向后会压迫直肠而致便秘。

女性外用避孕药的种类

常见的外用避孕药是放入阴道内，以杀死精子来达到避孕目的的药物。常用的外用避孕药有外用避孕药膜、外用避孕药片、避孕栓和避孕膏等 4 种。

女性外用避孕药物按其对抗精子的不同方式具体分为以下几类：

一种是化学杀精剂，直接杀死精子；另一种是采用胶冻、霜剂或泡沫剂支持杀精剂，同时消耗精子的能量。杀精剂的剂型有栓剂、片剂、胶冻、药膏和药膜。杀精剂的主要成分为壬苯醇醚、烷苯醇醚和盖苯醇醚等。

外用避孕药膏

外用避孕药膏是一种半透明的糊状物，每 100 克内含醋酸苯汞 0．09 克，规格为 50 克，塑料管包装。它能杀死精子，对人体无害。与阴道隔膜、避孕套合用避孕效果更好，同时还可起到滑润作用。

壬苯醇醚胶冻的用法

是以壬苯醇醚为主药制成的半透明、半固体胶冻，对人体及其内分泌功能无干扰。它的特点是能有效地使精子失去活力，破坏精子的细胞膜，从而杀死精子，以达到避孕的目的。

使用方法是在性交前仰卧在床上，将盛有药物的注入器慢慢插入阴道深处，缓慢推动注入活塞，使药物均匀涂在子宫口周围，药物完全注入后取出注入器。

外用避孕药膜的用法

主药为杀精子剂。其包装为药膜型，每张药膜之间有纸相隔，含量为 50 毫克。性交前女方将两张纸之间的药膜取下揉成小团，用手指将它推入阴道深处。如感到粘在手指上，可旋转 1 周将之推入阴道深处。10 分钟后待药膜溶解后再性交。但值得注意的是每次性交都要用 1 张药膜，否则杀精子不彻底，易失败。

在使用外用避孕药膜之前先要清洗外阴，然后洗净手，将药膜用食指深深推入阴道内直达后穹隆，10 分钟后等药膜充分溶解，即可性交。如放入药膜后 30 分钟未性交，应再放 1 张药膜，以提高避孕效果。如相隔 1 小时后再性交，应再放 1 张，以杀死精子，否则易怀孕。

安乐醚外用避孕片的用法

避孕片是白色泡腾片，把它放入阴道内溶解后会产生大量泡沫，机械地阻止精子前进；此外，它还能改变精子的渗透压而杀死精子。使用时应先洗净外阴，并将手洗干净后将药片深深放入阴道内，5 分钟后性交，如再次性交，还需放入 1 片以提高效果。此种避孕片使用简便，避孕效果好，不影响性生活的快感。但有少数人的局部会发生过敏反应，如局部烧灼感及不适等，一旦出现这种情况，可改用其他方法避孕。

如发现药膜变硬（天冷时易出现这种情况），只需用手心稍加温后即可再用。药膜一般可在防潮情况下保存 2 年，只要不过期就可使用。

有少数妇女对外用避孕药膜过敏，如在使用时外阴局部有瘙痒、烧灼感、红肿等不良反应时应停止使用。

外用避孕药片遇水产生碳酸并分解出二氧化碳，可形成许多泡沫，使药片中杀精子剂迅速扩散，均匀分布到阴道各处，由泡沫阻止精子前进，消耗精子能量，减弱其进入卵子的活动力。使用时将药片用水浸湿一下，再用手将其推入阴道深处，5 分钟后药片溶解即可性交。应注意，在射精后 6 小时方可用温水洗净阴部，不可提前，以免影响避孕效果。使用时要按规定方法将药片放入阴道深部，不可过浅。药片放入后不要坐起或站立，以免药片掉出。重复性交需再放 1 片。

外用避孕药片的优点是使用方便，不影响人体健康及内分泌功能。缺点是避孕效果稍差；对外用避孕药片过敏，如出现阴部烧灼感时不宜使用。

避孕栓的用法

避孕栓是一种杀精子剂。它可以在体温条件下经 10 ~ 15 分钟溶化为液体，直接杀死精子或影响精子的活动；溶化后的药液呈油状，涂于子宫颈口，可阻止精子进入宫腔，从而起到避孕的作用。

在性交前将剥去包装的避孕栓 1 枚，轻轻推入阴道深部，5 ~ 10 分钟溶化后即可性交。性交后大部分液体随阴道分泌物与精液排出体外。射精后 6 小时可用温水洗净外阴部。

在使用避孕栓时，一定要按规定的时间及方法应用。若避孕栓放入后超过半小时未性交，则需再放入 1 枚方可性交。在室温较高时避孕栓易变形，变形后仍可应用。但若变色或变质则不可使用，以免影响避孕效果。栓剂易损坏橡胶，故不宜与阴道隔膜、避孕套等同时使用。

患有阴道炎、重度宫颈糜烂、阴道过度松弛、子宫脱垂者不宜使用避孕栓。

避孕栓的优点是用法简便，不影响

性生活的快感，药物本身无任何副作用。缺点是避孕效果不及口服避孕药及宫内避孕器，少数妇女有过敏现象或阴部有轻微刺激感。

阴道避孕海绵的用法

阴道避孕海绵呈圆形，其直径约为5.5厘米，厚度约为2.5厘米，一面凹陷可盖住宫颈口，一面有五环状带子可在房事后拉出海绵。避孕海绵内浸满杀精子剂。

在性交前将避孕海绵放入阴道，海绵可释放杀精子剂杀死精子或影响精子的活动，同时海绵的屏障作用可阻止精子进入宫腔，从而达到避孕的目的。

使用避孕海绵时应先用洁净清水将其浸湿，这样可激活杀精子剂的作用，然后将其放入阴道深部，并一定注意要用凹陷面盖住宫颈，10～15分钟后即可性交。一般避孕海绵作用持续的时间在24小时以内,性交后6小时可将海绵拉出。

应用避孕海绵的优点是用法简单方便，一次放入后24小时内可多次性交，正确使用有一定的避孕作用；若与阴茎套、安全期避孕等法合用还可增加避孕效果。缺点是费用较高，避孕失败率较高；少数妇女经常应用杀精子剂后可发生过敏现象，如阴部出现皮疹、全身发热、腹泻、疼痛等，此时应及时去医院诊治。

除有过敏史者应禁止使用阴道避孕海绵外，有阴道炎，阴道壁松弛、子宫脱垂或畸形者亦禁用避孕海绵。少数妇女性交后海绵取出困难，或取出时容易拉碎则应去医院请医生协助解决。性交后若发现海绵移动，未能很好地盖住宫颈口，则应立即采取补救措施，如加服避孕药等以减少受孕的机会。

阴道避孕环的作用机制

1．影响子宫内膜发育，干扰受精卵着床。

2．改变子宫颈黏液黏稠度，不利于精子穿透。

阴道避孕环的用法与步骤：

1．甲孕酮阴道环(有2种使用方法)：

①于月经来潮第5天，用酒精擦拭消毒阴道环，然后用手指将其推至阴道穹隆或子宫颈上。无异常情况，不必取出，可连续放置1年，避孕1年;如脱落，可用酒精消毒后，再放入阴道深部。

②月经干净后，洗净双手，用酒精擦拭消毒阴道环，置入阴道深部。每个月经周期放置3周，最后一周取出。造成撤退性出血，月经来潮。

2．甲基炔诺酮阴道环：用法同甲孕酮阴道环。

3．阴道环：月经来潮第5天置入阴道深部，每个月经周期放置3周，最后一周取出，月经来潮。

使用阴道避孕环的注意事项

1．第一次使用时，应由医生指导，以确定规格大小是否合适。

2．阴道环应放入阴道深部，经常检查阴道环的位置，如有下移，及时复位。

3．使用期间药环脱落，注意不要用水冲洗，以防药物损失过多，可用75%的酒精棉球擦拭，或用冷开水擦干净后，再放入。

4．注意使用有效期，及时更换新的阴道环。

5．如果避孕失败，应尽早人工终止妊娠。

6．药环变色，不影响避孕效果。

说说避孕药品安全性

1．是否致癌。长期服用对子宫内膜癌和卵巢上皮性肿瘤有保护作用。对乳腺良性纤维瘤和纤维囊件增生也有保护作用。药物时间越长防护作用越大。

2．是否影响生育。停药后3个月内80%恢复排卵，1年内95%～98%恢复排卵，服药后无影响。

3．是否影响后代。停药后短期怀孕并不增加胎儿畸形发生率。

4．对机体代谢的影响。约半数表现糖耐量降低，空腹血糖正常。少数人可能有血清甘油三脂、磷酯、低密度脂蛋白升高，胆固醇一般不变，停药后消失。猝死和心肌梗死的发生率会有所增加，特别是35岁以上吸烟妇女。

女用避孕药服用方法和注意事项

美国化学家Russel Imarker发现，北卡罗来那州的一种薯蓣含有一种植物甾体，它可以缓解月经痛。1942年他又到墨西哥收集了更多的薯蓣根。随后的几年他从这种植物甾体合成了孕激素。即使是今天，墨西哥薯蓣仍然是一种现代口服避孕药中孕激素（地索高诺酮）的来源。1953年George Pincus（避孕药之父）及其同事发现，孕激素可以抑制兔子排卵，随后做了妇女的临床试验。后来又发现，加上雌激素成分可以改善月经的规律性。

40年来避孕药发展的两个主要趋势

1．雌激素剂量的减低。1968年，30%的口服避孕药中雌激素剂量超过50微克，而今天所有最流行的口服避孕药中雌激素剂量不超过35微克。20世纪50年代首次用于临床研究的避孕药的雌激素含量为150微克，是现代口服避孕药妈富隆的5倍。

2．“选择性”更高的孕激素。新型的孕激素（如去氧孕烯，也叫地索高诺酮）能改善口服避孕药对心血管疾病方面的不良影响。它们的高选择性（同孕激素受体的亲和力高）避免了以往避孕药具有的不良反应。因此，含有现代孕激素的口服避孕药可以改善痤疮，而以往的产品常常增加痤疮。

我国避孕药的研制也已有30年左右的历史。经过医学工作者的不懈努力，走出了许多避孕药物使用上的误区，掌握了一些避孕药物的科学使用方法。

下面简单地介绍一些常用避孕药物的科学使用法及其注意事项。

甾体类避孕药避孕的一般原理是抑制排卵；改变宫颈黏液的黏稠度，阻止精子穿过；改变受精卵在输卵管内的运行速度，使受精卵发育与输卵管运行速度不同步；改变子宫内膜，使之不利于孕卵着床，从而达到避孕目的。目前国内外常用类型为甾体类女用避孕药，是以人工合成的雌激素及孕激素复合制剂为主，也有单方孕激素制剂。可分为短效、长效、速效、缓释系统避孕药和长效避孕针剂五大类。

短效口服避孕药

短效口服避孕药主要是由人工合成的甾体激素制成，大多数是雌激素和孕激素的复合制剂，少数为孕激素的单方制剂。常用短效口服避孕药有：口服避孕片1号、口服避孕片2号、口服避孕片0号、复方18甲基炔诺酮片（滴丸）、复方左旋18甲基炔诺酮片（滴丸）、三相片、妈富隆、敏定偶等。

长效口服避孕药的服用方法

1. 复方甲基炔诺酮月服片

①月经周期第5天、第25天各服1片；以后每月月经周期的第5天服1片。

②月经周期第5天、第10天各服1片，以后每月月经周期第10天服1片。

③由短效口服避孕药转服长效口服避孕药的，需在服完一个周期的短效口服避孕药后的第2天中午服1片长效口服避孕药，再按方法①或②服用。

④自月经来潮的当天算起，第5天中午开始服1片，以后每隔28天服药1次，可避孕1个月。最初三四次服药，需每次加服1片长效雌激素片。

⑤为增强避孕效果，减少副作用，可加服抗副作用片，每天2次，每次1片，每个周期共服2天。

2. 复方次甲基氯地孕酮月服片

①自月经来潮当天算起，第5天开始服第1片（单方炔雌醚片，黄色片）；间隔20天，即第25天，服第2片（自此以后均服复方次甲基氯地孕酮片，粉色片），第45天服第3片。以后每隔28天服1次，每次1片，避孕1个月。

②由服短效口服避孕药改服此药，可在服完短效口服片的第二天开始服用。

3. 复方炔雌醚氯地孕酮月服片

①自月经来潮当天算起，第5天服第1片，第25天服第2片，以后每个月按这一固定日服药，每次服1片，可避孕1个月。

②由服短效口服避孕片改服此药，可在服完短效药的第二天开始服用。

长效口服避孕药的注意事项

药片受潮，糖衣磨损等不能服用。服药前要进行体格检查。不要擅自改变服药日期。停药后，应口服短效药1～2

个周期。停药半年后再考虑怀孕。

复方避孕激素长效避孕针剂

1. 复方甲地孕酮避孕针（7300 避孕针或美尔伊）：第 1 周期于月经来潮当天算起第 5 天、第 12 天各注射 1 支。以后自每月月经来潮当天算起第 10 ~ 12 天注射 1 支。每月 1 次，每次 1 支，避孕 1 个月。

2. 复方炔诺酮庚酸酯避孕针 1 号(浙长 1 号针)：第一个周期自月经来潮当天算起的第 15 天，深部肌肉注射 2 支，或在月经来潮的第 5 天、10 天各肌肉注射 1 支。以后均于月经来潮当天算起的第 10 ~ 12 天注射 1 支，每月 1 支，避孕 1 个月。

3. 复方炔诺酮庚酸酯避孕针 2 号(浙长 2 号针)：于月经来潮当天算起第 5 天肌肉注射 1 支，以后每 2 个月的同一天注射 1 支。每注射 1 支可避孕 2 个月。

4. 复方乙酸羟孕酮避孕针（避孕针 1 号）：用法同复方炔诺酮庚酸酯避孕针 1 号。

注意事项：

1. 应按月注射，每个周期的注射剂量只能避孕一个月。天气寒冷，药物有结晶时，需要在热水中加温，待溶解摇匀后再用。用药前要仔细观察药液，有混浊或絮状物，禁止使用。为了保证避孕效果，应按固定时间注射，抽取药液时应将药液抽净，在注射时应将药液推净，防止药量不足引起阴道出血。药液应作深部肌肉注射，注射部位太浅，药液不易吸收，可有包块。

2. 使用长效避孕针者，不可突然停药，如需停止使用，应改服短效口服避孕药 3 个月，使体内激素水平缓慢下降，以防阴道不规则流血。

纯孕激素长效避孕针剂

用法：

1. 醋酸甲孕酮微晶混悬液注射液(DMBPA)：自月经来潮当天算起第 5 天以内或产后第 6 周的任一天，深部肌肉注射 1 支,以后每 3 个月或 12 周注射 1 支。每注射 1 支，可避孕 3 个月。超过 14 周未注射者，必须排除妊娠后再注射。

2. 庚炔诺酮孕针：第一针于月经来潮第 5 天之内注射,以后 2 个月注射一次。

注意事项：

使用前应进行体格检查，无禁忌者方可使用。

作好咨询，有问题及时检查。

注意过敏反应，每次注射后，应观察 15 ~ 20 分钟，确诊无异常反应，方可离开。使用 1 年以上者，应建议加服钙片。避孕失败，应尽早人工终止妊娠。避孕针剂应保存在 15 ~ 30℃环境下，有效期一般为 3 年。

自然避孕法

自然避孕法是目前国际上推荐的一种不干扰人的生殖生理功能，对人体完全无害的避孕方法，它既不要服用避孕药，也不用工具，而是由育龄妇女通过自己的宫颈黏液和外阴情况来判断排卵日，掌握好性生活日期，利用时间差使精子和卵子不能相遇，从而达到避孕目的。

这种方法是根据妇女宫颈黏液分泌的周期性变化，凭借妇女本人的感觉和观察到的分泌物性状，将每个月经周期分为干燥期－湿润期－干燥期，其中湿润期（白带较多且稀薄）是可能受孕的时期，尤其是分泌物呈蛋清样、清澈、透明、高弹性、拉丝度长的这一天，很可能就是排卵期，此时最容易受孕。因此就在这一天的前后各3天，严格禁止性生活，这样就可达到避孕目的。它不同于以往的排卵期计算法。

采用自然避孕法调节生育至少有四个优点：①不用任何药具，不需任何医疗手段，也就无任何可能的副作用；②需夫妇双方密切配合，不存在避孕问题上的“性别歧视”；③如果希望生育，可有意识选择在易受孕期间同房，获取最高妊娠机会，具有避孕和受孕双重功能；④不受社会、文化、宗教等背景的限制，能为最广大人群所接受。

自然避孕法也有它的不足之处：①有效率不如避孕药和宫内节育器等现代避孕方法高；②使用者需经适当的培训和经验积累；③月经不规则或处于特殊阶段的女性，如哺乳期、更年期等会增加使用自然避孕法的困难。

因此，采用这种方法要谨慎，一般经过3个月的训练和观察，就可掌握宫颈黏液分泌的规律，恰当地使用这一方法，只要夫妇双方密切配合，避孕效果同样可靠，有效率可达98%。

安全期避孕法

安全期避孕是利用卵子排出后只能存活1天，而精子在女性生殖道内也只能存活3天的规律，在排卵期前后避免性交，使精子和卵子错过相遇机会而达到避孕目的。

“安全期”避孕试纸：“安全期”避孕试纸通过检测妇女尿液，根据试纸的中段有无红色色带显现，科学地掌握当月“安全期”的精确时间。

使用方法：

①月经期在21～26天的妇女，从月经来潮的第6天起开始测试。

②月经期在27～31天的妇女，从月经来潮的第11天起开始测试。

③月经期在32～36天的妇女，从月经来潮的第16天起开始测试。

④月经期在37～40天的妇女，从月经来潮的第20天起开始测试。

哺乳期闭经避孕法

能在哺乳期这一特定生理时期内使用的避孕方法。

1．原理：吸吮刺激，催乳激素水平升高，抑制下丘脑腺垂体促性腺激素释放，继而影响卵巢的排卵。

2. 采用哺乳闭经法必须具备的条件：完全母乳喂养，产后6个月内，月经未复潮。以上三个条件任何一个条件改变，均不应采用此法，需采用其他节育措施。

女性绝育手术的概念

女性输卵管绝育术是用手术的方法切断、结扎输卵管而达到永久性避孕的一种技术。女性绝育术的有效率很高，严格按手术常规操作，有效率可达99.5%以上。目前常用的女性绝育手术有两类：一类是输卵管切断和结扎，另一类是采用各种药物，或化学物理方法堵塞输卵管管腔，包括输卵管粘堵、输卵管电凝等。绝育术按途径又分为外科手术绝育、腹腔镜输卵管绝育术和经阴道宫腔输卵管绝育术。

目前经腹腔镜输卵管绝育术的手术主要有烧灼法、金属钳夹法和硅橡胶环套法三种。腹腔镜使医生能够直接观察到腹腔内部，不必打开腹腔就能在腹腔内进行手术。使用腹腔镜的绝育手术简单、安全而且快捷，但需要相当高的技巧和设备。

经阴道宫腔输卵管绝育术是通过特殊器械向输卵管注入物质以堵塞输卵管。一般选择在月经干净后的3～8天内进行，人工流产者应待月经恢复正常后再实施。粘堵术在阴道内操作。输卵管硅胶塞绝育术是经腹找到输卵管伞部，将硅胶塞自输卵管的开口处推出峡部，用丝线缝扎固定。

何种女性适合绝育手术

1. 已婚有子女，尤其是已生育2个以上孩子的育龄妇女，经夫妇双方同意自愿做绝育术且无手术禁忌症者。

2. 患有某种疾病不宜妊娠者，如患精神病或患某些遗传性疾病，如常染色体显性或隐性遗传病，再发风险高，不宜再次妊娠和生育者。

3. 第二次剖宫产者，宜同时进行双侧输卵管结扎术。

施用绝育手术的禁忌

1. 感染者，如腹部患皮肤感染、盆腔炎者。

2. 体质虚弱，难以承受手术，如心力衰竭或其他疾病的急性期，以及有产后大出血或休克等病者。

3. 严重的身心疾病或出血性疾病患者。

4. 手术前24小时内体温连续2次超过37.5℃者。

5. 月经不调者。

绝育手术时间如何选择

1. 非妊娠期，以月经后3～8天为宜，尽量避免在经前或经期手术。

2. 人工流产或取出宫内节育器后，可立即或在1～2天内施行手术。

3. 自然流产有过1次正常月经后。

4. 哺乳期未受孕者。有妊娠可疑者，

应先排除妊娠。

5．正常分娩或中期妊娠引产24小时后。

6．在进行剖宫产或异位妊娠等妇科手术时，可同时做绝育手术，但感染性手术（如阑尾炎、附件炎等）不宜同时做绝育术。

7．月经期不宜手术。

绝育手术须知

1．绝育手术前

①要思想开朗，精神愉快，消除一切思想顾虑。

②手术前一天应洗澡，或用肥皂水清洗腹部及外阴部，保持皮肤清洁。

③手术前4小时内不要进食，以免术中因牵拉输卵管时而产生恶心、呕吐，影响手术操作。

④手术前要排空小便，有利于手术顺利进行。

2．绝育手术后

①手术后不要一直躺在床上，要早日下床活动，这样可以促进血液循环和早日恢复肠蠕动，有利于切口愈合和避免腹胀，防止肠粘连。

②手术后头3天内应多吃些纤维素较多的食物，以避免手术后腹胀、便秘和其他不适。

③手术后2～3天内可能有轻度的切口处疼痛、腹痛和腰痛。这些属正常现象，一般在数天后症状即可消失，超过7天以上者可到医院复查。

④手术后短期内还可能有轻度发热，一般不超过38℃。这是人体对手术的防御反应，所以不必处理，若体温超过38℃者应到医院检查。

⑤保持切口处敷料及其周围皮肤干净，如果受术者出汗较多，可用毛巾将切口周围的皮肤擦干，避免污染创口。

⑥手术后2周不宜同房，流产或产后绝育者，手术后1个月内或阴道流血未净前不宜同房。

⑦休息期内不宜从事重体力劳动或做剧烈运动。

⑧术后3个月内随访一次。

绝育术后日常健康检查

1．在绝育术后7～8日内进行检查，了解手术切口及一般情况等。

2．绝育术后第3个月和第6个月各检查1次，以后每年检查1～2次，了解手术效果、月经情况（周期、经量、痛经）。3年后可结合防癌普查进行检查。

输卵管绝育术后的复通

输卵管绝育术后可行复通术。复通术属矫形手术，系切除原有结扎部位的瘢痕，进行输卵管端吻合术、造口术或宫角移植术等。

适应症：

1．绝育术后因种种特殊原因希望再生育者。

2．年龄在40岁以下。

3．月经规则，卵巢排卵功能良好。

4．身体健康，无心、肝、肾或严重高血压等不适宜妊娠的疾病。

禁忌症：

1．双侧输卵管切除术后。

2．卵巢功能衰退或其他原因不排卵者。

3．患有不宜妊娠的疾病，或各种疾病的急性期，或有结核性腹膜炎史。

4．男方有不育史。

手术前后相关知识

1．如系再婚，男方为初婚或未生育过，应做精液和生殖器官的常规检查。

2．手术一般在月经净后 3 ~ 7 天之内进行。

3．手术后尽早起床活动，以预防腹腔粘连。

4．如由腹部留置支架，可于手术后 2 ~ 3 周时取出。宫腔内放置的支架，于术后 2 周内取出。

5．无支架者手术后 3 ~ 7 天行第 1 次通液术，下次月经后再做 1 次。

6．手术后半年内未妊娠者可再次通液，或做子宫碘油造影，如不通畅，应给予治疗。

男性绝育手术的概念

男性绝育术是将输精管结扎、切断或堵塞，使睾丸中产生的精子不能通过输精管排出，精液中无精子存在，因而达到避孕目的。

我国使用最早、最广泛的男性绝育手术为输精管结扎术。从 1957 年以来，随着我国计划生育工作的广泛开展，广大医务工作者对男性绝育术不断进行改革，先后创造发明了输精管银夹绝育术、输精管穿刺电凝绝育术、附睾注入药物绝育术、输精管注射粘堵术和输精管可复性栓堵绝育术等。后两种绝育手术目前处于世界领先地位，并在国内外广泛应用。

男性绝育手术的方法

传统的输精管结扎术常规做阴囊两侧切口，提出并游离输精管，切除 1 厘米，将两残端结扎。这样，由睾丸产生的精子便不能进入远端输精管道。由于精液中不再含有精子，因而不再能使女方怀孕。需要时，可以再做输精管吻合手术以恢复生育力。

直视钳穿法输精管结扎术手术简便、器械简单、手术时间短、出血少并易于掌握。直视钳穿法采用一种特制的输精管皮外固定钳将输精管连同被绷紧的阴囊皮肤一起套住，固定在阴囊皮下，用输精管分离钳在输精管最突出处穿入阴囊皮肤直至输精管组织并一次分开，将光裸的输精管提出，压挫并结扎，然后采用一种叫作筋膜包埋的技术处理结扎后的输精管残端。由于这种手术的一切操作均在直视下进行，避免了其他结扎方法，即用锐器进入阴囊内。

手术中未用杀精药液作精囊灌注，手

术后一段时期内又未采用其他避孕措施，是输精管结扎术后近期再孕的一个常见原因。

输精管结扎后，精道远端和精囊内仍残留有活精子。以手术后残留精子活力和活精子完全消失为标准，手术后应避孕6个月或排精14～20次。如果条件许可，可做精液检查，证实确无精子，方可放弃避孕。在此之前应坚持避孕。

为了加速残余精子的消失，缩短手术后避孕时限，我国著名泌尿外科专家吴阶平在1958年首次提出在手术中向输精管远睾端低压缓慢灌注杀精药物，借助机械冲洗和药物的作用，杀死残余精子。在我国精囊灌注技术已作为输精管结扎术的一个必要步骤，被列入节育手术常规。国内外对精囊灌注的药物做了大量的研究，从临床应用结果来看，0.01%醋酸苯汞杀精效果最好；1/3000新洁尔灭和15%维生素C的效果也不错，而且取材方便，不失为好的杀精药物。

输精管结扎后，睾丸曲细精管仍然保持良好的生精状态，但与结扎前相比速度减慢。精子细胞仍然经历着与手术前一样的生命周期，死亡后被机体吸收。在结扎以前，经附睾输精管排出的精子也只不过是其中的一小部分，绝大多数精子都在附睾内被重吸收。精子在附睾内的分解吸收始终维持着动态平衡。

男性绝育手术后的并发症

输精管结扎术是一种安全、简便的门诊外科小手术，较严重的并发症十分罕见。手术后短期内大约半数男子发生阴囊局部瘀血、肿胀和疼痛，症状一般不严重，多在1～2周内自然消退。

男性绝育手术术前须知

1．手术前应由专业人员向受术者及其家属详细介绍输精管绝育术的原理，以取得密切配合，这对预防手术后产生的心理障碍有极大帮助。

2．受术者在手术前1日应淋浴，并更换清洁内衣。

3．手术前刮除阴毛，并用肥皂水、清水洗净阴囊部。

男性绝育手术术后须知

1．手术后当天静息，48小时内避免体力劳动和剧烈运动。

2．使用阴囊托48小时，如果觉得使用比不使用更舒服的话，还可以延长时间。

3．保持伤口部位清洁干燥48小时。避免撕扯、揉搓或刺激伤口。手术后24小时不要洗澡，如果非洗不可，必须保持伤口干燥。

4．一周后可恢复性生活，如果没有什么不适感觉还可提早，若感觉不好则不应勉强。

5．在手术后一段时间内仍有使妻子怀孕的可能，因此应采用其他形式避孕，如避孕套等。最保险的途径是请医生在显微镜下检查精液，证实精液中确实已无精子，才能不用避孕套。有条件时，在20次射精后应将精液标本送检。

6. 如发生疼痛或不适，服用一般性的止痛剂。

7. 手术后阴囊区疼痛、肿胀、局部青紫均属正常现象，不必担忧。如果发生下述情况则应立即就诊：

①发热（38℃以上）；

②伤口渗血或有脓性分泌物；

③严重的疼痛或肿胀。

人工流产的三种方法

人工流产有负压吸引术、钳刮术、药物流产三种方法。

1. 负压吸引术

适用于妊娠10周以内，没有手术禁症者。这种方法比较简便，受手术者痛苦较小，出血少，手术时间短，效果好。

准备手术的孕妇应当注意的事项有：

①人工流产前3天不要进行性生活，以免发生手术后感染，如有阴道炎，应治好再手术。

②手术前一日做好个人卫生。手术前体温与血压应正常，解小便，使膀胱空虚。

③行人流术时，应配合医生，思想上无需紧张，切忌身体乱动或使用腹压屏气。手术中感到不适时，可适当张口喘气。

④手术后观察2小时，无异常情况即可回家。2周内避免做过重的体力劳动。保持外阴部清洁，要用消毒过的月经垫并经常更换月经带。一个月内禁止盆浴和房事，避免细菌感染，并注意预防感冒。同时应增加营养。人流术同时放环者，应在下次月经干净后复查环位。手术后有少量阴道流血，一般在一周左右干净。

如果阴道流血量多或流血持续时间超过半月以上，或下腹疼痛、发热者，应及时到医院诊疗。

⑤多次流产会损害身体健康，故人流术后应积极采取合适的避孕措施，以防再次妊娠。

⑥人工流产手术一定要到医院请医生做，私自堕胎对妇女健康是有害的，严重者还会造成生命危险。

2. 人工流产钳刮术

适用于妊娠在11～14周以内，要求终止妊娠而无禁忌症者。注意事项同负压吸引术。

3. 药物流产

这是一种无需手术仅需口服药物就可达到终止早孕的方法。经过科研人员多年的科学研究和临床试用，现在已研制出一种新型的抗早孕药物——米非司酮(Mifepristone)。此药是催经止孕、抗生育的非常有效的药物，据统计完全流产率可达92%以上。

（1）适应症：①年龄在18～35岁健康的妇女；②停经在49天以内的正常宫内妊娠；③近3个月月经周期正常(25～35天)，未用过甾体激素药物，无宫内节育器，未哺乳；④无急慢性器质性病变、无心血管病、无血液和内分泌系统疾病；⑤无肝肾疾病、妊娠瘙痒症；⑥无与激素有关的肿瘤；⑦无烟酒嗜好；⑧无神经系统、胃肠道疾病；⑨无严重妊娠反应（用药后会加重）。

(2) 禁忌症：①有心、肝、肾疾患者及肾上腺皮质功能不全、高血压患者；②既往或现在有使用米非司酮的禁忌症（如肾上腺疾病，与甾体激素有关的肿瘤）及禁忌使用前列腺素类药物的疾病如青光眼、哮喘及过敏体质；③戴宫内节育器妊娠和怀疑宫外孕者。

(3) 服药方法：空腹或进食后2小时口服米非司酮片(25mg／片)，每日2次，每次1片，共3天。第4天早晨于阴道后穹隆放置卡波前列甲酯栓1枚(1毫克)。

卧床休息2小时，门诊观察6小时。

(4) 注意事项：①服药前须进行体格检查，包括血压、脉搏、心肺及妇科检查。肝功能需正常，血色素应>95克／升，血小板应在90×10^9/升以上并查血型。②必须在具有急诊刮宫手术和输液、输血条件的医疗单位，在经过培训的医生负责指导下使用。在医院服首次药，其余药片(5片)带回家，应遵守医嘱，按照服用方法，不要漏服。第四天来医院加用前列腺素。③服药时不能同时服用水杨酸盐、消炎痛和其他镇静药。④服用米非司酮后，未用前列腺素之前，如阴道出血量超过月经量2倍以上，应立即就医，由妇产科医生酌情处理。⑤在使用前列腺素前后，每隔1小时测1次血压。如出血量多，可肌注催产素20单位。

药物流产的操作方法

用药第1天首服米非司酮50毫克，8小时后服25毫克，第2天早晚各服25毫克，第三天上午8时服25毫克后，到医院一次（顿）服米索前列醇3片，每片200微克，或在阴道后穹隆放置卡前列甲酯栓1毫克。观察半天。米索前列醇口服方便且副作用小，已在临床上广泛采用。

药物流产的效果

1．完全流产：用药2周内自行排出完整绒毛和胎囊，伴有蜕膜组织或无蜕膜组织。未经刮宫而自然转经；或未见明确的胎囊排出，出血自行终止，B超未见胎囊，且正常转经子宫恢复正常大小。

2．不完全流产：用药后已排出绒毛和胎囊，在随诊过程中，因出血过多或时间过长，或2周血绒毛膜促性腺激素仍未恢复至正常水平，可行诊断性刮宫。刮出物经病理检查有残留绒毛。

3．失败：用药2周内未见妊娠产物排出，B超仍见胎囊或残留物，或引起流产，最终采用负压吸引术终止妊娠。

操作药物流产时的注意事项

1．用药前必须通过B超检查排除宫外孕。

2．用药后必须严密观察孕妇，定时

测脉搏、血压，有没有胃肠道反应、腹痛、过敏反应和阴道流血等情况。

3．用药后注意保留阴道排出物，以便鉴别有无绒毛胎囊和蜕膜。

4．如有异常情况，如体温升高、剧烈腹痛和阴道大量流血等，应立即就近就医。

5．使用药物流产后出血时间超过两周者，应重复测定血或尿的绒毛膜促性腺激素水平，或做B超诊断是否有孕产物残留，以便及时进行诊断性刮宫。手术前使用抗生素以预防感染。

药物流产虽是一种受群众欢迎的非手术终止早孕的方法，但各种药物流产方法的完全流产率明显低于负压吸引人工流产术，且存在着一定的副作用和不完全流产引起大出血的危险。所以，药物流产是为那些妊娠49天以内需要终止妊娠而又不宜做手术的孕妇提供的一种非手术流产的方法。

药物流产应在具有抢救措施的医院施行。最后一次用药后应留院观察6小时。

第四章　性病常识

预防性病需要有健康的生活态度

现实生活中，有极少数女青年好逸恶劳，怕苦怕累，靠出卖肉体发财致富。也有少数男青年忍耐不住性饥渴，外出嫖娼。卖淫嫖娼，招致性病传播，既危害家庭，又危害社会。预防性病发生，人们首先要有健康的生活态度。

什么是性传播疾病

性传播疾病简称性病，是一种主要由非婚姻性行为引起流行的传染病。

引起性病的病原微生物有许多种，包括病毒、衣原体、支原体、螺旋体、细菌、真菌、原虫等等。不同的病原微生物引起不同的性病，被世界卫生组织列为性病的疾病已经有20多种。我国卫生部门规定属于性病的主要有艾滋病、淋病、梅毒、尖锐湿疣、生殖器疱疹、非淋菌性尿道炎、软下疳、性病淋巴肉芽肿八种。

我国当前发病最多的性病主要有由淋球菌引起的淋病，由衣原体和支原体引起的非淋菌性尿道炎，以及由乳头状瘤病毒引起的尖锐湿疣和梅毒螺旋体引起的梅毒。由Ⅱ型疱疹病毒引起的生殖器疱疹和艾滋病病毒引起的艾滋病的发病人数也在逐年增多。

性病指哪些疾病

目前，性病主要有梅毒、淋病、非淋菌性尿道炎、软下疳、性病性淋巴肉芽肿、腹股沟肉芽肿、生殖器疱疹、尖锐湿疣、艾滋病、滴虫病、阴虱病、生殖器念珠菌病、病毒性肝炎等。

1．性病按病原体分类

①细菌性性病：主要指梅毒、淋病、滴虫病、软下疳、腹股沟肉芽肿等。②病毒性性病：主要指非淋菌性尿道炎、艾滋病、性病性淋巴肉芽肿、尖

锐湿疣、生殖器疱疹等。

2．性病按传染途径分类

①肛交——性交型性病，主要指艾滋病。②性器——性交型性病，主要指后天梅毒、淋病、非淋菌性尿道炎、软下疳、腹股沟肉芽肿、性病性淋巴肉芽肿。③皮肤黏膜——性交型性病，主要指尖锐湿疣、阴虱病。④粪口——性交型性病，主要指乙型病毒性肝炎。⑤母婴传播型性病，如后天梅毒。

性病的传播途径有哪些

性关系混乱是传播性病最主要和最直接的原因。卖淫嫖娼、性乱、婚前和婚外性行为、同性恋等非婚姻的性行为越普遍，性病的流行越严重。

除了通过性传播的途径外，性病还可以通过其他的途径传播。这些途径包括血液，如输血、注射血液制品、使用未消毒的注射器打针，尤其是吸毒者之间合用一个不消毒的注射器注射毒品。此外，还包括与性病患者身体的直接接触，如接吻、拥抱、抚摸、同床、共浴；或者使用性病病人用过而未消毒的日常生活用品，如毛巾、浴巾、擦脚布、脸盆、浴缸、洗脚盆、坐式马桶、内衣裤、被褥、餐具、刮脸刀、牙刷等。健康人的手在接触性病患者的分泌物后，如果没有用肥皂洗净即去触摸身体的其他部位，尤其是眼睛和生殖器官，也有可能造成传染。另外，患有性病的孕妇和产妇可以把性病传染给婴儿。

性病传播的几率有多大

性伙伴中任何一方，在性行为方面采取不负责任的态度，一旦染上性病，会造成双方痛苦。有资料表明，患梅毒的第 1 年间，传染给对方的几率是 92%，第 2 年为 70%；得淋病后，与之有过 1 次性交的，得淋病的几率是 20%，2 次为 40%，4 次为 80%。其他一些性病也有相当强的传染性。与患有生殖器疱疹的病人有过一次性接触的人，约 80% 可感染上生殖器疱疹，与患生殖器疣的病人有性关系者，约 2/3 的人可传染上生殖器疣。

性病对于个人、家庭和社会有什么危害

大多数性病在急性期会给病人造成许多痛苦，而且有的还会产生后果严重的远期损害。如淋病和非淋菌性尿道炎，在男性，除可引起尿道炎症外，还可损害输精管，造成男性不育症；在女性除了引起尿道炎、子宫颈炎外，还会破坏输卵管和子宫内膜，造成不孕症或宫外孕。梅毒如果没有在早期治愈，就会损害心脏和神经系统并危及生命。引起尖锐湿疣和生殖器疱疹的病毒不可能从病人体内彻底消失，所以容易复发，还会造成男性阴茎癌和女性宫颈癌等生殖系统的癌症。

性病还会殃及下一代。患淋病的孕妇生产时可将淋球菌传染给婴儿，引起

新生儿淋球菌性眼结膜角膜炎，造成失明；非淋菌性尿道炎的病原微生物衣原体可以引起新生儿肺炎，严重时造成死亡；患有梅毒的孕妇会发生流产、早产、死产，以及引起胎传梅毒，使下一代患先天性梅毒，造成发育不良、骨膜炎、耳聋以及神经系统疾病。

患性病的人更容易染上艾滋病病毒。多种性病能够在家庭内传播，殃及配偶和子女，破坏家庭幸福。

怎样预防性病

1．性接触

引起性病流行的原因主要是不健康的生活方式造成的性乱，95%的性病是通过不洁性行为直接感染的，所以预防性病首先要从这方面着手。检点约束性行为，人人自觉遵守国家严禁卖淫嫖娼的法律，自觉遵守不要有婚前和婚外性行为的社会公德，洁身自爱，是防治性传播疾病的最重要措施。每个人都应自爱自重，切忌不正当的性关系。特别要防止与性传播疾病患者发生性关系。如果社会上每一个人都能这样做，性病的流行最终就会停止。

2．接吻

与梅毒病人接吻可染上梅毒。口腔的梅毒病变发生率仅次于生殖器部位，占第2位。接吻还可传染淋病，使人染上淋病性咽炎。

3．产道

多种性病可通过产道传染给婴儿，预防的关键是孕前彻底治愈性病。

4．输血

梅毒和艾滋病，可通过输血传播。

5．其他

有些性病还可以通过偶然的日常生活接触传染，所以我们还应该知道与此有关的预防知识。

①消毒不严的游泳池水可成为性病的一种传播媒介。

②不要穿用别人的游泳衣裤或内衣裤。

③不要和别人共用毛巾、浴巾、洗脚布或共用脸盆、澡盆、脚盆。

④尽量避免使用公共厕所的坐式马桶，因为马桶坐圈上可能沾有性病病人的分泌物。

⑤去公共浴室要自带毛巾，要洗淋浴，不洗盆浴，不下浴池，不要赤身坐在浴室的凳子上。

⑥牙刷、刮脸刀、剃须刀都应每人自备，不可互相借用。

⑦不到不消毒或消毒不彻底的理发店去理发。最好家庭自备理发工具，家庭成员互相理发。

⑧穿耳和文眉等用的针具必须消毒。

⑨不要因好奇而文身（在皮肤上刺花、刺字）。

⑩打预防针必须一人一针一管。每个彻底消毒的注射器针管和针头只能用于一个人。

⑪拔牙、打针、针灸治疗都要到重视消毒的医院和诊所去进行。

⑫不要因好奇而尝试吸毒，静脉注射

毒品有可能传染多种性病。

对于各种性传播疾病的治疗，目前均有相应的药物与方法。新研制的恩威牌洁尔阴中药实验研究及临床证明，对性病中的淋球菌、尖锐湿疣、疱疹病毒、疥疮毒菌都有较强的灭杀作用，疗效较好。如果在房事前后，用稀释的洁尔阴清洗性器官，对预防性病也有一定的作用。

感染性病的原因

感染性病的主要原因是性行为放纵，恣淫滥交，没有固定的性伴侣，其性行为主要包括口交、肛交、接吻以及吸吮、抚摸异性躯体，性病的病毒大多是由血液、精液、唾液、乳汁、阴道分泌物分离出来的，由于传染性强、传染途径又特殊，所以古往今来成为影响人类健康的一大难题，困扰和威胁着人类。

性病的危害

性传染疾病大部分都令人感到痛苦、不适、羞耻及苦闷，甚至有致命的危险。感染艾滋病病毒的人极易引起严重疾病及有奇高的死亡率；梅毒，目前如果早期诊断，早期治疗，是可以治愈的，若不治疗将会在几年后引起神经麻痹、严重的心智疾病及死亡。有些性传染疾病如果早期未能充分治疗，女性则会造成生殖道的疤痕而导致不孕及子宫外孕，子宫外孕则有可能引起内出血甚至死亡。其他的性传染疾病，即使尚未对人体器官造成伤害或是潜在性伤害者，也都不可轻视。值得一提的是，这些疾病可能传染给配偶和性伴侣，也会由母体传给下一代，或威胁新生儿的生命。

女性更容易感染性疾病

大部分人得了性传染疾病都不会有明显症状，特别是有盆腔发炎症状的女性，此症会导致不孕。对于一些性传染疾病，通常女性受感染的几率要比男性高，只要经过一次性行为就可能受到感染。在性传染途径中，男性往往是“传染者”，女性则是“接受者”，也就是说，女性经由男性受传染的机会比男性经由女性多。

积极治疗和预防性病

无论传染上哪一种性病，不仅给患者带来极大痛苦，而且传染他人，危及家庭，给个人、家庭、社会都带来极大的危害。所以必须加强性病的预防与治疗。

预防性病，必须注意以下几个方面：

1. 加强思想道德教育，做到自尊、自爱、自重，自觉抵制性放纵行为；

2. 打击取缔嫖娼与卖淫，杜绝传染来源；

3. 讲究性生活和饮食卫生，防止病毒传染；

4. 若发现配偶有性病时，应暂时停止性生活，或采取其他较安全的预防措施，如使用避孕套；

5. 婚前双方找医生进行彻底的健康检查也是必要的。

若不幸感染性病，则应遵循以下原则：

1. 确诊前不应随意治疗；

2. 确诊后立即治疗，切勿错过时机；

3. 夫妻双方同时治疗；

4. 治疗后，必须继续追踪检查，以确定疾病是否痊愈。

婚前检查预防性病

结婚是男女之间建立家庭的开始，婚后生活美满与否，关系到男女双方的身心健康、家庭幸福及下一代的健康成长，所以婚姻保健不能轻视。最佳年龄男性 25 岁、女性 23 岁，因为这时身体各系统发育成熟，思想成熟。

婚前检查，包括三方面：

1. 病史询问：了解以往健康状况，曾患过何种疾病，有无遗传病、精神病，双方有无血缘关系。女方月经情况。

2. 全身检查：包括发育情况，心、肺、肝、肾健康状态，生殖器官发育情况及有否疾病。

3. 理化检查：包括血、尿常规，胸透，肝功能，肝炎分型及性病检查。

通过婚前检查，按可以结婚、暂缓结婚、可以结婚但禁止生育几种情况进行指导，实现优生优育，提高人口素质。

怎样对待性病与性生活

患了性病就应停止性生活，否则既害人又害己。每一种性传播疾病的发病过程、病程长短、症状表现以及治疗方法都迥然不同，所以不能一概而论。比如淋菌性尿道炎，使用青霉素、丙磺舒等药物治疗，短期症状即可缓解，但此时不要认为症状消失了病就已经治愈了，因为性病的治疗不能只看症状是否消失，而是要反复地做尿道脓液或分泌物涂片细菌学检查，直到连续 3 次以上细菌学检查均阴性才算完全治愈。每一种性病的治愈标准是不同的，所以何时才能恢复性生活，需得到医生的指导，决不能凭感觉行事。患了性传播疾病，尤其是淋菌性尿道炎、梅毒、软下疳、腹股沟肉芽肿等，夫妻双方应同时治疗。没有症状的一方，也应采取相应的防治措施。性传播疾病不少是由婚外不洁性交引起的，治愈后切忌不正当的性关系。

如何自我发现性病

出现以下多种情况时（特别是在不洁性交后），应警惕性病的存在。

1. 本人或性伴侣在不洁性接触后，发现尿道口有异常分泌物，有时仅在清晨或排尿后有少量分泌物，小便时自觉灼热或痛者。

2. 男性尿道口常有少量水样、黏液样分泌物，似痂膜封口，或裤裆污秽者。

3. 男性病人自觉尿频、尿急、尿痛、

排尿困难，晚间入睡时阴茎有痛性勃起者。

4. 男性病人阴囊肿大，睾丸或副睾肿大有压痛者。

5. 女性病人白带增多，外阴瘙痒，或下腹部疼痛（或压痛）者。

6. 女性阴唇红肿热痛，或有脓液，并有发热及全身不适者。

7. 外阴部有痛或不痛的溃疡者。

8. 外阴部有疣状物增生者。

9. 肛周或会阴部有疣状物（表面尖锐、菜花状或扁平的疣状增生物）增生者。

10. 外阴部有反复发作的群集或分散的小水疱者。

11. 全身皮肤（躯干为主）发生不痛不痒的皮疹伴有淋巴结肿大，全身不适，食欲不振，关节酸痛者。

12. 有同性恋史者，肛门皮肤黏膜红肿，有脓样分泌物，大便不适或大便困难、疼痛或出血者。

13. 有口交史而出现口腔咽喉黏膜红肿，有脓性分泌物或吞咽食物时有不适或疼痛者。

14. 在变态性行为后，皮肤黏膜出现化脓样感染者。

15. 单侧或双侧腹股沟淋巴结肿大，与周围组织粘连，可溃破形成瘘管，痛及有触痛者。

16. 腹股沟淋巴结和肛门直肠壁有挛缩性疤痕者。

17. 直肠狭窄，排便困难，大便混有脓血者。

18. 母亲有梅毒史，初生儿有皮肤黏膜起疱、糜烂，声音嘶哑或皮肤多皱纹，口角有放射状裂纹，牙周炎者。

19. 母亲有梅毒史，其后代少年时出现眼炎，视物模糊，耳聋，锯形齿或额骨圆凸，小腿骨膨隆者。

20. 母亲有淋病史，初生儿有眼皮红肿和分泌物者。

21. 幼女外阴红肿、疼痛，小便时痛或有脓性分泌物者；幼女外阴有疣状物增生者。

凡过去有梅毒病史，近来又发现以下情况者也应警惕：

1. 关节自觉持续性钝痛，晚上或休息时疼痛加剧，白天或活动时则减轻者。

2. 头发出现边缘不整的虫咬状脱发者。

3. 皮肤出现暗红色或铜红色质硬、排列成环状或弧状的小结节者。

4. 口腔或鼻腔出现发展缓慢的暗红色浸润斑者。

5. 皮肤出现肿物，穿破后流出树胶样黏稠分泌物，甚至破坏骨质致溃疡穿孔者。

6. 心脏主动脉炎、主动脉瘤或主动脉瓣闭锁不全者。

7. 脊髓痨（不能随心所欲来调节四肢之运动，做正确有度之动作）者。

8. 四肢肌肉松弛、知觉障碍、皮肤营养障碍者。

9. 有眼部症状者。

怎样消毒处理性病病人的排泄物

性病病人的分泌物、排泄物及被分泌排泄物污染的生活用品可以采取以下方法消毒处理。

1. 煮沸消毒。单纯疱疹病毒在湿热52℃，干热90℃，30分钟即可被杀灭。乙型肝炎病毒耐热性差，在100℃水中仅存活10～15分钟。梅毒螺旋体离开人体在48℃的水中只能活半小时，并失去传染性。淋球菌在48℃的水中只能活半小时，并失去传染性。因此，对被性病病人污染的衣裤、被褥、毛巾等煮沸是最方便、最经济、最有效的消毒方法。

2. 药物消毒：常用的消毒药物中氧化乙烯、过氧乙酸为强氧化剂，衣服、被单、毛巾、浴巾等用1∶1000水稀释浸泡2小时，排出分泌物用1∶500水稀释液喷雾或浸泡。漂白粉消毒排出分泌物的浓度为10%～20%，消毒生活用品浓度为0.5%。

3. 火烧或阳光下暴晒。

从公厕、游泳池、浴盆可以感染到性病吗

公共厕所几乎不可能感染性病，除非你的阴道接触到马桶座位，去游泳池也不必担心会受到感染。至于浴盆就要注意了，最好不要坐在别人使用过的浴盆中，否则很容易感染性病。

如何分辨阴道内酵母菌、细菌或滴虫

酵母菌感染最常出现的症状是阴道周围的瘙痒症状；阴道内细菌的感染则多经由性交感染，会出现阴道内发红发热、有黏稠状异味的分泌物；至于滴虫感染也是经由性交传染，会出现黄色或绿色的分泌物。后两者的治疗方法都是使用抗生素，如果不加治疗，细菌感染会引起骨盆腔发炎，严重者将导致不孕；如果在怀孕期间感染滴虫而不治疗则有可能导致早产。

往生殖器上喷洒消毒剂能预防艾滋病、性病吗

这种做法缺乏科学根据。因为能直接喷在人身体上的消毒剂必须是没有毒性和刺激性的，但这样的药剂就不可能有很强的杀灭病毒和病菌的效果，特别是药剂不容易进入阴道深部，性交过程中的分泌物也会冲淡药剂浓度，在用了这类消毒剂后去进行高危性行为照样会染上艾滋病和性病的，不应该去冒这种险。

性病患者婚前应注意什么

一般来说，在性病彻底治愈后，除梅毒患者需观察1年左右以外，其他性病患者观察数月无异常即可结婚。但有下述情况的人，在结婚前应倍加注意。

1. 晚期梅毒或慢性病的病人

他们的传染性虽比早期病人弱得多，但为保护本人健康及对下一代负责，即使治愈了也不能立即结婚，应遵医嘱定期复查一段时间，经性病专科医生同意

方可结婚。那些无自觉症状的梅毒病人（医学上称为潜伏梅毒或隐性梅毒），晚期一般虽无传染性，但女病人可经胎盘将梅毒传染给胎儿。所以也必须在彻底治疗并观察一定时间后方可结婚。

2. 未去正规医院而私自治疗的病人

这些病人因未经正规治疗，很可能症状虽消失了但病菌未被完全杀灭仍潜伏在体内，一旦机体抵抗力下降，可再发病并传染给他人。因此，这些病人婚前必须去医院做正规检查，一旦发现有隐匿性感染，则需治愈后再结婚。

3. 患性病的与恋爱对象有过性行为的人

这种人除了自己接受治疗外，还应动员对方到医院检查。只有双方都经医生检查证明已治愈方可结婚。

4. 性病治愈后再度发生非法性行为的人

这种人婚前必须到医院检查，以查明有无再次感染。只有在医生确认已治愈且未被感染下才能结婚。

说说艾滋病

艾滋病（AIDS）是20世纪80年代初世界上新发现的一种病毒性传染病，是一种由艾滋病病毒，即人类免疫缺陷病毒（HV）侵入人体后破坏人体免疫功能，使病人丧失抵抗疾病的能力，从而导致人体发生多种不可治愈的感染和肿瘤，最后导致被感染者死亡的一种严重传染病。艾滋病病毒进入人体后要经过几年，甚至长达5～8年或更长的潜伏期以后才发病。但是一旦感染上艾滋病病毒，就将终身携带，直到发病死亡。艾滋病病毒严重破坏人体免疫功能，病人因抵抗疾病的能力极度下降而重复感染多种疾病，如带状疱疹，口腔霉菌感染，肺结核，特殊病原微生物引起的肠炎、肺炎、脑炎及其他感染，后期常常发生恶性肿瘤。最终因长期消耗，全身衰竭而死亡。至今还没有治疗艾滋病的特效药，也没有可用于预防的有效疫苗。一旦发病，病死率高达100%。

美国疾病控制中心对艾滋病的定义是：①艾滋病病毒抗体阳性；②有一个或多个指标性疾病；③T淋巴细胞在200个／毫升以下；④排除其他免疫抑制原因。

ADIS是艾滋病的医学全称“获得性免疫缺陷综合征”（Acquired Immune Deficiency Syndrome）的英文字头缩写词。这个命名表达了艾滋病的完整概念，我们从中可以了解到艾滋病的三个明确定义：

1. 获得性：表示在病因方面是后天获得而不是先天具有的。

2. 免疫缺陷：表示在发病机理方面，主要是造成人体免疫系统的损伤而导致免疫系统的防护功能减低、丧失。免疫缺陷病的共同特点是：

（1）对感染的易感性明显增加；

（2）易发生恶性肿瘤；

（3）临床及病理表现多样化。

3. 综合征：表示在临床症状方面，

由于免疫缺陷导致的各个系统的机会性感染、肿瘤而出现的复杂症状群。'

艾滋病的特征

艾滋病是由一种逆转录病毒引起的。1986年7月25日,世界卫生组织(WHO)发布公报,国际病毒分类委员会会议决定,将艾滋病病毒改称为人类免疫缺陷病毒,简称HIV。

HIV呈袋状球形,直径约150纳米,包膜由一薄层类脂质构成,具有抗原性。HIV有10%碱基序列不同,是单链RNA病毒,外有核壳蛋白,此外还有一种特殊的逆转录酶,能以单链RNA作为模块,转录为双链DNA,该双链DNA可与宿主细胞的DNA结合然后逆转录为病毒的单链DNA,因此感染艾滋病病毒后,病毒的核酸永远与宿主细胞结合在一起,使得感染不能消失,机体无法清除病毒。

现已证实HIV是嗜T_4淋巴细胞和嗜神经细胞的病毒。HIV由皮肤破口或黏膜进入人体血液,主要攻击和破坏靶细胞T_4淋巴细胞(T_4淋巴细胞在细胞免疫系统中起着中心调节作用,它能促进B细胞产生抗体),使得T_4细胞失去原有的正常免疫功能。当激活免疫反应的T_4细胞几乎全部被HIV消除,从而导致病人的免疫功能全部衰竭,为条件性感染创造了极为有利的条件。

HIV对神经细胞有亲和力,能侵犯神经系统,引起脑组织的破坏,或者继发条件性感染而致各种中枢神经系统的病变。

HIV和其他逆转录病毒一样。当逆转录酶使病毒的RNA作为模板合成DNA而成前病毒DNA整合到宿主细胞的DNA中时,HIV带有的致癌基因可使细胞发生癌性转化。

哪些途径不会传染艾滋病病毒

目前没有任何迹象表明艾滋病病毒是通过唾液、泪液、尿液、餐具、疫菌、偶然的接触或昆虫(吸血昆虫和蚊子、跳蚤、虱子等)传播的,说明艾滋病病毒不会通过日常生活接触而传染。艾滋病病毒也不会通过空气、饮水、食品,以及未消毒的餐具、衣服被褥、货币等物品而传染。一般也不必担心与艾滋病病人握手、亲吻或共用电话、马桶、蹲式厕所及小便池、桌椅等而被感染。游泳池和公共浴池一般也不会传染艾滋病。各种家养动物不可能携带艾滋病病毒,因此,艾滋病也不能通过动物的咬伤、抓伤而传播。

艾滋病发病机理

艾滋病之所以猖狂,就在于艾滋病病毒HIV侵入人体后直接侵犯人体免疫系统,攻击和杀伤的是人体免疫系统中最重要、最具有进攻性的T_4淋巴细胞,使机体一开始就处于丧失防御能力的状态。抵抗力越低,病毒繁殖得越快,形成恶性循环，结果导致艾滋病病人感染上一些普通人不易感染上的疾病，如肺炎、脑炎、肠炎、肿瘤，最终导致病人死亡。

艾滋病病毒一旦进入人体，就寄生于 T_4 淋巴细胞内最核心的部位，并与细胞核的遗传物质 DNA 整合为一体，人体没有能力使其分开，更没有力量杀灭它，艾滋病就成为一种进入基因的痼疾。

艾滋病病毒随免疫细胞 DNA 复制而复制。病毒的繁殖和复制使免疫细胞遭到破坏和毁灭，并放出更多的病毒。新增殖的病毒再感染更多的细胞，就这样，病毒一代代地复制、繁殖，免疫细胞不断死亡。

艾滋病病毒是一种不同于一般病毒的逆转录病毒，具有极强的迅速变异能力，而人体产生相应的抗体总落后于病毒的变异，因而无法阻止艾滋病病毒的繁殖和扩散，更何况人体免疫系统产生的抗艾滋病病毒抗体是毫无作战能力的非保护性抗体。艾滋病病毒的迅速变异能力也给目前特效药和疫苗研制工作造成了极大困难。

艾滋病病毒对外界环境的抵抗力弱，离开人体后，常温下在血液或分泌物内只能生存数小时至数天，在自然条件下则不能存活。高温、干燥以及常用消毒药品都可以杀灭这种病毒。

艾滋病有哪些常见症状

许多受艾滋病病毒感染的人在潜伏期没有任何自觉症状，但也有一部分人在感染早期可能出现发烧、头晕、无力、咽痛、关节疼痛、皮疹、全身浅表淋巴结肿大等类似感冒的症状，有些人还可发生腹泻。这种症状通常持续 1 ~ 2 周后就会消失，此后病人便转入无症状的潜伏期。潜伏期病人的血液中有艾滋病病毒，血清艾滋病病毒抗体检查呈阳性反应，这样的人称艾滋病病毒感染者，或称艾滋病病毒携带者，简称带毒者。艾滋病病毒感染者有很强的传染性，是传播艾滋病最重要的传染源。

在很长的潜伏期中，感染者虽然没有自觉症状，外表一如常人，但全身免疫系统仍在继续受到艾滋病病毒的破坏，到免疫系统功能再也不能维持最低的防御能力时，多种对正常人不会引起疾病的病原微生物便会使患者发生条件性感染，引起脑、肺、胃肠道和其他部位的病变及症状。一些恶性肿瘤也因患者抵抗力极度低下而产生。艾滋病人的症状因为发生条件性感染的内脏和发生肿瘤的部位不同，表现为多种多样。常见的症状有以下几个方面。

1. 一般性症状

持续发烧、虚弱、盗汗、全身浅表淋巴结肿大，在 3 个月之内体重可下降 10%以上，最多可降低 40%，病人消瘦特别明显。

2. 呼吸道症状

长期咳嗽、胸痛、呼吸困难，严重时痰中带血。

3. 消化道症状

食欲下降、厌食、恶心、呕吐、腹泻，

严重时可便血。通常用于治疗消化道感染的药物对这种腹泻无效。

4．神经系统症状

头晕、头痛、反应迟钝、智力减退、精神异常、抽风、偏瘫、痴呆等。

5．皮肤和黏膜损害

弥漫性丘疹、带状疱疹、口腔和咽部黏膜炎症及溃烂。

6．肿瘤

可出现多种恶性肿瘤，位于体表的卡波希氏肉瘤可见红色或紫红色的斑疹、丘疹和浸润性肿块。

艾滋病有多种临床表现，主要为长期不明原因的发热、身体乏力、体重下降、咳嗽、气喘、腹泻及颈部、腋下及腹股沟淋巴结肿大等。目前对艾滋病的治疗没有特效药物，只有采取积极的预防措施，才是防止其蔓延的唯一有效方法。

艾滋病患者多数易患各种皮肤黏膜感染。最常见的是口腔黏膜念珠菌病，表现为舌和颊黏膜上的白斑，常在红色基底上出现，这种感染无症状，也可播散到口咽或食道，引起严重的吞咽困难。常见的口腔黏膜感染是复发性单纯疱疹性口炎，病变常复发，长期持续，常累及唇和咽。有文献报道，艾滋病的最初表现中有严重的慢性溃疡性肛门周围单纯疱疹病损，这种溃疡可能相当大，在病变上可找到多核巨细胞或病毒。带状疱疹水痘皮疹在艾滋病患者中的发生率也增高，常散播到几个皮神经区。疣是另一种常见的皮肤病毒感染，同性恋者患艾滋病可发生大的肛门周围尖锐湿疣，此种病较顽固，治疗较困难。皮肤真菌感染是艾滋病人一种常见的问题，腹股沟和肛周的念珠菌感染有时很严重，由念珠菌或毛癣菌引起的甲癣也常见。某些非感染性皮肤病在艾滋病患者中也常见。有药瘾的艾滋病患者，可出现多发性瘢痕和反复注射引起的溃疡，也可见到紫癜。此外脂溢性皮炎在艾滋病病人中的发生也多见，在病人的头皮、面、耳、胸也多见，更多见于生殖器，表现为红斑样、角化过度的鳞屑斑。在面部通常呈蝶形分布，其病因至今还不明。同时还伴有恶性肿瘤的发生，如卡波西氏肉瘤亚性淋巴瘤、皮肤鳞状细胞癌、基底细胞癌、色素瘤等。

艾滋病的预防

艾滋病虽然是一种危险的传染病，但却是可以预防的，只要每个人都掌握预防艾滋病的知识，注意如下事项，就可以把传染艾滋病的危险性减少到最低限度。

1. 艾滋病主要通过三种途径传播：性接触、血液和母婴传播。

2. 预防经性途径传染艾滋病，首先是洁身自爱、遵守性道德。其次是正确使用避孕套。使用避孕套不仅可以避免怀孕，还可以预防性病和艾滋病。

3. 预防经血液途径传染艾滋病首先是不要吸毒，特别是不能共用注射器或使用未消毒的注射器静脉注射毒品，避免使用未消毒的器械拔牙和其他侵入人体的操作；避免使用不安全的血液和血液制品。不到消毒不严密或不消毒的理发店和美容店去理发或美容；不要用不消毒的针穿耳，不要文身；浴室的修脚刀一定要消毒；刮脸刀、电动剃须刀必须每个人自备专用，不可借用；在救护流血伤员时，要设法防止血液直接沾在自己的皮肤或黏膜上。

4. 已感染艾滋病病毒的妇女避免怀孕和哺乳可以预防经母婴途径传染艾滋病。

5. 已感染艾滋病病毒的人在发展成艾滋病病人以前通常可以没有任何症状地生活很多年，外表看上去完全正常，但他们能够将病毒传染给其他人。

6. 与艾滋病病人及艾滋病病毒感染者的一般生活工作接触是不会传染上艾滋病的，不必恐惧与艾滋病病人接触。

什么是淋病

淋病是淋菌性尿道炎的简称，是一种古老而又常见的性病，多发生于青年男女。

淋病的病原体即奈瑟菌，是1879年由Neisseria首次分离出的淋病双球菌，因而淋病双球菌又称为奈瑟双球菌（Neisseria gonorrhoeas）。淋病双球菌呈肾形，两个凹面相对，大小一致，长约0.7微米，宽约0.5微米。它是嗜二氧化碳的需氧菌，革兰氏染色为阴性，最适宜在潮湿、温度为35℃、含2.5%～5%二氧化碳的环境中生长。常存在于多核白细胞内，椭圆或球形，常成双排列，无鞭毛、无荚膜，对外界理化条件的抵抗力差，最怕干燥，在干燥环境中1～2小时即可死亡。在高温或低温条件下都易致死。对各种化学消毒剂的抵抗力也很弱。

淋菌有菌毛，上有吸附因子，对人类柱状上皮与移行上皮有特殊亲和力，故易侵犯泌尿、生殖系统。淋病几乎全是通过不洁性交传染的。女性与感染淋病的性伴侣发生性关系，则淋菌很快侵犯女性的泌尿生殖道上皮而致淋菌性尿道炎、前庭大腺炎及宫颈内膜炎。青春期少女由于阴道黏膜抵抗力弱，偶可得淋菌性阴道炎。

淋病是如何传播的

淋病系由淋球菌引起的泌尿生殖系统化脓性感染，多由不洁性交引起，主要侵犯泌尿生殖器黏膜，亦可经血流扩散全身，是我国目前性传播疾病中最常见的一种。人是淋球菌唯一天然宿主，故淋病患者是淋病的主要传染源。主要通过性交传染，暗娼和嫖客是主要传播者，男性同性恋可感染肛门与直肠。淋菌污染的衣裤、被褥、寝具、毛巾、浴池、便器等可间接传染。新生儿淋菌性结膜炎由母体产道分泌物感染。幼儿淋病见于2～8岁，因与淋病患者同床就寝与淋病污染物接触而引起淋菌性外阴阴道炎。

淋病不仅在异性恋中广为传播，也

在同性恋中传播、蔓延。同性恋采取特殊性交的方式而发生通常不易发生的淋病。幼女的阴道上皮对淋病双球菌特别敏感，父母双方只要有一方传染上淋病，其幼女就可能染上淋菌性阴道炎。

1．性交传染

人是淋球菌的唯一宿主。淋病患者是其传染源。性接触是淋病主要传播方式。成人特别是男性淋病99%～100%属于性交传染。目前，我国以暗娼为主要传染源。各国调查资料表明，在淋病患者中男女一次性交感染率为22%～35%；男性易传染给女性。一次性交男性传染给女性的感染率为50%～90%，女性传染给男性的为25%～50%，感染率与性交次数成正比。男性与女性病人性交感染率平均为一次19%～25%，二次35%，三次49%，四次57%。

2．非性接触传染

主要是接触病人含淋病双球菌的分泌物或污染的用具，如沾有分泌物的毛巾、脚布、脚盆、衣裤、被褥、床单、浴盆、大便纸，甚至厕所的马桶坐板等均可传染。特别是女性（包括幼女），因其尿道和生殖道短，很易感染。调查表明，淋病患者淋浴时污染明显存在，且其使用过的物品阳性率也较高。如果健康人在其淋浴后半小时内接触污染物，则易于感染上淋病。

3．产道感染

如产妇是淋病患者，分娩时产道内的淋病双球菌就会传染给新生儿。

如何诊断淋病

女性在感染早期，80%无症状。少数在性交后2～21日出现轻微不适，如尿频、尿痛、尿烧灼感、脓性白带增多等症状。由于症状轻微或不明显，患者常忽视或被误诊为其他病，未能及时彻底治疗。男性大多数有明显症状，如尿道口龟头红肿、烧灼感、尿频、尿痛、排尿困难，并分泌出脓液。淋病的早期诊断主要靠从宫颈涂片或培养中找到细胞内革兰阴性肾形淋球菌。取样方法与阳性率有关。先用棉球擦出宫口之黏脓液，用干棉拭插入宫颈管内转数圈后，再放置15～30秒钟。在肯定分泌物吸上后，取出拭子做涂片或培养。患有淋病的女性如不及时彻底治疗，淋菌可上行到子宫、输卵管，甚至波及卵巢。常表现为月经后发烧，严重下腹痛，阴道出血或脓性分泌物增多，即急性子宫内膜炎、急性输卵管炎。进一步可发展成急性盆腔炎、急性盆腔脓肿，甚至弥漫性腹膜炎、中毒性休克，导致死亡。由于淋菌破坏了输卵管黏膜，使输卵管不很畅通，患者易患宫外孕。如不及时治疗，也可危及生命。部分患者终因输卵管完全破坏，而丧失生育能力。淋菌对青霉素较敏感，尤其在感染早期，及时用大剂量青霉素彻底治疗是极有效的。因淋病常并发衣原体感染，故要加用四环素或红霉素等治疗。性伴侣必须检查并做预防性治疗。治疗结束后一定要再做涂片或培养。3个月后再复查。国外经过

30年性传播疾病的泛滥，致病的淋病双球菌在长期与抗生素对抗中，逐渐对青霉素、四环素产生了耐药性。耐药淋病双球菌感染，治疗效果不佳，其传播机会较大，人们对此必须提高警惕。

怎样治疗妊娠期淋病

患有淋病的孕妇更应在早期积极治疗，以免分娩时将淋病传染给婴儿，在应用治疗药物时必须考虑选用对胎儿没有损害的药物。可选用头孢三嗪250mg，一次肌注；或头孢噻肟1.0g，一次肌注；或壮观霉素4.0g，一次肌注。为预防同时存在的衣原体感染，用上述药物后疗效不好，可服红霉素500mg，每日4次，连服7天。

什么是梅毒

梅毒的病原体是一种螺旋体，医学上称之为梅毒螺旋体。梅毒螺旋体是一种小而纤细的呈螺旋状的微生物，长度为5～20毫米，直径<0.2毫米。它有6～12个螺旋，肉眼看不到，在光镜暗视野下，人们仅能看到梅毒螺旋体的折光性，其活动较强。在其前端有4～6根鞭毛样细纤维束，其末端呈卷曲状。在未受外界因素的影响时，螺旋是规则的。因其透明不易着色，又称之为苍白螺旋体。

梅毒螺旋体是厌氧菌，在体内可长期生存繁殖，只要条件适宜，便以横断裂方式一分为二地进行繁殖。在体外不易生存，煮沸、干燥、肥皂水和一般的消毒剂（如升汞、石碳酸、酒精等）很容易将它杀死。

梅毒过去曾占性病的首位，危害最大。它是一种全身性慢性传染病，梅毒、结核、麻风并列为世界三大慢性传染病。梅毒患者的皮肤、黏膜中含梅毒螺旋体，未患病者在与梅毒患者的性接触中，皮肤或黏膜若有细微破损则可得病。极少数可通过输血或其他途径传染。传染梅毒后2周～2个月内，在感染处出现一个硬的、无痛性的圆形结节。开始潮红、湿润，渐渐破溃、糜烂，形成溃疡，即一期梅毒硬下疳。女性多见于大小阴唇内侧和宫颈，男性多见于阴茎、尿道外口。同时双侧腹股沟淋巴结肿大，但不痛。如不治疗，下疳在1个月左右能自然愈合。

梅毒有哪些临床表现

根据传播途径可分为后天（非胎传）与先天梅毒，各据其有无传染性又分为早期与晚期梅毒。

1. 后天梅毒

(1) 一期梅毒：属早期梅毒。主要症状为硬下疳，大部分发生于生殖器部位。一期梅毒的硬下疳内有很多梅毒螺旋体，传染性很强。但因女性下疳发生的部位较隐蔽，又无症状，常被忽视而增加了传播的机会。一期梅毒如不治疗或治疗不当，梅毒螺旋体经血行及淋巴结播散到全身，数周后即发展成二期梅毒。

男性多在阴茎包皮、冠状沟、系带或阴茎头上，同性恋男性常见于肛门、肛管或直肠，女性多在大、小阴唇或子宫颈、乳房，极个别的发生舌部损害。性交后，梅毒进入体内，先在局部增殖，引起炎症性浸润，然后进入淋巴管，进入血行，几十小时后即能在骨髓、脾脏、睾丸等处出现，很快遍及全身各处。硬下疳出现在性交后2～4周，开始时为一丘疹或米粒大小红斑，以后隆起，形成豆大至指头大硬结，多为单发，很快破溃糜烂，有浆液渗出，渗出液内含大量梅毒螺旋体，故传染性较强。硬下疳的特点是：

①触诊有软骨样硬度；②无疼及压痛（无继发感染时）；③损害数目通常仅一个；④损害表面清洁；⑤不经治疗，经3～4周自然消失，不留痕迹或留有轻度萎缩性疤痕。接受不足量的抗梅毒治疗或外用药治疗，可见到不典型的硬下疳。

硬下疳出现后数天，一侧腹股沟淋巴结肿大，以后另一侧也肿大。这些淋巴结的特点为：

①如手指头大小，较硬，散在不融合；②无疼痛与压痛；③表面皮肤无红、肿、热等炎症现象；④不化脓；⑤穿刺液中含有螺旋体。

硬下疳初期，大部分病人的梅毒血清反应呈阳性，以后阳性率逐渐增高，硬下疳出现7～8周后，全部病人血清反应为阳性。

硬下疳如不及时治疗，经3～4周自然消失。但病变并未痊愈，处在进入第二期梅毒的潜伏期阶段，若此期能得到及时诊断和充分治疗，可迅速达到彻底治愈的目的，一般预后良好。

（2）二期梅毒：一期梅毒在出现硬下疳后，梅毒螺旋体由硬下疳附近的淋巴结进入血液传播到全身，使人体几乎所有的组织及器官受累。经过6～8周的潜伏期，可出现低热、头痛、全身不适、肌肉和关节酸痛、食欲不振，浅淋巴结大、皮肤黏膜出疹、骨膜炎、虹膜睫状体炎及脑膜炎等症状。这一段时期，临床上叫做二期梅毒。二期梅毒疹表面梅毒螺旋体很多，因此传染性也最强。

二期梅毒表现为全身性皮疹。其特点是客观所见明显，可有低烧、头痛、咽痛、关节钝痛等类似感冒症状。此时传染性很强，亦可自然好转为潜伏梅毒。潜伏梅毒虽无症状，螺旋体继续潜伏在体内重要器官，数年乃至数十年后会出现三期梅毒，如眼、鼻损害，心血管梅毒，神经梅毒，精神失常等，甚至死亡。女性梅毒患者妊娠后，梅毒螺旋体可以通过母血到胎盘，破坏胎盘后传给胎儿。妊娠6～7周时胎儿即被传染，发生流产、死胎、早产等。胎传梅毒儿，可有皮肤、骨骼、牙齿、肝脾等脏器梅毒损伤，在出生2年后陆续表现出来，严重的可有眼盲、脑损害等。梅毒血清试验是诊断梅毒的主要方法。

二期梅毒主要有以下表现：

①二期早发梅毒疹。其特点症状复杂，疹型多样，损害分布广泛、稠密、对称、无融合倾向、境界清楚、呈铜红色、不

痛不痒；血清反应呈强阳性；不治疗也可完全消灭。疹子形态较多，主要有以下几种：

斑疹型：本型常见。主要分在躯干、四肢近端内侧。皮疹大小不等，多为直径1～4厘米大小的红斑，常为椭圆或圆形，铜红色，境界清楚，可自然消退。

丘疹型：此型亦常见。疹子在米粒、黄豆到指甲大小，坚实，浸润明显，呈铜红色，境界清楚，有的表面有鳞屑，类似银屑病，躯干、四肢的屈则及掌足等多见。

脓疱型：本型少见。多发生在身体虚弱的病人，全身症状较重。皮疹表现类似痤疮、痘疮样、蛎壳样及深脓疱疹样，愈合遗留疤痕。

扁平湿疣型：此属于湿丘疹型梅毒疹。好发于皮肤黏膜交界处或皮肤易摩擦的部位，如大小阴唇间、肛门、包皮内、股内侧、腋窝、乳房下等。湿丘疹互相融合，呈表面平坦隆起，有时呈疣状或乳头状，表面湿烂，大量渗出液内含有梅毒螺旋体。

脱发型:常发生于颞颥部，呈虫蚀状，弥漫性少见。

梅毒性白斑：有色素消失，可持续数日。

黏膜损害：一种是黏膜红肿，另一种是黏膜呈浅糜烂状，有渗出物凝结其表面形成灰白色的黏膜斑。

②二期骨骼损害。由于梅毒螺旋体侵犯了骨骼及骨关节引起的，无明显炎症现象。本期特点为在晚上和静止休息时疼痛加重，而白天及活动时较轻。多发生于四肢的长骨，亦可发生于骨骼肌的附着点处，如尺骨鹰嘴、髂骨嵴及乳突。在初次接受治疗时有加剧反应。

③二期神经梅毒。多为无症状性神经梅毒，虽无症状，但脑脊液有异常变化，如蛋白增多，淋巴细胞数增加，脑脊液VDR1试验阳性，胶体金曲线异常等，还可发生脑膜炎、脑血管梅毒及脑膜血管梅毒等。

④二期眼梅毒。可发生虹膜炎、虹膜睫状体炎、脉络膜炎、视神经炎和视网膜炎等。

⑤二期复发梅毒。因治疗不彻底或病人免疫力下降，二期损害消退后可重新出现。时间是在感染后一两年内。可有皮肤黏膜、眼、骨及内脏损害复发，最常见者为皮肤黏膜复发，其损害与二期梅毒大体相似，但皮疹数目较少，分布比较局限，群集的倾向较二期时更为明显，破坏性较大，好发于肛周、脐窝、腋窝、阴部及掌部。

血清复发最为多见。血清复发是其他复发的先兆。血清复发时，可无其他症状，而有其他复发时，通常先有血清复发。

(3) 三期梅毒（晚期梅毒）

发生于感染2～4年后，多为皮肤黏膜及骨骼的损害。感染10～20年后可侵犯心血管和神经系统等重要脏器。三期梅毒的特点是传染性很小，但对组织的破坏性很大，严重时可危及生命。

三期梅毒主要有以下表现：

①三期皮肤梅毒疹：此损害发病率高，约占晚期梅毒的50%。其主要表现为：结节性梅毒疹，结节如黄豆大到蚕豆大小，集簇成群，高出皮面，常呈铜红色，触之硬韧，中央呈吸收消退，外缘向外扩展出现新发疹，形成环状或多环状，损害破溃后形成溃疡，边缘堤状隆起，持续时间较长，愈后可遗留萎缩性疤痕，多见头面部及四肢；梅毒瘤，开始为皮下硬结，逐渐扩大，中心坏死软化，最后破溃形成溃疡，境界清楚，边缘锐利垂直，周边呈堤状隆起，溃疡表面有少量黏稠浓液似树胶状，所以也称之为树胶样肿。损害多发于额、小腿外侧、胸及前臂等处。

②三期黏膜梅毒树胶样肿常侵犯口腔黏膜及鼻黏膜，可破坏悬雍垂和扁桃体，引起硬腭、鼻中隔穿孔；可破坏鼻骨使鼻梁塌陷，形成鞍鼻；舌部树胶样肿破溃后，疤痕挛缩变硬，发音不清。

③三期骨骼梅毒：以骨膜炎为多见，常侵犯长骨。与二期骨骼梅毒基本相似。但分布较局限，不对称，疼痛较轻。

④三期心血管系统梅毒：为晚期梅毒中最严重的内脏梅毒，影响患者健康及劳动力，甚至危及生命。心血管梅毒主要有单纯性动脉炎、主动脉瓣闭锁不全，常与梅毒性主动脉瘤并发。心脏向左下扩大，主动脉瓣区有收缩期及舒张期杂音，脉压增加（收缩压高，舒张压低，压差增大），水冲样脉，指甲毛细血管搏动。严重时发生充血性心力衰竭，导致死亡。血清反应阳性。

⑤三期神经系统梅毒：发病率高，治疗困难，预后很差，中枢神经受侵犯后，主要表现可以保持为无症状神经梅毒，也可表现为梅毒性脑膜炎。

2．先天梅毒

患儿年龄在2岁以下，属于早期先天梅毒，有传染性。超过2岁的属于晚期先天梅毒。

①早期先天梅毒：患儿一般到出生后3周发生临床症状。婴儿消瘦、形似小老头。梅毒性鼻炎为最常见的早期症状，因流涕、鼻塞以致呼吸与哺乳困难。鼻炎对症治疗无效。鼻分泌物既可呈脓性，也可呈血性，可有很多梅毒螺旋体，抗梅治疗后很快好转，12小时后不再有传染性。喉炎造成声音嘶哑，表现为失音性啼哭。口腔内有黏膜斑。贫血，肺炎。淋巴结、肝、脾和睾丸肿大。

皮肤症状可以在出生时出现，或在出生后数月时发生，可以有各种损害。梅毒性先天疱疹（后天梅毒无此型表现），具有特征性，常为疾病严重的表现，但少见，可见甲周炎与甲床炎，指甲失去光泽，脆弱易脱。毛发弥漫或成片脱落，骨骼可见骨骼炎与骨膜炎。

②晚期先天梅毒：临床表现大致与后天三期梅毒的表现相同。多发生于2岁之后，3岁以后发生者少，主要表现：实质性角膜炎，一侧或双侧眼角膜周围发炎，以后弥漫混浊，视力减退，常引起失明。上颚门齿发育不良，呈螺丝刀样，称郝秦森氏齿。到青春期由于第8脑神经障碍，引起神经性耳聋。亦常常并发

前庭器官障碍。若在鼻中隔和上颚骨髓发生树胶肿、穿孔，愈合后形成马鞍鼻，成为永久性标记。

临床表现：

一期：主要为硬下疳，95%出现在外生殖器、冠状沟、龟头的阴茎系带处，男性同性恋者可见于肛门及直肠。女性多见于大、小阴唇，阴蒂，宫颈，多为单发。

二期：感染3个月到2岁内称为二期梅毒。

什么是软下疳

软下疳是由杜克雷氏嗜血杆菌感染引起的。

杜克雷氏嗜血杆菌的形态特点是短而细小，呈短棒状，两端较为钝圆。长约1.5微米，宽约0.5微米。往往成双平行排列呈双链状。此菌无鞭毛，也不形成芽孢，革兰染色为阴性。大多数细菌分布在细胞外呈链状排列，仅少数细菌可在细胞内呈团块状分布。人是它的储存宿主。对温度的敏感性很高，不耐热，超过38℃时很快死亡。干燥及65℃时可迅速死亡，但耐寒性能较强。

软下疳好发于哪些部位，有何特点

感染杜克雷嗜血杆菌后，经过1～10天，平均2～3天潜伏期，在男性的龟头、包皮、阴茎、冠状沟、包皮系带等处，女性的大小阴唇、阴蒂、阴唇系带、宫颈等处可发生。其他如肛门周围、会阴、股部、下腹、唇、舌、乳房及手指等处亦可发生病变，但较少见。在接触部位发生炎性红斑或丘疹，1～2日后变为脓疱，破后形成溃疡，圆形或椭圆形，0.5～1厘米大小，溃疡表浅，边缘柔软，不整齐呈穿凿状或潜行性，周围轻度充血，基底覆以脓性污秽渗出物，易出血，有明显疼痛及触痛，无硬下疳所特有的硬结。由于自身接种，周围可出现2～5个或成簇的溃疡。如未治疗，溃疡持续2～3周或1～2个月愈合遗留疤痕。

软下疳除上述典型临床特点外，尚可发生其他异型，如一过性软下疳、毛囊性软下疳、隆起性软下疳、巨大型软下疳、崩蚀性软下疳、匐行性软下疳及混合性软下疳（即软下疳与梅毒性硬下疳同时存在，各具特征）等。

什么是生殖器疱疹

生殖器疱疹又称阴部疱疹，系单纯疱疹嫩病毒引起的一种性传播疾病，为发生于生殖器部位的群集水疱，易复发。病原体是单纯疱疹病毒。

使用抗病毒的无环鸟苷油膏，可以使初次发作的时间缩短、症状减轻，但不能治愈疱疹。这种油膏可防止疱疹水疱破溃，并在24小时之内变为无传染性的水疱。如果不治疗水疱则其传染性平均持续2周时间。对最初发作的疱疹无环鸟苷油膏可使患者排出病毒时间缩短3天。对复发病例，应用这种油膏可使男性患者的愈合时间缩短，但对女性患者无此作用。现在已有供静脉注射用的无环鸟苷制剂。由于无环鸟苷不能治愈疱疹，现在正在寻找其他治疗方法，目前的研究正致力于制造预防和治疗疱疹的疫苗。研究结果显示，用于预防的疫苗(也适用于疱疹患者）不久将问世。

什么是尖锐湿疣

尖锐湿疣，又称生殖器疣，系人类乳头瘤病毒（HPV）引起，是国内常见的一种性传播疾病，好发于外生殖器、肛周等处，这种病毒能通过密切的性接触传染，感染者的性伴侣60%会发生疣。

病因是人类HPV引起，易在温和潮湿环境中生活增殖，故生殖器是最易感染部位。70%通过不洁性交，少数亦可间接传染。

怎样治疗尖锐湿疣

局部应用含25%足叶草酯的安息香罗膏疗效很好，4小时后洗去。应用几次后湿疣干涸脱落，经上述处理疣体不脱落的病例可以用液氮、干冰或外科刮除术，也可用X射线或外科手术切除。尖锐湿疣一出现最好马上治疗，当病变在不同部位皮肤发生和传播时，治疗将比较困难。除非第一次治疗彻底，否则湿疣常常复发，口服避孕药和妊娠常可使尖锐湿疣病变加重，妨碍分娩。孕妇生殖器疣的更大危险是，使湿疣病毒在婴儿通过产道时传染给新生儿。为了避免这种传染，孕妇的湿疣应用电灼或用外科手术切除。当尖锐湿疣阻塞产道时，须用剖腹产。对孕妇不能使用足叶草酯，这种药物吸收后会引起婴儿畸形或死亡。

什么是阴虱病

阴虱病主要是由寄生于人的阴毛和肛门周围体毛上的阴虱叮咬其附近皮肤，从而引起瘙痒的一种传染性寄生虫病。阴虱是虱子的一种，产卵于人的阴毛根部。成虫虱体如芝麻大小，它在用其喙器刺入人的皮肤吸取血液时，即把人的皮肤咬伤，又将其有毒唾液注入人体，还边吸血边排粪，故引起阴部皮肤瘙痒及炎症反应。

阴虱病多发生在那些卫生条件差，居住环境拥挤的人们身上。阴虱通常由性接触传播，夫妻往往同患阴虱病，因此，阴虱病也属于性传播疾病。此外，它也可以通过内裤、床垫或坐式便器间接传播。女性的阴虱比男性更常见（可能是与女性有大量毛发有关）。阴虱在年轻独身者中的发生率正在上升。一般来说，阴虱的宿主是人，而不是动物。

阴虱虽然主要寄生于阴部和肛门周围体毛，但也偶见寄生于腋毛、眉毛或睫毛。它常贴伏于皮肤表面，也时常凭其螃蟹样的足爪紧抓阴毛，其卵则可牢固地黏附在阴毛上。皮肤被阴虱叮咬后，可出现高出皮面的红色丘疹，病人感瘙痒，经搔抓往往继发湿疹或毛囊炎。少数病人在股内侧或躯干处还可见蚕豆大至指头大的青灰色或淡青色的青斑，不痒，压之不退色。这是由于阴虱吸血时，使人的皮肤微量出血，加上阴虱唾液中的色素使人的血红蛋白变为绿色而形成的。这种青斑可在阴虱杀灭后继续存在数月之久。将拔下的阴毛置于玻片上，在显微镜下如见到虱卵，即可确诊。

怎样预防和治疗阴虱病

1．预防

预防阴虱病首先是要杜绝卖淫嫖娼和性乱，还要搞好个人卫生，勤洗澡，勤换衣。如发现阴虱病人除及时治疗外，还应追踪传染源，特别是对其性伴侣，应予以检查治疗。对病人使用的衣物、床上用品和污染物应煮沸灭虱或用熨斗熨烫。

2．治疗

对该病的治疗，主要是外用药物。首先应尽可能剃除阴毛并用火将阴毛烧毁，内衣、衬裤要煮沸或熨烫。阴虱在体外可生存6天。为了尽快地杀灭阴虱，并减少再感染或感染他人的机会，必须将衣服和床上用品用干燥机加热50℃半小时，即足以杀死阴虱。

外用药物有：

① 0.01%二氯苯醚菊酯溶液：这是一种高效低毒杀虫剂，一次外搽使阴毛全部湿润，3天后洗净即可。此药对阴虱卵也有杀灭作用，对人体无害。但应注意防止误食或误入眼睛及黏膜。

② 25%～50%的百部酒精浸液：每日外搽2次，连续3天，再用温米醋涂搽。以破坏阴虱卵与阴毛之间的黏着物，可使阴虱卵易被除去。

③ 25%的苯甲酸苄酯乳剂、1%的升汞酒精、1%的六氯苯霜、10%的硫黄软膏或优力肤霜等。

④ 10%的硫黄炉甘石洗剂或5%的白降汞软膏可搽皮损处。

⑤如有继发感染，可局部外用抗生素软膏。

如用上述方法治疗7～10天，又有新的虱卵出现，应重复治疗1次。此外，病人往往同时染上其他一种或几种性传播疾病，因此还应同时对其做有关方面的检查。

阴道毛滴虫病

阴道毛滴虫病是由鞭毛原虫——阴道毛滴虫引起的一种最常见的性传播疾病。主要侵犯女性阴道，也可因性交使男性泌尿道感染。成年妇女阴道滴虫感染率高达95%。据估计每年约有300万病例，大多数是性传染的。医学界认为毛滴虫病现在是一种主要的性传染病，因为本病最多见于性活跃年龄和其他性传染病的高危人群。

阴道毛滴虫寄生于人类的阴道中，尿道也是一个重要栖息场所。有些妇女阴道内虽然有阴道毛滴虫寄生，但是可以完全没有临床症状，当身体的抵抗力减低，阴道内pH因各种原因变成碱性时，阴道毛滴虫可大量繁殖而出现临床症状。另外，妇女在妊娠期和月经后，由于阴道内的乳酸杆菌较少，pH 接近中性，也易感染毛滴虫。毛滴虫主要是通过性交的方式传播的。已经证实在患有毛滴虫阴道炎的妇女中，其丈夫的尿道、尿液和前列腺液中发现有毛滴虫。

如何治疗性病性淋巴肉芽肿

首先是药物治疗，根据病情可选用下列药物之一：

1. 强力霉素 100 毫克，每日 2 次，连服 21 天。

2. 四环素 500 毫克，每日 4 次，连服 21 天。

3. 红霉素 500 毫克，每日 4 次，连服 21 天。

4. 复方新诺明 2 片，每日 2 次，连服 14 天。

此外还有局部疗法。对波动的淋巴结应用针筒抽去脓液，严禁切开引流，以免延迟愈合。对直肠狭窄者，初起者可做扩张术，严重者可采用外科手术治疗。

第三辑　中老年健康保健生活常识

第一章　中老年人身体健康常识

老年的起点

人的年龄有时序年龄与生物学年龄之分。时序年龄是指个体自出生以后经历的年代，又称年代年龄或年历年龄；生物学年龄是根据个体的生理学和解剖学状况确定的年龄，又称生理年龄。

时序年龄取决于个体出生时间的早晚，生物学年龄取决于人体组织器官结构和功能退化的程度，二者不一定一致。例如，有的人时序年龄较大，却可能仍然生机勃勃，生物学年龄并不大；有的人虽然时序年龄不大，却可能早已显出老态，生物学年龄并不小。在老龄问题的研究中，一般指的是时序年龄。

根据一般人生长发育情况，可以把人的一生分为八个时期：0 ~ 5 岁为幼年期，6 ~ 11 岁为童年期，12 ~ 17 岁为青春期，18 ~ 24 岁为青年期，25 ~ 44 岁为壮年期，45 ~ 59 岁为初老期，60 ~ 89 岁为老年期，90 岁以上为长寿期。

大致说来，25 岁以前，人体以生长发育为主，所以这段时间也可总称为发育期；25 ~ 44 岁为成熟期；45 岁以后为衰退期。

至于什么年龄以后算作进入老年，由于各国社会、经济、历史情况不同，也由于研究问题的角度不同，在进行统计时并无同一标准。在国际上，人口统计中，50 岁、60 岁、65 岁均作过老年的起点。1982 年，老龄问题世界大会上，联合国讨论老年人问题时，用 60 岁为标准，而联合国以及一些欧美国家在进行人口统计时，为了与过去的人口资料保持一致，仍沿用 65 岁为标准。

1964 年我国第一届老年学与老年医学学术讨论会曾规定 60 岁为老年起点。1981 年，第二届老年医学学术会议建议以 65 岁为老年起点的标准。

老年起点的标准是一个历史范畴，也是一个地域范畴，它以人的自然属性为基础，又具有现实社会意义。不同的人口，不同时间，不同的研究角度，其标准不同。

动脉老化与人体的衰老

从某种角度看，你的年轻程度的一个标志是你的动脉。动脉老化在所有衰老过程中是最重要的因素，当你的动脉没有得到很好的照顾时，它们被脂肪堆积堵塞，减少了组织氧气和养料的获得。当这种事情发生时，不只是你的心血管系统，而且你的全部身体会衰老得更快。心血管病是全美国成年人的第一杀手，超过40%的人死于此病，超过一半的人患有严重的心血管病。患高血压（超过140/90毫米汞柱）会使人的真正年龄比血压较低（115/76毫米汞柱以下）的人衰老25岁。你把你的动脉照料得越好，你的动脉就越年轻，你也就越年轻。

免疫系统老化与健康

不要让你的免疫系统使你变老。当你逐渐变老的时候，你的免疫系统也开始衰退，它会忽略非常重要的警示信号，变得粗心大意。你会因为免疫系统发生故障而死于癌症或者其他疾病。例如，当你年轻的时候（个别情况除外），你的细胞里的基因控制系统会防止细胞发生癌变。如果这些细胞控制中有一个出现了差错，你的巨大的免疫系统会认出你身体内的癌变前期的细胞并消灭他们。所以，你的身体有一个双重抗癌的结构，一个在细胞内，一个在全身的器官内。当你衰老的时候，在细胞内的基因控制系统和你的免疫系统都变得容易出现故障，你也就更容易患癌症。患关节炎就是免疫系统失灵的例子，这也是为什么关节炎和衰老有关。因而我们应该通过维持良好的免疫系统，尽力避免这些疾病和防止过早衰老。本书中的内容将会有助于你保护基因控制系统和免疫系统，将向你描述减轻生活压力的方法，而正是这些压力使得你的免疫系统的平衡受到破坏，而加强锻炼将有助于维持你的免疫系统状况良好。

正确对待死亡

死亡是人生的终点，是必然结果，没有任何人可以摆脱这一结果。不同的是，有些人死得早些，有些人则死得晚些。

过去，在战争、饥饿、灾荒频繁的年代，死亡经常发生，不同年龄的人都会出现死亡，婴儿死亡率也很高，人们感到死亡是不可避免的，是生活中自然的、正常的现象。

19世纪60年代，殡葬业从欧洲兴起，埋葬前的尸体从家中转到一些特别机构，死者由一些受过专门训练的人来处理。对大多数人来说，死亡是件很难了解的事。与此同时，人口死亡率因生产力提高、卫生事业发展而大幅度下降，生活中的死亡现象不断减少，于是，死亡变成一种陌生而神秘的过程。死亡问题也由过去经常谈论的话题变成忌讳提及的话题。许多人缺乏死亡的精神准备，对死亡的恐惧心理由此产生，他们不愿意了解关于死亡的常识，总觉得自己离死还早着呢。

尽管人口死亡率在下降，但事实是，我们每一个人都正迈向死亡。对一般人来说，年轻时死亡的来临似乎很遥远，而对老年人来说，则会经常遇到。心理学家提醒人们，死亡来临之前，做好思想准备要比无准备好。如果死亡突然来临，个人及周围的人的适应能力会比较迟钝，束手无策。若死亡是在一个长期疾病后发生，则人们有了心理准备，适应能力增强了。

不想死，是人的本能。老年人也存在强烈的生存愿望，但是，人总是要死的。对待死亡应采取唯物主义的态度。在身体尚好的时期，我们应尽力工作，丰富生活，充分显示生命的价值。当身患重病时，积极配合医生治病。若知道死亡即将来临，及时安排好后事，冷静等待生命的最后一刻。

人是社会动物。机器坏了就停止运转，被处理掉了。人的生命因死亡而停止，它的影响还会依然存在，不会由于生命的终止而停止。

老年人缺水与脑血栓

由于老年人对口渴感觉迟钝，加之代谢的紊乱，或因疾病而服用利尿药等，易引起缺水。当水分减少5%时，会出现尿量明显下降、口干口渴、血压下降、心悸、体温轻度升高等症状。当水分减少8%时，会出现意识障碍、血压明显下降，进而精神错乱、狂躁、昏睡，医学上称为高渗透压性非酮性昏睡状态，易被误诊为脑血栓、脑缺血等。有统计表明，因缺水误诊造成死亡的占40%之多。可见人至老年不注意饮水是相当危险的。每日尿量一旦低于500毫升，就应考虑到有发生脱水的可能性，应积极补水。

为什么老年人容易得慢性支气管炎

慢性支气管炎是呼吸道疾病中的一种常见病、多发病。据流行病学调查发现，年龄越大，发病率越高：气管炎的患病率平均为4%，但是50岁以上的患病率高达13%～18%，60岁以上比30～40岁的发病率高6～7倍。说明年龄在慢性支气管炎的发病中是一个重要的因素。

那么，老年人为什么容易患支气管炎呢？

第一，老年人正常生理功能和青年人有所不同，如老年人肺活量、肺血流量减少，呼吸功能储备均逐渐缩小等；第二，老年人的组织和脏器呈衰老状态；第三，在吸收、代谢和排泄功能方面，也有很大的差别；第四，防御外界的刺激和抗病能力明显减低。

有人用化学测定方法研究证明，随着年龄的增加，肺组织的弹性增强、蛋白含量也增多。还有人对17岁和70岁的尸体进行了组织学的对比，发现老年人肺泡壁的弹力纤维网明显增生，弹力纤维也变粗。这些都说明老年人肺组织的弹力降低，肺功能下降，影响气体交换。

老年人上呼吸道黏膜对外界刺激敏

感性降低，容易吸入有害气体，造成气管炎。有人给不同年龄组吸入1.6%氨气做实验，结果发现：从40岁开始吸入量增加，55岁急剧上升，60岁以上者比20岁者增加6倍。

老年人的喉头防御能力的下降，也是老年人呼吸道变化的一个特点。胃里的食物容易逆流到呼吸道内，造成感染。有慢性鼻窦炎时，其脓性分泌物也容易被吸进呼吸道内。这些都是造成痰液排出困难、黏液蓄积的因素，给细菌继发感染创造了条件。这也是老年人慢性支气管炎多发的原因。

随地吐痰害人害己

随地吐痰可不是一件小事。痰中都有些什么东西呢？肉眼是分辨不出来的。把痰放在显微镜下可以看到，有上皮细胞、黏液丝、灰尘的颗粒、弹力纤维、白细胞、红细胞、细菌、病毒、真菌等微生物，还可以看到由于病变破坏的一些坏死组织，为坏死的各种细胞残骸、脓、血、分泌物等。

健康人是不应该咯痰的，只有患呼吸系统疾病时才有咯痰的症状。一般地讲，灰白色痰常见于初期上呼吸道感染的疾病，白色泡沫样黏液痰多见于支气管炎、肺气肿及哮喘的病人，黄色脓性痰证明支气管或肺内有细菌感染，黄绿色脓痰最常见于肺脓疡、支气管扩张及重症肺结核的病人，而大量黑色痰多见于煤矽肺的病人。当然这也不是绝对的，有的病人同时患有两种疾病，或病期的不同也可出现不同性质的痰。正常人偶尔吐一两口黑色痰是由于吸入空气中大量的灰尘所致，没有什么临床意义，不要过于紧张。

肺结核病是由结核杆菌引起的。结核杆菌菌体很小，长约4微米，宽约0.5微米。肺结核病主要是通过空气传染的，也就是排菌的病人（也叫开放性病人）咳嗽时，喷出的飞沫带有结核菌，从而传染给健康人。再就是结核病人随地吐痰，痰中的结核菌附着在尘埃上，痰干燥后随风飞扬，造成感染机会。有人将公共场所的痰迹做化验检查，发现有3%～6%的痰中带有结核菌。

在开放性肺结核病人的痰里，每毫升就可以查到10万个以上的结核菌，真是“小小一口痰，细菌千千万”。

结核菌的生命力很强，痰中的结核菌在阴暗潮湿的地方可以活7～8个月。有人把痰吐到地上，怕不好看，用脚踩着痰在地上一搓，这样一来与灰尘混合，干燥更快。痰中结核杆菌粘在尘土上，当扫地、车辆通过或起风时，尘土里的结核菌就会随风而起，飘散在空气中。人们吸进了空气中的结核菌，就容易得病，尤其是对结核病抵抗力比较弱的少年儿童，更容易被传染。由此可见，随地吐痰是传染结核病的祸根。

那么，还有哪些病会因为随地吐痰而传染呢？除了肺结核病外，其他呼吸道传染病及一些全身性疾病，如感冒、流感、气管炎、肺炎、麻疹、百日咳、白喉、上呼吸道感染等的病原体也是由于咳嗽、随地吐痰而传染给健康人的。

随地吐痰不但可以传染疾病，危害人民健康，而且还是破坏公共卫生，不文明，不道德，影响国家声誉的一种恶习。清朝末年李鸿章被派到英国当大使，他把痰吐在地毯上，此事被当做笑话流传。希望再也不要出现这样不文明的行为了。

作为21世纪的现代人，我们应该是文明的，健康的，遵纪守法的。为了您和他人的健康，请勿随地吐痰。否则，害人害己。

中老年人的皮肤保养

皮肤老化一般从30岁开始，许多人在眼角先出现皱纹，因皮脂分泌开始减少，所含水分也减少，皮肤失去良好的滋润与弹性。在40岁左右，皱纹较为明显。此时皮肤呈现初老现象，皮肤干燥，缺乏光泽，皮肤开始松弛，出现皱纹，色素沉着等。50岁以后衰老较为明显，皮肤松弛，皱纹加深。60岁以后衰老更为显著，开始出现老年斑。此阶段皮肤的养护十分重要，采取积极正确的皮肤养护方法，除涂擦护肤品外，还应积极对皮肤进行按摩，对推迟皮肤老化进程有重要作用。

老人保健十条建议

1985年冬，在纽约召开的世界老年医学年会上，提出老年人强身保健的10条建议：

①讲究饮食卫生。少食多餐，切忌暴饮暴食。②保证适当运动。从简单的散步到各项体育活动都可参加，但不要带有竞争的心理。③避免离群索居。保持与家人和朋友们的联系和往来，不要独居一室，与世隔绝。④不要停止工作。参加力所能及的体力劳动，常与人交谈，寻找新活动，克服年老无用的心理。⑤倾听他人呼声。别人（年轻人和中年人）需要你的经验和教益，应该满足他们的不同需求。⑥叶落应当归根。年纪一大，应该回到你熟识的天地里去生活。⑦切忌闭门不出。不要当配偶的附庸，夫妻双方都应该保持自己原有的情趣。⑧提倡文化活动。退休后，可以有时间从事以前被迫放弃的各种爱好，如阅读、下棋、音乐、摄影等。⑨注重仪容打扮。不注意体形和服饰，意味着自暴自弃的开端。⑩留出思考时间。进入老年后，要有足够的时间回忆以往。

多吃素食利于老年人保健

老年人活动量少，消耗也少，体内的各器官功能自然减退。在这种情况下再多吃含蛋白质高的食品，就要加重消化器官的负担，产生消化不良症，逐渐出现胸腹胀满、嗳气吞酸、口味恶臭、夜间多梦，甚则失眠、烦躁、泄泻等症状。日久则神经衰弱、消化迟钝、重时成为胃呆症，两三年后便会明显衰老，以致血压升高、动脉硬化、心脏动力失常、脑血管痉挛、患冠心病等。

现代医学认为。一个青壮年人每天需要蛋白质50～100克，老年人则可适度减少。提倡吃素，正是这个道理。因为荤食热量高，不易消化吸收，对一个运动量小的老年人来说，少吃为好。

人到老年，要特别注意饮食的结构与成分。老年人的身体，从健康逐渐走向衰老。肌肉力逐渐减弱，消化腺的分泌也逐渐减少，因而消化不充分、不完全。另外，老年人的物质代谢也不如青少年旺盛，消耗相对减少。一些代谢物质就容易堆积下来，胆固醇就是容易堆积的代谢物质中的一种。过高的胆固醇容易在管壁上沉积引起血管“粥样硬化”病变。

血管“粥样硬化”所产生的严重后果，就是高血压症。老年人消化力减退，还容易造成便秘。相当多的老年人经常为便秘而苦恼，常吃细粮，过少摄食含纤维组织的食物，就会出现此类现象。

老年人多吃素食和蔬菜，除了对于防止心脏病、高血压、糖尿病、肠癌等病有积极作用以外，对于防止衰老，争取长寿也具有十分积极的意义。这是因为素食中含较多的维生素C和维生素E，维生素C可以促进细胞对氧的吸收，同时促进这些间质的形成，有利于细胞的修复；它还可增加抵抗病菌的抗体的形成。维生素E也能促进细胞分裂，延缓细胞衰老，延长寿命。

由此可知，淡泊饮食的确是中老年人争取健康，走向长寿不可缺少的一个重要方面。中老年人应多吃糙粮（如玉米、高粱、甘薯等）和含大量粗纤维的蔬菜（如芹菜、油菜、白菜、雪里红、甘蓝、萝卜、豆类）。

老人饮茶与健康

茶对身体的影响主要有三方面：第一，茶所含的咖啡因是兴奋剂，能兴奋精神，促进全身血液循环和呼吸，升高血压。因此，用量不宜过大，否则会增加心脏的工作量。由于兴奋神经的作用，它们还会干扰休息和睡眠。

第二，饮茶促使人建立饮水习惯，因此有利尿的作用。这对老年人有利，因为老年人大多缺乏饮水习惯。但饮水过多要增加肾脏的工作量，因为肾脏需要做更多的工作，才能把代谢后的残物浓缩起来，使之在有限的尿量中排出体外。

第三，茶内含有比咖啡因多2～3倍的鞣酸，它能把食物中的蛋白质凝结成块，因此增加胃肠管的消化工作量，有时会增加便秘与气胀发生的机会。

根据茶对身体的上述三种影响，这里提出饮茶的注意事项：

1. 睡前避免饮浓茶，以免影响睡眠。

2. 有严重心脏病、肾脏病、浮肿等疾病者，要慎用茶。

3. 有胃肠道疾病和功能紊乱，如胃和十二指肠溃疡，便秘和气胀等应慎用茶，必要时可停用一段时间，以作对照。

4. 比较合理的饮茶法是在清晨起床后，泡一茶缸茶水，慢慢饮呷，不断加水。

这样在清晨时，茶水内的咖啡因和鞣酸浓度较高，使人清醒。到中午时，茶水渐淡。到了下午就逐渐变为以饮水为主，这是非常科学合理的。

防癌十要领

1. 不要抽烟。如果你抽烟，尽快戒掉。更不要在别人面前抽烟。

2. 少喝酒。喝酒多、抽烟多，会增加患食道癌的几率。

3. 避免过多晒太阳。

4. 处理致癌物质时，坚持安全操作。

5. 多吃新鲜水果、蔬菜和多纤维谷物，少吃脂肪类食物。

6. 注意体重，避免发胖。

7. 如果发现肿块、痣有变化和不正常出血，请及时找医生诊治。

8. 如果经常咳嗽或哑嗓、便溺有问题，原因不明的消瘦，及时请医生诊治。

9. 妇女应该定期做子宫颈涂片检查。

10. 妇女应该定期检查乳房。

中老年妇女更年期保健

随着年龄的增长，妇女从生育旺盛期转入更年期并过渡到老年期，是一个逐渐变化的过程，也是必经的生理过程。

伴随社会的发展和人民生活水平的提高，人类的寿命在逐渐延长，女性绝经年龄也有所推迟，平均在 47 ~ 48 岁。

更年期一般开始于 40 岁后，但个体差异较大，与月经初潮时间、婚否、孕产次，以及患者体质有关。

这一期间卵巢功能减退以致消失，下丘脑、垂体功能亢进，生育能力和性活动能力下降，月经由不规律到停止，性器官逐渐萎缩。多数妇女通过神经系统和内分泌系统的调节和适应，可以顺利度过更年期，但也有不少妇女出现以植物神经系统功能紊乱为主的症状群。主要症状有月经及生殖道改变，血管舒缩综合征，精神症状，尿道症状，皮肤及毛发的变化，骨与关节症状及心血管病变等，症状轻重不一，重者严重影响正常生活和工作。

除此之外，更年期还要特别警惕各种肿瘤病的发生。由于卵巢功能低落，垂体功能亢进，又由于卵巢不能排卵，不能周期性分泌雌、孕激素，只能产生单一的雌激素，对乳房、子宫等长期刺激，可致肿瘤发生。另外，随着年龄的增长，新陈代谢减慢，各个器官的细胞易不规律地生长，而有发展为肿瘤的趋势。最常见的妇科肿瘤为子宫颈癌、子宫内膜腺癌和卵巢肿瘤，而既往存在的子宫肌瘤也易发生变化。因此，为保证更年期妇女能够顺利度过这一时期，必须注重更年期妇女保健工作。

1. 普及更年期卫生知识，使更年期妇女认识到这是妇女一生中自然发展的生理过程，是一个过渡时期，经过一段时间，体内的各种内分泌系统和神经系统之间的平衡逐渐得到调整，症状会逐渐缓解，所以更年期妇女应消除不必要的顾虑和精神负担，保持乐观情绪。同事和家人也应了解有关知识，给予关怀和谅解。

2. 生活规律，劳逸结合。注意饮食起居，保持良好睡眠，适当参加体育锻炼，如散步、练太极拳及气功等，增强体质，提高抵抗力，促进、改善血液循环和神经系统的调节作用。饮食营养搭配合理，多吃蛋白质、蔬菜、水果及鱼、虾等海产品，少吃含动物脂肪多的食物，防止过于肥胖。补充足够的钙，增加户外活动，延缓绝经后骨质疏松症的发生，提高生活质量。

3. 平时可服用各种维生素，如维生素C、B、E等，此类药物能对身体代谢起促进作用。症状较重者还可以对症应用镇静安眠药等，或调节精神药物和中药来缓解症状。

4. 更年期的症状较重时，在无雌激素禁忌的情况下，采用雌激素替代疗法，可以缓解更年期症状，防治绝经后骨质疏松症。但必须在医生指导下应用，并应定期监测子宫、乳腺。应用原则为采用能控制症状的最小有效剂量，并应定期重新估计剂量，逐渐减至最低限度。对曾患有子宫内膜癌、乳腺癌或家族中有患有以上癌症者，以及充血性心衰、肝、肾疾病、子宫肌瘤、高血压、糖尿病、胆道疾病、血栓性静脉炎等均不可应用。

5. 定期健康检查。一般应每半年至一年进行一次，其中包括宫颈癌涂片及乳腺检查，如果出现绝经后出血，水状或臭味白带，腹部出现肿块或疼痛，应随时到医院检查，以期早期发现，早期治疗。

老年人肺炎的防治

目前，肺炎仍然是老年人死亡的一个重要原因。因此积极预防老年人肺炎是很有必要的。

老年人肺炎有4个特点：第一是发病率高。这是因为老年人随着年龄的增长，防御免疫功能衰退，呼吸道的黏膜细胞发生萎缩、脱落，影响了它们排除异物的能力，同时也降低了人体的抵抗力，细菌就有机可乘。再加上老年人没有力气将痰排出体外，使细菌更容易繁殖。第二是早期诊断比较困难。这是因为老年人肺炎的早期，一般肺部病灶比较少，部位比较深，症状不明显，再加上老年人神经反应迟钝，就是病情比较重，症状也比较轻。第三是治疗的效果比较差，病程比较长。这跟老年人本身的抵抗力差，反应迟钝有关。比如，有些老年人用了抗生素以后，还没有收到理想的治疗效果，可是副作用就出现了，因此只好改用其他药物，这样也影响治疗效果。第四是并发症比较多。老年人肺炎的合并症有多种多样，比如，化脓性胸膜炎、化脓性脑膜炎、肺脓肿和心包炎等等。不论是哪种并发症，都是老年人肺炎的危险因素，应该特别引起重视。

防止老年人肺炎的关键在于积极做好预防工作。这就要养成良好的卫生习惯，做好卫生工作。比如，经常开窗通风，被褥经常洗晒，注意劳逸结合，随着气候的变化，及时增加或减少衣服。还可以根据个人情况，开展适当的体育活动，增强体质。另外，老年人要尽可能戒烟。稍微有些不舒服，就应该认真对待，特别是突然的发冷、高烧，并且有呼吸道症状的，就要考虑是否得了肺炎。

老年人起居保健五注意

1．起床莫先叠被。人们起床后，总先忙着把被子叠好，这不利于健康。人本身也是个污染源，在一夜的睡眠中，人体的皮肤会排出大量的水蒸气，使被子不同程度地受潮；人的呼吸作用和分布全身的毛孔可排出多种气体和汗液。国外有些专家测定表明，人从呼吸道排出的化学物质有151种。被子吸收或吸附了水分和气体，如不散发出去，易使被子受潮和受化学物质的污染。

正确的方法是，起床后随手将所盖被翻个面，并把门窗打开，让水分、气体自然散发、逸出。等早饭后再将被子叠好。

2．尽量减少家庭噪音。长期生活在噪音超过80分贝的环境中的人会出现头晕、头痛、失眠、多梦、心律加快、血压升高等症状，在这种环境下进餐又会出现食欲不振、恶心、消化不良等症状。噪音对儿童更是不利，它会影响孩子的智力发育。在家用电器中，电冰箱、电风扇、洗衣机是40～70分贝，电视机、收录机、缝纫机是50～80分贝。我国规定的居民区内的噪音标准为：白天不得超过50分贝，夜晚不得超过40分贝。二者对比可看出，家庭中只要同时启动两种电器，其噪音就会大大超过规定标准。为保持健康，家用电器一定要慎用，这样才能减少噪音污染。

3．室内不宜放哪些花？室内适当放些花卉，可以美化环境、陶冶情操，但有些花卉散发出的气味，可使人感到不适，影响健康。因此室内存放花卉应有所选择，下列花卉不宜存放于室内：

丁香、夜来香晚间可散发大量刺激性微粒，对高血压和心脏病患者影响尤大；夹竹桃虽花香娇艳，但久闻可使人昏睡，智力下降；松柏类花卉散发的油香，常使人感到恶心和厌腻；洋绣球散发的微粒，可使人皮肤过敏而发生瘙痒；郁金香的花朵有毒碱，长时间接触会导致毛发脱落。

室内，特别是卧室，不论存放什么花，晚间最好拿出去，以免花卉与人争氧，使卧室空气污浊。

4．谨防养鸟病。在鸟的粪便中，含有一种鹦鹉病毒和鸟型结核杆菌，这些病毒和病菌飞扬在空气中，养鸟者吸进肺里，容易引起气管炎、肺炎、肺结核等疾病。另外，鸽子的唾液和呼吸道中，往往潜藏着许多隐形菌，这种病菌可通过呼吸道侵入人体内，引起一种特殊的脑膜炎。病人患病后出现高烧、头痛、呕吐、抽风、颈项强直、昏迷等症状。因此，养鸟者要注意卫生，以防疾病。家庭养鸟的种类和数量不宜太多；鸟笼要保持清洁；鸟的食品残渣和鸟粪要经常清除；鸟笼最好挂在室外或其他房间，不要挂在卧室；观赏鸟时不要离得太近，患病期间不要观赏鸟。

5. 养猫与狂犬病。狂犬病是由病毒引起的以中枢神经系统病变为主的急性传染病。顾名思义，许多人把狗当做传播本病的唯一动物。其实，传播狂犬病的动物种类很多，其中猫就是重要的一种。据统计，有5.25%的病例是被感染了狂犬病毒的猫抓咬后发病的。

目前，饲养猫的家庭比较普遍，猫传播狂犬病的问题也应当引起重视。首先，被猫抓咬后要善于识别是否是病猫。猫发病初期，喜欢身在阴暗角落里叫个不停，声音嘶哑。进入兴奋期后，出现流涎、伸舌、低头狂奔、乱咬异物或望空扑咬及遇到刺激时有高度惊恐等症状。对于病猫要进行捕杀，深埋或焚烧；一旦被猫抓咬受伤，一定要及时请医生处理，不可掉以轻心。若被无明显病证的猫抓咬后，对猫也要进行10～14天的观察，如果猫不发病，则被咬者不必按狂犬病处理。

第二章　中老年人的体育运动保健

老年人的运动保健

“生命在于运动”，运动可以促进健康。老年人长期坚持体育锻炼和体力劳动，对改善老年人的新陈代谢和各器官的功能活动，延缓衰老的发生具有重要作用。我国东汉著名医学家华佗说：“人体欲得劳动，但不当使极耳。动摇则谷气得消，直脉流通，病不得生，譬如户枢，终不朽也。”老年人由于离退休，生理、运动功能减退及疾病的影响，运动和体力劳动减少，不利于健康。因此，老年人应注意从事适当的运动和体力劳动。

老年人进行体育运动应采取正确适当的方式，有躯体疾病的则应在医生的指导下进行。

1. 运动强度要适当：老年人应根据年龄、衰老的程度、躯体疾病的状况，选择适当的运动强度，从散步、跑步、太极拳、体操、保健操到球类运动、游泳等，量力而行，运动后应感到身心舒畅，而不觉得过于疲劳甚则精疲力竭。

2. 适宜的运动时间：运动时间的长短与运动量具有相同的意义，运动时间也要以运动后感到身心舒畅为宜，即使最轻的散步，时间过长，也容易疲劳。同时，运动的时间也要注意，老年人有早起的习惯，早晨空气新鲜，也是最适合老年人运动的时间。

3. 选择适当的运动项目：老年人运动时，应注意选择力所能及的以及自己感兴趣的运动项目，适合于自己的身体和心理耐受力。一般不宜进行竞争力强、运动速度快、头身运动幅度大的项目。目前，气功锻炼在老年人中较盛行，但由于不能师从真正的或好的气功老师，故不能正确充分地理解气功功法。大部分老年人进行气功锻炼不得法，甚则走入误区，反而影响身心健康。因此，进行气功锻炼时，尤应注意。

4. 自我监督：老年人运动后要注意自我监督，观察运动是否过量。心脏负荷数即为运动后每分钟脉搏的次数，简单的计算方法为170减去年龄，如运动负荷数超过170减年龄的数值，说明运动过量。

5. 针对躯体疾病进行运动：应在医生的指导下进行，如患慢性阻塞性肺疾病的人进行深呼吸运动和锻炼腹式呼吸，脑血管病后遗症的病人进行肢体功能锻炼运动等。

6. 注意脑力运动：老年人应注意从事脑力运动锻炼，如棋、琴、书、画、阅读书报等，应根据自己的爱好和擅长选择适当的项目，以延缓脑和精神的衰老。

老年人冬泳锻炼要谨慎

冬泳时，急剧下降的温度或温差会引起机体的应激反应，对高血压病患者有恶性刺激，患者经常处于高度应激状态对健康不利。人在零下10～20℃时只能存活10～15分钟，而0～5℃时可到45分钟。因为我们生命代谢的环境是36～37℃。体温降至一定程度时，代谢紊乱将导致生命终止。专家观察发现，一组人先洗桑拿浴（温度70～90℃）再进入冰水中（0℃）数分钟后，其血中的肾上腺素浓度比正常人高了两倍，血压也明显升高。还有一组人直接从常温(20℃)进入冰水中，血压也升高，但幅度稍小。

人体对于低温变化的即刻反应是强烈而一致的，但长期慢性的作用因人而异。对于正常健康人体的作用是有利还是有害则有争论。冬泳被称为“血管体操”。冬泳后血高密度脂蛋白有一定程度的升高，低密度脂蛋白则有所降低，对改善微循环状态、高黏滞血症和动脉粥样硬化有积极作用，还可调整中枢神经系统的兴奋和抑制的平衡，改善植物神经系统的功能，清除人体内有害自由基。此外，冬泳还有增加免疫球蛋白的作用。因此一些冬泳爱好者自我感觉良好，食欲增强、睡眠质量高、少感冒。

但是，安全是第一位的，已经参加冬泳的人要经常做健康体检，如果出现心脑器质性疾病、急慢性传染病、精神障碍、体质过弱以及妇女经期等要绝对禁忌冬泳。目前参加冬泳的人主要是老年人，他们是慢性病的高发人群，因此除了每年的常规体检外，冬泳开始之前、之中和之后也必须经常测量血压、脉搏、体温，并做心电图。针对原有疾病，应密切在医师指导下用药。随年龄的增加，逐渐减少冬泳的时间和次数。高龄者最好逐渐停止冬泳，改为冷水浴，作用相同。

老年人冬季健身“七戒”与“五忌”

七戒

1. 戒过分剧烈运动。短跑因消耗体能过多，一般老人不适宜。跳高、跳远、健身操等项目，极易引起骨质疏松的老人发生骨折。

2. 戒不做准备活动。老人锻炼之前，

务必做好准备活动，如弯腰屈膝，放松肌肉，做深呼吸等。

3．戒急于求成。刚开始锻炼的老人，不妨逐渐增加运动量，每周参加锻炼至少3次，每次不要超过20分钟，以后可逐步增加锻炼次数以及每次锻炼的时间，并且持之以恒。

4．戒坏天气参加运动。老年人大多反应迟钝，坏天气可能引发种种事故，特别是严寒、刮大风、雨雪天等天气。

5．戒仅从事一项锻炼。如长年参加某项锻炼，兴致往往可能大减，不妨多选择几项自己感兴趣的项目，既增添锻炼兴趣，且对身体更有好处。

6．戒单独锻炼。老年人特别是患有心脏病的老人，最好不要独自锻炼以确保安全。

7．戒穿皮鞋锻炼。有的老人以为锻炼运动量小，就“潇洒”地穿皮鞋锻炼，殊不知老人脚病本来就多，穿皮鞋锻炼易受伤。

“五忌”

1．忌负重锻炼。老年人肌肉有些萎缩，肌力明显下降，而且神经系统协调反应能力较差，负重引起的紧张力，易对局部肌肉造成损伤。

2．忌争强好胜。锻炼时，负荷超过机体能力，对身体不利，因此，锻炼时要心平气和，愉快从容，不要与别人比高低而进行力不从心的运动。

3．忌过分激动。情绪过分激动，往往容易诱发心血管病证。运动一定要以娱乐为主，不宜进行剧烈的竞技比赛。在锻炼过程中，若感到脉搏太快，心胸闷郁，头昏眼花，心律紊乱等，应立即停止运动，请医生检查。

4．忌憋气过久。老年人的心血管功能有所减退，心肌收缩力变弱，动脉壁弹性差，血压较高，代谢功能差。而憋气时，胸腔内压力骤然变高，使心脏负担加重，血液回心不畅，易发生头晕目眩，甚至昏厥。高压上升，容易发生脑血管意外。

5．忌急于求成。老年人对承载负荷的适应能力较差，如果负荷增加过快过大，就容易发生意外。

老年人健身要多练腿脚

有人说“人老先从头上老，白头发多黑头发少”。这种说法不确切。科学家认为，人老先从腿上老。上了年纪的人由于腿部肌群力量逐渐减弱，韧带弹性变差，下肢负重能力降低而显得步履蹒跚，老态龙钟，走起路来趔趔趄趄，这是衰老的一大特征。许多老年人在入冬前腿脚很灵便，可当秋去冬来，天气变冷后，会变得步履沉重显得衰老许多，这是为什么呢？医学专家们认为除自然衰老的因素外，与老年人冬季腿脚活动少有直接关系。因此，在老年人保健中，腿脚的保养至关重要。

这里推荐一套锻炼腿脚的保健动作。

1．倒退行走益循环

人向前行走时，是足跟先着地，重心逐渐移向足尖；而倒退时，是足尖先着地，重心向后移到足跟，这样更有利于静脉血由末梢向近心方向回流，更有效地发挥双足“第二心脏”的作用，有利于循环。另外，倒退时，改变了脑神经支配运动的定式，启用了不少平时不常运用的神经结构，强化了脑的功能活动，可防因废用而脑萎缩，每次倒走百步为宜。

2．踮脚走路练屈肌

踮脚走路，就是足跟提起，完全用足尖走路，这时你会感觉到足心和小腿后侧的屈肌群十分紧张。行走百步即可，不能一气呵成，可分段进行。这比一般行走时对屈肌的锻炼要强得多。从经络角度看，有利于通畅三阴经。

3．足跟走路练伸肌

即把足尖跷起来，类似小脚女人样，用足跟走路，这练小腿前侧的伸肌，行百步，疏通三阳经络。

4．卧位运动趾与踝

仰卧床上，双下肢平伸，双足一起交替做屈趾、伸趾运动 50 次，五趾分离并拢 20 次，然后屈髋、屈膝、伸屈旋转踝关节 20 次，这是整套运动的准备动作。

5．侧方行走练平衡

人向侧方行走时，主要是锻炼内收、外展肌群，补充锻炼日常向前行走时运动量较小的肌群。另外，侧方行走可使前庭的平衡功能得以强化，有预防共济失调的作用，先向右移动 50 步，再向左移动 50 步。

6．坐位蹬滚运动

准备一段长 40 厘米，直径 10 ~ 20 厘米的圆木或石磙子，放在地板上，人坐在床边，双足蹬着磙子上前后滚动 100 次，如果用中药药碾子代替磙子更好。这种有规律的蹬足运动，可以达到舒筋活血的目的，即使不能站立走路的人，也可以完成这项运动。

7．爬行能降压

用四肢爬行 50 米，不仅锻炼了四肢，使上下肢协调；爬行时，躯体变成水平位，减轻了下肢血管所承受的重力作用，血管变得舒张松弛，心脏排血的外周阻力下降，有利于缓和高血压，这已为大量实践所证实。

8．踩足与按摩

可趴在床上，双足背贴床面，足心朝上，让 3 ~ 5 岁的小孩孩子赤脚踩压双足，让孩子的足跟对准大人的足心，做踏步动作 50 ~ 100 次，对促进血液回流大有好处。没有孩子帮助，只好自己按摩。

老人如能每天坚持一套上述锻炼，一定会推迟双腿先衰的到来，也有利于心脑脏腑的保健。

交替锻炼更健康

不少人都知道“生命在于运动”的道理，可是尽管他们常在运动，却并未达到增强体质、推迟衰老的目的。现实中，总有这样一种情况：有些人习惯用左手，那么左手的力气就大些；有些人习惯思考，所以就头脑灵活。但是，由于其他器官得不到同样的运动和锻炼，反而得不到全面的健康。原因就在于他们不懂得交替运动的重要性，使阴阳没有真正达到平衡。一个体力劳动者劳动一生，而大脑的智力部分却并未充分开发；一个脑力劳动者，尽管伏案终生在劳作，可肌肉关节、呼吸、循环系统的功能往往相当低下，原因之一也是忽视了交替运动。那么该如何进行交替运动呢?

1．体脑要交替

这是交替运动中的一个重要组成部分。经常从事体力劳动、体育运动，可以使神经、心血管、呼吸、消化、内分泌系统得到锻炼，使全身新陈代谢旺盛。但是这还不够，还需要同时进行脑力锻炼。人的大脑受训练越少，衰老也就越快。因此,从事体育运动和体力劳动的人，要经常学习多用脑，如下棋、写作、背诵诗词等，从事脑力劳动的人，必须经常参加体育运动。

2．动静要交替

人们一方面不断进行体力和脑力的活动锻炼；另一方面每天又要抽出一定时间使体脑都静下来，全身肌肉放松，去掉一切杂念，将意念集中于肚脐。这样可以调节人的全身脏器活动。

3．上下要交替

人类从猿进化到人，能直立行走，手脚分工不同。手的活动增多,动作敏捷，灵活；双脚的活动减少，动作显得笨拙，支配双足的大脑皮层的功能也相应退化。人由于直立极易发生脑血管疾病。如果经常改变习惯体位，就可以减少脑血管疾病的发生。对不同动物平均寿命进行比较，可以发现头位活动和寿命的长短是有一定关系的。鹤类、鹰类及蛇类等头位活动范围可达 360 度，它们可活到发育期的 10 倍以上。而人类头部活动的幅度只有 90 度，其寿命只能活到发育期的 3 倍左右，只有长寿动物的四分之一。平常多做头低位运动是最有效的交替运动方式，如弯腰扫地，放低脸盆洗脸，弯腰运动，手摸足运动等。日本人的生活习惯多鞠躬、多席地而坐的爬行等，也是长寿的一个奥秘。此外多注意活动脚趾，有条件的做一些倒立动作，对于增强机体灵活性、减少脑血管疾病都是有益的。

4．左右要交替

要求人们右侧肢体和左侧肢体做交替活动。如果你习惯于用右手，就应有意识地活动左手。手是外部的“脑”，如果你很少用左手，那么大部分右侧大脑皮层就会“荒芜”。若使两侧大脑半球都得到开发，有意识地让双手平均活动，可保持大脑功能平衡，防止中风的发生。

5．前后要交替

人们日常行走都向前，在大脑皮层运动区形成“定势”。长期向前行走的结果往往导致下肢及腰部骨骼的偏向性，产生髋关节、坐骨等疾病。实践证明，每天做一些向后行走的后退动作，不仅可以使下肢关节灵活，思维敏捷，还可以预防和治疗某些腿病，避免进入老年期后下肢活动不灵、行走不稳的现象。

简单的交替运动方法

1. 每天腹式呼吸三分钟，时间可安排在早晨醒来尚未穿衣起床之际，也可在晚上上床后或每天午睡前。

锻炼方法：仰卧，解开裤带，全身放松，吸足一口气，有意识地使肚子鼓起，憋一会儿再慢慢呼出去。每次呼吸要深而慢，憋气时间越长越好。

腹式呼吸是锻炼全身重要内脏器官的运动。由于呼吸时膈肌上下运动幅度增大，肺泡扩张，心脏及大动脉等胸腔内的器官活动增加，腹腔内的胃、肠、肝、脾、胰、肾以及所有血管神经都得到缓和而有节奏的运动，有助于消食化痰。人睡前运动还可以帮助入眠。

2. 头低位运动。即在起床后或临睡前做一次八段锦中的“双手攀足固肾腰”。

方法：站立，弯腰低头，双手尽量俯身触地，一秒钟一次，一分钟可以弯腰60次。开始时可以少弯腰几次，由少到多，由浅入深，最后达到手掌摸到地面。这个动作就像鞠大躬，一鞠到地。主要目的是使头低下去。上下活动头部，可使头部得到更多的血液和营养，也可逐步增加脑血管的抗压能力，以预防中风。

头低位运动进一步发展就是头倒立，甚至头足倒置或倒挂。这在世界上比较盛行，著名小提琴家梅纽因每次演奏后都倒立10分钟，许多美国人在办公室内也穿上倒挂靴，倒悬休息。这种运动对脊柱疾病、胃下垂、下肢静脉曲张、痔疮都有好处。

血管硬化或有心脏病的人做这种运动必须征得医生同意，以免发生意外。开始时可先做小幅度的鞠躬运动，循序渐进，量力而行。

3. 每天洗冷水澡。早晨起床之后，或在晨练之后，冲个冷水澡，一年四季不中断。当然，要视每人习惯，中午、晚上也可。

洗冷水澡首先要克服怕风怕冷的心理。可先让全身皮肤见见空气，晒晒太阳。一开始可以干洗，即用毛巾擦身，由双臂双腿到胸部、腹部以至全身，循序渐进。先用热水，再用温水，逐步达到用冷水冲洗。冷水浴者多长寿，马寅初先生活过了一百岁，原因之一就是他每天都洗冷水澡。

此外，还有心肺交替锻炼、冷热交替锻炼以及“逻辑思维与形象思维”的交替锻炼等。根据本身情况和交替运动的原则，自己去设想创造，如能经常锻炼，你的反馈、控制、调节能力将大大增强，身心更健康。

拍拍打打好健身

中医按摩中有点、按、推、拿、抹、拍、揉、搓、捏、抖等多种治病手法。拍打，是其重要手法之一，它具有疏通经络、促进血液循环，提高身体各部位抗病能力等效果。尤其是对治疗慢性病，效果显著，有患者练拍打功治愈了缠身多年的慢性胃病、肩周炎、头昏、失眠、出虚汗、关节炎等。

拍打功的方法：选一僻静处所，先转颈、环臂、压腿，稍事活动。然后面东而立，取自然势，以舌抵上腭，深呼吸3次。接着前伸右臂，以左掌拍击右臂内外侧。内侧从内关穴起，到肩井穴止；外侧从外关起，到肩贞穴止，拍击时间以3分钟为宜。继而左臂前伸，以右手掌拍击左臂，其法亦然。两臂拍击毕，再分别以右手掌拍击左侧颈部风池穴，左手掌拍击右侧颈部风池穴，轮番拍击20下止。再改为胸式呼吸，双掌拍击位置亦由颈至胸至胁。拍击时，抬头、挺胸、收腹。拍击要领与颈部同，持续5分钟。转腹式呼吸，拍打腹部，双掌齐施15分钟。上腹拍击点重在中脘穴周围，下腹在丹田、气海、关元、中极、耻旁等穴内外，效果以局部有热、酸、麻、胀感及放屁为上。下肢拍击是由上而下，先内后外，先前再后，拍打时间以10分钟为限。最后，以背撞击墙体或其他建筑物30余下，深呼吸3次，此功即告罄。习功中，要自始至终，意守力点。轻击、重叩，按章按法，循序渐进。

另外，可根据不同疾病拍打不同部位，达到治病健身的目的。

1．头昏失眠可拍头部

持空心掌，两手轻轻地从前额往后拍打至后颈部，如此反复10～15次，可防头昏头痛、失眠等疾病，增强记忆力。

2．酸痛、肩周炎就拍两肩

持实心掌，左手拍打右肩，右手拍打左肩，用劲反复拍打30～50次，可防治两肩酸痛、肩周炎等疾病。

3．手臂酸痛，拍两手臂

持实心掌，左手拍打右手臂，然后换右手拍打左手臂，从上到下反复各拍打10～15次，可防治手臂酸痛，增强手劲。

4．预防心肺疾病拍胸部

持空心掌，胸内含、不挺胸。两手轻轻交替反复拍打胸部30～50次，可促进心胸血液循环，调节心律，预防呼吸道和心血管疾病。

5．增强肠胃功能拍腹部

持实心掌，挺着肚子，两手交替反复拍打30～50次，可防治腹胀、消化不良等疾病，增强肠胃功能。

6．腰部酸痛拍两肋

持实心掌，先用右手拍打左肋，再用左手拍打右肋，各拍打10～15次，可防治腰部酸痛等疾病。

7．防治肾炎就拍腰部两肾

持实心掌，稍弯腰，两手向后交替拍打背部的命门穴位（即两肾之间，第二腰椎棘突下），反复拍打50～60次，可防治肾炎，增强肾功能。

8．防治肾炎拍两腿

持实心掌，弯腰，用劲拍。先两手同时拍打左腿，再拍右腿，从上到下，里外左右各拍打20～30次。可防治腿部麻木、酸痛、关节炎等疾病，增强腿肌弹性，走路有力。

注意事项：一是拍打时全身要放松，精力集中，力量均匀；二是在早上进行，每天拍打一次，持之以恒；三是站着拍打，如年高体弱站立有困难时，也可坐着拍打；四是最好在室外空气新鲜的场地进行，天气不好时也可在室内进行。

女性健身有宜忌

女子健身活动有其特殊性。因女性受生理和社会环境的影响，身体不如男性强壮，肌肉力量差，呼吸系统和其他内脏器官均较男子轻，又有经带胎产等特殊生理过程。但女性耐力条件比较好，可以进行跑步、轻器械的耐力方面的练习。女性的身体协调性较好，所以适合进行诸如体操、健身操、舞蹈等以协调性为主的练习。此外，女性应特别注意经期健身卫生，避免大运动量训练、剧烈活动或对抗性强的运动以及冷热刺激。

适合女性的健身运动

1. 散步

散步是一项有益而简便的体育活动，对中老年女性和经常坐在室内从事脑力劳动的女性来说尤为重要。

散步是适合各个年龄段的运动健身形式，不受环境条件限制，可不拘形式，闲散，从容行走。其健身作用非常显著。散步运动可以使四肢自然而协调地运动，全身筋骨都得到适当的活动，从而流通气血，畅达经络，通利关节，活络筋骨，调畅情志，益养脏腑。

散步首先使全身血液、骨骼、肌肉、韧带活动起来，继而使呼吸、循环、消化、泌尿、内分泌、神经系统调动到活跃状态，使全身器官和各系统协调运动。虽然强度不大，但全身肌肉骨骼脏器都得到锻炼，作用显著。

2. 倒行

经常坐在室内的人和老年人往往有不同程度的“姿势性驼背”。这是由于在日常生活中躯体向前的活动量超过向后的活动量，加上躯体俯仰活动不平衡，背伸活动较少，而逐渐形成的。

矫治“姿势性驼背”的好方法是倒行锻炼。它能使腰部肌肉有规律地收缩和松弛，有利于腹部血液循环的改善，加强腰部组织的新陈代谢。长期坚持倒行锻炼，不但能治愈腰肌劳损，而且能提高脊柱关节及四肢关节的功能，矫正姿势性驼背。

倒行的锻炼方法：预备姿势：立正、挺胸、抬头、平视、双手叉腰、拇指向后，按腰部的“肾俞”穴位，其余四指向前。

倒行时，左脚开始，左大腿尽量向后抬，然后向后迈出，身体重心后移，前脚掌着地，随后脚跟着地，重心移至左脚，再换右脚，左右脚交替进行。为了安全，退步走应选择场地平坦、周围无障碍物的地方进行。患有肿瘤和结核病的人不宜采用此法锻炼。

倒行的锻炼时间与次数：一般老人每天 1 ～ 2 次，每次 20 分钟。体质弱者，可相应减少时间和次数。

3. 体操

体操是最经常开展的一项体育运动，具有广泛的群众基础。体操对于身体的力量、柔韧性、平衡能力、灵活性和协调性的提高有重要作用。

体操对中枢神经系统、感觉器官和运动器官的作用：

体操运动的肌肉收缩极其复杂，既有保持肢体平衡的静力成分，又有进行运动的动力成分。而且二者关系密切，有时既要保持身体的相对平衡又要完成一定的运动。因此，既要建立对抗肌中枢之间兴奋和抑制交替活动的动力定型，又要建立对抗肌中枢之间处于同一神经过程的动力定型。两者根据动作技能编排组合的需要，按一定节奏交替进行。同时，要求动作具有严格的准确性，因此各肌群的运动中枢之间，必须在空间和时间上建立精确的协调关系和精密的分化，这样才能精确地协调完成各种动作和感知自己肢体在空间移动的位置或时间。长时间从事体操练习可以提高人体的协调性和空间定向能力，可使肌肉的力量、静力耐力得到明显的提高，肌群之间的协调关系得到改善，本体感受器敏感度也不断发展。

体操对心血管系统的作用：

体操中体位改变幅度很大，倒立或空翻时血液向头部聚集，回环时血液又向下肢聚集。对一般人，可能导致头晕等现象。而对于经常参加体操的人由于心血管系统的适应性增强，调节能力改善，就会适应这些变化。

4. 健美操

健美操是近年来新兴的一项健身运动，深受青少年的热爱。健美操是练习者随着节奏强劲的音乐，做出各种舞蹈性的肢体运动以达到健身目的。其节奏、幅度、动作难度和动作编排上都有一定的要求，能充分迎合青少年活泼好动的特点。

女性四季健身的注意事项

1. 春季

春季运动应以全身性的调养为主，不能消耗体力过度。应特别注意以下几点：

①注意保暖

春季正是由一年之中最寒冷的季节向一年中最热的季节过渡的特殊季节，寒热交替，气候多变，乍寒乍暖，天气变化往往出乎意料。因此不可因为运动后身体发热而减衣。因为冬季过后大地要吸收大量的热量来消融冰雪。

春季阳光虽然明媚，但气温仍偏低。早晚温差大，且北方多风，空气干燥，水分蒸发快。祖国医学指出：春天阳气生发，是培养人体阳气的季节。如果衣着不能保暖，阳气耗散，则对一年的健康都会有影响。

运动时出汗蒸发很快，热量散失也快，骤热骤寒则人体无法适应，就会感冒。

②防止外伤

春天人们从冬季的寒冷中解脱出来，都想活动筋骨，舒展四肢，投身于自然的怀抱。但冬季人体阳气内敛，筋骨僵硬，特别是不经常参加锻炼的人，四肢关节的敏感性和灵活性更差，大脑对肢体运动的控制快速反应的能力不够。因此，偶尔运动，稍有疏忽就容易受伤。

2. 夏季运动的注意事项

夏季是天地之气上下交合，万物繁荣的季节，正是人体新陈代谢旺盛的时期，但酷热多雨，所以夏季运动要注意以下几点：

①防暑热

夏季气温高，多雨水。高温高湿度容易中暑。运动时大量出汗，体内水分和盐分散失量大，容易脱水，或导致水盐平衡障碍。热量散失不利就会郁积在体内，成为致病因素。《素问·阴阳应象大论》篇指出："夏伤于暑，冬必咳疟。"暑热致病还会引起五脏内部相互的影响，以至于冬季出现疾病。

②运动后不宜大量喝冷饮

运动后，不宜大量喝冷饮。因为夏季运动出汗较多，身体毛细血管大量开放，突然大量饮用凉水，对体内脏器刺激较大，使毛细血管突然关闭，造成大量血液存于内脏，而不能进入有效循环。循环血量减少，细胞供氧不足致代谢产物堆积，加重各组织器官的负担，严重的还会造成损伤。此外，冷饮使胃肠道遭受刺激引起消化道痉挛。大量饮水会冲淡血液，加重心脏的负担。祖国医学指出：夏季在五行属火，在脏腑与之相对应的为肺，"肺为娇脏"，"伤湿饮冷必伤肺"。任何寒冷刺激都会对肺造成损害，出现咳嗽、气管炎症反应。因此，运动后应适量饮用温水。

③不可过量运动

夏季为阳气升发的季节，人体阳气外溢，阴气内守。运动过量则阳气散失过多。阳气耗散则阴气无以依附，阴阳平衡失调，人体就会得病。从现代医学角度来讲，夏季气温高，运动产热只能靠大量排汗来散热。运动过量则体内水分和盐分消耗过多，体液电解质紊乱，引起机体发病。

3. 秋季运动的注意事项

秋季万物成熟，气候干燥，由暑转凉，生物的代谢功能由盛转衰，开始进入低潮。人体的阳气也开始收敛。由于气候凉燥，肺与皮毛首当其冲。如不注意保健，则易伤肺气。

秋季干燥，运动后汗出不多，但水分蒸发快。因此汗出临风，身体虽发热，但皮肤有凉意，汗出不畅，内热外寒易于生病。

4. 冬季运动的注意事项

冬季气候寒冷，阴气极盛，是万物收藏的季节。人体的阳气也应潜伏起来，以免耗散。所以冬季运动应避免过于激烈，以免阳气耗散致病；避免强对抗，以免受伤；应遵循冬季气候的特点，顺应自然规律；应注意保健，寒温适当，劳逸结合。

第三章 中老年人的心理健康常识

老年人的心理保健

老年人随着增龄，心理、精神状态

改变明显。心理、精神状态的异常持久的改变会加速老年人衰老及躯体、精神疾病的发生。传统医学认为，情志过极，可导致疾病的发生和脏腑功能的失调，认为“怒伤肝、喜伤心、思伤脾、悲忧伤肺、惊恐伤肾”。

因此，心理保健亦是老年人养生保健的重要部分。正常老年人的心理健康标准为：智力正常，情绪愉快而稳定，心理协调，人际关系适应，反应速度适宜，心理行为符合年龄。老年人应注意以下心理保健：

1. 避免精神刺激：要正确对待社会、生活环境中的刺激，进行客观、冷静、妥善的处理。

2. 使心理环境丰富多彩，参加力所能及的工作、劳动、运动、学习、娱乐活动，以获得心理上的满足。

3. 培养业余爱好，陶冶情操，克服不良个性。

4. 防止和克服心理冲突。

5. 有自知之明。老年人要了解自己的长处和短处，根据自己的智力和体力从事一些力所能及的活动。

6. 积极参加适合自己的社交活动。

7. 学习并做一些自己喜爱的文娱活动，防止智力衰退。

8. 生活有规律，使生理活动与心理活动有节奏感且相互适应。

情绪、情感与健康

情绪和情感是人的心理生活的一个重要方面，它是伴随着认识过程而产生的，其根源就是需要和动机。需要得到满足就会产生积极情绪和情感，反之就会产生消极情绪和情感。不论是消极情绪还是积极情绪都会引起心理紧张，但并非任何心理紧张都能致病。如人们对工作和学习的高度责任心就是一种紧张的心理状态，它不但对身体无害，反而能增强机体的抗病能力。

消极情绪是人类适应环境的一种心理活动，不一定能成为致病的因素。如，愤怒这种情绪总是伴随着肾上腺素、肾上腺皮质激素及抗利尿素分泌的增加，因而引起心率加快、血压升高、呼吸急促、胃肠蠕动减慢、新陈代谢率增高等。

因此，消极情绪并不是对健康无害。因为事物都是有限度的，如果消极情绪反应过于强烈，超过自我调节的功能，也会使人致病。

消极情绪能致病，而积极情绪却可以防病治病，有51%的患者可以通过自体功能调节而获痊愈。

变消极情绪为积极情绪

心理学家把情绪分为两大类：一是愉快的情绪或称积极的情绪，包括希望、快乐、勇敢、和悦等；二是不愉快的情绪，或称消极情绪，包括愤怒、焦急、沮丧、不满等。心理学家认为，消极因素往往会过分刺激人体器官、肌肉或内分泌腺，容易诱发多种疾病；积极因素则给人体以适度的刺激，有益于身体的健康。

老年人如何延缓身体功能衰退

首先要善于科学用脑。“用进废退”是生物机体发展和抗衰老的一条普遍规律。凡是用脑早，肯用脑的人，大脑和智力的衰退都较慢。人的大脑皮层有140亿个神经细胞，一般只开发使用了10%，还有90%尚未工作。那些经常处于紧张工作状态的脑细胞营养好，寿命长，不工作或长期停止工作的脑细胞衰退快，死亡率高。在智力的各种因素中，语言文字方面的智力衰退得最慢，原因就在于语言文字在各个年龄阶段都经常地使用着。观察表明，法官、教授、科学家等，每天都要与各种难题打交道，为了寻求一个正确答案，昼思夜想，绞尽脑汁，这种经常自觉地科学用脑习惯往往推迟了他们智力衰退的时间。纽约大学的学者曾对15名20岁的青年和20名平均72岁的老人进行检查，发现他们脑部能量的利用并无差别。

其次是保持必要的社会交往，同自己的家人住在一起。生活活跃的老年人，往往可以长时间地提高自己的智力，而深居简出、生活单调、无所用心的人，特别是那些一辈子没有自己的事业，生活圈子历来狭小的老年寡居妇女，智力衰退很快。要想延缓智力的衰退，老年人应走出家庭的小天地，与社会接触，与人交往，及时地摄取新信息，给大脑补充提供新“营养”。

最后我们再谈一个问题：随着年龄的增长，智力有所衰退，那么是不是就“老而无用”、“老而无为”了呢？较近期的研究指出，在弈棋过程中，年龄和棋艺并无关系。老年棋手和年轻人同样具有高超的棋艺。这表明，经验在一定程度上能补偿因年老而引起的思维灵活性差的不足。各类科学家、作家，艺术家创造的高峰年龄在30～39岁，而可以进行创造的年龄段是从32岁到72岁。即使年过花甲，智力有所衰退，也仍然能做出惊人的成就。古今中外高龄有了成就的人比比皆是，如世界上最伟大的作家之一——歌德，81岁时完成了名著《浮士德》；恩格斯74岁时整理出版了马克思的《资本论》；美国大发明家爱迪生81岁时还取得了他自己的第1033项发明专利，达尔文70岁后才完成《植物运动能力》一书。我国唐代著名的医学家孙思邈在70岁时编写出《千金要方》，百岁高龄后完成了他的巨著《千金翼方》。齐白石先生90岁时还染纸丹青，作画不息。海内外著名的语言学家王力教授一生著作累累，耄耋之年仍创作不止。

国内外这些名人的事例说明，在其他条件相同的情况下，智力因素加非智力因素等于成功。一般情况下，人的智力基础相差不是很悬殊。但在情感、意志、兴趣、学习动机、目的、方法、习惯等非智力因素方面却相差甚远。关键在于改善自己的心理素质，调整志向、自信心等非智力因素。

总之，一个人只要具有远大理想，自信心强，勇于开拓，勤学不辍，有超人的意志，性格稳定，高风亮节，有强烈的爱国心和正义感，就一定会做到“老有所为”的。

说说心理治疗

心理治疗也叫精神治疗。它同化学治疗和物理治疗不同。广义而言，它包括病人所处的环境和生活条件的改善，周围人（包括医生）的语言作用，特殊的布置，以及医生所实施的专门心理治疗技术等。狭义而言，它专门指医生对病人所实施的心理治疗技术和措施，包括说理治疗、暗示治疗、体育运动治疗、音乐治疗、绘画和造型治疗等。总之，通过治疗，影响人的心理活动，从而改变人的情绪。然后，再通过情绪影响改变一些躯体状态。

心理疗法能缓解某些疾病。人是一个统一的生命体，不仅由化学的、生理的、神经的因素所决定，而且也是由精神的、情绪的和社会的因素所决定的。这两个方面有着互相联系、互相作用的辩证关系。人体生化、生理的改变，可以引起心理和精神上的改变。例如，肝脏有病的人，往往火气大，爱发脾气。反过来，人的心理和精神上的变化，也可引起人体生理、生化的改变，甚至导致死亡。例如，有一位女高音歌唱家，和一个著名的指挥家结婚整整 54 年，1981 年丈夫死去，就在丈夫出殡的夜里，她猝然昏倒在床，再也没有站起来，她只比丈夫多活了 69 天。

老年期的心理疗法应与幼儿期、青春期、成年期的心理疗法有明显的不同。医生要了解老年患者幼儿期、青年期和成年期发生过的纠葛、意外的创伤及受压抑的情况。有人指出，了解神经症的患病史的长短要比年龄更重要。另外，老年人在精神上、身体上总有某种形式的功能降低。与成年人相比，精神上的压力很容易在身体上表现出障碍，身体上的微小障碍也很容易产生疑病的精神表现，对普通人来说能够生活的状况，对老年人却会成为特殊的刺激。最后还必须考虑老年期特有的性格变化：过度的内向、抑郁的倾向，对欲望和性的淡漠，过分的外向性、攻击性等。下面介绍几种临床上常用的心理疗法。

1．谈话法

也叫说服式说理疗法。在同病人的接触中，医生首先要了解病人的起病经过、临床表现、个性特征及心理矛盾，然后通过语言来影响病人的心理活动，有时还要借助于表情、姿势、态度和行为等。我国古代、古希腊、古埃及的医生都把语言作为治病工具。这种疗法可算作人类同疾病斗争的最古老的工具了。在科学发达的今天，从事心理治疗的医生则更应运用语言的奇妙作用同疾病做斗争。在治疗中如医护人员出言不慎，会对病人造成心理压力，并影响疗效。

2．注意力转移法

这种方法并不直接改变病人的性格，而是使病人对生活建立起新的兴趣、爱好。转移注意力的方法很多：组织病人参加力所能及的编织、跳舞、唱歌、演戏等活动，以及开展各种体育活动。

3．暗示法

在病人的配合下，利用语言、手势、表情等来影响病人的心理和行为的一种方法。根据病人需要，还可给病人开安慰剂，即没有治疗价值的片剂或水剂。同时，医护人员对病人热情体贴，言语谨慎，行为妥帖，这对病人有重要的暗示作用。美国洛杉矶大学医院治疗中心做了一个实验：他们悄悄地在54位心律紊乱的男女病人左下臂绑上测验仪，以便准确地测出并记下病人的心律。然后，让和蔼可亲的护士每日3次走到病人床前，握住他们的手，像是给他们量脉搏，并和他们亲切交谈几句。结果，这些因内心恐惧而心绪不宁的患者，在感受到女护士温柔体贴的几分钟内，心跳频率和健康人一样稳定。在施行心理治疗过程中，医生在病人面前必须享有较高的威信，要使病人充分信任你，同时十分讲究语言，有耐心，治疗要循序渐进。心理治疗只是一个治疗环节，必须同物理疗法、药物疗法结合起来。

老年期忧郁症

老年期忧郁症一般是上午忧郁症强，从下午开始到傍晚时症状有所减轻。患者多伴有强烈不安、焦躁感。总感到坐也不是，站也不是。有60%的患者伴有冥顽的疑病证。客观原因是身体确实多少有些不适或不健康。他们成天叫嚷有病，其中叫嚷消化系统有病的人最多，占32%，有自杀企图的占25%。还有的患者生病之后，甚至怀疑自己的身体是不是已经开始腐烂，或者正在消亡。

身体症状有口渴、食欲不振、失眠、易疲劳、便秘、头痛、心悸、呼吸困难等。

老年忧郁症的轻度患者可不住院，接受门诊治疗即可。但患有身体疾病并发症的人，自杀企图强烈的人，必须住院治疗。

老年忧郁病患者，常被周围人误解。有的人责备患者愚痴，有的鼓励其提起精神来，还有的劝告其进行力不从心的娱乐活动，这都是错误的。要使患者避免刺激，充分休养。

治疗忧郁症有有效药物，容易治愈，但要早期发现。特别是心理疗法对治疗此病效果尤为显著。老年患者只要注意改变环境，回到温暖的人与人的交往中，同老朋友促膝谈心，患者的精神症状及失眠等症就会消失。

中年男性更年期心理

人们都知道女性在50岁左右会进入更年期，但了解男性也同样有更年期的人就不多了。因此，男性应该对自身的"更年期现象"予以重视，以顺利度过年龄交替期，保证身心健康。

男性从内分泌的角度来说，更年期最明显的症状是由于睾丸分泌的雄性激素开始下降，直接影响了性功能的保持。其次，男性更年期综合征的主要表现有：体力活动耐受力差、心烦失眠、食欲减退、记忆力衰退、情绪不稳定、易怒、易激动、精神疲乏、皮肤瘙痒、四肢麻木、头晕目眩；在心理方面，可有多疑多虑，主观地认为有人背后嘲笑、陷害自己，整日心神不安，惶惶不可终日等现象。

男性更年期综合征，一般在 55 ～ 60 岁最为显著。但由于工作压力、生活负担等社会大环境的影响，男性更年期有提前的趋势，有的人四五十岁就开始出现。各人表现并不相同，有的较轻，有的较重，有的缓，有的急。如果不及时加以治疗，对工作、家庭和社会都会带来消极影响。病状明显者，可服用甲基睾酮丸，以促进内分泌平衡。自主神经症状严重时，可服用维生素 B、谷维素等药物进行治疗。此外，注意心理平衡，广交朋友，避免孤独。注意起居饮食并适当参加一些文体活动，都有助于疾病的减轻，甚至消失。

1. 注意劳逸结合

会休息的人，才会更好地工作。工作、家庭、社会负担都很重，为了更好地把这些方面的事办好，抽出些时间玩玩是必要的。玩，除了具有积极休息的功能外，还有陶冶性情、增长智力、开阔视野、提高审美情趣以及和谐融洽人际关系等的文化功能。

2. 保持乐观情绪

人不愉快时，眉头一皱，头面部就有 30 多条肌肉收缩，体内几百种酶都要发生变化，代价很大。面对困难的现实，忧虑倒不如冷静泰然地去解决问题。人活着，要不断地排除种种心理障碍，经常保持乐观情绪。康德有句名言：“用微笑的目光看待一切。”应该记住康德的这句话。

第四章　中老年人健康生活宜忌常识

老年人不宜分室而居

不少老年夫妇由于上了年纪而喜欢清静，为减少夫妇间睡眠时相互影响，便长期分室而居。有的是夫妻不和，生活上不协调而分室独居。要知道，这对于老年人弊大于利。

一方面老年夫妇同样需要性爱，另一方面从防病治病这个角度来讲，老年夫妇同居一室可以相互照顾。现代医学证明：许多致命性危重急症，如脑溢血、心绞痛、心肌梗死等，不仅仅发生在剧烈活动或情绪明显波动的时候，在夜间入睡安静状态下发病者也屡见不鲜。有些危急重症，如脑血栓形成、不稳定型心绞痛、心律失常等，恰恰多是在夜间入睡安静状态下发病。据近几年统计资料表明，急性心肌梗死不仅无痛者多、合并症多，而且大半数发生在静息状态下和睡眠时。再加上老年人反应能力较差，自己生病常觉察不出来，结果致使有些重要疾病前兆被忽视，待主观感觉症状明显时往往病情已很严重，以致耽误病情，失去抢救时机。在医学上有一种“睡眠猝死”的病例，就是在睡眠的过程中发生的。据日本报道，东京每年发生这种猝死约100余例；在我国，睡眠猝死也时有发生，尤其是患心血管疾病的老年人更应注意。即使平时没发现有心脑血管病的老年人，也不应忽视在夜间有突发病的可能性。可见，老年夫妇分室而居对夜间健康监护是不利的。

此外，老年人情绪上易出现波动。特别是离退休后，对于几十年来工作、生活在集体之中，与周围同志的关系及对家人的关系都已经形成了习惯，很难适应退休在家的生活，如果到了晚间夫妻又分室而居，就会逐渐产生孤独感，甚至还可能使老年人的性格变得抑郁、愁闷、狭隘，这些心理状态会给老年人带来许多不必要的苦恼，影响身心健康。要知道，在生活中最能体察对方心理上发生微小变化的只能是夫妻，尤其是老年夫妻睡眠都较少，晚间同床共枕，互相倾诉衷肠，相互开导，这样白天生活不适的感觉和不愉快心情，就会在老夫老妻双方互相体贴中烟消云散。这种在心理上必不可少的补充会使夫妻双方产生一种温暖、协调的健康心理，从而有利于大脑皮质功能和机体免疫功能的生理协调，促进体内分泌出对健康长寿有益的激素酶和乙酰胆碱等物质。这样不仅对老人的身心健康十分有益，而且为老年夫妻间的生活增添了新的乐趣，从而感到晚年生活幸福，余热生辉。

老年人饭后忌马上睡觉

随着人的年龄增长，神经细胞功能也在逐步减退。老年人睡眠时间相对要比青年人少，容易醒，因而也容易疲劳。老年人白天常有打盹、思睡现象，特别是午饭后常常马上入睡，这对老年人健康是不利的。

德国医学专家指出，三种人饭后午睡有一定的危险性：年龄在65岁以上的老年人；体重超过标准体重20%的肥胖者；血压很低的人或血液循环系统有严重障碍的人，特别是那些由于脑血管变窄而经常出现头晕的人。老年人大多有动脉血管硬化，尤其是肥胖的人。高脂血症容易引起动脉血管硬化，脑动脉血管硬化，常可造成脑供血不足。进餐后，消化道的血循环旺盛，脑部血流相对减少，加上睡眠静止不动，就易加重脑局部供血不足。

我国有句养生格言："饮食而卧，乃生百病。"因此，老年人进餐后，不宜马上睡觉，可做些轻微的活动，以利血液循环。

老年人忌久坐沙发

现代家庭中，大多都摆设有沙发。柔软宽大的沙发，虽然给人们带来方便和舒适，但是久坐沙发也给人们带来不利的一面。研究资料表明，人们认为坐在柔软沙发上舒服，其实是一种误解。因为柔软的沙发不符合人体生理健康的要求，久坐柔软的沙发，会导致"沙发综合征"。日本行为专家发表题为《放弃沙发论》的论文提出：由于沙发过于柔软，减轻了对人体的刺激程度；同时也减轻了对人脑的刺激，久而久之，就会使大脑的活动迟钝，思维敏捷度明显衰退，精神怠倦，浑身疲乏，腰酸腿疼，四肢无力。而且消化系统也容易出毛病，有厌食等症状出现。

另外，当室内温度过低时，久坐人造革类的皮面沙发，还会引起坐骨神经痛和痔疮等病证。

老年人由于器官萎缩，身体抵抗力降低，久坐沙发引起的副作用会更加明显。因此，老年人不宜久坐沙发。

老年人蹲厕所要当心

患有高血压、冠心病的老人上厕所容易发生意外，有些人甚至在解大便时猝然死去。这是由于老人肠蠕动能力差，容易发生便秘，解大便时往往需要腹壁和膈肌强烈收缩，使腹压增高。这样会使心脏排血阻力增大，动脉血压和心肌耗氧量也增加，致使血压骤然升高，可导致脑出血；心肌耗氧量增加，可诱发心绞痛、心肌梗死及严重心律失常。两者都会造成猝死。因此平时老人应多食含纤维多的蔬菜与水果，定时排便，预防便秘。

老年人熬夜须知

日夜有黑白之分，人有休息和劳动，这都是很自然的事。

由于生物钟的作用，人类自古以来有“日出而作，日落而息”的习惯。但有时因工作需要或紧急事情，需加夜班，甚至通宵地熬夜，这就改变了生活规律。如果不加注意，可能会给身体健康带来不利。那么熬夜应注意什么呢?

1. 时间不宜过长。每晚不宜超过午夜12点，因过于劳累，睡眠不足会引起疾病发作或加重，特别是心血管疾病，易在夜间发作，要备急救药物，稍有不适，则应立即停止工作，及时服药。

2. 保持情绪稳定。晚上从事写作、工作或学习时，常会遇到困难，百思不得其解，有时又会有新的发现和进展，这样，情绪容易激动。激动的情绪常易诱发疾病，这时应把工作停下来，听听音乐或闭目养神，以便于控制情绪。

3. 注意饮食。加夜班应适当加餐，但不能过饱，患高血压、冠心病、肥胖症和糖尿病者，饮食更宜清淡，不可饱食。

4. 患有慢性疾病的人，特别是患有高血压、冠心病、慢性支气管炎、肺心病、慢性肝炎或消化性溃疡等疾病的患者，应尽量少熬夜，因外界的刺激，睡眠少等原因，常可以诱发慢性病的急性发作。

老年生活宜忌

1. 老年人应适当多饮水。老年人平素对缺水的反应较青年人迟钝，显得耐渴。倘若每天主动地多饮点水，对保障机体细胞代谢和体内环境的平衡、稳定均有益处。相反，如果长期因为不感到渴就不饮水，会使身体各处水的含量降低，导致血液浓缩，影响血液循环，使人发生头昏、眼花、心悸。特别是患有高血压病、脑血管硬化的老年人，如饮水过少，会促使血液黏滞度的明显增加，容易形成脑血栓，加上这类病人动脉已经发生粥样硬化，血管狭窄，血栓就可能阻塞某一支脑血管，病人出现肢体麻木、乏力，甚至偏瘫、失语等。

老年人要主动多饮些水，但切勿暴饮，每次以不超过 200 ~ 300 毫升为宜，尤其是患有高血压、冠心病等疾患的老年人，更不宜一次饮过多的水。否则，不仅会迅速增加血容量，而且还会因扩张了胃部，压缩心脏加重心肌的负担，可诱发心绞痛等。此外，老年人在晚上也应尽量少饮水，以免夜尿增多，影响休息和睡眠。

2. 老年人看电视不宜过久。老年人长时间坐着看电视，容易得一种“电视腿病”。其表现为下肢麻木、疼痛、浮肿。因为老年人血液循环本来就比较缓慢，加上长时间坐姿压迫下肢静脉使血液回流不畅，致使下肢静脉形成血栓。此外，老年人长时间地凝视闪烁的屏幕和活动着的图像，尤其看那些质量低劣的模糊图像，可引起刺眼、头昏、头痛等症状。因此，老年人连续看电视半小时后，要闭目养神，做眼睛按摩，并起来活动活动筋骨，到外面吸点新鲜空气。

3. 老人不宜看悲剧。有些多愁善感的老年人爱看悲剧性的电影或戏剧，这不利于身心保健。因为老人看完悲剧之后，难免老泪纵横、情绪低落，而如果反复刺激，天长日久，会出现食欲不振、夜不安寝、体重减轻、动作迟缓等抑郁症表现。尤其是丧偶的高龄老人由于过度悲哀，甚至会厌世轻生。

祖国医学早把喜、怒、忧、思、悲、恐、惊称为“七情”，列为内在致病因素。现代医学研究发现：过度的忧愁不仅会加剧溃疡的恶化，降低机体的免疫能力，诱发旧病，而且，过分忧伤的精神刺激可使冠状动脉短暂痉挛，肾上腺皮质激素分泌增加，心率增快，导致心肌梗死或心绞痛、心律失常等疾患。长期受刺激，甚至会使患癌症的危险性显著增加。

因此，老人在文化生活方面不宜多看悲哀性影剧；宜多看喜剧性和滑稽性影剧，有利陶冶情感，调节精神，使人心情舒畅，晚年生活更轻松、幸福。

4. 人到老年宜制怒。人们往往错误地认为，老年人天生容易动怒，其实不然，有些人发怒只是由于其某些意愿或活动遭受挫折而引起的一种紧张情绪而已。荀子认为：怒是由荣辱而生的不快之感。淮南子说：“人之性有侵犯则怒。”

但是不管老年人发怒是什么原因引起的，毕竟怒火中烧对身心健康是非常有害的。《内经》指出：“余知百病之生于气也。怒气上，喜怒不节，则伤脏，脏伤，则病起于阴也。”所以要想延年益寿，一定要避免发怒。制怒的办法有下列五种。

①躲避刺激法。在日常生活中，凡遇到看不惯的容易激怒的事，便尽量避开，不去看它、想它，以免刺激。

②转移刺激法。当无法避开或躲避不及时，就要设法转移自己的情绪，如有意识地唱歌哼曲子，欣赏远方景物，逗小孩玩，玩弄动物花草，以便使眼前会使你发怒的事在你心目中不占重要地位。

③释放法。当自己内心深处有不满、不快、不平、愤恨的想法时，不要闷在心里，整天愁眉苦脸，生闷气，需要坦率地找人交换意见，实事求是地去解决。说出来了，气就消了一半。

④意识控制法。凡有道德修养的人，都会养成一种自我克制的方法。遇事不易冲动，有涵养，遇到事情要发怒时，就会有一种潜在意识在脑子里命令自己要保持冷静，再冷静。要做到这一点，就要经常加强自我修养。

⑤升华法。遇到刺激时不是简单发一通脾气就算完，而是化愤慨为动力，激励自己更积极进取，奋发向上，改革图新。

5．老年人心脏病的自我保健。为防止老年人心脏病反复时，枕头应稍垫高些，保证充足睡眠，以防止因大脑皮层功能紊乱而引起心律失常。

①食物要求低脂肪、低盐、高蛋白。最好食用植物油。平时多吃蔬菜及易于消化的食物，切忌暴饮暴食。

②忌烟酒。吸烟会使心跳加快，饮酒会加重冠状动脉硬化。

③睡前应避免过重脑力劳动，睡姿以右侧位为宜，夜间不宜独宿一室，以防意外。

④按时服药，定期复查，随身携带急救药品，以备急用。

6．老年人洗澡不宜过勤。洗澡不单是讲究卫生，而且对人体健康有很大好处。有些老年人很喜欢烫澡。但是，老年人由于身体较弱，皮肤变薄，皮下油脂腺逐渐萎缩，如果洗澡过勤，容易使皮肤因缺乏油脂而变得更加干燥，更容易脱屑，甚至发生裂纹或引起瘙痒症。假如水温超过40℃在水里较长时间浸泡后，毛细血管过于扩张，还容易造成大脑缺血，发生头晕昏倒。因此，老年人洗澡次数不宜太勤，水温不宜太高，一般以35～38℃为好。也不要饭后马上去洗澡，否则会影响消化和增加心脏负担。

7．老年人睡前宜忌。

①刷牙。睡前刷牙不仅有利于保护牙齿，也利于安稳入睡。

②梳头。睡前梳头梳到使头皮发红、发热，不仅能疏通头部血流，保护头发，也能促人安眠。

③洗脚。能刺激大脑，消除大脑疲劳，能使血液下行，周身有轻松感。

④开窗。睡前放入新鲜空气，能使人睡得香甜。即便是冷天，也不妨开一小点窗通风。

老年人的皮肤保护宜忌

老年人皮肤的特点是比较松弛，有明显的皱纹，有时呈现污秽色和色素沉着，皮肤表面干燥，有的人皮下脂肪减少甚至消失，汗腺及皮脂腺也萎缩。皮肤变硬变薄，防御功能降低。

老年人怎样保护自己的皮肤呢？

1. 自我按摩或搓揉，以促进血液循环，增加皮肤抵抗力。

2. 避免裸露皮肤，以防直接、长期地被风吹日晒。

3. 可进行温水浴，保持皮肤清洁，防止病菌侵入，但洗澡时不要用过多的肥皂，因为肥皂可去掉皮肤上的皮脂，致使皮肤更加干燥。

4. 冬天注意保暖，防止冻伤。因皮下脂肪较少，易于散热，使体温过低而引起疾病。

5. 老年人皮肤易瘙痒，不宜吃过多的辛辣食物，少饮浓茶，戒烟戒酒；当瘙痒时，切忌用锐器摩擦，以防损伤皮肤。

6. 如果皮肤萎缩发生过早，可用10%～20%鱼肝油软膏或护肤脂等涂于裸露部位。

老年人的居住环境

老年人的居住环境对老年人的健康也有一定影响。居住环境要做到地面干燥平坦、无污染、无噪音，安静、阳光充足，并且能满足老年人与外界交往的方便。室内要注意温度适宜，空气流通，屋内结构及家具设置要使老年人感到方便，室内可陈列一些对老年人有纪念意义的物品。

老年人的健康与烟酒

老年人应做到戒烟、不酗酒，烟与许多老年病的发生有关，有害而无益。大部分老年人有数十年抽烟史，且量较大，一般不宜突然全部戒断，宜逐步减少直至戒断。老年人少量饮酒能促进微循环和新陈代谢，对健康有一定益处，但不宜过量。目前的观点认为，适量饮用葡萄酒对防病保健，比其他酒类更有益处。

老年人宜午睡

在老年人的神经系统中，脑组织的变化主要反映在重量减轻和脑细胞数量减少。与成年人比较，大脑皮层的抑制过程较兴奋过程相对突出，脑氧需要量随之下降，从而反映出睡眠方面发生的明显变化。大部分老年人夜间入睡时间缩短，往往清晨四五点钟后就再无睡意，因而起得较早。通过一上午的活动，到正午已经感到体力不支。由于泵血功能衰退，大脑皮层供血量下降，因此比青壮年人容易疲劳，需要午睡。

老年人的午睡，最好在午饭半小时以后进行，以供给胃肠消化系统更多的血液，增强消化功能。在饭后睡前的这段时间里，可以散步、赏花、听听音乐或做一些轻松的活动。

老年人午睡时间的长短，要因人而异，一般来说，一天能保持6～7小时总睡眠时间即可。

高血压病患者六不宜

1. 不宜过度疲劳或运动量过大。这

样会因心缩力加强，血压发生波动而导致中风。

2. 不宜穿硬领衣，扣领扣太紧。这样会压迫颈静脉，会造成血管供血不足而导致意外。

3. 不宜过分紧张焦虑，出现情绪波动。这样会引起全身小动脉收缩，促使血压增高，引起脑出血。

4. 不宜躺着看书、看电视。因为躺着压迫胸部，不便于深呼吸，导致缺氧，易引起血管破裂。

5. 不宜长时间听快节奏音乐，或强烈震撼性打击乐。

长时间听快节奏音乐或强烈震撼性打击乐可使耳内末梢神经紧张，引起血压升高导致脑出血。

6. 不宜饮酒过度或暴饮暴食，以防中风。

老年人宜养哪些花

老人养花，力求适合体力，量少而精。早春以花为主，配以青叶；盛夏以芳香为主，配以绿色盆景;晚秋以果为主，配以叶花；寒冬以青为主，配以花果。

适合老人家庭养植的花卉，品种很多，有绚丽多彩的赏花植物，如月季、茶花、仙客来、君子兰等；有清新幽雅的看叶植物，如文竹、万年青、黄杨、松柏等；也有果实累累的观果植物，如石榴、金橘、香橼、佛手等；还有四溢飘香的芳香植物，如米兰、茉莉、兰花、白兰等。

老人家庭究竟养什么花好，这可以根据个人爱好和居住条件而定。文竹、小石榴、仙客来、米兰等比较容易管理，形、果、花、香也好，一般花卉爱好者都可养好。如果有条件，还可以养茶花、兰花、五针松等。只要花卉选择搭配得好，便可使家庭环境生趣盎然，四季如春。

高血压、冠心病人宜参加哪些体育活动

1. 散步；对体质弱、肥胖的高血压、冠心病患者是一种较好的锻炼项目。散步是一种全身性周期性运动，对神经系统、呼吸系统、血液循环系统、消化系统及肌肉，特别是下肢和腹背肌都有益处。

2. 体操：它能使全身重要肌肉和关节都得到锻炼。老年人做体操时，动作要缓慢、有节奏，要和呼吸配合起来做。有一种专门为高血压、冠心病患者编排的体操，坚持锻炼，必有效果。

还有气功健身操、气功医疗操，也适合老年人锻炼。气功能降低安静时心跳次数和血压，降低心肌耗氧量，增加身体其他部分组织对氧的摄取量，降低血中甘油三脂含量，增加心肌功能。

3. 慢跑：适合于体力较好的病人锻炼。长期坚持慢长跑，可促进冠状动脉的侧支循环，增加冠状动脉血流量，改善心肌营养，同时还可降低胆固醇，增加高密度脂蛋白含量。体质较差的病人，可以采取走和跑交替的方式进行锻炼。

老年高血压、冠心病患者进行体育

活动，应避免长时间静止站立、闭气用力、过分低头，更不要做强度大、快速激烈的活动。

老年人不宜过多吃高蛋白食物

高蛋白食物是指蛋白质含量较高的食物。一般说来，蛋白质对人体健康是有益无害的，但如果过量食用蛋白质，却有损老年人健康。

这主要是因为蛋白质饮食可以增加人体内钙的排泄量，尤其是钙摄入不足的老年人，因钙排泄量增加，非常容易引起骨质疏松症。骨质疏松症病人只要是轻微活动，就会感到腰背痛。此外，老年人肾功能在逐渐减退，当蛋白质摄入过多时，肾脏负担过重，会导致肾功能不全。因此，老年人以每天摄入 50 克左右的蛋白质为宜，不宜过多吃高蛋白食物。

老人不宜单独进餐

人到老年，身体各系统、各器官的生理功能相对减弱，胃肠消化能力下降，咀嚼能力下降尤为明显，味觉减退，这就造成老年人食欲普遍低于青壮年。若再单独进餐，在冷冷清清的环境下吃东西会觉得越吃越没有滋味儿。

要知道，影响食欲的原因不仅在于食物的质量和烹调技术的好坏，还在于进餐时的气氛。人们都有这样的体验，在心情愉快，气氛轻松、和谐的状态中进餐，粗茶淡饭也会吃得格外香甜，这对具有孤独感的老年人尤为重要。老年人自己或仅仅老两口在餐桌上，冷冷清清地进餐很容易感到索然无趣，常常是随便吃一些就放下了碗筷。如果是儿女及孙儿、孙女们团团围坐在一起，老幼同桌，情况就大不一样了。对于老年人来说，这种全家人坐在一起高高兴兴地进餐，本身就是一种很好的精神享受——天伦之乐。

在餐桌上子女们给老人夹菜虽然是件小事，却温暖了老年人的心，许多老人本来不大想吃的菜，儿女把它夹到自己的碗里，老人心里一高兴，也就吃下去了，而且还觉得格外好吃。有些老年人平时喜吃咸，子女在餐桌上一再耐心地劝阻，他心里一高兴，就会少吃盐，并逐渐改变口重的习惯。因此有人说，在餐桌上子女可以帮助老人做好自我保健。此外，子女与老人同桌进餐，还可以及时发现老人饮食上的异常变化，如食欲减退、偏食，或食欲增强、食量剧增等，这些常是一些疾病的重要信号，老人与子女共同进餐对及早发现疾病和及时治疗很有益处。

因此，老年人忌单独进餐。

老年人忌贪吃高蛋白食物

多年来，高蛋白膳食一直被奉为迅速减肥、保持健康的要素。而实际上，蛋白质过量较蛋白质缺乏，给我们带来的难题更多。蛋白质是构成生命细胞的基本物质，循环于血液并存在于其他体液之中。所有蛋白质均由许多较小的氨基酸分子联结而成。

构成蛋白质的多数氨基酸，可由机体通过其他途径获得，但其中8种（婴幼儿为9种）必须由食物供给，因此称之为必需氨基酸。食入过量蛋白质以后，多余的氨基酸便被机体转变为其他代谢产物，继而经肾脏排出体外。需要排泄的氨基酸代谢产物越多，肾脏的负担越重。显而易见，滥食高蛋白可损害肾脏。实践证明：肾脏功能减退作为自然衰老过程的一部分，往往与过量进食高蛋白有关。因此，老年人为了健康，不要贪吃高蛋白食物。

中年妇女不宜过量吃甜食

糖是普通的食物，是每个家庭必备的，味道甜美，人们喜食。但现在人们食糖量有越来越多的趋势，如甜饮料、甜点心、甜果品、甜调料等，也都成为人们日常的食品，因而带来一种新的疾病“甜食综合征”。

美国奥克亚医科大学的研究人员发现，50岁左右的妇女吃甜食过多，会导致胆结石。他们的调查表明，90%以上的胆结石患者，都是较为肥胖的中年妇女，且都有吃甜食的嗜好。

研究人员认为，过量的糖会增进胰岛素的分泌，加速胆固醇积累，造成胆汁内胆固醇、胆汁酸和卵磷脂三项比例关系严重失调。过量的糖还能自行转化为脂肪，影响正常的食欲，妨碍维生素、矿物质和其他营养成分的摄入，导致人体肥胖。研究人员还指出：肥胖并不会使所有的人生成结石，但对中年妇女来说，它却是招致胆结石的温床。因此，中年妇女要少吃甜食，以防止胆结石的发生。

多吃甜食还可促发乳腺癌。据研究，女性的乳房是一个能高度吸收胰岛素的器官，长期摄入高糖食物，能使血内胰岛素含量始终处于高水平状态，而早期乳腺癌细胞的生长，正需要大量的胰岛素，于是被乳房大量吸收的胰岛素，对乳腺癌细胞的生长繁殖，起着推波助澜的作用。

长期食糖过量，还会加速细胞的老化。因为糖属于酸性食物，健康人体内环境总是维持弱碱性。如大量吃糖，体液碱度将变成中性或弱酸性，而促使细胞衰老，使人体环境适应能力差，头发变黄变白。

大量吃糖，还会过多地消耗体内的钙，造成骨骼脱钙，导致骨质疏松和易发生骨折。还有观察发现，很多家庭主妇及女职员，由于喜爱甜食往往会出现精神不振、体力不足的现象。甜食过多，还会刺激胃液分泌，日久损害胃黏膜，诱发胃炎和胃溃疡。甜食过多，能发生肥胖，易导致动脉粥样硬化、冠心病、糖尿病、胆结石、痛风、肾病。因此，中年妇女不宜多吃甜食。

老年人不宜酗酒

酒，是一种富有魅力的饮料。人类自有文明以来，酒便与人们的生活结下了不解之缘。适量饮酒可以暖肠胃、御风寒；能促进血液循环，疏通经络；能增进食欲；有振奋精神，消除疲劳和增强生命力的作用。现代科学研究还证明，啤酒中含有麦芽糖，味微苦，有健胃消食、清热利湿、抗细菌和病毒的作用。啤酒中的二氧化碳喝进胃里以后，在排出体外时，能将体内的一部分热带出来，使人有凉爽的感觉。葡萄酒中也含有多种维生素和其他营养物质，特别是含有丰富的维生素 B_{12}。少量饮酒还有助于安眠。酒对身体的利弊，总的说来，可概括为“少量有益，过量有害”八个字。酒的主要成分是酒精，化学名称叫乙醇。它是一种原生质毒物，能损害口腔、胃、肠黏膜。

长期嗜酒，会造成慢性酒精中毒。胃肠黏膜若是常受刺激，便会形成慢性炎症，影响消化功能，从而会引起营养缺乏症，并诱发胰腺炎、胃和十二指肠溃疡等疾病。酒精可使心脏和血管发生病变，使心肌功能减弱，血管硬化，形成高血压。酒精对肺也有损害，长期嗜酒会降低呼吸道的防御能力，容易得气管炎、肺结核。酒精还能损害神经组织。此外，据调查，有许多癌症与饮酒有关，例如喉癌、食道癌、胃癌和肝癌等。嗜酒的人比不喝酒的人得癌的机会多。至于酗酒对人体危害更大，严重者会导致呼吸、循环中枢麻痹，呼吸、心跳停止。古今中外，因饮酒过量而造成死亡的事例，屡见不鲜。

老年人忌饱食

人们一日三餐吃进的食物，必须经过胃的加工消化，变成与胃酸相混合的食糜，再经过小肠里的胆汁、胰液、肠液的化学作用，把不能吸收的大分子蛋白质分解为可以吸收的氨基酸，把脂肪分解为甘油和脂肪酸，把碳水化合物分解为葡萄糖，然后通过肠壁，进入血液循环，把营养物质输送到各组织细胞中，被身体利用。但其中每个阶段的能力都是有一定限度的，超过了限度，就会破坏胃、肠、胰、胆等的正常功能；加上胃胀得很大，抬高了横膈膜，影响到心脏的活动，同时胃的蠕动也十分困难，整个正常的消化功能被破坏了，严重者会造成急性胃肠炎、急性胃扩张、急性胰腺炎、心脏病等。再说，据研究，一般会餐，膳食中的蛋白质只有30%被身体吸收利用，而70%被浪费掉。所以，不要大吃大喝，暴饮暴食，特别是老年人，尤应注意。古人说：“中满不消，而脾胃大伤矣。”俗话说：“吃饭少一口，活到九十九”“若要身体好，吃饭不过饱。”这些话是有道理的。

老年人营养保健不能一味追求补品

不少人把自身的健康寄托在特别滋补的物品或稀罕昂贵的物品上，如燕窝、鱼翅、海参、银耳、阿胶、人参、鹿茸、黄芪等。这种看法不完全对。

价格昂贵的物品不一定都是补品。例如，燕窝含蛋白质虽然高达50%左右，但却是不完全蛋白质。再如，鱼翅含蛋白质更高，达83%以上，但缺少色氨酸，也是一种不完全蛋白质。它们的营养价值并不像人们所想象的那么高。这一类物品，其实不能叫做补品。

在价格昂贵的物品中，确实有些具有特殊功用。例如，阿胶有生血作用，含蛋白质在93%以上，其中赖氨酸又很多，可以与谷类发生互补作用，提高膳食中蛋白质的利用率，在营养上、补血上确实是一种很有价值的物品。再如海参，含蛋白质很高，达61.6%，脂肪含量则很低，仅为0.9%，而且不含胆固醇，铁、碘、钒等微量元素都很丰富。钒是人体必需微量元素之一，与脂肪代谢有关。身体缺钒，血脂会升高。由于海参不含胆固醇，脂肪含量又很低，钒又能降血脂，所以是高脂血症和冠心病患者的理想食品之一。

老年人不宜睡软床

有些老年人喜欢睡席梦思弹簧软床，觉得睡上去很舒适。其实，老年人睡软床是很有害的。

这是因为睡软床不符合老年人的生理情况。据外科专家对睡硬床、软床、半硬床（木板加厚垫）的老年人用X线摄片观察，睡软床多引起脊柱侧弯，而睡半硬床则不会引起脊柱侧弯。可见，睡软床容易导致人体脊柱的中段下陷而变曲成弧形，这就是易使脊柱附近的韧带和关节负担过重而引起腰部不适和疼痛。

睡在软床上，身体各部位与床面接触的面积加大，被挤压的面积也随之增大，影响身体表面血液循环，不但易引起腰酸腿痛、四肢酸痛，还使老年人翻身难度加大。身体上面的肌肉虽可放松，但下面的肌肉受压，会使患有腰肌劳损、骨质增生症、颈椎病的老年人症状加重。可见睡软床对老年人来说是有害的。

那么怎样的床才符合老年人的生理特点呢？脊柱外科专家认为：合适的睡床应是在仰卧时能保持腰椎生理前凸，侧卧时不使脊柱侧弯，半硬床（木板加厚垫）或土炕上垫较厚的垫子最好，绷棕床次之，软钢丝床最差。

老年人忌长期睡眠不足

据国内外许多资料分析，几乎所有的长寿者生活皆有规律，有良好的睡眠，长期失眠的寿星非常罕见。动物实验也证明，饥饿25天的动物仍可恢复健康，但5天不睡觉便可导致动物死亡。可见睡眠比吃饭还重要。

人的生存离不开能量。白天，人们劳动、学习、生活等要消耗能量。睡眠时体内的各种生理活动减弱，绝大多数器官处于代谢低、活动少的状态，多数肌肉松弛、心跳呼吸慢、胃肠道分泌减少，因而全身能量消耗减少，为第二天储备新的能量。

当长期睡眠不足，神经系统过度疲劳时，大脑皮质神经细胞工作效率降低，记忆力和理解力减退，出现头昏、脑涨、眼花、耳鸣以及全身乏力等症状，严重时影响心脏、血管和消化器官的正常功能。所以，有规律的保质保量的睡眠，有助于增强体质和延年益寿。

一人一天究竟睡多长时间为好？这要根据不同的年龄、体质、习惯以及季节变化、体力消耗等因素而定。一般来说，年龄越小，睡眠次数、时间就越多。很多人认为老年人睡觉少，睡上6个小时就够了。经研究认为老年人同样需要足够的睡眠时间。这要因人而异，有的人一天睡4～5小时就够了，而有的人却要睡8～9小时。所以，睡眠时间不要强求一致，只要能消除疲劳，恢复精力，第二天不觉得“缺觉”就行了。

老年人不宜久穿旅游鞋

旅游鞋受到老年人的青睐，是因为旅游鞋有弹性，穿着后有轻松感。但旅游鞋不透气，穿久了鞋内会很潮湿，会使脚部皮肤发红或脱皮，还会使霉菌繁殖，易加重脚癣。再说，旅游鞋是平底鞋，没有后跟，身体重量在脚部分布不均，长期穿着会影响走路姿势。老年人穿鞋要有四个条件：保温、透气、防滑和舒适。所以，平时还是穿布鞋为好，礼仪场合可以穿皮鞋。

老年人生病忌拖着不看

在日常生活中，常碰到这样的情况：一些老人患病后不愿治疗，往往拖延数天或更长时间，等实在拖不下去了，才上医院诊治，此时往往已经造成了严重后果。特别是一些需要手术治疗的疾病。老年人甚至家属认为，年纪大了，经不起动刀子。从医学观点看，这些认识和做法是不科学的。

人到老年，身体各组织脏器的功能明显下降，对抗各种疾病损害的能力远不如年轻人。患病后不及时治疗，不但不能像所期望的那样“自行”好转，反而会增加病损的范围及严重程度，有时其后果可能不堪设想。至于手术，一般除了严重的心、肺、肾功能障碍外，其他老年常见病如白内障、胆结石、前列腺肥大等，都不会有什么危险；而有些病非手术不能根治，若不及时手术，将会带来极大的痛苦，有时亦可能有致命的后果。因此，老年人生病时千万不能拖，以免小恙成大疾，延误治疗而成终生之憾。

老年人谨防夜间气短

有些老年人往往在夜间熟睡中突然憋醒，被迫坐起，经过一段时间才能缓解，这称为夜间阵发性呼吸困难。这种呼吸困难是由于左心功能不全，致使肺部瘀血的症状引起。多见于高血压性心肌病、冠心病、主动脉病变和二尖病变时。

因此，预防夜间发生气短，应积极治疗原发病，对高血压性心脏病的心功能不全，在适当控制血压后会得到改善。冠心病引起的应用血管扩张剂，如消心痛等可达到改善心功能的目的。主动脉病变和二尖病变时可考虑手术治疗，同时应避免劳累及情绪刺激等因素。有条件的病人可备氧气袋，发生气短时适量吸氧后可望缓解。如病人突然发生极度呼吸困难、发绀、咳嗽，咳粉红色血性泡沫样痰，称为急性肺水肿，病情危急，必须送医院做紧急处理。

忌忽视脑溢血发病前的症状

在老年人中，常见由高血压、动脉硬化引起的脑溢血。脑溢血发病前，常常有头痛、头晕、肢体轻瘫、看东西模糊等症状，但持续的时间短，由数秒钟到数小时，很少超过 24 小时。如不积极治疗，上述症状反复发作，就很容易诱发脑溢血或其他脑血管疾病。脑溢血常常发生于情绪激动、运动、用力排便的时候，表现为突然出现剧烈头痛、头晕、喷射样呕吐、嗜睡等，需急送医院治疗。

第四辑　保健养生长寿常识

第一章　长寿的奥秘和特征

长寿的奥秘

影响人类寿命的因素很多，并且因人而异。在诸多因素中可分为先天因素和后天因素两大类。

先天因素包括遗传和优生。国内外调查资料发现，在 80 ~ 84 岁的人群中，家族长寿率为 52%；在 105 岁以上的人群中，家族长寿率为 70%。各地的调查资料还证实了多代长寿家族的存在。其中，三代以上连续长寿的占长寿家族的 30%，其家族长寿人数占长寿家族人数的 50%。医学专家对遗传的机制——染色体进行了研究，发现长寿者的染色体多于一般人，而且随着年龄的增长减少也慢。

遗传是客观的，但是，我们可以通过主观的努力，人为地提高遗传因素，抵御后天的不利因素，这就是优生。首先，长寿老人中 42% 为头胎生，21% 为第二胎生。特别是健康状况较好的长寿老人，70% 为头胎或二胎生，这表明他们大多数是在父母青壮年时期诞生的。国外资料证实，头胎孩子或年轻母亲生的孩子寿命要长些，而高龄母亲生的孩子寿命较短。另外，长寿老人的父母，没有近亲结婚的。

和遗传、优生等先天因素相比，社会、自然环境及个人生活习惯等后天因素显得更为重要。世界各地的平均寿命都是随着社会的进步而逐渐延长的。各个国家的人均寿命与它的社会经济发展有着密切的关系。据报道，1977 年，世界人均寿命为 59 岁，其中工业发达国家的人均寿命在 70 岁以上。自然环境也与人的寿命密切相关，长寿地区较多分布在山区或边远地带。但由于城市科学卫生事业的发展，医疗、营养水平高于农村，所以，城市的人均寿命高于农村。百岁老人的比例，农村高于城市，这是与农村环境幽静、空气清新、森林茂密有关。近年来，我国在城市考察中，发现广州百岁老人的数量高出其他城市数倍，这是与广州气候温和、绿化好、园林多有关。

在后天因素中，尤以抗衰老、设法减慢或阻止衰老过程的进展来延缓衰老最为根本。抗衰老的具体措施，可分为非药物性措施和药物性措施两种。

1．非药物性措施。美国科学家伯格等曾把鼠分为两组进行限食实验。对其中的一组从幼年始减少食量的46%，另一组则不限食。其结果，限食组的雄、雌鼠的预期寿命分别增加了25%和39%。在到达1000天时，不限食组的雄鼠全部死亡，而限食组的还存活50%；至1200天时，不限食组的雌鼠全部死亡，限食组的还存活73%。推及至人，科学工作者认为，从幼年开始限食具有抗衰延寿的作用。

一些学者经过研究认为，如果寒冷的环境能适当降低动物肌体的体温，则有抗衰和延长寿命的作用；如果周围的寒冷环境不能降低动物的体温，抗衰老和延长寿命的作用则不明显。因此，有些学者设想，如能用药物降低人类的体温，也许可以减慢人体衰老的速度，从而延长人的寿命。

生命在于运动。运动能健全循环系统功能，改善老年人的肺功能，增强消化能力，提高代谢水平，对神经系统、骨骼肌肉和各器官都有改善作用，从而可以达到延年益寿的目的。

2．药物性措施。在中国历史上，有许多关于皇家贵族寻找“长生不老”灵丹妙药的传统。在国内外文献中，也有一些有关抗衰老药物的记载，现只介绍其中的几种：

乙氧基喹是抗衰老药物之一。它可以抑制小鼠的一些器官随增龄而增加的淀粉样变，并可增强机体的细胞免疫力，使小鼠的平均寿命增加72%，属于增加寿命幅度最大的抗衰药物之一。

氯酯醒也是具有抗衰老作用的药品。有关报告说，如给小鼠使用氯酯醒，可使雄鼠平均寿命增加27%，其最高寿命增加39%，使雌鼠平均寿命约增加5.9%。

此外，在动物或人类的衰老过程中，核酸制剂是对损伤细胞进行修复的材料。在20世纪70年代，外国学者用大鼠做实验证明，给5只750天的老年大鼠每周注射一次核酸制剂，有4只死亡年龄为1600～1900天，其中1只活到2250天，不用药的大鼠至900天全部死亡。

除上述三种药物外，也有些人服用维生素及中药的延年益寿方剂，但效果如何，目前尚无足够的证据。

长寿地区与长寿老人

大量研究资料表明，在世界不同地区，其自然环境和人类活动诸方面有明显差异，从而影响到当地人群的寿命。自然环境包括地层结构、地形地貌、水文气象、气温、气压、日照时间等；人类社会活动包括人种、遗传因素、社会的经济发展、政治制度、文化水平与风俗习惯等。这些因素对人类的寿命都有明显的影响，因而不同地区的人的寿命是有差异的。

目前，有关“长寿地区”、“一般寿命地区”、“短命地区”并没有一个统一划分的标准，而是根据各地情况相互比较得出的。

许多学者根据人口平均寿命、65岁以上老年人口的比例数、100岁以上长寿老人的比例数等几个指标，对不同国家、不同地区进行过寿命比较，结果发现，世界上确有“长寿地区”存在。

当前世界上平均寿命较长的国家是日本、瑞典、挪威、荷兰、冰岛、法国、美国、波多黎各、加拿大、英国、瑞士等国家。平均寿命较短的则是印度、埃及等国家。

根据人口统计，1959年广西巴马瑶族自治县每10万人口中有182位90岁以上的长寿老人，其中每10万人口中百岁寿星有11人。结合当地自然环境、劳动条件、营养状况进行综合分析并与国内外资料比较，证实该县确为我国长寿地区之一。

巴马是个石山绵亘，云雾缭绕，海拔在450～700米的山区。这里厂矿寥寥无几，环境幽静，空气清新，有益健康长寿。

巴马人一生中以爬山和劳动为主，长寿老人都是十几岁起就参加农业生产，一直干到七八十岁高龄才转为从事打柴、放羊、烧火、煮饭、洗衣等家务劳动。长年的体力劳动，既增强了体质，又有效地防止了心血管疾病的发生，延缓了衰老的进程。

巴马人的主食是玉米、红薯和杂粮。黄豆和蔬菜是当地人常吃、爱吃的食品，肉类食品只有逢年过节才吃。所以动物性油脂相对吃得少，对心血管的不良影响也少。而大豆又为人们提供了优质的植物蛋白质。此外，巴马的主要食油是一种对心血管有益的富含不饱和脂肪酸的大麻仁油。

除了环境、劳动、饮食等长寿因素之外，乐观的情绪，有规律的生活习惯以及遗传因素等，都是巴马老人长寿的原因。

预测寿命年限的参考标准和方法

人类的寿命是可以预测的吗？国外一些学者依据统计学概率的推导方法，编制了“寿命预测法”。这种方法有一定的科学性，其准确率为50%。现介绍如下：

先根据你本人的年龄、性别从本国、本地区的“预期寿命表”中查到你的所在年龄段的平均预期寿命，再根据自己的遗传、卫生习惯、生活方式、个性、职业、经济收入、婚姻状况等进行增减，最后得出你自己的预期寿命。

例如，你今年34岁，女性，则可从表中查到预期平均寿命为77.55岁（男性则为74.30岁），然后根据以下因素进行加减。

1.遗传与家族

①祖父母中有一人超过70岁者，加半年，有一人超过80岁者，加一年，两人都超过80岁则加2年；

②父母亲中，母亲超过80岁，加4年，父亲超过80岁，加2年；

③父母、祖父母、兄弟姐妹中有在50岁前死于心脏病、中风、动脉粥样硬

化者，有一人就减4年，60岁以上死于上述疾病者，有一人就减2年；

④父母、祖父母、兄弟姐妹中60岁以前死于糖尿病或消化性溃疡者，每有一人减去3年，上述近亲中60岁以前死于胃癌者，每有一人就减去2年；对妇女来说，女性近亲中60岁以前死于乳腺癌者，有一人就减2年；

⑤上述近亲中，60岁以前死亡（除意外事故、自杀、他杀者外），有一人则减去1年。

2. 生育情况

女性，没生过孩子的减半年，生孩子超过7个则减2年。

3. 出生情况

出生时，母亲年龄小于18岁或超过35岁者减1年。如是第一胎则加1年。

4. 饮食习惯

每天进食包括所有基本营养素的饭菜，加2年；不吃一顿高纤维食品，减1年，喜吃蔬菜，水果加2年；每天不按时按量吃饭，减1年，经常吃油脂、腌肉、精制的糖，每种减1年，饮少量果酒，加1年；30岁以下常饮酒，减1年，经常饮酒过量减8年。

①吸烟

每天吸烟超过2包，减8年，1～2包，减6年；0.5～1包，减3年；少量，减1年；常与吸烟者工作、生活在一起的减1年。

②体重

中国人标准体重的计算方法是：

男性标准体重（千克）＝身长（厘米）－105

女性标准体重（千克）＝身长（厘米）－100

一生中大部分时间体重的增减没有超过正常体重的2千克以上者，或者现在体重比正常体重少2.5～4千克者加2年。

③睡眠

立即入睡，每晚睡6～8小时不加不减；睡眠超过8小时或少于5小时则减2年。

④体力劳动及锻炼

体力劳动者加2年；每周至少进行3次体育锻炼，如跑步、游泳，每次半小时，加2年；工余坚持轻微的体力劳动或锻炼，如每天散步1小时，则加1年；不进行任何体力劳动者减2年。

⑤工作

有丰富的脑力活动，如进行创造性活动，加1年；热爱自己的工作，精神饱满者加1年；情绪低落、工作疲沓、无上进心者减1年；经常操劳过度则减2年；如果60岁以后还适当工作，加2年；超过65岁还适当工作，加3年。

⑥性格及情绪

性格文雅、随和、理智，心情愉快者加1～3年；性格急躁易怒或经常心烦、情绪低落或精神紧张、忧郁、刻板，或经常感到问心有愧、坐立不安者，根据程度的轻重分别减1～3年；到了老年期仍感到快乐、幸福、生活中有许多乐趣者则加2年。

5. 本身健康状况

如果有慢性病，如心脏病、高血

压、肿瘤、糖尿病、溃疡则减5年；血压130/90减1年；140/95减3年，150/100减5年。

6. 服药情况

长期服用有副作用的药物，如激素等减2年，经常滥用药物者减2年。

7. 婚姻

已婚并与配偶共同生活者，加1年；男子婚后分居或离婚独居，减9年；若因妻子死去独居减7年；分居、离婚或鳏居男子，如与家庭其他成员生活在一起，则减去上述年数的一半。已婚女子分居或离婚，减4年；寡居减3.5年。男子单身未婚，从25岁始计，每10年减2年；女子单身未婚，从25岁始计，每10年减1年。每周有规律而亲密的性生活1～2次者加2年。

8. 生活环境

生活在乡村郊野空气新鲜加1～3年，生活在市区减1年，生活在受污染的环境中减2年。

9. 定期体检

每隔一年定期体检一次（女性包括乳房检查及乳头涂片，男性包括直肠镜）则加2年。

10. 家庭收入

根据所受教育和从事的职业，经济收入在一般水平以上者，加2年，相反，则减2年。

11. 交友

喜交友，有2个以上的知心朋友者加1年。

你可按上述影响因素，加的列一边，减的列另一边，最后总和，看结果是“正”还是“负”，再用你查得的平均预期寿命加上或减去此数，得出的年龄就是你自己的预期寿命了。

身材匀称者长寿

身材匀称的人即使有吸烟史或患有高血压，他们的死亡率也仍低于那些身材不匀称却没有上述毛病的人。专业人士在调查了25341位男子、7080位女子后，做出了以下几项具体的研究结论：身材不匀称者占被调查男子的20%，他们的死亡可能性比常人高出52%，其中男性烟民的死亡率比常人高出65%。在调查的女子中，极不匀称者死亡率比常人超过11%，其中，女性烟民高出99%。

专家说：“只要能保持体形匀称，你能活得长久，就能克服坏习惯带来的不良后果——诸如吸烟、高血压、高胆固醇等死亡率较高的恶性因素。”

“老来俏”者长寿

爱美之心，人皆有之。由于受世俗观念的束缚，大多数人步入老年期之后，就不太讲究美了。有些老人甚至不修边幅，邋遢起来了。这对健康是不利的。心理学家认为，老年人恰当地讲究仪容仪表，可带来青春活力。许多心理上年轻的老年人，都比较注意讲究美。他们活得潇洒大方，常有一种“我还年轻”的愉悦和满足感。因此，笑口常开，精力旺盛，越活越年轻。

现代医学研究证明，老年人讲究美，心情愉快，可促进体内分泌出更多的酶、乙酰胆碱、去甲肾上腺素等生化物质。这些物质可使血液循环、神经细胞活动、内脏器官代谢处于最佳状态，从而增强机体免疫系统的功能。“老来俏”的人，热爱生活，自得其乐，不是神仙胜似神仙，无疑会体健寿高。

多吃鱼贝者长寿

老年人特别是肥胖的老年人容易患高血压、高脂血症，所以不宜多吃肉类食品，应多吃点鱼、贝、虾等海鲜。鱼、贝不仅味道鲜美，而且海鲜鱼贝中含有特殊的生理活性成分，能防治高血压、高脂血症，如鱼油中的多烯脂肪酸，其主要成分为二十碳五烯酸（EPA）、二十二碳六烯酸（DHA）。EPA 有降低甘油三酯，降低血小板凝血和血黏度的作用，并能增进大脑机敏性。DHA 能降低血液总胆固醇水平，能清除对人体有害的低密度脂蛋白，却不干扰号称血管“清道夫”的高密度脂蛋白。

鱼、贝中还有含量很高的牛磺酸，它在参与肝脏胆汁酸代谢中能促使黄疸病人退掉黄疸，在调节胆固醇代谢中可使血液中总胆固醇水平下降。所以，老年人应多吃鱼、贝、虾、蟹。

信心十足者长寿

信心是一种积极的精神因素，它可以转化成获得健康长寿的物质力量。信心是意志顽强和精神愉快的反映，对健康长寿充满信心，能使人避免“积忧成疾”。信心会使人产生愉快的情绪，有益于人体各种激素的正常分泌，以利调节脑细胞的兴奋和血液循环。信心有助于鼓起人们与疾病作斗争的勇气，并顽强地想方设法强身祛病，达到健康长寿的目的。医学文献上有很多病例证明，“宽心药”非常有效地消灭了病人的疾病，甚至可以治愈被认为无法治好的病。这种疗法用的“药”，唯一可以引起作用的成分，显然是病人自己的信心所产生的力量。

现代科学研究表明，具有济世利民的善良意念的人能使自身分泌出有益健康的物质，从而促使其健康长寿。

人之所以衰老，原因之一是机体适应能力下降。大量调查研究证实，大多数从事创造性劳动事业的人都属于神经活动功能健壮者，他们的神经系统较之常人更能常盛不衰。这表明，事业成功的快乐和潜心事业的良好心理状态，是人类健康长寿的重要因素。

老年人的居室宜坐北朝南，房间面积不宜过大，一般为 12 ~ 16 平方米。室内光线要柔和、明亮、通风、安静。墙壁的颜色以米黄或浅橘黄为好。窗帘可按季节变换颜色。床铺以铺板加棉垫为宜。坐椅最好有扶手和靠背，室内放上沙发。有条件者，可在居室内挂一幅山水虫鸟画或字画，书橱上放吊兰，窗台上放几盆花草。这样，可使老人感到舒适、安静、轻松，心情舒畅，精神振奋，从而预防精神老化，延年益寿。

生活方式健康者长寿

1. 培养乐观进取的态度。走路要有精神，脸上要带笑容。乐观进取的态度能舒缓生活压力，减少患心脏病和中风的机会。

2. 对亲爱的人表示亲热。肌肤之亲很重要，有人认为那是长寿的关键所在。

3. 时常笑、大声笑。笑不但能减少紧张，研究显示还可益寿延年。去看场喜剧，读本笑话书，或是去找爱说笑的朋友聊聊，要成为生活的常态。

4. 睡个好觉。充足的睡眠能使你的神经系统和大脑冷静下来，减少压力造成的疾病。

5. 去除紧张。例如说，工作时忙中偷闲，休息片刻，或玩一项新的运动，都有助于去除这些紧张症状，使自已益寿延年。

6. 不要老提自己的小毛病。有了小毛病就要设法去治疗，不要拿来当做博取他人同情的工具。

7. 要相信自己能够长命百岁。“人活七十古来稀”的念头已经落伍，不要再有。如果你相信自己能够长命百年，那你定会勉力以求，虽不至亦可几近矣。

8. 松弛身心，使自己再生活力。身心固然要锻炼，也要松弛。做深呼吸，闭上眼睛涤除你心中的忧烦。想想令你愉悦的事儿。

9. 不要过孤单的生活。孤单的生活是不健康的，因为没人分享你的快乐，也没人分担你的痛苦。还是有人疼有人爱才好。

习惯健康者长寿

国际公共卫生组织的调查表明，人的长寿与下列七项卫生习惯有着密切的关系。这七项卫生习惯是：

1. 不吸烟；

2. 饮酒有节制或根本不饮酒；

3. 每日吃早饭；

4. 两餐之间不吃零食；

5. 每天按时睡足 7 ~ 8 小时；

6. 定时进行体育活动；

7. 保持适当的体重。

国际公共卫生组织对 6928 名普通居民进行调查后发现，对上述七项卫生习惯遵守得越多的人身体越健康。不遵守其中 1 ~ 3 项卫生习惯的 45 岁的人，预期只能再活 20 年，而遵守其中 6 ~ 7 项卫生习惯的 45 岁的人，预期能再活 33 年以上。足见，养成和坚持良好的卫生习惯可以使人长寿。

肥胖者一般不长寿

俗话说，人到中年易发福。所谓发福，是指肥胖而言。这种发福，是福还是祸?

如果说是福，为何又有“有钱难买老来瘦”的谚语？

健康的身体，应是肥而不臃，如果体重超过标准的20%时，或体重指数[体重（千克）／身高^2（米）]大于24（国外男性以27、女性以25为指数）时，称为肥胖症。如无明显原因可寻者称单纯性肥胖症，具有明确病因者称继发性肥胖症。肥胖是机体内脂肪代谢紊乱，进食热量多于人体消耗热量并且以脂肪形式储存了多余热量所致。中医认为，“肥人多痰”，痰即是体内水液代谢的病理产物，痰浊不化，瘀血积生，痰淤互结体内，阻碍人体气机的运行，痰淤阻滞心脉，心脉痹阻，不通则痛，从而产生胸痹心痛。

肥胖是一种代谢紊乱性疾病，其对心血管系统的影响最大，轻度肥胖者无症状，中重度肥胖主要是使循环血容量、心搏出量、输出量及心肌负担均增高，有时伴有高血压，引起左心室肥大，且同时心肌内外大量脂肪沉着，易致动脉硬化、心力衰竭，临床表现主要是胸闷、心慌、气短等。肥胖导致心血管症候群是一个渐变过程，当肥胖减除后，早期心血管症候群可随之减轻或消失，但当并发动脉硬化、冠心病时，即使减肥，也难以恢复正常。

身材矮小者长寿

美国一个科研小组曾对650名男性，其中包括美国总统36人，有成就的（科学、商业、艺术界名人）265人，还有足球、篮球、垒球运动员和拳击选手等，进行了身高与寿命情况的统计分析，结果表明，美国男性的平均身高为1.75米，所谓矮个子是指身高1.72米以下的人，高个子是指1.83米以上的人。各组矮个子比高个子的寿命长11%～19%。在有成就的人中，矮个子寿命比高个子长9年。至于美国总统，5个矮个子平均为80.2岁，5个高个子平均只有66岁。这些数字表明，身材高大者未必长寿，身材矮小者相对寿命长些。

生活安排合理者长寿

老年人离、退休后，生活方式改变，打乱了过去的节奏，为了保持健康，很需要重新安排好生活，建立新的作息规律。

生活规律主要是指有秩序的作息时间安排。可以从以下几个方面并结合个人的特点妥善安排。

1. 首先订出总体计划，在一年中要完成哪些设想，如学习或要做的工作，这样可使精神有所寄托，并对自己有所要求，使生活的目的性明确，避免离、退休后出现空虚、寂寞、孤独等心理活动。

2. 锻炼身体对保持老年人身体健康、振奋精神非常重要，因为锻炼可使身体的各种生理功能保持正常的活动，并能推迟各个器官及各种组织的老化。要获得这些效应，必须坚持锻炼，即每天定时锻炼，时间至少半小时。锻炼方式包括散步、慢跑、游泳、打太极拳、气功、做操等，可根据个人情况选择合适的方式。

3. 进餐要早、中、晚定时，最好定量，在质的方面要安排合理，早餐要吃好、午餐要吃饱、晚餐要吃少。

4. 睡眠要充足，睡眠对脑有保护作用，每天至少安排 7 ~ 8 小时，中午要午睡。环境安静、空气新鲜、温湿度合适、光线暗、被褥舒适均是保证良好睡眠的条件。失眠时，尽量避免用安眠药，因这类药物对肝脏、脑及造血器官均不利，可采用物理方法，如睡前热水泡脚、按摩躯体或散步等。另外，睡前尽量使情绪安定，避免看书报、饮浓茶或咖啡等兴奋剂。

5. 防止便秘。由于老年人胃肠蠕动减慢，喜食含纤维素少的精细食品，对肠的刺激性过小，容易导致便秘。便秘给老年人带来一定的不利，当老年人过度用力排便时，有时可出现心律失常或脑血管意外等。防止便秘的方法：养成定时大便的习惯，多吃蔬菜、水果等含纤维素食物，早晨空腹饮一杯蜂蜜水。另外锻炼身体可促进胃肠蠕动，对防止便秘也有一定作用。总之，应尽可能避免使用药物，否则易形成习惯性便秘。

6. 应注意劳逸结合，休息可采取各种方式，如闭目静坐、聊天、下棋、听音乐、绘画、写书法、短时间散步等。

慎用抗衰老药物

凡是药物，它的作用都有双重性，一方面可治疗疾病；另外，若使用不当，如过量或身体对药物的代谢、排出等发生障碍，可发生中毒，尤其老年人常易发生对药物敏感性升高，出现中毒现象，所以老年合理用药非常重要。

老年人代谢水平降低，易使药物在体内蓄积，发生药物中毒。能参与药物代谢的组织，因老化可减少 20%。代谢强度的降低与心血管功能，胃肠吸收功能、参与代谢的酶系统的活性、肝的解毒功能、肾的排泄功能均有所下降有关。

另外，老年人对药物的敏感性增高，除上述肝、肾功能减低所导致的对药的解毒及排泄能力下降外，尚有免疫功能，尤其是细胞免疫功能减弱，促使老年人对药物发生过敏反应。

人的个体差异较大，同龄老年人用药量可差数倍之多，所以用药量很难固定，更不能找出一种药物剂量公式，这也给老年人用药问题带来一定的特殊性。

根据以上各种分析，老年人在健康状况下，最好不用药。

关于使用“延年益寿药”，即抗衰老药物的问题，目前抗衰老药物种类很多，如中药制剂、维生素 E、含微量元素药物、化学合成药物、生物制剂、普鲁卡因制剂等，每类药物均各有其作用机理。

目前服用抗衰老药物较多的是维生素 E，具有抗过氧化作用，可使多种不饱和脂肪酸不会因过氧化而变质，并可保护细胞膜不受损，减少各种组织及细胞，尤其是脑细胞之脂褐素沉积。脂褐素沉积可导致组织及细胞发生损伤。维生素 E 还可防止或减少脂褐素形成，从而防止各种组织及细胞的老化，推迟衰老。但所服用的量需合适，每天用量100毫克左右为佳。服用过多，易出现副作用，如恶心、疲乏，并可出现出血现象，女性服用过多，常可出现月经过多或闭经等。其他各种抗衰老药剂也应慎用。

实际上老年人为了保持健康，推迟衰老最好的方法是坚持每天按时锻炼半小时以上。锻炼可使全身各器官及组织功能改善，免疫功能加强，精力充沛，智能保持良好。一般坚持锻炼的老年人，远比不锻炼的老年人健壮，性格开朗，好学习新知识，兴趣广泛。

老人保健须定期检查

不少中年人自认为身体健壮，与医药无缘，这种麻痹思想要不得。据统计，许多疾病会“神不知鬼不觉”地侵入人体，有些甚至达到相当严重的程度，自己还难以察觉。如高血压、动脉粥样硬化、隐性冠心病、糖尿病等就是如此。所以，每半年或一年进行一次全面健康检查，这样不仅可以及早地发现许多疾病，而且还能接受医生的指导，开展健康活动和施行相关的保健措施。

老年斑与健康的关系

时间悄悄地把人们带入了老年期，人的外观形态及各个器官都发生着退行性变化。在身体表面经常暴露的部位，如手背、面颊、前臂等处也出现色素沉着，即“老年斑”。

老年斑大小不一，边缘清楚，稍隆起，呈淡褐色、褐色或黑色的圆形或卵形的斑点或斑块，皮肤学上称之为“老年疣”或“皮脂溢性角化病”，是老年人常见的一种良性表皮肿瘤。

老年人为什么会出现“老年斑”？其原因尚不十分清楚，但是老年斑出现的时间和量的多少，一般认为和机体衰老的程度无关。它的发生可能有以下几种原因：内分泌、病毒感染或家族显性遗传等。

本病进程慢，无自愈倾向，新损害可逐渐发生，虽有报告说，老年斑可并发基底细胞癌，但非常罕见。所以老年人大可不必担心。

“老年斑”在临床上无任何不适感，因而不需特殊治疗。一般防治方法有：避免长时间的日光曝晒和异常刺激。为防止日晒，可外用一些防晒软膏或乳剂，例如10%的二氧化钛乳剂或防晒霜等。

第二章 长寿与健康饮食常识

老年人饮食养生

正确的饮食和营养是保证老年人身心健康、延年益寿的物质基础。由于生活水平的提高，使大部分老年人营养过剩，或由于害怕肥胖及疾病的发生而过于节制饮食，因此，许多老年人均存在不同程度的饮食营养失衡。

1. 老年人所需营养特点

老年人随着年龄的增长，生理功能减退，活动量亦逐渐减少。因此老年人热能消耗逐渐降低，基础代谢率下降。一般认为，老年人基础代谢率比青壮年时期降低 10%～15%。老年人每日饮食中热能的供给量（以男性 65 千克、女性 55 千克体重为例），50～59 岁，男性约 2100 千卡、女性约 2000 千卡；60～69 岁，男性约 1900 千卡、女性约 1750 千卡；70 岁以上，男性约 1700 千卡、女性约 1540 千卡，一般根据体重不同而有所增减。

2. 老年人的合理饮食结构

①蛋白质：老年人随着衰老过程的进展，蛋白质的分解大于合成，体内蛋白质含量逐渐减少，因此，与年轻人相比，老年人蛋白质的需要量不应减少，特别是某些必须氨基酸，如蛋氨酸、赖氨酸等的需要量反而要比年轻人增加，老年人每天需要的热能约 15%需要由蛋白质供应。老年人的蛋白质供应应注意优质蛋白，一般以每千克体重 0.8～1.2 克为宜，动物性蛋白与植物性蛋白各为 50%左右。动物蛋白首选鱼肉及鲜牛奶，其次为瘦肉、鸡肉、牛羊肉，一般每天肉类不应超过 100 克，牛奶在 200～400 毫升为宜。

②脂肪：饮食中的脂肪不仅供给热能，亦提供必须的脂肪酸和帮助脂溶性维生素的吸收。老年人脂肪占总热量的比例一般不宜超过 25%，每日每千克体重脂肪摄入量不宜超过 1 克。

脂肪中不饱和脂肪酸与饱和脂肪酸的比例在（1～2）：1 为宜。食用植物油和鱼类主要含不饱和脂肪酸，猪、牛、羊动物油中主要含饱和脂肪酸。瓜子油、松子油中含有较多量的与预防衰老有关的亚油酸，而动物内脏、肉皮、蛋黄、松花蛋中含有较高的胆固醇，宜注意控制，老年人每天胆固醇摄入量应在 300 克左右为宜。

③碳水化合物：糖是供给热能的主要营养素，糖在供给老年人的总能量中占 60%左右。随着增龄，宜适当控制糖的摄入。老年人理想的糖摄取是通过米、面、谷类、土豆、蔬菜供给，果糖对老年人较为适宜，因此，老年人可适当增加果糖含量较高的蜂蜜、水果的摄入，而蔗糖摄入过多会引起肥胖及老年疾病，宜适当控制。

④维生素：维生素是人体健康不可缺少和营养素之一。维生素 C、E 对抗衰老、防止动脉硬化和预防疾病具有重要作用。维生素 D 对老年骨质疏松具有防治作用。老年人由于补充功能低下，影响维生素的补充，特别是要注意补充充足的维生素 A、B_2、B_{12}、C、D、E。

平时饮食中要注意增加新鲜蔬菜瓜果，牛奶、鱼肝油含维生素 D 较高，可适当增加摄入量。

⑤微量元素：微量元素与衰老及疾病的发生有关，近年来逐渐受到重视，豆类、奶类、鱼虾含钙丰富，可预防骨质疏松；肝、蛋、豆类含铁较多，可预防老年人缺钙性贫血，肝、麦芽、瘦肉、黄豆、南瓜籽含锌较多，可提高老年人

的免疫功能；其他铜、硒、铬等多种微量元素均有不同功能，可酌情补充。

⑥纤维素：纤维素可促进胃肠蠕动，防治老年人便秘，且具有降低胆固醇作用，老年人宜增加纤维素的摄入量，植物根、茎、叶、粗粮、瓜果纤维素含量较高，对老年人较为适宜。

⑦盐：老年人应注意盐的摄入量，高盐饮食对心衰、肾衰、高血压、冠心病均有一定影响，因此，老年人宜采取低盐饮食，一般主张每日盐摄入量不超过5克为宜。

3. 中药食疗保健：中药对预防衰老、动脉硬化、心脑血管疾病，提高免疫，清除自由基等具有较好的效果。老年人在平素的饮食中适当正确加用一些食疗中药具有较好的养生保健效果，在使用时应注意辨证、辨病相结合，切忌乱用、滥用。

①绿茶适量，开水冲泡饮用，具有降脂、预防动脉硬化、利尿作用。

②生山楂每日食用5个，具有降脂、预防动脉硬化及减肥效果。

③醋泡大蒜，每天少量食用，对预防动脉粥样硬化性疾病有效。

④生苡米、红枣、枸杞子、百合、山药、黑豆等煮粥食用，能提高免疫功能。

⑤菊花、天麻、决明子，泡水代茶饮，具有降压醒神作用。

⑥气虚者红参浸酒，阴虚者西洋参泡水，每天适量饮用，能益气养阴，提高免疫功能，预防衰老。

⑦冬虫夏草、蛤蚧研粉装胶囊，每天适量服用，对防治慢性咳喘有效。

⑧核桃仁，每天食用1～2个，具有健脑促智及防治慢性咳喘作用。

⑨刺五加浸酒，每天适量饮用，对老年人神经功能紊乱具有调节作用。

⑩用杭菊花、荷叶、草决明、绿茶、青葙子、红花、辛夷花等制成药枕，具有清心宁神、清脑明目、活血通络作用。

⑪蜂蜜适量，每天饮用，能防治老年性便秘。

⑫红花浸酒饮用、外用，具有舒筋活血作用。

吃糖与长寿的关系

人体需要的营养物质很丰富，但也不是越多越好。要适时、适量，否则，就会造成营养过剩，对人体的生命活动不利。所谓营养物质的适时、适量，就是指蛋白质、脂肪、碳水化合物、维生素、无机盐和水这六种营养素在体内的代谢作用恰好能满足人体正常生命活动的需要，即达到营养上的平衡。

糖类食物属于碳水化合物，是人体不可缺少的营养物质之一。美国学者认为，老年人摄入食物所含的碳水化合物应占总热量的55%～60%。我们指的糖，并不单单指甜味食品。糖有三种形式：葡萄糖、果糖为单糖，蔗糖、麦芽糖为双糖，而淀粉、纤维素为多糖。麦芽糖和蔗糖有甜味，葡萄糖、果糖次之，淀粉和纤维则感觉不出甜味。糖在人体内最容易被吸收利用，它的代谢作用和消化作用也比其他营养素迅速。我国人民历来习惯于以多糖类的淀粉做主食，如大米、小麦、玉米、高粱等。以大米为例，0.5千克大米能提供的热量，足够一人一天能量的消耗，但对老人来说，果糖更适宜，因为果糖在机体内更容易被吸收，又能经过氨基化和转氨基作用合成氨基酸。通常过量的糖类食物进入人体后，除了供血糖正常消耗外，还会在细胞内转化为脂肪积存起来，使人发胖，而果糖转化成脂肪的可能性要小一些。

有些人平时虽很少吃脂肪类食物，但由于过多食用糖类食物，结果也长胖了，原因就在于糖向脂肪的转化。过多的蛋白质除了氧化释放能量，构成人体组织蛋白外，也会转变成糖类或脂肪。多食糖类食物会诱发胰腺分泌大量的胰腺素，胰腺素能促进糖类转变为脂肪，并在皮下、腹腔内的大网膜和肠系膜上沉积起来，会使腹部肥胖，其结果，造成腹压增高，腹壁肌肉松弛。这些都不是健康的象征，还会使人的寿命缩短。

总之，老年人切不可认为营养素多多益善，须知物极必反，老年人更应该控制糖和脂肪的摄取量。

吃盐与长寿的关系

食盐的化学名称叫氯化钠或钠盐，其中氯的含量占60.66%，钠占39.34%。人们常用食盐作调味品，盐能刺激味觉，促进食欲和增加唾液的分泌。用它，主要是吸收其中的钠离子，以及钾、镁、钙离子，以维持人体内的盐代谢平衡、水平衡、渗透压和酸碱度的平衡，即人体的“内环境”平衡。多余的钠离子，通过尿液、汗液、粪便排出体外。据测定，一人一天有3～18克食盐，就足以满足其生理功能的需要。在炎热的天气或大量活动后，因排汗较多，体内的氯化钠含量大大减少，这时需要有适当的补充，否则，如肌肉中的钠离子减少过多而未及时补充，会引起肌肉的高度兴奋，出现肌肉痉挛。

人的味觉主要由舌组织的味蕾产生。味蕾在出生后11个月完成，70岁以后味蕾数量急速减少。高龄老人的甜、咸、酸、苦四种味觉发生了改变，其中以甜味和咸味下降最明显，这使老人不自觉地增加糖和盐的摄入量。如果食盐超出人体的正常需要，就会造成“内平衡”失调，细胞外渗透压增高，细胞内的水分被吸到细胞外，或细胞外的水分排不出去，导致水肿。另外因食盐中的钠离子主要分布在血浆和组织液中，而血液中的钠离子增多就会把组织液中的水分吸收过来，形成血管内血容量增加。同时，由于小动脉血管壁内钠离子及水分潴留，引起小动脉收缩而增加血管压力，造成血压升高。长期过多进食咸食或咸味重的食品，血压上升后不下降，就变成高血压病。如果再不注意调整饮食，则肾脏排泄钠离子和水的功能就会明显减退，血压继续升高还会引起心力衰竭。

不少营养学家通过调查发现，在食盐摄入量每日不超过3克的地区，其居民平均血压较低，而且随着年龄的增长，血压升高的趋势也不明显。然而，这些地区的居民一旦迁到摄盐量较高的地区，其血压也会相应升高。临床上，许多高血压病人，多配以低钠膳食，效果很好。这说明，食盐摄入量对血压有明显的影响。为此，老年人的膳食要以清淡少盐为宜。

七种食品预防早衰

人到中年，部分人就出现了耳聋、眼花、思维迟钝、记忆力衰退症状。这些症状，被医学家们称为“早衰”。

下列七种食品，将有效地预防中年人的早衰。

1．花生

经常吃花生，可增强记忆，延缓脑功能衰退。花生中所含的儿茶素，具有很强的抗老化功效。

2．蜂王浆

蜂王浆能刺激大脑、脑下垂体和肾上腺，促进组织供氧，增强细胞活力。

3．芝麻

芝麻含有丰富的维生素 E，能防止过氧化脂质对人体的危害，抵消或中和细胞内衰老物质“游离基”的积聚，起到延年益寿的作用。

4．枸杞子

枸杞子有抑制脂肪在肝细胞内沉积，促进肝细胞新生的作用。

5．花粉

花粉中含有维生素、氨基酸、天然酵素酶等，特别是所含的黄酮类物质抗生素，是产生药效、抗衰延老的根本因子。

6．甲鱼

甲鱼含有 20 烯戊酸，它是抵抗血管衰老的重要物质。

7．蝮蛇

食用蝮蛇肉，可延缓脑功能衰退，还可防止动脉硬化等。

健脑益智的食品

若用脑过度，就会使大脑组织长期处于兴奋状态而疲劳，导致脑神经细胞由兴奋转入抑制。因此，必须合理用脑，适度休息，积极补充大脑细胞所需的营养物质，才能满足其生理代谢的需要，更好地发挥中枢神经的作用。现代科学研究发现，下列食品具有良好的健脑益智作用。

1．蔬菜类

菠菜含有大量叶绿素，是脑细胞代谢的优质营养品。胡萝卜含有维生素 A 等多种维生素、无机盐，营养极为丰富，素有小人参之美称，是良好的健脑食品。

2．水果类

橘子富含维生素 A、B、C，属于碱性食物，可消除酸性食物对神经系统的损害，对增智健脑大有帮助。香蕉所含碳水化合物以果糖类为主，可在人体内迅速转化为能量，有效地缓解神经疲劳，所含钾对维持人体细胞功能和酸碱平衡以及改善心肌功能均有益。

3．动物肉类

鸡肉含有丰富蛋白质，能维持人体正常免疫功能、激素平衡及肌肉收缩力，对人体健康尤其是大脑健康有特殊意义。猪脑含有铁、磷、钙等多种微量元素。中医认为，食用猪脑可以以脏补脏，以脑补脑，具有神奇疗效。鱼能为人体提供大量蛋白质和人体必需的氨基酸，而且利用率极高，易于被大脑组织吸收利用。此外，鱼肉中含有极为重要的健脑物质——DHA，对大脑细胞特别是脑神经的传导和突触的生长发育有着极为重要的作用，可改善大脑功能，提高记忆水平。

4. 奶制品和豆制品

牛奶中所含蛋白质、磷参与体内各种新陈代谢，补充大脑细胞消耗的能量，所含的多种维生素对神经细胞非常有益。豆制品的维生素、矿物质含量也相当丰富，对增强大脑营养很有裨益。

中年人的膳食调节与养生

人到老年，身体功能下降，特别要注意营养摄入情况。医学研究表明，中年人动脉硬化与饮食有密切的关系，因此，人到中年要十分注意膳食的品种和数量。一般来说，合理的鱼、肉摄入量应为2∶1，通俗地讲，也就是吃鱼应比吃肉多一倍，这对防止中年人的动脉硬化极为有利。在常温下肉中的脂肪酸含量很多，如若过多地摄取，则会使人体血液中胆固醇增高，从而导致动脉硬化，鱼虽然同样含有动物性脂肪，但由于鱼油里含有较多的不饱和脂肪酸，它可有效地预防动脉硬化。同时鱼油里还含有促进血液循环，抑制因血液凝固而产生血栓的物质。所以中年人的膳食要适当增加鱼的摄取量，这样可有效地预防心血管系统疾病的发生。

老年人的素食养生

老年人活动量少，消耗也少，体内的各器官功能自然减退。在这种情况下再多吃含蛋白质高的食品，就要加重消化器官的负担，产生消化不良症，逐渐出现胸腹胀满、嗳气吞酸、口味恶臭、夜间多梦，甚则失眠、烦躁、泄泻等症状。日久则神经衰弱、消化迟钝，重时成为胃呆症，两三年后便会明显衰老，以致血压升高、动脉硬化、心脏动力失常、脑血管痉挛、患冠心病等。

现代医学认为。一个青壮年人每天需要蛋白质50～100克，老年人则可适度减少。提倡吃素，就正是这个道理，因为荤食热量高，不易消化吸收，对一个运动量小的老年人来说，少吃为好。

人到老年，要特别注意饮食的结构与成分。老年人的身体，从健康逐渐走向衰老。肌肉力逐渐减弱，消化腺的分泌也逐渐减少，因而消化不充分、不完全。另外，老年人的物质代谢也不如青少年旺盛，消耗相对减少。一些代谢物质就容易堆积下来，胆固醇就是容易堆积的代谢物质中的一种。过高的胆固醇容易在血管壁上沉积引起血管“粥样硬化”的病变。

血管粥样硬化所产生的严重后果，首先就是高血压症。老年人消化力减退，还容易造成便秘。相当多的老年人经常为便秘而苦恼，常吃细粮，过少摄食含纤维组织的食物，就会出现此类现象。

老年人多吃素食和蔬菜，除了对于防治心脏病、高血压、糖尿病、肠癌等病有积极作用以外，对于防止衰老，争取长寿也具有十分积极的意义。这是因为素食中含较多的维生素 C 和维生素 E，维生素 C 可以促进细胞对氧的吸收，同时促进这些间质的形成，有利于细胞的修复。它还可增加抵抗病菌的抗体的形成。维生素 E 也能促进细胞分裂，延缓细胞衰老，延长寿命。

由此可知，清淡饮食的确是中、老年人争取健康，走向长寿不可缺少的一个重要方面。中、老年人应多吃糙粮（如玉米、高粱、甘薯等）和含大量粗纤维的蔬菜（如芹菜、油菜、白菜、雪里红、甘蓝、萝卜、豆类）。

老年人缺水与心脏病

心绞痛及心肌梗死多在睡眠时或早晨发生，其原因除了夜晚迷走神经紧张性增高，使冠状动脉痉挛外，还由于经过一夜的呼吸、出汗、排尿等，丧失了大量的水分，使血液浓缩，血流量减少，冠状动脉血管相对变窄，或血液过度浓缩形成血栓，血管闭塞，使心肌出现急性供血不足或局部心肌发生坏死。如果能补充足够的水分，就可降低血液浓度，防止心肌梗死的发生。因此，人到中年，体内水分相对减少，为保持平衡，应每日多饮水。俗话说“中年日饮八杯水”。当然并非全指饮白开水，也可饮果汁、清茶，或饭中多饮汤，则更富营养。

老年人缺水与脑血栓

由于老年人对口渴感觉迟钝，加之代谢的紊乱，或因疾病而服用利尿药等，易引起缺水。当水分减少 5%时，会出现尿量明显下降、口干口渴、血压下降、心悸、体温轻度升高等症状。当水分减少 8%时，会出现意识障碍、血压明显下降，进而精神错乱、狂躁、昏睡，医学上称为高渗透压性非酮性昏睡状态，易被误诊为脑血栓、脑缺血等。有统计表明，因缺水误诊造成死亡的占 40%之多。可见人至老年不注意饮水是相当危险的。每日尿量一旦低于 500 毫升，就应考虑到有发生脱水的可能性，应积极补水。

最佳长寿食谱

饮食是供给机体营养物质的源泉，是维持生命活动和生存的必不可少的条件，饮食务求适宜、适量、适口，否则就不能吸收精微，反遗后患。

科学家认为：膳食中的营养不良或热量过高（脂肪、糖、蛋白质等），维生素过量，均能使寿命缩短。因为过量摄入脂肪、热量，营养过剩与失衡，其结果是肥胖症多发，各种富贵病——冠心病、高血压、脂肪肝、糖尿病等发病率上升，发病年龄日趋提前。同时，国内外很多科学家也认为：食物和饮食习惯与人体许多癌症的发生及发展有着密切的关系。据有关资料表明，约有1/3的癌症与饮食有关。

美国《时代》周刊报道，在全美因患癌症而死亡者当中，35%因饮食发病。在德国，1/3的癌症死亡病例是消化器官肿瘤。很显然，饮食对此起着决定性作用。

为了健康长寿，世界各国营养学家、医学家都在着力探索人们合理食物结构问题，开列了一系列最佳食谱。

美国布鲁斯·詹纳博士认为，近年来，各种各样的推荐食谱，泛滥成灾，这些食谱有的营养均衡合理，有的荒谬可笑，针对这种情况，他指出日常若以下列十大食物为基础，那么人们在保健强身方面将受益颇多。

①鸡；②比目鱼；③脱脂牛奶；④蘑菇；⑤椰菜；⑥马铃薯；⑦糖松糕；⑧干面食；⑨香蕉；⑩柑橘。

他认为这是最佳食物结构。还有英国营养学家米里亚姆·波留宁博士经过多年的研究之后，提出了12种“超级”食品，认为它们价格便宜，味道鲜美，食用方便，能供应人体所需要的营养，保证身体的健康。这些食品是：干杏、燕麦、罐装沙丁鱼、胡桃、豌豆（小扁豆）、花茎甘蓝、胡萝卜、柑橘、全营养面粉、动物肝脏（肝脏酱）、低脂牛奶（酸乳酶）和橄榄油。波留宁博士解释说，她之所以挑选这12种食品，并冠以“超级”的美称，主要是因为它们含有各种维生素、纤维质和脂肪酸。在一般情况下，能有规律地用上述食品或其中的一些，就能保证身体所需要的全部营养，使体内各个系统达到最佳的“运转水平”。

吸烟、喝酒与长寿的关系

烟、酒都是刺激性物质，久用能成瘾。就拿烟来说吧，它可以对神经系统产生短暂的兴奋作用，使情绪放松，加之社会的影响，染上就很难戒掉。

目前，医学界一致认为：抽烟有害无益。烟叶里含有30多种有毒物质，其中烟碱（尼古丁）的毒性最大。把20支卷烟中的烟碱提取出来，就可以毒死一头大牲畜。人吸烟时，虽然只吸入一小部分烟碱，并使神经系统有短暂的兴奋，但随即便会产生植物神经系统紊乱。吸烟对老年人的危害更大，烟碱可使老年人血液循环变坏，血管收缩，高血压病和冠心病加重，可使人的体质下降，寿命缩短。

抽烟会使你寿命平均减少10年。在40～50岁死亡的人，30%是因患与抽烟有关的病而致命，因抽烟而患肺癌、支气管炎的占总患病人数的9%，有20%的抽烟者患心力衰竭。但若在50岁以前戒烟，你仍可恢复健康。因此，老年人要戒烟。

至于酒，尤其是啤酒和葡萄酒，一

般认为，少饮对人体是有益的。对某些人来说，酒有着特殊的危险。如抽烟的人，酒又喝得很多，其患食道癌的危险可能增加。

优质葡萄酒的营养较丰富，啤酒有“液体面包”之称，含有多种氨基酸。酒可以促进血液循环和新陈代谢，刺激胃液的分泌，增进食欲，去腥解腻，还有助于睡眠。夏季饮用啤酒可通气、清凉、消暑。

但是，酒中含有的酒精是一种中枢神经抑制剂。长期大量服用，对大脑的抑制会逐渐扩散，使低级中枢神经受到抑制，随即兴奋状态消失，仍会使人的动作失调，反应迟钝。久而久之，大脑深度抑制，最后还会因呼吸中枢麻痹而导致死亡。酒精的强烈刺激可引起急性中毒性胃炎，长期多饮酒会造成慢性酒精中毒，引起食道炎、慢性胃炎、胃溃疡及十二指肠溃疡和维生素缺乏症等。而且，酒精对心血管、肝脏、肾脏的刺激也很厉害，它会使心肌变性，失去正常弹性而扩大。另外，酒中的亚硝胺是一种诱癌、致癌的物质，经常饮酒的人，其喉癌和消化道癌的发病率也比不饮酒的人高。

酒能增加患肝癌、口腔癌和喉头癌的可能性；酒可升高血压，从而导致心脏病和脑卒中。

据美国哈佛医学院的研究证明，每人每天饮酒不要超过50克，否则对身体有害。德国的一份对百岁老人的情况调查表明，他们中的多数人有少量饮酒的习惯，而在中国的百岁老人中，许多人都是烟酒不沾。

日常饮食习惯与养生

饮食得到合理调配，在服用时要注意什么才能获取最多的营养呢？

首先是饮食时应专心致志，如果在进食时三心二意，一面看书或思考问题，一面饮食，这样既不能品尝食物中的滋味，又影响脾胃的消化吸收。《论语·乡党》中指出：“食不语，寝不言。”《千金翼方》也说：“食勿大言”。

其次是饮食应畅情，古人曾说过，食后不可便怒，怒后不可便食。实际上，良好的情绪有利于食物的消化、吸收，而情绪不好常常导致不食，食则不化。所以，现在很多餐厅都有悦耳的音乐伴顾客用餐，以增强食欲。这在古代医书上亦曾提到。像《寿世保元》中提出：“脾好音声，闻声即动而磨食。”

饮食还应细嚼，在进食时应该细嚼缓咽，这是促进消化吸收的重要环节。像《千金要方》上讲“食当烹嚼”，在《养病庸言》中更详细地劝说人们“不论粥饭点心，皆宜嚼得极细咽下”。

俗话说有人吃东西“囫囵吞枣”、“狼吞虎咽”，显然反映这种人急欲进食的饥饿样子。但《医说》中则劝诫人们应该“食不欲急，急则损脾，法当良嚼令细”。只有这样，才能从饮食中取得营养。

缺钙对老年人寿命的影响

钙虽然是人整个一生都不可或缺的矿物质，但进人老年后，尤其要注意补钙，以防骨质疏松而诱发疾病。

人到老年，骨骼系统也发生了变化。随着年龄的增加，组织继续脱水，骨质疏松，强度及韧性减低，脊柱弯曲度增加，逐渐变得弯腰驼背。

这种体态的变化，很重要的一个原因就是缺钙。儿童生长发育时，需要补充钙，老人防病益寿也需要补充钙。老年人活动量少，进食少，势必引起钙的缺乏。加之胃肠道功能减弱，从食物中摄取的钙不能被完全吸收。随着增龄，身体各器官的代谢功能降低，骨骼中的大量钙质离开骨组织进入血液中，通过肾脏排泄到尿里，随小便排出体外，致使骨内钙质减少，骨的脆性增加，也就容易弯曲和断裂。如何延缓这种现象的发生呢?

1. 注意营养，增加食物中钙质的含量。高蛋白食物有利于基质的形成，钙的补充能促进钙的平衡。含钙较多的食物有豆制品、奶制品、虾米、核桃及小白菜、芹菜等。因此，老人要吃高蛋白、高钙食品，如牛奶、蛋黄、豆类、橘子、菠菜、白菜、萝卜等。尤其是牛奶、蛋白质里钙的含量很高，是老人不可缺少的食品。

2. 参加体育锻炼。“生命在于运动”，健康的体魄，旺盛的精力来源于适度的持之以恒的劳动或体育锻炼。肌肉的收缩和身体的重量对骨骼中生骨细胞的活动有着良好的刺激作用，适度的肌肉运动，还能促进血液循环和胃肠道的消化吸收功能的加强，有利于钙质的吸收。

3. 补充维生素。缺少维生素 C 会影响细胞间质的发育，使骨的皮质变薄。维生素 D 和维生素 A 可促进肠道对钙质的吸收，所以，老人服用钙剂时，应同时服用维生素，特别是维生素 D。

4. 日光浴。老人每天晒晒太阳，对防止骨质疏松有一定的作用。经过紫外线照射，皮肤内的 7- 脱氢胆固醇即转变为胆骨化醇（维生素 D_3），这种病人自身的维生素 D 的转变，可以改善肠道对钙质的吸收功能，从而延缓骨骼系统的老化。

慢食养生

众所周知，人吃饭首先是为了吸收营养，以保证生命的存活、活动及促进机体生长发育的需要。食物在口腔中通过细嚼慢咽，到了胃肠才可能被充分消化吸收，各种营养素才可被人体充分利用。狼吞虎咽，未经充分嚼细拌上唾液的食物，只是穿肠而过，未被充分消化吸收就排出了。囫囵吞枣地快食、急食，食物在口腔里还没有嚼烂就咽到胃里，必然会加重胃肠负担，而且长此以往会造成“酒肉穿肠过，脂肪腹中留”的后果，就容易引起消化不良、胃弱、胃炎、胃溃疡、胃穿孔等疾病，且会发胖。

“催工不催食”是我国的古训，别管

事情多急，吃饭也不能急。我国不少地方有快食的习惯，这些地方生胃病和癌症的人也多。现在竞争激烈,生活节奏快，快食的人多而普遍，消化系统疾病患者也跟着多起来了。

日本曾提出健康简易标准，即“五快”——走得快,说得快,吃得快,睡得快,便得快。似乎在“以快为好”，其实“快”不一定是最好，特别是“吃得快”、“说得快”，不但不利，而且是有害的。

也许有人会问：“现在不是提倡快餐么？而且快餐业愈来愈发达，愈来愈受不同阶层人的欢迎，这与慢食养生有没有矛盾呢？”其实这也是误解了，快餐不是指快吃，相反却应快餐慢吃。快餐的“快”是指不像过去“下馆子”，要坐等一些时间，它是事先准备好的，或稍做加工即成的“餐”，拿来后就可吃，但吃起来可不能快，而仍要慢吃。一个是制作的快慢，一个是吃的快慢，是两回事。还须注意，快餐多为高蛋白、高脂肪食物，不宜多吃，即使吃，更应细嚼慢咽。

慢食中的边吃边闲谈，过去认为是不对的。“吃不言”与“睡不语”都是古训，但现代却提倡聊天进食，边吃边谈，但不提倡吃饭时训孩子或吵架。这里的关键是“欢快进餐”，聊天是欢快的，也有利于慢食。我们在生活中都有这样的体会，情绪欢愉时，即使粗茶淡饭，也感到特别香甜；而情绪沮丧、忧虑时，纵有山珍海味，也变得苦涩难咽。我们也有这样的体验：全家老少围坐餐桌，面对香喷喷的菜肴，谈笑风生，吃得津津有味，突然接到一个不好的消息，例如亲人病危的电报，或者听到好友不幸身亡的噩耗，便顿时食欲全消，难以下咽，即使勉强吃下去，也会立刻感到胃腹胀得难受，堵在胸口，久久不能消化。至于性格忧郁、多愁善感的人，或者整天伏案工作、思虑过度的人，更是吃饭不香，尽管吃得很少，仍感到肚腹饱胀。实验证明，胃是一种“情绪器官”，其功能对情绪的反应是十分敏感的，所以吃饭时要避免不愉快的谈话，而在欢乐的谈笑聊天中进餐则是有益的，随意谈些令人高兴的见闻，几句幽默的语言，顿时就能增加快乐的气氛，会增进消化液的分泌，而且借此也可助长慢食。

如果把体内的水看成是一条河，生命的各种新陈代谢活动就在其中航行。如果没有水，新陈代谢活动就不能进行，各种营养素就像散落在干涸河床上的沙砾。

老年人饮食养生“三字经”

1. 多果菜

维生素 A、维生素 C 和维生素 E 有保护身体健康的作用。每天至少应食用 400 克水果和蔬菜（不包括土豆）。

2. 多纤维

含丰富纤维素的食品是维生素和矿物质的一个重要来源。食物纤维有助于消化，令你少患甚至不患胃肠道疾病。

3. 多进钙

鱼、杏仁、绿色蔬菜和奶制品（脱脂奶）都含丰富的钙，应多吃。中年人应注意补钙。

4. 重淀粉

淀粉能保护你不受病菌感染，能预防心脏病和癌症。你的食谱上必须有面包和米饭，也可每天吃 80 克小扁豆或土豆。

5. 常吃鱼

吃鱼能延年益寿。鱼脂肪少，而且多为人体所必需的脂肪。多吃鱼能增强人的免疫功能，提高防病抗病能力。

6. 少吃盐

每天食用比身体所需量多10倍的盐，就有患高血压和心脏病的危险，对有慢性肾病、肝病的中年人更是不利。

7. 少咖啡

咖啡同心脏病的发病有着直接的联系。每天喝 6 杯咖啡的人，死于心力衰竭的风险可增加 3 倍。

8. 少吃糖

糖不仅会毁坏你的牙齿，而且会加大患肥胖症、糖尿病、高血压诸病的危险。

9. 多运动

据临床统计，当前中年人早逝以心脑血管病为多，坚持适度的运动可使大脑中枢神经和植物神经调节正常，增强心肺功能，促进血液循环，使机体获得更多的氧，并能影响血脂成分，从而延缓血管老化硬化。运动方式可因人而异，如骑车、快走、健身、跑、游泳、爬山、打球等。

饮水养生

水是构成人体组织的重要部分，占整个体重的65%。我们吃的食物，包括糖、蛋白质、维生素、无机盐等，都要先溶于水，才能被吸收。新陈代谢后的废物，也要溶解在水中，才能排出体外。由于体内水分的分布及循环才能使身体保持恒温。

近年来，科学家还发现，到了老年期，人体细胞内的水分一般减少 30%～40%，因而影响了身体对各种营养的吸收，皮肤逐渐老化干燥，失去弹性、皱纹增加。有些老年人则表现为“津液不足”，易患慢性便秘等。由此可见，老年人必须注意及时补充水分。

饮水不足还会使人发胖，这是因为新陈代谢也需要用水分去“燃烧”脂肪。

家中的白开水其实是最好的饮料，长期饮用汽水和含有咖啡因的饮料都对身体有害无益。科学家研究发现，白开水进入人体后可以立即发挥新陈代谢功能，调节体温、输送养分，增进免疫功能。习惯喝白开水的人，体内脱氧酶活性高，肌肉内乳酸堆积少，不容易产生疲劳。

饮水还应达到一定的量，成人每日大约需要 2200 毫升的水。从食物中可得到约 1000 毫升，其余的 1200 毫升则需饮用来补充。但这并不是绝对的，可根据具体情况调整饮水量。如在发烧、服药时需要多喝一些水。如果因运动量大而出汗过多，可在白开水中适量加些盐。

专家认为喝水“适时”也很重要。一般人都是渴了才想起来去喝水，其实当我们感觉到渴时，细胞已经处于不同程度的脱水状态了，此时新陈代谢会变得紊乱，血液中毒素也会增多，免疫力自然也会减退。所以我们应随时注意为身体补充必要的水分，不要等渴了再喝。

在几个特殊时段饮水，对健康大有裨益。比如早起后喝一杯白开水，如同对脏器组织进行了一次内部洗涤，如果夜间喝 1 ～ 2 次水（每次约 300 毫升），则有益于老年人的健康。

老年人补充水分的最好方法是喝汤。把肉、鱼、瓜菜等煮成汤，既有营养，又味美可口。清晨起床后先饮一杯水对身体大有益处。因为经过一夜的睡眠，胃和小肠基本上都已排空，喝了水，就等于给排空的肠胃来一次清洗，既有助于当天食物的消化吸收，又可防治便秘。

据专家研究，冠心病所致的心绞痛和心肌梗死多发生在上午，其原因之一是由于经过一夜的睡眠，水分已从汗液、尿液和呼吸中排出体外，使血液变得浓缩黏稠，血管腔也因血流量减少而变窄。这就增加了患粥样硬化的冠状动脉发生急性供血不足，甚至闭塞的危险。若起床后能喝上一杯水，即可达到补充水分，降低血液黏稠度和使血管扩张复原的目的。应该注意的是，摄水过多、过快对机体不利，对老人尤其有害。因为突然大量地补充水分会增加心脏和肾脏的负担。老年人饮水的方法以多次少饮为宜。

老年人健康饮食与养生“四字诀”

1. 劳逸结合

中年人事业心强，他们为了工作，常常加班加点，夜以继日。然而，机体承受的压力是有限的，如果超过一定限度，很容易积劳成疾。所以，中年人应该在紧张的工作之暇，学会合理的休息和调整，并保证每天有充足的睡眠时间，以便精力充沛地工作和学习。不要只顾事业而自损健康。

2. 平衡膳食

食物对健康和医疗的作用，自古以来就被重视。过饱、过饥会损害脾胃正常功能。偏食、夜间用脑不加餐等，可造成维生素、蛋白质、氨基酸缺乏，促使早衰。因此，要采用我国营养科学界推荐的膳食指南，即“食物要多样，粗细要搭配，三餐要合理，饥饱要适当，甜食不宜多，油脂要适量，饮酒要节制，食盐要限量”。

3. 避免肥胖

肥胖是加速衰老的因素之一，肥胖的人易患动脉粥样硬化、冠心病、高血压、糖尿病、胆结石、癌症等。常言道：少年长胃，青年长肉，中年长腰。可见，人到中年更应重在预防肥胖。中年防胖除坚持适度运动外，尤应注意少吃高脂肪、高糖分的食物，晚餐不宜吃得太饱，一般以七八分饱为宜。

第三章　健康习惯与环境养生常识

想得开能长寿

一是善于排解。人的一生难免会有喜

怒哀乐，生离死别，有欢乐也有悲伤，要学会正确对待已经发生的种种心理冲突，并采取有效方法，从忧郁中走出来。

二是主动追求。良好的情绪靠自己主动去寻求。晚年生活丰富而充满乐趣，顺应自然，相信科学，正确对待生老病死，必然处之泰然。

睡得着能长寿

睡得着，是指睡眠充足，不熬夜，起居有规律。预防和消除脑力疲劳，重要的一条是生活节奏要有规律。一般而言，除了饮食起居外，还要注意目标定位的确切。不管工作多忙，任务多重，无论如何要给自己留出一定的“喘息”时间，学会交替使用人体的各部分，充分发挥各部分功能，培养一项业余爱好。在连续一星期的紧张工作、学习后，能在周末娱乐一天。尤为重要的是，睡眠要充足，不能熬夜。因为“健康的体魄也需要来自睡眠”，没有睡眠就没有健康。

吃得下能长寿

营养是保证人体健康长寿的物质基础。营养良好的人，能有效地延缓衰老。因此，可以这么说，决定生命后期生理性或功能衰老的程度，在相当程度上取决于营养状况，而不是生存的年龄。任何一种天然食物都不能提供人体所需要的全部营养素，因此，膳食必须由多种食物组成，才能达到平衡膳食的目的。控制肥胖、高血压病、高血脂、高血糖、冠心病等富裕型疾病的发生和流行。

走得动能长寿

保持脑力和体力协调的适宜运动，是预防、消除疲劳，健康长寿的另一个要素。体育锻炼对中老年人来讲尤为重要，因为中老年人好静不好动，这是导致肥胖、心血管病、糖尿病和骨质疏松发生的危险因素。所以，对中老年人而言，体育锻炼与营养具有同等重要的意义。

体育锻炼贵在坚持，重在适度。正确的态度是把体育锻炼当做一日生活必修课，这是因为长期坚持锻炼，可改变心脏功能，促进血液循环，增加心搏出量，使心脏冠状动脉管腔舒展，增加心肌供血；又能使高密度脂蛋白升高，低密度脂蛋白相对减少，三酰甘油（甘油三酯）明显降低，体脂减少，腰围缩小。经常锻炼，血液总容量可增加10%或更多，遇到紧张时血压不至于因此升高，从而降低冠心病、卒中的危险性。此外，体育锻炼还能增强免疫力，减少感染性疾病发生。至于体育锻炼的项目不必强求，可因人而异，广播操、太极拳、健身跑、登楼、球类等均可，但有一条必须牢记，就是运动量要适度，一般以锻炼完毕，冬天自觉全身暖和，夏日微微出汗，但不觉得心跳为度。进入老年期后，更应保持适当的体育活动，以减缓新陈代谢，使生命之树常青。

长寿要养精气神

祖国医学认为，精、气、神乃人身之三宝，是祛病延年的内在因素，精与气又是神的物质基础。精气足则神旺，精气虚则神衰。神，是整个人体生命活动的外在表现，也就是人的精神状态、思维活动。神，在人体居于首要地位，唯有神的存在，才能有人的一切生命活动现象。古代养生家强调指出："神强必多寿。"这里所说的"神强"实即脑神健全之意。只有脑神健全，才能主宰生命活动、脏腑协调、肢体运动、五官通利，全身处于阴阳平衡的正常生理状态。所以说，精盈、气充、神全，为养生长寿之根本，而调摄精、气、神的关键又在于养神。

古往今来，医家、道家、养生家们都十分重视精神调养，重视精神治疗和心理养生的作用。认为养生的关键在于排除杂念，保持心地纯朴专一，顺乎天理，就能达到养生的目的。

所谓养神，主要是指注意精神卫生。要做到安静调和，神清气和，胸怀开阔，从容温和，能"以恬愉为务"，切不可怨天尤人，急躁易怒。

1. 清静养神法

《内经》认为："清静则肉腠闭拒，虽有大风苛毒，弗之能害。"凝神敛思是保持清静的重要方法，但不是饱食终日，无所用心。专心致志，排除杂念，神经系统不受精神因素的干扰，使人体生理功能处于正常状态，有利于工作和学习。

2. 安心养神法

有人问孙思邈有什么高明的养生术，他说：天有灾情，人也有危难，如果不注意精神保养，就不能战胜疾病，保持健康。"既来之，则安之"，已是人所共知的养病格言。

3. 恬愉养神法

要保持乐观愉快的心情，不要悲观和烦恼。俗话说："喜悦者常健康。"乐观开朗、心情愉快、性格豁达、精神振奋乃是保健益寿的良方。

4. 四时调神法

中医学认为，精神活动应该随着四时的变化加以调节。每日精神调摄也要遵循此法，清晨舒展活跃，白日情绪饱满，傍晚安神悦志，睡前静心远思。

养生长寿七须知

1. 忌乱性能长寿

性生活不能乱。撇开有患艾滋病和性病的危险不谈，多个性伙伴会造成心理压力，并使生活失去节奏。

2. 淡名利能长寿

不能不顾健康，不惜代价地去追求升迁发迹。过分紧张劳累和不安定的生活是影响寿命的一个重要因素。

3. 择居处能长寿

医生们发现，生活在一种不适宜你的环境里，会常生病或烦恼，中年人应尽量改善居处条件或不轻易改变你已适应的职业，应从事你喜欢做又能胜任的工作，否则你的职业对你的寿命将会带来不良的影响。

4. 避车祸能长寿

车祸是人的第四大杀手，死亡率仅次于心脑血管病、癌症和呼吸道疾病。

5. 勿自忧能长寿

消极的情绪（紧张、焦虑、忧郁、沮丧）会使人生病。不要老去想生活中那些悲哀和苦恼的事，尤其是死亡、事故和疾病等。

6. 结婚能长寿

结婚有配偶的人，早死率比独身者、丧偶和离异者明显要低。

7. 心情舒畅能长寿

中年人工作繁忙，思想压力大，因而易多愁善感，造成中年情绪不稳，成为多种疾病的诱发因素。古人云："非淡泊无以明志，非宁静无以致远。"因此中年人要学会调节情绪，凡事想得开、忍得住、放得下，豁达大度，性格开朗，心情自然舒畅，这对身心健康非常有益。

环境与人类健康

环境是指围绕着人们的客观事物的总和。人类赖以生存的外界条件，称为人类环境，即凡人身之外皆属环境。环境作用于人类，人类的活动也在不断地改变着环境。人类的生存环境是由自然环境和社会环境相互作用形成的。

人类离开环境不能生存。例如，环境中的食物、水、氧等，都是生存所必需的。但在自然环境中，也存在大量危害健康的因素。例如，致病微生物，有毒动植物，地质性的破坏，如地震、火山爆发等。

环境对健康影响极大，可以说除了家族黑蒙性白痴、镰状细胞贫血等少数纯属遗传因素的疾病之外，所有人类健康问题或多或少都与环境有关。

随着现代科学技术的发展，人们的生活方式与生活环境发生了深刻的变化，一系列疾病应运而生。现代城市生活使越来越多的人住进高层建筑楼房，生活在高楼上的人享受不到地磁场的充分保护，出现顽固性头痛与失眠，有时还伴有头晕、腹泻、皮炎及关节痛。这类疾病，采取磁枕、磁椅等人造磁场补充调节后，其治疗效果常常是满意的。

耀眼的光源，如街市上闪烁夺目的五彩灯、霓虹灯光及舞台、舞厅那种令人眼花缭乱的光源，不仅危害人的视觉，而且能干扰大脑中枢神经系统的功能。长期接触这种耀眼光源，会产生剧烈的头痛、心烦失眠，有的人还会出现注意力难以集中，记忆力迅速减退，食欲不振等症候群。

现代科学广泛应用微波，它属于一种高频电磁辐射。无线电发射台、电视转播台、雷达星罗棋布，高压线网、电气化铁路纵横交错。长期接触微波辐射能，可对人的中枢神经系统和心血管系统的功能造成危害。长期从事各类微波作业的人员中头痛、失眠比例很高。居住在附近的人们，因受微波辐射的影响，有的人会出现头痛、疲乏、失眠或嗜睡等病证。

化学物质与健康效应

化学物质通过呼吸道、皮肤、消化道进入人体，可引起功能性或器质性改变，出现疾病的症状和体征。根据病变发生的快慢以及作用特点可分为：

急、慢性毒作用：汞盐急性中毒损害肾脏，一氧化碳中毒引起持久性昏迷。

慢性特殊毒作用：包括诱变作用、致癌作用、致畸胎作用。如妊娠12周以前或妊娠期长期用四环素，有发生手指畸形或先天性白内障的危险。黄曲霉毒素可致肝癌，煤烟、沥青致肺癌、皮肤癌。

影响化学物质对人体造成损害的因素有：

1. 化学物质的特性：不同的化学物质毒性作用不同。其理化特性决定于它进入机体的途径、吸收和分布。

2. 剂量和作用时间：高剂量接触较短时间产生效应，低剂量需要接触较长时间。

3. 多因素联合作用：吸烟与接触石棉使肺癌死亡率增加，酸和碱相互拮抗，高温可促进毒物吸收、代谢，振动可使汞中毒或铅中毒发病率增高，紫外辐射能使体内维生素D_2和D_3形成，从而增强机体抗佝偻病作用。

4. 个体感受性：机体的发育程度、健康状况、生理和营养状况、生活习惯、遗传因素等均可影响机体对化学物质的反应状态。

如胎儿、新生儿，由于解毒酶系统尚未形成，对某些化学物质比成人敏感；老年人应激功能低下，易受化学物质的不良作用；妇女对铅和苯比男性更敏感。

高温防中暑的方法

当环境气温达34℃以上时，称为高温环境。人体能维持体温在37℃左右，是由于体内各器官、组织的代谢和劳动、运动产生的热量，能够通过皮肤表面、呼吸和出汗等途径散发，在体温调节中枢的调节下达到平衡。如果超过机体的调节功能而不能维持热平衡，导致热量在体内蓄积，就会发生中暑。

中暑前兆表现为轻度头痛、头晕、耳鸣、眼花、恶心、无力、口渴及大量出汗等症状。离开高温环境，经短暂休息，症状即可消退。

轻度中暑，除中暑先兆各种症状外，体温升高到38.5℃以上，可伴面部潮红、胸闷、皮肤干热，有的发展为早期衰竭，出现面色苍白、大量出汗、皮肤湿冷、脉搏细快等。有这些症状的人，经休息处理，及时离开高温环境，在4小时之内可以基本恢复。

重症中暑表现为肌肉痉挛或昏倒。

发生中暑的人，应立即离开高温环境，到阴凉安静地方休息，病人平卧，头部不要垫高，解松衣服，补充含盐饮料，用些解暑药如十滴水、解暑片等。民间刮痧疗法对治疗中暑也有效。重症中暑，必须送医务部门紧急处理。

高温中暑常发生在高温作业工人，夏天露天作业工人，夏季旅游者，家庭中的老年人，长期卧床不起的人，产妇和婴儿。对高温作业的工人要改善劳动条件，加强个人防护；夏季旅游者需戴遮阳帽，衣服要宽松，保证充足的饮料和营养；家庭中注意室内通风，夏季准备些清凉油、仁丹等避暑药。

大气污染对人体的危害

大气污染物成分极其复杂，有害物质特性也有很大差异。大气污染物造成的危害有急性中毒、慢性呼吸系统疾病，重要功能障碍以及其他系统疾病等。

急性中毒是由大规模工业污染或企业偶然性泄漏有毒废气而引起，至今人类历史上已有多起重大公害事件发生。如 1952 年，英国伦敦因家庭烧煤放出大量煤烟粉尘，在浓雾中长期蓄积不散，与空气污染物协同作用，使居民胸闷、咳嗽、呕吐，仅仅 4 天之内，造成 4000 人死亡，震惊一时。

空气污染引起的慢性中毒最重要的是呼吸道疾病，包括干性鼻炎、萎缩性鼻炎、慢性气管炎、肺气肿、支气管哮喘、尘肺、肺癌等。空气污染物中有不少致癌和促癌物，如汽车废气中的多环芳香烃，粉尘中的石棉、镍、铬、铍、砷等重金属，飘尘上吸附的 3，4- 苯并芘等。长期在这样污染的环境中工作和生活，癌症，特别是肺癌发病率明显增高。

酸雨问题是当今全球关注的热点，我国也是一个酸雨污染灾害严重的国家。酸雨所至之处，林木枝叶枯萎，作物顿失生机，建筑物腐蚀锈损；酸雨使湖泊、江河酸度提高，鱼类由中毒、骨骼致畸、发育受阻到鱼卵不能孵化而“断子绝孙”；酸雨使土壤酸化造成土壤贫瘠，植物生长受阻；酸雨对人类皮肤、眼睛、咽喉有很强的刺激性，人体吸入吸附有硫酸酸雾的微粒物质可在肺部蓄积，引起肺组织硬化、肺水肿等病证。酸雨不仅危害人类健康，由于环境生态平衡的破坏，也将威胁着人类的生存。

电磁辐射与健康

由于宇宙线轰击地球表面的每个角落，以及天然存在的放射性元素无处不在，人类不仅时时刻刻受到各种天然辐射物质的照射，而且还有人工放射性污染物质辐射的潜在危险。

病人在医院接受过量的 X 线、r 线或同位素，会受到不同程度的射线损害。胎儿对辐射很敏感，孕妇应尽量避免不必要的医疗射线。白血病及早衰，被认为是电磁辐射照射引起的远期损害。

烟叶中含有铀、镭 -226、钋 -210、铅 -210 等放射性物质，吸烟是支气管肺癌潜在原因之一。

电视机的高压电源产生的 X 射线剂量很微弱，但长年累月不注意防护，这个剂量也不容忽视。最简单的防护是在观赏电视时，人与电视机保持适当距离。黑白电视机一般 2 米左右；彩电的 X 射线要比黑白电视强得多，一定要在距离彩电 2 米以外的位置看电视。

电磁灶、微波炉、电冰箱、洗衣机、吸尘器会给现代家庭带来电磁波的污染，使用时电磁波可弥漫于整个空间。这种电子雾看不见，摸不着。人体长期受电磁波干扰，记忆力衰退，关节疼痛，视力下降。

打火机中的电石，是一种氯化稀土产品，原料中含有微量的铀、钍等放射性物质。目前市场上出售的喷火玩具中大多数含有电石，所以使用打火机和喷火玩具时，要注意电石中微量放射性物质的污染，使用后及时洗手。

振动对人体的危害

振动对人体的危害，可分为全身性振动和局部性振动，振动往往伴有噪声，两者有互相促进作用。

乘坐各种交通工具发生的晕车、晕船，就是由于全身性振动引起前庭和内脏受刺激后的反射作用。全身性振动又可分为垂直型、水平型和摆动型振动。轻的引起头晕、眩晕、恶心、呕吐等，重的可发生内脏器官充血和位置的移动，从而对神经系统、心血管、消化、生殖系统等产生一系列不良影响。如记忆力下降、工作效率降低、消化不良、女性月经增多等。有晕车（船）史者，在乘坐车船前，可服用抗晕药物，可以防止或减轻发病。

局部振动是使用风动工具和电动工具，如风锤、风钻等，使用者手、腕部长期振动而引起的振动病。手部血管神经运动障碍，表现为末梢血管痉挛而缺血。轻的有手指麻木感，僵硬；重的手指麻木失去知觉，出现刺痛。因职业需要在这种环境下工作的，应加强个人防护，减少局部振动的危害，工人休息地点要保持温暖的环境。

粉尘对人体的危害

粉尘按颗粒大小可分为两类：直径大于10微米的称为降尘，分量重容易沉降，直径小于10微米的称为飘尘，它以气溶胶形式长期飘浮在空气中，肉眼看不到。粉尘中含有多种重金属和无机盐，飘尘能够吸附各种有毒物质，其中有的是致癌物质。吸附着有毒物质的飘尘到处飘荡，好比是散布癌症的种子，成为害人的幽灵，到处作祟。

工厂生产环境产生粉尘，汽车在马路奔驰扬起灰尘，家庭中烧煤产生的烟黑，含有多种悬浮颗粒。早晨起床后，卧室飘尘浓度为室外的2～5倍，这些飘尘来源于穿、脱衣服、铺被子以及人体皮屑的脱落，它能通过呼吸道侵入人体，或沉积于肺泡，或吸收到血液及淋巴液中，对人体造成潜在的危害。

有的家庭采用石棉材料作室内装饰，石棉粉尘颗粒细微，能够在室内长期滞留，通过呼吸道侵入人体形成石棉肺，同时它还是致癌物质，引起原发性肺癌和间皮肉瘤（一种发生在胸腔和体壁之间的肿瘤）。

烟草在室内形成的烟雾，可杀死肺

泡和胸膜处的巨噬细胞及淋巴细胞，从而降低人体的免疫力。

科学研究表明，长期受有害烟尘污染而引起的免疫损害，与人体老化表现极为相似，也就是说使人早衰。

噪声对人体的危害

从物理学的观点来看，噪声是各种不同频率、不同强度的声音无规律的杂乱组合；从生理学观点看，凡是使人烦恼的、讨厌的、不需要的声音，都叫噪声。如轰隆轰隆的机器声、刺耳的喇叭、火车的笛鸣、厕所的冲水声、高声谈笑等。

长期暴露在噪声环境中（90 分贝以上），耳感受器发生器质性病变，导致听力减退，如果长年累月在这种环境下工作，会发生噪声性耳聋。噪声强度越大，时间越久，所造成的听力损害越大。此外长期在噪声环境中生活，影响睡眠，精神紧张，常引起烦恼、注意力分散，引起神经衰弱综合征、胃肠功能紊乱等。

生活中我们还要注意有一种人耳听不见的“次声噪音”。一般说来人耳所能听见的声音，频率范围是 20 赫兹到 2 万赫兹（物体每秒振动一次为一赫兹），高于 2 万赫兹的超声和低于 20 赫兹的次声，人耳都听不见。次声是一种奇特的声音，它能穿透建筑物墙壁而无明显减弱，在大气中可传播几千里。次声的声源很多，又传播得很远。风暴、台风、火山爆发、地震都能发出次声，据记载 1883 年印度尼克拉卡托火山爆发所发生的强大次声，环绕地球三圈，历时 108 小时后才停息，全世界的微气压机都记录到这次次声。高强度次声使人产生头晕、恶心、胃痛、失眠、耳鸣、心悸、四肢麻木、烦躁以及精神不振等症状，特强次声还可以致人死命。目前许多国家已把次声列为环境污染公害之一，采取诸多的防范措施。

农药污染对健康的危害

为防治病虫害、杂草，直接向土壤施入农药，或是农作物喷洒剂的多余部分直接洒落在地面，以及漂浮在大气中的农药经降雨而落于地面，均可导致农药污染土壤。由于土壤的污染必然导致对农作物的污染，土壤中的农药通过农作物根部吸收，再经过植物体内的迁移、转化等作用分配到整个作物。有的作物食用部分在土壤下面，如花生、土豆、山芋、芋头等，被残留农药污染的可能性更大。人们长期食用农药残留量较高的食物，农药可在体内逐步蓄积，使人体生理功能逐步发生变化，从而引起慢性中毒。这种中毒来势缓慢，病证很不明显，常常被人们忽视，然而其潜在危险性很大。如 DDT 和六六六慢性中毒主要表现为肝肿大，肝细胞变性、坏死，并伴不同程度的贫血、白细胞增多和中枢神经性病变。

家庭中要重视对农药污染或有可能污染食物的处理，仔细淘米对于清除农药残留有益。合适的烹调方法对食物去农药残留有一定作用，如用高压锅煮米饭可以提高去除农药的效果，用电饭锅做饭可以消除50%以上的六六六残留。

对于施洒在瓜果、蔬菜上的农药，大部分是在叶子表面和果皮上，一般说来比较容易清洗。蔬菜可以先在清水中浸泡一些时间，然后再仔细清洗；瓜果可以先用洗洁精一类洗涤剂清洗，然后用清水漂洗干净，再削皮去壳食用。例如西红柿上的DDT，用上述方法仔细清洗后，农药残留的去除率可达90%以上，有些家庭爱吃生、凉拌菜，蔬菜的清洗更要严格，切忌草率马虎。

地方病的起因与防治

人体中生命元素的组成和丰富是人类在环境因子长期作用下进化、遗传与变异的结果，为完成人体各种功能所需要的微量元素有一定的剂量范围，只有在该范围内才可以使人体正常地生长发育和保持健康。如果某种元素过多、不足或比例失常，即可造成机体调节系统失调乃至出现地方病。

由于元素缺乏，可造成地方性甲状腺肿、地方性克汀病等；元素过多，发生地方性氟中毒、地方性砷中毒、地方性硒中毒等。

20世纪70年代以来，我国重点防治的地方病有地方性氟中毒、地方性甲状腺肿、地方性克汀病、大骨节病、克山病。

地方性甲状腺肿和地方性克汀病，是由于环境缺碘而引起的疾病。在母体妊娠前或妊娠初期补充足够的碘可预防地方性克汀病。出生后各个发育时期补充足够的碘，可以预防和治疗地方性甲状腺肿。补碘措施有盐内加碘。

大骨节病、克山病两种病病因尚不清楚，但补硒后，大骨节病病情显著缓解，对于骨垢端改变有促进修复、防止恶化的效果。

对于元素过多性地方病，要限制环境中过多的元素进入机体。沿海居民过多食用碘含量高的海产品，或内陆居民饮用碘含量高的水，可以造成地方性甲状腺肿流行，此时应限制碘的过多摄入。地方性氟中毒是由于饮水中氟含量过高引起的，应采取饮水除氟措施。

旅游时的习惯和健康须知

旅行时无论是乘车、坐船、乘飞机，车、船、飞机都在运动中，受噪声、振动、波涛、气流升降等影响，而且每人所占的空间有限，因此容易使人疲劳或眩晕、呕吐。有晕车、晕船、晕机经历的人，在乘车前半小时服晕海宁之类的镇静药，在车上闭目平卧，不要去看窗外摇晃的景物，不要低头看书写字，不宜吃油腻的食物，更不宜过饱。

乘坐飞机进行国际旅行时，由于地球上各地时差的变化，正常的生活节律被扰乱。例如，从上海到美洲西海岸有8小时时差，到欧洲英法等国有16小时的时差。当我们手表是凌晨一点正想好好睡一觉的时候，飞机已经降落，外面太阳高高升起。在美国的温哥华、旧金山是上午9时，人群熙熙攘攘的时候。有人对时差适应很快，有人要过两三天以致一个多星期才能逐渐适应。这种情况下要有意识地改变或控制睡眠时间，适当节制饮食（中午饱食后容易瞌睡），来完成长途旅行后的时差适应。

长途旅行时，短时间内因地点、气候的变化，忽冷忽热，容易感受风寒或中暑；旅行途中或旅行点上，来自四面八方的陌生人接触频繁，人群比较密集，应注意预防各种传染病；不喝生水或未煮沸的水，尽可能少用公共茶具，讲究饮食卫生；旅行时，要准备些常用的简单的药物，也可根据个人身体情况备些常用药，以备不时之需。

家庭环境对人体的影响

家庭是人生的第一所学校，父母是儿童第一任教师，每个人自小受家庭哺育、熏陶，在人格的形成中家庭影响作用不可低估。家庭环境造就孩子的素养，培育他们某些性格特点。家长有文化教养，远见卓识，有社会责任感，对孩子进行良好的教育，这就在家庭内铲除滋生乖戾行为和变态心理的土壤。

家庭是培养健康生活方式、家庭成员之间进行健康生活管理的场所，家庭中合理的饮食、规律的起居，家庭成员之间对不良嗜好的纠正，如劝阻吸烟，限制饮酒，对健康都有重要作用。家庭健康的生活方式，对预防疾病，减少疾病，延年益寿也起重要作用。家庭出现病人，由于良好的照顾，使疾病预后良好。此外，健康家庭注重生活环境的美化，注意房屋家具的颜色、灯光的调配、居室养植花木……给人创造美好舒适的生活环境，有助于人的身心健康。

家庭功能的失调和家庭结构的破坏，往往会损害健康，如夫妻不和，使孩子生活在充满矛盾的环境中，家庭环境缺乏宁静、温馨，使孩子心理变态危险剧增，行为放纵与缺乏自制力日趋发展；独生子女家庭，家长对孩子过分保护，延后和干预孩子的独立性，不让孩子做任何事情，孩子对家务不承担任何责任，家长限制孩子接触社会，过多地监护孩子与朋友之间的接触，代替孩子解决各种困难，上述种种均成为家庭缺陷，在孩子们心灵上将埋下病态种子。

家庭环境对身心疾病影响最大，环境不好容易发生心血管疾病、精神疾病等。

减少厨房污染的方法

我国城市居民普遍使用的燃料为液化石油气、煤气和煤，燃烧后产生的污染物有二氧化碳、一氧化碳、氮氧化物等。在烧煤的厨房里，每1000千克煤可释放62千克二氧化碳、3～9千克二氧化硫、2千克一氧化碳、9～11千克粉尘。在厨房烧煤的主妇患肺部疾患的可能性明显高于使用煤气的主妇，因此长期使用煤炉的厨房，要加强室内自然通风和机械排风，尽量减少接触烧煤的时间。

煤气灶的工作原理是：煤气由胶管

通向灶具，高速冲入燃烧室，因其速度很快，可带入足量的空气与之混合，从而煤气可以完全燃烧，如果灶具开关拧得很小，喷出的煤气速度减小，不能带进足量的空气，一部分煤气便不经燃烧扩散到室内，久而久之使人产生慢性一氧化碳中毒，使人头痛、乏力、记忆力减退等。

所以使用煤气不宜开得太小，如果必须用小火，则应使厨房内空气流通，以便把燃烧不足的煤气排出室外。

烹调、油炸食物产生的油烟，也会危害人们的健康。油烟是油脂加热的氧化分解产物，加热温度越高，油脂氧化分解越严重，其产生的有害气体——丙烯醛，会使人流泪、呼吸困难、血压升高。

农村的燃料多为柴禾（主要包括各种作物秸秆、树枝树叶、蒿草等），农村主妇在烟熏火燎的厨房里做饭做菜，容易患眼病和呼吸系统疾病，解决的根本办法是改善厨房通风条件，或改用其他燃料。

降低居室污染

据研究材料表明：环境污染最严重的不是工厂或公路，而是家庭居室。化学合成的室内装饰材料，各种燃料燃烧后产生的化学物质，彩电、冰箱工作时产生各种物质均会污染居室环境；室内吸烟时烟雾中含有许多致癌物质也会污染居室。

人体自身也是一个较大的污染源，从人体汗液中蒸发的物质就有151种，其中有尿素、尿酸及各种盐分等。一个人每小时约有60万粒皮肤屑脱落，每年总计达0.68千克，室内尘埃中90%的成分是人体脱落的皮肤细屑。

在居室中还要警惕身边的氡污染。氡是一种无色、无味的放射性气体，自然产生的氡是地层下面的铀在衰变过程中形成的。它不断从我们脚下的土壤中释放出来，一平方米地面每秒平均释放的氡气具有0.5微微居里的放射性。室内如果门窗紧闭，氡含量就会不断增加而无法稀释。冬季室内取暖设备会使热空气上升，室内地面部分形成相对真空，尤其是一楼或平房，会从地表吸引氡气，其数量与房屋墙体的密度和通风有关，墙体厚实坚固，通风良好的房屋要安全些。

要降低居室环境的污染，首先要勤打扫居室，常通风，厨房更应每天通风换气；其次要养成良好的卫生习惯，不要在室内吸烟；另外在居室内养植一些吊兰、仙人掌等植物，对净化室内空气大有益处。

老年养生防五劳

1．防久行伤筋。不顾年迈或体弱长途步行，容易发生脚筋扭伤、跌倒或其他心血管意外事故。

2．防久坐伤骨。长期坐着，肢体缺乏运动、肌肉缺乏锻炼，易发生肌纤维萎缩，肌肉力量减弱，令人消瘦乏力，食欲减退。

3．防久视伤血。看电视、看书报时间过长，不但易目眩、头晕、心悸、失眠，且会导致肝血不足的血虚证。

4．防久卧伤气。长期卧床，新陈代谢降低，易造成精神不振、懒言怕动、周身无力、动则气喘的气虚证。

5．防久立伤骨。久站不动，躯体重量全由一双下肢骨承担，易引起小腿静脉曲张、腰腿部关节炎等疾病。

第四章　四季健康养生常识

根据季节气候来安排饮食

天有四季，日有黑白，地分东西南北。气候、季节的变化与人们身体各方面的关系都十分密切。根据季节安排饮食，这是天人相应的原则。

一般来说春季宜升补，夏季宜清补，秋季宜平补，冬季宜滋补。传统中医主张，秋冬需养阴，春夏需养阳。因为在古代农业社会，人们冬天多无事，需静养；养阴可降低新陈代谢，使储存大于消耗，对夏天的损失进行调整修补，储备能量等春夏消耗。而且阴能转阳，阴足才能持久抗寒。春夏季机体新陈代谢加快，饮食中生冷食物较多，阳气外溢，较易损伤，所以要养阳。现代人的生活节奏与古代农业社会不一样，冬天不是静养休息，而是一年四季不停地忙于工作，参与竞争。所以，现代人喜欢秋冬补阳，抗寒、增强活力，而夏天多补阴，清热、降火。

具体地说，人受到春夏秋冬四季气候、东南西北地理变化，以及生存条件状况、饮食风俗习惯等因素的影响，这在饮食宜忌方面，同样也要综合考虑，因时因地制宜。比如，炎夏之季，适宜服食清凉、生津、止渴、除烦、解暑的食物，忌吃温热上火、辛辣肥腻、香燥损阴食品。到了寒冷的冬季，又宜多吃温补助阳之物，忌吃生冷大寒之品。北方天寒，宜吃厚味，南方多火，宜吃清淡。

一般情况下中老年人还是冬天以静养为主，适当补阴，夏天注意适当补阳为好，这符合生物钟规律。因为老年人生活自由度大，自己易掌握，而年轻人社会竞争激烈，不能自主。民间常说，冬吃萝卜，夏吃姜。冬天人活动少，消化功能差，易内热郁积，萝卜微凉，可健胃消食，清热解毒。夏日生冷食物多，易损脾胃，生姜微温，有暖胃肠、解毒等作用。但要注意，补阴补阳还是要以机体状况为依据，季节是考虑的次要因素。

十三宜养生法

何谓养生？养生就是经过科学安排的生活方式，其中最主要的就是生活要有规律，即按照人体生物钟的规律起居、劳作、作息。研究表明，人们长期坚持有规律的生活，可使身体各组织器官功能趋向规律化，在生活中就有“预见性”和“适应性”，从而能保证身体健康，获得最佳的生理效应。

我国明代即有关于“养生之宜”的说法。“十三宜养生法”的特点是“以动养生”，下面介绍其中一部分养生内容。

1. 发宜常梳

古人称其为“栉发”，认为能明目祛风。方法，清晨梳头要轻柔，一日十次莫忘记。

2. 面宜多擦

古人称其为“浴面”，拭摩神庭，认为能去邪气，可使面上皱斑不生，有光彩。方法:双手搓热放鼻上，中指带动其他指，沿鼻两侧向上，擦到额部两侧开，再沿两额轻轻下，反复操作30下。

3. 目宜常运

古人称其为“运睛”，认为能去内障外翳，兼能纠正近视、远视。方法：双目先左转到右，再从右面转到左，转睛之时要缓慢，左右各转14次，然后紧闭眼片刻，忽然大睁运眼神。

4. 耳宜常弹

古人称其为“击探天鼓、掩耳弹枕”，认为能防治头晕耳鸣。方法：两手掌心掩耳道，食指压在中指上，轻轻叩动后脑部，24次，咯咯带响。

5. 齿宜数叩

古人称其为“叩齿”，认为能令人齿坚不痛。方法，先叩大牙24次，再叩前齿24次。

6. 舌宜舔腭

古人对口水极为重视，称它为“金浆玉醴”，认为是人身之宝。方法：舌尖舔唇齿间，左右转动各30次，轻轻卷动口水增多。接着做津宜数咽。

7. 津宜数咽

古人称其为“咽津、胎食”，认为咽下的口水，能灌溉五脏六腑，润泽肢节毛发。方法：舌宜舔腭操作好，满口唾液盛不下，鼓漱36次，汩汩有声津咽下。

8. 浊宜常呵

古人称其为“鼓呵”，认为能消积聚，去胸膈满塞。方法：停闭呼吸鼓胸腹，待到胸腹全满时，抬头张口呵浊气，5—7次最合适。

9. 腹宜常摩

古人称其为摩脐腹、摩生门，认为能顺气消积。方法：搓热两手再相叠，着肉或者隔单衣，掌心以脐为中心，顺着时针方向摩，小圈、中圈和大圈，各圈转摩12次。

10. 谷道宜常提

古人称其为“摄提谷道”，俗称“提肛”，认为能升提阳气。方法：吸气时稍用力，摄提肛门连会阴，稍停放下作呼气，5～7次为相宜。

11. 肢节宜常摇

常摇肢节能舒展四肢关节。方法：两手握固连双肩，先左后右向前转，如同转动辘轳状，左右各转24次。接着平稳坐好，提起左脚，脚尖向上缓缓伸，快要伸直蹬脚跟，5次做好换右脚。

12. 足心宜常擦

古人称其为擦涌泉。涌泉是前足心（脚底前三分之一处）的穴位，认为做此能固肾暖足，交通心肾，增进睡眠。方法：赤足或是着薄袜，掌心缓缓擦涌泉，每脚50—100次，先左后右热为宜。

13. 肤宜常干浴

古人称其为干浴，认为能使气血流畅，肌肤光莹。方法：一般从“百会”开始到面部，左肩右肩两臂膀，胸部腹部到两胁，两腰之后左右腿。

“养生之宜”中发宜常梳可在清晨为之，面宜多擦可在睡起时为之，足心宜常擦可在睡前洗脚后为之；其余10节每日做2次。做的次序是：齿宜数叩、舌宜舔腭、津宜数咽、耳宜常弹、目宜常动、腹宜常摩、浊宜常呵、肢节宜常摇、谷道宜常提、肤宜常干浴。操作的姿势一般采取坐式，操作时要情绪安宁，思想集中，动作轻缓，心中记数。

“养生之宜”贵在坚持，持之以恒，必然有效。

运动养生的有益环境

人们都需要有一个舒适、优美、和谐的工作、生活环境，这是不言而喻的。当人们进行体育锻炼时，也不例外地需要一个良好的运动环境。因为运动环境的优劣，不仅影响锻炼者的运动兴奋性，而且直接影响锻炼者的身体健康和运动效果。那么，什么样的环境有益于运动呢？

1. 空气要清新

空气是人们天天接触的物质。空气中的氧气占空气体积的1/5，它跟人类关系很密切，是人的生命不可缺少的物质。体育活动场的周围，最好没有工业废气、尘埃及吸烟出现的烟雾等，因为它们均能降低运动能力并有害于健康。尤其是吸烟出现的烟雾，危害甚大，烟雾中含有大量的一氧化碳，人体吸入后会与血液中一部分血红蛋白相结合，而使血红蛋白丧失氧的正常运输作用。早晚选择空气新鲜的场所进行身体锻炼的效果最佳。

2. 无噪音干扰

噪音会影响锻炼者注意力的集中，锻炼效果不佳，并可能引起伤害事故的发生。实验证明，噪音降低运动效率，增加锻炼者的疲劳感；优美、动听的音乐，给人以艺术享受，不仅能使锻炼者心旷神怡，而且能提高锻炼的兴趣，加强动作节奏感和锻炼的效果。现在，音乐广泛用于体育竞技比赛和群众体育活动的伴奏，是不无道理的。

3. 温度和湿度要适宜

环境的温度和湿度对运动都是有影响的。气温过高，运动起来出汗过多，就可能发生脱水现象。如在烈日下进行耐力性项目运动，会使工作能力下降，过早出现疲劳状态。体温升高超过一定限度时，会发生中暑现象。在寒冷的环境中运动，要消耗很多热量，人体为了维持一定的体温，可能产生寒战和不适。温度太高，会影响汗的蒸发；低温度和高风速，能促进汗的蒸发。寒冷而潮湿的气候以及发潮的衣服，都对运动有不利影响。人体对热环境的适应，要比对冷环境的适应快一些。热环境对人体的生理影响则比冷环境大。在适宜的温度和湿度下运动会感到舒适。人体要适应变化的外环境，适当地在不同温度或湿度的环境中进行运动，也是增强体质，改善对外环境适应能力的一个方面，但事先要采取预防措施，谨慎从事。

4．防御传染病

在大运动量的影响下，由于应急系统的超负荷，身体往往处在比较敏感的状态，对各种气候变化的适应性和某些传染病的抵御能力也会随之下降，周围各种病菌便乘虚而入，易发生传染病。因此，除选择良好的运动环境外，注意保持饮食、住宿卫生，调节室温并通风，常洗澡、换衣、晒被等，也是保持创造良好运动环境不可忽视的重要方面。

气虚体质的养生

气虚体质的特点：形体消瘦或偏胖，平素身体倦怠、乏力，面色发白，语声低怯，常自汗出，动则尤甚，心慌心跳，舌淡苔白，脉虚弱。其饮食调养方法是：可常食粳米、糯米、小米、黄米、大麦、山药、籼米、莜麦、马铃薯、大枣、胡萝卜、香菇、豆腐、鸡肉、鹅肉、兔肉、鹌鹑肉、狗肉、牛肉、鲢鱼、青鱼。

气虚甚者，当选用“人参莲肉汤”补养。具体做法：先将10克人参、10枚去芯莲子放在碗内，加水发泡，加入冰糖30克，将盛药物的碗置蒸锅内，隔水蒸炖一小时，喝汤，吃莲肉。常吃效果显著。

血虚体质的养生

血虚体质的特点：面色苍白无华或萎黄，唇色淡白，头晕眼花，心悸失眠，手脚有时发麻，舌质淡，脉搏又细又无力。其养生方法如下。

1．要谨防“久视伤血”

即长时间视物，会损伤血。血虚之人，本来血液已不足，若再伤血，就更不足了。

2．要加强饮食调养

可多食一些有补血生血作用的食物，如桑葚、荔枝、松子、黑木耳、菠菜、胡萝卜、猪肉、羊肉、甲鱼、海参等。

3．注意药物养生

可常服当归补血汤、四物汤、归脾汤。若气血两虚，则须气血双补，用八珍汤、人参养荣汤、十全大补汤等。

4．要振奋精神

即注意精神调养，要有好的心态，做到老有所乐，老有所为。

阳虚体质的养生

所谓阳虚体质，其特点是形体白胖，面色淡白无华，时常倦怠，不耐劳力，动则喘促，平素恶寒喜暖，小便清长，大便溏稀，常自汗出，脉沉乏力，舌淡胖有齿痕，喜过春天、夏天，不喜秋冬。阳虚体质者的饮食调养方法：应多食羊肉、狗肉、鹿肉、鸡肉；夏日三伏，每伏可食附子粥或羊肉附子汤一次。平时要善于调节自己的感情，保持心情愉快，消除或减少不良情绪的影响，加强体育锻炼，并注意药物养生。

阴虚体质的养生

所谓阴虚体质，是指阴液不足（如血液、津液、阴精虚少）的体质。其体质特点是形体消瘦，面色苍暗或潮红，平素口燥咽干，心里时时烦躁不安，手心、脚心经常发热，睡眠少，大便干燥，小便黄，不喜欢过春天、夏天，愿喝冷饮，脉搏又细又快，舌质红色，舌苔少。阴虚体质者的饮食调养方法：要遵循保阴潜阳的原则，宜多食芝麻、糯米、蜂蜜、乳品、甘蔗、蔬菜、豆腐、鱼类等清淡又滋阴的食物，并着意食用沙参粥、百合粥、枸杞粥、桑葚粥、山药粥。应少吃葱、姜、蒜、韭、椒等辛辣燥烈之品。此外，要加强精神方面的调养。

心血虚体质的养生

心血虚的突出表现是：心跳、健忘、失眠、多梦。常用的调养饮食有：

1．每日早晚各喝一杯牛奶。牛奶平补血脉、益心、长肌肉，令人身体健康，面目光泽，神志不衰。

2．猪心有养心、安神、补血作用，对惊悸、不眠等症状有效。可用猪心去筋切片，大枣去核，共煮汤，加调料食用，每日中午 1 次。

3．鸡子黄性味甘平，功能养心安神、补血、滋阴润燥。血虚、身体虚弱者，可用归水鸡蛋药膳疗法：当归 9 克煎水，打入鸡蛋 2 只，加红糖 50 克，煮熟，每日食 1 次。

4．当归羊肉羹：将羊肉 500 克洗净，切小块；当归、黄芪、生地各 25 克，包在纱布内，加水共煨熟，至羊肉将烂时，放入生姜片 25 克，食盐少许，待肉熟烂即可食。常食用，可养血补血，强壮身体。

排毒养生三法

1．主动咳嗽法

空气中的有害物之多令人咋舌，包括厂矿、机动车辆及生活燃料排放的废物，约在 100 种以上。这些有害物随呼吸侵入肺部，可损害支气管与肺泡等肺组织，还可从这里游入血液，导致血液中毒而危害全身器官。此时，可采用咳嗽的办法予以清除。方法是：每天清晨、中午或晚睡前到室外选择一处空气新鲜之地做深吸气，吸气时缓慢抬起双臂，然后突然咳嗽，并迅速将双臂垂下，使气流从口鼻喷出，咳出痰液。如此反复做 10 次，在每次咳嗽的间歇期做几次正常呼吸，以防过度换气。坚持此法，可保肺部清洁，防止毒从肺入。

2．饮水冲洗法

肠道，特别是大肠，为粪便的积存处，而粪便所含毒素之多不言而喻，诸如硫化氢、吲哚、粪臭素等。粪便在肠内积存越久，对肠黏膜的损害越大（这也是肠癌形成的祸根之一），侵入血液的几率也越高，故要养成定时排便的习惯（每天 1 ~ 2 次），以减少肠道毒物潴留。最好采用饮水冲洗法，定时对肠道来一次清洗。做法：在一个月中选定一天，不吃早餐、午餐，空腹分次喝入2000～3000毫升凉开水（自来水经煮沸3分钟后，冷却至25～30℃即成），晚餐不禁食但只吃少量蔬菜、水果以及含纤维素较多的杂粮，让肠道毒素随尿液及时排出体外，保持“肠中常清”状态。

3．运动发汗法

皮肤是体内毒物又一个排泄渠道，通过汗水将毒物带走。如何让身体发汗呢？最简便的办法是多做体育运动，如跑步、跳绳、骑车等，让运动量达到出汗的程度。一般每星期做3次这样的运动，即可收到清毒之效。为增加出汗量，运动前可喝300～500毫升淡盐开水。平时勤洗澡，以30～40℃的温水浴为佳，以及时清除从体内排到体表的污物，并保持皮肤排毒通道的畅通。中医养生家特别强调洗脚的重要性，认为脚乃体内毒物的最大沉积区，天天清洗对于保持体内洁净具有重要作用。

夏季养生须注意“三防”

夏季从立夏之日起，立秋之日止，是一年中阳气最盛的季节，气候炎热而生机旺盛。此时人体新陈代谢旺盛，阳气外发，皮肤毛孔大开，易虚脱。这个季节须注意“三防”，以蓄阳防暑，保持精力。

1．防中暑

暑为夏季主气，容易耗气伤津，常表现为多汗。汗出过多导致体液减少，继而伤津，出现唇干舌燥、大便干结、尿黄心烦等症。如果不及时救治，则伤津进一步发展，耗伤元气，出现身倦乏力、短气懒言等一系列症状，甚至猝然昏倒，导致死亡。故夏季防暑不可等闲视之。须注意补足营养，保证充足的蛋白质、维生素、无机盐和水。如出汗过多，可通过营养型饮料补充盐分，恢复机体平衡。外出宜戴帽防晒。多吃清热、利湿的食物，如西瓜、苦瓜、鲜桃、乌梅、草莓、西红柿、绿豆、黄瓜。

2．防湿邪

湿为长夏主气，尤其是我国南方，炎热又多雨。湿病常见于这个季节。因空气中湿度最大，感受湿邪而发病者最多，而湿邪最易侵犯脾胃功能，导致消化吸收功能低下。因而，夏季饮食亦须清爽，少油腻，要以温食为主，饮食宜以益气生津、健脾健胃为原则。可辅助吃些补益阳气和生津液但性质平和、微凉的药物，如五味子、冬虫夏草、酸枣仁、鸽肉、木耳、松子；健脾健胃的食材如白扁豆、糯米、太子参、甘草。

在居住环境上，切忌潮湿。

3．防阳气外泄。不能只顾眼前舒服。乘凉时要注意盖好腹部；谨防冷气病，所谓冷气病，是指由于人们久处冷气设备环境下工作和生活时所患的一种疾病。轻者会面部神经痛、下肢酸痛、乏力、头痛、腰痛、容易感冒和有不同程度的胃肠病等，重者会出现皮肤病和心血管疾病，因而应采取适当的保暖措施，尽量减少暴露在冷气设备下的时间。

摩腹养生法

摩腹养生，在我国已有近千年历史。早在南北朝齐梁时期，达摩译的《易筋经》中就有摩腹三法。在唐代，孙思邈也以“食后行百步，常以手摩腹”作为自己的养生之道。南宋著名诗人陆游有不少养生方法，其中之一是一日要摩腹数次，并曾写下了“解衣摩腹西窗下，莫怪人嘲作饭囊”、“解衣许我闲摩腹，又作幽窗梦一回”等诗句。他不仅在饭后放下筷子便摩腹，而且常常边散步，边摩腹。如“回廊摩腹行”、“徐行摩腹出荆扉”等，由于陆游深谙摩腹之道，故尽管一生坎坷，仍得以高龄而寿终。

清代雍正年间，方开所、颜伟在《延年九转法》一书中详细地介绍了摩腹的方法。常用的摩腹方法是，先用右手大鱼际部在胃脘部作顺时针方向揉摩约 120 次，再向下移动至脐部，在脐部作顺时针方向揉摩约 120 次，然后用右手全掌作顺时针揉摩整个腹部 120 次，再作逆时针方向揉摩 120 次。摩腹时也可用左手重叠于右手背上，双手一起动作，以加强推拿揉摩的力量。《诸病源候论》中说：“两手相摩令热，然后摩腹，以令气下。”“着摩脐上下并气海，不限次数，以多为佳。”《千金要方》中说：“食毕当散步，数里来回行。摩腹数百遍，可以无百病。”

现代医学认为，摩腹可使胃肠及腹部的肌肉强健，促进血液及淋巴液的循环，使胃肠的蠕动加强，消化液分泌增多，消化功能改善。这样，食物便能充分得到消化和吸收，人体得以强壮、健康和长寿。临床实践证明，摩腹对许多慢性病如肺心病、肺气肿、高血压、冠心病、糖尿病、肾炎、便秘等都有较好的辅助治疗作用。由于摩腹能刺激末梢神经，使毛细血管开放，皮肤组织间隙的废物被排除，从而促进机体的代谢，起到消除脂肪、减肥健美的作用。

必须注意的是，揉腹时手法宜要自然，轻缓，次数与时间不必过于拘泥，可由自我感觉而定。揉腹不可在过饥或过饱时进行，且要排空大小便。内脏脱垂者宜轻按，肝硬化患者不宜揉腹。患有腹腔恶性肿瘤或胃肠功能紊乱、内脏出血、阑尾炎和腹膜炎等急腹症时，绝对禁止揉腹。由于男女腹部生理解剖略有不同，女子腹部较软、脂肪层较厚、肌层较弱，盆腔内又有女性生殖器官，因此按摩时应轻。孕妇不宜揉腹，以免发生流产。揉腹操作后可能有一些反应，例如腹内出现响声（肠鸣音亢进）、嗳气、放屁、有便意或尿意、腹腔内有温热感、容易饥饿等，均属正常现象。